先进功能材料

代晓东 刘清海 彭文联 刘志明 编著

国防工业出版社
·北京·

内 容 简 介

本书首先阐明了先进功能材料的基本概念、主要特点、基本类型、制备方法及地位、作用与发展趋势；其次，系统介绍了功能材料的结构与物理性能，使读者能够掌握材料学与材料物理的基础知识与基本理论；再次，系统介绍了几类典型先进功能材料的基本原理、研究方法和发展状况，包括高温防护材料、先进光学材料、先进能源材料、先进电磁频谱对抗材料、先进含能材料、先进力学功能材料等；最后，进一步介绍了几类较为新颖的先进功能材料，包括仿生材料、智能材料、超材料、新型电磁屏蔽材料等，使读者可了解先进功能材料的发展前沿。

本书可供化工、机械、能源、材料及国防军工等行业的教学、科研和工程技术人员使用，也可作为高年级本科生、研究生的专业课程教材。

图书在版编目(CIP)数据

先进功能材料/代晓东等编著. —北京：国防工业出版社,2025.1. — ISBN 978-7-118-13493-3

Ⅰ. TB34

中国国家版本馆 CIP 数据核字第 2024XX6202 号

※

国防工业出版社出版发行

(北京市海淀区紫竹院南路23号　邮政编码100048)
雅迪云印(天津)科技有限公司印刷
新华书店经售

开本 710×1000　1/16　印张 37½　字数 698 千字
2025 年 1 月第 1 版第 1 次印刷　印数 1—2000 册　定价 198.00 元

(本书如有印装错误，我社负责调换)

国防书店：(010)88540777　　书店传真：(010)88540776
发行业务：(010)88540717　　发行传真：(010)88540762

前言 / Preface

材料是人类赖以生存和发展的物质基础,是人类现代文明的三大支柱之一。 材料的发展最早是从结构材料开始的,因此结构材料也被称为第一代材料。 从20世纪60年代开始,受益于固体物理、量子理论、结构化学、生物物理、生物化学等基础学科的充分发展,以及微电子、激光、红外、空间、能源、信息、生物和医学等高技术领域的需求刺激,功能材料得到了快速的发展。 随着材料制备新技术和现代测试分析技术的不断增强,越来越多的新型功能材料从实验室走向工程应用,极大地推动了国民经济和国防建设的发展。

先进功能材料是指当前正在研究或者已经研发出来的具有优异性能和特殊用途的新型功能材料,通常具有优良的物理、化学和生物功能或性能可互相转化的功能,一般应用在高科技领域。 先进功能材料属于技术密集型材料,是多学科、多领域交叉融合的产物,对于提升先进武器装备和民用高端装备的性能具有决定性的作用,是加快现代工业革命、催生人类战争形态变革的重要驱动力。 先进功能材料是一个国家科技实力的体现,已成为高技术领域依赖程度越来越高的核心支撑力量。

本书是作者在先进功能材料领域长期教学与研究实践的基础上,参考了国内外大量文献资料编著而成的。 本书较为系统地构建了先进功能材料的知识结构体系,清晰地阐述了主要先进功能材料类型的基础理论、研究方法与发展状况,可为读者构建起较为完整的知识架构，为其从事的相关学习和工作提供有价值的参考。本书在一定程度上解决了该领域参考书籍和教材较为匮乏的问题，可为先进功能材料学科的发展奠定一定的基础。

先进功能材料涵盖的种类繁多、涉及的内容广泛，无法在一册之内尽数展现。本书主要聚焦于航空、航天、兵器、舰船、能源、信息等国防军工及民用高端装备中较为常用、关键和重要的功能材料，进行基本概念、基础理论、基本方法和发展状况的阐述，使读者能够建立起这些关键功能材料的基本知识架构，掌握和了解其基本原理、设计方法和发展趋势。

全书分为10章。第1章是绪论，主要介绍先进功能材料的基本概念、特点、分类、地位和作用、制备方法及发展趋势。第2章是功能材料的结构，主要介绍材料的原子结构、结合键、晶体学基础及晶体中的缺陷，使读者掌握功能材料结构的基本概念和基础知识。第3章是功能材料的物理性能，主要介绍材料的电学、热学、光学、磁学性能及功能转换性能，为后续章节的学习奠定材料物理基础。从第4章开始，对几类具体的先进功能材料进行了详细的介绍，包括高温防护材料、先进光学材料、先进能源材料、先进电磁频谱对抗材料、先进含能材料和先进力学功能材料，读者可以掌握和了解这几类材料的基本原理、研究方法和发展状况。第10章是先进功能材料前沿，主要介绍了几种较为前沿的功能材料，包括仿生材料、智能材料、超材料、新型电磁屏蔽材料，读者通过阅读可了解先进功能材料的发展前沿。

本书的第1章~第4章、第7章由代晓东编写，第5章和第6章由刘清海编写，第8章和第9章由彭文联编写，第10章由刘志明编写。全书由代晓东统稿，所有作者共同校订。

本书在编写过程中参考了大量文献资料，每章后均列出了主要的参考文献，在此对文献的作者表示衷心的感谢。如有疏漏，敬请包涵。

由于本书内容覆盖面广，编者学识水平有限，加之时间仓促，不足之处在所难免，恳请读者批评指正。

编著者
2024年1月于北京

第 1 章 绪 论 001

1.1 先进功能材料的概念及其特点 001
1.1.1 结构材料与功能材料 001
1.1.2 先进功能材料及其特点 003

1.2 先进功能材料的分类 004

1.3 先进功能材料的地位和作用 006

1.4 先进功能材料制备方法 008
1.4.1 超细粉体功能材料制备方法 008
1.4.2 一维功能材料制备方法 010
1.4.3 功能薄膜材料制备方法 011
1.4.4 功能陶瓷材料制备方法 011
1.4.5 新型碳材料制备方法 013
1.4.6 多孔材料制备方法 016

1.5 先进功能材料的发展趋势 017
1.5.1 基础理论与材料设计方法 017
1.5.2 先进制备与表征技术 018
1.5.3 多功能先进功能材料 019
1.5.4 智能化先进功能材料 019
1.5.5 结构功能一体化先进材料 020

参考文献 021

第 2 章　功能材料的结构　　022

2.1　原子结构　　022
2.1.1　原子结构模型　　022
2.1.2　电子的量子数　　024
2.1.3　电子排布规则　　026
2.1.4　电子构型的周期性　　028

2.2　结合键　　030
2.2.1　离子键　　030
2.2.2　共价键　　034
2.2.3　金属键　　037
2.2.4　范德瓦耳斯力　　039
2.2.5　氢键　　040

2.3　晶体学基础　　042
2.3.1　空间点阵和晶胞　　042
2.3.2　晶面指数和晶向指数　　045
2.3.3　典型晶体结构及其几何特征　　052
2.3.4　晶体的堆垛方式　　055

2.4　晶体中的缺陷　　057
2.4.1　点缺陷　　057
2.4.2　线缺陷　　059
2.4.3　面缺陷　　070
2.4.4　体缺陷　　079

参考文献　　081

第 3 章　功能材料的物理性能　　083

3.1　材料的电学性能　　083
3.1.1　固体材料的能带结构　　083
3.1.2　材料的导电性能　　088
3.1.3　材料的介电性能　　091

  3.1.4 材料的超导性能 095
 3.2 材料的热学性能 **100**
  3.2.1 材料的热容 101
  3.2.2 材料的热膨胀 105
  3.2.3 材料的热传导 109
  3.2.4 材料的热稳定性 112
 3.3 材料的光学性能 **114**
  3.3.1 光的物理本质 114
  3.3.2 光与物质的作用 115
  3.3.3 材料的发光 119
  3.3.4 材料的非线性光学效应 122
 3.4 材料的磁学性能 **123**
  3.4.1 磁学基本物理量 123
  3.4.2 材料磁性来源与分类 124
  3.4.3 材料的抗磁性与顺磁性 126
  3.4.4 材料的铁磁性 128
  3.4.5 反铁磁性和亚铁磁性 130
  3.4.6 磁滞回线 132
  3.4.7 材料的磁损耗 133
 3.5 材料的功能转换性能 **135**
  3.5.1 压电效应 135
  3.5.2 热释电效应 137
  3.5.3 光电效应 138
  3.5.4 热电效应 139
  3.5.5 电光效应 140
  3.5.6 磁光效应 141
  3.5.7 声光效应 143

参考文献 **145**

第 4 章　高温防护材料　147

4.1　高温防护技术概况　147
4.1.1　发动机高温防护涂层技术　147
4.1.2　高超声速飞行器热防护技术　151
4.1.3　其他高温防护技术　160

4.2　热障涂层材料　162
4.2.1　热障涂层的发展与应用　162
4.2.2　热障涂层结构设计　166
4.2.3　热障涂层陶瓷层材料　168
4.2.4　热障涂层失效机理　176

4.3　烧蚀热防护材料　178
4.3.1　烧蚀材料分类　178
4.3.2　硅基复合材料　181
4.3.3　碳基复合材料　184
4.3.4　热解碳化材料　187
4.3.5　陶瓷基复合材料　190

4.4　其他热防护材料　193
4.4.1　高温隔热材料　193
4.4.2　热密封材料　201
4.4.3　热透波材料　203

参考文献　206

第 5 章　先进光学材料　208

5.1　光学介质材料　208
5.1.1　光学玻璃　209
5.1.2　光学晶体　213
5.1.3　光学塑料　215

5.2　光学薄膜材料　217
5.2.1　薄膜制备方法　218
5.2.2　光学薄膜分类　220

5.2.3	常见薄膜材料	224
5.3	**光纤材料**	**225**
5.3.1	光纤传输基本原理	226
5.3.2	光纤材料分类	229
5.3.3	光纤材料的应用	230
5.4	**激光材料**	**232**
5.4.1	激光器原理	233
5.4.2	激光器分类	235
5.4.3	激光技术的应用	244
5.5	**红外材料**	**248**
5.5.1	红外辐射材料	249
5.5.2	红外探测材料	251
5.5.3	红外探测技术的应用	258
5.6	**非线性光学材料**	**261**
5.6.1	非线性光学效应	262
5.6.2	非线性光学材料分类	263
5.6.3	非线性光学材料的应用	265
参考文献		**266**

第 6 章　先进能源材料　268

6.1	**能源与新能源**	**268**
6.1.1	能源	268
6.1.2	新能源及其利用技术	269
6.1.3	新能源材料	271
6.2	**太阳能电池材料**	**272**
6.2.1	太阳能电池发展概况	272
6.2.2	太阳能电池的工作原理和特点	273
6.2.3	太阳能电池材料	276
6.3	**镍氢电池材料**	**287**
6.3.1	镍氢电池发展概况	287

- 6.3.2 镍氢电池的工作原理和特点 288
- 6.3.3 镍氢电池负极材料 290
- 6.3.4 镍氢电池正极材料 294
- 6.3.5 电解质材料 296

6.4 锂离子电池材料 297
- 6.4.1 锂离子电池发展概况 297
- 6.4.2 锂离子电池的工作原理和特点 298
- 6.4.3 锂离子电池负极材料 299
- 6.4.4 锂离子电池正极材料 302
- 6.4.5 电解质材料 305
- 6.4.6 隔膜材料 307

6.5 燃料电池材料 308
- 6.5.1 燃料电池发展概况 308
- 6.5.2 燃料电池的工作原理 310
- 6.5.3 燃料电池的特点 312
- 6.5.4 燃料电池材料 313

6.6 超级电容器材料 316
- 6.6.1 超级电容器发展概况 316
- 6.6.2 超级电容器的特点 317
- 6.6.3 超级电容器的工作原理 318
- 6.6.4 超级电容器材料 319

6.7 非锂金属离子电池材料 322
- 6.7.1 非锂金属离子电池工作原理 323
- 6.7.2 钠离子电池材料 324
- 6.7.3 镁离子电池材料 327

参考文献 329

第 7 章 先进电磁频谱对抗材料 331

7.1 电磁频谱对抗 331
- 7.1.1 电子战与电磁频谱战 331
- 7.1.2 隐身技术 332
- 7.1.3 烟幕干扰技术 333

7.2 雷达隐身材料 **335**
- 7.2.1 雷达吸波材料基本原理 335
- 7.2.2 雷达吸波材料吸波性能测试方法 347
- 7.2.3 雷达吸波材料基本类型 355
- 7.2.4 雷达吸波材料的设计 367

7.3 光电隐身材料 **376**
- 7.3.1 可见光隐身材料 376
- 7.3.2 红外隐身材料 380

7.4 烟幕材料 **384**
- 7.4.1 烟幕材料基本作用原理 385
- 7.4.2 发烟材料的基本要求 398
- 7.4.3 发烟剂的基本类型 399

参考文献 **403**

第 8 章 先进含能材料 **406**

8.1 含能材料化学基础 **406**
- 8.1.1 含能材料的概念 406
- 8.1.2 含能材料的燃烧 408
- 8.1.3 含能材料的爆炸 413

8.2 传统含能材料 **417**
- 8.2.1 含能材料发展现状 417
- 8.2.2 发射药 418
- 8.2.3 推进剂 421
- 8.2.4 炸药 423
- 8.2.5 烟火剂 429

8.3 先进含能材料 **432**
- 8.3.1 高能量密度含能材料 433
- 8.3.2 钝感含能材料 441
- 8.3.3 绿色含能材料 450
- 8.3.4 含能材料先进开发技术 455

参考文献 **465**

第 9 章　先进力学功能材料　468

9.1 材料力学基础　468
- 9.1.1 弹性变形与塑性变形　468
- 9.1.2 材料的磨损性能　471
- 9.1.3 材料的滞弹性与内耗　475
- 9.1.4 材料的硬度　479

9.2 形状记忆合金材料　484
- 9.2.1 形状记忆合金的特性　484
- 9.2.2 钛镍（Ti-Ni）基合金　486
- 9.2.3 铜基合金　488
- 9.2.4 铁基合金　490
- 9.2.5 其他合金　492
- 9.2.6 形状记忆合金的应用　492

9.3 超塑性材料　493
- 9.3.1 超塑性的定义及特点　493
- 9.3.2 超塑性的分类　495
- 9.3.3 超塑性的机理　496
- 9.3.4 典型超塑性材料　497
- 9.3.5 超塑性材料的应用　501

9.4 润滑材料　502
- 9.4.1 润滑与润滑剂　502
- 9.4.2 润滑油　505
- 9.4.3 润滑脂　509
- 9.4.4 固体润滑剂　510
- 9.4.5 气体润滑剂　514

9.5 阻尼减振材料　516
- 9.5.1 阻尼减振原理　516
- 9.5.2 黏弹性阻尼材料　519
- 9.5.3 阻尼合金　521
- 9.5.4 水性阻尼涂料　522
- 9.5.5 阻尼复合材料　523

9.6 超硬材料 — 525
9.6.1 超硬材料的定义和分类 — 525
9.6.2 轻元素单质和化合物 — 526
9.6.3 过渡金属与轻元素的化合物 — 527
参考文献 — 529

第10章 先进功能材料前沿 — 531
10.1 仿生材料 — 531
10.1.1 仿生材料简介 — 531
10.1.2 仿生伪装材料 — 533
10.1.3 仿生防护材料 — 539
10.1.4 仿生黏附材料 — 542
10.1.5 仿生医用材料 — 545
10.1.6 仿生超浸润材料 — 546

10.2 智能材料 — 551
10.2.1 智能材料的概念内涵 — 551
10.2.2 智能材料的发展历程 — 552
10.2.3 典型智能材料 — 553
10.2.4 新型智能材料 — 555

10.3 超材料 — 561
10.3.1 超材料简介 — 561
10.3.2 电磁超材料 — 563
10.3.3 声学超材料 — 566
10.3.4 力学超材料 — 569

10.4 新型电磁屏蔽材料 — 573
10.4.1 石墨烯基柔性电磁屏蔽材料 — 573
10.4.2 MXene基柔性电磁屏蔽材料 — 575
10.4.3 镓基液体金属电磁屏蔽材料 — 580

参考文献 — 582

第 1 章　绪　论

20世纪70年代,人们把材料、能源和信息并列为人类现代文明的三大支柱,而材料又是能源和信息发展的物质基础;20世纪80年代,以高技术群为代表的新技术革命,把材料技术、信息技术和生物技术并列为新技术革命的重要标志。材料的使用与发展标志着一个国家在科技、国防与经济等领域的发展水平。尤其在国防科技领域,材料是高性能武器装备发展的基石,是提升一个国家军事实力的关键因素之一。因此,先进材料的研究、开发与应用有着举足轻重的作用,是世界强国在材料领域发展的重点和热点。

1.1　先进功能材料的概念及其特点

1.1.1　结构材料与功能材料

材料的发展虽然历史悠久,但作为一门独立的学科始于20世纪60年代。自此,材料的研究和制造也开始从经验的、定性的、宏观的,向理论的、定量的和微观的方向发展。20世纪70年代,美国学者首先提出材料科学与工程(Materials Science and Engineering)这个学科全称。该学科的任务是研究材料的组成与结构(composition/structure)、制备与加工(synthesis/processing)、性能(properties)及使用效能(performance)之间的关系,这四个因素也称为材料科学与工程的四要素,它们之间的关系如图1-1所示。材料一般分为结构材料(structural materials)和功能材料(functional materials)两大类。

材料的发展最早是从结构材料开始的。结构材料是指能承受外加载荷而保持其形状和结构稳定的材料,如建筑材料、机器制造材料等,主要用于制作工程结构和机器零件,以强度、韧性、塑性等力学性能作为主要的使用性能。结构材料主要包括金属材料、陶瓷材料、高分子材料和复合材料几大类。材料发展的第一阶段是以发展结构材料为主的阶段,它在国民经济和国防建设中发挥了主要的作用。因此,可以把结构材料称为第一代材料。

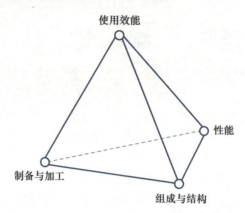

图1-1　材料科学与工程四要素之间的关系

功能材料的概念是由美国学者 J. A. Morton 于1965年首先提出来的。功能材料是指具有一种或几种特定功能的材料,如磁性材料、光学材料等,它具有优良的物理、化学和生物功能或功能转化特性。广义来看,结构材料实际上是一种具有力学功能的材料,因此也是一种功能材料。但由于对应于力学功能的机械运动是一种宏观物体的运动,与对应于其他功能的微观物体的运动有着显著的区别,人们习惯将结构材料和功能材料分开进行讨论和研究。因此,一般就把材料分成结构材料和功能材料两大类。然而,由于宏观运动和微观运动之间互有联系,在适当条件下,还可以互相转化。因此,结构材料和功能材料有共同的科学基础,有时也很难截然分开。此外,有时一种材料同时具有结构材料和功能材料两种属性,如隐身结构材料就兼有承载和隐身两种功能。有时因用途不同一种材料也属于不同的范畴,如弹性材料作为弹簧时属结构材料范畴,但作为储能使用时则应视为功能材料。

实际上,对功能材料的研究和应用远早于1965年,只是功能材料的品种和产量很少,且在相当一段时间内发展缓慢。因此,功能材料在早期未能成为独立的材料分支领域。20世纪60年代以来,各种现代技术如微电子、激光、红外、光电、空间、能源、计算机、机器人、信息、生物和医学等技术的兴起,强烈刺激了功能材料的发展。为了满足这些现代技术对材料的需求,世界各国都非常重视功能材料的研究与开发。同时,由于固体物理、固体化学、量子理论、结构化学、生物物理和生物化学等学科的飞速发展,以及各种材料制备新技术和现代分析测试技术在功能材料研究和生产中的实际应用,越来越多的功能材料从实验室走向工程应用,功能材料获得了飞速发展。当前,结构材料和功能材料的关系发生了根本的变化,功能材料已与结构材料处于相当的地位,功能材料学科已成为材料学科中的一个重要分支学科。功能材料的迅速发展是材料发展进入第二阶段的主要标志,因此可以把功能材料称为第二代材料。

与结构材料相比,功能材料主要具有以下特征。

(1)功能材料的功能对应于材料的微观结构和微观物体的运动,这是功能材料最本质的特征;而结构材料对应于材料的宏观结构和宏观物体运动。

(2)功能材料的形态呈多样性。除了晶态,还有气态、液态、液晶态、非晶态、准晶态、混合态和等离子态等;除了三维体相材料,还有二维、一维和零维材料;除了平衡态材料,还有非平衡态材料。

(3)结构材料常以材料形式为最终产品,并对其本身进行性能评价;而功能材料通常是以器件形式为最终产品,并对器件的特性与功能进行评价,材料的研究开发与元器件也通常同步进行,即材料器件一体化。

(4)功能材料通常采用先进的制备工艺,如急冷、超净、超微、超纯、薄膜化、集成化、微型化、纳米化、智能化以及精细控制和检测技术等。

1.1.2　先进功能材料及其特点

先进材料是新材料和高性能传统材料的总称,既包括新出现的具有优异性能和特殊功能的新材料,又包括传统材料改进后性能明显提高和产生新功能的材料。先进材料一般应用在高科技领域。先进材料可分为先进结构材料和先进功能材料。

先进功能材料一般是指当前正在研究或者已经研发出来的具有优异性能和特殊用途的新型功能材料。本书中涉及的先进功能材料,主要应用于航空、航天、兵器、舰船、能源、信息等高科技领域,涉及国防军工及民用领域的高端装备,通常具有优良的物理、化学和生物功能或性能互相转化的功能,用于非承载的目的。本书将用于非承载作用的先进力学功能材料也归属于功能材料的范畴,如用于飞机刹车片的耐磨材料、用于车辆减震的阻尼减震材料、用于装甲车辆的防弹材料等。先进功能材料具有功能材料的一般特征,同时还具有普通功能材料所没有的一些特殊性质和要求。先进功能材料主要有以下特点。

(1)先进功能材料是高技术密集型材料,在一方面或几方面具有高性能的特征,可以显著提升各类武器装备或民用高端装备的性能。例如,用于飞行器的热防护材料,具有优良的热防护性能,能够保障高超声速飞行器的结构与功能器件不被气动加热产生的高温损坏,使飞行器的飞行速度可以达到马赫数5以上,是超高声速导弹、航天飞机、飞船等装备必需的高性能先进功能材料;用于隐形战斗机的吸波材料,具有良好的雷达吸波性能,可使照射到战斗机表面的雷达波大幅衰减,减小其雷达散射截面,实现隐身效果。

(2)先进功能材料往往是多学科、多领域交叉融合而产生的新材料。由于实际应用环境的复杂性,军用装备及民用高端设备需要在多个方面满足技术指标要求。例如,用于光电对抗的烟幕材料,除具备基本的光电衰减性能之外,还需要满足流动性、分散性、漂浮性、毒性、刺激性、腐蚀性、电磁兼容性、清洁性等多方面的要求,涉及化学、光学、材料学、气象学、空气动力学、爆炸力学、生物学、电磁学、机械设计等多个学科的知识。

(3)先进功能材料的成本一般较高。尤其是用在军事上的先进功能材料,通常在性能上要求较高,在研发阶段投入的资金和时间成本较高,并且生产规模一般较小,单位成本很高。民用的高性能功能材料通常也是如此。因此,先进功能材料的成本一般远高于传统功能材料。

(4)先进功能材料一般较新,而且更新换代快。一代材料,一代装备。装备性能的提升在很大程度上依赖于材料性能的提升。世界大国和军事强国为了提升自身国防和科技实力,在先进功能材料的研发上投入了大量人力、物力,不断研发出性能更加优良的功能材料。因此,先进功能材料的更新换代速度一般也快于传统材料。

(5)先进功能材料技术保密性强。先进功能材料一般是新近发展起来的高性能功能材料,大多处于保密期。先进功能材料相对于传统材料在性能上具有较大的优越性,通常涉及企业商业机密或国家军事秘密,关系到企业或国家的技术安全。因此,先进功能材料具有很强的技术保密性,国家或企业都会制定相关的保密规定来约束从事先进功能材料研究的单位和人员,保障技术秘密在保密期内不外泄。

1.2 先进功能材料的分类

先进功能材料种类繁多,涉及面广,迄今还没有统一的分类方法,目前主要是根据材料的化学组成、应用领域和物理性质或功能特征进行分类。

按照化学组成分类,先进功能材料可分为金属功能材料、无机非金属功能材料、有机功能材料和复合功能材料。有时按照化学成分、晶体结构、显微组织的不同,还可以进一步细分小类和品种。例如,无机非金属功能材料可以分为玻璃、陶瓷和其他品种。

按照应用的技术领域分类,先进功能材料可分为信息材料、电子材料、传感材料、能源材料、隐身材料、含能材料、航天航空材料、舰船材料、兵器材料等。根据应用领域的层次和效能还可以进一步细分。例如,含能材料可进一步分为火炸药、燃烧剂、烟火药、诱饵剂、推进剂等。

按照材料的物理性质和功能特征分类,先进功能材料可分为电学功能材料、电磁功能材料、光学功能材料、热学功能材料、力学功能材料、声学功能材料、化学功能材料、生物医学材料、智能材料等。表1-1列出了具有各种功能特征的先进功能材料包含的主要类型及对应的主要用途。

表1-1 先进功能材料的主要类型及对应的主要用途

功能特征	主要类型	主要用途
电学功能材料	压电材料	压电传感器
	介电材料	电容
	导电高分子材料	隐身材料、电极材料
	超导材料	磁悬浮列车
电磁功能材料	吸波材料	隐身材料
	透波材料	雷达罩、天线罩
	光电干扰材料	烟幕材料
	屏蔽材料	电磁屏蔽
光学功能材料	激光材料	激光武器、激光器
	红外材料	红外探测器
	光致变色材料	伪装材料
	光电转换材料	光电传感器、太阳能电池
热学功能材料	热障涂层材料	飞行器发动机
	烧蚀热防护材料	高超声速武器、航天飞机、飞船
	热管理材料	导弹、战斗机
力学功能材料	摩阻材料	战斗机刹车片
	阻尼减震材料	坦克、车辆减震
	防弹材料	防弹复合装甲、防弹背心
声学功能材料	压电材料	声呐探测器
	磁致伸缩材料	水声发射与接收器
	声吸收材料	声隐身

续表

功能特征	主要类型	主要用途
化学功能材料	含能材料	火炸药、烟火药、推进剂
	储氢材料	新能源
	化学电池材料	电池
生物医学材料	人工器官材料	人工器官
	组织工程材料	人工组织
	控制释放材料	药物控释材料
智能材料	自感知智能材料	传感器
	自执行智能材料	自修复材料、防污材料

实际上,目前没有任何一种分类方法是完美的。面对千差万别的先进功能材料具体品种,无论采用哪种方法进行分类,都会遇到这样或那样的困难。因此在实际应用中,经常兼顾采用一两种或多种分类方法,即混合分类法。

1.3 先进功能材料的地位和作用

以武器装备及民用高端装备为代表的高技术领域一直都是高、精、尖技术的集合,先进功能材料是高技术领域装备制造的先导和基础。纳米材料的出现使装备器件微型化成为可能,各种微型武器开始出现在战场;先进高分子材料的出现大大减轻了飞行器的整体重量,使洲际导弹等超远程飞行器的出现成为可能;新型锂离子电池材料的出现减小了电池的体积、重量,提升了安全性,让无人机出现在人们的视野。先进功能材料是国防工业及民用先进制造等高技术领域发展的重要促进力量,是新型高性能装备的物质基础,也是当今世界高、精、尖技术领域的关键技术。不断发展新型的高性能功能材料,是使高端装备实现小(微)型化、轻量化、信息化、智能化和无人化的关键所在。总的来说,先进功能材料在先进制造与军事上的地位和作用主要体现在以下三个方面。

(1)先进功能材料技术是加快现代工业革命、催生人类战争形态和作战样式变革的重要驱动力。自石器到铸铜炼铁,金属材料锻造技术的进步大大提高了冷兵器的攻防能力;火药等含能材料的发明,直接使热兵器成为战争形态主流;近一百多年来,梯恩梯(TNT)合成炸药、金属冶金材料等化学合成和材料加工技术的进步,为两次世界大战为代表的机械化战争形态变革提供了强大动力。

现代战争中,先进功能材料技术在国家竞赛和军事竞赛中的作用愈加突显。以美国前两次抵消战略为例,在第一次以核技术为核心的抵消战略中,核燃料和非核燃料大大强化了超高含能武器的威力及其他核能武器的应用范围;反应堆材料,尤其是冷却剂材料、慢化材料和控制材料等材料的更新换代,为核电站的开发及应用提供了根本保障,同时也为核动力潜艇、核动力航空母舰的研发打下了坚实基础。在第二次以信息技术为核心的抵消战略中,单晶硅和半导体晶体管的发明及硅集成电路的研制成功,掀起了电子工业革命;石英光导纤维材料和砷化镓(GaAs)激光器的发明,促进了光纤通信技术迅速发展并逐步形成了高新技术产业,使人类进入了信息时代;隐身材料在先进战机和大型舰船上的成功研制和应用,直接实现了信息化条件下隐身作战等重大突破。

(2)先进功能材料科技是现代高端装备与武器装备的共性关键技术,并成为高技术领域依赖程度越来越高的核心支撑力量。例如,现代战争中,武器装备的作战平台、动力系统、毁伤系统、电子信息化系统等,无一不高度依赖先进功能材料技术。先进功能材料技术已走在尖端武器装备发展的最前沿。在以空天飞行器、大型舰船、先进战机、地面装甲为代表的各类作战平台中,先进功能材料发挥了重要作用。先进力学功能材料通过配方和工艺创新,不断优化提高其韧性、弹性、塑性、硬度等力学性能,如陶瓷基复合材料、碳/碳复合材料的发展,实现结构功能一体化的突破,促使武器平台性能发生质的飞跃。先进功能材料在尖端武器装备中的地位作用越来越突出,尤其是具有光、电、磁、声、热等特种功能效应的功能材料,为提升战斗力和推动战争形态变革发挥了极大作用。美国、俄罗斯等国在半导体材料、态势感知材料、光电传感器件、伪装隐身材料、形状记忆材料等多项领域研究中,取得了突破性进展。

(3)先进功能材料科技是发展前沿交叉技术的根本基础,已成为设计未来高技术方向和发展颠覆性技术的重要引擎。例如,为塑造自身绝对的科技优势,美国2014年再次提出以"创新驱动"为核心,重点发展能够"改变未来战局"颠覆性技术群优势的第三次抵消战略,其重点发展的无人智能、计算机、3D打印等颠覆性和交叉技术领域,都建立在先进功能材料技术这一重要基础之上。石墨烯材料、低维纳米材料、耐高温复合材料、全氮化合物、智能自修复材料、超材料等先进功能材料的迅速发展,在侦察探测、光电对抗、伪装隐身、高超发动机、人员防护、含能储能、航空航天等领域中都具备颠覆性的应用潜力,有些成果虽然距离实际应用还有一定的距离,但目前已具备很好的发展势头,随着各国在人力、物力上继续加大投入,必将全面支撑起改变未来工业形态的颠覆性技术群。

1.4 先进功能材料制备方法

先进功能材料是通过合成与加工手段制备出来的,在合成与加工过程中建立原子、分子、分子聚集体及微观组织、相的新排列,从原子尺度到宏观尺度对材料的结构进行调整与控制,获得高性能的功能材料。合成是利用化学和物理方法将原子和分子组合在一起,制造先进功能材料,其中化学方法是主要的方法。加工主要指成型加工,是利用物理和化学方法在较大尺度上改变结构或形状,冷加工以物理方法为主,热加工以化学方法为主。

先进功能材料的制备方法种类较多。根据制备工艺中材料发生的物理和化学变化特性,可分为物理法和化学法;根据材料反应体系中材料的聚集形态及相态变化特征,又可分为气相法、固相法和液相法。每一类功能材料既具有功能材料的一般特点,又具有自身的独特性能,因此在选用制备方法时,可采用一些通用的制备方法,也可发展出特有的制备方法和技术。具体采用何种方法,通常取决于产品性能、产率、经济性、便捷性等多个因素。1.4 节介绍几类先进功能材料的常用制备方法,包括超细粉体功能材料、一维功能材料、功能薄膜材料、功能陶瓷材料、新型碳材料、多孔材料等,为后续章节的论述打下一定基础。

1.4.1 超细粉体功能材料制备方法

超细粉体一般定义为粒径小于 $3\mu m$ 的粉体,根据粒径范围又分为微米级(粒径 $>1\mu m$)、亚微米级(粒径为 $0.1 \sim 1\mu m$)和纳米级(粒径为 $1 \sim 100nm$)粉体。超细粉体,特别是纳米级粉体的合成与制备早在 20 世纪 90 年代就成为一个很热门的研究课题。随着研究和应用的不断深入,出现了粉体制造技术,目前已逐渐形成粉体科学这一独立的科学分支。超细粉体的制备方法主要有粉碎法、固相法、气相法、液相法和溶剂蒸发法等,各类方法包含的具体内容及其技术特点如表 1-2 所列。

表 1-2 超细粉体常用制备方法及其技术特点

方法类型	制备方法	技术特点
粉碎法	机械球磨法	需要的时间较长,有时长达 100h;不能制备很细的粉体
固相法	固相反应法	成本低、产量高、工艺简单,但粉体不够细、杂质易混入,容易结团,需二次粉碎
	固相热分解法	工艺比较简单,但生成的粉末易结团,需二次粉碎
	自蔓延高温合成(SHS)法	燃烧温度高(1000~3000℃),产品纯度高,燃烧波传播速度快,反应时间短(秒级),无须外界提供能量,节约能源

续表

方法类型	制备方法	技术特点
气相法	化学气相沉积(CVD)法	颗粒均匀、纯度高、粒度小、分散性好、化学反应活性高,工艺可控,过程连续;适合于制备各类金属、金属化合物以及非金属化合物纳米微粒。如各种金属、氧化物、氮化物、碳化物、硼化物等。按体系反应类型分为气相分解和气相合成
	激光诱导CVD法	粒子大小可控,粒度分布窄,无硬团聚,分散性好,产物纯度高。粒径可达几纳米至几十纳米
	化学蒸发凝聚法	产量大,颗粒尺寸小(纳米级),粒度分布窄
	物理气相沉积(PVD)法	包含低压气体蒸发法和溅射法。可制备多种纳米金属,包括高熔点和低熔点金属;能制备多元化合物纳米微粒
	等离子体CVD法	反应温度高、升温和冷却速度快;不但具有PVD法的低温性和CVD法的绕镀性,而且易于调整化学成分和结构;真空度要求比PVD低,设备成本低于PVD法和CVD法
液相法	沉淀法	可分为直接沉淀法、共沉淀法和均匀沉淀法。直接沉淀法的优点是操作简单易行,对设备、技术要求不高,不易引入杂质,产品纯度高,成本较低
	溶胶-凝胶(Sol-Gel)法	合成及烧结温度低,产品具有高度的化学均匀性、化学纯度高、粒度分布均匀且细小,可制备纤维、薄膜等各种形状的产品,操作简单,无须昂贵设备
	微乳液法	产品分散性好,已用于纳米三氧化二铁、纳米氧化锆、纳米硫化镉、纳米氢氧化铝、纳米铁硼复合物等超细粉体的制备
	水热法	一般无须高温烧结即可直接得到结晶粉末,可制备金属、氧化物和复合氧化物等粉体材料,可合成熔点低、蒸气压高、高温分解的物质,所得粉末纯度高、分散性好、均匀、分布窄
	低温燃烧合成(LCS)法	一定程度上弥补了SHS法的不足,点火温度低(300~500℃),燃烧火焰温度较低(1000~1600℃),可简便、快捷地得到氧化物或复合氧化物产品
溶剂蒸发法	冷冻干燥法	由于在低温下进行,对热敏性的物质特别适用,物质中的一些挥发性成分损失很小,体积几乎不变,能保持原来的结构,不会发生浓缩现象。真空环境下,氧气极少,一些易氧化的物质得到了保护
	喷雾干燥法	产品粒度均匀、分散性好、纯度高,生产过程简单,操作控制方便,适于连续化工业生产
	喷雾热分解法	兼具气相法和液相法的诸多优点,不需要过滤、洗涤、干燥、烧结及再粉碎等过程,产品纯度高、分散性好、粒度均匀可控,除了氧化物还可制备多组分复合粉体

1.4.2 一维功能材料制备方法

自1991年日本科学家饭岛(Iijima)发现碳纳米管以来,一维纳米材料的研究引起了科学家浓厚的兴趣。一维功能材料是指有两个维度的尺寸达到纳米量级(1~100nm)的功能材料,如纳米线、纳米棒、纳米管、纳米带等。一维材料的长度比其他两维方向的尺度大得多,甚至为宏观量级(如毫米、厘米级)。

一维纳米材料具有纳米材料的一般特性,如表界面效应、量子尺寸效应和宏观量子隧道效应,同时又具有一些特殊的性质。一维纳米体系适合于研究光、电、场在一维方向上的性质,以及尺寸缩小所带来的机械性能的变化。它们是纳米尺寸的电子器件、光电子器件、机械传动装置的优良候选材料。

一维纳米材料制备方法的基本原理是:通过物理、化学的方法获得原子(离子)或分子态,在一定约束、控制条件下,结晶生长出一维纳米结构。获得原子(离子)、分子态以及约束条件的手段有多种,因此一维纳米材料的合成制备方法也多种多样,但总的来说,可分成气相法、液相法和模板法。各种方法的技术特点如表1-3所列。

表1-3　一维纳米材料常用制备方法及其技术特点

方法类型	制备方法	技术特点
气相法	气-液-固生长(VLS)法	气相法可广泛用来制备各种无机材料的纳米线。根据纳米线生长所需的蒸气(气相)产生方法的不同,VLS法又可分为激光烧蚀法、热蒸发法、CVD法、金属有机化合物气相外延法以及化学气相传输法等
	气-固生长(VS)法	晶须的生长需要满足两个条件:具有轴向螺旋位错(纵向条件)、防止晶须侧面成核(横向条件)。另外,晶须侧面附近气相的过饱和度必须足够低,以防止造成侧面上形成二维晶核,引起径向生长
	自催化气-液-固生长法	源材料没有使用金属催化剂,但在一些外在条件作用下,源材料内部可反应产生具有催化作用的低熔点金属液核,并以此促进纳米线以VLS方式生长
液相法	毒化晶面控制生长法	液相法可合成包括金属纳米线在内的各种无机、有机纳米线。该方法需要使用包覆剂覆盖某些晶面,使其生长速率大大减小,使其只能以一维线型生长
	溶液-液相-固相(SLS)法	该方法类似于高温气相VLS法,区别在于金属液滴是从溶液中分解而来,而不是气相产生的。可制备InP、GaAs、GaP、GaAs等纳米线
模板法	硬模板法	提供的是静态的孔道,物质只能从开口处进入孔道内部;具有较高的稳定性和良好的空间限域作用,可严格控制纳米材料的尺寸和形貌;缺点是结构单一,形貌变化较少
	软模板法	提供一个处于动态平衡的空腔,物质可透过腔壁扩散进出;方法简单、操作方便、成本低;形态具有多样性、容易构筑、不需要复杂的设备。但软模板结构的稳定性较差

1.4.3　功能薄膜材料制备方法

当固体或液体的一维线性尺度远小于它的其他二维尺度时,则将该材料称为薄膜材料。功能薄膜材料是广泛应用于国民经济、军事工业等领域的基础材料,具有重要的应用和基础研究价值。

根据厚度,可将薄膜材料分为厚膜($>1\mu m$)、薄膜($100nm \sim 1\mu m$)和纳米薄膜($1 \sim 100nm$)。按材料组成,可将薄膜材料分为金属薄膜材料、无机陶瓷薄膜材料、有机聚合物薄膜材料、半导体薄膜材料等;按物理功能和性能,又可将薄膜材料分为力学功能薄膜材料(如超硬薄膜材料、超润滑薄膜材料)、磁功能薄膜材料(如高透磁率薄膜材料、巨磁阻薄膜材料)、光功能薄膜材料(如红外反射薄膜材料、隐身薄膜材料)、电功能薄膜材料(如超导薄膜材料)等。

功能薄膜材料的制备方法分为气相法和液相法两大类,其中气相法又可分为 PVD 法和 CVD 法;液相法又可分为化学镀(CBD)、电镀(ED)、溶胶－凝胶(Sol－Gel)、金属有机物分解(MOD)、液相外延(LPE)、水热法、喷雾热解、喷雾水解、LB 膜及自组装等方法。

PVD 法是利用热蒸发源材料或电子束、激光束轰击靶材等方式产生气相物质,在真空中向基片表面沉积形成薄膜的方法。主要方法有真空蒸发法、溅射法、离子镀、分子束外延生长法等。PVD 法的主要优点是:①由于在真空中进行,能保证薄膜高纯、清洁和干燥;②能与半导体集成电路工艺兼容。主要缺点是:①沉积速率低;②对多组元化合物,由于各组元蒸发速率不同,其薄膜难以保证正确的化学计量比和单一结晶结构;③溅射方法由于高能离子轰击,易使薄膜受伤;④设备购置与维修成本高。

CVD 法是将一定化学配比的反应气体,在特定激活条件下(一般是利用加热、等离子体和紫外线等各种能源激活气态物质),通过气相化学反应生成新的膜层材料沉积到基片上制取薄膜的一种方法。主要包括光 CVD、热 CVD、等离子体 CVD、低压 CVD、常压 CVD、金属有机物 CVD 等方法。主要优点是:①沉积速率高;②能保证正确的化学计量比,易形成单一结晶结构;③易形成均匀、大面积薄膜;④对化学液相沉积,易进行微量、均匀掺杂来改进薄膜性能;⑤设备购置与维修成本低。主要缺点是:①CVD 方法的有机源有毒并难以制备,易对环境带来污染;②对化学液相沉积,薄膜厚度难以精确控制。

1.4.4　功能陶瓷材料制备方法

陶瓷是一类无机非金属固体材料。陶瓷材料的形态可以分为单晶、烧结体、玻璃、复合体和结合体,这些形态各有利弊。例如,单晶陶瓷材料具有精密功能,但成型加工困难,成本高,硬而脆,因此要与树脂进行复合,再用纤维增强后使用;多晶陶瓷材料往往采用烧结方式成型。功能陶瓷是指那些利用电、磁、声、光、热、力等直接效应及耦合效应所提供的一种或多种性质来实现某种使用功能的先进陶瓷。

功能陶瓷的不断开发,对科学技术的发展具有巨大的促进作用,其应用领域也随之更为广泛。目前主要用于电、磁、声、光、热和化学等信息的检测、转换、传输、处理和存储等,又由于其耐高温、耐腐蚀等特点,还用于飞行器的热防护材料。利用功能陶瓷组成和结构的易调性、可控性,可制出超高绝缘性、绝缘性、半导体、导电性和超导电性陶瓷;利用其能量转换和耦合特性,可制出压电、光电、热电、磁电和铁电等陶瓷;利用其对外场条件的敏感效应,可制出热敏、气敏、湿敏、压敏、磁敏、光敏等敏感陶瓷。

功能陶瓷的制备工艺有多种,一般制备工艺流程如图1-2所示。在陶瓷制备过程中,由于实验摸索中过错因素影响很大,要对陶瓷的合成方法直接提出设计思想是困难的。在烧结过程中,驱动力是表面能,而且是每平方毫米仅几个10^{-7}J的极微小驱动力,表面吸附能量的差异很大,这在理论模型中难以处理;同时,表面、界面科学尚未完善,故对上述过程进行计算设计是不可能的。另外,选定最佳微量添加剂,也是采用的经验办法。目前,系统性定量计算方法还远未确立。

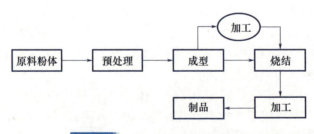

图1-2　功能陶瓷制备工艺流程

在整个工艺过程中,烧结参数的控制对陶瓷微结构和性能的影响较大,主要因素如下。

(1)温度及保温时间。通常,提高烧结温度,延长保温时间,会不同程度地促进烧结完成,完善坯体的显微结构。但温度过高,保温时间过长,易导致晶粒异常长大,出现过烧现象,反而使烧结体的性能下降。

(2)烧结气氛。一般材料如TiO_2、BeO、Al_2O_3等,在还原气氛中烧结时,氧可直接从晶体表面逸出,形成缺陷结构,利于扩散,从而利于烧结。

(3)压力。成型压力增大,坯体颗粒堆积紧密,相互接触点和接触面积增大,烧结也被加速。热压与普通烧结相比,MgO 在 15MPa 下,烧结温度降低了 200℃,密度提高了 2%,而且这种趋势随压力的升高而加剧。

(4)添加剂。纯陶瓷材料有时很难烧结,所以常添加一些烧结助剂,以降低烧结温度,改变烧结速度。当添加剂能与烧结物形成固溶体时,将使晶格畸变而得到活化,使扩散和烧结速度加快,烧结温度降低。例如,在 Al_2O_3 的烧结中添加少量 TiO_2,可使烧结温度由 1800℃ 降至 1600℃。

(5)原料粉体的粒度。粉体越细,表面能越高,烧结越容易。如普通 TiO_2 烧结温度为 1300~1400℃,而 30nm 的 TiO_2 烧结温度只有 1050℃。

1.4.5　新型碳材料制备方法

碳是一种很常见的元素,它以多种形式广泛存在于大气和地壳之中。它在地球中的丰度居元素的第 14 位。碳单质很早就被人认识和利用,碳的一系列化合物——有机物更是生命的根本。碳是生铁、熟铁和钢的成分之一。碳能在化学上自我结合而形成大量化合物,在生物上和商业上是重要的分子。生物体内大多数分子都含有碳元素。

碳元素存在着众多同素异形体,除众所周知的金刚石、石墨之外,富勒烯(C_{60})、碳纳米管以及石墨烯都成了纳米科技的宠儿。继 C_{60} 的发现被授予 1996 年诺贝尔化学奖之后,英国的两位科学家 Geim 和 Novoselov 凭借在石墨烯上的突破性研究成果荣获了 2010 年诺贝尔物理学奖。新型碳材料主要是指碳纳米管、石墨烯和碳纳米球等当前比较热门的纳米碳材料。

1)碳纳米管的制备

碳纳米管是单层或多层石墨片围绕中心轴按一定的螺旋角卷曲而成的无缝纳米级管,如图 1-3 所示。每层纳米管是一个由碳原子通过 SP^2 杂化与周围三个碳原子完全键合后所构成的六边形平面组成的圆柱面。根据石墨层数的多少可分为单壁碳纳米管和多壁碳纳米管两类,如图 1-3(b)和图 1-3(c)所示。虽然对碳纳米管发现的确切时间存在争议,但公认碳纳米管从 1991 年才引起了科学界的广泛兴趣。1991 年,日本的 Iijima 在研究富勒烯的制备过程中于电弧产物中发现了多壁碳纳米管,并利用透射电镜证实了它的存在。随后在 1993 年,他又发现了单壁碳纳米管。与此同时,Bethune 等也独立观察到了单壁碳纳米管。

单壁碳纳米管可看成由一层石墨烯沿一定角度卷曲而成的管状结构,直径为几纳米,长度可达数微米,甚至毫米级,具有很大的长径比。多壁碳纳米管则由多层石墨烯卷曲而成,可看成不同管径的单壁碳纳米管套装而成,少则两层,多则达到十几层,层距约 0.343nm,略大于石墨片层之间的距离 0.335nm,其直径在几纳米到几十纳米之间,而长度可达数微米。

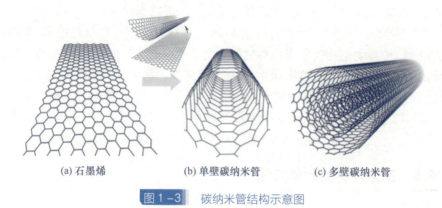

(a) 石墨烯　　　　(b) 单壁碳纳米管　　　(c) 多壁碳纳米管

图1-3　碳纳米管结构示意图

碳纳米管的制备方法很多,到目前为止,人们尝试了多种制备方法,如石墨电弧法、石墨电极电解法、热解法、激光蒸发法、等离子体法、化学气相沉积法和电化学法等。目前常用的制备方法主要有三种,即石墨电弧法、激光蒸发法和化学气相沉积法。利用不同方法制备得到的碳纳米管在结构和性能方面存在较大的差别。一般来说,石墨电弧法和激光蒸发法制备的碳纳米管纯度和晶化程度都较高。但激光烧蚀法由于设备的局限性不适合规模化生产;电弧法设备要求高、电弧温度高,易使碳纳米管与其他副产品、杂质等烧结在一起,不利于分离与提纯。另外,上述两种方法很难对碳纳米管的结构进行精确控制。

相比之下,化学气相沉积方法在碳纳米管的精细结构控制、特定取向生长、宏观形貌调控和放量生产等方面具有独特的优势,是最有潜力实现碳纳米管结构控制的批量生长技术。但由于生长温度较低,生长过程受气流扰动大,碳管中通常含有较多的结构缺陷,并伴有较多的杂质。

2) 石墨烯的制备

石墨烯是一种从石墨材料中剥离出的单层碳原子面材料,是碳的二维结构,如图1-4所示。在理想的单层石墨烯中,碳原子以六元环类蜂窝状结构周期排列,每个碳原子以 sp^2 杂化形式与相邻三个碳原子结合,形成键长为 0.142nm 的强 σ 共价键,使石墨烯具有较高的热力学稳定性和非常牢固的晶格结构。这种石墨晶体薄膜的厚度只有 0.335nm,把 20 万片薄膜叠加到一起,也只有一根头发丝的厚度。石墨烯是继富勒烯、碳纳米管后出现的一类重要的碳材料,它是 2004 年由曼彻斯特大学的 Geim 和 Novoselov 研究组首先发现的。

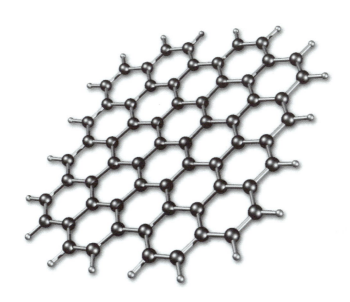

图1-4　石墨烯的原子结构示意图

在垂直于石墨烯层面方向,碳原子中垂直于平面未参与 sp^2 杂化的 p 轨道与相邻碳原子的 p 轨道形成共轭离域键,石墨烯层与层之间依靠范德瓦耳斯力作用堆叠,因此其具有高导热率和较高的载流子迁移率。此外,石墨烯还具有高达 130 GPa 的弹性模量、高比表面积、高透光率和易功能化等特性,使其在微电子、医药、能源和材料等诸多领域显示出巨大的应用潜力。

2004 年,英国曼彻斯特大学的 Geim 教授和 Novoselov 博士通过机械剥离法制得单层石墨烯。2008 年,麻省理工学院的 J. Kong 研究组通过化学气相沉积法首次在 Ni 膜上制备出石墨烯薄层,并成功转移,此工艺不仅可获得大面积的石墨烯薄层,而且具有可观的工业化前景。目前,石墨烯的制备方法很多,总体上可分为物理法和化学法,也可分为自上而下或自下而上的方法。目前,应用得较多的方法主要有机械剥离法、化学剥离法、外延生长法、化学气相沉积法、化学合成法等。每种制备方法都有各自的优缺点,需要根据应用需求确定适当的制备方法。

机械剥离法是利用外加物理作用力剥离石墨片层,获得石墨烯的一种方法,属于物理法。该方法的优点是成本低廉、工艺简单、无须特殊设备,获得的石墨烯具有近乎完美的晶体结构,质量和性能好,特别适合进行石墨烯基本物理性能和本征性质的研究。但该方法产率低,而且制备得到的石墨烯也很难被分离出来,很难实现规模化制备。

化学剥离法的主要过程是:通过氧化等方法在石墨材料的层间插入含氧基团,形成插层化合物,增大层间距、部分改变碳原子的杂化状态,从而减小石墨的层间相互作用;然后通过快速加热或者超声处理等方法实现石墨片层的剥离,获得功能化的石墨烯。化学剥离法可实现宏量制备,工序时间短,悬浮液可控性强。此方法存在的主要问题是石墨烯在胶体中的稳定性较差,需要解决石墨烯浓度较大时的沉降问题。

CVD 法是指利用气态碳源高温分解后在基底表面上的催化生长制备得到石墨烯片层的方法,主要分为热 CVD 技术和等离子体增强的 CVD 技术。目前,CVD 技术简单易行,得到的石墨烯质量较高并且比较容易转移,因此成为制备高质量和大面积单层石墨烯薄膜的重要方法。但是该方法对工艺参数和设备要求较高,制备成本也较高。

1.4.6 多孔材料制备方法

根据孔径的大小,多孔材料可以分为三类,即微孔材料(孔径 <2nm)、介孔材料(孔径为 2~50nm)和大孔材料(孔径 >50nm)。在众多多孔材料中,气凝胶因其独特的结构和性能受到人们的极大关注。气凝胶是一种以纳米量级胶体粒子相互聚集构成纳米多孔网络结构,并在孔隙中充满气态分散介质的高分散固态材料。因其独特的纳米多孔网络结构,气凝胶材料具有低密度、高孔隙率(最高可达 99% 以上)、高表面活性、高比表面能和高比表面积(高达 $1000m^2/g$ 以上)等特殊性质,在电学、光学、催化、隔热保温等领域具有广阔的应用前景。

所有种类的气凝胶其制备过程基本相同,主要包括三个过程:溶胶 – 凝胶过程(湿凝胶的制备)、凝胶的老化和湿凝胶的干燥。对于碳气凝胶则需要在干燥后增加碳化过程。气凝胶的干燥过程是以一定的干燥工艺去除湿凝胶或前驱体溶液的溶剂,使空气充满骨架之间的间隙,同时保持固体骨架原有的多孔网络结构,最终获得低密度、高孔隙率的气凝胶。因此,湿凝胶体系的干燥过程成为影响气凝胶孔隙结构的关键因素,也在很大程度上决定了最终产品的质量。当前主要的干燥方法有超临界干燥、常压干燥和冷冻干燥。

超临界干燥是在超临界状态(压力和温度同时超过物质的临界压力和临界温度时的状态)下进行的干燥。这种状态使溶剂在干燥过程中不存在气 – 液界面,也就不存在表面张力,从而在干燥过程中较好地保持湿凝胶的网络骨架结构。超临界干燥是气凝胶干燥手段中研究最早、最成熟的工艺。超临界干燥也存在一些缺点尚待改进,比如所用设备的材质多为金属材料,且对设备的高温高压控制系统有很高要求,导致设备成本较高;超临界干燥大多数操作条件为高温高压,干燥介质多为具有易燃性的有机溶剂,使操作具有一定的危险性,且难以进行连续性、规模化生产。

常压干燥是随着气凝胶的发展而衍生出来的一种全新的干燥方法,其相比超临界干燥方法所需的设备便宜、操作简单,可进行连续性、规模化的生产。常压干燥的原理是用低表面张力的溶剂置换原体系中高表面张力的溶剂(如庚烷置换乙醇),从而可以在常压下使湿凝胶干燥,同时可减少干燥过程对气凝胶空间结构的破坏,获得性能优异的气凝胶材料。常压干燥的缺点是操作过程中会使用溶剂,从而不可避免地存在固-液界面之间的表面张力,可能引起气凝胶结构的收缩和坍塌。

冷冻干燥技术是真空技术与低温技术相结合的干燥方法。其原理是将凝胶内部的溶剂冷冻变成固相后,通过低温低压的外部条件将溶剂以蒸气形式除去,从而获得气凝胶。通过气-固界面的构建,极大程度降低了溶剂表面张力对凝胶骨架结构的影响。一般采用冷冻干燥法制备气凝胶需经过四个步骤:前驱体的制备、前驱体的冷冻、冻结物的冷冻真空干燥及干燥物的热处理,其中前驱体可以是溶液或溶胶。此外,冷冻干燥法还有利于克服干燥收缩现象。大多数溶剂在低温凝固时会发生体积膨胀,这使得前驱体内部粒子适当分开,一定程度上降低了气凝胶的收缩率。但是,冷冻干燥也有许多缺点,如操作过程中需要同时运行制冷系统和真空装置,成本较高;干燥周期长(通常为24~48h);溶剂在凝固时会影响气凝胶网络结构等。

1.5 先进功能材料的发展趋势

先进功能材料以高性能为主要标志,以满足高技术行业对材料功能和性能的需求为目的。现代功能材料虽已经过很长时间的发展,但仍然无法完全满足实际需求。先进功能材料需要不断提升其功能与性能,在先进制造业、国防军工等领域发挥更重要的作用。当前及未来一段时期,先进功能材料的主要研究内容与发展方向有以下几个方面。

1.5.1 基础理论与材料设计方法

现代功能材料的发展在很大程度上受益于近代科学在物理、化学、生物等基础学科上的进步,特别是一些基础理论的突破使功能材料在先进性上不断提升。要开发更多性能优良的先进功能材料,仍然需要在基础理论上有更多突破。例如,超导材料被发现之初在科学界掀起一股超导热,但在高温超导的理论研究方面,一直没有大的突破,致使高温超导材料的研究进展缓慢。要开发出具有实用价值的高温超导材料,势必要在基础理论上先有重大的突破。

另外,科学、高效的材料设计方法在材料的开发中发挥着越来越重要的作用,新型功能材料的开发尤其需要依托于先进的材料设计方法。先进的材料设计方法首先需要建立从电子尺度到宏观尺度的计算模型,模型的准确性十分重要,它直接决定了材料设计的有效性;其次,在硬件上需建立功能强大的计算平台,具备高通量的计算能力,超级计算机的迅速发展在这方面提供了强大的硬件支持;最后,在数据处理方面,可以依托于当前发展的数据挖掘、机器学习、人工智能等高新技术,提高数据处理和使用的效率和效果。先进功能材料的发展越来越离不开人工设计,超材料的出现就是一个很好的例子,通过高效的人工设计,人们有望制备出越来越多的超越自然材料性能的先进功能材料。

1.5.2 先进制备与表征技术

先进的材料制备与表征技术是促进功能材料向前发展的驱动力之一,也是该领域持续的研究重点与研究热点。在制备与表征技术上的突破,往往能极大地促进新型功能材料的发展,不断开发出具有新颖结构、组成和性能的新型功能材料。例如,随着制备和表征技术的进步,富勒烯、碳纳米管、石墨烯等纳米碳材料被逐步开发出来,并快速发展,引起了全世界的广泛关注,它们独特的优异性能已在各个领域展现出良好的应用前景。由于制备工艺较为复杂,单壁碳纳米管、少层石墨烯等纯度高、缺陷少的纳米碳材料成本较高,在很大程度上限制了其应用推广。随着制备工艺研究的不断深入,其制备工艺不断地发展和完善,目前已逐步走向产业化阶段。

功能材料的制备和研究离不开测试和表征技术。可以毫不夸张地说,先进的测试分析手段和方法既促进了功能材料的研究与制备,也推动了功能材料的应用。扫描电镜(SEM)分析、透射电镜(TEM)分析、X射线能谱分析、拉曼光谱分析、原子力显微镜分析、X射线衍射分析、红外吸收光谱分析、质谱分析、核磁共振分析、差热分析等现代测试表征技术的发展,在材料的形貌表征、结构分析、性能测试、组分鉴定、成键确认、分子间力测试等方面发挥了重要的作用,使人们在更小的尺度上认识材料,建立了材料的原子组成、晶格特征、微观缺陷等微纳尺度的特征与其宏观性能的联系,从而能够指导材料的设计与合成,不断开发出性能更加优良的新型功能材料。

反过来,先进功能材料在性能上无止境的追求,也对先进制备与表征技术提出了更高的要求。制备技术要求更加精细化、自动化、智能化,在更加微小的尺度上,对材料的原子分子构型、晶体组织、组分含量、生长速率实现精确调控,精准制备出符合设计要求的新型材料。测试表征方法也将向着样品无耗损、无破坏、原位性以及组分含量定量、准确等方向继续发展,更加精确、便捷地获得材料的组成、结构、形貌、理化性能等基本参数。另外,为了加快材料研发的进程,快速获得样品及其性能参数,高通量制备与表征技术也是重要的发展方向。

1.5.3　多功能先进功能材料

随着科技的飞速发展,许多行业对先进材料的综合性能提出了更高的要求,多功能化便是其中一个重要的指标。尤其是在极端条件下工作的高技术装备,面临着超高压、超高温、超低温、高热冲击、强腐蚀、高真空、强激光、高辐射、粒子云、原子氧等严酷现实环境的考验,功能单一的材料往往难以满足使用要求,多功能先进功能材料的开发显得尤为重要。

热透波材料便是一种可在极端恶劣的热环境中保持良好透波性能的多功能先进材料。在严重的气动加热环境下,航天器的天线罩和天线窗表面温度达到$1000 \sim 3000K$,甚至更高。所用的热透波材料,一方面,必须在某一频率甚至很宽的频率范围内保持良好的微波传输性能,以保证通信、探测和制导信号的传输;另一方面,又必须能够承受飞行中的气动热、气动力和冲击、振动、过载的热力联合作用,保持航天器结构的完整性,保护导引头、雷达或天线系统不受外部恶劣环境影响。为满足上述要求,作为天线罩(窗)的热透波材料,必须在很宽的温度范围内兼具稳定优良的介电性能、良好的力学性能、耐热耐烧蚀性能、隔热性能以及抗冲击性能等综合性能,属于集电、热、力于一体的多功能先进材料。

应用于舰船、航母船体外表面的防护涂层材料同样是一种恶劣条件下使用的多功能先进材料。舰船长期处于海水侵蚀的强腐蚀环境,其防护涂层应具有良好的抗电化学腐蚀性能;同时,海洋生物容易附着于船体表面,对船体产生生物腐蚀,防护涂层应具有良好的防污性能,使海洋生物不能附着于表面;另外,面对日益先进的声呐探测技术,防护涂层还应具有较好的声呐吸收性能,减少声呐的反射,实现声呐隐身功能。因此,在进行舰船防护涂层材料设计时,应兼顾抗腐蚀、防污、声呐隐身等多种性能要求,制备出多功能的先进涂层材料。

1.5.4　智能化先进功能材料

智能化先进功能材料是指能够有效地利用材料自身的感知功能获取信息,并且能对获取的信息进行处理,进而做出适时响应的材料。材料因此具备了感知能力、记忆能力、学习能力和自适应能力。先进功能材料的智能化必将为人类改造世界的能力带来巨大的突破。

自然界中的材料都具有自适应、自诊断和自修复的功能,如所有的动物或植物都能在没有受到绝对破坏的情况下进行自诊断和自修复。人工材料目前还不能做到这一点,但是近三四十年研制出的一些材料已经具备了其中的部分功能,这就是目前最吸引人们注意的智能材料,如形状记忆合金、光致变色玻璃等。尽管近十余年来,智能材料的研究取得了重大进展,但是离理想智能材料的目标还相去甚远,并且严格来讲,目前研制成功的智能材料还只是一种智能结构。

智能材料应具备感知、驱动和控制三个基本要素。现有的单一均质材料通常难以具备多功能的智能特性,因此智能材料往往由两种或两种以上的材料复合,构成一个智能材料系统。这就使智能材料的设计、制造、加工和性能结构特征均涉及材料学的最前沿领域,因此智能材料代表了材料科学最活跃的方面和最先进的发展方向。

智能材料是材料科学发展的一个重要方向,也是材料科学发展的必然。在未来,智能材料必将发展为智能材料结构与系统,将传感元件、驱动元件及有关的信号处理和控制电路集成在智能材料结构中,通过电、磁、热、光、机、化等各种手段的激励和控制,不仅具有承受载荷的能力,而且对信息具有识别、分析、处理及控制等多种功能,能进行自诊断、自适应、自学习、自修复。智能材料会像计算机芯片那样引起人们的重视,对它的关注和研究会推动诸多方面的技术进步,开拓新的学科领域并引起材料与结构设计思想的重大变革。这是当前工程学科发展的国际前沿,将给工程材料与结构的发展带来一场革命。

1.5.5 结构功能一体化先进材料

结构功能一体化已成为当前材料科学与技术发展的一个共性方向,尤其对于高技术行业,发展新型的结构功能一体化先进材料具有更加重要的现实意义。

航空航天飞行器使用的先进材料,要求同时满足轻质、高强、多功能等众多要求,结构功能一体化设计成为一种必然选择。最典型的战斗机使用的隐身结构,要求具备宽频隐身、力学承载和轻薄结构等多种功能,如果将结构材料和功能材料分开设计,则难以同时满足以上要求。采用结构功能一体化设计方法和制备工艺体系,充分发挥电磁损耗材料的结构吸波效应,通过力学承载优化设计、隐身性能优化设计和薄型设计,兼容三者之间的设计矛盾,可制备出集高力学承载能力、超宽频隐身性能、轻量化、薄型结构于一体的多功能隐身超结构,进而实现实用化和产业化,显著提升战斗机隐身作战能力。

结构功能一体化先进材料在坦克装甲等陆用装备上同样具有急迫的现实需求。随着现代科学技术的飞速发展,武器系统的攻击性能得了长足的发展,迫使坦克车辆的金属防护层越来越厚,其战斗全重越来越大,严重影响了作战的机动性能和快速反应能力。为了实现减轻自重、提高坦克车辆防护性能、增强战场突防能力,迫切需要应用轻质高强、具有良好抗弹性能和优良耐疲劳性能的先进材料。传统的金属材料已不能满足各方面的需求,将比强度高、比模量高、耐疲劳性的纤维增强复合材料与传统防弹材料(如陶瓷、钢板等)进行复合,可得到结构功能一体化的轻质装甲。该材料可降低装甲车辆战斗全重30%以上,实现机动性和防护能力的统一,提高车辆的生存能力。

参考文献

[1] 冯端,师昌绪,刘治国. 材料科学导论[M]. 北京:化学工业出版社,2002.
[2] 李爱东. 先进材料合成与制备技术[M]. 2版. 北京:科学出版社,2019.
[3] 胡显章,曾国屏. 科学技术概论[M]. 北京:高等教育出版社,1998.
[4] 杨瑞成,张建斌,陈奎,等. 材料科学与工程导论[M]. 北京:科学出版社,2012.
[5] 小威廉·卡利斯特,大卫·莱斯威什. 材料科学与工程导论[M]. 9版. 陈大钦,孔哲,译. 北京:科学出版社,2017.
[6] 曹晓明,武建军,温鸣. 先进结构材料[M]. 北京:化学工业出版社,2005.
[7] 周馨我. 功能材料学[M]. 北京:北京理工大学出版社,2002.
[8] 王章忠,周细应,莫淑华,等. 材料科学基础[M]. 北京:机械工业出版社,2005.
[9] 张亮生,赵九蓬,杨玉林. 新型功能材料制备技术与分析表征方法[M]. 哈尔滨:哈尔滨工业大学出版社,2017.
[10] 李凤生. 超细粉体技术[M]. 北京:国防工业出版社,2000.
[11] 晋传贵,裴立宅,俞海云. 一维无机纳米材料[M]. 北京:冶金工业出版社,2007.
[12] 宁兆元,江美福,辛煜,等. 固体薄膜材料与制备技术[M]. 北京:科学出版社,2008.
[13] 殷庆瑞,祝炳和. 功能陶瓷的显微结构、性能与制备技术[M]. 北京:冶金工业出版社,2005.
[14] 张锦,张莹莹. 碳纳米管的结构控制生长[M]. 北京:科学出版社,2019.
[15] 陈永胜,黄毅. 石墨烯-新型二维碳纳米材料[M]. 北京:科学出版社,2015.
[16] 杨全红,张辰,孔德斌. 石墨烯:化学剥离与组装[M]. 北京:科学出版社,2020.
[17] 徐如人,庞文琴,霍启升. 分子筛与多孔材料化学[M]. 2版. 北京:科学出版社,2015.
[18] 冯坚. 气凝胶高效隔热材料[M]. 北京:科学出版社,2016.
[19] 江雷. 仿生智能纳米材料[M]. 北京:科学出版社,2015.
[20] 刘海鹏,金磊,高世桥. 智能材料概论[M]. 北京:北京理工大学出版社,2021.

第 2 章　功能材料的结构

功能材料的性能与其组成、结构和加工工艺有着密切的关系。尤其是材料的结构,对其性能具有决定性的影响。分析材料的结构,对于理解其表现出来的功能和性能也具有重要的作用。从材料的内部结构来看,可以从尺度上分为四个层次:原子结构、结合键、原子的排列方式以及显微组织。本章主要介绍材料的原子结构、结合键、晶体学基础及晶体中的缺陷,了解功能材料结构的基础知识,加深对功能材料结构与其性能之间关系的理解。

2.1 原子结构

2.1.1 原子结构模型

原子是组成材料的基本单元,由带正电荷的原子核和带负电荷的电子组成。而原子核又由带正电荷的质子和不带电的中子组成,如图 2-1 所示。具有相同质子数(核电荷数)的原子称为一种元素。同一元素的中子数可能不同,不同中子数的同一元素的不同核素互为同位素。例如,氢有三种同位素,^1H(氕,H)、^2H(氘,D)和 ^3H(氚,T);而碳则有 ^{12}C、^{13}C 和 ^{14}C 等多种同位素。人类对原子结构的认识,经历了一个较为漫长的过程。

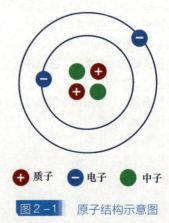

图 2-1　原子结构示意图

公元前5世纪,古希腊哲学家留基波(Leucippus)和德谟克利特(Democritus)等提出了朴素原子论:世间万物皆由原子组成,原子是最小的、不可再分的微粒。朴素原子论是古代哲学家的一种推测,并无科学依据。直到18世纪末、19世纪初,人们发现了质量守恒定律、能量守恒定律、定比定律、倍比定律和化合量定律之后,近代原子学说才逐渐形成。1803年,英国科学家道尔顿(J. Dalton)提出的原子学说指出:化学元素的最小组成单位为原子,原子既不能被创造,也不能被消灭和分割;同种元素的原子质量相同,不同种元素的原子质量不相同;化合物是由两种或两种以上不同元素的原子结合而成的。道尔顿提出了原子量的概念,为化学进入定量阶段奠定了基础,极大地推动了化学的发展。但他的原子学说没能阐明原子的具体组成与结构,不能解释同位素的存在,也没有说明原子与分子的区别。

19世纪末、20世纪初,科学家在电子、质子、放射性等一系列重大发现的基础上,逐渐建立了现代原子结构模型。

1879年,英国科学家克鲁克斯(W. Crookes)发现了阴极射线。1897年,英国科学家汤姆森(J. J. Thomson)通过低压气体放电实验发现了电子,并测出了它的荷质比,从而打破了原子不可再分的论断,提出了原子结构的西瓜模型:原子是一个均匀分布着正电荷的球形粒子,比原子小得多的电子镶嵌其中并中和正电荷,使原子呈电中性。1911年,汤姆森的学生卢瑟福(E. Rutherford)基于α粒子散射实验,否认了西瓜模型的正确性,建立了基于经典电磁学理论的行星模型:原子中心有一个极小的原子核,它带有正电荷并几乎集中了原子的全部质量,而电子则围绕原子核做圆周运动,就像行星绕太阳运动一样。1913年,英国的莫斯莱(H. G. J. Moseley)证明了原子核的正电荷数等于核外电子数。1919年,卢瑟福发现了原子核中带正电荷的质子。1932年,英国科学家查德威克(J. Chadwick)又发现了原子核中电中性的中子。至此,组成原子的三种基本粒子——电子、质子和中子均被人们发现。然而,卢瑟福的核式结构理论与经典的电磁理论存在矛盾:按照经典电磁理论,电子最终将与原子核相撞而毁灭,这与事实相悖;另外,它预测的原子发射光谱是连续的,无法解释氢原子光谱的不连续性。

1913年,丹麦青年物理学家玻尔(N. Bohr)将普朗克(M. Planck)的量子理论及爱因斯坦(A. Einstein)的光子学说与卢瑟福的核式模型结合,提出了新的原子结构模型,即著名的玻尔理论。玻尔理论提出以下三点假设。

(1)定态假设。原子存在一系列具有确定能量的稳定状态,称为定态。这些能量状态是分立的、不连续的。处于一定能量状态的原子是稳定的,即使电子绕原子核作加速运动,也不发生电磁辐射。

(2)频率假设。只有当原子从一个能量为E_n的定态跃迁至另一个能量为E_m的定态时,原子才会发射或吸收光子,光子的频率ν_{nm}符合爱因斯坦公式,即

$h\nu_{nm} = |E_n - E_m|$，h 为普朗克常数。

(3) 角动量子化假设。电子绕核运动的轨道不是任意的，只有那些角动量 L 等于 $h/(2\pi)$ 整数倍的轨道才实际存在，并形成定态。

玻尔理论不但回答了氢原子稳定存在的原因，而且还成功地解释了氢原子和类氢离子的光谱现象。但是，玻尔理论难以解释多电子原子的光谱和能量，甚至不能解释氢原子光谱的精细结构。原因是玻尔理论虽然引用了普朗克的量子化概念，却没有跳出经典力学的范畴，在计算原子的轨道半径时，仍是以经典力学为基础的，不能正确反映微观粒子独特的运动规律。实际上，电子的运动并不遵循经典力学的定律，而是具有微观粒子所特有的性质——波粒二象性，这种特性玻尔在当时还没有认识到。

1924年，法国物理学家德布罗意（De Broglie）提出，所有微观粒子（包括电子和原子）均具有波粒二象性，并给出了著名的德布罗意关系式。1927年，德国物理学家海森堡（W. Heisenberg）提出了测不准原理，证明具有波粒二象性的电子运动不能同时准确测定其空间坐标和动量，即无确定的运动轨道，玻尔理论的电子轨道根本不存在。测不准原理并不意味着微观粒子运动无规律可言，只是说明它不符合经典力学的规律，应该用量子力学来描述微观粒子的运动。

1926年，奥地利物理学家薛定谔（E. Schrödinger）在德布罗意关系式的基础上，对电子的运动做了适当的数学处理，建立了著名的薛定谔方程，能够描述原子核外空间某处单位体积内电子出现的概率，称为概率密度。人们形象地把电子在空间的概率密度分布称为电子云。至此，原子结构的电子云模型被建立起来。电子云模型是基于量子力学建立起来的，接近近代人类对原子结构的认识，认为电子运动具有以下几个特性。

(1) 电子具有波粒二象性，它具有质量、能量等粒子特征，又具有波长这样的波动特征。电子的波动性与其运动的统计规律相联系，电子波是概率波。

(2) 电子这样的微观粒子有着与宏观物体完全不同的运动特征，不能同时测准它的位置和动量，不存在玻尔理论那样的运动轨道。它在核外空间的运动体现为概率的大小，有的地方出现的概率小，有的地方出现的概率大。

(3) 电子的运动状态可用波函数 ψ 和其相应的能量来描述。波函数 ψ 是薛定谔方程的合理解，$|\psi|^2$ 表示概率密度。

(4) 每一波函数 ψ 对应一确定的能量值，称为定态。电子的能量具有量子化的特征，是不连续的。基态时能量最小，比基态能量高的是激发态。

2.1.2 电子的量子数

在量子力学中，通常用四个量子数来描述电子在核外空间的运动状态，包括

主量子数 n、角量子数 l、磁量子数 m 和自旋量子数 m_s，前三个是在求解薛定谔方程时自然产生的，最后一个则是为了描述电子的自旋状态而提出的。

1）主量子数

主量子数 n 用于描述电子出现概率最大的区域离核的远近，主要决定电子的能量，代表了主电子层，取值为 1、2、3、4、5 等正整数。在同一原子内，主量子数相同的轨道内电子离核的平均距离比较接近，习惯上把同一主量子数的轨道归为一个电子层，并用 K、L、M、N、O、P、Q 等符号分别对应 n = 1、2、3、4、5、6、7 等电子层。n 值越大的电子层，表示电子离核的平均距离越大。

对于氢原子和类氢离子等单电子原子来说，其能量高低只取决于 n，氢原子内电子在各能层的能量 $E_n = -13.6Z^2/n^2$（Z 为原子序数），n 值越大，能量越高。但对于多电子原子而言，电子的能量除了受电子层影响，还因原子轨道形状不同而异，即受角量子数影响。

2）角量子数

角量子数 l 表示电子亚层或能级，它决定了电子空间运动的角动量以及原子轨道或电子云的形状，在多电子原子中与主量子数 n 共同决定电子能量的高低。对于一定的 n 值，l 可取 0,1,2,3,4,$\cdots$,n – 1 等共 n 个值，用符号相应表示为 s、p、d、f、g 等。一般来说，当主量子数 n 相同时，随着角量子数 l 增大，原子轨道的形状变得越来越复杂，能量也越来越大。如 n = 3 表示第三电子层，l 值可有 0、1、2，分别表示 3s、3p 和 3d 亚层，相应的电子分别称为 3s、3p 和 3d 电子，它们的原子轨道或电子云的形状分别为球形、哑铃形和四瓣梅花形，原子轨道的能级顺序是：$E_{3s} < E_{3p} < E_{3d}$。

3）磁量子数

磁量子数 m 决定原子轨道（或电子云）在空间的伸展方向以及在外磁场作用下电子绕核运动时角动量在外磁场方向上的分量大小。当 l 给定时，m 的取值为从 $-l$ 到 l 之间的所有整数（包括 0），即 0，±1，±2，±3，$\cdots$，±l，共 $(2l+1)$ 个取值。即原子轨道（或电子云）在空间有 $(2l+1)$ 个伸展方向。磁量子数 l 的每一个值，即电子云在空间的每一个伸展方向代表一个轨道或波函数。例如，l = 0 时，s 电子云呈球形对称分布，没有方向性，m 只能有一个值，即 m = 0，说明 s 亚层只有一个轨道为 s 轨道。当 l = 1 时，m 可有 –1、0、+1 三个取值，说明 p 电子云在空间有三种取向，即 p 亚层中有三个分别以 x、y、z 轴为对称轴的 p_x、p_y 和 p_z 轨道。当 l = 2 时，m 可有五个取值，即 d 电子云在空间有五种取向，d 亚层中有五个不同伸展方向的 d 轨道。

4）自旋量子数

用分辨率极高的光谱仪观测氢原子光谱时发现，每条谱线均分裂成两条邻近的谱线，仅用前面三个量子数难以解释。1925 年，乌伦贝克（Uhlenbeck）和哥德斯密特（Goudsmit）提出了电子自旋的假设，引出了第四个量子数——自旋量子数 m_s。m_s 取值为 ±1/2，表明一个轨道上最多只能容纳两个自旋状态不同的电子。需要注意的是，自旋是如电子这样的微观粒子的属性，并不像经典力学中地球自转那样的概念，只能用量子力学来描述。电子自旋表示电子自身的两种运动状态，这两种运动产生的角动量有所不同，为了描述方便人们用"自旋"的概念进行形象化的表示。m_s 是不依赖于 n、l、m 三个量子数的独立量，常用向上（↑）和向下（↓）的箭头来表示两种自旋状态。当两个电子处于相同的自旋状态时称为自旋平行，用符号"↑↑"或"↓↓"表示；当两个电子处于不同的自旋状态时称为自旋反向，用符号"↑↓"或"↓↑"表示。

综上所述，当四个量子数都确定以后，才能完全描述这个电子的运动状态，即确定这个电子处在哪个电子层（n）、哪种形状的电子亚层（l）、哪种空间取向的轨道（m）、采用哪种自旋方式（m_s）。

2.1.3 电子排布规则

处于稳定状态的原子，核外电子将尽可能地按能量最低原理排布。另外，由于电子不可能都挤在一起，它们还要遵守泡利（W. Pauli）不相容原理和洪特（F. Hund）规则。一般而言，在这三条规则的指导下，可以推导出元素原子的核外电子排布情况。

（1）泡利不相容原理：原子中不可能有两个或两个以上的电子具有完全相同的四个量子数。换句话说，原子中同一量子态只能容纳一个电子。根据该原理，在轨道量子数 n、l、m 确定的一个原子轨道上最多可容纳两个电子，而这两个电子必须自旋反向。由此可以推算出，每个电子层所能容纳的电子数为 $2n^2$ 个，因此对于 $n=1$、2、3、4、5 等的电子层，能容纳的电子数分别为 2、8、18、32、50 等。泡利不相容原理是微观粒子运动的基本规律之一，应用它可以解释原子内部的电子排布状况和元素周期表。

（2）能量最低原理：电子优先占据能量低的原子轨道，使整个原子体系能量最低。也就是说，在不违背泡利不相容原理的前提下，多电子原子核外电子排布时总是优先占据能量最低的轨道，当低能量轨道占满后，才排入高能量的轨道，以使整个原子体系的能量最低。

原子轨道能量的高低主要由主量子数 n 和角量子数 l 决定，n 和 l 都确定的轨道称为一个能级。当 l 相同时，n 越大，原子轨道能量 E 越高，如 $E_{1s} < E_{2s} < E_{3s}$，$E_{2p} < E_{3p} < E_{4p}$。当 n 相同时，l 越大，能级也越高，如 $E_{3s} < E_{3p} < E_{3d}$。当 n 和 l 都不同时，情况比较复杂，必须同时考虑原子核对电子的吸引及电子之间的相互排斥力。由于其他电子的存在会减弱原子核对外层电子的吸引力，使多电子原

子的能级产生交错现象,如 E_{4s} < E_{3d}、E_{5s} < E_{4d}、E_{6s} < E_{4f}。美国化学家鲍林(L. C. Pauling)根据光谱实验数据以及理论计算结果,提出了多电子原子轨道的近似能级图,如图 2-2 所示。用小圆圈代表原子轨道,按能量高低顺序排列起来,将轨道能量相近的放在同一个方框中组成一个能级组,共有 7 个能级组,电子可按这种能级图以从低至高的顺序填入。

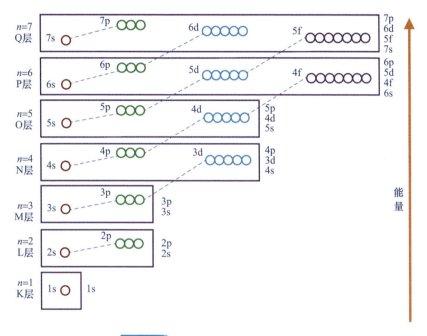

图 2-2　鲍林原子轨道近似能级图

我国化学家徐光宪则根据光谱数据的分析,提出对于原子的外层电子可用 $(n+0.7l)$ 规则判断其能级的高低。$(n+0.7l)$ 值越大,能级越高,并可把 $(n+0.7l)$ 数值的整数部分相同的能级编为一个能级组。例如,计算得到 7s、5f、6d、7p 轨道的 $(n+0.7l)$ 值分别为 7.0、7.1、7.4、7.7,它们均属于第七能级组,且能级顺序为 E_{7s} < E_{5f} < E_{6d} < E_{7p}。

由于能级交错,多电子原子核最外层电子数目一般不超过 8 个,次外层电子数目不超过 18 个,倒数第三层电子数目不超过 32 个。

(3) 洪特规则:在等价轨道(n、l 值相同的轨道)上,电子将尽可能地分占不同的轨道,且自旋平行。本规则是从光谱实验总结而得,后经量子力学理论证明,在原子中自旋平行电子的增多有利于体系能量的降低,所以洪特规则也可以包含在能量最低原理中。作为洪特规则的特例,在等价轨道上,处于全充满(p^6、d^{10}、f^{14})、半充满(p^3、d^5、f^7)或全空(p^0、d^0、f^0)状态时,体系能量较低,状态较稳定。此时,由于原子轨道相互叠加,电子云将呈球形分布,体系能量较低。

按上述三条规则，可以写出给定原子核外的电子排布式，即电子构型。例如，钪(Sc)的原子序数为21，有21个电子，按上述规则可写出其电子构型为$1s^2 2s^2 2p^6 3s^2 3p^6 4s^2 3d^1$。但在书写电子构型时，一般将同一电子层的轨道连排，将3d放到4s的前面，于是将钪原子的电子构型写为$1s^2 2s^2 2p^6 3s^2 3p^6 3d^1 4s^2$。通常，为了避免电子排布式过于冗长，把内层电子排布与稀有气体电子构型相同的部分用该稀有气体的元素符合加方括号的形式来表示，这部分电子称为原子实。于是，上述钪原子的电子构型可写为$[Ar]3d^1 4s^2$。

又如，锰(Mn)原子的核外有25个电子，其电子构型为$[Ar]3d^5 4s^2$，根据洪特规则，3d轨道上的5个电子应排布在5个等价的3d轨道上，且自旋平行。

再如，铜(Cu)原子的核外有29个电子，其电子构型为$[Ar]3d^{10}4s^1$，此时，3d轨道处于全充满状态，能量较低、较稳定。

2.1.4　电子构型的周期性

一般将参与化学键形成的电子层的电子排布方式称为价层电子构型。元素的性质主要取决于价电子数目和排布方式，所以一般重点关注原子的价层电子构型。价层电子并不一定就是最外层电子。对于元素周期表中的主族元素来说，其价层电子就是最外层电子；对于副族元素来说，价层电子包括最外层及次外层d亚层上的电子；对于镧系和锕系元素来说，一般还要考虑倒数第三层f亚层的电子。

人们发现，随着原子序数的增加，元素的性质呈现周期性变化，这就是元素的周期律。实际上，元素的周期律，反映了原子内部电子构型的周期性。元素周期表就是原子的电子构型周期性变化的体现，如表2-1所列。

表2-1　元素的价层电子构型

周期	能级组	原子轨道数量	元素数量	ⅠA~ⅡA	ⅢB~Ⅷ	ⅠB~ⅡB	ⅢA~ⅦA	0族
1	1	1	2	$1s^1$				$1s^2$
2	2	4	8	$2s^{1\sim2}$			$2s^2 2p^{1\sim5}$	$2s^2 2p^6$
3	3	4	8	$3s^{1\sim2}$			$3s^2 3p^{1\sim5}$	$3s^2 3p^6$
4	4	9	18	$4s^{1\sim2}$	$3d^{1\sim8}4s^{1\sim2}$	$3d^{10}4s^{1\sim2}$	$4s^2 4p^{1\sim5}$	$4s^2 4p^6$
5	5	9	18	$5s^{1\sim2}$	$4d^{1\sim10}5s^{0\sim2}$	$4d^{10}5s^{1\sim2}$	$5s^2 5p^{1\sim5}$	$5s^2 5p^6$
6	6	16	32	$6s^{1\sim2}$	$4f^{0\sim14}5d^{0\sim9}6s^{1\sim2}$	$5d^{10}6s^{1\sim2}$	$6s^2 6p^{1\sim5}$	$6s^2 6p^6$
7	7	16	32	$7s^{1\sim2}$	$5f^{0\sim14}6d^{0\sim9}7s^{1\sim2}$			

从表中可以看出以下问题。

(1)元素在周期表中所处的周期层数等于该元素原子的电子层数,并与最外层电子的主量子数 n 相对应。实际上,元素周期表中一个周期对应一个能级组。在每一能级组内,能级数量和能级类型共同决定了原子轨道数量,从而决定了该能级组(元素周期)所能容纳的元素个数。这也使元素周期表被划分为特短周期(第1周期)、短周期(第2、3周期)、长周期(第4、5周期)、特长周期(第6周期)和不完全周期(第7周期)。

(2)元素在周期表中所处的族号也与价层电子数量有对应关系。主族及ⅠB、ⅡB副族元素的族号等于其最外层电子数;ⅢB~ⅦB副族元素的族号等于最外层与次外层d电子数之和;Ⅷ族元素最外层电子和次外层d电子数之和分别为8、9、10;0族元素最外层电子数为8或2。

(3)根据元素的价层电子构型,可将元素周期表分为五个区域。

① s区元素:包括ⅠA和ⅡA主族的元素,它们的价层电子构型分别为 ns^1 和 ns^2,包含了所有元素中最活泼的金属元素。ⅠA和ⅡA两族元素又分别称为碱金属元素和碱土金属元素。碱金属元素最外层只有1个电子,次外层有8个电子,它们的原子半径在同周期中最大,但核电荷数最少,内层电子的屏蔽作用明显,极易失去最外层电子,变为8电子稳定结构。碱金属元素第一电离能在同周期中最低,因此金属性是同周期元素中最强的。碱土金属元素最外层有2个电子,金属性比碱金属稍弱。s区元素中,同族元素随着核电荷数的增加,原子半径逐渐增大,电离能逐渐减小,金属性(还原性)逐渐增强。s区元素的单质是最活泼的金属,通常只有一个稳定的氧化态(碱金属为+1价,碱土金属为+2价),能与大多数非金属反应,除了铍(Be)和镁(Mg),还易与水反应形成稳定的氢氧化物,这些氢氧化物大多是强碱。

② p区元素:包括ⅢA~ⅦA主族和0族元素,它们的价层电子构型为 $ns^2np^{1\sim6}$,该区包括除氢(H)以外的所有非金属元素和部分金属元素。在硼(B)、硅(Si)、砷(As)、碲(Te)、砹(At)下画线,可将这个区域一分为二,右上方为非金属区,左下方为金属区。21种非金属元素在常温常压下,单质为气态的有10种,其中0族的6个元素最外层都是8电子稳定结构,很难进行化学反应,被称为惰性气体;单质为液态的只有一种,即溴(Br)元素;其他10种单质均为固态。在斜角线两侧的元素如硅(Si)、锗(Ge)、砷(As)、锑(Sb)、碲(Te)等既有金属性也有非金属性,是制造半导体材料的重要元素。

③ d区元素:包括ⅢB~ⅦB副族(不含镧系和锕系)和Ⅷ族元素,价层电子构型为 $(n-1)d^{1\sim9}ns^{1\sim2}$ [钯(Pd)元素例外,为 $4d^{10}$]。因为位于典型的金属元素(s区元素)与典型的非金属元素(p区元素)之间,d区、ds区和f区元素又共称为过渡元素或过渡金属。d区第4周期称为第一过渡系,第5和第6周期分别被

称为第二过渡系和第三过渡系。d 区元素各族元素性质的差异源于次外层 d 电子的不同,所以和主族元素相比,d 区元素的物理性质比较相似。外层 s 电子和 d 电子都参与形成金属键,所以它们的金属晶格能比较高,原子堆积紧密,在物理性质上表现为硬度、熔点和沸点较高(如最硬的金属铬(Cr)、最难熔的金属钨(W))。

④ ds 区元素:包括ⅠB 和ⅡB 副族元素,其价层电子构型为 $(n-1)d^{10}ns^{1\sim2}$。ds 区元素也是过渡金属元素,但由于它们的 d 层是满的,体现的性质与 d 区的过渡金属有所不同,最高氧化态只能达到 +3。ⅠB 族也叫铜副族,其元素的导电性和导热性在所有金属中是最好的;从铜(Cu)、银(Ag)到金(Au),原子半径增加并不明显,但核电荷对外层电子的吸引力显著增大,因此金属活性依次减弱,这与 s 区元素正好相反。ⅡB 族也叫锌副族,其重要的特点是熔点低,原因是其元素的金属键较弱,该族元素的金属活性也是随着原子序数的增大而减弱。

⑤ f 区元素:由镧系元素和锕系元素组成,除了 La 元素和钍(Th)元素,其价层电子构型均含有 f 电子,为 $(n-2)f^{0\sim14}(n-1)d^{0\sim2}ns^2$,称为内过渡金属。其中,15 种镧系元素以及ⅢB 族的钪(Sc)、钇(Y)共计 17 种元素又称为稀土元素。f 区大多数元素具有最高能量的电子是排布在 f 轨道上的,同周期元素之间的性质差别很小,并且同周期元素的原子半径随原子序数增大而减小的幅度也很小,远不如主族元素变化明显。

2.2 结合键

材料由原子结合成分子或晶体,材料处于液态和固态时统称为凝聚态。凝聚态下原子距离很近,产生原子间的作用使原子结合在一起,原子间的结合力称为结合键。根据原子间相互作用的强度可分为强键和弱键两类,强键包括离子键、共价键和金属键,弱键包括范德瓦耳斯力和氢键。

2.2.1 离子键

1)离子键的形成

离子键是指阴离子、阳离子间通过静电作用形成的结合键。此类结合键往往在金属与非金属间形成。失去电子的往往是金属元素的原子,而获得电子的往往是非金属元素的原子。带有相反电荷的离子因库仑力而相互吸引,从而形成结合键。离子键较氢键强,其强度与共价键接近。

离子键是通过两个或多个原子或化学基团失去或获得电子而成为离子后形成的。原子失去电子形成正离子或得到电子形成负离子,是由其价层电子构型决定的。价层电子构型决定了该原子失去电子所需要吸收或得到电子所放出能量的大小,一般可以用电离能和电子亲和能来衡量。

元素的一个基态气态原子失去一个电子变成 +1 价气态正离子时所需要的能量称为该元素的第一电离能,用 I_1 表示;由 +1 价离子再失去一个电子形成 +2 价离子时所需要的能量称为第二电离能,用 I_2 表示,以此类推。移去电子需要额外提供能量,因此电离能永远是正值。元素的电离能越小,表示原子越容易失去电子,金属性一般越强。

电离能中第一电离能 I_1 最重要,对元素周期性规律反应最明显,如图 2-3 所示。从图中可见,电离能 I_1 随着原子序数 Z 呈周期震荡;同一周期中,碱金属元素的电离能最小,表明它们最容易失去电子形成正离子。

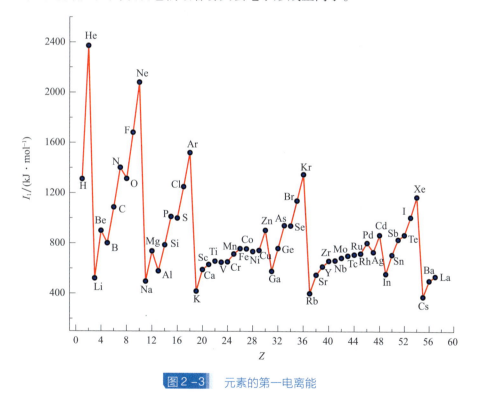

图 2-3　元素的第一电离能

元素的一个基态气态原子得到一个电子形成 -1 价气态负离子时所需要的能量称为该元素的第一电子亲和能,用 A_1 表示;与此类似,还有第二电子亲和能、第三电子亲和能等。一般元素的第一电子亲和能为负,表示得到一个电子形成负离子时放出能量;也有部分元素 A_1 为正值,表示得到电子时要吸收能量,说明该元素的原子变成负离子非常困难。因此,元素的电子亲和能越小,表示原子得到电子的倾向越大,非金属性一般也越强。

电子亲和能从实验上不易测量,测定的准确性也较差,目前已有的数据较少且可靠性较差,因此电子亲和能的重要性不如电离能。图2-4为部分元素的第一电子亲和能 A_1,其中值为负数的为实验值,值为正数的为理论值。从图中可以看出,亲和能 A_1 也随着原子序数 Z 呈周期性震荡;同一周期中,卤素元素的亲和能最小,最容易得到电子形成负离子。

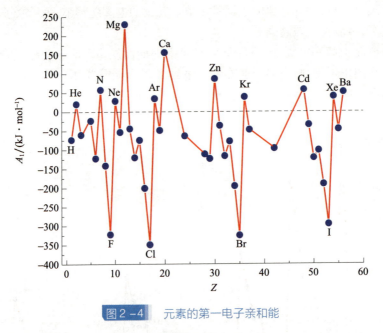

图2-4　元素的第一电子亲和能

显然,具有低电离能的碱金属原子与具有低亲和能的卤素原子之间很容易形成离子键。

但有时候,元素的电离能或电子亲和能并不能完全说明其金属性或非金属性的高低。为此,人们引入电负性的概念。电负性 χ 体现了元素的原子成键时对电子的吸引能力,一般引用鲍林的电负性数值。鲍林规定元素氟(F)的电负性 $\chi_F = 3.98$,元素锂(Li)的电负性 $\chi_{Li} = 0.98$,其他元素的电负性以此为据计算得出。

一般来说,两种元素之间的电负性差值 $\Delta\chi$ 越大,越容易形成离子键。上述的碱金属和卤素之间的 $\Delta\chi$ 较大,它们之间形成的化学键一般都是离子键。应当指出,近代实验证明,即使是电负性最小的铯(Cs)元素与电负性最大的氟(F)元素形成的氟化铯(CsF),也不纯粹是静电作用,仍有部分原子轨道的重叠,说明仍有部分共价键的性质。

当两种元素的 $\Delta\chi$ 为 1.7 时,单键约有 50% 的离子性。因此,一般认为当两种元素的 $\Delta\chi>1.7$ 时,形成的化学键为离子键;而当 $\Delta\chi<1.7$ 时,则认为它们主要形成共价键。

2)离子键的特点

离子键是阴离子和阳离子之间的静电作用力,这决定了它的主要特点是既没有方向性,也没有饱和性。

没有方向性是因为一个离子的电荷是球形对称分布的,它可以在空间任何方向吸引带相反电荷的离子,因此离子键没有特定的方向。

没有饱和性是因为从经典力学的观点看,一个离子可以和无数个带相反电荷的离子相互吸引。在实际的离子晶体中,由于空间位阻的作用,每个离子周围紧邻排列的带异号电荷的离子数量是有限的,这主要取决于阴、阳离子的半径大小和所带电荷的数量等因素。例如,在 NaCl 晶体中,每个 Na^+ 周围有 6 个 Cl^- 紧邻,而在氯化铯(CsCl)晶体中,每个 Cs^+ 周围有 8 个 Cl^- 紧邻。当然,一个离子除了与紧邻的异号离子有静电引力,也与更远的异号离子间有这种作用力,只不过随着距离的增大静电引力会逐渐减弱。

3)离子键的强度

离子键的强度可以用键能或晶格能来表示。

在标准状态下,将 1mol 气态离子化合物分子解离成气态中性原子(或原子团)时所吸收的能量,称为该离子键的键能,用符号 E_B 表示。例如:

$$NaCl(g) \Longrightarrow Na(g) + Cl(g) \quad E_B = 398 kJ \cdot mol^{-1}$$

离子键的键能越大,键的稳定性越高。

在标准状态下,将 1mol 离子晶体拆散为 1mol 气态阳离子和 1mol 气态阴离子所需要的能量,称为该离子晶体的晶格能,用符号 U 表示。对任意离子型化合物有

$$mM^{n+}(g) + nX^{m-}(g) \Longrightarrow M_mX_n(s) \quad U = \Delta H$$

晶格能越大,离子键强度越高,晶体稳定性越高,熔沸点越高,硬度越大。晶格能无法用实验方法直接测得,一般用热力学方法通过盖斯(Hess)定律计算得到。根据盖斯定律可知,一个化学反应若能分解成几步完成,总反应的热效应等于各步反应的热效应之和。基于此定律,德国科学家玻恩(Born)和哈伯(Haber)建立了著名的玻恩-哈伯循环,用于计算晶格能。图 2-5 为氯化钠(NaCl)的玻恩-哈伯循环,通过这个循环,可以求得 NaCl 晶体的晶格能为 $\Delta_f H_m^\ominus = \Delta H_1 + \Delta H_2 + \Delta H_3 + \Delta H_4 + \Delta H_5 = 786.5 kJ \cdot mol^{-1}$。

NaCl 分子只存在于气态之中,在固态 NaCl 中,Na^+ 被 Cl^- 包围,反之亦然,这种形态构成了 NaCl 离子晶体。在 NaCl 离子晶体中并不存在独立的 NaCl 分

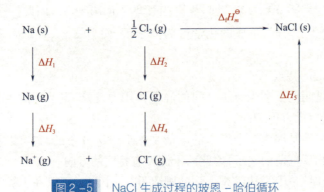

图2-5　NaCl生成过程的玻恩-哈伯循环

子,即在离子晶体中不存在分子这种形式,静电相互作用是构成离子键的主要能量来源。

离子键的结合力很大,通常离子晶体的硬度高、强度大、热膨胀系数小,但脆性大。离子键很难产生可以自由运动的电子,所以离子晶体都是良好的绝缘体。在离子键结合中,离子的外层电子比较牢固地被束缚,可见光的能量一般不足以使其受激发,因而不吸收可见光,所以典型的离子晶体是无色透明的。

2.2.2　共价键

离子键在形成过程中发生了电荷的转移,不同于离子键,共价键是原子间通过共用电子对而形成的化学键,这类化学键通常存在于非金属元素之间,或者非金属元素与不活泼的金属元素之间。对于共价键的理论描述较多,其中影响最大的是价键理论和分子轨道理论。

1) 价键理论

价键理论源于海特勒(W. Heitler)和伦敦(F. London)利用量子力学对氢气分子共价键的研究,后经鲍林等的发展建立了现代价键理论(Valence Bond Theory,VB法)。价键理论也常被称为电子配对法,其基本要点如下。

(1) 若A、B两个原子各有一个未成对价电子,两个单电子则以自旋反向的方式配对形成稳定的共价单键(A—B)。氦(He)原子无未成对价电子,故不可能形成He分子。

若A、B两个原子各有两个或三个未成对价电子,那么自旋相反的单电子可以两两配对,形成双键(A=B)或三键(A≡B)。如氮(N)原子有三个未成对价电子,若与另一个N原子的三个未成对价电子自旋相反,则可以配对形成三键(N≡N)。共用电子对数目在两个以上的共价键称为多重键。

若A原子有两个未成对价电子,B原子有一个,则A原子可以与两个B原

子结合形成 AB_2 分子,如 H_2O、H_2S 分子等。

(2) 共价键具有饱和性。一个电子与另一个电子配对之后,就不能再与第三个电子配对,这就是共价键的饱和性。因为每个成键原子的未成对价电子数目是一定的,所以能形成的共有电子对的数目也是一定的。两个氯(Cl)原子的 3p 电子配对形成 Cl—Cl 单键结合成 Cl_2 分子后,就不能再与第三个 Cl 原子的未成对电子配对了。氮(N)原子有三个未成对电子,可与三个氢(H)原子的未成对电子配对形成三个共价单键,结合成 NH_3。

(3) 共价键具有方向性。共价键遵循原子轨道最大重叠原理,即原子轨道重叠越多,两个原子核间的电子云密度越大,形成的共价键越强。根据这一原理,在形成共价键时,原子间总是尽可能沿着原子轨道最大重叠的方向成键。除 s 轨道呈球形对称外,p、d、f 轨道在空间都有一定的伸展方向。在成键时为了达到原子轨道的最大限度重叠,形成的共价键必然会有一定的方向性。例如 H 与 Cl 结合形成 HCl 分子时,H 原子的 1s 电子与 Cl 原子的一个未成对电子(设处于 $3p_x$ 轨道上)配对成键时有三种重叠方式。只有 H 原子的 1s 原子轨道沿着 x 轴方向向 Cl 原子的 $3p_x$ 轨道接近,才能达到最大的重叠,形成稳定的共价键,如图 2-6(a) 所示。图 2-6(b) 所示的接近方式中,原子轨道同号重叠与异号重叠部分相等,正好相互抵消,这种重叠为无效重叠,故 H 与 Cl 在这个方向上不能结合。图 2-6(c) 所示的接近方式中,两原子轨道同号部分重叠较图 2-6(a) 少,结合较不稳定,H 原子有移向 x 轴的倾向。

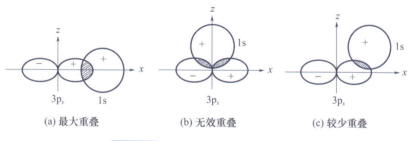

(a) 最大重叠　　(b) 无效重叠　　(c) 较少重叠

图 2-6　s 和 p_x 轨道的重叠示意图

(4) 共价键成键轨道的电子云在两原子核间比较密集,因而能量降低而成键。密集在两个原子间的电子云作用,也可以看作同时吸引两个核且把两个核连在一起的化学键。这就是共价键的本质。

2) 分子轨道理论

价键理论的原子轨道具有明确的直观图形,能够形象直接地解释许多化合物的性质,也与化学家所熟悉的经典电子对键概念相吻合,但其理论计算比较复杂,不便于定量的理论计算。量子化学中主流做法是采用另一种近似,即分子轨道法。分子轨道理论从分子整体出发,考虑电子在分子内部的运动状态,是一种化学键的量子理论。它抛开了传统价键理论的某些概念,能更广泛地解释共价分子的形成和性质。分子轨道理论的要点如下。

(1)分子轨道理论认为,分子中的电子不再从属于某个原子,而是在整个分子空间范围内运动,在分子中电子的空间运动状态可用相应的分子轨道波函数 ψ 来描述。分子轨道与原子轨道不同在于,原子轨道是单核系统,电子的运动只受一个原子核的作用,而分子轨道是多核系统,电子在所有原子核势场作用下运动。

(2)求解分子轨道 ψ 很困难,一般采用近似解法将分子轨道看成所属原子轨道波函数的线性组合(linear combination of atomic orbitals,LCAO)。组合形成的分子轨道数目与组合前的原子轨道数目相等。组合时遵从能量近似原则、对称性匹配原则和轨道最大重叠原则。例如,两个原子轨道 ψ_a 和 ψ_b 线性组合后产生两个分子轨道 Ψ_1 和 Ψ_2:

$$\Psi_1 = c_1\psi_a + c_2\psi_b \quad (2-1)$$
$$\Psi_2 = c_1\psi_a - c_2\psi_b \quad (2-2)$$

式中:c_1 和 c_2 为原子轨道组合系数,代表了每个原子轨道在分子轨道中的贡献大小;Ψ_1 为低能态的成键轨道,其能量低于组合前的原子轨道;Ψ_2 为高能态的反键轨道,其能量高于组合前的原子轨道。

(3)每一个分子轨道波函数 Ψ_i 对应一分子轨道能量 E_i,按照分子轨道能量 E_i 由低到高的次序将分子轨道排列起来,就能得到分子轨道能级图。电子在分子轨道中的排布也同样遵守原子轨道电子排布的原则,即泡利不相容原理、能量最低原理和洪特规则。对应原子轨道的 s、p、d、f 等轨道,分子轨道用 σ、π、δ、φ 等符号表示。

(4)在分子中,成键轨道填充的电子多,体系的能量低,分子就稳定。如果反键轨道填充的电子多,体系的能量高,则不利于分子的稳定存在。分子的稳定性通过键级来描述,键级的定义为

$$键级 = \frac{成键电子数 - 反键电子数}{2}$$

分子中成键电子数和反键电子数之差等于 2 时键级为 1,键级越高,分子越稳定,键级为 0 的分子不能稳定存在。

价键理论和分子轨道理论都是以量子力学的波动方程为理论依据的,它们用不同的方法揭示了共价键的本质,殊途同归。分子轨道理论比较全面地反映了分子中电子的各种运动状态,运用该理论可以说明共价键的形成,也可以解释分子或离子中单键和三键的形成,但在解释分子的几何构型时不够直观。分子轨道理论和价键理论都以量子力学原理为基础,在处理化学问题时各有优势,它们可以互为补充,相辅相成,为人们解释化学结构和某些化学现象提供了可靠的

理论依据。分子轨道理论和现代价键理论作为两个分支,构成了现代共价键理论。

3) 共价键的极性

同种元素的原子间形成的共价键称为非极性共价键。因为同种原子核吸引共用电子对的能力相当,成键电子均匀地分布在两核之间,不偏向任何一个原子,成键的原子都不显电性。但由不同种原子形成的共价键,两个原子吸引电子的能力不同,电子云偏向吸引电子能力较强的一方,因而吸引电子能力较弱的原子一方相对地显示正电性,这样的共价键叫作极性共价键。

参与共价键的主要是原子的外层电子(价电子),相邻原子壳层中的电子以共享的方式形成满壳层的稳定结构,产生强的共价键。周期表中共价键最明显的是ⅣA族的碳(C)、硅(Si)、锗(Ge)元素。对称于ⅣA族两边的ⅢA和ⅤA族元素、ⅡA和ⅥA族元素,也是以共价键的方式形成稳定的化合物。

共价键是一种强键,如C键具有高的结合能,这使得有些有机材料由于C元素的存在其强度也变高了。共价键强度高,形成的结构稳定,以共价键结合的晶体材料具有很高的熔点和硬度,如金刚石是目前所知最硬的晶体,其熔点高达3550℃。同时,共价晶体中价电子定域在共价键上,因而其导电性很弱,一般为绝缘体或半导体。

2.2.3 金属键

金属键在本质上与共价键有类似的地方,处于凝聚态的金属原子,将它们的价电子贡献出来,作为整个原子基体的共有电子,只是其外层电子比共价键更公有化,共有电子自由游移于正离子之间,遍及整个金属晶体。这些共有的电子也成为自由电子,它们组成所谓的电子云或电子气,在金属点阵的周期场中按量子力学规律运动。而失去了价电子的金属原子成为正离子,镶嵌在这种电子云中,并依靠与这些共有化的电子的静电作用而相互结合,这种结合方式就是金属键。用来描述金属键的理论最常用的是自由电子理论和能带理论。

1) 金属键的自由电子理论

自由电子理论是1900年德鲁德(Drude)等为解释金属的导电、导热性能所提出的一种假设,后经洛伦兹(Lorentz)和佐默费尔德(Sommerfeld)等改进发展。

自由电子理论将金属中电子分为两类,一类是内层的"定域电子",受原子核的束缚较强,只能在较小的区域内运动;另一类是价电子,受原子核的束缚较弱,能够脱离原子核在整个晶体内运动,称为离域电子或自由电子。自由电子在晶体中形成一个负电荷的"海洋",而那些失去价电子的金属离子则浸在这个"海洋"中。金属中的自由电子把金属离子吸引并约束在一起,这就是金属键的本质。金属键的特征是没有方向性和饱和性,也无固定的能级,其强弱与自由电子的多少有关,也与离子电荷、半径、电子层结构等复杂的因素有关。

自由电子理论在解释金属的多种重要性质上都获得了成功,如导电性、导热性、延展性、金属光泽等。虽然之后发展起来的能带理论,适用范围更具有普遍性,理论说明更加严格,定量计算的结果更符合实际,但由于自由电子论简明直观的特点,直到今天依然常被人们使用。

由于金属的自由电子模型过于简单化,对有些金属性质还不能很好地解释。例如,不能解释金属晶体为什么有导体、绝缘体和半导体之分,也不能解释金属比热、顺磁磁化率等多种金属性质。

2) 金属键的能带理论

金属键的能带理论利用量子力学的观点来说明金属键的形成,它是在分子轨道理论的基础上发展起来的现代金属键理论。它的基本要点如下。

(1) 金属原子的少数价电子为了能够适应金属晶体结构高配位数的要求,成键时价电子必须是离域的,不再从属于任何一个特定的原子,所有的价电子均属于整个金属晶体。形成的金属键是一种离域的多中心键,这样就可以应用分子轨道理论讨论金属键的本质问题。

(2) 金属晶格中原子很密集,原子轨道可线性组合成一系列能量不同的分子轨道。而相邻的分子轨道间能量差很小,可认为各能级间的能量变化基本上是连续的,形成一条能带。金属晶体中可形成多条不同的能带,每一能带中包含许多非常靠近的能级,其中的电子稍受激励,即可从一个能级移向另一个能级。充满电子的低能量能带称为满带,未充满电子的高能量能带称为导带,两者之间的能量差通常较大,电子很难逾越,因此把它们之间的空白区称为禁带。

(3) 金属中相邻近的能带可以互相重叠,这就意味着不同能带中的某些能级的能量非常接近甚至相等。如铍(Be,电子构型为$1s^22s^2$)的2s能带是个满带,它似乎应该是一个绝缘体。但由于Be的2s能带和空的2p能带能量很接近,可发生部分重叠,2s能带中的电子很容易跃迁到空的2p能带中运动,因此Be仍然是一种良导体。

根据能带理论的观点,物质的能带结构中禁带的宽度和电子充填情况可以决定它是导体、绝缘体还是半导体。一般金属导体的价层电子能带是半满的导带(如Li、Na等),或既有满带又有空带(如Be和Mg),且满带和空带之间发生部分重叠。当外电场存在时,价层电子可以跃迁到邻近的空轨道上,因此能导电。绝缘体中价层电子所处的能带都是满带,满带与相邻空带之间存在禁带,禁带宽度大于5eV,电子不能越过禁带跃迁到上面的能带,因此不导电,如金刚石等。半导体的价层电子也处于满带,但与邻近空带间的禁带宽度较小,一般小于3eV,通常不导电,但在一定条件下(如高温、高电压)电子可以越过禁带进入空带而导电,如Si、Ge等。

3）能带理论对金属特性的解释

共有的价电子不再固定于某一原子位置，所以金属键结合的物质一般具有良好的导电性，在外加电压作用下，这些价电子就会运动，在闭合回路中形成电流。同样，金属正离子被另一种金属正离子取代也不会破坏结合键，这种金属之间互溶的能力（称为固溶）也是金属的重要特性。

能带中的电子可以吸收光能，并且能将吸收的能量发射出来，这就说明了金属的光泽和金属是辐射能的优良反射体。电子也可以传输热能，表明金属有导热性。给金属晶体施加应力时，在金属中电子是离域的，一个地方的金属键被破坏，在另一个地方又可以形成金属键，因此机械加工不会破坏金属结构，只改变金属的外形，这也就是金属有延展性、可塑性等机械加工性能的原因。金属原子对于形成能带所提供的不成对价电子越多，金属键就越强，反映在物理性质上熔点和沸点就越高，密度和硬度就越大。

2.2.4 范德瓦耳斯力

离子键、共价键和金属键均属于强键，相邻原子间有较强的相互作用力。在物质的凝聚态中，分子与分子之间还存在着另一种较弱的吸引力，如气体分子能够凝聚成液体和固体，主要依靠这种分子间的作用力。这种分子间的作用力称为范德瓦耳斯力，它对物质的沸点、熔点、汽化热、熔化热、溶解度、表面张力、黏度等物理化学性质有决定性的影响。

范德瓦耳斯力根据来源不同可分为三部分：取向力、诱导力和色散力。

1）取向力

当极性分子与极性分子相互靠近时，会由于其固有偶极间的作用，同极相斥、异极相吸，使分子发生相对转动，按一定方向排列。这种由于极性分子固有偶极产生的分子间作用力称为取向力，如图2-7(a)所示。取向力是葛生(Keeson)于1912年首先提出的，因此取向力也称为葛生力。取向力的本质是静电引力，只存在于极性分子与极性分子之间，与分子偶极矩的平方成正比。

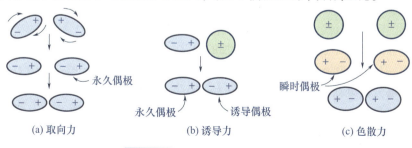

图2-7　分子间作用力的产生

2) 诱导力

当极性分子与非极性分子相互接近时,非极性分子在极性分子的固有偶极的作用下,发生极化,产生诱导偶极。然后诱导偶极与固有偶极相互吸引而产生分子间的作用力,称为诱导力,如图 2-7(b) 所示。当然极性分子之间也存在诱导力。诱导力是德拜于 1912 年提出的,因此诱导力又称为德拜力。分子的体积越大,电子越多,变形性越大,越容易产生诱导偶极。

3) 色散力

非极性分子之间,由于组成分子的正、负微粒不断运动,产生瞬间正、负电荷重心不重合,而出现瞬时偶极。这种瞬时偶极之间的相互作用力,称为色散力,如图 2-7(c) 所示。分子的变形性越大,色散力越强。当然在极性分子与非极性分子之间或极性分子之间也存在着色散力。色散力是伦敦于 1930 年根据近代量子力学方法证明的,但由于瞬时偶极的寿命极短,目前实验上还难以测量。

范德瓦耳斯力也称为范德华键,是一种弱键,其键能只有每摩尔几到几十千焦,比一般化学键的键能小 1~2 个数量级。范德瓦耳斯力是一种近程引力,作用范围只有几百皮米,其大小与分子间距的六次方成反比,随着分子间距的增大而迅速减小。范德瓦耳斯引力没有方向性和饱和性,三种范德瓦耳斯力由于相互作用的分子不同,所占的比例也不同,但色散力通常是最主要的。

一般来说,某物质的范德瓦耳斯力越大,其熔点、沸点就越高。对于组成和结构相似的物质,范德瓦耳斯力一般随着相对分子质量的增大而增强。氨气、氯气、二氧化碳等气体在降低温度、增大压强时能够凝结成液态或固态,就是由于存在分子间作用力。

2.2.5 氢键

比较 VIA 族元素氢化物的沸点,发现 H_2O 的沸点相比同族的 H_2S、H_2Se、H_2Te 等氢化物异常的高。同样,氢氟酸(HF)在 VIIA 族氢化物中沸点也异常的高。这是因为在 H_2O 和 HF 中,分子与分子之间还存在一种比范德瓦耳斯力稍强,比化学键弱的键,即氢键。已经同一个电负性较强的 X 原子键合的 H,又能与另一个电负性较强的 Y 原子成键,这种有氢参加的弱键就叫作氢键,可表示为 X—H⋯Y。

X—H 一般为极性的共价键,电负性较强的 X 将 H 电子云吸向己方,结果使 X 带有部分负电荷,而 H 原子几乎成为一个带正电荷的裸露质子。带正电荷的 H 原子与另一含孤对电子、电负性较强且带部分负电荷的 Y 原子相互吸引,产生氢键。因此,从本质上讲,氢键是一种静电相互作用,氢键的形成必须具备两个基本条件:①分子中有一个极性 X—H 键作为氢键给予体。X 的电负性较大、半径较小,使 H 原子带部分正电荷。②在上述 H 原子附近有一个具有孤对电子、电负性较大、半径较小的 Y 原子作为氢键受体。

满足上述两个条件的 X、Y 原子主要有 F、O 和 N 原子。氢键是一种弱键,键能比化学键小得多,比范德瓦耳斯力大一些。氢键的强弱与 X、Y 元素的电负性及 Y 原子的大小有关,X、Y 元素的电负性越大氢键越强;Y 原子越小,越容易接近 X—H,氢键也越强。因此,F—H…F 键最强,其次是 O—H…O,然后依次是 N—H…F、O—H…Cl、N—H…N 等。

氢键可分为分子间氢键和分子内氢键,图 2-8(a)为水分子间的氢键,图 2-8(b)为邻硝基苯酚的分子内氢键。

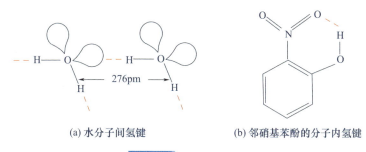

(a) 水分子间氢键　　　　　(b) 邻硝基苯酚的分子内氢键

图 2-8　氢键的形成

氢键不同于范德瓦耳斯力,它具有方向性和饱和性。具有方向性的原因在于,X、Y 原子均为电负性大、带有较多负电荷的原子,氢键的取向应尽可能使两者相距最远,相互间的排斥力最小,体系才越稳定。由于空间位阻的存在,与每个 H 形成氢键的其他原子数量是有限的,因此氢键具有饱和性。一般情况下,每个 H 只能形成一个氢键。

氢键通常是物质在液态时形成的,但形成后有时也能继续存在于某些晶态甚至气态物质之中,如在气态、液态和固态的 HF 中都有氢键存在。能够形成氢键的物质很多,如水、水合物、氨合物、无机酸和某些有机化合物。氢键键能虽然不大,但在决定材料的性质方面却起着重要作用,对材料的各种物理化学性质都有较大的影响。

分子间氢键的形成可使化合物的沸点和熔点显著升高。因为要使液体气化,就必须破坏大部分分子间的氢键,这需要更多的能量;要使晶体熔化,也要破坏一部分分子间的氢键。所以,形成分子间氢键的化合物的沸点和熔点都比没有氢键的同类化合物高,如 HF 和 H_2O 等化合物。

分子内氢键的形成可使化合物的沸点和熔点降低,如邻硝基苯酚的熔点为 45℃,而间硝基苯酚和对硝基苯酚的熔点分别为 96℃ 和 114℃。这是因为间硝基苯酚和对硝基苯酚中存在分子间氢键,熔化时必须破坏其中的一部分氢键,所以它们熔点较高;但邻硝基苯酚中已经构成内氢键,不能再构成分子间氢键,所以熔点较低。

2.3 晶体学基础

固体材料是由大量原子(或离子)堆积而成的,这些原子的排列方式称为固体的结构,通常有晶体、非晶体和准晶体几种结构。晶体在固体材料中很常见,如金属与陶瓷通常都是晶态,即使是高分子材料也有一些以晶态存在。晶体的基本特征在于其中的原子排列具有周期性和长程有序性。晶体结构是决定固态材料的物理和化学性能的基本因素之一,因而对于材料研究者,熟悉和掌握晶体学的基础知识十分重要。

2.3.1 空间点阵和晶胞

1)空间点阵

晶体材料最基本的特征是组成晶体的结构基元在三维空间呈周期性排布,这种规律即晶体的周期性。为便于研究,人为地将实际晶体的结构抽象为三维空间点阵。空间点阵是无限大的几何图像,它概括而完整地描述了晶体结构基元在空间分布的周期性。空间点阵的每个几何点称为点阵的阵点或节点。沿任意方向上相邻阵点之间的距离就是晶体在该方向上的周期。每个阵点的环境是完全相同的,即每个阵点都是等同的,这样的点阵也称为布拉维(A. Bravais)点阵。阵点代表实际晶体的结构基元,结构基元可以由各种原子、离子、分子或原子集团、分子集团组成。若将结构基元安置到晶体点阵中,就能得晶体的结构,即晶体结构与空间点阵的关系为

点阵 + 结构基元──→晶体结构

如果晶体由完全相同的一种原子组成,则原子与点阵的阵点重合。若晶体结构基元是由一种以上的原子构成的,则在每个结构基元中相同原子都可以构成相应的点阵。晶体结构是具有具体物质内容的空间点阵结构,每种晶体都有它特有的结构,但不同类型的晶体(具有不同结构基元)可以具有同种类型的空间点阵。例如,氯化钠(NaCl)与氯化钾(KCL)和氯化锂(LiCl)虽属于不同的晶体,但它们晶体结构的空间点阵形式却是相同的。

2)晶胞

空间点阵体现了晶体结构的平移对称性,因此空间点阵可以看成由一个基本单位——平行六面体单元沿三维方向平移堆积而成的,这样的平行六面体叫

作晶胞。以晶胞角上的某一阵点为原点 O,以该晶胞上过原点的三个棱边为坐标轴 X、Y、Z(称为晶轴),则晶胞的大小和形状可以用三条棱的长度 a、b、c 和三个晶轴之间的夹角 α、β、γ 等参数来描述,如图 2-9 所示。这 6 个参量称为点阵常数或晶格常数。

由晶胞的定义可知,晶胞的选取具有随意性,因此晶胞的大小和形状都不是唯一的。如图 2-10 所示,在同一空间点阵中,可以选择三种不同的晶胞。这三种晶胞形状和大小都不同,但它们在空间平移操作得到的空间点阵却是唯一的,反映了晶体结构的平移对称性或周期性。在固体物理学中,通常只要求晶胞的体积最小,而不一定反映点阵的对称性,这样的晶胞通常称为原胞。布拉维点阵的原胞只包含一个阵点,故原胞的体积就是一个阵点所占的体积。但在金属学、金属物理、材料科学、X 射线衍射、电子衍射等学科中,通常按以下三个原则选取晶胞:①晶胞要能充分反映整个空间点阵的对称性;②在满足①的基础上,晶胞要具有尽可能多的直角;③在满足①和②的基础上,所选取的晶胞体积要最小。晶体的点阵常数就是由这种晶胞决定的。这种反映点阵对称性的晶胞也叫作结构胞。

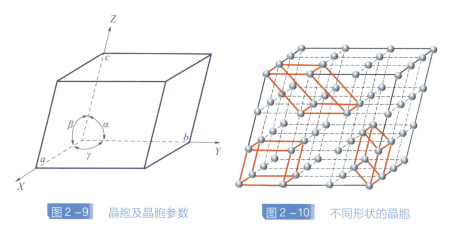

图 2-9　晶胞及晶胞参数　　图 2-10　不同形状的晶胞

3)晶系及点阵类型

在晶体学中,常根据晶胞外形即棱边长度之间的关系和晶轴之间的夹角情况,将晶体分为 7 个晶系,见表 2-2。1848 年,法国晶体学家布拉维用数学分析法证明,从一切晶体结构中抽象出来的空间点阵,按上述三个晶胞选取原则,只能推导出 14 种空间点阵类型。这 14 种空间点阵被称为布拉维点阵,它们的晶胞如图 2-11 所示,在表 2-2 中则把它们归属于 7 个晶系。

表2-2　14种布拉维点阵与7个晶系

布拉维点阵	晶系	棱边长度与夹角关系	与图2-11中对应的标号
简单立方	立方	$a=b=c, \alpha=\beta=\gamma=90°$	(a)
体心立方			(b)
面心立方			(c)
简单四方	四方	$a=b\ne c, \alpha=\beta=\gamma=90°$	(d)
体心四方			(e)
简单菱方	菱方	$a=b=c, \alpha=\beta=\gamma\ne 90°$	(f)
简单六方	六方	$a=b\ne c, \alpha=\beta=90°, \gamma=120°$	(g)
简单正交	正交	$a\ne b\ne c, \alpha=\beta=\gamma=90°$	(h)
底心正交			(i)
体心正交			(j)
面心正交			(k)
简单单斜	单斜	$a\ne b\ne c, \alpha=\beta=90°\ne\gamma$	(l)
底心单斜			(m)
简单三斜	三斜	$a\ne b\ne c, \alpha\ne\beta\ne\gamma\ne 90°$	(n)

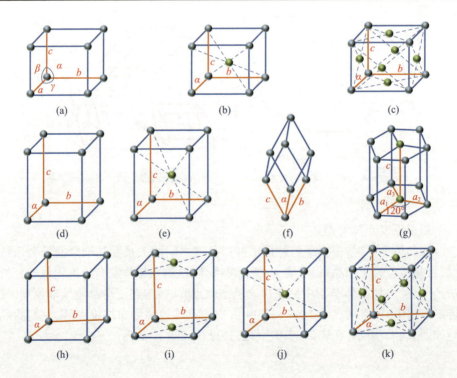

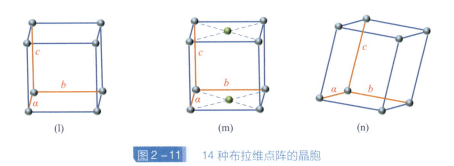

图 2-11　14 种布拉维点阵的晶胞

2.3.2　晶面指数和晶向指数

在晶体材料中,原子在三维空间中作有规律的排列。因此在晶体中存在一系列的原子列或原子平面,原子列表示的方向称为晶向(图 2-12),晶体中原子组成的平面叫作晶面(图 2-13)。晶体中不同的晶面和不同的方向上原子的排列方式和密度不同,构成了晶体的各向异性。这在分析有关晶体的生长、变形、相变以及性能等方面的问题时都是非常重要的。因此研究晶体中不同晶向晶面上原子的分布状态是十分必要的。为了便于表示各种晶向和晶面,需要确定一种统一的标号,称为晶向指数和晶面指数,国际上通用的是密勒(Miller)指数。

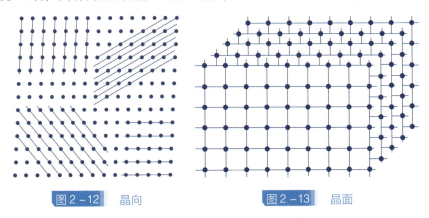

图 2-12　晶向　　　图 2-13　晶面

2.3.2.1　晶面指数

晶面是在空间点阵中不在同一直线上的任意三个节点所构成的平面,其在晶体中的方位可用晶面指数表示。确定晶面指数的步骤如下(图 2-14)。

(1) 建坐标。建立以晶轴 a、b、c 为坐标轴的右手坐标系,令坐标原点不在待标晶面上,各轴上的坐标单位分别为晶胞的边长 a、b、c。

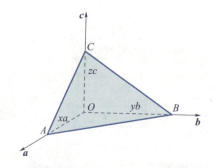

图 2-14　晶面指数的确定方法

(2) 求截距。求出待标晶面在三个坐标轴上的截距 OA、OB 和 OC，其值分别为 xa、yb 和 zc。

(3) 取倒数。取三个截距系数的倒数为 $1/x$、$1/y$、$1/z$。

(4) 化整数。将以上倒数化为三个互质的整数 h、k、l，使 $h:k:l = 1/x : 1/y : 1/z$。

(5) 加括号。将 h、k、l 置于括号内，则 (hkl) 即为待标晶面的密勒指数。

对于晶面指数，需作如下说明。

(1) 参考坐标系通常为右手坐标系，晶面指数与原点位置的选取无关，每个晶面指数对应一组相互平行的晶面。

(2) 晶面指数可以为正数，也可以为负数，负号写在数字的上方，若晶面指数数值相同，但符号相反，则表示两组晶面是以原点为对称中心，且相互平行的晶面。如 (110) 和 ($\bar{1}\bar{1}0$) 互相平行。

(3) 晶面指数是截距系数的倒数，因此，截距系数越大，则相应的指数越小，而当晶面平行某一晶轴时，其截距系数为 ∞，对应的指数为 $1/\infty = 0$。

按以上晶面指数确定方法，可以得到如图 2-15 所示的立方晶系中典型晶面的晶面指数。

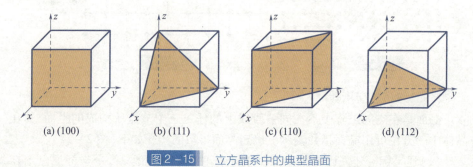

(a) (100)　　　(b) (111)　　　(c) (110)　　　(d) (112)

图 2-15　立方晶系中的典型晶面

2.3.2.2 晶向指数

晶向指数在空间点阵中是通过任意两个节点的连线的方向,代表了晶体中原子列的方向。确定晶向指数的步骤如下(图2-16)。

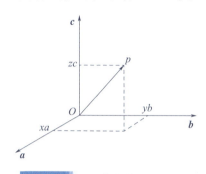

图2-16　晶向指数的确定方法

(1)建坐标。建立以晶轴 **a**、**b**、**c** 为坐标轴的右手坐标系,令坐标原点在待标晶向上,各轴的坐标单位分别是晶胞的边长 a、b、c。

(2)确定坐标值。找出该晶向上除原点以外任意点 p 的坐标值 (x,y,z)。

(3)化整数。将三个坐标值化为互质的整数 u、v、w,使 $u:v:w = x:y:z$。

(4)加括号。将 u、v、w 置于方括号中,则得到晶向指数 $[uvw]$。

如果在确定晶向指数时,坐标原点不在晶向上,可找出该晶向上任意两点的坐标 (x_1,y_1,z_1) 和 (x_2,y_2,z_2),将 $(x_1-x_2)(y_1-y_2)(z_1-z_2)$ 化成互质整数 u、v、w,使 $u:v:w = (x_1-x_2):(y_1-y_2):(z_1-z_2)$,即得到晶向指数。

对于晶向指数,需作如下说明。

(1)晶向指数与原点位置无关,每个指数代表在空间相互平行且方向一致的所有晶向。

(2)晶向指数中的0表示晶向垂直于相应的坐标轴,如平行于 **a**、**b**、**c** 轴的晶向指数分别为 $[100]$、$[010]$、$[001]$。

(3)若晶体中两晶向相互平行但方向相反,则晶向指数的数值相同符号相反,如 $[110]$ 与 $[\bar{1}\bar{1}0]$ 代表相互平行、但方向相反的晶向。

(4)立方晶系中,具有相同指数的晶向和晶面互相垂直,即同指数的晶向是晶面的法线方向,如 $[111] \perp (111)$、$[110] \perp (110)$、$[100] \perp (100)$。该规律适用于三晶轴互相垂直的情况,如果三晶轴不互相垂直,则 (hkl) 与 $[hkl]$ 不垂直。

按以上晶向指数确定方法,可得到立方晶系的典型晶向指数,如图2-17所示。

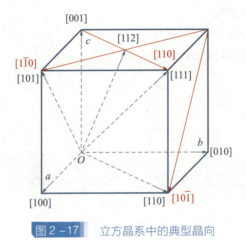

图2-17　立方晶系中的典型晶向

2.3.2.3　晶面族和晶向族

在高对称度的晶体中,特别是立方晶体中,往往存在一些位向不同但原子排布情况完全相同的晶面,由于点阵的对称性,这些晶面上的阵点经过对称操作后能够完全重合,因此认为这些晶面在晶体学上是完全等价的,这些等价的晶面就构成了一个晶面族,用 $\{hkl\}$ 表示。由于晶面指数全部反号时与原晶面依然平行,只是法线方向相反,在晶面族中一般视为同一等价晶面,不再单独写出,即不考虑晶面的极性。例如,立方晶体中某些晶面族所包括的等价晶面如下(不考虑晶面的极性)。

$\{100\}$ = (100) + (010) + (001),共3个等价晶面。

$\{110\}$ = (110) + (011) + (101) + ($\bar{1}$10) + ($\bar{1}$01) + (0$\bar{1}$1),共6个等价晶面。

$\{111\}$ = (111) + ($\bar{1}$11) + (1$\bar{1}$1) + (11$\bar{1}$),共4个等价晶面。

$\{112\}$ = (112) + ($\bar{1}$12) + (1$\bar{1}$2) + (11$\bar{2}$) + (121) + ($\bar{1}$21) + (1$\bar{2}$1) + (12$\bar{1}$) + (211) + ($\bar{2}$11) + (2$\bar{1}$1) + (21$\bar{1}$),共12个等价晶面。

$\{123\}$ = (123) + ($\bar{1}$23) + (1$\bar{2}$3) + (12$\bar{3}$) + (132) + ($\bar{1}$32) + (1$\bar{3}$2) + (13$\bar{2}$) + (213) + ($\bar{2}$13) + (2$\bar{1}$3) + (21$\bar{3}$) + (231) + ($\bar{2}$31) + (2$\bar{3}$1) + (23$\bar{1}$) + (312) + ($\bar{3}$12) + (3$\bar{1}$2) + (31$\bar{2}$) + (321) + ($\bar{3}$21) + (3$\bar{2}$1) + (32$\bar{1}$),共24个等价晶面。

从以上例子可以看出,立方晶体的等价晶面具有类似的指数,即指数的三个数字都相同,只是排列的次序及符号不同。晶面族对分析晶体结构有重要意义,因为在电子衍射、X射线衍射等图像中出现的斑点、线条、花样等,并不是单个晶面产生的,而是同一晶面族产生的集体效应。

类似地,在空间位向上不同但晶向原子排列情况完全相同的等价晶向也构成晶向族,用 $<uvw>$ 表示。仿照晶面族的例子,不难写出立方晶体中 $<100>$、$<110>$、$<111>$、$<112>$ 和 $<123>$ 等晶向族所包括的等价晶向。对于立方晶体来说,等价晶向也具有类似的晶向指数。

2.3.2.4 六方晶系的晶向和晶面指数

原则上三指数标定晶面和晶向适用于任意晶系,但在标定六方晶系时不能完全显示其对称性,晶体学上等价的晶面和晶向不具有类似的指数,这给晶体研究带来很大的不便。因此,六方晶系的晶面和晶向通常采用四指数表示,使晶体学上等价的晶面或晶向具有类似的指数。四指数是基于如图 2-18 所示的四轴坐标系,四个坐标轴为 a_1、a_2、a_3 及 c,其中 a_1、a_2、a_3 处于同一底面上,且 a_1、a_2、a_3 之间的夹角互为 $120°$,表示晶体底面的(六次)对称性,c 轴垂直于底面。a_1、a_2 和 c 轴就是原胞的三个晶轴 a,b 和 c 轴。根据几何学可知,三维空间独立的坐标轴最多不超过三个,因而 a_1、a_2、a_3 之中只有两个是独立的,它们之间的关系为 $a_3 = -(a_1 + a_2)$。

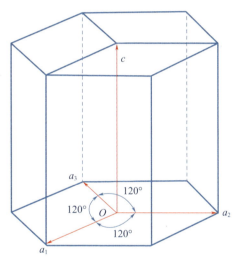

图 2-18　六方晶体的四轴系统

1)晶面指数

晶面四指数的确定方法与三指数相同。根据待标晶面在 a_1、a_2、a_3 及 c 轴上的截距可求得相应的指数 h、k、i、l,于是晶面指数可写成 $(hkil)$。根据几何关系 h、k、i 三个指数不是独立的,由 $a_3 = -(a_1 + a_2)$ 可得到 $i = -(h+k)$。用四轴方法求出 6 个柱面的晶面指数为 $(10\bar{1}0)$、$(01\bar{1}0)$、$(\bar{1}100)$、$(\bar{1}010)$、$(0\bar{1}10)$、$(1\bar{1}00)$。采用四指数后,同族晶面就具有类似的指数。例如,在不考虑晶面极性的情况下:$\{10\bar{1}0\} = (10\bar{1}0) + (1\bar{1}00) + (01\bar{1}0)$,共三个等价晶面;$\{11\bar{2}0\} = (11\bar{2}0) + (1\bar{2}10) + (\bar{2}110)$,共 3 个等价晶面;$\{10\bar{1}2\} = (10\bar{1}2) + (1\bar{1}02) + (\bar{1}$

$102)+(\bar{1}012)+(01\bar{1}2)+(0\bar{1}12)$,共 6 个等价晶面;而 $\{0001\}$ 只包括 (0001) 一个晶面,称为基面。这些等价晶面的四个指数,三个水平方向具有等同的效果,指数的交换只能在它们之间进行,c 轴只能改变符号(若不考虑面的极性,c 轴不变符号);改变符号时,前三项要满足 $h+k+i=0$ 的相关性要求。

2) 晶向指数

用四指数表示六方晶系的晶向需要首先知道其三指数的数值。设 $[UVW]$ 为待标晶向在 a_1、a_2 和 c 三个轴下的指数,则其四指数 $[uvtw]$ 可以通过式(2-3)求出:

$$\begin{cases} u = \dfrac{1}{3}(2U-V) \\ v = \dfrac{1}{3}(2V-U) \\ t = -(u+v) \\ w = W \end{cases} \quad (2-3)$$

反过来,也可以由四指数得到三指数的值:

$$\begin{cases} U = 2u+v \\ V = 2v+u \\ W = w \end{cases} \quad (2-4)$$

按以上方法可以得到六方晶体中常见的晶面指数和晶向指数,如图 2-19 所示。

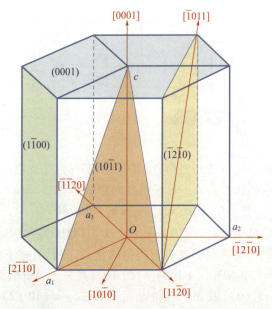

图 2-19　六方晶体中常见晶面指数与晶向指数

2.3.2.5 晶面间距

一组平行晶面(hkl)中,两个相邻晶面间的垂直距离称为晶面间距,用d_{hkl}表示。晶面族{hkl}指数不同,其晶面间距也不同。总的来说,低指数晶面的间距较大,而高指数晶面的间距较小。以图 2-20 所示的简单立方点阵为例,(100)面的间距最大,(120)面的间距较小,而(320)面的间距则更小。但分析体心立方或面心立方点阵,发现它们具有最大晶面间距的面分别为{110}和{111},而不是{100},说明晶面间距还与点阵类型有关。此外,还可以证明,晶面间距越大,该晶面上的原子排列越密集;晶面间距越小,则晶面上原子排列就越稀疏。因此,晶面间距最大的面总是原子最密排的晶面。正是由于不同晶面和晶向上原子排列的情况不同,使晶体表现为各向异性。

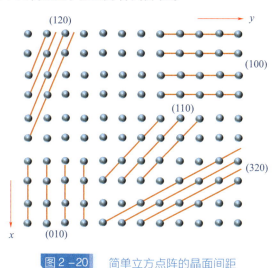

图 2-20　简单立方点阵的晶面间距

晶面间距d_{hkl}与晶面指数(hkl)和点阵常数 a、b、c 之间有如下关系。

正交晶系:

$$d_{hkl} = \frac{1}{\sqrt{\left(\frac{h}{a}\right)^2 + \left(\frac{k}{b}\right)^2 + \left(\frac{l}{c}\right)^2}} \quad (2-5)$$

立方晶系:

$$d_{hkl} = \frac{a}{\sqrt{h^2 + k^2 + l^2}} \quad (2-6)$$

四方晶系:

$$d_{hkl} = \frac{1}{\sqrt{\frac{h^2 + k^2}{a^2} + \left(\frac{l}{c}\right)^2}} \quad (2-7)$$

六方晶系：

$$d_{hkl} = \frac{1}{\sqrt{\frac{4(h^2+hk+k^2)}{3a^2} + \left(\frac{l}{c}\right)^2}} \qquad (2-8)$$

必须注意，以上公式仅适用于简单晶胞，对于复杂晶胞（如体心立方、面心立方等），在计算时应考虑晶面层数增加的影响。例如，在体心立方或面心立方晶胞中，上、下底面(001)之间还有一层同类型的晶面，可称为(002)晶面，故实际的晶面间距应为$d_{001}/2$。

2.3.2.6 晶带

所有相交于某一晶向直线或平行于此直线的晶面构成一个晶带，此直线称为晶带轴，这些晶面都属于此晶带的面。例如，在正交点阵中，(100)、(010)、(110)、($\bar{1}$10)、(210)、($\bar{2}$10)等晶面都与[001]晶向平行，构成以[001]为晶带轴的晶带。可以证明，晶带轴[uvw]与该晶带的晶面(hkl)之间满足以下关系：

$$hu + kv + lw = 0 \qquad (2-9)$$

凡满足此关系的晶面都属于以[uvw]为晶带轴的晶带，这种规律称为晶带定律。据此可得到如下结论。

(1) 已知两不平行的晶面$(h_1k_1l_1)$和$(h_2k_2l_2)$，其晶带轴[uvw]由式(2-10)求得

$$u = k_1l_2 - k_2l_1, v = l_1h_2 - l_2h_1, w = h_1k_2 - h_2k_1 \qquad (2-10)$$

(2) 已知两个不平行晶向[$u_1v_1w_1$]和[$u_2v_2w_2$]，由其所决定的晶面指数(hkl)由式(2-11)求得

$$h = v_1w_2 - v_2w_1, k = w_1u_2 - w_2u_1, l = u_1v_2 - u_2v_1 \qquad (2-11)$$

2.3.3 典型晶体结构及其几何特征

2.3.3.1 典型晶体结构

典型的具有密排堆积、高对称性的简单晶体结构有三种类型：面心立方结构(FCC)、体心立方结构(BCC)和密排六方结构(HCP)。它们的晶胞如图2-21所示。

(1) 面心立方结构。金属材料中的 Al、Ag、Au、Cu、γ-Fe、Ni、Pb、Pd、Pt 等属于此类结构，约20种金属。

(2) 体心立方结构。金属材料中的碱金属、难熔金属(V、Nb、Ta、Cr、Mo、W)、α-Fe、β-Ti 等属于此类结构，约30种，占金属元素的一半左右。

(3) 密排六方结构。属于此类结构的金属材料包括 α-Be($c/a = 1.57$)、α-Ti($c/a = 1.59$)、α-Zr($c/a = 1.59$)、α-Hf($c/a = 1.59$)、α-Co($c/a = 1.62$)、α-Mg($c/a = 1.62$)、Zn($c/a = 1.86$)、Cd($c/a = 1.89$)等，近20种金属。

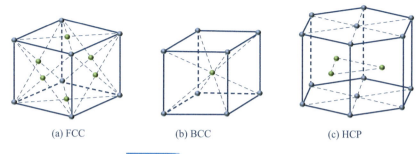

(a) FCC　　　　(b) BCC　　　　(c) HCP

图 2-21　三种典型的晶体结构

2.3.3.2　几何特征参数

晶体结构的几何特征参数主要包括配位数、晶胞原子数、紧密系数和间隙。

1）配位数

一个原子周围的最近邻原子数称为配位数。对于纯元素晶体来说,这些最近邻原子到所论原子的距离必然相等,但对于多种元素形成的晶体,不同元素的最近邻原子到所论原子的距离不一定相等。配位数常用 CN 表示,例如 CN6 表示配位数为 6。在金属晶体中,FCC 和 HCP 原子的 CN 均为 12,BCC 原子的 CN 为 8。

2）晶胞原子数

晶胞原子数即一个晶胞内包含的原子个数,用 n 表示,这可以从晶胞图中直观地看出。但要注意的是,只有在晶胞内部的原子才单独为一个晶胞所有,位于晶胞顶点、棱以及面上的原子并不是一个晶胞独有的,而是邻近几个晶胞共有的,由几个晶胞共有,就应该乘几分之一。因此,三种典型晶体结构中每个晶胞所含的原子数 n 为：

面心立方结构

$$n = 8 \times \frac{1}{8} + 6 \times \frac{1}{2} = 4(\text{个})$$

体心立方结构

$$n = 8 \times \frac{1}{8} + 1 = 2(\text{个})$$

密排六方结构

$$n = 12 \times \frac{1}{6} + 2 \times \frac{1}{2} + 3 = 6(\text{个})$$

3）紧密系数

紧密系数 ξ 又称致密度,它的定义为

$$\xi = \frac{\text{晶胞中各原子的体积之和}}{\text{晶胞的体积}}$$

在计算 ξ 时,一般采用刚球密排模型,即假定晶体中原子是半径为 r 的刚

球,而且相距最近的原子是彼此相切的。

根据以上参数的定义,不难算出 BCC、FCC 和 HCP 三种晶体结构的 CN、n 和 ξ 值,如表 2-3 所列。表中还给出了原子半径 r、原子体积 v 和晶胞体积 V。

表2-3 三种典型晶体的几何参数

晶体	CN	n	r	v	V	ξ
FCC	12	4	$\frac{\sqrt{2}}{4}a$	$\frac{\sqrt{2}}{24}\pi a^3$	a^3	0.74
BCC	8	2	$\frac{\sqrt{3}}{4}a$	$\frac{\sqrt{3}}{16}\pi a^3$	a^3	0.68
HCP	12	6	$\frac{1}{2}a$	$\frac{1}{6}\pi a^3$	$\frac{3\sqrt{3}}{2}a^2 c$	0.74

4)间隙

球形原子不可能无空隙地填满整个空间,因此在原子球与原子球之间存在不同形貌的间隙。晶体结构中间隙的数量、位置和每个间隙的大小等也是晶体的一个重要特征,对于了解金属的性能、合金相结构、扩散、相变等问题很有用处。在 BCC、FCC 和 HCP 晶体中主要有两类重要的间隙:八面体间隙和四面体间隙,如图 2-22 所示。

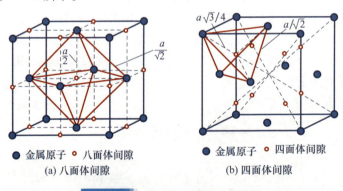

● 金属原子 ○ 八面体间隙
(a) 八面体间隙

● 金属原子 ○ 四面体间隙
(b) 四面体间隙

图2-22 面心立方结构中的间隙

八面体间隙是由 6 个原子围成的间隙,6 个原子的连线形成一个八面体。例如,FCC 晶体中的八面体间隙位于晶胞每条棱的中点和体心位置,每个晶胞的八面体间隙数为 $12 \times (1/4) + 1 = 4$(个),如图 2-22(a) 所示。若在间隙中放入一个半径为 r_x 的刚性球,使其刚好与最近邻的点阵原子相切,则 r_x 就是间隙半径。

四面体间隙是由四个原子围成的间隙。例如,FCC 晶体的四面体间隙由晶胞的一个顶角原子和相邻的三个面心原子围成的空间构成,如图 2-22(b) 所示,一个晶胞共有 8 个四面体间隙。

表 2-4 总结了 BCC、FCC、HCP 三种晶体结构中八面体间隙和四面体间隙的特点。

表 2-4　三种典型晶体中的八面体和四面体间隙

晶体结构	八面体间隙		四面体间隙	
	间隙数/原子数	r_x/r	间隙数/原子数	r_x/r
BCC	3	0.155	6	0.291
FCC	1	0.414	2	0.225
HCP	1	0.414	2	0.225

由表 2-3 和表 2-4 可以看出。

(1) FCC 和 HCP 都是密排结构，而 BCC 则是比较"开放"的结构，因为它的间隙较多。因此，氢(H)、硼(B)、碳(C)、氮(N)、氧(O) 等原子半径较小的元素(间隙式元素)在 BCC 金属中的扩散速率比在 FCC 和 HCP 金属中快得多。

(2) FCC 和 HCP 金属中的八面体间隙大于四面体间隙，因此这些金属中的间隙式元素的原子必位于八面体间隙中。

(3) BCC 晶体中，四面体间隙大于八面体间隙，因而间隙式原子应占据四面体间隙(如 C 在 Mo 中)，但由于八面体间隙不对称，有些间隙式原子占据八面体间隙引起点阵的畸变不大，因而有的 BCC 晶体的间隙式原子也会占据八面体间隙位置(如 C 在 α-Fe 中)。

(4) FCC 和 HCP 中的八面体间隙远大于 BCC 中的八面体间隙或四面体间隙，因而间隙式原子在 FCC 和 HCP 中的溶解度往往比在 BCC 中的溶解度大得多。

(5) FCC 和 HCP 晶体的八面体间隙大小彼此相等，四面体间隙大小也相等，原因在于这两种晶体的原子堆垛方式非常相似(见 2.3.4 节)。

2.3.4　晶体的堆垛方式

任何晶体都可以看成由任给的 (hkl) 原子面一层一层堆垛而成的，但按不同的原子面堆垛的方式(或次序)是不一样的。例如，简单立方晶体可以看成按 (001) 原子面堆垛而成，也可以看成按 (110) 原子面堆垛而成。若按 (001) 原子面堆垛，相邻的 (001) 原子面没有发生相对错位，即沿 (001) 面的法线看去，各层原子是重合的，若每层位置用 A 表示，则简单立方晶体按 (001) 面的堆垛方式就是 AAAA…。若按 (110) 面堆垛，相邻的原子层发生了错位，若一层的位置用 A 表示，则相邻层就是 B，简单立方晶体按 (110) 面的堆垛方式就是 ABAB…。

下面我们讨论 BCC、FCC 和 HCP 三种晶体按密排面的堆垛方式。密排面也就是指单位面积上的原子数最大的晶面,再通俗点讲就是这个面与其他面相比原子数密度最大。BCC、FCC 和 HCP 的密排面分别为(110)、(111)和(0001)。FCC 和 HCP 密排面的分析如图 2-23 所示。

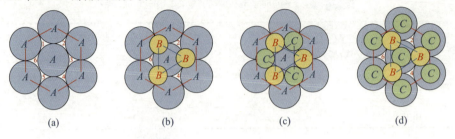

图 2-23　FCC 和 HCP 密排面的分析

习惯上把晶体中的原子看作大小相等的刚球。对于 HCP 和 FCC 两种晶体来说,第一层密排面是没有任何差别的,在(0001)面或(111)面上每个原子是与邻近的 6 个原子相切的,形成 6 个间隙,如图 2-23(a)所示。第二层原子最紧密的堆积方式是将原子中心对准 1、3、5 间隙或 2、4、6 间隙,两者是一样的,这对于 HCP 和 FCC 来说仍然没有差别。假设对准 1、3、5 间隙堆积,如图 2-23(b)所示(注意图中为了观察方便将 B 原子画小,实际上它与 A 原子一样大,后面 C 原子也类似表示)。正是由于两种晶体中相邻两层密排面的堆垛情况完全相同,两种晶体中的八面体间隙和四面体间隙是相等的。

关键在于第三层原子,要实现最密堆积可以有两种方式。第一种方式是将第三层原子中心对准第一层原子的 2、4、6 间隙进行堆垛,如图 2-23(c)所示,第三层原子的位置与第一层原子不同,这样堆垛形成的晶体为 FCC 结构。因此,FCC 按密排面的堆垛方式是 $ABCABC\cdots$,如图 2-24(a)所示。第二种方式是将第三层原子中心对准第一层原子进行堆垛,如图 2-23(d)所示,那么第三层原子的位置与第一层原子位置相同,这样堆垛形成的晶体为 HCP 结构。因此,HCP 按密排面的堆垛方式是 $ABAB\cdots$,如图 2-24(b)所示。

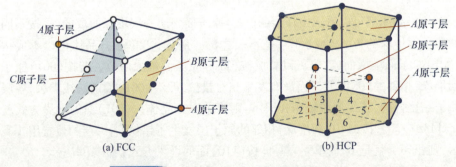

图 2-24　FCC 和 HCP 按密排面的堆垛方式

体心立方结构也可以看作由其密排面{110}一层一层地堆垛而成,但其密排面{110}上原子排列不是最紧密的,相邻原子之间只形成一个能稳定安放原子的凹陷处,因此只能按照 ABABAB… 的方式堆垛而成,如图 2-25 所示。

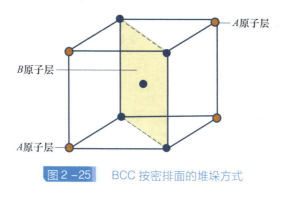

图 2-25　BCC 按密排面的堆垛方式

2.4　晶体中的缺陷

理想晶体的主要特征是其中原子严格按周期性规律排列,这样的晶体在实际中是不存在的。实际晶体中总是存在一些微小的区域,其原子偏离理想的周期性排列,这样的区域便称为晶体缺陷。按缺陷在空间的几何构型可将缺陷分为点缺陷、线缺陷、面缺陷和体缺陷,它们分别取决于缺陷的延伸范围是零维、一维、二维还是三维。晶体缺陷对晶体生长、晶体的力学性能、电学性能、磁学性能和光学性能等均有着极大的影响,在生产和科研中都非常重要,是固体物理、固体化学、材料科学等领域的重要基础内容。研究缺陷的形成、特点及变化规律,对设计、控制材料结构,改变材料性能具有重要的实际意义。

2.4.1　点缺陷

2.4.1.1　点缺陷的类型

点缺陷是最简单的晶体缺陷,在空间三维方向上尺寸都很小,约为一个或几个原子间距,又称零维缺陷,包括空位、间隙原子和置换原子等,如图 2-26 所示。除此之外,还包括由这些基本点缺陷组成的三维方向上尺寸都很小的复杂点缺陷,如空位对或空位片等。

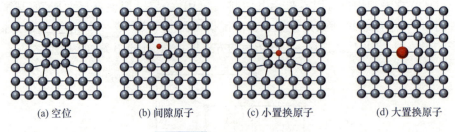

(a) 空位　　　　　(b) 间隙原子　　　　(c) 小置换原子　　　(d) 大置换原子

图 2-26　晶体中的点缺陷

空位或间隙原子等点缺陷的形成一般与晶体内原子的热运动相关,这样的点缺陷也称为热缺陷。根据热运动使原子离开平衡位置的去向,可将空位缺陷分为两类:如果原子迁移到晶体表面或晶体内的正常节点位置上,使晶体内部只留下空位而不形成等量的间隙原子,这样的缺陷称为肖特基(Schottky)缺陷,如图 2-27(a)所示;原子挤入点阵的间隙位置,在晶体中同时形成数目相等的空位和间隙原子,则称为弗仑克尔(Frankel)缺陷,如图 2-27(b)所示。此外,还可由外表面或内界面处的原子迁移到晶体内部间隙位置而形成间隙原子,如图 2-27(c)所示。间隙原子可以是晶体本身固有的同类原子(称为自间隙原子),也可以是外来的异类原子。

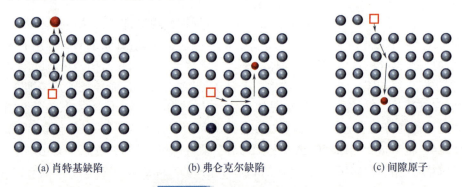

(a) 肖特基缺陷　　　　　(b) 弗仑克尔缺陷　　　　(c) 间隙原子

图 2-27　晶体中的热缺陷

空位和间隙原子等点缺陷的产生都将使周围原子间的作用力失去平衡,点阵产生弹性畸变,形成应力场,引起晶格内能升高。这部分增加的能量称为点缺陷形成能。通常空位引起的晶格畸变小于间隙原子的晶格畸变,因此空位形成能一般小于间隙原子形成能。

2.4.1.2　点缺陷的平衡浓度

由于能量起伏和原子热振动,晶体中的点缺陷将不断产生、运动和消亡。热力学分析表明,在高于 0K 的任何温度下,晶体最稳定的状态是含有一定浓度的点缺陷的状态。这个浓度就称为该温度下晶体中点缺陷的平衡浓度,用 $\overline{C_v}$ 表示。

由热力学关系可以推导出在温度为 T 时,金属晶体的空位平衡浓度为

$$\overline{C}_v = \frac{n}{N} = \exp\left[-\left(\frac{\Delta H_v - T\Delta S_v}{RT}\right)\right] = \exp\left(-\frac{\Delta G_v}{RT}\right) \quad (2-12)$$

式中:n 和 N 分别为晶格中的平衡空位数和阵点总数;ΔH_v 和 ΔG_v 分别为 1mol 空位的生成焓和生成自由焓;ΔS_v 为增加 1mol 空位引起的振动熵变;R 为阿伏伽德罗常数。

式(2-12)表明,点缺陷的基本特点是:在一定温度下,存在一个平衡的空位浓度,此时晶体的自由焓最低,因而最稳定;空位平衡浓度随着温度升高而呈指数地急剧增加。

由于热起伏促使原子脱离点阵位置而形成的点缺陷称为热平衡缺陷,这是晶体内原子热运动的内部条件决定的。另外,可通过改变外部条件形成点缺陷,包括高温淬火、冷变形加工、高能粒子辐照等,这时的点缺陷浓度超过了平衡浓度,称为过饱和的点缺陷。

2.4.1.3 点缺陷对材料性能的影响

一般情况下,点缺陷主要影响晶体的物理性质,如体积、比热容、电阻率等。

(1)体积。要在晶体内部产生一个空位,需要将该处的原子迁移到晶体表面上的新原子位置,这会导致晶体的体积增加。

(2)比热容。形成点缺陷需要向晶体提供附加的能量(空位生成焓),因而引起附加的比热容。

(3)电阻率。在有缺陷的金属晶体中,由于缺陷区域的周期性被破坏,电场急剧变化,因而对电子产生强烈散射,导致金属晶体的电阻率增大。

此外,点缺陷还影响晶体的其他物理性质,如扩散系数、内耗、介电常数、光吸收性能以及金属的扩散、屈服强度、高温塑性变形等性能。

2.4.2 线缺陷

晶体内部偏离周期性点阵结构的一维缺陷称为线缺陷,这种缺陷在一个方向上的尺寸可与晶体或晶粒的线度相比拟,而在其他方向上的尺寸只涉及几个原子间距。晶体中最重要的一种线缺陷是位错。人们提出位错这种设想主要源于许多实验现象很难用理想晶体模型来解释,其中最显著的就是实际晶体的屈服强度与理论值之间的巨大差异,前者比后者低 3~4 个数量级。位错理论始于 1934 年,该理论认为晶体滑移不是刚性运动,而是从晶体存在的位错等缺陷位置开始逐步进行的。1956 年以后,人们才在电镜实验中观察到了位错的存在,位错理论也被广泛接受,成为现代物理冶金和材料科学的基础。位错对晶体的生长、扩散、强度、相变、形变、断裂及其他许多物理、化学性质都有重要影响,了

解位错的结构及性质,对研究和了解金属尤为重要,对了解陶瓷等多晶体中晶界的性质和烧结机理,也是不可缺少的。

2.4.2.1 位错的类型

根据原子滑移方向与位错线取向的几何关系,可将位错分为三种基本类型:刃型位错、螺型位错和混合位错。

1) 刃型位错

设含位错的晶体为简单立方晶体,如图2-28所示,晶体在外切应力τ作用下,以 ABCD 面为滑移面发生滑移,EFGH 面以右发生了滑移,以左尚未滑移,致使 ABCD 面上下两部分晶体间产生了原子错排。EF 线将滑移面分成已滑移区和未滑移区,即是位错线。这种位错线与滑移方向垂直的位错便称为刃型位错。刃型位错有一个结构特点,EFGH 这个看起来像附加的半原子面犹如一把刀插入晶体中,刃口 EF 即为刃型位错线。

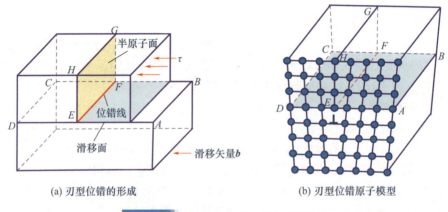

(a) 刃型位错的形成　　　　(b) 刃型位错原子模型

图2-28　简单立方晶体中的刃型位错

刃型位错的结构特点如下。

(1) 根据附加半原子面的位置,刃型位错还可进一步分为正刃型位错和负刃型位错。前者半原子面位于滑移面上方,用"⊥"表示;后者半原子面位于滑移面下方,用"⊤"表示。这里水平短线代表滑移面,垂直短线代表附加原子面。正刃型位错和负刃型位错并无本质差别,只要将晶体翻转180°,位错的正负号即发生改变。

(2) 刃型位错线可以理解为晶体中已滑移区和未滑移区的边界线,它不一定是直线,也可是折线、曲线甚至环线,但必须与滑移方向相垂直,也垂直于滑移矢量b,如图2-29所示。

(3) 滑移面必是同时包含位错线和滑移矢量的平面,在其他面上不能滑移。由于刃型位错中,位错线与滑移矢量互相垂直,因此它们所构成的平面只有一个。

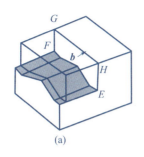
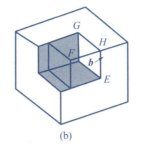
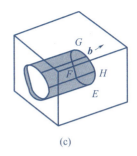

(a)　　　　　　　　　　　(b)　　　　　　　　　　　(c)

图 2-29　几种不同形状的刃型位错

(4)晶体中存在的刃型位错使位错周围的点阵发生弹性畸变,既有切应变,又有正应变。对正刃型位错而言,位错线上、下部临近范围内原子分别受到压应力和拉应力,负刃型位错与此相反,离位错线较远处原子排列恢复正常。

(5)位错线不是几何意义上的"线",而是一个过渡区,其宽度仅为几个原子间距,长度却达到晶体的宏观尺寸,呈现为一个非常细长的管状结构。位错线附近的原子严重错排,具有较大的平均能量。

2)螺型位错

与刃型位错不同,螺型位错是位错线与滑移方向平行的位错。如果图 2-30(a)所示,简单立方晶体在外切应力 τ 作用下,右侧晶体上下区沿滑移面($ABCD$ 面)发生了一个原子间距的切变。bb' 为已滑移区与未滑移区的交界处,即位错线。滑移后,滑移面上下两层多数区域原子的相对位移均为一个原子间距,从滑移面的投影看这些原子仍然是对齐的。但在 bb' 线和 aa' 线之间的过渡区(约几个原子间距宽度),在滑移过程中原子的位移各不相同,且滑移面上下两层原子的相对位移都小于一个原子间距,原子的周期性排布在该区域遭到了破坏,呈现出一个细长管状的晶体缺陷,如图 2-30(b)所示。将过渡区滑移面上下两层原子连接起来,可以发现这些原子近似地按照螺旋线分布,如图 2-30 中箭头所示的原子 $a \to b \to c \to d \to e \cdots$ 的连接线。因此这种位错叫作螺型位错,简称螺位错。

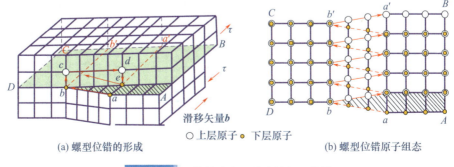

(a) 螺型位错的形成　　　　　　　　(b) 螺型位错原子组态

○ 上层原子　● 下层原子

图 2-30　简单立方晶体中的螺型位错

螺型位错的结构特点如下。

(1) 螺型位错无多余半原子面,原子错排是呈轴对称的。

(2) 根据位错线附近呈螺旋线形排列的原子的旋进方向不同,可将螺型位错分为右旋和左旋两种。以大拇指代表螺旋的前进方向,其他四指代表螺旋的旋转方向,凡符合右手法则的称为右旋螺位错,而符合左手法则的则称为左旋螺位错。图2-30所示的位错即为右旋螺位错。右旋和左旋螺位错是有本质差别的,因为无论将晶体如何放置,也不可能将一种螺位错变为另一种。

(3) 螺型位错的位错线与滑移矢量平行,因此一定是直线,并且位错线的移动方向与滑移矢量垂直。

(4) 纯螺型位错的滑移面不是唯一的,凡包含位错线的平面都可作为滑移面。实际上,滑移通常是在原子密排面上进行的。

(5) 螺型位错周围的点阵发生弹性畸变,但因为没有额外的半原子面,只有平行于位错线的切应变,无正应变,所以不会引起体积膨胀和收缩。

(6) 螺型位错包含上下层原子位置不吻合的过渡区,在过渡区内点阵畸变较大,点阵畸变随着离开过渡区的距离增加而急剧减少,故其也是包含几个原子间距宽度的线缺陷。

3) 混合位错

除两种基本位错外,还有一种形式更为普遍,其滑移矢量既不平行也不垂直于位错线,而与位错线相交成任意角度,此位错称为混合位错。如图2-31所示,为晶体局部滑移形成混合位错及其原子组态。混合位错线 EF 是一条曲线。在 E 处,位错线与滑移矢量 b 平行,故为螺型位错;在 F 处,位错线与滑移矢量 b 垂直,因此是刃型位错;在 E 与 F 之间的位错线,既不垂直也不平行于滑移矢量 b,其中每一小段位错线都可分解为刃型和螺型两部分。

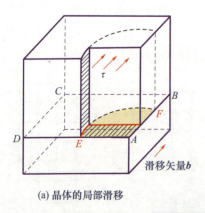

(a) 晶体的局部滑移

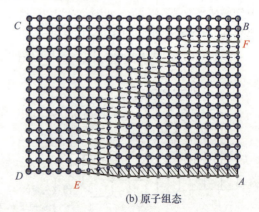

(b) 原子组态

图2-31　晶体中的混合位错

应当注意的是，位错线是已滑移区和未滑移区的边界线，因此，位错具有一个很重要的性质，即位错线不能在晶体内部中断。它要么露头于晶体表面或晶界，要么在晶体内部与其他位错线相连，或者形成封闭的位错环。如图 2-32 为晶体中的一个位错环 ACBDA，环内区域是滑移面上一个封闭的已滑移区。从图中可看出，A、B 两处是刃型位错，C、D 两处是螺型位错，其他各处均为混合位错。

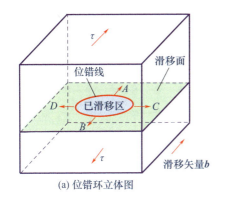 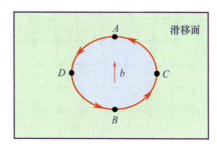

(a) 位错环立体图　　　　　　　　　　　(b) 位错环俯视图

图 2-32　晶体中的位错环

2.4.2.2　柏氏矢量

1939 年，柏格斯(J. M. Burgers)提出用柏氏回路来定义位错，使位错的特征能借柏氏矢量表示出来，可更确切地揭示位错的本质，并能方便地描述位错的各种行为，此矢量即柏格斯矢量或柏氏矢量，用 **b** 表示。

1) 柏氏矢量的确定

柏氏矢量可以通过柏氏回路来确定，图 2-33(a) 和图 2-33(b) 分别为含有一个刃型位错的实际晶体和用作参考的不含位错的完整晶体。确定该位错柏氏矢量的方法如下。

(1) 首先确定位错线的正向，通常规定由纸面向外的方向为位错线的正方向。按右手法则做柏氏回路，右手大拇指指向位错线正向，回路方向按右手螺旋方向确定。

(2) 从实际晶体中任意原子 M 出发，避开位错附近的严重畸变区以一定的步数作一闭合回路 MNOPQ，回路每一步连接相邻原子，如图 2-33(a) 所示。此回路称为柏格斯回路，简称柏氏回路。

(3) 按同样方法，在完整晶体中做同样回路，步数、方向与上述回路一致，这时终点 Q 和起点 M 不重合，由终点 Q 到起点 M 引一矢量 **b**，使该回路闭合，如图 2-33(b) 所示。这个矢量 **b** 就是实际晶体中位错的柏氏矢量。

由图 2-31 可见，刃型位错的柏氏矢量与位错线垂直，这是刃型位错的一个重要特征。刃型位错的正、负，可借右手法则来确定，即用右手的拇指、食指和中指构成直角坐标,以食指指向位错线的方向,中指指向柏氏矢量的方向,则拇指的指向代表多余半原子面的位向,且规定拇指向上者为正刃型位错;反之为负刃型位错。

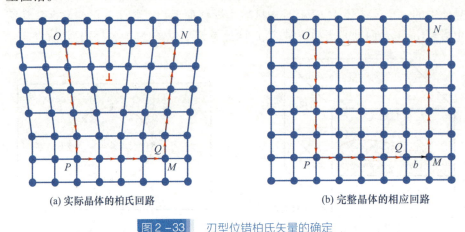

(a) 实际晶体的柏氏回路　　　　　　(b) 完整晶体的相应回路

图 2-33　刃型位错柏氏矢量的确定

螺型位错的柏氏矢量也可按同样的方法加以确定,不同的是刃型位错的柏氏矢量在二维晶格中就能确定,而螺型位错柏氏矢量的确定则需要在三维晶格中进行。图 2-34 为螺型位错柏氏矢量的确定过程。柏氏矢量与起点的选择无关,也与回路的路径无关。

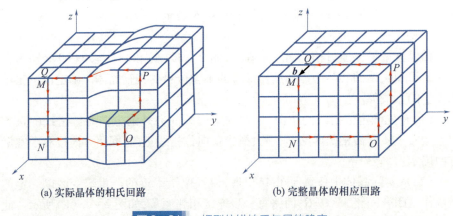

(a) 实际晶体的柏氏回路　　　　　　(b) 完整晶体的相应回路

图 2-34　螺型位错柏氏矢量的确定

2) 柏氏矢量的物理意义和特征

柏氏矢量 b 是描述位错实质的重要物理量,其主要特性如下。

(1) 柏氏矢量表征了位错周围点阵畸变的总积累。该矢量的方向表示位错运动导致晶体滑移的方向,而该矢量的模 $|b|$ 表示畸变的程度称为位错的强度,

这就是柏氏矢量的物理意义。位错的许多性质,如位错能量、应力场、位错反应等均与柏氏矢量有关,柏氏矢量 b 越大,位错周围的点阵畸变也越严重,位错的畸变能与 $|b|^2$ 的大小成正比。

(2) 利用柏氏矢量 b 与位错线的关系,可以很容易判定位错线的类型。将位错线用矢量 l 表示,则有:刃型位错 $b \perp l$,$b \times l$ 指向附加半原子面方向;右旋螺位错 $b /\!/ l$,左旋螺位错 $b /\!/ (-l)$;混合位错 b 和 l 成任意角度 $\theta(0 < \theta < \pi/2)$。在混合位错线上任意小段,可以将其柏氏矢量分解为平行和垂直于位错线的两个分量 b_1 和 b_2,其中 $b_1 = b\cos\theta$ 为螺型分量,$b_2 = b\sin\theta$ 为刃型分量。

(3) 柏氏矢量具守恒性。一定的位错,无论柏氏回路的大小、形状如何变化,只要它不与其他位错线相交,则测得的柏氏矢量是一定的,这一特性称为位错的柏氏矢量守恒性。主要体现在三个方面:①一条位错线只有唯一的柏氏矢量,因此位错在晶体中运动或形态变化(在刃型、螺型和混合位错之间变化)时,其柏氏矢量是不变的;②如有几条位错线相交于一点,则其中任意位错的柏氏矢量等于其他各位错的柏氏矢量之和;③位错线不能在晶体内部中断,它可以自成闭合的位错环,或者与其他位错相连接,或者穿过晶体终止在晶界或晶体表面。

总之,柏氏矢量的出现是由于位错的存在,一个位错只能有唯一的柏氏矢量,矢量的大小及方向完全取决于位错本身,而与回路的大小和形状无关,位错运动或其形态变化时,其柏氏矢量不变。可见,柏氏矢量是位错的特征矢量。

2.4.2.3 位错的运动

晶体的宏观滑移变形,实际上是通过位错的运动实现的,位错可在晶体中运动是其最重要的性质,它与晶体的力学性能如强度、塑性、断裂等密切相关。位错有两种运动方式:滑移和攀移,其中滑移最为重要。

1) 滑移

位错的滑移就是它在滑移面上的运动,也就是局部滑移区的扩大或缩小。位错的运动面就是滑移面 $b \times l$,其运动方向就是滑移方向。位错的运动并不代表原子的运动,只代表缺陷区或已滑移区与未滑移区边界的移动。

刃型位错的滑移如图 2-35 所示,对含有刃型位错的晶体施加切应力 τ,切应力方向平行于柏氏矢量 b,位错中心附近的原子只需要移动很少的距离(小于一个原子间距),就使位错在滑移面上向左移动了一个原子间距(从位置 Q 到达 Q')。故这样的位错运动只需要一个很小的切应力就能实现。如果切应力继续作用,位错将继续向左逐步移动。当位错线沿滑移面运动到晶体表面时,滑移面上部分晶体相对于下部分晶体滑动了一个柏氏矢量,就会在晶体表面形成一个宽度为 b 的台阶,造成了晶体的塑性变形,如图 2-36 所示。从图中可知,随着位错的运动,位错线扫过的区域 $ABCD$(已滑移区)逐渐扩大,未滑移区逐渐缩小,两个区域始终以位错线为分界线。

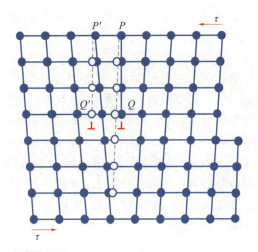

图2-35　刃型位错滑移时原子位移示意图

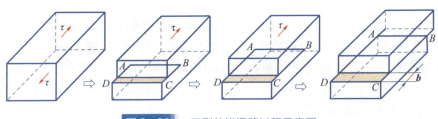

图2-36　刃型位错滑移过程示意图

如果外加的切应力方向相反,则位错的运动方向也相反。在相同的切应力下,正刃型位错与负刃型位错将反向运动,但位错移到晶体表面后,所造成的滑移结果是相同的。

应当指出,刃型位错的滑移面是由位错线 l 与柏氏矢量 b 决定的平面,因 $b \perp l$,所以刃型位错的滑移面是唯一的。刃型位错的滑移方向与位错线垂直,而与柏氏矢量、切应力方向及晶体滑移方向平行。

螺型位错的滑移情况如图2-37所示,设图面平行于滑移面。由图可见,在切应力作用下,螺型位错使晶体右部分沿滑移面上下相对地移动了一个原子间距。这种位移随着螺型位错向左逐渐扩展到晶体左部分的原子列。位错线向左移动一个原子间距(从图2-37中第7原子列移动到第8原子列),则晶体因滑移而产生的台阶亦扩大了一个原子间距(从图2-37中第4原子列移动到第5原子列)。和刃型位错一样,在此过程中只有位错附近的少量原子作了小于一个原子间距的很小的位移,所以使螺型位错移动所需的力也是很小的。

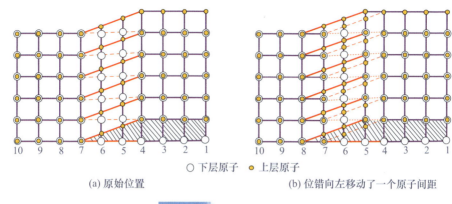

(a) 原始位置　　　　　　　　(b) 位错向左移动了一个原子间距

○ 下层原子　● 上层原子

图 2-37　螺型位错的移动

晶体因螺型位错移动而产生的滑移过程如图 2-38 所示。显然，此过程与刃型位错的情况不同。在切应力作用下，螺型位错的移动方向与其柏氏矢量相垂直，即与切应力及晶体滑移的方向相垂直。但当螺型位错移过整个晶体后，在晶体表面形成的滑移台阶宽度也等于 b。故其滑移的结果与刃型位错是完全一样的。

由于滑移面是 $b \times l$，对于螺型位错 $b \parallel l$，故 $b \times l = 0$。说明螺型位错的滑移面是不确定的，包含位错线的任何平面都可以作为螺型位错的滑移面。因此，若螺型位错在某一滑移面上运动受阻时，可转移到与之相交的另一个滑移面上去，此过程称为交叉滑移，简称交滑移。

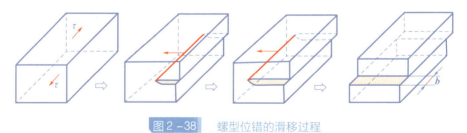

图 2-38　螺型位错的滑移过程

混合位错的滑移过程如图 2-39 所示。根据确定位错线运动方向的右手法则，即以拇指代表沿着柏氏矢量 b 移动的那部分晶体，食指代表位错线方向，则

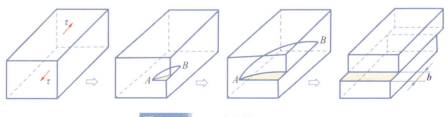

图 2-39　混合位错的滑移过程

中指就表示位错线移动方向,该混合位错在外加切应力 τ 作用下,将沿其各点的法线方向在滑移面上向外扩展。最终使上下两部分晶体沿柏氏矢量方向移动一个 b 大小的距离。

由上面的例子可以看出,无论位错如何移动,晶体的滑移总是沿着柏氏矢量相对滑移,所以晶体滑移方向就是位错的柏氏矢量方向。

2)攀移

刃型位错除可以在滑移面上滑移外,还可以在一定条件下沿垂直于滑移面的方向运动,这种运动称为攀移。刃型位错攀移的实质是附加半原子面的扩大或缩小。通常把半原子面缩小的攀移称为正攀移,半原子面扩大的攀移称为负攀移,如图 2-40 所示。螺型位错没有附加半原子面,故无攀移运动。

位错攀移是依靠原子或空位的转移来实现的。当原子从附加半原子面下端转移到其他位置,或空位从其他位置转移到半原子面的下端时,半原子面将缩小,位错线向上运动,即发生正攀移,如图 2-40(b);反之,当原子从其他位置转移到半原子面下端,或空位从半原子下端转移到其他位置时,半原子面将扩大,位错线向下移动,即发生负攀移,如图 2-40(c)。攀移过程半原子面会缩小或扩大,即半原子面上的原子数不守恒,因此攀移也称为非守恒运动,而滑移则称为守恒运动。

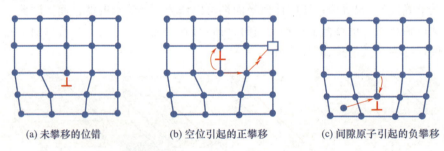

(a) 未攀移的位错　　(b) 空位引起的正攀移　　(c) 间隙原子引起的负攀移

图 2-40　刃型位错的攀移运动示意图

位错攀移与滑移不同,攀移过程中点缺陷的扩散需要热激活,因此比滑移需要更大的能量。故低温时位错攀移比较困难,而在高温下攀移较易实现。此外,作用于攀移面的正应力有助于位错的攀移,压应力将促进正攀移,拉应力可促进负攀移。晶体中过饱和的空位,也有利于攀移的进行。因此,经淬火或冷加工后的金属在加热时,位错的攀移将起重要作用。

2.4.2.4　位错密度

晶体中位错数量通常用位错密度 ρ 来表示,位错密度是指单位体积内位错线的总长度。根据定义,如果晶体的体积为 V,其包含的位错线的总长度为 L,则位错密度为 $\rho = L/V$。在实际晶体中,位错线的形状和分布都是不规则的,很难从实验中直接测试得到其总长度。为了便于测量,假定晶体中的位错线都是直线,而且相互平行地从晶体试样的一端延伸到另一端。设每条位错线的长度为 l,共有 n 条位错线,那么位错密度为

$$\rho = \frac{nl}{V} = \frac{nl}{Al} = \frac{n}{A} \tag{2-13}$$

式中:A 为晶体的截面积,垂直于位错线。

由式(2-13)可知,位错线密度也可用穿过单位截面积的位错线数目来表示。在实验中可采用浸蚀法得到截面积上位错线的数目。位错附近的能量较高,原子处于亚稳定状态,因此位错在晶体表面露头的地方最容易受到腐蚀,从而产生蚀坑,蚀坑的数目即对应位错线的数目,再用蚀坑数目除以截面积的大小即得到位错线的密度。

金属晶体在不同状态下,位错密度差异很大。一般经过充分退火的金属中位错密度为 $10^6 \sim 10^8 \mathrm{cm}^{-2}$,经精心制备和处理的超纯金属单晶体位错密度可低于 $10^3 \mathrm{cm}^{-2}$,而经过剧烈冷变形的金属中位错密度可增至 $10^{10} \sim 10^{12} \mathrm{cm}^{-2}$ 以上。非金属晶体中的位错密度要远小于金属晶体中的位错密度,如半导体晶体中的位错密度在 $0.1 \mathrm{mm}^{-2}$ 左右。

从晶体理论强度分析,实际晶体中的位错密度越低,晶体的强度越高。另外,人们又从实验中发现,冷加工金属的强度远高于退火金属,由此推知位错密度越高,晶体强度越高。大量实验和理论研究表明,位错密度与晶体强度的关系为如图 2-41 所示的一条"U"形曲线。由图可见,在位错密度较低时,晶体的强度 τ_c 随着位错密度 ρ 的增大而减小。这就是为什么实际晶体的强度远比理想晶体低。在位错密度较高时则相反,τ_c 随 ρ 的增大而增大,金属材料的压力加工就利用了这个原理。曲线的极小值对应于金属退火后的 τ_c 值和 ρ 值。

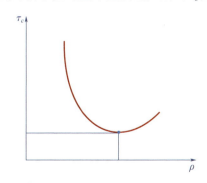

图 2-41　晶体强度与位错密度的关系

因此,在实际工程应用中,为了得到强度较高的晶体,可以采用两条相反的途径。①尽量减小位错密度。例如,将晶体拉得很细,得到丝状单晶体(晶须),

晶须因直径很小,只有几微米,基本上不含位错等缺陷,故强度往往比普通尺寸的材料高几个数量级。②尽量增大位错密度。例如,非晶态材料,其位错密度很大,强度也非常高。

2.4.3 面缺陷

晶体的面缺陷指晶体的界面,它通常包含几个原子层厚的区域,其原子排列及化学成分不同于晶体内部,可视为晶体的二维缺陷。界面对晶体的物理、化学和力学等性能产生重要的影响。晶体的界面主要可分为外界面和内界面。外界面主要是指晶体的外表面,内界面则包括晶界、亚晶界、孪晶界、相界及堆垛层错等。

2.4.3.1 外表面

表面是固体材料与气体或液体的分界面,它与材料的摩擦、磨损、氧化、腐蚀、偏析、催化、吸附以及光学、微电子学等密切相关。晶体表面的结构与晶体内部不同,由于它是原子排列的终止面,另一侧无固体中原子的键合,其配位数少于晶体内部,导致表面原子偏离正常位置,并影响了邻近的几层原子,造成点阵畸变,使其能量高于晶内。晶体表面单位面积自由能的增加称为比表面能,记为 $\gamma(J/m^2)$。表面能也可理解为晶体表面产生单位面积新表面所做的功:$\gamma = dW/dS$,式中 dW 为产生 dS 面积大小的表面所做的功。表面能也可以用单位长度上的表面张力 $\sigma(N/m)$ 表示。

由于表面能来源于形成表面时破坏的结合键,不同晶面为外表面时,所破坏的结合键数目不等,故晶体的表面能是各向异性的。另外,由于密排面上的原子密度最大,该面上任意原子与相邻晶面原子的作用键数量最少,故以密排面作为表面时不饱和键数最少,表面能量最低。若以原子密排面作表面,晶体的能量最低、最稳定,因此自由晶体暴露在外的表面通常是低表面能的原子密排晶面。例如,对于体心立方晶体,{100} 表面能最低;对于面心立方晶体,{111} 表面能最低。

吸附是材料表面的重要物理现象。大多数情况下,吸附是指外来原子或气体分子在外表面上富集的现象。气体分子或原子在表面的吸附可不同程度抵消表面原子的不平衡力场,降低表面能,从而使体系更为稳定,所以吸附是自发过程。降低的能量以热的形式释放,故吸附过程是放热反应,放出的热量称为吸附热。固体表面的吸附按其作用力的性质可分为物理吸附和化学吸附,物理吸附的作用力为分子键(范德瓦耳斯力),化学吸附则为离子键或共价键。因范德瓦耳斯力存在于任何两个分子之间,故物理吸附无选择性,固体表面可对任何气体分子或其他原子进行吸附。化学吸附具有选择性,只有能与固体表面形成强键的分子或原子才能被吸附。物理吸附的吸附热较小,而化学吸附的吸附热较大。对同一固体表面,常常既有物理吸附,又有化学吸附,在不同条件下某种吸附可能起主导作用。

2.4.3.2 晶界与亚晶界

晶界和亚晶界是晶体结构和组成成分相同,但取向不同的两部分晶体的界面。实际晶体材料都是多晶体,由许多晶粒组成,每个晶粒内部原子排列也并非十分整齐,会出现位向差极小的亚晶粒。晶粒之间的界面称为晶界,亚晶粒之间的界面称为亚晶界。晶界的结构与性质与相邻晶粒的位向差有关,当位向差小于10°时,叫作小角度晶界;当位向差大于10°时,称为大角度晶界。亚晶界属于小角度晶界,其位向差一般小于2°。晶界处,原子排列紊乱,使能量增高,即产生晶界能,使晶界性质有别于晶内。

1) 小角度晶界

小角度晶界可以看成一个晶粒相对于另一个相邻晶粒绕某一轴旋转一定角度得到的晶界。要确定一个晶界的原子组态,需要知道5个参数,即5个自由度:①晶界平面的位置,这由该平面法线方向的单位矢量 n 决定,有两个自由度,即 n 的两个余弦;②旋转轴的位置,由旋转轴上的单位矢量 u 决定,也有两个自由度,即 u 的两个余弦;③旋转角度 θ,只有一个自由度。比较简单的两种小角度晶界是倾侧晶界和扭转晶界。

(1) 倾侧晶界。

倾侧晶界的特点是旋转轴在晶界平面内,即 $u \perp n$。根据晶界两侧晶粒的对称关系,又可分为对称倾侧晶界和非对称倾侧晶界。对称倾侧晶界是最简单的一种小角度晶界,图2-42(a)为两个具有简单立方结构的晶粒,二者之间的位向差为 θ,相当于晶界两边的晶体绕平行于位错线的轴各自旋转了一个方向相反的 $\theta/2$ 角而成的。转轴就在晶粒之间的界面上,而且两个晶粒的取向完全对称,因此把这种晶界称为对称倾侧晶界。这种晶界可以看成由一系列柏氏矢量互相平行、等距离排列的同号刃型位错构成,晶界两边对称,柏氏矢量为 b,如图2-42(b)所示。这些位错的插入,正好形成上述位向差,并且使位向差引起的不匹配应力得到了缓解。对称倾侧晶界只有一个变量 θ,即一个自由度。当 θ 很小时,晶界中位错间距 D 与位向差 θ 和 b 之间的关系为

$$D = \frac{b}{2\sin\left(\frac{\theta}{2}\right)} \approx \frac{b}{\theta} \qquad (2-14)$$

由式(2-14)可知,随着 θ 的增大,D 将会减小;当 $\theta > 10°$ 时,D 只有5~6个原子间距,此时位错密度太大,位错中心会发生重叠,每个位错已失去独立的特性,这种小角度晶界模型就不再适用。

如果对称倾侧晶界的界面绕 x 轴旋转了一个角度 φ，虽然两晶粒的位向差仍然是 θ，但此时晶界两边的两晶粒不再对称，这种晶界称为非对称倾侧晶界，它有两个自由度 θ 和 φ。该晶界的结构可以看成两组柏氏矢量相互垂直的刃型位错交错排列而成，两组刃型位错各自的间距分别为 $D_1 = b_1/(\theta\sin\varphi)$ 和 $D_2 = b_2/(\theta\cos\varphi)$。

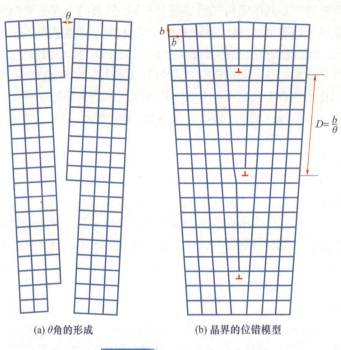

(a) θ 角的形成　　(b) 晶界的位错模型

图 2-42　对称倾侧晶界

（2）扭转晶界。

扭转晶界是小角度晶界的另一种类型，它的特点是旋转轴垂直于晶界平面，即 $\boldsymbol{u} \parallel \boldsymbol{n}$，因此它可以看成两部分晶体绕旋转轴 $\boldsymbol{u}$ 在共同晶面上相对旋转了一个 θ 角构成。扭转晶界的自由度为1。其形成模型如图 2-43 所示，将一晶体沿中间切开，后半部分绕平行于 x 轴的旋转轴旋转 θ 角，再与前半部分合在一起，便形成了扭转晶界。该晶界的结构可看成由相互交叉的螺型位错构成。图 2-44 是两个简单立方晶粒之间的扭转晶界原子组态，可见这种晶界是由两组相互垂直的螺型位错构成

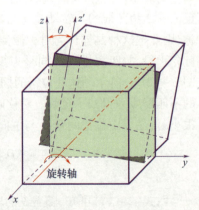

图 2-43　扭转晶界形成模型

的网络,晶界中位错的间距 D 也满足关系式(2-14)。

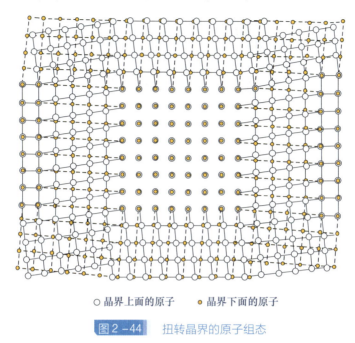

○ 晶界上面的原子　● 晶界下面的原子

图2-44　扭转晶界的原子组态

纯粹的倾斜晶界和扭转晶界属于小角度晶界的两种简单形式,对于一般的小角度晶界,其旋转轴与界面之间可以保持任意的取向关系,故这种界面具有由刃型位错和螺型位错组成的更复杂的结构。晶界上原子排列是畸变的,因而自由能增高,增高部分的自由能称为晶界能。小角度晶界的能量主要来自位错的能量,位向差 θ 越大,位错间距越小,位错密度越高,小角度晶界的晶界能 γ 也越大。

2) 大角度晶界

多晶体材料中各晶粒之间的晶界通常是大角度(约为 30°~40°)晶界,大角度晶界结构比较复杂,原子排列紊乱,不能用位错模型来描述。关于大角度晶界结构的理论和实验均有待进一步发展。图2-45是大角度晶界的示意图。大角度晶界是原子排列异常的狭窄区域,一般仅几个原子间距。晶界处某些原子过于密集的区域为压应力区,原子过于松散的区域为拉应力区。

与小角度晶界相比,大角度晶界的晶界能较高,为 $0.5~0.6\ \mathrm{J/m^2}$,与相邻晶粒取向无关。但也发现某些特殊取向的大角度晶界的晶界能很低,为解释该现象,人们提出了大角度晶界的重合位置点阵模型。当两个相邻晶粒的位向差为某一个值时,若设想两晶粒的点阵彼此通过晶界向对方延伸,则其中一些原子将出现有规律的相互重合。由这些原子重合位置所组成的比原来晶体点阵大的新点阵,称为重合位置点阵。

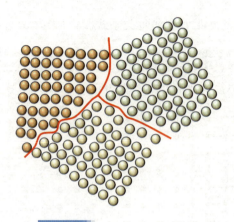

图2-45　大角度晶界示意图

应用场离子显微镜研究晶界,发现当相邻晶粒处在某些特殊位向时,不受晶界存在的影响,两晶粒有 $1/n$ 的原子处在重合位置,构成一个新的点阵称为"$1/n$ 重合位置点阵",$1/n$ 称为重合位置密度。图2-46为二维正方点阵中的两个相邻晶粒,晶粒2相对于晶粒1绕垂直于纸面的轴旋转了37°。可发现不受晶界存在的影响,从晶粒1到晶粒2,两个晶粒有 $1/5$ 的原子是位于另一晶粒点阵的延伸位置上,即有 $1/5$ 的原子处在重合位置上。这些重合位置构成了一个比原点阵大的 $1/5$ 重合位置点阵。

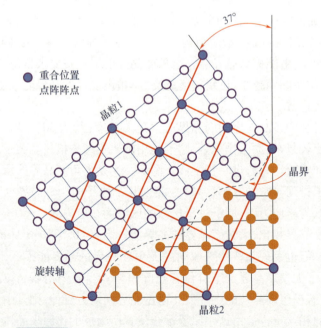

图2-46　位向差为37°时存在的 $1/5$ 重合位置点阵模型

显然,由于晶体结构及所选旋转轴与转动角度的不同,可以出现不同重合位置密度的重合点阵。表2-5列出了立方晶系金属中重要的重合位置点阵。例如,当体心立方或面心立方两相邻晶粒以[111]为旋转轴转动38.2°时,将出现重合位置密度为1/7的重合点阵。当晶界与重合位置点阵的密排面重合,或以台阶方式与重合位置点阵中几个密排面重合时,晶界上包含的重合位置多,晶界上畸变程度下降,导致晶界能下降。

表2-5 立方晶系金属中重要的重合位置点阵

晶体结构	旋转轴	转动角度/(°)	重合位置密度
体心立方（BCC）	[100]	36.9	1/5
	[110]	70.5	1/3
	[110]	38.9	1/9
	[110]	50.5	1/11
	[111]	60.0	1/3
	[111]	38.2	1/7
面心立方（FCC）	[100]	36.9	1/5
	[110]	38.9	1/9
	[111]	60.0	1/7
	[111]	38.2	1/7

晶界的重合位置点阵已经得到若干实验直接或间接的证实,但它还是不够完善。不同晶体结构具有重合点阵的特殊位向是有限的,所以重合位置点阵模型尚不能解释两晶粒处于任意位向差的晶界结构。尽管后来在该模型中把晶界上存在的位错也考虑了进去,可以解释更多位向的晶体结构,但它仍然不能说明全部的大角度晶界。随着科学技术的发展,期望能有更好的理论模型来揭示大角度晶界的结构。

2.4.3.3 孪晶界

孪晶界是低能量、大角度晶界的特例,在结构上是最简单的一种。两个晶体(或一个晶体的两部分)沿一个公共晶面构成镜面对称的位向关系,这两个晶体就称为孪晶,这一公共的晶面称为孪晶面。孪晶之间的界面称为孪晶界,孪晶界常常就是孪晶面。孪晶界可分为共格孪晶界和非共格孪晶界。

共格孪晶界上的所有格点均处于重合点阵中,此处的原子为两个晶体所共有,且完全匹配。因此,晶格畸变程度很小,界面能很低,约为普通大角度晶界的1/10。共格孪晶界较为常见,如图2-47所示,此时孪晶界与孪晶面一致。若在共格孪晶界的基础上,孪晶界旋转一定角度即得到非共格孪晶界,如图2-48所示,此时孪晶界与孪晶面不一致。非共格孪晶界上的原子不完全匹配,只有部分原子属于晶界两侧的晶粒,原子错排程度较大。这种孪晶界的能量相对较高,接近普通大角度晶界能的1/2。

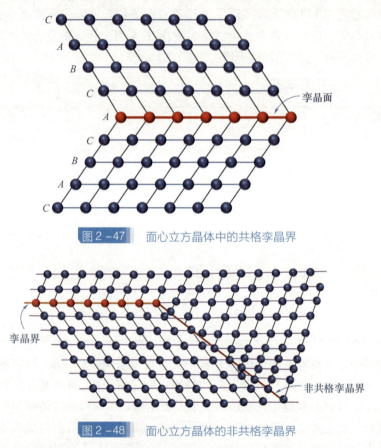

图2-47 面心立方晶体中的共格孪晶界

图2-48 面心立方晶体的非共格孪晶界

孪晶的形成与堆垛层错密切相关。以 FCC 晶体为例,其孪晶面为(111)晶面。一般情况下,FCC 晶体是以(111)面按 ABCABCABC… 的顺序堆垛起来的,用△△△△△△…表示。如果从某一层开始其堆垛顺序发生颠倒,按 ABCAB-CACBACBA…的顺序堆垛,即△△△△▽▽▽…,则上下两部分晶体形成了镜面对称的孪晶关系,如图2-47所示。可以看出,…CAC…处相当于堆垛层错,接着就按倒过来的顺序堆垛,仍属正常的 FCC 堆垛顺序,但与出现层错之前那部分晶体顺序正好相反,故形成了对称关系。

2.4.3.4 相界

若相邻晶粒不仅取向不同,而且晶体结构和(或)成分也不相同,即它们是不同的相,则它们之间的界面称为相界。根据界面上原子排列结构不同,可以把固体中的相界分为共格相界、半共格相界和非共格相界三类。各种形式的相界如图 2-49 所示。

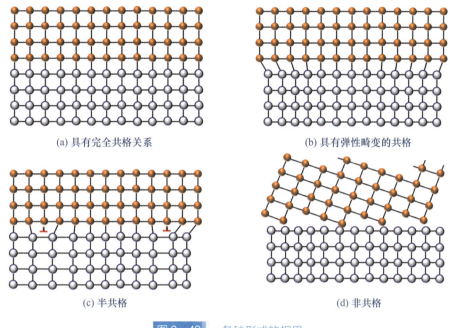

图 2-49　各种形式的相界

1）共格相界

若界面上的原子同时处于两相晶格的阵点上，则该界面为共格相界。当相互结合的两相晶体结构相同且点阵常数相差甚微时，形成的界面为完全共格相界，如图 2-49（a）所示，界面上的原子接近无畸变的规则排列，因弹性畸变产生的能量很低，界面能取决于界面上成分变化引起的化学分量。

理想的完全共格界面，只有在孪晶界与孪晶面一致时才可能存在。对相界而言，其两侧为两个不同的相，即使两个相的晶体结构相同，其点阵常数也不可能完全相等。因此在形成共格界面时，必然在相界附近产生一定的弹性畸变，晶面距较小者发生拉伸，较大者产生压缩，使界面上原子在一定弹性畸变条件下实现共格匹配，如图 2-49（b）所示。由此引起的点阵畸变称为共格畸变或共格应变。具有弹性畸变的共格相界更具有普遍性，其能量比理想完全共格的界面高。共格晶界的界面能约为 $50 \sim 200 \, mJ/m^2$。

2）半共格相界

若相互结合的两相在晶体结构或点阵常数上相差较大，界面上的原子不能完全一一对应匹配，只有部分原子位于两相晶格的点阵上，这样的相界称为半共格相界。在半共格相界上，两相晶格的不匹配可由刃型位错周期性地调整补偿，

以降低界面的弹性应变能,如图 2-49(c)所示。位错间距取决于相界处两相晶格点阵的错配度。错配度的定义如下:

$$\delta = \frac{a_\beta - a_\alpha}{a_\alpha} \quad (2-15)$$

式中:a_α 和 a_β 分别为无应力时 α 相和 β 相的点阵常数,且 $a_\beta > a_\alpha$。由此可求得位错间距 $D = a_\beta/\delta$。当 δ 值很小($\delta < 0.05$)时,形成共格相界。对于比较大的 δ($0.05 \leqslant \delta \leqslant 0.25$),则易形成半共格相界。错配度越大,界面位错间距 D 越小。当 δ 很大时,D 很小,α 相和 β 相在相界上完全失配,即称为非共格相界。

可近似地认为半共格相界的界面能由两部分组成,即如同完全共格界面一样的化学项和由错配位错产生的结构项:

$$\gamma_{半共格} = \gamma_{化学} + \gamma_{结构}$$

对于较小的 δ 值,界面能中的结构项近似正比于界面上的位错密度。半共格相界的界面能比共格相界大,比非共格相界小,其值通常在 $200 \sim 500 \mathrm{mJ/m^2}$ 范围内。

3) 非共格相界

当 $\delta > 0.25$ 时,两相晶格在界面处的原子排列相差很大,两相原子在界面上没有任何匹配关系,此时形成非共格相界,如图 2-49(d)所示。关于非共格相界的原子结构细节所知甚少,它与大角度晶界类似,是原子不规则排列的过渡层,界面能很高($500 \sim 1000 \mathrm{mJ/m^2}$),并且对界面取向不敏感。

2.4.3.5　晶界的特性

由于晶界结构与晶体内部不一样,是不完整的,使其具有一系列不同于晶粒内部的特性。

(1)晶界处点阵畸变较大,存在晶界能。较高的晶界能表面有自发地向低能状态转化的趋势。晶粒长大和晶界的平直化都能减小晶界的总面积,从而降低晶界的总能量。但是,只有当原子具有一定动能时,这个过程才有可能发生。温度越高,原子的动能越大,越有利于晶粒长大和晶界的平直化。钢在热处理时,奥氏体晶粒随加热温度升高而增大,就是一个最典型的实例。

(2)晶界处的原子排列的不规则性,使它在常温下对金属材料的塑性变形会起阻碍作用,在宏观上表现为晶界较晶粒内部具有较高的强度和硬度。显然,晶粒越细,金属材料的强度、硬度也越高。高温状态下使用的金属或合金,晶界的作用恰好与常温相反。因此,对于在较低温度下使用的金属材料,总是希望得到细小的晶粒。

(3)晶界处的原子偏离其平衡位置,具有较高的动能,并存在较多的空位、杂质原子、位错等缺陷,故原子的扩散速度比在晶粒内部快得多,而且晶界的熔点较低,因而金属的熔化首先从晶界开始。当晶界处富集杂质原子时,其熔点会降低更多。热加工及热处理过程中有时产生的"过烧"缺陷,就是因加热温度过高而导致晶界熔化并氧化。

(4)在固态相变过程中,晶界能量较高且原子活动能力较大,因此金属与合金的固态相变往往首先发生于晶界。显然,原始晶粒越细,晶界越多,则新相的形核率也越高。

(5)金属在腐蚀性介质中使用时,晶界的腐蚀速度一般都比晶粒内部快。这也是晶界的能量较高、原子处于不稳定状态的缘故。在金相分析中,用化学试剂浸蚀试样抛光的表面,晶界首先被腐蚀而形成凹槽,因此在显微镜下很容易观察到黑色的晶界。

(6)当金属中溶入某些微量元素时,往往优先富集于晶界处,这种现象称为内吸附,以区别于外表面上的吸附。例如,钢中加入微量($<0.005\%$)的硼(B),可以提高钢的热处理性能。一般认为这是B富集在晶界上,降低了晶界能所致。碳(C)、氮(N)等与铁(Fe)形成间隙固溶体的元素,也较多地分布于晶界。

研究晶界的构造特性,具有重要的实际意义,材料的许多现象和变化过程都与晶界有关。金属材料的力学性能和破坏事故,晶界往往起着很大的甚至是决定性的作用。

2.4.4 体缺陷

如果晶体内部质点排列的规律性在三维空间一定尺度的范围内遭到破坏,就称为体缺陷。例如亚结构、沉淀相、层错四面体、晶粒内的气孔和第二相夹杂物等,它们都是三维缺陷。无论是从气相、溶液、熔体还是从熔盐中生长晶体,往往都存在各种体缺陷,这些缺陷有时会严重影响到晶体的各种物理性能。现简要地介绍晶体中几种常见的体缺陷。

1)包裹体

包裹体是一种宏观缺陷,与晶体为相界关系,可分为气体包裹体、液体包裹体和固体包裹体。气、液包裹体为光学均质体,多呈球体或椭球体。由于光的折射,这种包裹体在显微镜下呈现为中央亮而边缘暗,在强光暗场下光散射现象明显。固体包裹体多为胶凝体或微晶体。胶凝体在显微镜下呈无规则堆积的光学均质体,在强光暗场下无明显的光散射现象。而微晶体的光散射较强,当其体积小到一定程度时称为散射颗粒。散射颗粒在人工晶体中较为常见,尤其用熔体法生长时更容易出现。例如,在铌酸锂(LN)、氧化碲(TeO_2)、掺钕钇铝石榴石(Nd:YAG)等晶体中,经常发现有散射颗粒的存在。散射颗粒对晶体的光学均匀性有严重的影响。固体微晶包裹体多呈柱状、针状以及一些不规则的形状。包裹体在晶体生长时共生于晶体中,其形态及分布与晶体生长过程中的环境条件有关,如气氛、温度波动、原料纯度等。

2) 胞状组织

采用熔体法生长晶体时,由于组分变化而产生的过冷现象使晶体生长界面出现杂质的偏聚,晶体生长的平坦界面的稳定性遭到破坏,形成由沟槽分割而成的网状界面,称为胞状界面。沟槽中的杂质浓度较大,而胞状体突出的顶部区域,杂质浓度则较低。这种在晶体中由浓集杂质所划分出来的亚组织称为胞状组织,它的显微形态很像蜂窝,故又称为蜂窝状组织。胞状界面的显露是产生胞状组织的开始,胞状组织的形成是胞状界面在晶体中留下的轨迹。当晶体生长条件发生周期性或间歇式的变化时,造成了间歇性的组分过冷,就会在晶体中出现相应的间歇性胞状组织。具有胞状组织的晶体杂质偏聚十分严重,晶体质量显著降低。为了生长出高质量的晶体,须改进工艺条件,严格控制组分过冷,防止胞状组织的产生。

3) 晶体的生长条纹

生长条纹是晶体中常见的一种宏观缺陷,是由温度起伏或生长速率起伏而引起溶质浓度的起伏所造成的薄层状条纹。生长条纹的形状和固-液界面的形状一致。从熔体中提拉晶体时,如果固-液界面是凸形的,沿提拉方向的剖面(纵剖面),生长条纹呈曲线,指向与晶体生长方向一致;在垂直于提拉方向的剖面(横剖面)内则呈现为同心圆。如果固-液界面为凹形,则在纵剖面上仍为曲线,但指向与晶体生长方向相反;在横剖面上仍为同心圆。固-液界面为平面时,纵剖面上生长条纹为直线,而横剖面见不到生长条纹。可见,生长条纹的形态特征反映了晶体的生长情况。当固-液界面为凸形或凹形时,由于生长速率的变化会引起溶质浓度的起伏,而溶质浓度的起伏将进一步促使生长速率的改变。生长条纹的存在严重地破坏了晶体的均匀性,平的固-液界面可以避免溶质浓度的径向起伏,这对生长优质的单晶是有益的。

4) 开裂

开裂是人工晶体中常见的一种宏观缺陷,根据其形成过程,可分为原生和次生两种。原生开裂是在晶体生长过程中,由溶质供不应求、溶质的局部浓集以及籽晶缺陷的延伸等因素造成的,常有一定的方位,开裂面一般沿着一组较发育的晶面。例如,人工水晶沿(0001)面的开裂,铌酸锂晶体沿 c 轴和$\{012\}$、$\{113\}$面的开裂。次生开裂是由杂质的凝聚或者在晶体降温过程中由局部应力集中造成的,这类开裂往往是不规则的。晶体中的开裂严重地破坏了晶体的完整性,而且它还会促使位错、包裹体和多晶等缺陷的形成,故应避免晶体开裂的发生。

5) 晶体楔化

磷酸二氢钾(KDP)型水溶性晶体在生长过程中,随着[001]方向的增长,柱面向内弯曲,正方横截面逐渐减少的现象,称为楔化。在碘酸锂($LiIO_3$)晶体的生长过程中,随着[0001]方向的增长,六方横截面逐渐收缩,出现柱面向内弯曲或倾斜,亦产生楔化。根据实验观察,影响晶体楔化的因素主要有溶液中的杂质、晶体缺陷和生长温度等。另外,溶液 pH 越小,晶体越易楔化。晶体楔化表面是逐渐弯曲形成的,并不平整光滑,而是存在一些条纹。将楔化面划分为许多大小不等的小区域时,则呈台阶状。在人工生长单晶时,为了提高晶体的利用率及完整性,要设法避免晶体楔化现象的发生。

6)生长扇形界缺陷

晶体生长是以晶核为中心,逐渐沿着晶核的顶、棱和面不断地向外推移。晶顶推移的轨迹为一直线或曲线,晶棱推移的轨迹为一平面或曲面,晶面推移的轨迹则为一锥体,称为生长锥。每个晶体都可看作沿着各族晶面的生长锥构成,而每一生长锥的生长速率及其物理化学性质不同,因此生长锥之间的结构容易失配,形成生长锥界面,即生长扇形界面。这种界面杂质易于富集,形成生长扇形界缺陷,它严重地影响了晶体的均匀性。在人工生长晶体时,可采用定向生长法提高晶体的均匀性。

参考文献

[1] 谷世义,赵桂琴,孙二林,等. 物理学史简编[M]. 天津:天津科学技术出版社,1990.

[2] 陈宏芳. 原子物理学[M]. 合肥:中国科学技术大学出版社,1997.

[3] 黄永义. 原子物理学教程[M]. 西安:西安交通大学出版社,2013.

[4] 刘少炽. 原子结构与化学元素周期系[M]. 西安:陕西科学技术出版社,1986.

[5] 郑能武,张鸿烈,赵维蓉. 化学键的物理概念[M]. 合肥:安徽科学技术出版社,1985.

[6] 冯端,师昌绪,刘治国. 材料科学导论[M]. 北京:化学工业出版社,2002.

[7] 宋其圣,孙思修. 无机化学教程[M]. 济南:山东大学出版社,2001.

[8] 徐琰. 无机化学[M]. 郑州:河南科学技术出版社,2009.

[9] 陈金富. 固体物理学学习参考书[M]. 北京:高等教育出版社,1986.

[10] 任慧,刘洁,马帅. 含能材料无机化学基础[M]. 北京:北京理工大学出版社,2020.

[11] 宋天佑,程鹏,徐家宁,等. 无机化学[M]. 北京:高等教育出版社,2019.

[12] 潘金生,仝健民,田民波. 材料科学基础[M]. 北京:清华大学出版社,1998.

[13] 张代东,吴润. 材料科学基础[M]. 北京:北京大学出版社,2011.

[14] 廖立兵. 晶体化学及晶体物理学[M]. 北京:地质出版社,2000.

[15] 秦善. 晶体学基础[M]. 北京:北京大学出版社,2004.

[16] 张克从. 近代晶体学 [M]. 北京:科学出版社, 2011.
[17] 徐时清, 王焕平. 材料科学基础 [M]. 上海:上海交通大学出版社, 2015.
[18] 靳正国, 郭瑞松, 侯信, 等. 材料科学基础 [M]. 天津:天津大学出版社, 2015.
[19] 王顺花, 王彦平. 材料科学基础 [M]. 西安:西安交通大学出版社, 2011.

第 3 章　功能材料的物理性能

材料的物理性能通常讨论物理效应在材料领域得到应用或有潜在应用前景的那部分性能,它们与物质结构密切相关。人类通过对物质结构的了解,已知道材料的电学、磁学、光学、热学、力学、化学、生物学的性能,都是由物质不同层次的结构所决定的。材料性能是一种用于表征材料在给定的外界条件下的行为参量。现代材料科学在较大程度上依赖于材料性能与其成分及结构之间的关系。本章主要介绍功能材料的电学性能、热学性能、光学性能、磁学性能以及功能转换性能,通过掌握这些基本的物理性能,为后续章节的学习奠定基础。

3.1 材料的电学性能

3.1.1 固体材料的能带结构

3.1.1.1 能带结构与导电性

在 2.2.3 节介绍金属键时我们知道,材料的导电性可利用能带理论进行解释。对于孤立的原子,其轨道电子的能量由一系列分立的能级所表征。原子结合成固体时,这些原子的能级会因电子云的重叠产生分裂,从而形成能带结构。能带结构可分为允带和禁带两类。允带是允许电子占据的能量区域,而禁带是不允许电子占据的能量区域。允带中的能级是不连续的,但能级的间隔与禁带相比小得多,故可视为准连续的。允带和禁带相互交替,形成了材料的能带结构。

允带又有价带、满带、空带、导带几种类型。价带是由基态价电子能级分裂而成的能带,它是被电子填充能带中能量最高的,可能被填满,也可能未填满。满带是各能级都被填满的允带,而空带则是各能级都为空的允带。导带是未填满电子的允带,如果价带未填满电子,即成为导带。材料是否导电与它们的能带结构及其被电子填充的情况密切相关。

对于金属导体,其能带结构大致有三种形式。第一种形式如图3-1(a)所示,价带中只填充了部分电子,此时价带也成了导带,在外加电场作用下,这些电子很容易在该能带中从低能级跃迁到较高能级,从而形成电流,如金属锂(Li)。第二种形式如图3-1(b)所示,价带被电子填满成为满带,但与邻近的空带(导带)发生交叠,从而形成一个更宽的能带,使电子可以跃迁形成电流。二价元素钡(Ba)、镁(Mg)、锌(Zn)等都属于此类金属导体。第三种形式如图3-1(c)所示,有些金属的价带本来就没有被电子填满,而这个价带又同邻近的空带重叠,形成一个非常宽的导带。具有这类能带结构的金属有钠(Na)、钾(K)、铜(Cu)、铝(Al)、金(Au)等。

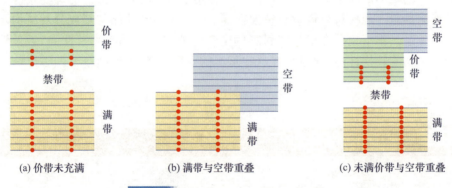

(a) 价带未充满　　(b) 满带与空带重叠　　(c) 未满价带与空带重叠

图3-1　导体的三种能带结构示意图

绝缘体和半导体的能带结构比较相似,如图3-2所示。它们的价带都被电子填满形成满带,而且被填满的价带与其上面的空带之间都存在一个宽度为ΔE_g的禁带。不同的是,绝缘体的ΔE_g较大(3~6eV),在外加电场的作用下,只有极少量的电子能够从价带顶跃迁到空带上去。这个极其微弱的导电性在一般情况下可以忽略不计,因此这类材料呈现电绝缘性。例如金刚石,以及许多离子晶体和分子晶体都是绝缘体。而半导体的ΔE_g较小(一般小于2eV),依靠热激发或其他形式的激发(如光激发、电激发等)可以使满带顶的电子跃迁到空带,从而具备一定的导电能力。周期表中的ⅣA族的碳(C)、硅(Si)、锗(Ge)、锡(Sn)等均为半导体元素。

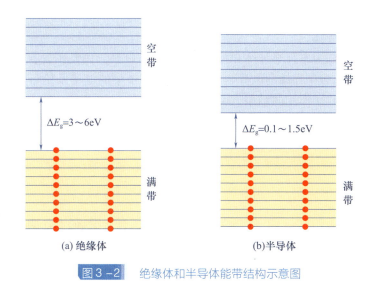

图3-2　绝缘体和半导体能带结构示意图

3.1.1.2　费米能级

微观粒子的运动没有固定的轨道,只能用出现在某点的概率来描述。因此,其能量的分布应该服从一定的统计规律。气体分子的能量服从麦克斯韦－玻尔兹曼分布规律,但对固体中的电子来说,它的状态和能量都是量子化的,以经典力学为基础的玻尔兹曼分布规律就不再适用了。由于固体中的电子服从泡利不相容原理,电子的能量分布可用费米－狄拉克(Fermi-Dirac)统计来描述。

按照费米－狄拉克统计,一定温度下电子占有能量为E的状态的概率为

$$f(E) = \frac{1}{e^{\frac{E-E_F}{k_B T}} + 1} \tag{3-1}$$

式中:$f(E)$为费米分布函数;k_B为玻尔兹曼常数;E_F为费米能,相应的能级称为费米能级。E_F在固体物理中是一个十分重要的参量,其数值由能带中电子浓度和温度决定,它的意义如下。

(1)E_F代表了被电子所占能级的最高能量水平,$T=0$时,E_F以下的能态全部被电子占据,E_F以上的能态全部空着。$T\neq 0$时,与E_F能量相当的能级被占的概率虽然仅为1/2,但由费米分布特性可知,对于一个未被电子填满的能级来说,可推测它必定就在E_F附近。

(2)由于热运动,电子可具有大于E_F的能量,从而跃迁到导带中,但只集中在导带的底部。同理,价带中的空穴也多集中在价带的顶部。电子和空穴都有导电的能力,都是电荷载流子。

(3)对于一般金属,E_F处于价带和导带的分界处。对于半导体,E_F位于禁带中央,且已知E_F即可求出载流子浓度,因而可计算电导率。

3.1.1.3 本征半导体和掺杂半导体

1）本征半导体

半导体可分为本征半导体和掺杂半导体。本征半导体是不含有任何杂质的半导体，这种纯净半导体的电导是由被激发到导带中的电子及价带中留下的空穴两种载流子共同作用的结果，为半导体本征电导。如果以 n_e 和 n_h 分别代表导带电子和价带空穴的浓度，则可推导出载流子浓度为

$$n_e = N_C \exp\left[\frac{-(E_C - E_F)}{k_B T}\right] \quad (3-2)$$

$$n_h = N_V \exp\left[\frac{-(E_F - E_V)}{k_B T}\right] \quad (3-3)$$

式中：$N_C = 2(2\pi m_e^* k_B T)^{3/2}/h^3$ 为导带底的有效状态密度，h 为普朗克常数，m_e^* 为电子有效质量；$N_V = 2(2\pi m_h^* k_B T)^{3/2}/h^3$ 为价带顶的有效状态密度，m_h^* 为空穴有效质量；E_C 为导带的最低能量；E_V 为价带的最高能量。对于本征半导体，在热平衡条件下 $n_e = n_h$，故

$$n_e = n_h = \sqrt{n_e n_h} = (N_C N_V)^{\frac{1}{2}} \exp\left[\frac{-(E_C - E_V)}{2k_B T}\right] = (N_C N_V)^{\frac{1}{2}} \exp\left(\frac{-E_g}{2k_B T}\right) \quad (3-4)$$

式中：$E_g = E_C - E_V$，为禁带宽度。由此可见，本征半导体的载流子浓度随禁带宽度 E_g 的增加呈指数下降，当其达到一定程度，如金刚石的 $E_g = 5.48\text{eV}$，则成为绝缘体。从式（3-4）还可看到，半导体的本征载流子浓度随着温度的升高而呈指数上升，这便是半导体的热敏性。根据式（3-2）和式（3-3）可得本征半导体的费米能为

$$E_F = \frac{1}{2}(E_C + E_V) + \frac{k_B T}{2}\ln\left(\frac{N_V}{N_C}\right) = \left(\frac{1}{2}E_g + E_V\right) + \frac{k_B T}{2}\ln\left(\frac{N_V}{N_C}\right) \quad (3-5)$$

根据实测值可知，室温下式（3-5）第二项的值较小，$E_F \approx E_g/2 + E_V$，即本征半导体的费米能级近似位于禁带中央，如图3-3(a)所示。

本征半导体的导电性很差，没有实用价值，而通过掺杂不同微量杂质则可以显著改善其导电性。例如，在硅单晶中掺入十万分之一的硼原子，可使硅的导电能力提升1000倍。与本征半导体不同的是，在掺杂半导体中，导带的电子或价带的空穴可以独立改变，即电子浓度和空穴浓度可以是不相等的。掺杂后将导致导带电子浓度增加或价带空穴浓度增加，前者掺杂形成的半导体称为N型半导体，后者掺杂形成的半导体称为P型半导体。与此同时，随着掺杂的杂质元素种类和数量的不同，费米能级也不在禁带中央，或者向上方移动（如N型），或者向下方移动（如P型）。实际使用的半导体都是掺杂半导体。

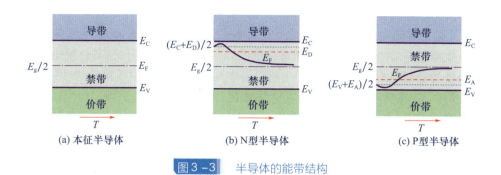

图 3-3　半导体的能带结构

2) N 型半导体

N 型半导体是在纯半导体材料中掺入少量 ⅤA 族元素如磷(P)、砷(As)、锑(Sb)等而形成的。以硅(Si)为例,当 ⅤA 族元素掺入 Si 单晶中取代了原先的一个 Si 原子之后,因其有五个价电子,除与相邻的四个 Si 原子形成共价键外,还多余一个电子。这个额外电子与原子核不再是紧密结合,比 Si 原子的电子更容易成为导电的自由电子。半导体原子的价带是满的,因此这个额外电子不能位于价带中,它只能位于靠近禁带顶部的 E_D 能级,如图 3-3(b)所示。通常将这种能够提供电子的杂质称为施主杂质,E_D 能级被称为施主能级。理论和实验结果表明,施主能级与导带的距离约为 Si 禁带宽度的 5%,因此电子很容易受激发进入导带。这种掺入施主杂质的半导体为 N 型半导体或电子型半导体。

掺杂施主杂质后,半导体中电子浓度增加,电子为多数载流子(简称多子),空穴为少数载流子(简称少子),此时的载流子浓度 n 为

$$n_{\text{total}} = n_e(\text{施主}) + n_e(\text{本征}) + n_h(\text{本征}) \tag{3-6}$$

N 型半导体的费米能级与温度有关。如图 3-3(b)所示,在极低温度区域,费米能级位于导带底与施主能级间的中线处;在中温区,所有施主杂质几乎都电离时,费米能级位于 E_D 的下方,许多半导体器件都在这一温区使用;在高温区,半导体以本征激发产生的载流子为主,费米能级也随着温度的升高逐渐接近禁带中线。

3) P 型半导体

P 型半导体是在半导体中加入少量 ⅢA 族元素如硼(B)、铝(Al)、镓(Ga)、铟(In)等而形成的。这些三价的杂质原子在 Si 单晶中也是替代一部分 Si 原子的位置,它们在与周围的 Si 形成共价键时,因为外层只有三个电子,就会产生一个空穴,出现一个空穴能级 E_A,如图 3-3(c)所示。理论和实验结果表明,E_A 能级距价带很近,价带中的电子激发到这个空穴能级比越过整个禁带到导带要容易得多。也就是说,这种空穴能级可容纳由价带激发上来的电子。因此称这种杂质为受主杂质,空穴能级 E_A 为受主能级。掺入受主杂质的半导体称为 P 型半

导体或空穴型半导体。

P 型半导体中空穴的浓度增加,空穴为多子,电子为少子,其载流子浓度的计算类似于 N 型半导体。P 型半导体的费米能级也与温度有关,其位置也是随着温度的升高逐渐由价带顶与受主能级的中线位置向禁带中线移动,如图 3-3(c)所示。一般半导体器件的费米能级都位于稍高于 E_A 的位置。

在常温下,由于一般半导体依靠本征激发提供的载流子较少,半导体的导电性质主要取决于掺杂水平;然而,随着温度升高,本征载流子的浓度将迅速增长,而杂质提供的载流子则基本不变。因此,即使是掺杂半导体,高温下由于本征激发将占主要地位,总体上呈现本征半导体的特点。

4) PN 结

需要说明的是,P 型或 N 型半导体的导电能量虽然大大增强,但并不能直接用来制造半导体器件。通常是在一块晶片上,采取一定的工艺措施,在两边掺入不同的杂质,分别形成 P 型和 N 型半导体,在它们的交界面上构成 PN 结。PN 结是许多半导体器件的基本组成单元,如结型二极管、晶体三极管等的主要部分部是由 PN 结构成的。PN 结具有单向导电的特性,因此许多重要的半导体效应(如整流、放大、击穿、光生伏特效应等)都是发生在 PN 结所在的地方。

3.1.2 材料的导电性能

1) 载流子

电流是电荷在空间的定向运动。任何一种物质,只要存在电荷的自由粒子——载流子,都可以在电场作用下产生导电电流。金属导体中的载流子是自由电子,无机材料中的载流子可以是电子(负电子、空穴)、离子(正离子、负离子、空位)。载流子为离子的电导称为离子电导,离子晶体中的电导主要为这类电导;载流子为电子的电导称为电子电导,一般导体和半导体中主要为这类电导。电子电导和离子电导具有不同的物理效应,由此可以确定材料的电导性质。

电子电导的特征是具有霍尔效应。在一块长方形的样品中,沿 x 轴方向通以电流(电流密度为 J_x),同时在 z 轴方向加上磁场(磁感应强度为 B_z),则在 y 轴方向将产生一电场 E_y,这种现象称为霍尔效应。所产生的电场为

$$E_y = R_H J_x B_z \qquad (3-7)$$

式中:R_H 为霍尔系数,是反映材料的霍尔效应显著与否的物理量。

霍尔效应的产生是由于电子在磁场作用下,产生横向移动的结果,离子的质量比电子大得多,磁场作用力不足以使它产生横向位移,因而纯离子电导不呈现霍尔效应。利用霍尔效应可检验材料是否存在电子电导。

离子电导的特征是存在电解效应。离子的迁移伴随着一定的质量变化,离

子在电极附近发生电子得失,产生新的物质,这就是电解现象。法拉第电解定律指出:电解物质的量 g 与通过的电荷量 Q 成正比,即

$$g = CQ = \frac{Q}{F} \tag{3-8}$$

式中:C 为电化当量;F 为法拉第常数。可见,电解物质的量与通过的电荷量成正比。通过电解实验可以检验材料中是否存在离子电导,并且可以判定载流子是正离子还是负离子。

2)电导率的一般表达式

不同的固体有不同的导电特性,通常用电导率 σ 来量度它们的导电能力。对于长 L、横截面为 S 的均匀导电体,两端加电压 U,根据欧姆定律可知通过该导电体的电流 $I = U/R$,其中 R 为电阻。设电流密度为 J,电场强度为 E,根据欧姆定律可以推导出其微分形式:

$$J = \sigma E \tag{3-9}$$

式中:σ 为材料的电导率,它的倒数 ρ 为电阻率。电阻率和电导率是材料的本征参数之一,与材料的几何尺寸无关。按照电阻率由大到小的顺序,可将材料分为绝缘体、半导体、导体和超导体。

物体的导电现象,其微观本质是载流子在电场作用下的定向迁移。进而,可以推导出材料电导率的一般表达式:

$$\sigma = \sum_i \sigma_i = \sum_i n_i q_i u_i \tag{3-10}$$

式中:n_i、q_i、u_i 分别为材料中第 i 种载流子的数量、荷电量及迁移速率。式(3-10)反映了电导率的微观本质,即宏观电导率 σ 与微观载流子的浓度 n、荷电量 q 以及迁移率 u 有着直接的关系。

3)温度对电导率的影响

电导率不仅与材料种类有关,而且还与温度、压力和磁场等外界因素有关。温度对电子型电导和离子型电导的影响不同。

若以 ρ_0 和 ρ_T 分别表示金属在 $0\,^\circ\!\text{C}$ 和 $T\,^\circ\!\text{C}$ 的电阻率,则金属电阻率与温度的关系为

$$\rho_T = \rho_0 (1 + \alpha T + \beta T^2 + \gamma T^3 + \cdots) \tag{3-11}$$

式中:α、β、γ 为电阻温度系数。在室温及更高温度下,β、γ 及高次项系数都很小,此时 $\rho_T = \rho_0(1 + \alpha T)$。可见,在室温及更高温度下,金属的电阻率随温度升高而增大,即电导率随温度升高而降低。式(3-11)对大多数金属是适用的,这是因为温度升高时,晶格的热振动对电子的散射作用增强,电子的平均自由程和迁移速率减少,使电阻增大。

对于本征半导体材料,其载流子浓度 $n = n_e = n_h$,由式(3-4)和式(3-10)

可得其电导率为

$$\sigma = nq(\mu_e + \mu_h) = q(\mu_e + \mu_h)(N_C N_V)^{\frac{1}{2}} \exp\left(\frac{-E_g}{2k_B T}\right) = \sigma_0 \exp\left(-\frac{E_g}{2k_B T}\right)$$

(3-12)

式中：$\sigma_0 = q(\mu_e + \mu_h)(N_C N_V)^{1/2}$。可见，半导体的电导率随温度升高而增大。这是因为随着温度升高，半导体中的电子由价带跃迁到空导带的数目增加，载流子浓度升高，从而导电性增强。类似地，对于离子晶体来说，载流子浓度和迁移速率均与温度成指数正比关系，随着温度升高，电导率呈指数规律增加。

对于 N 型半导体，其电导率为

$$\sigma = q\mu_e(N_C N_D)^{\frac{1}{2}} \exp\left[\frac{-(E_C - E_D)}{2k_B T}\right] + q(\mu_e + \mu_h)(N_C N_V)^{\frac{1}{2}} \exp\left(\frac{-E_g}{2k_B T}\right)$$

(3-13)

式中：第一项为施主杂质引起的电导率；第二项为本征电导率；N_D 为施主有效能级密度。

N 型半导体电导率随温度的变化曲线如图 3-4 所示。低温时，杂质电导起主要作用，当温度升高时，有越来越多的施主杂质电子能克服 E_D 进入导带，电导率也增加。当达到某一温度后，所有杂质电子全部进入导带，称为施主耗尽。这时，进一步升高温度，杂质电导率将不再增加而出现一个电导率平台，电导率近似为常数。如果随后温度继续升高，则纯半导体中的电子和空穴对导电将起主要作用，此时呈现出本征电导的特性。

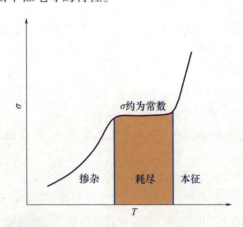

图 3-4　N 型半导体电导率随温度的变化

P 型半导体的电导率为

$$\sigma = q\mu_h(N_V N_A)^{\frac{1}{2}} \exp\left[\frac{-(E_A - E_V)}{2k_B T}\right] + q(\mu_e + \mu_h)(N_C N_V)^{\frac{1}{2}} \exp\left(\frac{-E_g}{2k_B T}\right) \quad (3-14)$$

式中：N_A 为受主有效能级密度。同样,其电导率与温度的关系仍有图 3-4 所示的规律。

3.1.3 材料的介电性能

3.1.3.1 电介质的极化现象

材料按其对外电场的响应方式区分为两类:一类以长程电荷迁移即传导的方式对外电场做出响应,这类材料称为导电材料;另一类以感应的方式对外电场做出响应,即沿电场方向产生电偶极矩或电偶极矩的改变,这类材料称为电介质(也称介电材料),这种现象称为电介质的极化。通常,绝缘体都是典型的电介质。电介质的极化是在外电场作用下电介质中的正负电荷发生了相对位移,靠近正极的介质表面感应出负电荷,靠近负极的介质表面感应出正电荷。这种感应电荷不会离开电介质表面形成电流,因此也称它们为束缚电荷。

电介质可分为极性电介质和非极性电介质两大类。前者由极性分子组成,即使在没有外加电场的情况下,分子的正负电荷重心也不重合,具有固有的电偶极矩。后者由非极性分子组成,在无外加电场时分子的正负电荷重心互相重合,不具有电偶极矩,只有在外加电场作用下,正负电荷发生相对位移,才产生电偶极矩。

3.1.3.2 电介质的极化机制

电介质的极化一般包括三个部分:电子极化、离子极化和偶极子转向极化。这些极化的基本形式大致可分为两大类:位移式极化和弛豫极化。位移式极化是一种弹性的、瞬时完成的极化,极化过程不消耗能量,电子位移极化和离子位移极化属于这种类型;弛豫极化与热运动有关,完成这种极化需要一定的时间,并且是非弹性的,极化过程需要消耗一定的能量,电子弛豫极化和离子弛豫极化属于这种类型。

1) 电子位移极化

在外电场作用下,构成介质原子的电子云相对于原子核发生位移,原子中的正、负电荷重心产生相对位移,这种极化称为电子位移极化。这种极化存在于一切电介质中,是一种弹性的、没有能量损耗的极化,发生或消除电子极化的时间极短,为 $10^{-14} \sim 10^{-16}$ s,当消除外加电场后,极化随之消失。仅有电子位移极化而不存在其他极化形式的电介质只有中性的气体、液体和少数非极性固体。

2) 离子位移极化

在外电场作用下,电介质分子或晶胞的正负离子发生相对位移(表现为键间角或离子间距的改变),因而产生感生偶极矩,这种极化称为离子位移极化。离子位移极化也是一种弹性极化,不消耗能量,产生和消除时间很短。由于离子质量远大于电子,因此极化建立的时间较电子慢,为 $10^{-12} \sim 10^{-13}$ s。这种极化因离子间约束力较强,离子位移有限,一旦撤去外电场又恢复原状。

3）弛豫极化

弛豫极化也是由外加电场造成的,但它还与质点的热运动有关。例如,当材料中存在弱联系的电子、离子和偶极子等弛豫质点时,热运动使这些质点分布混乱,而电场则力图使它们按电场规律分布,最后在一定温度下发生极化。这种极化具有统计性质,称为热弛豫(松弛)极化。弛豫极化带电质点的运动距离可与分子大小相当甚至更大,并且需要吸收一定的能量克服势垒,因此建立这种极化的时间较长,为 $10^{-2} \sim 10^{-9}$ s。与弹性位移极化不同,弛豫极化是一种不可逆过程。弛豫极化包括电子弛豫极化、离子弛豫极化和偶极子弛豫极化,多发生在玻璃态物质中、结构松散的离子晶体内及晶体的杂质和缺陷区域。

4）转向极化

极性分子的偶极矩在外电场作用下,沿外电场方向转向而产生宏观偶极子的极化称为转向极化。每个极性分子都是偶极子,具有一定的电矩。当不存在外电场时,这些偶极子因热运动呈无序排列,宏观电矩等于 0,因此宏观上并不表现出极性。外电场出现后,偶极子沿电场方向转动,进行较有规则的排列,因而显示出极性。这种极化是非弹性的,消耗的电场能量在复原时不可收回,极化所需的时间较长,为 $10^{-2} \sim 10^{-10}$ s。

5）空间电荷极化

空间电荷极化常发生在不均匀介质中。在电场作用下,不均匀介质内部的正负间隙离子分别向负、正极移动,引起介质内各点离子密度的变化,即出现电偶极矩。这种极化叫作空间电荷极化。在电极附近积聚的离子电荷就是空间电荷。空间电荷极化随温度升高而下降。空间电荷的建立需要较长的时间,为几秒到数十分钟,甚至数十小时,因而空间电荷极化只对直流和低频下的介电性质有影响。

3.1.3.3 极化相关物理量

1）介电常数

早期的电介质是以绝缘材料的身份出现的。实际上,电介质除绝缘性能以外,其在电场的作用下将产生极化并贮存电荷。一个基本的电容器是由两块平行的极板组成的,电容 C 是存储在极板上的电量 Q 与所加电压 U 的比值,即 $C = Q/U$,它代表电容器储存电荷的能力。电容的大小不是由电量或电压决定的,而是通过式(3 - 15)求得

$$C = \frac{\varepsilon S}{d} \qquad (3-15)$$

式中:ε 为介电常数;S 为每个极板的面积;d 为两极板间的距离。两极板之间若

为真空,则有 $C_0 = \varepsilon_0 S/d$,其中 ε_0 为真空介电常数,则

$$\frac{C}{C_0} = \frac{\varepsilon}{\varepsilon_0} = \varepsilon_r \tag{3-16}$$

可见,当电容器的极板间充满电介质时,其电容比真空电容增加了 ε_r 倍。ε_r 为相对介电常数,表征电介质储存电能能力的大小。

2)极化强度

介质的极化状态可用基本物理量——极化强度 **P** 来描述,其定义为该电介质单位体积内电偶极矩的矢量和:

$$\boldsymbol{P} = \frac{\sum \boldsymbol{p}}{V} \tag{3-17}$$

式中:V 为电介质的体积;$\boldsymbol{p} = q\boldsymbol{l}$ 为单个分子的电偶极矩,q 为分子中正电荷的总量,$\boldsymbol{l}$ 为正负电荷重心之间的位矢,其方向由负电荷重心指向正电荷重心。

极化作用导致电介质的表面形成了与外层电极符号相反的感应电荷,这些束缚电荷在介质内形成一个与外电场方向相反的电场,以此来削弱外电场。用电位移矢量 **D** 表示电容器极板上的自由电荷面密度,其方向从自由正电荷指向自由负电荷。在真空状态,极板上的电位移矢量 **D** 与外加电场 **E** 的关系为

$$\boldsymbol{D} = \varepsilon_0 \boldsymbol{E} \tag{3-18}$$

当极板间充以均匀电介质时,由于电介质的极化作用,电位移矢量为

$$\boldsymbol{D} = \varepsilon_0 \boldsymbol{E} + \boldsymbol{P} \tag{3-19}$$

实验结果表明,对于各向异性的电介质,极化强度 **P** 与外电场 **E** 成正比,且方向相同,关系式为

$$\boldsymbol{P} = \chi \varepsilon_0 \boldsymbol{E} \tag{3-20}$$

式中:χ 为电介质的极化率。对于均匀的电介质材料,χ 是一个常数,它定量地表示出材料被电场极化的能力。可以证明它与相对介电常数之间的关系为 $\varepsilon_r = 1 + \chi$,说明用相对介电常数 ε_r 和极化率 χ 来描述物质的介电性质是等价的,因此有

$$\boldsymbol{D} = \varepsilon_0 \boldsymbol{E} + \chi \varepsilon_0 \boldsymbol{E} = \varepsilon_0 (1 + \chi) \boldsymbol{E} = \varepsilon_0 \varepsilon_r \boldsymbol{E} = \varepsilon \boldsymbol{E} \tag{3-21}$$

式(3-21)说明,在各向同性介质中,**D**、**P**、**E** 方向相同,ε 和 χ 均为标量,电位移为外电场强度的 ε 倍。如果是各向异性介质,如石英单晶体等,**P** 与 **D**、**E** 方向一般并不相同,由于 **D**、**P**、**E** 均为矢量,即一阶张量,将它们联系起来的物理常数 ε 和 χ 为二阶张量。

3.1.3.4 介质损耗

电介质在恒定电场作用下所损耗的能量与通过其内部的电流有关。加上电场后,通过介质的电流包括三部分:①由样品的几何电容的充电引起的电流,②由各种介质极化的建立产生的电流,③由电介质的电导(漏导)产生的电流。

第一种电流称为电容电流,不损耗能量;第二种电流引起的损耗称为极化损耗;第三种电流引起的损耗称为电导损耗。

在直流电压下,介质损耗仅由电导损耗引起。电导损耗实质是相当于交流、直流电流流过电阻做功,一切实用工程介质材料不论是在直流还是在交流电场作用下,都会发生电导损耗。绝缘性好的液、固电介质在工作电压下的电导损耗很小,损耗随温度的增加而急剧增加。在直流电压下,介质损耗仅由电导损耗引起,介质损耗功率(单位体积的介质损耗)为

$$P = \sigma E^2 \tag{3-22}$$

式中:σ 为纯自由电荷产生的电导率,单位为 S/m;E 为外电场强度。

在交变电场作用下,介质损耗不仅与自由电荷的电导损耗有关,还与介质的极化过程有关。电介质在外电场作用下,从开始极化到稳定状态需要一定的时间,电子位移极化和离子位移极化所需的时间较短,为 $10^{-16} \sim 10^{-12}$ s,因此这类极化又称为瞬时位移极化,这类极化建立的时间可以忽略不计,因此几乎不产生能量损耗;而弛豫极化和偶极子转向极化所需时间较长,约为 10^{-10} s 以上,是产生极化损耗的主要来源。

当电介质在交变电场作用时,随着频率的增加,极化强度 **P** 和电位移矢量 **D** 将落后于交变电场的变化,有部分电能转变成热能而产生损耗。设 **D** 和 **P** 滞后于 **E** 的相位角为 δ,因 **E**、**D**、**P** 均变为复数矢量,令 $E(t) = E_0 \exp(j\omega t)$,$D(t) = D_0 \exp[j(\omega t - \delta)]$,其中 $\omega = 2\pi f$,f 为交变电场的频率。设 $\varepsilon^* = \varepsilon' - j\varepsilon''$ 为复介电常数,有

$$\varepsilon^* = \frac{\boldsymbol{D}(t)}{\boldsymbol{E}(t)} = \frac{D_0}{E_0}\exp(-j\delta) = \varepsilon(\cos\delta - j\sin\delta) \tag{3-23}$$

式中:ε 为静态介电常数,即恒定电场下的介电常数。复介电常数的实部和虚部分别为

$$\varepsilon' = \varepsilon\cos\delta \tag{3-24}$$

$$\varepsilon'' = \varepsilon\sin\delta \tag{3-25}$$

通常电容电流由实部 ε' 引起,相当于实际测得的介电常数。交变电场下的能量损耗由虚部 ε'' 引起,因此 ε'' 称为介质损耗因子,δ 为损耗角。通常用损耗角正切 $\tan\delta$ 来表示介质损耗的大小,其定义为

$$\tan\delta = \frac{\varepsilon''}{\varepsilon'} \tag{3-26}$$

$\tan\delta$ 表示为获得给定的储存电荷要消耗能量的大小,其值越小,表明介电材料中单位时间内损失的能量越小,即介质损耗越小。$\tan\delta$ 是电介质材料自身的属性,与材料的形状和大小无关,为了减少绝缘材料使用时的能量损耗,希望材料具有小的介电常数和更小的损耗角正切。

3.1.4 材料的超导性能

3.1.4.1 超导电性的基本特征

材料在一定温度以下,其电阻为0的现象称为材料的超导电现象,具有这种特性的材料称为超导体。超导体具有两个基本特征:零电阻效应和迈斯纳效应。

1)零电阻效应

1911 年,荷兰物理学家昂内斯(H. K. Onnes)在研究汞(Hg)在低温下的电阻特性时,发现当温度降低至 $T_c = 4.2K$ 附近,水银的电阻突然降低到无法检测的程度(图3-5)。这是人类第一次发现超导现象。

零电阻效应是超导体的一个基本特征。T_c 为超导体的临界温度,在该温度之上,材料处于有电阻的正常态;在该温度之下,材料由正常态转变为电阻为0的超导态,这是一种可逆的相变。临界温度 T_c 是物质常数,同一种材料在相同条件下有确定的值,但杂质的存在可使转变温度区域增宽,影响超导材料的品质。

现在已经证明,大部分金属元素都具有超导电性。另外,许多合金、金属间化合物、半导体以及氧化物陶瓷也是超导体。它们的转变温度 T_c 各不相同,低的小于1K,高的在100K 以上。铁磁性金属、碱金属和贵金属都不是超导体。在 1986 年以前,金属间化合物 Nb_3Ge 薄膜的 T_c 最高,为23.2K,这些材料都被称为低温超导体。

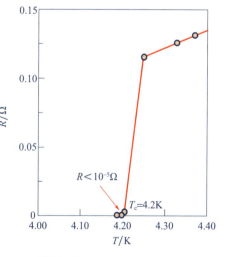

图3-5 Hg 的零电阻效应

2)迈斯纳效应

1933 年,迈斯纳(W. Meissner)等发现,无论是在磁场中降温使样品进入超导态,还是已经是超导态的样品移入磁场中,样品中的磁感应强度均为 0,即 $B = 0$,如图 3-6 所示,称为迈斯纳效应。迈斯纳效应是超导体的另一个基本特征,它表明超导体具有完全抗磁性,此时超导体具有屏蔽磁场和排除磁通的功能,这也是各种超导磁悬浮的物理基础。实际上,磁场产生的磁感应强度并不在超导体表面突然降为0,而是有一定的穿透深度,它与材料和温度有关,典型的大小是几十个纳米。

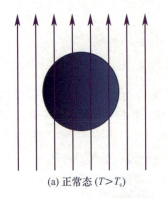 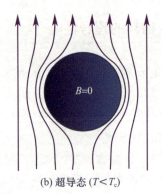

(a) 正常态 ($T>T_c$)　　　　　　(b) 超导态 ($T<T_c$)

图 3-6　迈纳斯效应示意图

仅从超导体的零电阻现象出发得不到迈斯纳效应,同样用迈斯纳效应也不能描述零电阻效应。零电阻效应和迈斯纳效应是超导态的两个独立的基本属性,也是衡量一种材料是否具有超导电性的两个必要条件。

3) 超导体的临界参数

进一步研究发现,当 $T<T_c$ 时,增加磁场的强度,也可使超导体从超导态回到正常状态,所需的最小磁场强度称为临界磁场强度 H_c,其值与材料组成、环境温度等有关。H_c 与 T_c 之间存在如下关系:

$$\frac{H_c(T)}{H_c(0)} = 1 - \left(\frac{T}{T_c}\right)^2 \tag{3-27}$$

式中:$H_c(T)$ 和 $H_c(0)$ 分别是温度为 TK 和 0K 时的临界磁场强度。式(3-27)说明,超导材料在超导态和正常态之间的转变,会受到温度和磁场强度的影响,如图 3-7 所示。

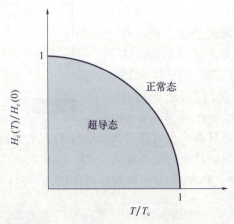

图 3-7　超导体临界磁场 H_c 与温度 T 的关系

另外,人们还发现当超导体的电流密度超过一定数值时,超导态也会被破坏而转变为正常态,该电流密度称为临界电流密度J_c,它与温度、磁场都有关系,也是超导体的一个重要的临界参数。

通常把T_c、H_c和J_c称为超导体的三个临界参数。任何超导体在实际使用时,必然是在一定的温度、磁场下通以一定的电流(密度),而温度、磁场和电流密度一定要低于这三个临界参数,这是维持超导态的必要条件。早期超导体的临界参数都很低,因此不具备广泛实际应用的条件,发展高临界参数的超导体是超导材料走向实际应用的必然趋势。

3.1.4.2 超导唯象理论

自超导现象被发现以来,科学家一直努力寻找能够解释这一超常现象的理论,从20世纪30年代的二流体模型、伦敦方程等唯象理论,到20世纪50年代的BCS微观理论,建立了一系列理论模型,成功解释了许多超导现象,但至今仍处于发展之中。

1)二流体模型

二流体模型由戈特(C. J. Gorter)和卡西米尔(H. B. G. Casimir)在1934年提出。该模型的基本要点如下。

(1)当金属处于超导态时,共有化自由电子由正常电子和高度有序的超流电子两部分组成,它们在同一空间领域互相渗透且彼此独立地运动,分别形成正常电流J_n和超导电流J_s,总的电流密度为

$$J = J_n + J_s \tag{3-28}$$

正常电子和超流电子的数目均是温度的函数。在绝对零度附近,所有电子都成为超流电子;当$T = T_c$时,所有电子都成为正常电子。

(2)正常电子受到晶格振动的散射做杂乱运动,因而对熵有贡献。

(3)超流电子被凝聚到某一有序化的低能态,不受晶格的散射,对熵的贡献为0。超流电子在晶格点阵中的运动是畅通无阻的,导体中如果存在电流,则完全是超流电子运动造成的。出现超流电子后,导体内就不存在电场,正常电子不载荷电流,所以没有电阻效应。

二流体模型虽然比较简单粗糙,但它是一种比较成功的唯象物理模型,可以解释超导体的许多性质,如零电阻、热导率比正常态小等现象,但无法解释0K已凝聚的有序超流电子为什么会随着温度升高转化为正常电子等问题。

2)伦敦方程

1935年,伦敦兄弟(F. London, H. London)在二流体模型的基础上,提出了两个描述超导电流与电磁场关系的方程,它们与麦克斯韦方程一起构成了超导体电动力学的基础。

伦敦第一方程为

$$\frac{\partial}{\partial t}J_s = \frac{n_s e^2}{m}E \qquad (3-29)$$

式中：m 和 e 分别为电子的质量和电荷；J_s 为超导电流密度；n_s 为超导电子密度。由式(3-29)可见，在直流情形下，应有 $\partial J_s/\partial t = 0$，则 $E = 0$。从而有 $J_n = \sigma E = 0$，$J = J_s$，这表明在直流情形下，超导体的全部电流都是由超流电子贡献的，因而表现出零电阻特性。

伦敦第一方程只导出了超导体的超导电性，还不能解释迈斯纳效应，因此他们又提出了伦敦第二方程：

$$\nabla \times J_s = -\frac{n_s e^2}{m}B \qquad (3-30)$$

由式(3-30)结合麦克斯韦方程，可以求得稳恒条件下超导平板内的磁感应强度：$B(x) = B_0 \exp(-x/\lambda)$，其中 B_0 为外磁场在超导体表面的磁感应强度，λ 为穿透深度。$B(x)$ 函数表明在超导平板内，磁场是以指数形式迅速衰减的。当 $x \gg \lambda$，$B(x)$ 趋于 0，即超导体内没有磁通，这便是对迈斯纳效应的描述。

两个伦敦方程可以概括零电阻效应和迈斯纳效应，并预言了超导体表面上的磁场穿透深度。但伦敦方程也只是一种唯象描述，不是由超导体的基本性质推论而来，因此不能解释超导的起因，也不能说明超导电子究竟有什么样的行为。

3.1.4.3 超导微观机制

二流体模型和伦敦方程作为唯象理论在解释超导电性的宏观性质方面取得了成功，但这些理论无法给出超导电性的微观图像。20 世纪 50 年代初，同位素效应、电子－声子相互作用、超导能隙、库伯(L. N. Cooper)电子对、相干长度等关键性的发现为揭开超导电性之谜奠定了基础。

1957 年，巴丁(J. Bardeen)、库柏(L. N. Cooper)和施瑞弗(J. R. Schrieffer)在发表的论文中提出了超导电性量子理论，被后人称为 BCS 超导微观理论。其基本要点如下。

(1) 超导体中由于电子－声子相互作用使电子之间产生了吸引力，这种吸引力使动量和自旋相反的两个电子结成了电子对，称为库柏对。这种由格波引起的电子间的间接吸引力作用范围较大，因而结成库柏对的两个电子可能相距很远，可以达到几十到几百原子间距。

(2) 在低温状态，随着费米面上一对电子形成库柏对并降低总能量，会有更多的费米面以下的电子去形成库柏对，进一步降低总能量，这个过程直到平衡为止。绝对零度时，费米面附近电子全部凝聚成库柏对，大量库柏对电子的出现就是超导态的形成。超导态中电子凝聚成库柏对就使它的总能降低，比正常态更有序。

(3) 当温度不是绝对零度时,一部分库柏对就要被拆散,即出现一部分正常电子。温度升高后,更多的库柏对被拆散,凝聚的电子减少。到临界温度时不再有库柏对,全部电子被激发,样品变为正常态。把一个库柏对拆散成两个正常电子至少需要 2Δ 的能量,这个能量就是超导能隙。

(4) 超导态的库柏对还有一个基本特性,即每个电子对在运动中的总动量保持不变,故在通以直流电时,电子对将无阻力地通过晶格运动。这是因为任何时候,晶格散射电子对中的一个电子并改变它的动量时,另一个电子也将因散射在相反方向引起动量的等量变化。因此,库柏对的平均运动速度不会减慢也不会加快,电子的能量没有损失,也就没有电阻。

根据 BCS 理论,元素或合金的超导临界温度 T_c 与费米面附近电子能态密度 $N(E_F)$ 和电子-声子相互作用能 V 有关,当 $N(E_F)V \ll 1$ 时,BCS 理论预测的超导临界温度为

$$k_B T_c = 1.14 \hbar \omega_D \exp\left(-\frac{1}{N(E_F)V}\right) \qquad (3-31)$$

式中:$\hbar$ 为约化普朗克常数;ω_D 为德拜频率;k_B 为玻尔兹曼常数。

此外,BCS 理论对于迈斯纳效应、比热容、临界磁场等都有详细的计算,其结果不但能定性说明实验结果,在定量上也与实际基本一致。一般认为 BCS 理论只适用于低温超导现象,对于高温超导现象,目前尚无成熟的理论。

3.1.4.4 高温超导体

在超导材料实际应用中,总是希望超导体有尽量高的临界温度、临界磁场和临界电流密度。特别是提高临界温度不但有利于降低冷冻所需的费用,同时对提高临界磁场和临界电流密度也很有利。因此人们一直致力于发现有着更高临界温度的超导体。所谓高温超导体是相对于传统超导体而言的,传统超导体必须在液氦温度(4.2K)下工作,而高温超导体的临界温度 T_c 可达到液氮温度(77K)以上,可用液氮来代替昂贵的液氦。

1911 年,昂内斯(H. K. Onnes)发现超导现象后,科学家接下来测量了几乎所有金属的电阻率降为 0 的临界温度,发现过渡金属大都有超导性,但 T_c 都小于 4.2K。

1941 年,德国人艾舍曼和贾斯蒂发现氮化铌(NbN)的 T_c 可达 15K,这在当时是最高的 T_c。更为重要的是,它使人们意识到化合物可以有较高的临界温度。

1973 年,美国贝尔实验室制备了 Nb_3Ge 薄膜,T_c 为 23.2K。然后此后十多年里,超导体的 T_c 再没有突破,主要原因是缺乏理论的支撑。尽管 BCS 理论在 1957 年已经建立起来,但它并没有确切预言更高 T_c 的超导体,科学家只能摸索前进。

1986 年 4 月,美国 IBM 公司苏黎世实验室的 Muller 和 Bednorz 在高 T_c 超导

体研究中取得重大突破,他们摆脱了在金属和合金中寻找超导体的思路,在金属氧化物中找到突破口,发现 La－Ba－Cu－O 系的氧化物T_c可达到 35K 以上。这不但让他们获得了诺贝尔奖,还在世界范围内掀起超导研究热潮。在随后的两年多时间里,高温超导研究以惊人的速度突飞猛进。

1987 年 2 月,美国华裔物理学家朱经武和中国科学院赵忠贤等独立发现了T_c高达 93K 的 Y－Ba－Cu－O 系样品,首次实现液氮温度以上的超导态。仅 1987 年,全世界就新发现了 1300 多种超导材料,T_c达到 100K 左右。

1988 年,日本研究人员获得 Bi－Sr－Ca－Cu－O 系氧化物,T_c达到 110K,使 Bi 系这种无稀土超导体的转变温度高于液氮温度。在此之后,Tl－Ba－Ca－Cu－O 系列氧化物被发现,T_c达到 125K。1993 年,人们又合成了 Hg－Ba－Ca－Cu－O 系氧化物超导体,其零电阻温度约为 135K,是目前为止所发现的转变温度最高的超导体。

到目前为止,已经发现了三代高温超导材料,第一代为镧系高温超导材料,第二代为钇系高温超导材料,第三代为 Bi 系、铊(Tl)系及 Hg 系高温超导材料。

与实验上已获得的相当丰富的结果相比,高温超导体微观机理的理论研究还是很初步的。BCS 理论对于临界温度在 20K 以下的金属及合金超导体的解释是比较成功的,但它并不适用于高温超导体。目前对于高温超导体的理论解释还没有一套比较合理和完整的体系,也无法预测究竟超导转变温度T_c会达到怎样一个境界,能否制造出室温下的超导材料也未可知。因此,高温超导电性的微观机理还有待科学界进一步深入研究。相信在不久的将来,人们会认识到高温超导电性的本质,建立符合客观规律的高温超导电性微观理论,并为发现新型高温超导材料指明方向。

3.2 材料的热学性能

材料的热学性能包括热容、热膨胀、热传导、热稳定性、熔化和升华等。材料的各种热学性能的物理本质,均与晶格热振动有关。晶体点阵中的质点(原子或离子)总是围绕着平衡位置进行微小振动,称为晶体热振动。温度体现了晶格热振动的剧烈程度,相同条件下,晶格振动越剧烈,温度越高。

材料中所有质点的晶格振动以弹性波的形式在整个材料内传播,这种存在于晶格中的波称为格波。格波是多频率振动的组合波。如果振动着的质点中包含频率甚低的格波,质点彼此间的位相差不大,称为声频支振动。格波中频率甚高的振动波,质点间的位相差很大,邻近质点的运动几乎相反时,频率往往在红外光区,称为光频支振动。

声频支可以看成相邻原子具有相同的振动方向,如图 3-8(a)所示。光频支可以看成相邻原子振动方向相反,形成了一个范围很小、频率很高的振动,如图 3-8(b)所示。格波的能量同样也是量子化的,我们把格波的量子称为声子。把格波的传播看成声子的运动,就可以把格波与物质的相互作用理解为声子和物质的碰撞,把格波在晶体中传播时遇到的散射看作声子同晶体中质点的碰撞,把理想晶体中的热阻(表征材料对热传导的阻隔能力)归结为声子-声子的碰撞。

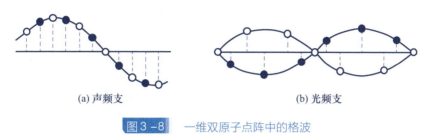

(a) 声频支 (b) 光频支

图 3-8 一维双原子点阵中的格波

3.2.1 材料的热容

1)热容的定义

材料从周围环境中吸收热量,晶格热振动加剧,温度升高。热容是使材料温度升高 1K 所需的能量,它反映材料从周围环境中吸收热量的能力。不同温度下,热容不一定相同,在温度 T 时材料的热容为

$$C_T = \left(\frac{\partial Q}{\partial T}\right)_T \tag{3-32}$$

显然,热容与物质的量有关。单位质量的物质的热容称为比热容,1mol 物质的热容称为摩尔热容。工程上常用的平均热容是指物质温度从 T_1 上升到 T_2 所吸收热量 Q 的平均值:

$$C_{均} = \frac{Q}{T_2 - T_1} \tag{3-33}$$

另外,物质的热容还是一个过程量,与热的过程有关。加热过程在恒压下进行,测得的热容为定压热容(C_p)。加热过程中保持物质体积不变,测得的热容为定容热容(C_v)。由于恒压加热过程中,物质除温度升高外,还要对外界做功,所以需要吸收更多的热量,因此 $C_p > C_v$。根据热力学第二定律可以导出它们之间的关系为

$$C_p - C_v = \frac{\alpha^2 V_0 T}{\beta} \tag{3-34}$$

式中:V_0 为摩尔容积;α 为体膨胀系数;β 为压缩系数。对于物质的凝聚态,C_p 和 C_v 的差异可以忽略,但在高温时,二者的差异增大。

2)经典热容理论

经典热容理论基于理想气体热容理论,认为晶态固体中的原子彼此孤立地进行热振动,且振动的能量是连续的,可将这种热振动看作类似于气体分子的热运动。

但晶态固体原子的热振动不像气体分子的热运动那么自由,每个原子只在其平衡位置附近振动,可用谐振子来代表每个原子在一个自由度的振动。根据经典理论,能量按自由度均分原理,每个振动自由度的平均动能和平均势能都为 $k_B T/2$;一个原子有三个振动自由度,其平均动能和平均势能之和为 $3k_B T$。1mol 固体中有 N_A 个原子,则总平均能量为

$$E = 3 N_A k_B T = 3RT \tag{3-35}$$

式中:N_A 为阿伏伽德罗常数;k_B 为玻尔兹曼常数;$R = 8.314 \text{ J}/(\text{K}\cdot\text{mol})$。

按热容定义,固体的摩尔定容热容为

$$C_{v,m} = \left(\frac{\partial E}{\partial T}\right)_v = 3 N_A k_B = 3R \approx 25 \text{J}/(\text{K}\cdot\text{mol}) \tag{3-36}$$

由式(3-36)可知,固体的热容是与温度无关的常数,其数值约为 25J/(K·mol),这就是元素的杜隆 – 珀替(Dulong – Petit)定律。尽管杜隆 – 珀替定律形式极为简单,但它对多数晶体在高温下的热容描述仍是十分准确的。在低温下,由于量子效应逐渐明显,该定律不再适用。下面介绍基于量子理论的爱因斯坦热容模型和德拜热容模型。

3)爱因斯坦热容模型

1906 年,爱因斯坦通过引入晶格振动能量量子化概念,提出了新的热容模型,他假设:晶体中所有原子都以相同的角频谱 ω_E 振动,且每个原子都是一个独立的振子,原子之间彼此无关,晶格振动的能量是量子化的。基于此假设推导出 1mol 物质的等容热容为

$$C_{v,m} = 3 N_A k_B \left(\frac{\theta_E}{T}\right)^2 \frac{\exp\left(\frac{\theta_E}{T}\right)}{\left[\exp\left(\frac{\theta_E}{T}\right) - 1\right]^2} \tag{3-37}$$

式中:$\theta_E = \hbar \omega_E / k_B$ 为爱因斯坦温度。

爱因斯坦热容模型理论值与实验值的比较如图 3-9 所示。根据式(3-37)可知。

(1)当温度很高时,$T \gg \theta_E$,$\exp(\theta_E/T) \approx 1 + \theta_E/T$,从式(3-37)可得 $C_{v,m} \approx 3 N_A k_B = 3R$,此即经典的杜隆 – 珀替公式。也就是说,量子理论所导出的热容值

如按爱因斯坦的简化模型计算,在高温时与经典公式一致。

(2) 在低温时,$T \ll \theta_E$,$\exp(\theta_E/T) \gg 1$,此时

$$C_{v,m} = 3 N_A k_B \left(\frac{\theta_E}{T}\right)^2 \exp\left(-\frac{\theta_E}{T}\right) \qquad (3-38)$$

式(3-38)表明,$C_{v,m}$值按指数规律随温度而变化,而不是从实验中得出的按 T^3 变化的规律。这使得在低温区,按爱因斯坦热容模型计算出的 $C_{v,m}$ 值与实验值相比下降太快,如图 3-9 中 Ⅱ 区所示。

(3) 当 $T \to 0$ 时,$C_{v,m}$ 也趋近于 0,这与实验相符。

以上分析可以看出,爱因斯坦热容模型的不足之处是在 Ⅱ 温区理论值较实验值下降得过快。原因是爱因斯坦采用了过于简化的假设,实际固体中各原子的振动不是彼此独立地以同样的频率振动,原子振动间有着耦合作用,温度低时这一效应尤其显著。德拜热容模型在这方面作了改进,故能得到更好的结果。

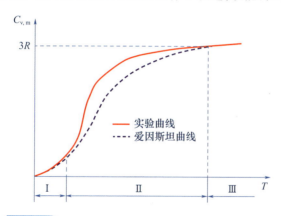

图 3-9　爱因斯坦热容模型理论值与实验值的比较

4) 德拜热容模型

德拜在爱因斯坦的基础上,考虑了晶体中原子间的相互作用。由于晶格中对热容的主要贡献是弹性波的振动,也就是波长较长的声频支在低温下的振动占主导地位。由于声频波的波长远大于晶体的晶格常数,可以把晶体近似看成连续介质。所以声频支的振动也近似地看作连续的,具有从 0 到 ω_{max} 的谱带。ω_{max} 由分子密度及声速决定,高于 ω_{max} 不在声频支而在光频支范围,对热容贡献可以忽略。由此推导出的摩尔等容热容为

$$C_{v,m} = 9 N_A k_B \left(\frac{T}{\theta_D}\right)^3 \int_0^{\frac{\theta_D}{T}} \frac{e^x x^4}{(e^x - 1)^2} dx \qquad (3-39)$$

式中:$\theta_D = \hbar \omega_{max}/k_B$ 为德拜特征温度。德拜热容模型理论值与实验值的比较如图 3-10 所示。

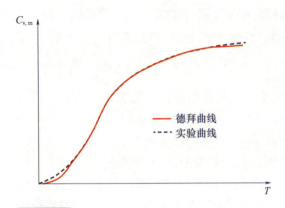

图 3-10　德拜热容模型理论值与实验值的比较

根据式(3-39)可知。

(1) 当温度较高时，即 $T \gg \theta_D$，$C_{v,m} \approx 3 N_A k_B$，此即杜隆-珀替定律。

(2) 当温度很低时，即 $T \ll \theta_D$，计算得到

$$C_{v,m} = \frac{12\pi^4 N_A k_B}{5}\left(\frac{T}{\theta_D}\right)^3 = bT^3 \tag{3-40}$$

式中：$b = \dfrac{12\pi^4 N_A k_B}{5\theta_D^3}$ 为常数。式(3-40)表明，当 $T \to 0$ 时，$C_{v,m}$ 与 T^3 成正比并趋于 0，这就是著名的德拜 T^3 定律，它与实验结果十分吻合，如图 3-10 所示。温度越低，吻合程度越好。

(3) 当 $T \to 0$ 时，$C_{v,m}$ 也趋近于 0，与实验大体相符。

德拜热容模型相比爱因斯坦热容模型有很大进步，在提出后相当长一段时间内曾被认为与实验符合得相当精确。然而随着低温测量技术的发展，发现其在低温下也不完全符合事实。图 3-10 为德拜热容模型理论值与实验值的比较。可以看出，在极低温度下，理论值比实验值更快地趋近于 0。主要原因是德拜热容模型把晶体看成连续介质，这对于原子振动频率较高部分不适用；而对于金属材料，在温度很低时，自由电子对热容的贡献也不可忽略。

5) 实际材料的热容

金属材料与其他固体材料最重要的差别是内部有大量自由电子，因此金属材料的热容除了式(3-39)给出的晶格振动部分的热容 $C_{v,m}^h$，还包含自由电子贡献的热容。利用量子自由电子理论可以得到 1mol 自由电子对热容的贡献为

$$C_{v,m}^e = \frac{\pi^2 N_A k_B^2}{2 E_F^0} T = \gamma T \tag{3-41}$$

式中：E_F^0 为 0K 时金属的费米能；$\gamma = \dfrac{\pi^2 N_A k_B^2}{2 E_F^0} \approx 10^{-4}$。当温度较高时，$T \gg \theta_D$，

$C_{v,m}^h \approx 25 \mathrm{J/(K \cdot mol)}$,此时$C_{v,m}^e \ll C_{v,m}^h$,自由电子对总量的贡献可以忽略。但在温度很低时,$T \ll \theta_D$,$C_{v,m}^e$与$C_{v,m}^h$相当,自由电子的贡献不可忽略。因此,在很低温度时,金属材料的总热容由声子和电子两部分共同贡献,即

$$C_{v,m} = C_{v,m}^h + C_{v,m}^e = bT^3 + \gamma T \tag{3-42}$$

无机非金属材料的热容基本与德拜热容理论相符,即在低温时,$C_{v,m} \propto T^3$,而在高温时,热容趋向饱和值$25 \mathrm{J/(K \cdot mol)}$。

氧化物材料在较高温度时,服从化合物热容的柯普(Kopp)定律,即较高温度下固体的摩尔热容大约等于构成该化合物各元素原子热容的总和,即

$$C_{v,m} = \sum_{i=1}^{N} n_i C_i \tag{3-43}$$

式中:n_i和C_i分别为化合物中元素i的原子数和摩尔热容。

对于多相复合材料,其热容约等于构成该复合材料的物质的热容之和:

$$C = \sum_{i=1}^{N} g_i C_i \tag{3-44}$$

式中:g_i和C_i分别为复合材料中第i种成分的质量百分数和比热容。

3.2.2 材料的热膨胀

1)热膨胀系数的定义

材料的长度或体积随温度的升高而增大的现象称为热膨胀。材料原料的长度(体积)为$l_0(V_0)$,温度升高ΔT后,长度(体积)增量为$\Delta l(\Delta V)$,则有

$$\frac{\Delta l}{l_0} = \alpha_l \cdot \Delta T, \frac{\Delta V}{V_0} = \alpha_V \cdot \Delta T \tag{3-45}$$

式中:α_l和α_V分别为线膨胀系数和体膨胀系数。对于各向同性的立方晶体材料,在三个晶轴方向的线膨胀系数相同,可以得到α_l和α_V的关系为

$$\alpha_V \approx 3\alpha_l \tag{3-46}$$

对于各向异性的晶体材料,各方向的线膨胀系数不同,若三个晶轴方向的线膨胀系数分别为α_a、α_b和α_c,则可以推导得到

$$\alpha_V \approx \alpha_a + \alpha_b + \alpha_c \tag{3-47}$$

因此,对于晶体材料,其体膨胀系数近似等于三个晶轴方向的线膨胀系数之和。实际上,固体材料的膨胀系数并不是一个常数,而是与温度有关系的,通常随温度升高而增大,如图3-11所示。因此与热容一样,应用时要注意适用的温度范围。膨胀系数的精确表达式为

$$\alpha_l = \frac{\partial l}{l \partial T}, \alpha_V = \frac{\partial V}{V \partial T} \tag{3-48}$$

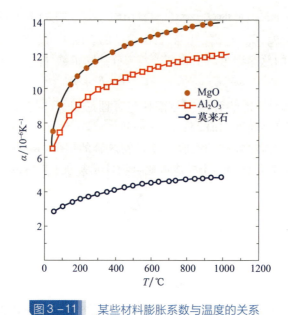

图3-11　某些材料膨胀系数与温度的关系

热膨胀系数是功能材料的一个重要的性能参数。在多晶、多相材料以及复合材料中,由于各相及各个方向的膨胀系数值不同所引起的热应力问题已成为选材、用材的突出矛盾。材料的热膨胀系数大小直接与热稳定性有关。一般热膨胀系数越小,材料热稳定性越好。

2) 热膨胀的微观机理

固体材料的热膨胀本质,归结为点阵结构中质点间平均距离随温度升高而增大。在晶格振动中,近似地认为质点的热振动是简谐振动。对于简谐振动升高温度只能增大振幅,并不会改变平衡位置,因此质点间平均距离不会因温度升高而改变。热量变化不能改变晶体的大小和形状,也就不会有热膨胀。这显然是不符合实际的。

实际上,在晶格振动中相邻质点间的作用力是非线性的,即作用力并不简单地与位移成正比,晶格质点的振动为非简谐振动。从图3-12可以看到,质点在平衡位置两侧时,合力曲线的斜率是不等的。当$r=r_0$,斥力与引力相等,合力为0;当$r<r_0$,斥力大于引力,原子间相互排斥,合力的斜率较大,随位移快速增大;当$r>r_0$,引力大于斥力,原子间相互吸引,合力斜率较小,随位移缓慢增加。因此,在一定温度下,平衡位置不在r_0处,而是向右偏移,相邻质点间的平均距离增加。温度越高,振幅越大,质点在r_0两侧不对称情况越显著,平衡位置向右移动越多,相邻质点平均距离就增加得越多,导致微观上晶胞参数增大,宏观上晶体体积膨胀。

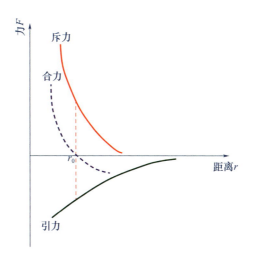

图 3-12　晶体质点间作用力曲线

材料热膨胀的机理可用双原子势能曲线模型进一步解释。设两个原子中的一个在坐标原点不动,另一个原子的平衡位置为r_0,离开平衡位置的位移以x表示,则位移后的位置为$r = r_0 + x$,将两原子相互作用的势能函数$U(r) = U(r_0 + x)$在r_0处展开成泰勒级数:

$$U(r) = U(r_0) + \left(\frac{\partial U}{\partial r}\right)_{r_0} x + \frac{1}{2!}\left(\frac{\partial^2 U}{\partial r^2}\right)_{r_0} x^2 + \frac{1}{3!}\left(\frac{\partial^3 U}{\partial r^3}\right)_{r_0} x^3 + \cdots \quad (3-49)$$

式(3-49)中:第一项$U(r_0)$为常数;第二项为0,故式(3-49)可写为

$$U(r) \approx U(r_0) + \frac{1}{2}\beta \delta x^2 - \frac{1}{3}\beta' x^3 + \cdots \quad (3-50)$$

式中:$\beta = \left(\frac{\partial^2 U}{\partial r^2}\right)_{r_0}$,$\beta' = -\frac{1}{2}\left(\frac{\partial^3 U}{\partial r^3}\right)_{r_0}$。

针对热膨胀问题,如果只考虑式(3-50)前两项,则势能曲线为抛物线,如图 3-13 中虚线所示。此时势能曲线是对称的二次抛物线,原子绕平衡位置作对称的简谐振动,温度升高只能使振幅增大,平衡位置仍在r_0处,故不会产生热膨胀,这与实际不符。所以必须再考虑第三项,此时点阵能曲线为三次抛物线,如图 3-13 中实线所示,是非对称的。在图中作一系列平行于横轴的平行线,每条线到横轴的距离代表了某一温度下质点振动的总能量。由图可见,从$T_0 = 0K$开始,随着温度按T_1、T_2、T_3、T_4…的顺序逐渐上升,原子的平衡位置将沿着 AB 线变化。显然,温度越高,平衡位置向右偏移得越远,即两原子间的距离随温度升高而增大了,产生了热膨胀。

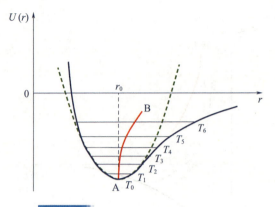

图3-13　双原子相互作用势能曲线

采用玻尔兹曼统计法,由式(3-50)可计算出平均位移为

$$\bar{x} = \frac{\beta' k_B T}{\beta^2} \tag{3-51}$$

式(3-51)说明,随着温度增加,原子偏离0K的振动中心的距离增大,物体宏观上膨胀了。

以上讨论的是导致热膨胀的主要原因。此外,晶体中各种缺陷的形成将造成局部点阵的畸变和膨胀。这虽是次要的因素,但在温度升高后,热缺陷浓度呈指数增加,影响也变得重要了。

3) 实际材料的热膨胀

一般材料的 $\alpha-T$ 关系类似于 C_V-T 关系,即随着温度的降低而变小,在0K时,趋近于0。

固溶体的膨胀与溶质元素的膨胀系数和含量有关。溶质元素的膨胀系数高于溶剂基体时,将增大膨胀系数;溶质元素的膨胀系数低于溶剂基体时,将减小膨胀系数。含量越高影响越大。

对于相同组成的物质,由于结构不同,膨胀系数不同。通常结构紧密的晶体膨胀系数较大,而类似于无定形的玻璃,则往往有较小的膨胀系数。例如石英的 $\alpha = 12 \times 10^{-6}/K$,而石英玻璃的 $\alpha = 0.5 \times 10^{-6}/K$。结构紧密的多晶二元化合物都具有比玻璃大的膨胀系数。这是由于玻璃的结构较疏松,内部空隙较多,当温度升高,原子振幅加大,原子间距增加时,部分地被结构内部空隙所容纳,使整个物体的宏观膨胀量较少。

对于结构对称性较低的金属或其他晶体,其热膨胀系数各向异性,一般来说弹性模量较高的方向将有较小的膨胀系数,反之亦然。

有机高分子材料的热膨胀系数一般比金属的要大,在玻璃化转变温度区还会发生较大的变化。由于金属、无机非金属和有机高分子材料的热膨胀系数大多互不相同,相互结合使用时可能出现一系列热应力所产生的问题,应尽可能选择膨胀系数接近的材料。

多晶体或晶相与玻璃相组成的无机非金属材料(如陶瓷),由于各相的热膨胀系数不同,在烧成后的冷却过程中可能会产生内应力。实际应用中可以有意识地利用这种特性,例如,选择釉层的热膨胀系数比坯体的小,使烧成后的陶瓷制品在冷却中表面釉层的收缩比坯体小,从而使釉层存在分布均匀的压应力以提高脆性材料的力学强度。

3.2.3 材料的热传导

1)热传导的宏观规律

当固体材料一端的温度比另一端高时,热量会自动从热端传向冷端,这个现象称为热传导。假如固体材料垂直于 x 轴方向的截面积为 ΔS,沿 x 轴方向的温度梯度为 $\mathrm{d}T/\mathrm{d}x$,在 Δt 时间内沿 x 轴正方向传过 ΔS 截面上的热量为 ΔQ,则实验表明,对于各向同性的物质,在稳定传热状态下具有如下的关系式:

$$\Delta Q = -\kappa \frac{\mathrm{d}T}{\mathrm{d}x} \Delta S \Delta t \tag{3-52}$$

式中:常数 κ 为热导率;负号为热流方向与温度梯度方向相反。热导率 κ 的物理意义是指单位温度梯度下,单位时间内通过单位截面积的热量,它反映了材料的导热能力。热导率很大的物体是优良的热导体,而热导率小的是热的不良导体或热绝缘体。

式(3-52)也称为傅里叶(Fourier)定律。它只适用于稳定传热的条件,即传热过程中,材料在 x 轴方向上各处的温度是恒定的,与时间无关,$\Delta Q/\Delta t$ 是常数。

对于非稳定导热过程,材料在进行热量传导的同时,材料内各处的温度也随时间而变化。忽略与环境的热交换,随着热传导的进行,热端温度下降,冷端上升,直至温度梯度趋于 0。则该物体内单位面积上温度随时间的变化率为

$$\frac{\partial T}{\partial t} = \frac{\kappa}{\rho C_p} \cdot \frac{\partial^2 T}{\partial x^2} = \alpha \cdot \frac{\partial^2 T}{\partial x^2} \tag{3-53}$$

式中:ρ 和 C_p 分别为材料的密度和等压热容;$\alpha = \kappa/(\rho C_p)$ 为导温系数(或热扩散率),表征材料在温度变化时,材料内部温度趋于均匀的能力。在相同加热或冷却条件下,α 越大,物体各处温差越小,越有利于热稳定性。

2)热传导的微观机理

固体中的导热主要是由自由电子的运动和晶体振动的格波来实现的。对于纯金属,导热主要依靠自由电子。因为有大量的自由电子存在,且电子的质

量很轻,所以能迅速地实现热的传递。因此,金属材料一般都有较大的热导率。虽然晶格振动对金属导热也有贡献,但是次要的。在非金属材料的晶格中自由电子极少,因此,它们的导热主要是依靠晶格振动的格波来实现的。而格波又可分为声频支和光频支两类,因此格波导热又存在声子导热和光子导热两类。

(1)声子热传导。

温度不高时,固体中光频支格波能量很弱,主要依靠声子导热。晶格振动中的能量是量子化的,声频支格波可以看成一种弹性波,类似在固体中传播的声波,声频波的量子称为声子,它所具有的能量为 $h\nu$,常用 $\hbar\omega$ 表示,$\omega = 2\pi\nu$ 是格波的角频率,ν 为振动频率。因为气体传热是气体分子碰撞的结果,晶体热传导是声子碰撞的结果,所以可用气体中热传导的概念来处理声子热传导问题,它们的热导率应该具有相似的数学表达式。声子的热导率为

$$\kappa_t^h = \frac{1}{3} C_v^h \bar{v}_s \bar{l}_s \tag{3-54}$$

式中:C_v^h、$\bar{v}_s$ 和 $\bar{l}_s$ 分别为声子的定容热容、平均速度和平均自由程。

实际上,在很多晶体中热传导缓慢,是因为晶格热振动是非线性的,晶格间有一定的耦合作用,声子间会产生碰撞,使声子的平均自由程减小。格波间相互作用越强,声子的平均自由程越小,热导率也越低。因此,声子间的碰撞引起的散射是晶格中热阻的主要来源。

(2)光子热传导。

固体材料除了声子热传导,还有光子热传导,在高温时尤其明显。这是因为固体中分子、原子和电子的振动、转动等运动状态的改变,会辐射出频率较高的电磁波。这类电磁波覆盖了较宽的频谱,其中具有较强热效应的是波长为 $0.4 \sim 40\mu m$ 的可见光与部分红外光的区域,这部分辐射线也称为热射线。热射线的传递过程称为热辐射。由于它们都在光频范围内,所以它们的导热过程可以看作光子的导热过程。黑体的辐射能为

$$E_T = \frac{4\sigma_0 n^3 T^4}{c} \tag{3-55}$$

式中:σ_0 为斯忒藩(Stefan)-玻尔兹曼常数;n 为折射率;c 为光速。从式(3-55)可知,辐射能与温度的四次方成正比。所以温度不高时,固体中的电磁辐射能很微弱,但在高温时就变得很明显了。由于辐射传热中,定容热容相当于提高辐射温度所需的能量,因此辐射热容为

$$C_r = \left(\frac{\partial E}{\partial T}\right) = \frac{16\sigma_0 n^3 T^3}{c} \tag{3-56}$$

由于光子在材料中的速度 $v_r = c/n$,则光子的热导率为

$$\kappa_t^r = \frac{16}{3}\sigma_0 n^2 T^3 \bar{l}_r \qquad (3-57)$$

式中：$\bar{l}_r$ 为光子的平均自由程。

(3) 电子热传导。

对于含大量自由电子的金属材料，其电子热导率 κ_t^e 类似于声子热导率，即

$$\kappa_t^e = \frac{1}{3}C_v^e \bar{v}_e \bar{l}_e \qquad (3-58)$$

式中：C_v^e、$\bar{v}_e$ 和 $\bar{l}_e$ 分别为电子的定容热容、运动速度和平均自由程。若电子的浓度为 n_e，由式(3-41)知 C_v^e 为

$$C_v^e = \frac{\pi^2 n_e k_B^2 T}{2E_F^0} \qquad (3-59)$$

因 $E_F^0 = m v_e^2/2$，$\bar{l}_e = v_e \tau_e$，m 和 τ_e 分别为电子的质量和平均自由时间，则有

$$\kappa_t^e = \frac{1}{3} \cdot \frac{\pi^2 n_e k_B^2 T}{m v_e^2} \cdot v_e \cdot \bar{l}_e = \frac{\pi^2 n_e k_B^2 T \tau_e}{3m} \qquad (3-60)$$

对于金属材料，$C_v^e/C_v^h \approx 0.01$，$\bar{v}_s \approx 5 \times 10^3 \, \text{m/s}$，$\bar{l}_s \approx 10^{-9} \, \text{m}$，$v_e \approx 10^6 \, \text{m/s}$，$\bar{l}_e \approx 10^{-8} \, \text{m}$，可得

$$\frac{\kappa_t^e}{\kappa_t^h} = \frac{C_v^e \cdot v_e \cdot \bar{l}_e}{C_v^h \cdot \bar{v}_s \cdot \bar{l}_s} \approx 20 \qquad (3-61)$$

即电子热导率约为声子热导率的 20 倍。可见，在金属材料中的热传导主要依靠电子。

3) 实际材料的热传导

金属材料以自由电子的热传导为主，具有很高的热导率，温度、晶格缺陷、晶粒大小、杂质和加工工艺都对其导热性有影响。

在合金中，电子的散射主要是杂质原子的散射，电子的平均自由程与杂质浓度成反比。当杂质浓度很高时，电子平均自由程与声子平均自由程有相同的数量级，因此合金中的热传导由声子和电子共同贡献。

无机陶瓷或其他绝缘材料热导率较低，其热传导主要依赖于晶格振动（声子）的转播。高温处的晶格振动较剧烈，再加上电子运动的贡献增加，其热导率随温度升高而增大。

半导体材料的热传导由电子与声子共同贡献。低温时，声子是热能传导的主要载体。较高温度下电子被激发进入导带，所以导热性显著增大。

有机高分子材料热传导主要通过分子与分子碰撞的声子热传导来进行，一般热导率和电导率都很低，通常用作绝热材料。

3.2.4 材料的热稳定性

1）材料热稳定性的定义

材料的热稳定性是指材料承受温度的急骤变化而不致破坏的能力,又称为抗热震性。在加工和使用过程中,材料会经常遭受环境温度起伏带来的热冲击,因此具有良好的热稳定性是功能材料的一个重要性能。

材料的热稳定性主要体现在两个方面:一是抵抗材料在热冲击下发生瞬时断裂的抗热冲击断裂性能;二是抵抗在热冲击循环作用下材料表面开裂、剥落直至破裂或变质的抗热冲击损伤性能。

由于应用的场合不同,往往对材料抗热震性的要求也不相同。例如,对于一般日用瓷器,通常只要求能承受温度差为100K左右的热冲击,而火箭喷嘴就要求瞬时能承受高达 3000 ~ 4000K 的热冲击,而且还要经受高速气流的机械和化学作用,因此对材料的抗热震性要求显然更高。目前,对于抗热震性虽已能做出一定的理论解释,但尚不完善,因此对材料抗热震性的评定,一般采用比较直观的测定方法。

导致材料在热冲击作用下断裂或损伤的主要原因在于材料内部的热应力。不改变外力作用状态时,因热冲击而在材料内部产生的内应力称为热应力。热应力的主要来源:材料的热胀冷缩受到限制而产生的热应力,各向同性材料由于材料中存在温度梯度而产生的热应力,多晶多相复合材料因各相膨胀系数不同而造成的热应力。

材料在温度作用下产生的内应力,超过了材料的力学强度极限,就会导致材料的破坏。因此需要利用一些数学模型来评价材料的抗热冲击性能。

2）抗热冲击断裂性能

对于脆性材料,从热弹性力学出发,采用应力 - 强度作为判据,可以分析材料热冲击断裂的热破坏现象。

只要材料中的最大热应力值 σ_{max} 不超过材料的断裂强度 σ_f,材料就不会断裂。材料所能承受的温差越大,材料的热稳定性就越好。由此导出材料的第一热应力断裂抵抗因子 R_1:

$$R_1 = \frac{\sigma_f(1-\mu)}{\alpha E} \quad (3-62)$$

式中:μ 为泊松比;α 为热膨胀系数;E 为弹性模量。

材料是否出现热应力断裂,除与最大应力相关外,还与材料中应力的分布、产生的速率和持续时间,材料的特性(如塑性、均匀性、弛豫性),以及原先存在的裂纹、缺陷等有关。因此,R_1 只是在一定程度上反映了材料抗热冲击性的优劣。实际材料在受到热冲击时,会由于散热等因素缓解热应力,使 σ_{max} 滞后出现。可见热导率 κ 越大,散热越好,对材料的热稳定性越有利。由此定义材料的第二热应力断裂抵抗因子 R_2:

$$R_2 = \kappa \frac{\sigma_f(1-\mu)}{\alpha E} = \kappa R_1 \qquad (3-63)$$

在一些实际应用场合,往往需要关心材料所允许的最大冷却(加热)速率,因为冷却(加热)速率的不同会引起不同的温度梯度,从而形成热应力影响到材料的热稳定性。由此导出材料的第三热应力断裂抵抗因子 R_3:

$$R_3 = \frac{\kappa}{\rho C_p} \cdot \frac{\sigma_f(1-\mu)}{\alpha E} = \frac{\kappa}{\rho C_p} \cdot R_1 = \frac{R_2}{\rho C_p} \qquad (3-64)$$

式中:ρ 为材料密度;C_p 为材料定压热容。材料最大冷却(加热)速率与 R_3 的关系为

$$\left(\frac{dT}{dt}\right)_{max} = R_3 \cdot \frac{3}{r_m^2} \qquad (3-65)$$

式中:r_m 为无限平板材料厚度的一半。由此可见,R_3 越大,允许的最大冷却(加热)速率越大,热稳定性就越好。

3)抗热冲击损伤性能

前面讨论的是用强度-应力理论,计算热应力时认为材料外形是完全受到刚性约束的。材料中热应力达到抗张强度极限后,材料就会开裂,一旦有裂纹成核,就会导致材料的完全破坏。这对于一般的玻璃、陶瓷和电子陶瓷等脆性材料来说是适用的。

实际很多材料的损坏不仅与裂纹的产生有关,还与应力作用下裂纹的扩展和蔓延程度有关。若能将裂纹抑制在一个小的范围内,则可使材料不致被完全破坏。裂纹的产生和扩展与材料中积存的弹性应变能和裂纹扩展所需的断裂表面能有关。弹性应变能越小或断裂表面能越大,裂纹就越难扩展,材料的热稳定性就越好。从断裂力学出发,采用应变能-断裂能作为判据,可以更好地分析材料的热冲击损伤现象。

只考虑材料的弹性应变能,可得到表征材料热稳定性的第四热应力损伤因子 R_4:

$$R_4 = \frac{E}{\sigma_f^2(1-\mu)} \qquad (3-66)$$

损伤因子 R_4 实际上是材料弹性应变能释放率的倒数,用于比较具有相同断裂表面能的材料。对于具有不同断裂表面能的情况,就需要第五热应力损伤因子 R_5 来表征:

$$R_5 = \frac{2\gamma E}{\sigma_f^2(1-\mu)} \qquad (3-67)$$

式中：γ 为断裂表面能。R_4 和 R_5 越大，代表材料抗热应力损伤性能越好。

表征材料热稳定性的抗热应力损伤因子 R_4 和 R_5 与材料的 E 成正比，而与 σ_f 成反比，这与 R_1、R_2 和 R_3 正好相反，原因在于两者采用的判据不同。R_1、R_2 和 R_3 从避免裂纹产生来防止材料的热应力损伤破坏，适用于致密型的材料；R_4 和 R_5 从阻止裂纹扩展来避免材料的热应力损伤破坏，适用于疏松性材料。材料中的微裂纹可有意识地加以利用，在抗张强度要求不高的场合，可有意识地利用各向异性的热收缩而引入微裂纹，使因材料表面撞击引起的尖锐初始裂纹钝化，从而提高材料的热稳定性，抵抗灾难性的热应力破坏。

4）实际材料的热稳定性

实际材料或制品的热稳定性，一般采用直接测定的方法。例如，对于高电压绝缘瓷子等复杂形状制品，一般在比使用条件更严格的条件下，直接采用制品进行测验。日用陶瓷通常是以一定规格的试样，加热到一定温度，然后立即置于室温下的流动水中急冷，并逐次提高温度并重复急冷，直至观测到试样产生龟裂，则以龟裂前一次加热温度来表征其热稳定性。对于高温陶瓷则在加热到一定温度后，在水中急冷，再测其抗折强度的损失率来评价其热稳定性。

实际材料在使用中一般都希望其热稳定性好。对于有机高分子材料，软化温度和分解温度都较低，长时间使用会出现降解老化现象，其热稳定性较差，一般在 200~400℃ 开始分解，所以允许的使用温度不高。通用的热塑性塑料允许的连续使用温度在 100℃ 以下，工程塑料在 100~150℃，热固性交联塑料在 150~260℃。

对于金属材料，一般强度和热导率较大，而弹性模量较小，由第二热应力断裂因子 R_2 可知，金属材料的热稳定性较好，金属材料的熔点高，允许的使用温度明显高于高聚物材料。

对于无机非金属材料，一般断裂强度 σ_f 和弹性模量都大，热导率中等，容易产生热应力断裂破坏，但熔点一般都很高，不易产生溶化或分解，允许的使用温度范围很宽，热稳定性较好。

3.3 材料的光学性能

3.3.1 光的物理本质

光是人类最早认识和研究的自然现象之一。但是对于光本质的认识，却经历了长期的争论和发展过程。17 世纪后半叶，由于对光本质的不同认识产生了两大并立的学说：以牛顿（Newton）为代表的微粒说和以惠更斯（Huygens）为代表的波动说。两种学说一直处于争论和发展之中。由于牛顿本人的威望和地位,微粒说在17、18世纪占据统治地位。直到19世纪60年代,麦克斯韦(Maxwell)创立了电磁波理论,证实了光是一种电磁波。波动说在19世纪初期和中期又占据了统治地位。然而在19世纪末期,当人们深入研究光的发生及其与物质的相互作用时,波动说却遇到了新的难题。1900年,普朗克提出了量子假说,认为电磁波(包括光)的发射是量子化的。1905年,爱因斯坦发展了量子假说,提出了光量子的概念,成功解释了光电效应,从而建立了光的量子理论,后被康普顿(Compton)效应所证实。与牛顿的光微粒不同,爱因斯坦认为光量子不遵守机械运动规律而遵守电磁运动规律,光子与电磁波一样在真空中以光速传播,光子的静止质量为0。1913年,爱因斯坦正式提出光具有波粒二象性,这一科学理论最终得到了学术界的广泛接受。

光是一种电磁波,是电磁场周期性振动的传播所形成的。麦克斯韦的电磁场理论表明,变化着的电场周围会感生出变化的磁场,而变化着的磁场周围又会感生出另一个变化的电场,因此,电场和磁场是交织在一起的。电磁场以波的形式朝着各个方向向外扩展。电磁波涵盖的范围很广,依照波长的不同,电磁波谱可大致分为无线电波、微波、红外线、可见光、紫外线、X射线、γ射线、宇宙射线等,它们的区别仅在于频率或波长有很大差别。光的电磁波属性可以解释光的传播、干涉、衍射、散射、偏振等现象,以及光与物质相互作用的规律。

光的粒子性表现为与物质相互作用时不像经典粒子那样可以传递任意值的能量,它是不连续的,只能传递量子化的能量,每一份最小的能量单元为

$$E = h\nu = \frac{hc}{\lambda} \qquad (3-68)$$

式中:h为普朗克常数;ν为光波频率;c为光波速度;λ为光波波长。这个最小的能量单元被称为光子。光由许许多多光子组成。爱因斯坦还根据相对论的质能关系预言光子具有分立的动量,其表达式为

$$P = \frac{h}{\lambda} \qquad (3-69)$$

光既可以看作光波又可以看作光子流。光子是电磁场能量和动量量子化的粒子,而电磁波是光子的概率波。因此,光作为波的属性可以用频率和波长来描述,而作为粒子的属性则可以用能量和动量来表征。光的波动性和粒子性的统一就定量地反映在爱因斯坦的两个方程式(3-68)和式(3-69)之中。

3.3.2 光与物质的作用

当光从一种介质进入另一种介质时,将产生光的反射、折射、吸收与透射。

从微观上看,光与物质的作用实际上是光子与固体材料中的原子、离子、电子等相互作用,引起电子极化或电子能态的变化。

1) 光的折射

光从真空中进入较致密的材料时,其传播速度会降低。光在真空中的速度与在材料中的速度之比,称为材料的折射率,用 n 表示。即

$$n = \frac{v_{真空}}{v_{材料}} = \frac{c}{v_{材料}} \tag{3-70}$$

实际上,光线在两种介质的界面上都会发生折射现象。光从材料 1 通过界面传入材料 2 时,与界面法线所形成的入射角 θ_1 和折射角 θ_2 与两种材料的折射率 n_1 和 n_2 之间的关系为

$$n_{21} = \frac{\sin \theta_1}{\sin \theta_2} = \frac{n_2}{n_1} = \frac{v_1}{v_2} \tag{3-71}$$

式中:v_1 和 v_2 分别为光在材料 1 和材料 2 中的传播速度;n_{21} 为材料 2 相对于材料 1 的相对折射率。

根据麦克斯韦方程,光在介质中的传播速度为 $v = c/\sqrt{\varepsilon_r \mu_r}$,由折射率的定义可得 $n = \sqrt{\varepsilon_r \mu_r}$,$\varepsilon_r$ 和 μ_r 分别为材料的相对介电常数和相对磁导率。一般材料的磁性较弱,$\mu_r \approx 1$,则有

$$n \approx \sqrt{\varepsilon_r} \tag{3-72}$$

可见,材料的折射率 n 总是大于 1。例如,空气的 $n = 1.0003$,固体氧化物的 $n = 1.3 \sim 2.7$,硅酸盐玻璃的 $n = 1.5 \sim 1.9$。且折射率随相对介电常数的增大而增大,这与材料中的电子极化有关。光波的电场分量在传播过程中与材料中的原子发生作用,引起电子极化,造成电子云和原子核重心发生相对位移,其结果是光的一部分能量被吸收,同时光的速度减小,导致折射发生。当材料的离子半径增大时,ε_r 增大,因而 n 也增大。因此,可以用大离子得到高折射率的材料,如 PbS 的 $n = 3.912$;用小离子得到低折射率的材料,如 $SiCl_4$ 的 $n = 1.412$。

材料的折射率还与其结构有关。对于非晶态和立方晶体这些各向同性的材料,当光通过时,光速不因传播方向改变而变化,材料只有一个折射率,称为均质介质。但是,除立方晶体以外的其他晶型,都是非均质介质。光进入非均质介质时,一般都要分为振动方向相互垂直、传播速度不等的两个波,它们分别构成两条折射光线,这个现象称为双折射。双折射是非均质晶体的特性,这类晶体的所有光学性能都和双折射有关。

双折射现象使晶体有两个折射率:一条折射光的折射率为常光折射率 n_0,它不随入射角大小而变化,始终为一常数,服从折射定律;另一条折射光的折射率为非常光折射率 n_e,大小随入射光方向的改变而变化,不服从折射定律。光沿晶

体光轴入射时,不产生双折射,只有n_0存在;光沿垂直于光轴的方向入射时,n_e达到最大值。例如,石英的$n_0 = 1.543$,$n_e = 1.552$;方解石的$n_0 = 1.658$,$n_e = 1.486$。一般来说,沿晶体密堆积程度较大的方向n_e较大。

2) 光的反射

当光线由材料 1 入射到材料 2 时,光在界面上除了发生折射进入材料 2,还有一部分光反射回材料 1。设单位时间通过单位面积的入射光、反射光和折射光的能量流分别为 W、W' 和 W'',则有

$$W = W' + W'' \tag{3-73}$$

由反射定律和能量守恒定律,可以推导出当入射角和折射角都很小时,有如下关系式:

$$\frac{W'}{W} = \left(\frac{n_{21}-1}{n_{21}+1}\right)^2 = R \tag{3-74}$$

$$\frac{W''}{W} = 1 - \frac{W'}{W} = 1 - R \tag{3-75}$$

式中:R 为反射系数;$(1-R)$ 为透射系数。

由式(3-74)可知,在垂直入射的情况下,光在界面上反射的多少取决于两种介质的相对折射率 n_{21}。如果 n_1 和 n_2 相差很大,界面反射就很多,反射损失严重;如果 $n_1 = n_2$,则 $R = 0$,垂直入射时几乎没有反射损失。

设一块折射率为 1.5 的玻璃,光反射损失为 $R = 0.04$,透过部分为 $1-R = 0.96$。如果透射光又从另一界面射入空气,即透过两个界面,此时透过部分为 $(1-R)^2 = 0.922$。如果连续透过 x 块平板玻璃,则透过部分为 $(1-R)^{2x}$。

陶瓷、玻璃等材料的折射率较空气的大,所以反射损失严重。如果透镜系统由许多块玻璃组成,则反射损失更可观。为了减小这种界面损失,常采用折射率和玻璃相近的胶将它们粘起来。这样,除最外和最内的表面是玻璃和空气的相对折射率外,内部各界面都是玻璃和胶的较小的相对折射率,从而大大减小了界面的反射损失。

3) 光的吸收

光作为一种能量流,在通过材料传播时,会引起材料的电子跃迁或使原子振动而消耗能量,使光能的一部分变成热能,导致光能的衰减,这种现象称为介质对光的吸收。

设厚度为 x 的平板材料,入射光的强度为 I_0,通过该材料后光强度为 I,它们之间满足如下关系式:

$$I = I_0 e^{-\alpha x} \tag{3-76}$$

式(3-76)称为朗伯(Lambert)定律,表明光强随穿透厚度的增加呈指数的衰减。式中:α 为材料对光的吸收系数,它取决于材料的性质和光的波长。例

如,空气的 $\alpha \approx 10^{-5} \mathrm{cm}^{-1}$,玻璃的 $\alpha \approx 10^{-2} \mathrm{cm}^{-1}$,金属的 $\alpha \approx 10^{4} \sim 10^{5} \mathrm{cm}^{-1}$,因此金属材料是不透明的。

在电磁波谱的可见光区,金属的吸收系数都很大。这是因为金属的电子能带结构中,价带未充满或价带与空带重叠,价电子容易吸收入射光子的能量被激发到邻近的空能级上。研究证明,只要金属箔的厚度达到 $0.1 \mu \mathrm{m}$,便可以吸收全部入射的光子。实际上,金属对所有的低频电磁波(从无线电电波到紫外光)都是不透明的。大部分被金属材料吸收的光又会从表面以同样波长的光发射出来,表现为反射光,大多数金属的反射系数为 $0.9 \sim 0.95$。

绝缘性材料(如玻璃、陶瓷等)的价电子处于满带,满带与导带之间存在较宽的禁带,光子的能量还不足以使价电子从价带跃迁到导带,故在可见光区的吸收系数很小,具有良好的透过性。在紫外光区,波长变短,光子能量越来越大,一旦光子能量达到禁带宽度时,绝缘性材料的电子就会吸收光子能量从满带跃迁到导带,导致吸收系数骤然增大。紫外吸收端对应的波长 λ 可根据材料的禁带宽度 E_g 求得

$$\lambda = \frac{hc}{E_g} \tag{3-77}$$

从式(3-77)可见,如果希望材料在可见光区的透过范围大,则需紫外吸收端的波长要小,因此要求 E_g 要大。

另外,绝缘性材料在红外光区还有一个由离子的弹性振动与光子辐射发生谐振消耗能量所致的吸收峰,即声子吸收,与材料的热振频率 γ 有关。γ 与材料有关参数的关系为

$$\gamma^2 = 2\beta \left(\frac{1}{M_c} + \frac{1}{M_a} \right) \tag{3-78}$$

式中:β 为与离子间结合力有关的常数;M_c 和 M_a 分别为阳离子和阴离子的质量。为了使吸收峰远离可见光区,并使之在红外光区透过介质,则需选择较小的材料热振频率 γ。因此要求材料的 β 值尽可能小,而离子的质量尽可能大。例如,高原子量的一价碱金属卤化物就符合这些条件。

材料对光的吸收可分为均匀吸收和选择吸收。如果介质在可见光范围对各种波长的吸收程度相同,则称为均匀吸收。在此情况下,随着吸收程度的增加,颜色从灰变到黑。同一种物质对某一种波长的吸收系数非常大,而对另一种波长的吸收系数非常小的现象称为选择吸收。透明材料的选择吸收使其呈不同的颜色。

4)光的散射

光波在材料中传播时,遇到不均匀结构产生的次级波,与主波方向不一致,会与主波合成出现干涉现象,使光偏离原来的方向,从而引起散射。

由于散射,光在前进方向上的强度减弱,对于相分布均匀的材料,其减弱的规律与吸收规律具有相同的形式

$$I = I_0 e^{-sx} \quad (3-79)$$

式中:I_0 为光的初始强度;I 为光通过厚度为 x 的材料后的剩余强度;s 为散射系数。散射系数与散射质点的大小、数量、光的波长以及散射质点与基体的相对折射率等因素有关。散射质点的折射率与基体的折射率相差越大,将产生越严重的散射。如果将吸收定律和散射定律的式子统一起来,则有

$$I = I_0 e^{-(\alpha + s)x} \quad (3-80)$$

根据散射前后光子能量(或光波波长)变化与否,分为弹性散射与非弹性散射。散射前后光的波长(或光子能量)不发生变化,只改变方向的散射称为弹性散射。当光通过介质时,从侧向接收到的散射光主要是波长(或频率)不发生变化的瑞利散射光,属于弹性散射。当使用高灵敏度和高分辨率的光谱仪,可以发现散射光中还有其他光谱成分,它们在频率坐标上对称地分布在弹性散射光的低频和高频侧,强度一般比弹性散射微弱得多。这些频率发生改变的光散射是入射光子与介质发生非弹性碰撞的结果,称为非弹性散射。

3.3.3 材料的发光

材料吸收能量之后,以一定方式发射光子的过程称为材料的光发射。材料光发射的性质与原子的能级之间的跃迁联系在一起。爱因斯坦从辐射与原子相互作用的量子观点出发,提出辐射应包含自发辐射跃迁、受激辐射跃迁和受激吸收跃迁三种过程。

1) 自发辐射

通常一个物质系统有多个能级,处在高能级 E_2 的原子是不稳定的,它们有一定概率自发地跃迁至低能级 E_1,同时发射出一个能量为 $h\nu = E_2 - E_1$ 的光子,如图 3-14 所示。这个过程是自发进行的,无须任何外在的诱导,因此称为自发辐射。

图 3-14　光的自发辐射过程

自发辐射是大量原子彼此独立发射光子的随机过程,各个原子发射的光波之间没有固定的位相关系,各有不同的偏振方向,传播方向也各不相同。因此,自发辐射几乎不受方向性限制,是非相干的且具有宽的频谱。

物质系统中每个原子在什么时候进行自发辐射是不确定的,但对于大量原子统计平均来说,从能级 E_2 经自发辐射跃迁到 E_1 具有一定的跃迁概率。定义 A_{21} 为单位时间内原子从高能级 E_2 到低能级 E_1 发生自发辐射跃迁的概率,则有

$$A_{21} = -\frac{\mathrm{d}n_2}{n_2 \mathrm{d}t} \quad (3-81)$$

式中:n_2 为某时刻处在高能级 E_2 上的原子数密度。A_{21} 又称为自发辐射跃迁爱因斯坦系数,它只与物质本身的性质有关。

2) 受激辐射

如果原子系统的两个能级 E_1 和 E_2 满足辐射跃迁选择定则,处于高能级 E_2 上的原子在频率为 $\nu = (E_2 - E_1)/h$ 的辐射场激励作用下,或在频率为 $\nu = (E_2 - E_1)/h$ 的光子诱导下,向低能级 E_1 跃迁,同时发射出一个与外来光子完全相同的光子,如图 3-15 所示。这种原子的发光过程称为受激辐射。

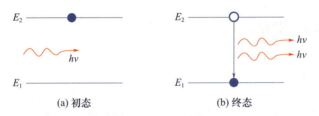

(a) 初态　　　　　　　(b) 终态

图 3-15　光的受激辐射过程

受激辐射的特点是:①与自发辐射不同,受激辐射不是自发地进行的,必须在外来光子的诱导下才能进行,且外来光子的能量 $h\nu$ 必须等于 $(E_2 - E_1)$;②受激辐射所发出的光子与外来光子的特性完全相同,即频率、位相、偏振及传播方向都相同,因此它们是相干的。也就是说,外来光场与物质的相互作用引起粒子的受激辐射,结果是外来的光强得到放大,即经过受激辐射,特征完全相同的光子数增加了。

同样地,受激辐射跃迁的发生也有一定概率。定义 W_{21} 为单位时间内,在外辐射场作用下原子从高能级 E_2 到低能级 E_1 发生受激辐射跃迁的概率,则有

$$W_{21} = B_{21}\rho_\nu = -\frac{\mathrm{d}n_2}{n_2 \mathrm{d}t} \quad (3-82)$$

式中:ρ_ν 为外辐射场的能量密度;B_{21} 为受激辐射跃迁爱因斯坦系数。与 A_{21} 不同,W_{21} 不仅与物质本身的性质有关,还与外辐射场的能量密度有关,能量密度越大,受激辐射概率越大。

3）受激吸收

如图 3-16 所示，处于低能级 E_1 的原子，受到一个能量为 $h\nu = E_2 - E_1$ 的外来光子的刺激作用，完全吸收此光子的能量而跃迁到高能级 E_2 的过程称为受激吸收。它与受激辐射跃迁的过程恰好相反，在外辐射场能量密度为 ρ_ν 时，其跃迁概率为

$$W_{12} = B_{12}\rho_\nu = \frac{\mathrm{d}n_2}{n_1 \mathrm{d}t} \qquad (3-83)$$

式中：n_1 为某时刻处在低能级 E_1 上的原子数密度；B_{12} 为受激吸收跃迁爱因斯坦系数。

图 3-16 光的受激吸收过程

4）三个爱因斯坦系数的关系

在热平衡条件下，E_1 和 E_2 两个能级上粒子数密度 n_1 和 n_2 应不随时间而变。因此，从能级 E_2 跃迁到能级 E_1 的粒子数应等于从能级 E_1 跃迁到能级 E_2 的粒子数，即有

$$n_2(A_{21} + B_{21}\rho_\nu) = n_1 B_{12}\rho_\nu \qquad (3-84)$$

处于在热平衡时，在两个能级上的粒子数分布服从玻尔兹曼分布：

$$\frac{n_2}{n_1} = \exp\left[-\left(\frac{E_2 - E_1}{k_\mathrm{B} T}\right)\right] = \exp\left(\frac{-h\nu}{k_\mathrm{B} T}\right) \qquad (3-85)$$

根据式（3-84）和（3-85），若介质的折射率为 n，可得三个爱因斯坦系数之间的关系为

$$B_{21} = B_{12} \qquad (3-86)$$

$$\frac{A_{21}}{B_{21}} = \frac{8\pi n^3 h\nu^3}{c^3} \qquad (3-87)$$

5）激光产生的基本原理

在受激辐射跃迁的过程中，一个诱发光子可以使处在上能级上的发光粒子产生一个与该光子状态完全相同的光子，这两个光子又可以去诱发其他发光粒子，产生更多状态相同的光子。这样，在一个入射光子的作用下，可引起大量发光粒子产生受激辐射，并产生大量运动状态相同的光子。这种现象称为受激辐射光放大。受激辐射产生的光子都属于同一光子态，因此它们是相干的。

通常，受激辐射与受激吸收两种跃迁过程同时存在，前者使光子数增加，后者使光子数减少。当一束光通过发光物质后，究竟是光强增大还是减弱，要看这两种跃迁过程哪个占优势。在热平衡时，各能级的粒子数服从玻尔兹曼分布，因此恒有 $n_2 < n_1$，受激吸收大于受激辐射，故光强减弱。如果采取诸如用光照、放电等方法从外界不断地向发光物质输入能量，把处在低能级的发光粒子激发到高能级上去，使 $n_2 > n_1$，我们称这种状态为粒子数反转。

只要使发光物质处在粒子数反转的状态，受激辐射就会大于受激吸收。当频率为 $\nu = (E_2 - E_1)/h$ 的光束通过发光物质，光强就会得到放大。这便是激光放大器的基本原理。即便没有入射光，只要发光物质中有一个频率合适的光子存在，便可像连锁反应一样，迅速产生大量相同光子态的光子，形成激光。这就是激光振荡器或简称激光器的基本原理。由此可见，形成粒子数反转是产生激光或激光放大的必要条件，为了形成粒子数反转，需要对发光物质输入能量，我们称这一过程为激励。

激光工作物质有固体、液体和气体三类。气体激光材料主要有 He－Ne、Ar、CO_2 等气体，固体激光材料有红宝石、钇铝石榴石和砷化镓等，液体激光材料主要为激光染料溶液。固体材料不但激活离子密度大、振荡频带宽和产生谱线窄，而且具有良好的机械性能和稳定的化学性能，因此是最常用的激光材料。

3.3.4　材料的非线性光学效应

我们知道，当介质受到电场作用时，介质将被极化。当较弱的光电场作用于介质时，介质的极化强度 P 与光电场 E 呈线性关系：

$$P = \chi \varepsilon_0 E \tag{3-88}$$

式中：ε_0 为真空介电常数；χ 为介质的线性极化系数或线性极化率。

对很强的激光，光波的电场强度可与原子内部的库仑场相比拟，媒质极化强度不仅与场强 E 的一次方有关，而且还决定于 E 的更高幂次项，从而导致线性光学中不明显的许多新现象——非线性光学效应。与线性光学相比，其明显的不同点在于：①在光与物质的相互作用过程中，物质的光学参数（如折射率、吸收系数等）表现为与光强有关，不再是常数；②各种频率的光场因发生非线性耦合而产生新的频率，不再满足叠加原理。此时，可以把极化强度展开成级数，即

$$P = \varepsilon_0 [\chi^{(1)} E + \chi^{(2)} E^2 + \chi^{(3)} E^3 + \cdots + \chi^{(n)} E^n] \tag{3-89}$$

式中：第一项为线性项；$\chi^{(1)}$ 为线性极化率；第二项以后为非线性项；$\chi^{(n)}$ 称为介质的 n 次极化率。

许多感兴趣的非线性光学现象都起源于二次和三次非线性极化。例如，二

次非线性极化将产生二次谐波、光整流效应、光学和频及差频、光学参量振荡等现象;三次非线性极化将产生三次谐波、双光子吸收、四波混频、光束自聚焦、受激散射及光学克尔效应等现象。在光电子技术中,广泛利用这种非线性光学效应来实现光波频率的变换。近年来,三次非线性光学现象也越来越引起重视,诸如光学双稳态、光学疏粒子、光学相位共轭等许多现象的发现,预示着非线性光学在未来电子信息技术中的重要作用。

非线性光学材料的特点是,当高能量的光波(如激光)射入这类材料时,会在材料中引起非线性光学效应。非线性光学材料大多为晶体,对光学均匀性要求很高,以便得到较高的倍频效率。

实际应用的非线性光学晶体,多是电光晶体材料,如磷酸盐类的磷酸二氢钾(KDP)、磷酸二氘钾(DKDP)、磷酸钛氧钾(KTP)、三硼酸锂(LBO)、偏硼酸钡(BBO),还有铌酸锂(LN)和铌酸钾(KN)等。当前优良的非线性晶体多集中于紫外、可见及近红外区域。在长波 $5\mu m$ 以上的远红外波段的优良非线性晶体较少。

红外非线性光学晶体是非线性光学效应的重要载体。半导体非线性光学晶体有很多可以应用于远红外波段。例如,单质的硒(Se)、碲(Te)用于红外倍频的半导体型非线性光学晶体,它们是正光性单轴晶体。硒化镉(CdSe)正光性单轴晶体是当前国际上重要的激子非线性多量子阱材料,具有很强的非线性,透光波段为 $0.75\sim20\mu m$,可对不同波段激光的倍频、和频实现相位匹配。

3.4 材料的磁学性能

磁性是物质的一种普遍而重要的属性。从微观粒子到宏观物体,以至于宇宙天体,无不具有某种程度的磁性。通常所谓的磁性材料与非磁性材料,实际上是指强磁性材料和弱磁性材料,前者的磁化率比后者大 $10^4\sim10^{12}$ 倍。磁性不只是一个宏观的物理量,还与物质的微观结构密切相关。它不仅取决于物质的原子结构,还取决于原子间的相互作用——键合情况和晶体结构。因此,研究磁性是研究物质内部结构的重要方法之一。

3.4.1 磁学基本物理量

1)磁导率

1820 年,奥斯特(Oersted)发现电流能在周围空间产生磁场。一根通有 I 安培直流电的无限长直导线,在距导线轴线 r 米处产生的磁场强度为

$$H=\frac{I}{2\pi r} \quad (3-90)$$

材料在磁场强度为 H 的外加磁场作用下,会在材料内部产生一定磁通量密度,称其为磁感应强度 B。B 和 H 是既有大小又有方向的向量,两者关系为

$$B = \mu H \tag{3-91}$$

式中:μ 为磁导率,是磁性材料最重要的物理量之一,反映了介质的特性,表示材料在单位磁场强度的外加磁场作用下,材料内部的磁通量密度。材料在真空中的磁导率为 $\mu_0 = 4\pi \times 10^{-7}$(H/m),相对磁导率为 $\mu_r = \mu/\mu_0$。

2) 磁矩

磁矩是表示磁体本质的一个物理量。任何一个封闭的电流都具有磁矩 m。其方向与环形电流法线的方向一致,大小为电流与封闭环形的面积的乘积。在均匀磁场中,磁矩受到磁场作用的力矩为

$$J = m \times B \tag{3-92}$$

磁矩是表征磁性物体磁性大小的物理量。磁矩越大,磁性越强,即物体在磁场中所受的力也越大。磁矩只与物体本身有关,与外磁场无关。磁矩的概念可用于说明原子、分子等微观世界产生磁性的原因。电子绕原子核运动,产生电子轨道磁矩;电子本身自旋,产生电子自旋磁矩。以上两种微观磁矩是物质具有磁性的根源。

3) 磁化强度

电场中的电介质由于电极化而影响电场,同样,磁场中的磁介质由于磁化也能影响磁场。在外磁场 H 中放入磁介质,磁介质受外磁场作用,处于磁化状态,则磁介质内部的磁感强度 B 将发生变化:

$$B = \mu_0(H + M) \tag{3-93}$$

式中:M 为磁化强度,它表征物质被磁化的程度。对于一般磁介质,无外加磁场时,其内部各磁矩的取向不一,宏观无磁性。但在外磁场作用下,各磁矩有规则地取向,使磁介质宏观显示磁性,这就叫作磁化。磁化强度的物理意义是单位体积的磁矩,设体积单元 ΔV 内磁矩的矢量和为 $\sum m$,则磁化强度为

$$M = \frac{\sum m}{\Delta V} \tag{3-94}$$

如果定义 $\chi = \mu_r - 1$ 为介质的磁化率,则可得磁化强度与磁场强度的关系为

$$M = \chi H \tag{3-95}$$

χ 仅与磁介质性质有关,它反映材料磁化的能力。

3.4.2 材料磁性来源与分类

1) 材料磁性来源

材料的宏观磁性是组成材料的原子中电子的磁矩引起的,产生磁矩的原因

有两个：①电子绕原子核的轨道运动，产生一个非常小的磁场，形成一个沿旋转轴方向的轨道磁矩；②每个电子本身作自旋运动，产生一个沿自旋轴方向的自旋磁矩，它比轨道磁矩大得多。因此，可以把原子中每个电子都看作一个小磁体，具有永久的轨道磁矩和自旋磁矩。最小的磁矩称为玻尔磁矩 μ_B，其值为

$$\mu_B = \frac{eh}{4\pi m_e} = 9.27 \times 10^{-24} (A \cdot m^2) \tag{3-96}$$

式中：e、h、m_e 分别为电子电量、普朗克常量和电子质量。每个电子的自旋磁矩近似等于一个玻尔磁矩。

实验证明，电子的自旋磁矩比轨道磁矩大得多。在晶体中，电子的轨道磁矩受晶格场的作用，其方向是变化的，不能形成联合磁矩，对外没有磁性作用。原子核比电子重一千多倍，运动速度仅为电子的几千分之一，因而原子核的自旋磁矩仅为电子自旋磁矩的千分之几，一般可以忽略。因此，物质的磁性主要由电子自旋磁矩引起。

原子是否具有磁矩，取决于它的核外电子排布。当原子中各电子层均被排满时，电子的轨道运动和自旋运动占据了所有可能的方向，形成球形对称集合，每个电子本身具有的磁矩相互抵消，总磁矩为 0。只有原子存在未被排满的电子层时，电子磁矩之和不为 0，原子才有磁矩，称为原子的固有磁矩。例如，铁（Fe）原子的电子层分布为 $1s^22s^22p^63s^23p^63d^64s^2$，除 3d 层外各层均被电子填满，自旋磁矩被抵消。根据洪特规则，3d 层的电子应尽可能填充不同的轨道，其自旋应尽量在同一个平行方向上。因此，3d 层的 5 个轨道中除 1 个轨道填有 2 个自旋相反的电子外，其余四个轨道均只有一个电子，且自旋方向平行，使电子的自旋磁矩为 $4\mu_B$。而诸如锌（Zn）等元素，具有各壳层都充满电子的原子结构，其电子磁矩互相抵消，因此不显示磁性。

2）材料磁性的分类

根据物质磁化率 χ 的大小，可以把物质的磁性大致分为五类，即抗磁性、顺磁性、反铁磁性、铁磁性和亚铁磁性。前三种属弱磁性，后两种为强磁性，常用的磁性材料都是强磁性材料。按各类磁体磁化强度 ***M*** 与磁场强度 ***H*** 的关系，可做出其磁化曲线，如图 3-17 所示。

抗磁体的 χ 为很小的负值，大约在 -10^{-6} 数量级。它们在磁场中受微弱斥力，感应出很小的磁矩，其方向与外磁场相反。惰性气体、许多有机化合物、若干金属［如铋（Bi）、银（Ag）和金（Au）等］、非金属［如硅（Si）、磷（P）和硫（S）等］都属于抗磁体。

顺磁体的 χ 为正值，为 $10^{-3} \sim 10^{-6}$。它在磁场中受微弱吸力，各个原子磁矩会沿外磁场方向择优取向，使材料表现出宏观的磁性。常见的顺磁体有过渡金属、稀土金属、锕系金属等。

反铁磁体的 χ 是小的正数,在温度低于某温度时,它的磁化率随温度下降而降低;高于这个温度,其行为像顺磁体。这类材料有 α-Mn、铬(Cr)、氧化镍(NiO)、氧化锰(MnO)等。

铁磁体在较弱的磁场作用下,就能产生很大的磁化强度,外磁场去除后仍能保持相当大的永久磁性。χ 是很大的正数,可达 10^6 数量级,且与外磁场呈非线性关系变化。铁(Fe)、钴(Co)、镍(Ni)等金属属于铁磁体。

亚铁磁体的宏观磁性类似于铁磁体,其磁化率也很大,但比铁磁性材料低一些。通常所说的磁铁矿(Fe_3O_4)、铁氧体等属于亚铁磁体。

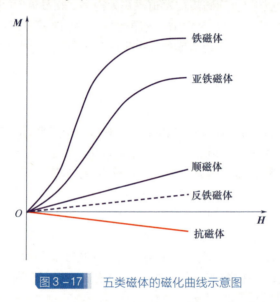

图 3-17　五类磁体的磁化曲线示意图

3.4.3　材料的抗磁性与顺磁性

1)材料的抗磁性

材料受外磁场作用后,感生出与外磁场方向相反的宏观磁场,强度与外磁场成正比,这就是材料的抗磁性。材料的抗磁性源于循轨电子在外加磁场的作用下产生的附加抗磁磁矩。

根据拉莫尔(Larmor)定理,在磁场中电子绕中心核的运动,除其原有运动外,还会以恒定的角速度绕磁场方向运动,可推导得出产生的附加磁矩 Δm 为

$$\Delta m = -\frac{\mu_0 e^2 \overline{r^2}}{6 m_e} \cdot H_0 \qquad (3-97)$$

式中:μ_0 为真空磁导率;e 为电荷量;m_e 为电子质量;H_0 为外加磁场强度;$\overline{r^2}$ 为电子

轨道的均方半径。式(3-97)中的负号表示附加磁矩 Δm 总是与外磁场 H_0 方向相反,这就是物质产生抗磁性的原因。

若材料单位体积内的原子数为 N,每个原子有 Z 个电子,则附加的磁化强度为

$$\Delta M = N\sum_{i=1}^{Z}\Delta m = -\frac{N\mu_0 e^2 H_0}{6m_e}\sum_{i=1}^{Z}\overline{r_i^2} \qquad (3-98)$$

则可得材料的抗磁磁化率为

$$\chi_d = \frac{\Delta M}{H_0} = -\frac{N\mu_0 e^2}{6m_e}\sum_{i=1}^{Z}\overline{r_i^2} \qquad (3-99)$$

式(3-99)也称为朗之万(Langevin)抗磁性表达式。可见,材料的抗磁磁化率随原子中电子数 Z 的增加而增大,χ_d 值始终为负值。

既然抗磁性是由电子的轨道运动产生的,而任何物质又都存在这种运动,故任何物质在外磁场作用下都会产生抗磁性。但并非任何物质都是抗磁体,因为原子还有轨道磁矩和自旋磁矩产生的顺磁磁矩,只有那些抗磁性大于顺磁性的物质才能称为抗磁体。抗磁体的磁化率 χ 很小,且基本不随温度和磁场强度变化。

2) 材料的顺磁性

顺磁体的特征是原子具有固有磁矩,在无外磁场时,由于热运动的影响,其原子磁矩的取向是无序的,故总磁矩为 0。当施加外磁场时,这些原子磁矩趋于向外磁场方向取向,引起顺磁性。但在常温下,由于热运动的影响,原子磁矩难以有序化排列,故顺磁体的磁化十分困难,磁化率一般仅为 $10^{-6} \sim 10^{-3}$。

顺磁体的磁化强度 M 与外磁场方向一致,M 为正,而且与外磁场 H 成正比。磁体的磁性除了与 H 有关,一般还与温度有关。当材料中含有的磁性离子少、相互作用微弱时,服从居里定律:

$$\chi_p = \frac{C}{T} \qquad (3-100)$$

式中:C 为居里常数。这个规律是由郎之万用经典的热力学方法导出的,没有考虑离子(原子)间的相互作用,只有少数几种顺磁体[如氧气(O_2)、一氧化氮(NO)]能够准确符合该定律。对于大多数顺磁体,由于离子间的相互作用不可忽略,它们的磁化率和温度的关系需用居里-外斯(Curie-Weiss)定律来表达:

$$\chi_p = \frac{C}{T+\Delta} \qquad (3-101)$$

式中:Δ 为常数,但不同物质可有不同的符号。对存在铁磁转变的物质,$\Delta = -T_C$,其中 T_C 为居里温度。在居里温度以上的物质属顺磁体,其 χ_p 大致服从居里-外斯定律,此时的 M 和 H 间保持着线性关系。

大多数金属顺磁体[如锂(Li)、钠(Na)、钾(K)、铷(Rb)等碱金属]的磁化率与温度无关,χ_p 不随温度而变化,是因为它们的顺磁性是由价电子产生的。

另外,铁磁体、反铁磁体及亚铁磁体在高于一定温度时也会表现出顺磁性,这在后面章节会具体讨论。

3.4.4　材料的铁磁性

铁磁材料的突出特点是它与其他材料相比具有极高的磁导率,磁化很容易达到饱和,而且当外磁场移去以后,仍可以保留极强的磁性。对于单晶纯铁,在 $4kA \cdot m^{-1}$ 的弱磁场下磁化,磁感应强度就可以达到2T,已接近饱和磁化状态。在相同大小的磁场下,典型的顺磁体的磁感应强度仅为 $1.2 \times 10^{-6} T$。

铁磁体的铁磁性只在某一温度以下才表现出来,超过这一温度,由于物质内部热扰动破坏了电子自旋磁矩的平行取向,自发磁化强度变为0,铁磁性消失。这一温度称为居里温度或居里点,用 T_c 表示。在居里点以上,材料表现为强顺磁性,其磁化率 χ 与温度 T 的关系服从式(3-101)所示的居里-外斯定律,此时 $\Delta = -T_c$,即

$$\chi = \frac{C}{T - T_C} \tag{3-102}$$

1) 分子场理论

铁磁现象虽然发现很早,但这些现象的本质原因和规律,还是在20世纪初才开始认识的。1907年法国科学家外斯在郎之万顺磁理论的基础上,提出了铁磁材料的分子场理论,构成该理论的核心是分子场假设和磁畴假设。

分子场假设认为:铁磁材料在一定温度范围内存在与外加磁场无关的自发磁化,导致自发磁化发生的驱动力源于材料内部的分子场;分子场使原子磁矩能够克服热运动的无序效应,自发地平行一致取向,从而表现为铁磁性。当温度升高到磁矩的热运动足以与分子场抗衡时,分子场引起的磁化有序被破坏,从而表现为顺磁性。这一温度就是居里点 T_C。可估算出分子场数量级大小为 $10^9 A/m$,这比原子磁矩之间的磁偶极矩大几个数量级,故分子场足以驱动原子磁矩发生自发磁化。

虽然铁磁材料存在自发磁化,但未经磁化的铁并不具有磁性。为了解释这个问题,外斯提出了磁畴假设。磁畴假设认为:铁磁体自发磁化是按区域进行的,各个自发磁化的小区域称为磁畴,在无外磁场时都能自发磁化至饱和,但各磁畴的磁化方向随机取向,磁性相互抵消,宏观上不显示磁性。因此,铁磁体的磁化过程就是磁体由多磁畴状态转变为与外磁场同向的单一磁畴的过程。

从分子场理论,可推导出从有自发磁化到无自发磁化的转变温度,即居里温度T_C的表达式为

$$T_C = \gamma \frac{N g_J^2 \mu_B^2 J}{3 k_B}(J+1) \tag{3-103}$$

式中:γ 为外斯分子场系数;N 为单位体积内的原子数;J 为每个原子的总角量子数;g_J 为朗德(Lande)因子。

分子场理论是解释铁磁体微观磁性的唯象理论,直观、清晰地解释了铁磁体的自发磁化及在磁场中的行为,其分子场假设和磁畴假设已被随后的理论和实验所证明,在磁学理论中占有重要的地位。但分子场理论没有指出分子场的本质,只是局域自旋磁矩间相互作用的简单等效场,而且忽略了相互作用的细节,因此在处理低温和居里温度附近的磁行为时与实验出现了偏差。

2)交换作用模型

海森堡在量子力学的基础上提出了交换作用模型,认为铁磁性自发磁化起源于电子间的静电交换相互作用。

交换作用模型认为,磁性体内原子之间存在交换相互作用,并且这种交换作用只发生在近邻原子之间。设系统内部有 N 个原子,并假设原子无极化状态,每个原子中有一个电子对铁磁性做贡献,则可推导出该系统的交换作用能为

$$E_{ex} = -2A \sum_{i<j}^{N} \boldsymbol{S}_i \cdot \boldsymbol{S}_j \tag{3-104}$$

式中:A 为交换积分;i 和 j 是系统中任意两相邻的原子;$\boldsymbol{S}_i$ 和 $\boldsymbol{S}_j$ 分别为原子 i 和 j 的自旋矢量。原子处于基态时,系统最为稳定,要求 $E_{ex}<0$。当 $A<0$ 时,$(\boldsymbol{S}_i \cdot \boldsymbol{S}_j)<0$,即自旋反平行排列为基态,显现反铁磁性;当 $A>0$ 时,$(\boldsymbol{S}_i \cdot \boldsymbol{S}_j)>0$,即自旋平行排列为基态,显现铁磁性。

由交换作用模型可以得出材料具有铁磁性的条件:①必要条件是材料原子中具有未充满的电子壳层,即具有原子磁矩;②充要条件是交换积分 $A>0$。

由于直接交换作用是一种近程作用,设原子的最近邻数为 Z,总自旋量子数为 S,可推导出 T_C 与交换积分 A 的关系为

$$T_C = \frac{2ZA}{3k_B}S(S+1) \tag{3-105}$$

式(3-105)说明,铁磁性材料的居里温度与交换积分成正比。居里温度实际上是铁磁体内交换作用的强弱在宏观上的表现:交换作用越强,自旋相互平行取向的能力就越大,要破坏磁体内的这种规则排列,所需要的热能就越高,宏观上就表现为居里温度越高。

3.4.5 反铁磁性和亚铁磁性

1) 反铁磁性

相邻原子间的静电交换作用使原子磁矩有序地排列。若交换积分 A 为负值时,原子磁矩取反向平行排列,当相邻原子的磁矩相等,则相互抵消,使自发磁化强度趋于0,称为反铁磁性。反铁磁性材料有锰(Mn)、铬(Cr)等金属元素以及过渡金属的盐和化合物,如氧化锰(MnO)、氧化铬(CrO)、氧化钴(CoO)等。

反铁磁性材料存在一个临界温度 T_N,称为尼尔(Neel)点,为反铁磁性与顺铁磁性的转变点,材料在尼尔点附近普遍存在热膨胀、电阻、比热容、弹性等反常现象。当 $T < T_N$ 时,磁矩基本保持上述的反平行排列,呈反铁磁性,随着温度升高,反平行排列的作用逐步减弱,因而磁化率 χ 不断增大;温度到达 T_N 时,磁矩反平行排列消失,χ 也达到最大值;当 $T > T_N$ 时,类似顺磁材料,χ 随温度升高而减小,此时 χ 与 T 的关系可通过一个修正的居里 – 外斯定律给出

$$\chi = \frac{C}{T - T'_C} \tag{3-106}$$

式(3-106)与式(3-102)类似,只是 T'_C 为负值,称为反铁磁体的居里温度。顺磁体、铁磁体和反铁磁体的磁化率与温度之间的关系如图 3-18 所示。

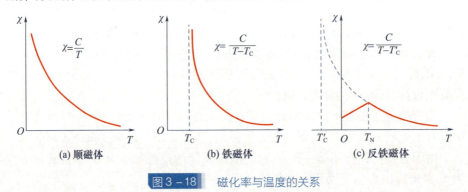

图 3-18　磁化率与温度的关系

反铁磁性和亚铁磁性材料的晶体都是离子晶体,是由磁性离子与非磁性离子组成的化合物,金属离子之间的距离较大,不能采用直接交换作用模型来解释,而需要用超交换模型来解释。

以氧化锰(MnO)为例说明超交换作用的原理。MnO 的结构是面心立方,耦合方式可以有 180°和 90°两种键角。为分析方便,取键角为 180°的情况。基态如图 3-19(a)所示,Mn^{2+} 的未满电子组态为 $3d^5$,5 个电子自旋彼此平行取向,具有磁性;O^{2-} 组态为 $2p^6$,6 个电子的自旋角动量和轨道角动量都是彼此抵消

的,净自旋磁矩为 0。这种情况下,磁性 Mn^{2+} 被非磁性的 O^{2-} 隔开,直接交换作用很弱,不能导致自发磁化;但 Mn^{2+} 和 O^{2-} 的电子波函数在成键角方向上可能有较大的交叠,提供了 O^{2-} 的 2p 电子迁移到 Mn^{2+} 的 3d 轨道上的机会,使体系有可能从基态变成含有 Mn^{1+} 和 O^{1-} 的激发态,如图 3-19(b)所示。此时,O^{1-} 中未配对的 2p 电子有可能与近邻 Mn^{2+} 中的 3d 电子发生直接交换作用。

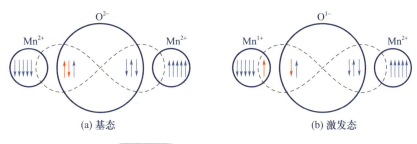

图 3-19　超交换作用原理示意图

从图中可见,处于激发态的 O^{1-} 的自旋与左侧 Mn^{1+} 的自旋方向相同,当右侧的 Mn^{2+} 的自旋与 O^{1-} 的自旋反向时,系统有较低的能量。此时,左侧的 Mn^{1+} 与右侧的 Mn^{2+} 自旋为反平行排列。这就是反铁磁性自发磁化的起因,即两个相距较远无法直接发生交换作用的金属离子,经中间氧离子的传递实现了间接交换,因此称为超交换作用。这种超交换作用在 Me—O—Me(Me 为金属离子)键角呈 180°时最强,当键角变小时作用变弱,90°时最弱。

2) 亚铁磁性

亚铁磁性物质由磁矩大小不同的两种离子(或原子)组成,相同磁性的离子磁矩同向平行排列,而不同磁性的离子磁矩是反向平行排列。由于两种离子的磁矩不相等,反向平行的磁矩就不能恰好抵消,二者之差表现出宏观磁矩,这就是亚铁磁性。具有亚铁磁性的物质绝大部分是金属的氧化物,是非金属磁性材料,一般称为铁氧体。图 3-20 形象地表示了在居里点或尼尔点以下时,铁磁性、反铁磁性及亚铁磁性的自旋排列。

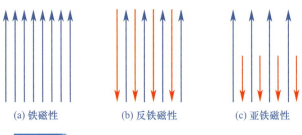

图 3-20　铁磁性、反铁磁性和亚铁磁性的自旋排列

亚铁磁性材料存在与铁磁性材料相似的宏观磁性:居里温度以下,存在按磁畴分布的自发磁化,能够被磁化到饱和,存在磁滞现象;在居里温度以上,自发磁化消失,转变为顺磁性。正是因为同铁磁性物质具有以上相似之处,所以亚铁磁性是被最晚发现的一类磁性。直到1948年,尼尔才命名了亚铁磁性,并提出了亚铁磁性理论。

与反铁磁性类似,铁氧体的亚铁磁性也来源于金属离子间通过氧离子发生的超交换作用。在铁氧体中,金属离子分布在 A 位和 B 位,其最近邻都是氧离子,具有三种超交换作用类型:A – A、B – B 和 A – B,三者的超交换作用也依次增强。由于 A 位和 B 位上的离子磁矩取向是反平行排列,因此 A 位离子只能是平行排列,B 位也是如此。但由于磁矩 M_A 和 M_B 的数值不等而方向相反,结果就存在未抵消的净磁矩 $|M_A - M_B|$,从而呈现亚铁磁性,实际上是未抵消的反铁磁性。当温度低于铁磁居里温度时,亚铁磁性材料呈现出与铁磁性材料相似的宏观磁性,只是自发磁化强度较低一些;当温度高于居里温度时,呈现出与顺磁性相似的磁性。铁氧体的电阻率较高,常用于高频电路中。

3.4.6 磁滞回线

在磁场中,铁磁体的磁感应强度 B 与磁场强度 H 的关系可用曲线来表示。当磁化磁场作周期的变化时,铁磁体中的磁感应强度与磁场强度的关系是一条闭合线,这条闭合线叫作磁滞回线,如图 3 – 21 所示。从图中可以看出,随着磁场强度 H 的增大,磁感应强度 B 也随之增大,但两者之间不是线性关系,而是沿磁化曲线 oa 逐渐达到饱和状态。H_s 和 B_s 为饱和时的磁场强度和磁感应强度。如果再使 H 逐渐减小到 0,对应的 B 也逐渐减小,但并不沿着初始磁化曲线 ao 返回,而是沿另一曲线 ab 下降到 B_r。这说明当 H 减小到 0 时,磁性材料中仍保留一定的磁性,B_r 称为剩余磁感应强度,简称剩磁。

再反方向增加磁场,B 继续减小,直到 $H = -H_c$,B 才回到 0。这说明要消除剩磁,必须施加反向磁场 H_c。H_c 称为矫顽力,它表征磁性材料在磁化以后保持磁化状态的能力,是磁性材料的一个重要参数。矫顽力不仅是考察永磁材料的重要标准之一,也是划分软磁材料、永磁材料的重要依据。

图 3 – 21 表明,磁感应强度 B 的变化始终落后于磁场强度 H 的变化,这种现象称为磁滞现象。当磁场按 $H_s \rightarrow 0 \rightarrow -H_c \rightarrow -H_s \rightarrow 0 \rightarrow H_c \rightarrow H_s$ 次序变化时,磁场感应强度 B 将按 $a \rightarrow b \rightarrow c \rightarrow d \rightarrow e \rightarrow f \rightarrow a$ 的轨迹变化,得到一条闭合的 $B \sim H$ 曲线,即磁滞回线。磁滞回线是铁磁材料的一个基本特征,它的形状、大小均有一定的实用意义。例如,磁滞回线所包围的面积表征磁化一周时所产生的能量损耗,称为磁滞损耗。

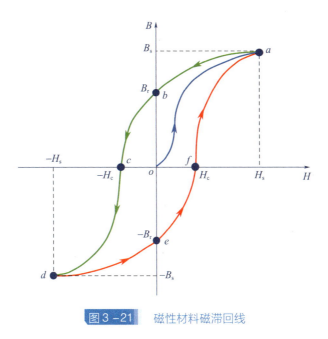

图3-21　磁性材料磁滞回线

不同材料具有不一样的磁滞回线形状,根据磁滞回线的形状,可将磁性材料分为软磁材料、硬磁材料和矩磁材料。

软磁材料的磁滞回线瘦小,具有高磁导率、高饱和磁感应强度、低剩余磁感应强度与低矫顽力等特性,主要应用于电感线圈或变压器的磁芯等。

硬磁材料也称为永磁材料,其磁滞回线肥大,剩余磁感应强度高,矫顽力大,这样保存的磁能就多,也容易退磁。硬磁材料主要用于磁路系统中作永磁以产生恒稳磁场,如扬声器、助听器、录音磁头、电视聚焦器、各种磁电式仪表等。

矩磁材料的磁滞回线近似矩形,并且有很好的矩形度,一般可用剩磁比B_r/B_m来表征回线的矩形度,B_m为最大磁感应强度。矩磁材料主要用于电子计算机随机存取的记忆装置,还可用于磁放大器、变压器、脉冲变压器等。

3.4.7　材料的磁损耗

在交变磁场中,磁性材料一方面会被磁化,另一方面会产生能量损耗,导致热量的产生。磁损耗是指磁性材料在交变场作用下产生的各种能量损耗的统称。通常它包括涡流损耗、磁滞损耗和剩余损耗。

涡流是在迅速变化的磁场中的导体内部产生的感生电流,因其流线呈闭合旋涡状而得名。交变磁场频率越高,涡流越大。涡流不能像导线中的电流那样输送出去,仅使磁芯发热造成能量损耗,即涡流损耗,大小与交变磁场的频率成正比。

磁滞损耗是由于对磁性材料进行磁化时,铁磁性和亚铁磁性材料具有磁滞现象所损耗的功率,其数值上等于磁滞回线的面积。降低材料的矫顽力可使磁滞回线变窄,缩小它所围的面积,从而降低磁滞损耗。

剩余损耗是指在磁性材料的总磁损耗中除涡流损耗和磁滞损耗外所有其他的损耗,在低频弱场中,剩余损耗主要是磁后效应。在高频情况下,剩余损耗主要是尺寸共振损耗、畴壁共振损耗和自然共振损耗。

在交变磁场的作用下,存在以上能量损耗效应,使材料磁化状态的改变往往在时间上落后于交变磁场的变化,需要考虑磁化的时间效应。外加交变磁场 H 和材料内的磁感应强度 B 可表示为

$$H = H_m \sin(\omega t) \tag{3-107}$$

$$B = B_m \sin(\omega t - \delta) \tag{3-108}$$

式中:H_m 和 B_m 分别为最大磁场强度和最大磁感应强度;ω 为角频率;δ 为相位差。

若磁场强度 H 较大时,磁感应强度 B 除含有与 H 呈线性关系的基波外,还包含有奇次项的高次谐波,使 B 的波形发生畸变失真。而在弱磁场或高频下,高次谐波引起的畸变失真很小。

若把磁感应强度 B 的表达式用三角函数展开,则有

$$B = B_m \cos\delta \sin(\omega t) + B_m \sin\delta \sin\left(\omega t - \frac{\pi}{2}\right) \tag{3-109}$$

与 H 的表达式相比,可知式(3-109)第一项与 H 同相位,而第二项落后 $\pi/2$ 的相位角。令

$$\mu' = \frac{B_m \cos\delta}{\mu_0 H_m} = \mu_m \cos\delta \tag{3-110}$$

$$\mu'' = \frac{B_m \sin\delta}{\mu_0 H_m} = \mu_m \sin\delta \tag{3-111}$$

式中:μ_0 为真空磁导率;μ_m 为最大磁导率。则可得复磁导率 μ 的表达式为

$$\mu = \mu' - j\mu'' = \mu_m(\cos\delta - j\sin\delta) \tag{3-112}$$

可见,磁性材料在动态磁化过程中,既有磁能的储存(μ'部分),又有磁能的损耗(μ''部分)。复磁导率的实部又称弹性磁导率,它相当于静态磁化的磁导率;虚部又称黏滞性磁导率,与磁能损耗成正比。B 落后于 H 的相位差 δ 又称为损耗角,能量的储存与能量的损耗之比值称为品质因子 Q,与 μ'、μ'' 和 δ 之间的关系为

$$Q = \frac{\mu'}{\mu''} = \frac{1}{\tan\delta} \tag{3-113}$$

在工程技术中,对于矫顽力很小的软磁材料,总希望其 Q 值和 μ' 都越高越好,常用它们的乘积 $\mu'Q$ 来作为软磁材料的技术指标。

3.5 材料的功能转换性能

在前面的章节分别介绍了功能材料的电学、热学、光学、磁学等物理性能，它们只是材料的一种单一的物理性能。实际材料的功能往往表现得更为复杂，不同物理性能在同一材料中可以并存，不同性能之间还会相互影响甚至相互转换，从而耦合产生多种交互效应，如压电效应、热释电效应、光电效应、电光效应、热电效应、磁光效应、声光效应等，这些特殊效应在高技术领域有着重要的应用。

3.5.1 压电效应

对有些晶体，加在晶体上的外力除使晶体发生形变以外，同时还将改变晶体的极化状态，在晶体内部建立电场。这种由于机械力的作用而使介质发生极化的现象称为正压电效应。反之，如果把外电场加在这种晶体上，改变其极化状态，晶体的形状也将发生变化，这就是逆压电效应。二者统称为压电效应。压电效应使机械能和电能发生相互转化，具有压电效应的材料称为压电体。

从结构上看，能产生压电现象的晶体必须具备两个条件：原子排列为非中心对称，且晶格内质点要带正电荷和负电荷；不具有对称中心只是压电性的必要条件，同时作为压电晶体还必须是绝缘体或半导体，通常是离子晶体或由离子团组成的分子晶体。

压电效应产生的机理可用图 3-22 进行说明：当晶体不受外力作用，此时正负电荷的重心重合，整个晶体的总电矩为 0，晶体表面的电荷也为 0，如图 3-22(a)所示；当晶体受压缩力或拉伸力作用，如图 3-22(b)和(c)所示，晶格发生变形，正负电荷的重心不再重合，晶体表面产生异号束缚电荷，从而出现压电效应。

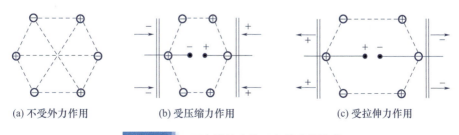

(a) 不受外力作用　　(b) 受压缩力作用　　(c) 受拉伸力作用

图 3-22　压电晶体产生压电效应的机理

在没有外电场作用时,由晶胞的固有电矩产生的自发极化使晶体处于高度极化状态,且极化强度随外电场变化的关系呈现电滞回线,具有这种特征的介电晶体称为铁电体。所有的单晶铁电体都具有压电效应。但具有多晶结构的铁电陶瓷,由于内部的晶粒取向和电畴取向完全是随机的,各铁电畴之间的压电效应将相互抵消而不显示宏观的压电效应。当对铁电陶瓷施加直流电场进行极化后,陶瓷体内的自发极化方向将平均地取向于电场方向,因而具有近似于单晶体的极性,并呈现明显的压电效应。这意味着,将具有铁电性的陶瓷进行人工极化处理后所获得的陶瓷即是压电陶瓷,因此所有使用的压电陶瓷也都应是铁电陶瓷。

对一个压电晶片输入电信号时,如果信号频率与晶片的机械谐振频率一致,就使晶片因逆压电效应而产生机械谐振。此机械谐振又由于正压电效应而输出电信号。这种晶片常称为压电振子。压电振子谐振时,仍存在内耗,造成机械损耗使材料发热,降低性能。机电耦合系数 k 是衡量压电材料在电能与机械能之间相互耦合及转换能力的一个重要参数,其定义如下:

$$k^2 = \frac{通过正压电效应转换的电能}{输入的总机械能}$$

或

$$k^2 = \frac{通过逆压电效应转换的机械能}{输入的总电能}$$

压电振子的机械能与振子的形状和振动模式有关,因此对不同模式有不同的耦合系数。机电耦合系数无量纲,它与材料的压电常数、介电常数和弹性模量等有关,是重要的压电材料性能参数。

压电材料主要包括压电晶体、压电陶瓷、压电聚合物和压电复合材料等。压电单晶早期主要是天然的石英(水晶),自 20 世纪 60 年代以来,广泛应用的是采用水热法生长的人造水晶;另外,含氢铁电晶体、含氧金属酸化物也是重要的压电晶体,如磷酸二氢铵、磷酸二氢钾、钽酸锂、铌酸锂等。压电陶瓷是应用更广泛的多晶压电材料,比压电单晶便宜但易老化,多是 ABO_3 型化合物或几种 ABO_3 型化合物的固溶体,应用最广泛的是钛酸钡系和锆钛酸钡系陶瓷。压电聚合物目前有实际应用的主要为聚偏二氟乙烯(PVDF),它是一种结晶性高分子材料,其中 β 晶型的 PVDF 压电效应更加明显。压电复合材料是高分子化合物和压电陶瓷材料复合而成的压电材料,兼具压电陶瓷及压电聚合物的优点,具有良好的机械加工性能。近年来,压电半导体材料在微声技术上研究发展较快,这些化合物大都属于闪锌矿或铅锌矿的晶体结构,如硫化镉(CdS)、硒化镉(CdSe)、氧化锌(ZnO)、硫化锌(ZnS)、砷化镓(GaAs)、锑化镓(GaSb)、砷化铟(InAs)等。

压电材料的主要用途为水声发射与接收装置、超声装置、压电开关、压电传感器等。

3.5.2 热释电效应

同压电材料类似,有些晶体材料由于温度变化而引起电极化状态改变,在晶体表面产生电荷,该现象称为热释电效应。具有热释电效应的材料称为热释电体,如电气石加热时,晶体对称轴两端产生数量相等、符号相反的电荷。

热释电效应反映了材料的电学参量与温度之间的关系,其强弱可以用热释电系数来表示:

$$\Delta P_s = p \Delta T \tag{3-114}$$

式中:ΔP_s 为自发极化强度的变化;p 为热释电系数;T 为温度。热释电系数 p 表示热释电材料受到热辐射后产生自发极化强度随温度变化的大小,p 越大其热释电性能越稳定。

由此可见,热释电效应产生的前提条件是晶体具有自发极化现象,即在晶体结构的某些方向存在固有电矩。故具有对称中心的晶体无热释电效应,这一点与压电晶体一致。但是压电晶体不一定都具有自发极化,这是因为压电效应反映的是晶体电量与机械应力之间的关系,机械应力沿一定方向作用,引起正负电荷重心的相对位移。一般来说,这种电荷重心的相对位移,在不具有中心对称压电晶体的不同方向将不相等,因此引起晶体总电荷变化,产生压电效应。

热释电效应中晶体电荷变化来自温度的变化,与机械应力不同,材料均匀受热时引起的热膨胀在各个方向是同时发生的,并在相对称的方向上具有相等的膨胀系数,因此这些方向上引起正负电荷重心的相对位移也相等。故一般的压电晶体,即使在某一方向上电矩会有一定变化,但总的正负电荷重心并没有发生相对位移,因而不会产生热释电效应。只有晶体的结构中存在与其他极轴(极化轴)不相同的唯一极轴时,才有可能因热膨胀而引起总电矩的变化,产生热释电效应。

由此可见,压电晶体不一定存在热释电效应,但热释电晶体一定存在压电效应。

热释电材料主要有四类:①热释电晶体,如电气石、硫化钙(CaS)、硒化钙(CaSe)、硫酸锂水合物($Li_2SO_4 \cdot H_2O$)、氧化锌(ZnO)等;②铁电晶体,如硫酸三甘肽(TGS)及其改性材料、金属酸化物晶体(钽酸锂、铌酸锶钡等);③热释电陶瓷,如钛酸铅($PbTiO_3$)陶瓷、锆钛酸铅(PZT)陶瓷、锆钛酸铅镧(PLZT)陶瓷等;④有机高聚物晶体,如聚偏二氟乙烯(PVDF)、聚氟乙烯(PVF)等。热释电材料最重要的应用是用于热释电传感器和红外成像焦平面。

3.5.3 光电效应

材料在受到光照后,往往会引发其某些电学特性的变化,这种现象称为光电效应。光电效应主要有光电导效应、光生伏特效应和光电子发射效应三种。

材料在受到光照射作用时,其电导率产生变化的现象,称为光电导效应。这种效应的产生,来自材料因吸收光子后,其中的载流子浓度发生变化。光电导效应可分为本征光电导和杂质光电导。光子的能量大于半导体的禁带宽度E_g,则价电子将可以被激发至导带,出现附加的电子-空穴对,从而使电导率增大,这种情况属于本征光电导。若光照仅能激发禁带中的杂质能级上的电子或空穴而改变其电导率,则属于杂质光电导。光电导材料主要有光电导半导体、光电导陶瓷和有机高分子光电导体。光电导材料常用于光敏器件,如光电二极管、光敏三极管、光电导探测器等,其中本征光电导可用于检测可见光和近红外辐射,杂质光电导用来检测中红外和远红外辐射。

如果光照射到半导体的 PN 结上,则在 PN 结两端会出现电势差,P 区为正极,N 区为负极。这一电势差可以用高内阻的电压表测量出来,这种效应称为光生伏特效应。其基本原理为:①半导体材料形成 PN 结时,由于载流子存在浓度差,N 区的电子向 P 区扩散,而 P 区的空穴向 N 区扩散,结果在 PN 结附近,P 区一侧出现了负电荷区,N 区一侧出现了正电荷区,统称为空间电荷区;②空间电荷的存在形成了一个自建电场,电场方向由 N 区指向 P 区,虽然自建电场能够阻止电子由 N 区向 P 区、空穴由 P 区向 N 区进一步扩散,却能推动 N 区空穴和 P 区电子分别向对方运动;③当光子入射到 PN 结时,若光子能量 $h\nu > E_g$,在 PN 结附近激发出电子-空穴对。在自建电场的作用下,N 区的光生空穴被拉向 P 区,P 区的光生电子被拉向 N 区,结果 N 区积累了负电荷,P 区积累了正电荷,从而产生光生电动势。若将外电路接通,则有电流由 P 区流经外电路至 N 区,这就是光生伏特效应。利用该效应可以制作探测光信号的光电转换元件,还可以制造光电池——太阳能电池。目前光电转换材料效率较低,太阳能电池材料主要有单晶硅、多晶硅、非晶硅和化合物半导体薄膜等几种,人们也在进一步探索工艺简单的陶瓷太阳能电池材料。

当金属或半导体受到光照射时,其表面和体内的电子因吸收光子能量而被激发,如果被激发的电子具有足够的能量,足以克服表面势垒而从表面离开,就会产生光电子发射效应。如果光子的频率小于某一值,即使增加光的强度,也不能产生光电子发射。一个光子与其所能引致的发射光电子数之比称为量子效应 η,实用材料的 η 值为 $0.1 \sim 0.2$。利用光电发射效应可制成光电发射管。

3.5.4 热电效应

在用不同种导体构成的闭合电路中,若使其结合部出现温度差,则在此闭合电路中将有热电流流过,或产生热电势,此现象称为热电效应。一般说来,金属的热电效应较弱,可用于制作宽温测量的热电偶。而半导体热电材料,因其热电效应显著,可用于热电发电或电子制冷,还可作为高灵敏度温敏元件。热电效应有赛贝克(Seebeck)效应、珀尔帖(Peltier)效应、汤姆森(Thomson)效应三种,如图3-23所示。

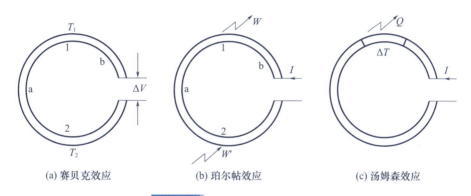

(a) 赛贝克效应　　(b) 珀尔帖效应　　(c) 汤姆森效应

图3-23　热电效应的三种类型

1) 赛贝克效应

1821年,赛贝克发现,由a、b两种导体构成的电路开路时,如果接点1、2分别保持在不同的温度T_1(低温)和T_2(高温)下,则回路内将产生热电势,这种现象称为赛贝克效应。其热电势ΔV正比于接点温度之差ΔT:

$$\Delta V = \alpha(T) \cdot \Delta T \qquad (3-115)$$

式中:$\alpha(T)$称为赛贝克系数;$\Delta T = T_2 - T_1$。

2) 珀尔帖效应

1834年,珀尔帖发现,在两种不同的导体a和b构成的闭合电路中流过电流I,则在一个接点处(如接点1)产生热量W,而在另一个接点处(如接点2)吸收热量W',此现象称为珀尔帖效应。此时有$W = -W'$,产生的热量正比于流过回路的电流:

$$W = \pi_{ab} I \qquad (3-116)$$

式中:比例系数π_{ab}称为珀尔帖系数,大小取决于两种导体的种类和环境温度。珀尔帖效应实质上是赛贝克效应的逆效应,赛贝克系数与珀尔帖系数有如下关系:

$$\pi_{ab} = \alpha(T) \cdot T \qquad (3-117)$$

3)汤姆森效应

1854年汤姆森发现,在由一种导体构成的回路中,如果存在温度梯度$\partial T/\partial x$,则当通过电流I时,导体中也将产生吸热或放热现象,此即汤姆森效应。其热效应由式(3-118)决定:

$$\frac{\partial Q}{\partial x} = \tau(T) \cdot I \cdot \frac{\partial T}{\partial x} \cdot \Delta t \qquad (3-118)$$

式中:$\tau(T)$为汤姆森系数;Δt为通电流的时间。汤姆森效应与珀尔帖效应相似,但它只是同一种导体的效应。

热电材料是指利用其热电效应的材料,有金属及半导体两大类。金属热电材料主要是利用赛贝克效应制作热电偶的重要材料,是重要的测温材料;半导体热电材料可利用赛贝克效应、珀尔帖效应及汤姆森效应制作热-电转换器,反之也可制作利用电能的加热器或制冷器。

对于金属热电偶材料,一般要求具有高的热电势及高的热电势温度系数,以保证高的灵敏度。同时,要求热电势随温度的变化是单值的、线性的。还要求具有良好的抗氧化性、抗腐蚀性、稳定性和重复性,并且容易加工、价格低廉。完全达到这些要求比较困难,各种热电偶材料也各有优缺点,一般根据使用温度范围来选择使用热电偶材料。较常用的非贵金属热电偶材料有镍铬-镍铝、镍铬-镍硅、铁-康铜和铜-康铜等,贵金属热电偶材料有铂-铂铑及铱-铱铑等。

典型的半导体热电材料有碲化铋(Bi_2Te_3)、硒化铋(Bi_2Se_3)、碲化锑(Sb_2Te_3)、碲化铅(PbTe)等。半导体热电材料在制冷和低温温差发电方面具有重要的应用。尽管其效率低、价格昂贵,但因体积小、结构简单,尤其适合于科研领域的小型设备。例如,在供电不方便的地方(如高山、南极、月球等处),半导体温差发电装置则显示出其优越性。

3.5.5 电光效应

材料的光学特性受电场影响而发生变化的现象统称为电光效应,其中物质的折射率受电场影响而发生改变的电光效应分为泡克耳斯(Pockels)效应和克尔(Kerr)效应。

一般情况下,电场E对晶体折射率n的影响可用一个幂级数表示

$$n - n_0 = aE + bE^2 + \cdots \qquad (3-119)$$

式中:n_0为电场E为0时的折射率;a、b等均为常数。式(3-119)右边第一项为一次电光效应,又称泡克耳斯效应,第二项为二次电光效应,又称克尔效应。

泡克耳斯效应只存在于无对称中心的晶体中,可表达为

$$\Delta n = n - n_0 = aE \tag{3-120}$$

即介质折射率的变化与外电场强度成正比。所有具有压电效应的晶体都具有一次电光效应。

克尔效应是由二次项 bE^2 引起的介质折射率变化的现象,可表达为

$$\Delta n = n - n_0 = bE^2 \tag{3-121}$$

即介质折射率的变化与外电场强度的二次方成正比。在入射光垂直的方向上加高电压,各向同性体呈现出双折射率特性,即一束入射光变成两束出射光,这种现象即为电光克尔效应。克尔效应存在于各向同性物质(固体、液体、气体)中,强电场下,在压电晶体中较泡克耳斯效应弱得多,可忽略不计。

电光效应产生的机理:介质的折射率与介电常数有关,由光学知识可知,$n = \sqrt{\varepsilon_r}$,介质在外电场作用下产生电极化,使其介电常数发生变化,导致 n 的变化,从而出现电光效应。

电光材料在光学均匀性、所用波段透明性、温度稳定性、品质因子等方面要求较高,并且是要容易获得大尺寸的单晶,实际能够应用的晶体不多,主要包括磷酸二氢钾型晶体、钙钛矿 ABO_3 型晶体、闪锌矿 AB 型晶体、钨青铜型晶体等几类材料。电光材料主要用于制造电光调制器、电光偏转器、电光快门等器件。

3.5.6 磁光效应

置于磁场中的物质因受磁场影响引起光学特性发生变化的现象称为磁光效应。磁光效应的本质是在外加磁场和光波电场共同作用下产生的非线性极化过程。磁光材料具有旋光性,磁致旋光现象具有不可逆性质,这是与自然旋光现象的根本区别。磁光效应一般可分为磁光法拉第效应、磁光克尔效应、磁致双折射效应和塞曼效应等。

1)法拉第效应

1846 年,法拉第(M. Faraday)发现当平面偏振光(直线偏振光)通过带磁性的物体时,其偏振光面将发生偏转,即呈现旋光性,此现象称磁光法拉第效应,又称磁致旋光效应,如图 3-24 所示。偏振光面的偏转角 θ 称为法拉第偏转角,它与磁场强度 H 及带磁物体的长度 L 之间存在如下关系:

$$\theta = V_e HL \tag{3-122}$$

式中:V_e 为维尔德常数,它与物质的性质有关。一般材料的 V_e 较小,如果 V_e 高,则是非常有用的磁光材料。

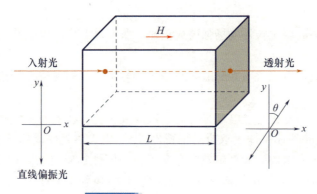

图 3-24　磁光法拉第效应

法拉第效应是由物质内部原子或分子中的电子,在外磁场作用下引起旋进式运动所致。当平面偏振光通过磁性物体时,被分解成左旋圆偏振光和右旋圆偏振光,因磁场的作用,两者传播速度不同,导致出射时的合成光偏振面发生了偏转。

2) 克尔效应

1876 年,克尔(John Kerr)发现,照射到强磁性介质表面上的直线偏振光在反射时,其偏振面会随磁场强度的变化而发生偏转,即呈现旋光性,这种现象称为磁光克尔效应,如图 3-25 所示。法拉第效应是透射光呈旋进性,而克尔效应是反射光呈旋进性,这使它们有不同的用法。实验光对磁光材料具有较好的穿透性时,可应用法拉第效应制作敏感元器件;当实验光不能穿透所用磁光材料时,则可以应用磁光克尔效应制作敏感元器件。

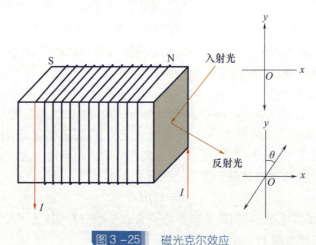

图 3-25　磁光克尔效应

3) 磁致双折射效应

1907年,科顿(Cotton)和蒙顿(Mouton)发现,在强磁场作用下,一些各向同性的透明磁介质会呈现双折射现象,即在与入射光垂直的方向上加上外磁场,则该磁介质中的一束入射光会变成两束出射光——正常光与异常光,如图3-26所示。该现象称为科顿-蒙顿效应,又称磁致双折射效应。科顿-蒙顿效应所产生的双折射率与磁场强度H的平方成正比。科顿-蒙顿效应是由分子在外磁场作用下产生定向排列所致,仅在少数纯液体(如硝基苯)中表现得比较明显,而在一般固体中则不明显。

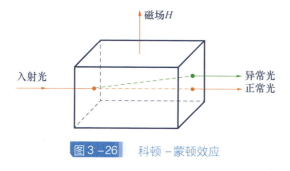

图3-26　科顿-蒙顿效应

4) 塞曼效应

1896年,塞曼(P. Zeeman)发现了另一个磁光效应:光源在强磁场作用下,其光谱会发生变化,原来的一条谱线分裂成几条偏振化的谱线。这种磁光效应称为塞曼效应。塞曼效应证实了原子具有磁矩并且空间取向是量子化的,为研究原子结构提供了重要途径。利用塞曼效应可以测量电子的荷质比。在天体物理中,塞曼效应可以用来测量天体的磁场。

通常情况下,所有材料都有磁光效应,而且多种磁光效应同时存在,但有些材料的效应太复杂,而有些效应又太弱,没有实用价值。

磁光材料主要有磁光晶石(如稀土石榴石、钆镓石榴石、磁光单晶膜等)、磁光玻璃(如铅的氧化物、砷的三硫化物、铽的硼酸盐和磷酸盐等)和磁光液体(如水、丙酮、氯仿、苯等)等几类。

利用材料的磁光效应,可以制作成各种磁光器件,如调制器、隔离器、旋转器、环形器、相移器、锁式开关、Q开关等快速控制激光参数器件,也可用于激光雷达、测距、光通信、激光陀螺、红外探测和激光放大器等系统的光路中。

3.5.7　声光效应

声波作用于某些物质之后,使该物质的光学性质发生改变的现象称为声光效应。在各种声波中,超声波引起的声光效应尤为显著。超声波是机械波,当作用在物质上时,能够引起物质密度的周期性疏密变化,即在物质内形成密度疏密波(起光栅作用),导致其折射率发生周期性改变。当光通过这种超声波光栅时就会发生折射和衍射,产生声光交互作用。声光交互作用可以控制光束的方向、强度和位相。利用声光效应能制成各种类型的器件,如偏转器、调制器和滤波器等。

声光效应有两种表现形式:外加超声波频率较低的拉曼-纳斯(Raman-Nath)衍射和超声波频率较高的布拉格(Bragg)衍射,如图3-27所示。

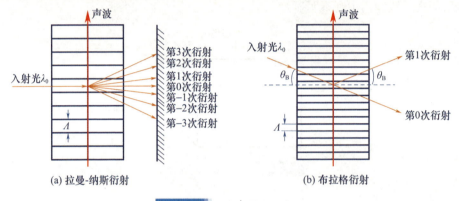

图3-27　声光效应示意图

超声波呈弹性应变传播,光弹性效应使介质的折射发生周期变化。当超声波频率较低($\omega \leqslant 20\text{MHz}$)时,声光相互作用长度较短($L \leqslant \Lambda^2/2\lambda_0$),其中 L 为超声波柱的宽度,Λ 为超声波波长,λ_0 为入射光波长。光束与超声波面平行时,产生拉曼-纳斯衍射,平行光束垂直通过超声波柱相当于通过一个很薄的声光栅,再通过会聚透镜可在屏上观察到各次衍射条纹,如图3-27(a)所示。各次衍射角 θ 与光束波长及超声波波长 Λ 的关系为

$$\Lambda \sin\theta = \pm m\lambda \quad (m = 0, 1, 2, \cdots) \tag{3-123}$$

式中:λ 为介质中光波的波长。以入射光前进方向的第0次衍射光为中心,产生在超声波前进方向上呈对称分布的 ±1 次、±2 次等高次衍射光,其强度逐级减弱。

当超声波频率较高($\omega > 20\text{MHz}$)时,声光相互作用长度较大($L > \Lambda^2/2\lambda_0$),光波从与超声波波面成布拉格角 θ_B 的方向射入,以相同的角度反射,有如下关系式:

$$2\Lambda \sin\theta_B = \pm \frac{\lambda_0}{n} \tag{3-124}$$

式中:λ_0/n 为光波在介质中的波长。由于声光相互作用区较长,除0次和1次衍射光外,其他各级衍射光非常弱,故可只考虑0次和1次衍射,如图3-27(b)

所示。此时的声光效应与晶体中 X 射线的一级布拉格衍射完全相同。

布拉格衍射和拉曼 - 纳斯衍射可以用 Klein 常数 Q 来区别：

$$Q = \frac{\lambda L}{n\lambda_0^2} \quad (3-125)$$

当 $Q<1$，为拉曼 - 纳斯衍射；当 $Q>4\pi$ 时，为布拉格衍射；当 Q 处于中间值，出现具有两者特征的复杂情况。

声光材料分为玻璃材料和晶体材料两大类。最常用的声光玻璃有熔融石英玻璃、碲（Te）玻璃、重火石玻璃、$As_{12}Se_{55}Ge_{33}$、As_2S_3、As_2Se_3 等；声光晶体主要有二氧化碲（TeO_2）、钼酸铅（$PbMoO_4$）、锗酸铋（$Bi_{12}GeO_{20}$）等。声光材料被广泛用于研制声光偏转器、声光调制器、声光滤波器和声光信息处理器等各类声光器件，在激光技术及计算机技术中有广泛的应用。

参考文献

[1] 冯端，师昌绪，刘治国．材料科学导论［M］．北京：化学工业出版社，2002.

[2] 关振铎，张中太，焦金生，等．无机材料物理性能［M］．北京：清华大学出版社，1992.

[3] 黄昆，韩汝琦．固体物理［M］．北京：高等教育出版社，1988.

[4] 连法增．材料物理性能［M］．沈阳：东北大学出版社，2005.

[5] 白藤纯嗣．半导体物理基础［M］．北京：高等教育出版社，1982.

[6] 刘恩科，朱秉升．半导体物理学［M］．上海：上海科学技术出版社，1984.

[7] 田等先，龚全宝，张幼平，等．半导体光电器件［M］．北京：机械工业出版社，1982.

[8] 傅竹西．固体光电子学［M］．合肥：中国科技大学出版社，1999.

[9] 金建勋．高温超导技术与应用原理［M］．成都：电子科技大学出版社，2015.

[10] 张裕恒，李玉芝．超导物理［M］．合肥：中国科技大学出版社，1992.

[11] 陈树川，陈凌冰．材料物理性能［M］．上海：上海交通大学出版社，1999.

[12] 吴其胜．材料物理性能［M］．上海：华东师范大学出版社，2018.

[13] 邱成军，王元化，王义杰．材料物理性能［M］．哈尔滨：哈尔滨工业大学出版社，2003.

[14] 郑冀，梁辉，马卫兵，等．材料物理性能［M］．天津：天津大学出版社，2008.

[15] 肖国庆，张军战．材料物理性能［M］．北京：中国建材工业出版社，2005.

[16] 田莳．材料物理性能［M］．北京：北京航空航天大学出版社，2004.

[17] 孔祥华，杨穆，王帅．材料物理基础［M］．北京：冶金工业出版社，2010.

[18] 李言荣，恽正中．材料物理学概论［M］．北京：清华大学出版社，2001.

[19] 房晓勇．固体物理学［M］．哈尔滨:哈尔滨工业大学出版社，2004.

[20] 林良真．超导电性及其应用［M］．北京：北京工业大学出版社，1998．
[21] 王家素，王素玉．超导技术应用［M］．成都：成都科技大学出版社，1995．
[22] 朱自强．现代光学教程［M］．成都：四川大学出版社，1990．
[23] 丁俊华．激光原理及应用［M］．北京：电子工业出版社，2004．
[24] 俞宽新．激光原理与激光技术［M］．北京：北京工业大学出版社，2008．
[25] 戴礼智．金属磁性材料［M］．上海：上海人民出版社，1973．
[26] 王会宗．磁性材料及其应用［M］．北京：国防工业出版社，1989．
[27] 严密，彭晓领．磁学基础与磁性材料［M］．杭州：浙江大学出版社，2006．
[28] 马如璋，蒋民华，徐祖雄．功能材料学概论［M］．北京：冶金工业出版社，1999．
[29] 何开元．功能材料导论［M］．北京：冶金工业出版社，2005．
[30] 陈玉安，王必本，廖其龙．现代功能材料［M］．重庆：重庆大学出版社，2008．
[31] 晁月盛，张艳辉．功能材料物理［M］．沈阳：东北大学出版社，2006．
[32] 王正品．金属功能材料［M］．北京：化学工业出版社，2004．
[33] 尹洪峰，贺格平，孙可为，等．功能复合材料［M］．北京：冶金工业出版社，2013．
[34] 汪济奎，郭卫红，李秋影．功能材料导论［M］．上海：华东理工大学出版社，2014．
[35] 殷景华，王雅珍，鞠刚．功能材料概论［M］．哈尔滨：哈尔滨工业大学出版社，1999．
[36] 杨嘉祥，池晓春．电工电子材料物性理论［M］．北京：机械工业出版社，1996．

第 4 章　高温防护材料

航天飞行器、舰船、陆地装甲等高性能装备通常需要面对一些极端使用条件,在这些条件下的可靠性非常重要。如何解决高温条件的工作稳定性便是这些装备首要面临的问题,而高温防护材料技术则是其中的关键所在。本章主要介绍作为装备核心部件的发动机的热防护技术以及作为研究热点的高超声速飞行器的热防护技术,通过本章的学习可以了解这些领域的基本热防护措施、热防护原理、主要的高温防护材料及设计方法和发展状况。

4.1　高温防护技术概况

4.1.1　发动机高温防护涂层技术

4.1.1.1　高温防护涂层的基本类型

随着航空、航天装备及陆地车辆性能的不断提升,其使用的涡轮发动机和燃气轮机正向着高流量比、高推重比和高涡轮进口温度方向发展。目前,涡轮发动机涡轮进口温度已达到1500℃以上,推重比为10的航空发动机设计进口温度会达到1550~1750℃,推重比为15~20时将超过1800~2100℃。同时,发动机的平均级压比也提高到1.85。这意味着发动机要在更高的温度和压力环境下工作,发动机零部件易受到高温氧化和热腐蚀,其使用环境温度大大超过了最先进的定向凝固单晶高温合金材料的极限使用温度(≤1150℃)。

为了保护发动机的热端零部件在高温下免受氧化腐蚀、延长其使用寿命,人们从20世纪50年代开始进行了发动机高温防护涂层的研究,获得了一些优秀的成果,对提升发动机的性能发挥了重要的作用。发动机高温防护涂层发展至今,大致可分为四代:第一代涂层是铝化物涂层,主要采用渗铝技术在镍(Ni)合金、钴(Co)合金等基体合金材料上制备形成 NiAl、CoAl 涂层,在 20 世纪 50~60 年代应用较广;20 世纪 70 年代,第二代涂层——改进型铝化物涂层开始发展起来,该涂层可以减少涂层与基体的互扩散,提高涂层的使用温度,在航空发动机上得到广泛应用;第三代涂层是 MCrAlY(M 为 Fe、Co 或 Ni)包覆涂层,它克服了铝化物涂层与基体之间相互制约的弱点,进一步提高了基体金属的抗氧化能力,能在更高温度下使用;第四代涂层是热障涂层,它由陶瓷隔热面层和金属黏结底层组成,可显著提高发动机部件的耐高温性能,大幅提高发动机的功率和热效率。

根据涂层材料与基体材料的结合形式和微观状态,一般可将高温防护涂层分为扩散涂层和包覆涂层两种。通过与基体接触并与其内确定元素反应从而改变了基体外层形成的涂层为扩散涂层。这类涂层典型的代表是在 Ni 基、Co 基合金上热扩散渗 Al,分别形成 NiAl、CoAl 涂层;在钼(Mo)和钨(W)上热扩散渗硅,则可分别形成二硅化钼($MoSi_2$)和二硅化钨(WSi_2)涂层。因 NiAl、CoAl 氧化形成氧化铝(Al_2O_3),$MoSi_2$ 和 WSi_2 氧化形成二氧化硅(SiO_2),所以这类涂层具有良好的抗氧化性能。铝化物涂层及改性铝化物涂层属于扩散涂层。

在基体表面沉积含有保护性金属元素或非金属元素的涂层为包覆涂层。利用各种物理或化学沉积手段在合金表面直接制备一层保护性薄膜,这层薄膜就是包覆涂层。包覆涂层按材料属性可分为金属涂层和陶瓷涂层两类。MCrAlY 及热障涂层属于包覆涂层。

4.1.1.2 扩散涂层

工业上最早应用的保护金属基体的高温防护涂层是扩散涂层,它属于表面改性涂层的一种,具有涂层工艺简单、性能稳定、成本低等特点。扩散涂层的基本工作原理是:采用扩散的方法使所保护的基体富含铝(Al)、铬(Cr)或硅(Si)元素,在高温环境下工作时,这些元素与空气中的 O_2 形成耐高温的 Al_2O_3、Cr_2O_3、SiO_2 等氧化物,可保护基体金属材料。

第一代扩散涂层为铝化物涂层。渗铝是在耐热钢质容器中,将工件放置在扩散渗剂(Al 粉或富含 Al 的 FeAl 合金粉、活化剂及填料组成的混合物)中,用 H_2 或 Ar 作为保护气体,进行热扩散处理。早期的渗 Al 层主要用于高温环境中的铁丝、铜制蒸汽冷凝管、炉中的钢质零件及 Ni 制热屏,以提高基体的抗氧化能力。1952 年,人们使用热浸方法实现了 Ni 基合金涡轮发动机叶片表面的渗铝,5 年后又将其应用于 Co 基合金叶片。

铝化物涂层的结构取决于渗剂中 Al 的含量、渗 Al 温度、基体合金成分及后处理工艺等。如果 Al 的活度比 Ni 的活度高,渗 Al 过程中 Al 穿过初始形成的 NiAl 表层向内扩散的速度高于 Ni 向外扩散的速度,涂层的生长主要靠 Al 的内扩散，由此形成内扩散型涂层。如果 Al 铝的活度相对于 Ni 的活度较低，涂层的生长主要靠 Ni 向外扩散，由此形成外扩散型涂层。

温度对渗铝过程中 Al 的活度有着决定性的影响。在相对较低的温度范围内，如 700～800℃，Al 的活度往往较高，扩散反应过程为内扩散型。而温度较高时，如 980～1090℃，Al 的活度往往较低，获得的涂层为外扩散型。其次，渗剂中 Al 的含量及活化剂的比例对 Al 的活度也有影响。当渗剂中 Al 含量较低或活化剂比例较低时，常形成外扩散型涂层。

铝化物涂层具有良好的抗高温氧化性能，但它仍然存在不少缺点：涂层脆性大，在高温腐蚀环境中易发生开裂和剥落，不耐硫化和热腐蚀；涂层与基体易发生互扩散，涂层退化速度快；富 Ni 的 NiAl 相易发生马氏体相变。为了克服这些缺点，20 世纪 70 年代开发了第二代改性的铝化物涂层。改性铝化物涂层是在简单渗铝涂层的基础上，添加了铬（Cr）、硅（Si）、钛（Ti）、铂（Pt）及稀土元素等。典型的改性铝化物涂层有 Al - Cr 共渗、Al - Si 共渗、Al - Cr - Si 共渗、Al - 稀土共渗、Al - Ti 共渗及镀 Pt 渗 Al 等几类。

改性铝化物涂层相对于早期的铝化物涂层在性能上有明显的改善和提升。例如，Al - Cr 共渗涂层内层富 Cr，可形成扩散障，减轻涂层与基体的互扩散，同时提高了涂层的抗热腐蚀能力。Al - Si 共渗涂层较 Al - Cr 共渗有更好的抗高温氧化性能，同时具有较好的抗热腐蚀性能；形成涂层的脆性比渗 Al 层小，不易开裂和脱落。Al - Cr - Si 共渗涂层兼具 Al - Cr 涂层和 Al - Si 涂层的特性。Al - 稀土共渗涂层利用稀土元素的活性改善了涂层的抗氧化性、抗硫化性和抗热疲劳性能。Al - Ti 共渗涂层具有优良的抗高温氧化和抗热疲劳性能，同时还具有很高的抗磨损和抗冲蚀能力。

在所有改性铝化物涂层中，镀 Pt 渗 Al 涂层的改善效果最显著。涂层中加入 Pt 可以显著提高涂层表面 Al_2O_3 的抗剥落和自愈合性能，能够增强涂层的组织稳定性，降低涂层与基体之间的互扩散，使涂层在很长时间内维持较高的 Al 浓度，并能够抑制合金中的 W、Al 等难熔金属元素向涂层中扩散。由于 Pt 的价格昂贵，Pt - Al 涂层的制作成本较高，用 Pd 代替 Pt 来降低成本是一个发展方向。

4.1.1.3 MCrAlY 涂层

在第二次世界大战期间，包覆涂层就开始使用，最初是为了减少高温合金中 Ni 和 Cr 元素的使用量。1942 年，德国人 Anselm Franz 将 Al_2O_3 涂层用在 Jumo 004 发动机的燃烧室中，并装配在 ME262 型战斗机上使用。20 世纪 60 年代起，MCrAlY（M = Fe、Co 或 Ni）包覆涂层开始广泛使用。此类涂层成分可按要求控制，使之可兼顾耐腐蚀性与力学性能。此外，涂层对基体合金力学性能的影响较小，涂层厚度也比渗 Al 层厚得多。该类涂层不仅具有良好的抗高温氧化和抗热腐蚀性能,而且具有很好的韧性和热疲劳强度。涂层成分不受基体合金限制,为防止涂层退化,还可在涂层和基体界面引入扩散障。MCrAlY 包覆涂层不仅可单独作为高温防护涂层,还可以作为热障涂层的黏结底层,广泛应用于航空发动机及燃气轮机部件。

MCrAlY 涂层为多相合金。Al 含量不是很高时,合金的母相为塑性较好的面心立方结构 Ni 或 Co 的 γ - 固溶体相,强化相 β - CoAl 或 β - NiAl 弥散分布于母相中。组分较复杂的 MCrAlY 涂层(如 NiCoCrAlTaY)一般在 γ 与 β 相中存在 γ'、δ、M_5Y 及 Y_2O_3 相。当合金中 Al 含量足够高时,β 相析出 γ - Ni 质点,合金脆性增加。一般说来,MCrAlY 涂层中的 Ni 和 Co 含量取决于涂层的延展性和抗腐蚀性能要求。因为 S 在 Co 及 CoO 中的扩散速率低于在 Ni 及 NiO 中的扩散速率,并且 Co 的硫化物熔点比 Ni 的硫化物熔点高,不易形成低熔点的腐蚀产物,Co 基涂层的抗热腐蚀性能优于 Ni 基涂层。但对于能形成保护性 Al_2O_3 膜的 MCrAlY 包覆涂层,Ni 基涂层表面形成氧化膜的抗剥落性能优于 Co 基涂层。

MCrAlY 涂层需要足够高的 Al 含量以形成保护性的 Al_2O_3 膜并维持其生长,其中的 Cr 不仅能提高涂层的抗热腐蚀性能,还能降低涂层中形成保护性的 α - Al_2O_3 膜并维持其生长的临界 Al 含量。从抗氧化性、耐腐蚀性能以及 Al 的消耗寿命来考虑,Al 含量应尽可能提高,但这也受制于 MCrAlY 涂层的脆化问题。根据对抗氧化、抗热腐蚀及涂层塑性的不同要求综合考虑,Al 的质量百分含量在 6% ~ 12% 之间。MCrAlY 涂层中活性元素(如 Y)的主要作用是提高表面防护性氧化膜的形成能力和黏附性,但活性元素的添加量不能太高。这是由于活性元素在合金基体中的固溶度很小,例如,Y 在 Fe 或 Ni 中仅为 0.01% ~ 0.04% (质量分数)。超出此范围将析出 M - Y 型金属间化合物。当 M - Y 型金属间化合物的数量和尺寸增大到一定程度后,会引起涂层的脆化。一般活性元素 Y 的设计含量为 0.5% (质量分数)。热处理和冷却速度对 MCrAlY 涂层的微观结构也有影响。例如,Ni - Cr - Al 三元合金,在 1000℃时,高温下原本稳定的 γ - 固溶体和 β - NiAl 相会发生相变产生 γ' - Ni_3Al 和 α - Cr 相,并伴随体积变化,这必然会增大涂层/基体体系中的内应力,使涂层变得更易剥落。

Ti - Al - X(X 为 Cr、Ag、W)类包覆涂层可显著提高金属材料的抗高温氧化性能。此类涂层的化学成分与某些基体相似,可抑制涂层与基体间互扩散及由互扩散导致孔洞的形成。研究人员在 Ti - 1100 合金表面制备的 Ti - 51Al - 12Cr 涂层与基体具有良好的化学和机械相容性,由于涂层表面形成了连续的 Al_2O_3 氧化膜,在 750℃有效地保护了 Ti - 1100 合金。另外,通过磁控溅射手段在 Ti60 合金上沉积 Ti - 36Al 涂层,发现其在 700℃恒温氧化 100h 后,氧化速率较合金显著降低,涂层与合金未发生明显反应,且热暴露后的拉伸试验结果表明涂层样品的延伸率比合金样品明显增加。但 Ti - Al - Cr 合金的脆性较高,靶材的加工困难,另外磁控溅射的沉积速率低也限制了其应用。

4.1.1.4 热障涂层

热障涂层通常是由抗高温氧化的金属基黏结层和导热系数小的陶瓷基面层组成的复合涂层系统。热障涂层的主要作用是用来降低在高温环境下工作的零部件基体温度,使其免受高温氧化、腐蚀或磨损。热障涂层的基本工作原理是:基于陶瓷涂层高熔点、低热导率的特性,使之成为很好的高温绝热材料,它能把飞行器发动机和燃气轮机的高温部件与高温燃气隔绝开来,并保护发动机叶片或其他热端部件免受高温燃气的腐蚀与冲蚀。

20 世纪 50 年代初,美国国家航空航天局(NASA)刘易斯研究中心开始研究热障涂层,直到 20 世纪 70 年代中期,两层涂层系统的出现(MCrAlY 黏结层和 $ZrO_2 - Y_2O_3$ 陶瓷面层)使其应用变为可能。根据涂层结构及厚度的不同,热障涂层可降低基体表面温度 50~170℃。陶瓷层导热性差,可在陶瓷层内形成温度梯度,降低基体合金的温度。典型的双层热障涂层系统包括多孔的 $ZrO_2 - Y_2O_3$ 陶瓷面层和 MCrAlY 黏结层。黏结层可改善陶瓷面层和基体合金的物理相容性,提高基体合金的抗氧化能力,厚度一般为 0.1~0.2mm,陶瓷面层厚度为 0.1~0.4mm。

由于高温合金的线膨胀系数一般为 $(18~20) \times 10^{-6}℃^{-1}$,而 ZrO_2 的线膨胀系数为 $(8~10) \times 10^{-6}℃^{-1}$,两者相差较大。当温度变化时,涂层内可产生较大的热应力,这会导致涂层破裂或脱落。为解决此问题,在热障涂层系统中又设计出多层和梯度系统。多层系统一般由黏结层、陶瓷阻挡层、障碍层、抗腐蚀层和扩散阻挡层组成,每层都起着不同的作用。金属黏结层到陶瓷面层的成分和结构是连续过渡的,涂层间的界面消失,可避免由金属与陶瓷线膨胀系数不匹配所造成的陶瓷层过早剥落。

通过采用热障涂层技术可以明显提高发动机推力(工作温度每提高 14~15K,总推力增加 1%~2%),同时可以大幅度增加发动机寿命(表面温度每降低 14K,相当于提高零部件寿命 1 倍),此外,采用该技术还可以降低航空发动机的耗油量。因此,热障涂层技术在航空、航天、兵器、舰船等领域具有广泛的应用前景。

4.1.2 高超声速飞行器热防护技术

4.1.2.1 高超声速下的气动热效应

1)高超声速飞行器气动加热特点

高超声速飞行器一般指飞行速度大于马赫数 5 的各类飞行器,如载人飞船、航天飞机、返回式卫星、高超声速导弹等。尤其是高超声速导弹,具有飞行速度快、机动性强的特点,难以被现代导弹防御系统跟踪和拦截,因而具有很强的突防能力。高超声速武器是当前军事领域的研究热点之一,越来越多的研究结果被公之于世。例如,俄罗斯的匕首高超声速战术导弹、皓石高超声速巡航导弹,美国的 X-51A 高超声速巡航飞行器,以及我国的 DF-17 高超声速弹道导弹。

飞行器以高超声速在大气中运动时,空气受到强烈的压缩和剧烈的摩擦作用,飞行器的大部分动能转化为热能,致使其周边的温度急剧上升。高温气体与飞行器表面之间产生巨大温差,部分热能迅速以对流和辐射两种方式向物面传递,致使飞行器表面的温度急剧上升,这种因物体在大气中高速飞行产生的加热现象称为气动加热。随着飞行马赫数的增加,气动加热将更趋严重,传热问题的研究将会越来越重要。例如,洲际弹道导弹弹头再入大气层时,最大飞行马赫数可达 20 以上,端头驻点区的空气温度可升至 8000~10000K,热流密度高达 100000kW/m², 最高压力在 10MPa 以上。

对于高超声速气动加热而言,至少出现三种新的物理现象,相较于低速情况变得大为复杂。第一种现象是空气发生离解和电离。空气不再像低速气流那样被假定为完全的气体,而是由分子、原子、离子和电子组成的真实气体。第二种现象是原子和离子的扩散和复合伴随着大量的能量释放。这种传热机制,可以使传热量比纯分子热传导大大增加。第三种现象是表面材料与高温气流的相互作用,以及烧蚀产物进入气体边界层。后者不仅改变了边界层结构,而且与来流空气发生化学反应。

随着飞行速度的提高,激波后气体的温度越来越高,辐射加热也逐渐变得重要起来。不过,除了以第二宇宙速度再入大气层的星际飞行器,一般从环地球轨道再入的高超声速飞行器辐射加热占总加热量的比例不到 10%。因此,通常所说的气动加热主要还是指对流加热。

2)气动加热与飞行速度的关系

对物体表面的气动加热源于物体周围流场中的高温气体,这种高温是由高速气流经过物体前方的强激波压缩、减速,以及在边界层黏性作用下摩擦、减速,导致动能的耗散,并部分转化为气体的内能而产生的。

由于气动加热来源于动能减速,加热率的大小必然与飞行速度密切相关。速度越快,加热率越大。另外,周围气体的密度也是影响加热率的一个重要因素。气体密度越大,加热率也越大。高超声速飞行器表面热流密度 q_w 可用式(4-1)进行估算:

$$q_w = \rho_\infty^N v_\infty^M C \qquad (4-1)$$

式中:ρ_∞ 为自由来流密度;v_∞ 为自由来流速度;N、M、C 为常数,在不同情况下有不同的取值。

而飞行器表面上气流完全滞止点的温度,即驻点温度 T_0,则可用式(4-2)进行计算

$$T_0 = T_\infty \left(1 + \frac{\gamma-1}{2}Ma^2\right) \qquad (4-2)$$

式中：T_∞ 为外界静止空气的温度；γ 为空气定压比热容与定容比热容之比，一般为 1.4；Ma 为飞行器的飞行马赫数。飞行器刚入大气层时，飞行速度约为 $Ma=28$，当地的大气温度 $T_\infty=200K$（取北半球，中纬度，春秋季节），可根据式（4-2）计算出 $T_0=3156K$。但这时气体很稀薄，实际的加热量不大。气动加热最严重的时刻 $Ma=24\sim10$，相应的飞行高度为 $70\sim40km$，当地的 $T_\infty=220\sim250K$，这时 T_0 至少在 5250K 以上。

研究结果表明，高超声速飞行器气动加热有如下规律。

（1）飞行器表面热流密度近似与飞行速度的 3 次方成正比，可见飞行速度对气动加热的影响非常大。而气动阻力近似与速度的平方成正比，因此高超声速飞行器设计中，气动加热问题比气动阻力问题显得更为突出。

（2）热流密度随周围大气密度的增加而增大，约正比于密度的 $0.5\sim0.8$ 次方。这意味着以同样的速度飞行时，飞行高度越高，气动加热越小；飞行高度越低，气动加热越大。例如地地导弹，由地面垂直发射，上升段虽然速度越来越快，但空气密度越来越小，因此整个上升段热流不大，甚至可以忽略不计。而再入返回时，随着空气密度越来越大，气动加热越来越显著，飞行器面临的热流环境非常严酷。图 4-1 给出了飞行速度（马赫数）与大气密度（飞行高度 h）对热流的影响。

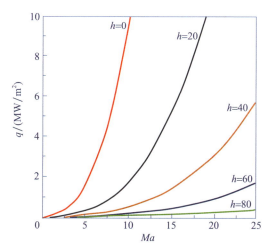

图 4-1　不同高度时热流随马赫数的变化（$R=1m$，h 单位为 km）

（3）飞行器表面的热流密度与表面曲率半径 R 的平方根成反比，即外形越钝的飞行器在再入过程中接受的加热量越小。再入过程中，加于飞行器上的总

的气动热 Q 可按式(4-3)计算：

$$Q = \frac{1}{2}\Delta E_k \frac{C_f}{C_D} \quad (4-3)$$

式中：C_D 为总的阻力系数；C_f 为摩擦阻力系数；ΔE_k 为飞行器再入过程前后的动能变化量。因 $C_D \propto \sqrt{R}$，所以 R 越大，气动热 Q 越小。故采用球或者球锥外形时，阻力系数 C_D 较大，约为 1~2，此时飞行器受到的加热量较小。

(4) 飞行器再入返回过程中，在高空时热流沿物面分布为单调下降曲线；当进入低空大气时，表面热流将从层流变为湍流，同一位置的表面热流密度将增加数倍，呈现双峰值的非单调下降，如图 4-2 所示。

(5) 飞行器再入过程中，随着飞行高度下降，大气密度逐渐增加，而飞行速度受到气动阻力逐渐降低。当密度增加量大于速度降低量时，气动加热率是上升的，直到密度的增加被速度的降低所抵消，出现一个最大热流值，之后，速度降低量大于密度增加量，气动加热率也开始下降。通常，当速度降低到初始速度的 80%~85% 时，出现最大加热率。

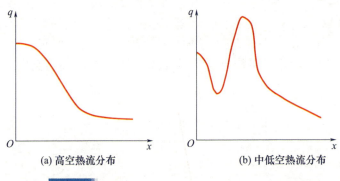

(a) 高空热流分布   (b) 中低空热流分布

图 4-2 不同飞行高度端头热流密度分布曲线

3) 高超声速飞行器热防护基本方式

由于气动加热会导致飞行器表面的温度大幅上升，当温度过高时，会使飞行器的仪器损坏、控制失灵，严重时会直接导致飞行器结构烧毁甚至爆炸，这就是所谓的热障问题。热障问题涉及空气动力学、材料力学、固体力学、化学、热力学及传热学等多个学科领域，解决问题的关键就是要合理地设计热防护系统来保证高超声速飞行器不被损坏。

热防护的基本目的是确保飞行器的安全，并保持内部有效载荷或仪器设备在允许的温度和压力范围内。目前，用于高超声速飞行器的热防护方式按照热防护机理可分为热沉式、烧蚀式、辐射式和主动式四种。

4.1.2.2 热沉式热防护

热沉式热防护是利用飞行器表面防热层材料的热容量吸收大部分气动热，

实现对内部结构和设备的保护。热沉式防热是高速飞行器防热方法中发展最早和结构最简单的一种防热方式,美国早期的"宇宙神""大力神-I""雷神"导弹就是采用这种方式解决防热问题。热沉式防热方法原理简单,所用材料的性能已知,设计可靠性高。

可以用简单的能量平衡关系来说明热沉式防热的原理。在防热层表面传入材料的净热流密度 q_n 为

$$q_n = q_c \left(1 - \frac{i_w}{i_s}\right) - \sigma \varepsilon T_w^4 \tag{4-4}$$

式中:q_c 为向表面传入的总热流密度;i_w 和 i_s 分别为气体在表面壁温下和气体滞止温度下的焓值;ε 为表面发射率;T_w 为表面壁温;σ 为斯忒藩-玻尔兹曼常数。

从式(4-4)可以看出,辐射散热项与表面壁温的4次方成正比。但在热沉式防热中,材料允许的表面温度并不是很高,因此辐射项可以忽略不计。此外,只要材料是优良导体,表面吸收的热量可以很快地扩散到整个防热层,所以单位面积能够吸收的最多热量 Q 为

$$Q = \rho d C_p (T_w - T_0) \tag{4-5}$$

式中:ρ、d 和 C_p 分别为吸热材料的密度、厚度和比热容;T_w 和 T_0 分别为吸热材料的壁面温度和初始温度。

式(4-5)中防热层受热后达到的最高温度为 T_w,它取决于材料的特性,或者是材料的熔点,或者是材料开始大量氧化或产生其他有害反应而无法正常工作的温度。通常采用熔点较高的金属材料,以提高防热层的工作温度。另外,因从表面传入的热量不可能及时传导到整个防热层,所以防热层重量中只有一部分材料参与热吸收。

从以上机理分析可以看出,热沉式热防护具有以下基本特点。

(1)防热层吸收的总热量与总质量成正比,所以这种方法只适用于加热时间短、热流密度不太大的情况,否则防热层会很笨重。

(2)防热层在防热过程中没有质量损失,也没有表面形状和物理状态的变化,能保持飞行器的气动外形不发生变化,这是飞行器设计所希望的。因此,这种方法的防热层可以重复使用。

(3)这种防热方式或受材料熔点的限制,或受氧化破坏的限制,一般的使用温度为600~700℃。由于不能借助辐射散热,与其他防热方法相比,热沉式防热效率较低。

(4)防热层必须采用比热容和导热系数高的材料。比热容越高,所用的材料越少;导热率越高,热量在防热层传导的速度越快,参与吸热的材料越多,热沉效率越高。

4.1.2.3 烧蚀式热防护

烧蚀是材料在再入的热环境中发生的一系列物理、化学反应的总称。在烧蚀过程中,利用材料质量的损耗,消耗了大部分气动加热热量,可大大减少流向飞行器内部的热量,保证飞行器内部结构及仪器设备保持正常工作温度,达到防热的目的。下面以常见的碳化烧蚀材料为例,来揭示烧蚀防热的一般机理。

设 T_1 为材料受热后开始热解的温度,T_2 为材料完全热解形成碳层的温度。整个烧蚀材料从开始受热到发生烧蚀的全过程大致如下:当烧蚀防热层表面加热后,烧蚀材料表面温度升高,在温升过程中依靠材料本身的热容吸收一部分热量,同时向内部结构通过固体传导方式导入一部分热量;只要表面温度低于 T_1,上述状态还会继续下去,这时,整个防热层类似前面所述的热沉式防热结构;随着加热继续进行,表面温度逐渐升高到 T_1,材料开始热解;而后,当温度大于 T_2 时,材料开始碳化。于是整个烧蚀材料大致可划分为三个不同的区域,即碳化区、热解区和原始材料区,如图 4-3 所示。烧蚀过程中各层内发生的物理化学现象以及由此表现出来的热效应如下。

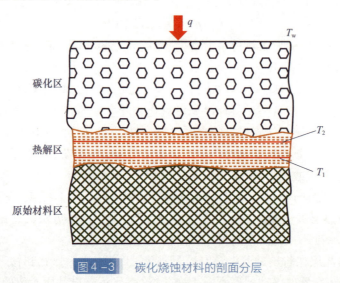

图 4-3　碳化烧蚀材料的剖面分层

(1) 原始材料区。该层温度低于 T_1,材料无热解,故而没有化学及物理状态变化。此处只有两个传热效应,即材料本身的热容吸热和向材料内部的热传导。

(2) 热解区。该层内边界温度为 T_1,外边界温度为 T_2,两个边界均以一定速度向内移动。此层内的主要现象是材料的热解。热解有两种产物,即气体产物(如甲烷、乙烯、氢等)和固体产物(碳)。该层内进行着三种热现象:材料热解的吸热、热解产生的固体和气体产物温度升高时的吸热以及固体向内部的热传导。

(3) 碳化区。此层温度均大于 T_2,不再发生材料的热解,碳层是由热解的固体产物积聚而成的。热解生成的气体通过疏松的碳层流向表面,碳层也可能由于表面温度的继续升高而发生高温化学反应。发生在该层内的热现象也有三种:碳层及热解气体温升时的吸热、碳层向内的热传导以及碳层高温氧化或裂解反应热。

(4)碳层表面。表面发生着复杂的热现象,既有加热又有散热。属于加热的有气流对流加热、碳层氧化反应。属于散热的有碳层表面的再辐射、热解气体注入热边界层。由于热解气体的扩散使边界层厚度增加,降低了边界层的平均温度,进而显著降低了边界层向飞行器表面传递的热量,这种现象称为热阻塞效应或质量引射效应。

上面分析了各区以及表面上的各种热现象。为了便于定性分析,可以取整个材料为研究对象,列出各项对防热效果的影响。烧蚀材料表面的能量平衡关系为

$$Q_7 = (1-\psi)Q_c + Q_1 - (Q_2 + Q_3 + Q_4 + Q_5 + Q_6) \quad (4-6)$$

式中:Q_7 为导入结构内部的热量;Q_c 为气动对流加热;ψ 为热解气体注入热边界层而减小气动加热的系数,称引射因子;Q_1 为碳层燃气热;Q_2 为表面辐射散热;Q_3 为固体材料热容吸热;Q_4 为材料热解吸热;Q_5 为热解气体温升吸热;Q_6 为碳升华时吸热。

根据以上定性分析,可以看出要使传入结构内部的热量 Q_7 减小,需尽可能使所有的加热项减小、各吸热项增加。这就是选择或提高烧蚀材料性能的基本原则。这些原则具体如下:

① 热解温度低,热解潜热大,也就是要使 Q_4 增大;
② 气化分数高,能产生较多的热解气体注入热边界层,使 ψ 增大;
② 热解气体有尽可能高的比热容,Q_5 增大;
④ 材料及碳层密度小,导热系数低,比热容大,Q_3 增大;
⑤ 热解后的碳层表面高辐射,使 Q_2 增大,且碳层能抗气流冲刷。

在进行烧蚀层的设计计算时,要把式(4-6)的各项定量地用数学公式表达出来。同时,要将烧蚀材料中碳层、热解层和原始材料中的各项传热现象也用数学公式表达出来,这一过程比较复杂。

根据烧蚀防热机理,烧蚀防热材料可以分为三类:硅基复合材料、碳基复合材料和碳化物复合材料。烧蚀防热的优点是热防护效率高,适应性强,而且能够通过质量交换和热量交换自行调节,比其他防热措施简单方便,是目前再入飞行器的主要防热方法。但是,由于烧蚀体在这一过程中有一部分被消耗掉,故只能使用一次。另外,由于烧蚀过程中表面形状发生改变,改变了气动外形,对飞行稳定性不利。

4.1.2.4 辐射式热防护

辐射式热防护是通过飞行器壳体表面的辐射散热使防热结构温度降至允许范围,从而实现对飞行器结构和功能器件的防护作用。飞行器结构表面经过预处理之后可以大大提升其表面的辐射系数,随后通过辐射散热将气动加热释放到外界空间。辐射式防热系统适用于中等热流长时间工作的情况。

辐射式防热系统一般由三部分组成:直接与高温环境接触的外蒙皮、内部结构、外蒙皮与内部结构之间的隔热层。

在以下两种条件下可以使进入表面的热流完全由辐射方式散去。

第一种情形是隔热材料与外蒙皮贴合。这时的能量平衡关系为

$$q_\mathrm{n} = q_\mathrm{c}\left(1 - \frac{i_\mathrm{w}}{i_\mathrm{s}}\right) - \sigma\varepsilon\, T_\mathrm{w}^4 = -\kappa\left(\frac{\partial T}{\partial x}\right)_{x=w} \quad (4-7)$$

式中:κ 为隔热材料的导热系数。如果能找到一种 $\kappa=0$ 的理想隔热材料,那么传入内部结构的净热流密度 $q_\mathrm{n}=0$。这时,表面受到的气动热完全被辐射项抵消,即

$$q_\mathrm{c}\left(1 - \frac{i_\mathrm{w}}{i_\mathrm{s}}\right) = \sigma\varepsilon\, T_\mathrm{w}^4 \quad (4-8)$$

第二种情形是外蒙皮与隔热材料间留有空隙,两者间仅有辐射传热。当外蒙皮内表面的发射率 $\varepsilon'=0$ 时,则向内部结构的传热为0。在此情形下也会出现式(4-8)的结果,即表面接收的气动热全部由表面辐射散去。

由此可以看出,辐射防热的最佳结构是:蒙皮的内表面发射率等于0,或者蒙皮下面隔热材料的导热系数等于0。虽然现实中无法完全做到这两点,但只要在结构和材料上尽量满足这些条件,就可以利用辐射现象将大部分气动热散去。

辐射防热的特点是:①由于受外蒙皮耐温性能的局限,辐射防热系统只能在较小的热流密度条件下使用;②辐射防热系统虽然受热流密度限制,但不受加热时间限制,可长时间工作;③辐射防热系统外形不变,可重复使用,这对航天飞机等既要求进行机动飞行,又要求重复使用的飞行器是适用的。

在辐射防热系统中,还有一种更为简单的形式,即美、苏航天飞机所采用的防热瓦。这种结构实际上就是去掉辐射结构中的金属蒙皮,并将隔热材料外表面处理得具有高辐射特性,从而使蒙皮和隔热材料合二为一,大大简化了系统的结构。这种结构中的隔热材料不能采用柔软的毡状材料,而要使隔热材料硬化,成为一种坚硬的、轻质的高温陶瓷瓦。

在辐射防热系统中,辐射蒙皮和隔热材料的设计非常关键。

1) 辐射蒙皮

再入时的最大热流密度决定了蒙皮的工作温度,可根据式(4-8)计算出蒙

皮可能出现的最高温度,再根据这个温度选择蒙皮的材料。根据目前材料与工艺的状况,选材的范围大致如下:

(1) 低于500℃时,选用钛合金;
(2) 500~950℃时,选用铁(Fe)、钴(Co)、镍(Ni)为基体的高温合金;
(3) 1000~1650℃时,选用抗氧化涂层处理后的难熔金属;
(4) 温度更高时,则选用耐高温陶瓷、C/C复合材料等。

材料的低温性能与材料的高温性能同样重要。防热层在进入大气层前要作几天甚至更长时间的轨道飞行,防热层材料(特别是表面的蒙皮)在轨道可能遇到 -200~100℃的温度交变。各种材料,包括难熔金属都存在一个从塑性材料变为脆性材料的突变温度。例如,铝合金的脆化温度为 -120℃,当其处于 -120℃之下时,受到某些力学环境作用时(如振动、冲击)就会发生破坏。为了提高材料的低温塑性,可在材料中添加一些成分进行改性;另外还要在飞行器上采取温控措施,避免材料在太低的温度下工作。

2) 隔热材料

在辐射防热结构中,高温隔热材料是个极其重要的部件。无机非金属材料具有比热容大、导热系数低的优点,是大多数高温隔热材料的主要组分。降低导热系数 κ 是改良隔热材料性能的主要任务。疏松、多孔的隔热材料表现出来的导热系数实际上是由四种传热方式组成的,即

$$\kappa = \kappa_g + \kappa_s + \kappa_r + \kappa_c \tag{4-9}$$

式中:κ 为隔热材料的当量导热系数;κ_g、κ_s、κ_r、κ_c 分别为隔热材料中气体的导热系数、固体导热系数、辐射当量导热系数和气体传热当量导热系数。

当温度大于850℃时,辐射传热是主导项。也就是说,只要有效地抑制隔热材料里的辐射传热,就可以大大减小材料总的导热系数,提高材料的隔热性能。

4.1.2.5 主动式热防护

主动式防热主要包括发汗冷却和疏导式防热两种方式。

1) 发汗冷却

发汗冷却是利用发汗剂对飞行器表面结构进行冷却的方法。气体或液体发汗剂在温度和压力的作用下,将冷却液以"出汗"的形式从多孔介质等结构排放至结构表面,当冷却液流经结构层时会通过流道接触面吸收结构的热量。由于表面结构一般具有多孔特性,使冷却液与表面结构的接触面积很大,能有效吸收并带走结构的热量。当冷却液流至飞行器表面时,会在结构表面形成一层液膜,将壁面与热气流隔离。发汗冷却的防热作用表现在发汗剂的吸热、相变潜热及热阻塞效应等方面。

发汗冷却包括强迫发汗冷却和自发汗冷却两类。强迫发汗冷却需要利用一套辅助装置,在一定压力的作用下,将发汗剂通过多孔蒙皮喷射出去。采用这种

方法时,发汗剂的喷射速率不能随外界条件的变化自行调节,只能按预定程序进行调节。自发汗冷却则是将低熔点、易气化的固态物质渗入耐高温多孔材料内,这些物质在加热时会自动熔化、蒸发而吸收热量。自发汗冷却的优点在于不需要复杂的喷射和控制设备,而且能够随外界条件变化而自行改变发汗剂的熔化和蒸发速度;但渗入的发汗剂是有限的,因此在加热量较大的情况下,其应用将会受到较大限制。

发汗冷却的优点是能够保持高速飞行器外形不变且具有良好的抗侵蚀性能。此外,发汗冷却还可以用来降低飞行器在高超声速飞行过程所产生的等离子体密度,是解决再入通信中断的一个好方法。发汗冷却的缺点是可靠性较差,任何一点的故障和变化都会引起飞行器表面的熔化和损坏。

2)疏导式防热

疏导式防热是利用高导热材料(如高导热碳/碳复合材料)或结构(高温热管)把飞行器局部高温区的热量快速疏导至低温区或散热面上,降低局部高温区的温度至允许的温度范围,进而达到防热目的的方法。飞行器前缘区域的热流密度最大,随着与前缘距离的增加,热流密度急剧下降,当处于翼面背风面时,表面热流密度更低,此时比较适合采用热管的冷却方式。

疏导式防热的优点是可保持气动外形基本不变,重复使用性好。特别适用于局部区域加热程度严重而相邻区域加热程度较轻的情况,使防热层整体趋于等温,减小结构热应力。缺点是启动时间较长,启动条件较苛刻,需要一定的势能差才能让工质流动起来;并且热管的使用温度受材料本身的许用温度及冷端散热效率的限制。

4.1.3 其他高温防护技术

除了上述高温热防护技术,高温隔热材料技术、热密封材料技术、热透波材料技术也在高技术装备的热防护系统中发挥着重要的作用。

1)高温隔热材料技术

隔热材料是指对热量具有显著阻隔作用的材料或者材料复合体,与通常所说的保温材料无本质区别,其差别仅在于材料服役时间及状态。当材料在较短时间内应用于某一热环境时,在服役时间内,材料内部一般还未达到热平衡状态,利用的是其隔热功能,此时称为隔热材料,如航天领域的各种武器装备用热防护材料即是这种情况。当材料长时间应用于某一环境状态下时,材料内部一般处于热平衡状态,利用的是其保温功能,此时称为保温材料,如工业上用于防止设备及管道热量损失的情况。

隔热材料的种类繁多,根据材料成分可分为有机隔热材料、无机隔热材料、金属及其夹层隔热材料;按照材料形态可以分为多孔状隔热材料、纤维状隔热材料、粉末状隔热材料及层状隔热材料;根据使用温度则可分为低温隔热材料(低于600℃)、中温隔热材料(600~1200℃)和高温隔热材料(高于1200℃);依照材料的结构可以分为气相连续固相分散隔热材料、气相分散固相连续隔热材料及气相固相均连续的隔热材料。

2)热密封材料技术

高速度、大功率武器装备在运行过程中,由于气动载荷的作用或发动机产生的高热量,使装备表面或内部出现很大的温升,需要采用性能优异的热防护系统对其进行保护。对多数装备而言,其表层和内部各组件无法完全实现一体化成型,必然涉及结构部段和多种热防护组件的连接装配。并且各连接处的缝隙结构通常处于非常复杂的热流环境之中,在稀薄空气中易出现局部的高热流区,很容易成为热防护系统中的薄弱环节。高温热密封材料能够在苛刻的气动加热环境或复杂热流环境下有效阻挡缝隙及对接面处的热流传输,维持装备结构在正常温度范围内。

热密封材料可分为静密封材料和动密封材料两大类。对飞行器而言,静密封材料主要用于机身缝隙、接口和开口部位的环境密封;动密封材料主要用于舵、襟翼、升降副翼等控制面活动部件,保护发动机等关键部位在再入过程中不受热流影响。选取并开发性能优异的热密封候选材料,进一步开展高温热密封组件的研发设计及极端环境下的高温性能演变规律研究,是高性能装备热防护技术发展的迫切需求之一。

3)热透波材料技术

飞行器在高超声速飞行时会经受严重的气动加热,出现热障,有时还会伴生黑障。黑障是指飞行器在气动加热环境下产生的通信信号衰减甚至中断的现象。为了解决黑障现象,热透波概念应运而生。热透波是指微波(主要是厘米波至毫米波波段)在高温、超高温甚至烧蚀状态的非均态、非平衡态绝缘电介质中进行的动态传输过程,其物理机制和传输特性远复杂于微波在室温稳态电介质中的传输。

在严重的气动加热环境下,飞行器的天线罩和天线窗称为热罩和热窗,其表面温度迅速达到1000~3000K,甚至更高,罩(窗)体由外至内形成明显的温度梯度。天线罩(窗)材料表面高温区将经历相变、分解和气化;材料内部也会随温度的变化而发生不同的物理、化学、微观组织变化,从而引起材料物性的变化。伴随着这一过程,微波通过材料表层和内部的传输特性可能发生很大的甚至是根本性的改变。这种热透波效应会造成信号发生衰减,使雷达作用距离缩短甚至通信中断;天线方向图发生畸变,使瞄准精度下降甚至脱靶。解决好热透波问题是各类高超声速飞行器实现精确制导和打击的关键。

热透波材料是恶劣热环境下能够实现热透波功能的一种多功能材料。天线罩(窗)作为航天器结构的一个重要组成部分,一方面,必须在某一频率甚至很宽的频率范围保持优良的微波传输性能;另一方面,又必须能够承受飞行中的气动热、气动力和冲击、振动、过载的热力联合作用,保持航天器结构完整性,保护导引头、雷达或天线系统不受外部恶劣环境影响。为满足上述要求,作为天线罩(窗)材料的热透波材料,必须在很宽的温度范围内兼具稳定优良的介电性能、良好的力学性能、耐热/烧蚀性能、隔热性能以及抗热冲击等综合性能,属于热、力、电一体化的多功能材料。

热透波材料研究始于20世纪50年代,最初是为了满足高速防空导弹需求而发展起来的。后续针对各类型空空、空地和弹道式导弹发展了不同材料种类和结构类型的高温透波材料,使用环境具有短时高温的特点。由于热透波材料具有关键作用和无可替代的特点,研究伊始就受到了各国的高度重视,美国、西欧和苏联均由军方机构牵头组织开展了相关研究工作。热透波材料大致可分为陶瓷材料和陶瓷基复合材料两大类。

4.2 热障涂层材料

4.2.1 热障涂层的发展与应用

4.2.1.1 热障涂层的作用

热障涂层的研究起源于20世纪40年代末50年代初。20世纪60年代,美国航空航天局采用$CaO-ZrO_2/NiCr$材料作为热障涂层成功用于X-15火箭飞机喷火管,这是人类历史上首次将热障涂层用于人造飞行器上。20世纪60年代后期美国开始把热障涂层用于JT8D发动机燃烧室和其他热端部件,后来又用于JT9D发动机一级涡轮叶片的防护。20世纪70年代中期,$ZrO_2-12mol\%Y_2O_3/NiCrAlY$材料作为热障涂层在J-75发动机叶片上使用,标志着现代热障涂层技术的开始。此后,热障涂层技术已成为军用航空发动机发展必不可少的关键技术;同时,对在研及在役的民用飞机同样意义重大。

热障涂层应用于高温合金叶片有着明显的经济效益,特别是在气冷叶片上的应用可收到显著效益。其主要作用体现在以下几个方面。

(1)提高发动机的涡轮进口温度。从现有的$ZrO_2-Y_2O_3$涂层使用潜能来看,可以将涡轮进口温度至少提高110℃,接近推重比20发动机要求提高150℃的目标,即涡轮进口温度达到1575~1675℃。不过,目前实际应用中温度提高仅为17~28℃，还远未发挥其潜力。

（2）延长叶片的寿命。在其他条件不变的情况下，厚200μm的热障涂层可以使金属温度降低50℃。研究表明，金属温度降低30~60℃能使涡轮机部件的服役寿命提高50%。由于削去了局部或者瞬态的温度峰值，从而消除了大的热机械疲劳损伤。

（3）减少了来自压气机的冷却气流量。200μm的热障涂层可以减少15%的冷却气流，从而节省约0.4%的耗油率。

（4）简化冷却通道设计，降低叶片加工成本。物理气相沉积制备的氧化钇部分稳定的氧化锆（YSZ）涂层的导热系数约为1.9W/(m·K)，而等离子沉积涂层的导热系数甚至可达到1.1W/(m·K)。如此低的导热系数可以有效地阻挡燃气与基体合金之间的传热，减少冷却气流量，从而简化冷却通道的成型工艺，降低叶片加工成本。

因此，热障涂层的开发和应用尤为关键。可以说，热障涂层的发展推动着高温合金防护工业甚至航空航天事业的进步，热障涂层的研究与开发将是一项意义深远的长期工程。

4.2.1.2 热障涂层制备技术

自从20世纪50年代末以来，热障涂层制备技术已经得到了迅速的发展。从火焰喷涂首先被应用以来，人们在不断探索新的制备方法。目前，热障涂层的制备方法有多种，主要包括高速火焰喷涂（HVOF）、爆炸喷涂、磁控溅射、离子镀、电弧蒸镀、化学气相沉积、离子束辅助沉积（IBAD）、等离子喷涂（PS）和电子束物理气相沉积（EB-PVD）等。但从实际应用来看，PS和EB-PVD两种方法应用最广泛。

1）等离子喷涂

人们已于20世纪50年代末开始研究将PS技术应用于燃气涡轮机热端部件的热障涂层。PS工艺的工作原理为：工作气体（常用Ar、N_2、H_2）进入电极腔被电弧加热离解成电子和离子，形成等离子体，温度高达1.5×10^4K，且处于高压缩状态，具有极高的能量；等离子体通过喷嘴时急剧膨胀形成亚声速或超声速的等离子焰流，材料粉末在高温等离子体中被迅速加热、熔化，并通过高速焰流沉积到经预处理的工件表面，快速冷却凝固，形成沉积层。

用于热障涂层的等离子喷涂主要有以下三种形式。

（1）常规等离子喷涂，又称大气等离子喷涂（APS）。它利用N_2（或H_2）和Ar等离子体提供4400~5500℃的粉末加热区，将金属或非金属粉末粒子加热至熔融或半塑性状态，并加速喷向工件，粒子变形堆积，形成涂层。APS一般功率为30~80kW，典型的喷涂速率为0.1kg/(h·kW)。

（2）高能等离子喷涂（HEPS）。其功率范围为100~250kW，等离子体的出口温度可达 8300℃。由于功率大，等离子射流速度高，可使粉末完全熔化，并具有高的离子碰撞速率，得到的涂层致密、结合强度高，且污染少。

(3) 低压等离子喷涂(LPPS)。其功率范围为 50～100kW，低压室压力为 10～50kPa。由于压力低，等离子束径粗且长、速度快、氧含量低，加上基体温度高，所以形成的涂层氧含量低，并且相当致密。涂层质量好，但设备昂贵。

PS 工艺的特点是操作便捷、涂层制备速度快、材料使用范围广、粉末沉积率高、成本低。PS 涂层的组织呈片层状，孔洞较多，孔隙率大，隔热性能好，在航空发动机、导弹及航天领域均有应用。

PS 的缺点在于制备的涂层中含有大量熔渣和微裂纹等缺陷，这些缺陷在高温下会产生硫化、氧化、坑蚀等问题，使涂层与基体结合强度降低、涂层的抗震性变差，甚至引起剥落失效，缩短涂层服役寿命。此外，涂层表面粗糙度高，难以满足航空发动机转子叶片气动性要求，抗热冲击性能差。受陶瓷层中气孔、夹杂物等因素的影响，PS 涂层热循环性能不如 EB – PVD 涂层。

2) 电子束物理气相沉积

EB – PVD 技术起源于 20 世纪 60 年代末，是电子束与物理气相沉积技术相互渗透而发展起来的先进表面处理技术。它是以电子束作为热源的一种蒸镀方法，蒸发速率较高，几乎可以蒸发所有物质，制得的涂层与工件的结合力非常好。EB – PVD 方法通常包括三个步骤：首先是抽真空，利用真空泵使设备内部达到要求的真空度；其次是蒸发源材料，利用电子束的能量加热并蒸发处于水冷坩埚中的源材料，在熔池上方形成云状物；最后是成膜，气相原子从熔池表面直线运动到工件表面，沉积形成涂层。制备涂层时，为了提高涂层与工件的结合力，通常对工件进行加热。坩埚通常采用水冷，因此避免了高温下蒸镀材料与坩埚发生化学反应，还可以避免坩埚放气而污染膜层。电子束功率易于调节，束斑尺寸和位置易于控制，有利于精确控制膜厚和均匀性。

EB – PVD 制备的涂层具有如下优点。

(1) 涂层的界面以化学键结合为主，结合力显著提高，涂层抗剥落寿命比 PS 涂层约高 7 倍。

(2) 涂层制备过程都是在真空下进行的，可以防止涂层被污染和氧化。若控制好工艺和源材料成分，可以使涂层与加工材料的元素含量和相结构保持一致。

(3) 涂层表面光洁度高。PS 制备的涂层粗糙度达 $7\mu m$，而 EB – PVD 可重现原来底层的粗糙度，无须处理就可满足叶片的气动要求。

(4) 抗磨损性能好。EB – PVD 涂层比 PS 涂层抗磨损性能高 2 倍。

(5) 与 PS 相比，EB – PVD 涂层还具有抗冲蚀性好、冷却通道不易堵塞、需要控制的涂层制备工艺参数较少等优点。

EB－PVD 也存在一定的不足,如设备价格昂贵、沉积效率较低、涂层的热导率较高等。受各元素饱和蒸气压影响,当涂层材料成分复杂时,材料的成分控制较困难。另外,采用 EB－PVD 技术制备热障涂层时,受预热温度的限制,工件尺寸不能太大。对于形状复杂的工件,EB－PVD 存在所谓的"阴影"效应。

EB－PVD 热障涂层技术从 20 世纪 80 年代开始,就受到美国、英国、德国和苏联等国家的重视。到 20 世纪 90 年代中期,随着乌克兰开发的低成本 EB－PVD 设备的推广,更是掀起了 EB－PVD 热障涂层的研究热潮。目前,EB－PVD 热障涂层主要应用在军用燃气涡轮机转子叶片等重要部位。

4.2.1.3 热障涂层的应用

热障涂层硬度高、化学稳定性好,可以明显降低基材温度,具有防止高温腐蚀、延长热端部件使用寿命、提高发动机功率和减少燃油消耗等优点。热障涂层的出现为大幅度改进航空发动机的性能开辟了新途径。自 20 世纪 70 年代以来,美国、英国、法国、日本等发达工业化国家都竞相发展热障涂层,并大量应用在叶片、燃烧室、隔热屏、喷嘴、火焰筒、尾喷管等航空发动机热端部件上。

1976 年,美国 NASA 刘易斯研究中心研制的氧化镁(MgO)部分稳定的二氧化锆(ZrO_2)热障涂层在 J75 发动机上首次通过验证,随后成功用于该发动机的燃烧室,被称为第一代航空用热障涂层。20 世纪 80 年代初,P&W 公司成功地开发了第二代等离子喷涂热障涂层——PWA264。其陶瓷面层是 APS 制备的质量分数为 7% 的氧化钇部分稳定的氧化锆(7YSZ),金属黏结层为更耐氧化的 LPPS 制备的 NiCoCrAlY。PWA264 涂层在 JT9D 发动机涡轮叶片上成功应用之后,又陆续在 PW2000、PW4000 和 V2500 等发动机的涡轮叶片上得到试验验证和应用。

20 世纪 80 年代末,为了适应更高的温度要求,P&W 公司又成功地开发了第三代涡轮叶片 EB－PVD 热障涂层——PWA266。该涂层采用 EB－PVD 制备的 7YSZ 陶瓷面层和 LPPS 制备的 NiCoCrAlY 金属黏结层。该涂层消除了叶片蠕变疲劳、断裂和叶型表面抗氧化陶瓷的剥落,使叶片的寿命延长了 3 倍。PWA266 以极好的耐久性、抗热剥落性和耐热性,在 JT9D 和 PW2000 发动机上得到成功验证之后,于 1989 年首先应用到 PW2000 发动机涡轮叶片上,之后又应用到 JT9D－7R4、V2500、F100－PW－229 和 F119 等发动机涡轮叶片上。应用该涂层后,F119 发动机高压涡轮叶片的工作温度可提高 150K 左右。除此之外,P&W 公司在 JT3D 和 JT38D 发动机的风扇叶片、压气机叶片、燃烧室、涡轮叶片等处均使用了热障涂层。

美国 GEAE 公司于 20 世纪 80 年代末至 90 年代初,相继开发了 APS 和 EB－PVD 热障涂层。在 CF6－50 发动机 2 级涡轮导向叶片上,采用了由 LPPS 制备的 MCrAlY 黏结层和 APS 陶瓷层组成的热障涂层;在 CF6－80 发动机 1 级叶片上,采用了由 PtAl 黏结层和 EB－PVD 陶瓷层组成的热障涂层,2 级涡轮导向叶片则采用了由 APS 制备的 MCrAlY 黏结层和 APS 陶瓷层组成的热障涂层;在 CFM56－7 发动机 1 级涡轮导向叶片上,采用了由铝黏结层和 EB－PVD 陶瓷层组成的热障涂层;在 F414 发动机上,采用了 EB－PVD 陶瓷层热障涂层。

此外,英国 Rolls－Royce 公司也逐渐将热障涂层大量应用到军用和民用发动机上。Spey 发动机有 200 多个零件使用了热障涂层,尤其是在第 1～3 级涡轮叶片上均使用了热障涂层,从而改善了叶片的可靠性,提高了发动机效率。为提高发动机燃烧室可靠性,防止发生热变形进而产生裂纹,在 RB211 发动机燃烧室衬套表面采用了 APS 氧化锆涂层,极大地提高了燃烧室的使用寿命。EJ200 发动机高压涡轮工作叶片通过采用双层等离子沉积的热障涂层(面层为 YSZ,黏结层为 NiCoCrAlY),延长了叶片寿命,且提高了耐温能力。

法国 SNECMA 公司也已经将 EB－PVD 热障涂层应用到 M88－2 发动机涡轮叶片上,使涡轮的冷却空气流量减少,寿命延长,效率提高。

据报道,目前美国几乎所有的军用和商用航空发动机都采用了热障涂层,每年约有 300t 氧化锆材料用在热障涂层上。

我国对热障涂层的研究起步较晚,等离子喷涂热障涂层的研究工作始于 20 世纪 70 年代。20 世纪 80 年代中后期,又开展了 EB－PVD 制备热障涂层工艺研究。目前,已实现了 EB－PVD 技术在国内航空发动机涡轮叶片的成功应用,满足了我国航空发动机发展的重大需求。

4.2.2 热障涂层结构设计

热障涂层主要有三种结构体系:双层体系、多层体系及梯度体系,如图 4－4 所示。这三种结构体系各有特点,针对不同的环境要求,可采用不同的结构体系。

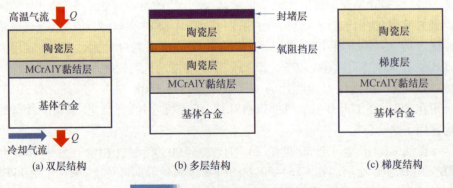

图 4－4　热障涂层的主要结构系统

4.2.2.1 双层结构涂层

目前,实际工程应用的热障涂层普遍采用双层结构,它由表层的陶瓷层和内层的合金黏结层构成,如图 4-4(a)所示。表层材料是以二氧化锆(ZrO_2)为主的陶瓷层,起隔热作用;陶瓷层与基体合金之间为 NiAl、PtAl 或 MCrAlY 黏结层(M 为 Ni、Co 或 Ni 与 Co 的混合物),起着改善基体与陶瓷层物理相容性和抗氧化腐蚀的作用。双层结构制备工艺简单、隔热能力强,发动机叶片用的热障涂层主要为该结构。由于双层结构涂层的热膨胀系数在界面处跃变较大,在热载荷作用下,涂层内会积聚较大的应力。因此,其抗热震性能有待进一步提高。

4.2.2.2 多层结构涂层

燃气涡轮发动机热障涂层实际服役中可能遭遇如下问题:热应力、机械应力、腐蚀和侵蚀。为了缓解热障涂层内的热应力不匹配,提高涂层的整体抗氧化及抗腐蚀能力,发展了多层结构系统,如图 4-4(b)所示。相对于双层结构,多层结构多了一层封堵层、一层陶瓷层和一层氧阻挡层。封堵层主要作用是阻挡三氧化硫(SO_3)、二氧化硫(SO_2)、五氧化二钒(V_2O_5)等燃气腐蚀产物的侵蚀;氧阻挡层由低氧扩散材料组成,可阻止氧向涂层内部扩散,抑制黏结层的氧化,同时有助于提高与下层涂层的结合强度。

多层结构由于层数较多,界面行为比较复杂,且制备工艺复杂,许多技术问题尚未得到解决,实际应用受到很大限制。针对多层陶瓷结构的研究大多数集中于双陶瓷层(Double Ceramic Layer,DCL)热障涂层。DCL 涂层只比传统双层结构多了一层陶瓷层,制备工艺相对简单。在 DCL 中,由于两层陶瓷所处位置及作用不同,对相应涂层材料的性能要求也不一样。顶层陶瓷层要求具有低热导率和良好的热稳定性、相稳定性、抗烧结性及抗腐蚀性。因其不与黏结层直接接触,所以对线膨胀系数和断裂韧性等没有太苛刻的要求。底层陶瓷层则要求线膨胀系数大、断裂韧性高、与热生长氧化物(TGO)具有良好的化学稳定性,但可能存在高热导率、高温相变及较差的热稳定性、抗烧结性和抗腐蚀性等缺点。

目前,研究最多、性能最佳的 DCL 热障涂层是以稀土烧绿石或萤石材料($R_2Zr_2O_7$ 或 $R_2Ce_2O_7$,R 为稀土元素)为顶层陶瓷层,YSZ 为底层陶瓷层,这两种材料在性能上可实现较好的优势互补。例如,由 $La_2Zr_2O_7$ 材料制备的单一结构热障涂层,工作寿命要比 YSZ 涂层短很多,主要原因是它的线膨胀系数和断裂韧性较低。但如果用它与 YSZ 材料组成 DCL 涂层,则可显著地提高涂层的性能。在 1200℃ 以上的热循环测试试验中,DCL 的工作寿命要远长于 YSZ 单层涂层。原因是 $La_2Zr_2O_7$ 涂层能在更高的温度下为 YSZ 材料提供保护,并能缓解涂层与黏结层、TGO 之间的不良反应。

总而言之,DCL 涂层比传统的双层结构多了一层陶瓷层,该设计充分发挥了顶部和底部涂层性能的优缺点。该结构不仅能有效地延长涂层的工作寿命,更能进一步提高涂层的耐热温度。

4.2.2.3　梯度结构涂层

功能梯度材料(Functionally Graded Materials,FGM)是20世纪80年代日本材料学家新野正之等提出来的一种新型多元复合材料,其组成和结构沿厚度方向呈连续梯度变化,内部不存在明显的界面,从而使材料的性质和功能沿厚度方向也呈梯度变化。对于金属/陶瓷梯度功能涂层而言,结构上的梯度设计可显著缓和金属与陶瓷之间的热应力,进而提升金属与陶瓷之间的结合强度。上述结构引入热障涂层体系中,便得到功能梯度涂层(Functionally Graded Coatings,FGC),其结构如图4-4(c)所示。目前,FGC的研究主要包括以下三种。

(1) MCrAlY/YSZ 梯度涂层。该结构是在 MCrAlY 黏结层与 YSZ 陶瓷层之间形成梯度结构,从而缓和陶瓷/黏结层界面附近的热应力。研究人员分别利用 EB-PVD 和 APS 方法制备得到了 MCrAlY 和 YSZ 组成的功能梯度涂层,发现这两种方法得到的梯度结构均消除了内界面,避免了双层结构体系界面处的物理性能的突变,使涂层的力学性能从金属基底到 YSZ 层逐渐过渡,进一步提高了涂层的性能。主要表现在热应力缓解、结合强度改善、抗热震性能提升等方面。这种梯度结构主要应用于中低温和非氧化环境,如果在高温氧化环境中使用,YSZ 中弥散分布的 MCrAlY 氧化会造成局部体积变大,使涂层开裂从而缩短了涂层的使用寿命。因此该结构目前不适用于高温部件。

(2) Al_2O_3/YSZ 梯度涂层。黏结层的非正常氧化生产 TGO 层是传统 MCrAlY/YSZ 涂层失效的主要原因。针对这一问题,研究人员提出了在 MCrAlY 层上附加一层 Al_2O_3/YSZ 梯度层的方法,不仅可以提高 MCrAlY 黏结层的抗氧化性,降低 TGO 的生成速率,还可缓和涂层内的热应力。这种结构设计充分利用了 YSZ 的低热导率和 Al_2O_3 的低氧扩散率,并能极大限度地减小陶瓷层与金属基底界面处的热应力,使涂层具有较好的抗氧化性能及较强的结合力,可在高热流、高温度环境中使用。

(3) 孔穴率梯度涂层。这种涂层结构主要是通过调节 APS 工作参数,在黏结层上沉积几层孔穴率梯度变化(8%~18%)的 YSZ 层,经过试验证实该涂层结构具有良好的抗热震性能。但是由于热膨胀不匹配导致梯度层内热应力增大,常在梯度层内发生断裂。另外,梯度结构涂层的制备工艺复杂,这都限制了此类梯度涂层的应用。

4.2.3　热障涂层陶瓷层材料

为了进一步提高涡轮发动机进口温度,从而提高发动机效率,部分低热导率陶瓷被用作热障涂层材料,有效地降低了金属部件表面温度,延长了热端部件的使用寿命。目前,一些陶瓷材料,如 Al_2O_3、TiO_2、莫来石、锆石、$CaO/MgO + ZrO_2$、YSZ、$CeO_2 + YSZ$、$LaMgAl_{11}O_{19}$ 和 $R_2Zr_2O_7$(R 为稀土元素)等已经被认为是非常有潜力的热障涂层材料。热障涂层的基本设计思想是利用陶瓷的高耐热性、抗腐蚀性和低导热性,实现对基体合金的保护。因此,热障涂层陶瓷面层材料的选择需要满足一定的性能要求:①高熔点,一般要求2000℃以上;②良好的高温相稳定性,从室温到使用温度间无相变;③低热导率,更低的热导率可使涂层更薄;④化学反应惰性,与TGO之间有良好的化学稳定性;⑤高线膨胀系数,与金属基体热膨胀匹配;⑥与金属基体结合力好;⑦低烧结率,能够长时间保持涂层显微形貌的稳定性;⑧良好的抗热冲击性能和耐腐蚀性能。到目前为止,没有任何单一的材料可以完全满足上面所列的标准。在实际设计中,尽可能提高材料的综合性能,避免由于某些性能缺失造成短板效应,在保证热导率、线膨胀系数等主要性能提高的同时,通过材料及工艺设计减小或者避免其他性能缺点。

4.2.3.1 YSZ 热障涂层材料

Y_2O_3 稳定化的 ZrO_2(Yttria-Stabilized Zirconia)称为 YSZ,如果 Y_2O_3 的质量百分含量为 $n\%$,则称为 nYSZ。例如,6% Y_2O_3 含量的 YSZ 为 6YSZ,而 8% Y_2O_3 含量的 YSZ 为 8YSZ。

1)ZrO_2 的相变稳定性

高纯 ZrO_2 是一种白色晶体粉末,由于其具有较高的熔点(2700℃)、较低的热导率、接近金属材料的线膨胀系数以及良好的高温稳定性和抗热震性能,ZrO_2 基陶瓷是目前应用最广泛的热障涂层材料。它有三种晶型:立方相(c)、四方相(t)和单斜相(m)。纯 ZrO_2 具有同素异晶转变特性,在特定条件下,会发生如下相变:

$$单斜相(m) \underset{950℃}{\overset{1170℃}{\rightleftharpoons}} 四方相(t) \overset{2370℃}{\rightleftharpoons} 立方相(c) \overset{2680℃}{\rightleftharpoons} 熔化$$

纯 ZrO_2 发生 t→m 相变,将伴随约 3.5% 的体积膨胀;而 m→t 相变将会发生约 7% 的体积收缩。在每次升降温循环过程中,ZrO_2 随着晶型转变而产生的体积收缩是不可逆的。在多次冷热循环中,这些残留的不可逆体积变化会产生越来越大的累积,形成很大的热应力,容易导致涂层在服役过程中开裂、剥落,最终失效。因此,纯 ZrO_2 制备热障涂层很不稳定。

为了提升 ZrO_2 的稳定性,可在其中掺杂部分稳定剂。常见的 ZrO_2 稳定剂为稀土或碱土金属的氧化物,且只有离子半径比 Zr^{4+} 半径小 40% 的氧化物才能用作 ZrO_2 的稳定剂。较常见的稳定剂有氧化镁(MgO)、氧化钙(CaO)、氧化铈(CeO_2)、氧化钪(Sc_2O_3)、氧化铟(In_2O_3)和氧化钇(Y_2O_3)等。目前稳定剂的稳定机理还不是十分清楚,一般解释为 Mg^{2+}、Ca^{2+}、Ce^{4+}、Y^{3+} 等稳定剂的阳离子在 ZrO_2 中具有一定的溶解度,可以置换其中的 Zr^{4+} 而形成置换固溶体,阻碍四方晶型向单斜晶型的转变，从而降低 ZrO_2 陶瓷的相变温度，使 $t-ZrO_2$ 亚稳相可在室温稳定。加入不同量的稳定剂可获得相组成不同的 ZrO_2 陶瓷。若使部分 $t-ZrO_2$ 亚稳至室温，就得到部分稳定氧化锆（PSZ）；若使 $t-ZrO_2$ 全部亚稳至室温，获得仅含四方氧化锆的多晶体（TZP）；若继续增加稳定剂的含量，可使 $c-ZrO_2$ 亚稳至室温，获得 $c-ZrO_2$ 单相材料，即全稳定氧化锆（FSZ）。

最早使用的是22%（质量分数）MgO 完全稳定的 ZrO_2，在热循环过程中 MgO 会从固溶体中析出，使涂层热导率提高，降低了涂层的隔热效果。CaO 对 ZrO_2 的稳定性也不好，在燃气的硫化作用下，CaO 从涂层中析出，降低了对 ZrO_2 的稳定作用。目前广泛使用的稳定剂是 Y_2O_3。Y_2O_3 的含量对 ZrO_2 的热导率影响不大，密实的 Y_2O_3 稳定 ZrO_2 中由于有大量的氧空位、置换原子等点缺陷，对声子形成散射，因而热导率低。

$Y_2O_3-ZrO_2$ 在 ZrO_2 富集区的相图如图4-5所示。从图中可以看出，加入12%～20%（质量分数）的 Y_2O_3 得到完全稳定的 ZrO_2 立方相，理论上可以避免高温工作过程中单斜/四方的转变。但是对不同含量的 Y_2O_3 稳定的 YSZ 等离子喷涂涂层在1100℃进行的热循环实验结果表明，完全稳定化的 YSZ 涂层的抗热震性能并不好。

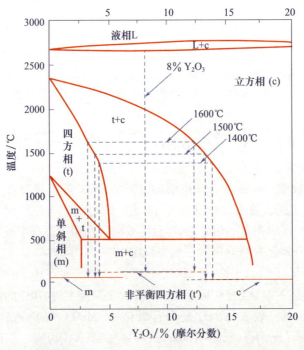

图4-5　$Y_2O_3-ZrO_2$ 在 ZrO_2 富集区的相图

2) YSZ 涂层

目前,在热障涂层系统中成功应用的陶瓷层材料为 6~8YSZ(6%~8% Y_2O_3 部分稳定化的 ZrO_2),各国研究者对其开展了广泛的基础和应用研究。6~8YSZ 在高温阶段具有较高的热膨胀系数(11×10^{-6} K,1273K)、较低的热导率(2.1~2.2 W·m^{-1}·K^{-1},1273K)、较低的密度(6.0 g/cm^3)和较低的弹性模量(40GPa),能有效降低涡轮部件重量,特有的微裂纹和相变增韧机制使其具有优良的抗热震性能。但是,6~8YSZ 也存在一些不足之处。

(1) 采用 PS 或 EB-PVD 法制备的 6~8YSZ 涂层,从高温快速冷却到室温时保留为亚稳四方相(t')。当 6~8YSZ 涂层长期在高温工作时,亚稳四方相转变为四方相和立方相;在冷却过程中,四方相转变为单斜相,由于相变伴随的体积效应导致涂层失效。8YSZ 涂层的相变过程如图 4-6 所示。另外,6~8YSZ 涂层存在烧结速率过高的问题。当 6~8YSZ 涂层长期在高温下工作时,涂层中的气孔逐渐减少,结构出现致密化或晶粒长大,导致涂层弹性模量增大、热导率增加、内应力增大,涂层的隔热效果下降、使用寿命缩短。

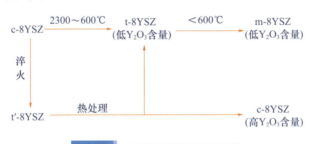

图 4-6　8YSZ 涂层的相变过程

(2) YSZ 对热腐蚀敏感。如果使用清洁燃料,YSZ 热障涂层不存在热腐蚀问题。但是当燃料中含有一定量的 S、Na、V 时,热腐蚀问题就变得比较严重。燃料中的 Na_2O、SO_3、V_2O_5 等与 YSZ 中的稳定剂 Y_2O_3 发生反应导致 YSZ 失稳,制约了 YSZ 热障涂层在海面船用发动机上的应用。

(3) YSZ 涂层中的杂质 SiO_2 对于热循环寿命非常有害。在块体 ZrO_2 基陶瓷中,SiO_2 被晶界隔离开,如果 SiO_2 过多就会在三相点处富集。晶界处的 SiO_2 改变了晶粒的尺寸和形状,并且可以从 YSZ 晶界处溶解出 Y_2O_3,导致局部失稳。此外,YSZ 涂层含有浓度很高的氧离子空位,在高温下这些空位有助于氧的传输,易在黏结层上形成 TGO 层。TGO 的非正常生长将导致陶瓷层剥落,在涂层很薄的情况下这种破坏机制是最主要的。

4.2.3.2　改性 YSZ 热障涂层材料

随着科学技术的迅猛发展,发动机工作温度的不断提升,传统热障涂层已经很难满足需求。为了获得高性能的热障涂层,研究人员对制约涂层性能的新材料、新结构和新工艺开展了大量研究工作。其中,最主要的影响因素是制备工艺,但材料的物理性质(如线膨胀系数)和涂层结构设计也有很大影响。图 4-7 简要列出了目前热障涂层的主要发展策略。

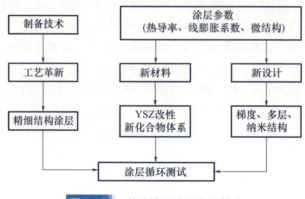

图 4-7　热障涂层主要发展策略

相对于制备工艺革新和新涂层结构设计,YSZ 材料的改性修饰要可行得多。近年来,针对不同工作条件,有选择地对 YSZ 材料掺杂改性已经引起了人们的广泛关注。

目前,研究最多、应用最为广泛的是稀土氧化物 R_2O_3(R = 稀土元素)修饰改性 YSZ 或 ZrO_2。稀土氧化物可以与 ZrO_2 形成烧绿石或萤石结构的固溶体。相平衡计算结果表明,ZrO_2 - $RO_{1.5}$ 与 ZrO_2 - $YO_{1.5}$ 这两种结构非常相似,且随着离子半径的减小(La→Lu),烧绿石结构的稳定性逐渐降低,萤石结构存在的区间逐渐扩大。对于轻稀土元素(La→Gd),含量低于10%(摩尔分数)时,ZrO_2 - $RO_{1.5}$ 为萤石结构固溶体;当含量更高时有部分烧绿石结构的产物生成;当含量达到30%(摩尔分数)以上时,则全部为烧绿石结构。而对于重稀土元素来说(Tb→Lu),在常压下均是萤石结构固溶体。导热系数的半经验计算结果显示,随着掺杂离子半径的增大(Sc→La),ZrO_2 - $RO_{1.5}$ 的导热系数呈线性下降趋势。这是由于掺杂离子与主体晶体结构的阳离子半径差别越大,声子散射越强,即声子的传播速度越低,导致热导率降低。同时,YSZ 中添加 R_2O_3 可提高涂层的抗烧结性能,且随着掺杂离子半径增大(Er→La),抗烧结能力越强。主要原因是掺杂离子半径与晶格离子半径的不匹配导致了离子扩散系数的下降。

大量研究显示,稀土氧化物的掺杂可以有效地改善 YSZ 的性能。用 EB - PVD 法制备的 La_2O_3 和 HfO_2 掺杂的 YSZ 涂层在导热系数、抗烧结性以及热循环寿命等方面均远好于未掺杂的涂层,具有作为热障涂层材料的潜在应用价值。CeO_2 导热系数较低,具有比 YSZ 更高的线膨胀系数,并且对于硫化物和钒酸盐等有更好的抗腐蚀性。CeO_2 修饰改性的 YSZ(CYZ)涂层在抗热震性能和使用寿命方面均有明显的提高。主要原因在于:①CYZ 涂层几乎不发生 t 相与 m 相之间的转变;②涂层有良好的隔热性能,可以有效地降低黏结层的氧化程度;③涂层的热膨胀系数大。但 CYZ 涂层仍然存在缺点,如涂层硬度降低,涂层制备过程中 CeO_2 易挥发造成组分偏离化学计量比,高温下 CeO_2 易还原为 Ce_2O_3 导致涂层烧结速率增加,从而影响涂层的力学性能和高温稳定性。

4.2.3.3 新型热障涂层材料

除了对 YSZ 进行改性,研究人员还进行了新型热障涂层材料的研究,期望得到热导率更低、韧性更高、在高温下能保持更好的相稳定性、抗腐蚀性能更强的材料,主要有烧绿石、钙钛矿、缺陷萤石结构、六铝酸盐、钇铝石榴石、钇酸盐、YSH、独居石、金属-玻璃复合材料和其他热障涂层材料等。

1) 烧绿石

稀土锆酸盐($R_2Zr_2O_7$)按照晶体结构可分为烧绿石结构和缺陷萤石结构。烧绿石是近年来被认为具有较好应用前景的热障涂层材料。在烧绿石的晶体结构中,每个 $R_2Zr_2O_7$ 分子单元中均存在一个氧空位,氧空位浓度高,使声子散射作用增强,所以烧绿石具有低热导率的特征。除此之外,烧绿石还具有熔点高、高温下相稳定性好和热膨胀系数大等优点,使其成为一类重要的高温结构或功能部件的候选材料,因此各国研究者对其热物理性能进行了广泛研究。主要研究对象包括 $La_2Zr_2O_7$、$Gd_2Zr_2O_7$、$Sm_2Zr_2O_7$ 等。使用单一的烧绿石材料制备的热障涂层的工作寿命要比 YSZ 涂层短很多,这是由于它的线膨胀系数和断裂韧性通常较低。

为了进一步提高 $R_2Zr_2O_7$ 的热膨胀系数、降低其热导率,研究人员用不同的稀土元素置换其中的部分 R 元素。例如,用 Nd、Eu、Gd 和 Dy 分别置换 $La_2Zr_2O_7$ 中的部分 La 制备出 $La_{1.4}Nd_{0.6}Zr_2O_7$、$La_{1.4}Eu_{0.6}Zr_2O_7$、$La_{1.4}Gd_{0.6}Zr_2O_7$ 和 $La_{1.7}Dy_{0.3}Zr_2O_7$ 块体材料,发现这些材料的热导率均比 $La_2Zr_2O_7$ 低。特别是 $La_{1.4}Gd_{0.6}Zr_2O_7$ 的热导率在 800℃ 时为 $0.9 W \cdot m^{-1} \cdot K^{-1}$,而同温度下 $La_2Zr_2O_7$ 的热导率为 $1.55 W \cdot m^{-1} \cdot K^{-1}$。

2) 钙钛矿

钙钛矿结构(ABO_3)是固态科学领域最基本的结构之一,具有立方对称结构,空间点群为 Pm3m。研究结果显示,某些钙钛矿结构的材料具有潜在的热障涂层材料应用价值,特别是那些具有较高熔点(>2600℃)和热膨胀系数(>$8.0 \times 10^{-6} K^{-1}$,30~1000℃)的材料,如 $SrZrO_3$ 和 $BaZrO_3$。$BaZrO_3$ 不仅热膨胀系数较高,且热导率与 YSZ 接近,但它在高温下会发生相变,影响了涂层的抗热冲击性能。$SrZrO_3$ 涂层的热循环寿命较短,耐腐蚀性较差。

钙钛矿结构的 $SrHfO_3$ 和 $SrRuO_3$ 具有很高的熔点(2927℃ 和 2302℃),且热膨胀系数分别为 $11.3 \times 10^{-6} K^{-1}$ 和 $10.3 \times 10^{-6} K^{-1}$(150~800℃),但较高的热导率

($10.4W \cdot m^{-1} \cdot K^{-1}$和$5.97W \cdot m^{-1} \cdot K^{-1}$)和弹性模量(194GPa和161CPa)限制了它们作为热障涂层材料使用。$LaYbO_3$的熔点较高,实验结果表明该材料具有高温相稳定性、烧结速率低和弹性模量小等性质,但热膨胀系数较YSZ小,且热导率受温度变化的影响较大。采用固相法合成的Yb_2O_3改性的钙钛矿结构$Sr(Zr_{0.9}Yb_{0.1})O_{2.95}$,其热膨胀系数为$8.7 \sim 10.8 \times 10^{-6}K^{-1}$(200~1100℃),与传统的YSZ材料相当。在1000℃时导热系数甚至比YSZ减小了约20%,其他力学性能参数如弹性模量、硬度和断裂韧性均比YSZ小,表明该材料具有潜在的应用可能。

3) 缺陷萤石结构

缺陷型萤石结构的通式可以表示为AO_2,阳离子和氧离子均只有一种空间位置,氧离子处于周围阳离子的中心位置。对于缺陷型萤石结构来说,氧空位的位置是随机分布的,这时阳离子的配位数为7。最典型的缺陷型萤石结构是CeO_2,也是最早被提出可以替代ZrO_2的材料之一。与YSZ相比,CeO_2的线膨胀系数比较大,具有较好的相稳定性,并对硫化物和钒酸盐有更好的抗腐蚀性。当温度高于1300℃时,CeO_2的热导率低于YSZ,并且还可以通过选择性掺杂进一步降低热导率,因此CeO_2适用于高温环境(>1200℃)。但是CeO_2的氧扩散系数比较高,容易与黏结层发生化学反应,因此不宜单独用作热障涂层。CeO_2可以掺杂到YSZ中,或者与YSZ形成多层结构,以提高涂层的抗冲击能力。

$La_2Ce_2O_7$是以CeO_2为溶剂的固溶体,它具有立方萤石结构。作为一种新型热障涂层材料,$La_2Ce_2O_7$具有高热膨胀系数($12.6 \times 10^{-6}K^{-1}$,300~1200℃)、低的导热系数[$0.60W/(m \cdot K)$,1000℃]和低比热容[$0.43J/(g \cdot K)$],在1400℃下具有良好的相稳定性。采用等离子喷涂方法制备的$La_2Ce_2O_7$涂层的热循环寿命较长,甚至超过最经典的8YSZ热障涂层。与其他热障涂层材料一样,$La_2Ce_2O_7$涂层失效的主要原因也是热循环过程中黏结层的氧化。

4) 六铝酸盐

稀土六铝酸盐的化学通式可表示为$RMeAl_{11}O_{19}$(R = La、Nd、Sm和Gd;Me = 碱土金属),是一种由R_2O_3、MeO和Al_2O_3组成的新型氧化铝基陶瓷材料。该材料具有独特的磁铅石结构,特别是镁基六铝酸盐$LaMgAl_{11}O_{19}$,其结构由一层LaO_3层与四个尖晶石层交替排列形成层状结构,高电荷的La^{3+}占据一个氧位,从而有效地抑制了氧离子的扩散。$LaMgAl_{11}O_{19}$在高于1400℃时依然保持稳定的晶体结构和化学组成。该涂层的微观结构不同于YSZ涂层,薄片随机堆积形成松散的疏松结构,因此涂层热导率更低,具有更好的隔热性能。同时,$LaMgAl_{11}O_{19}$涂层的烧结速率远低于YSZ涂层。但是,采用APS法制得的$LaMgAl_{11}O_{19}$涂层中存在大量无定型相,影响了涂层的实际使用寿命。此外,它的热膨胀系数略低于YSZ,通过与YSZ形成多层结构有望克服该缺陷。

5)钇铝石榴石

钇铝石榴石($Y_3Al_5O_{12}$,YAG)是抗蠕变性能最强的氧化物晶体,具有优越的高温力学性能,熔点(1970℃)以下有非常好的相稳定性和热稳定性,导热系数[2.4~3.1W/(m·K)]也较低。氧离子在YAG中的扩散系数比在YSZ中的扩散系数低10个数量级,这可有效地防止金属黏结层的氧化。在YSZ陶瓷层与黏结层间加入一层10μm厚的YAG氧扩散障层,经1200℃热处理100h后,不仅可以抑制Y_2O_3稳定剂从YSZ中析出,达到提高YSZ相稳定性的目的,而且大幅降低了黏结层的氧化速率,可显著提高涂层的热循环寿命。但是,相对较低的热膨胀系数($9.1 \times 10^{-6}K^{-1}$)和低熔点是该材料的主要不足之处。

6)钇酸盐

SrY_2O_4和BaY_2O_4是最近开发的具有潜在应用前景的热障涂层材料,它们具有良好的高温相稳定性和较高的热膨胀系数(均为$10.8 \times 10^{-6}K^{-1}$,25~1000℃)。但$SrY_2O_4$的导热系数稍高[约3.8W/(m·K),1000℃],BaY_2O_4的导热系数[约2W/(m·K),1000℃]远低于SrY_2O_4。相对而言,BaY_2O_4的综合性能更好。

7)YSH

7.5% Y_2O_3-HfO_2(7.5YSH)的热膨胀系数为$6.7 \times 10^{-6}K^{-1}$ ~ $9.2 \times 10^{-6}K^{-1}$(100~1400℃),在1400℃以下随温度的升高线性增加,块体材料在1500℃开始烧结收缩。EB-PVD制备的7.5YSH涂层大约从1300℃开始烧结收缩,而等离子喷涂的8YSZ涂层烧结收缩始于约1200℃,7.5YSH涂层保持热稳定性的最高温度较8YSZ提高了100℃,具有更好的抗烧结性能。7.5YSH是潜在的可以在更高工作温度下使用的热障涂层材料。

8)独居石

$LaPO_4$属于独居石类,是单斜晶体。因其具有高温化学稳定性[熔点(2072±20)℃]、较高的热膨胀系数和较低的导热系数,被认为是一种有望用于Ni基高温合金基体表面的热障涂层材料。$LaPO_4$在含有硫和钒盐的环境中具有很好的抗腐蚀性。它与Al_2O_3不发生反应,这是一个优点;但与黏结层的结合强度差,这是它应用受限的主要原因。另外,$LaPO_4$是一种线性化合物,很难用等离子喷涂法制备涂层,而且这种材料制备的涂层不适用于高温环境。

9)金属-玻璃复合材料

由金属和玻璃组成的低孔隙率复合材料(MGC),是一种全新的热障涂层材料体系。MGC的热膨胀系数可以通过控制体系中金属和玻璃的比例进行调节,可以达到接近于基体合金的数值($12.3 \times 10^{-6}K^{-1}$,25~1000℃),而热导率却比金属低很多,较YSZ大2倍。金属-玻璃复合材料热障涂层之所以具有较长的热循环寿命,主要有三个原因:高热膨胀系数、与黏结层结合力强、没有开口气孔。这种涂层没有开口气孔,因此阻止了腐蚀气体进入黏结层,从而避免了黏结层金属氧化。

10)其他热障涂层材料

莫来石(Mullite)的组成为 $3Al_2O_3 \cdot SiO_2$,是一种重要的陶瓷材料。它具有低密度、高热稳定性、耐化学腐蚀、低热导率、优良的力学性能和良好的抗蠕变性能。与 YSZ 相比,莫来石具有较高的热导率、较低的热膨胀系数和氧透过率,它的抗氧化能力要比 YSZ 强很多。在柴油机等燃气轮机中,莫来石作为热障涂层材料要比 ZrO_2 更优越,使用莫来石涂层的发动机寿命要比使用 ZrO_2 涂层的明显要长。当在1000℃以上的工作环境中,莫来石涂层的热循环寿命比 YSZ 涂层短很多。莫来石与 SiC 的热膨胀系数很接近,它作为 SiC 基体的涂层材料具有良好的应用前景。

$\alpha - Al_2O_3$ 是铝的所有氧化物中唯一的稳定相,具有很高的硬度和化学惰性。与 YSZ 相比,Al_2O_3 热导率较高[$5.3W/(m \cdot K)$,1100℃]而热膨胀系数较低($9.6 \times 10^{-6} K^{-1}$,1000℃)。真空等离子喷涂和大气等离子喷涂的 Al_2O_3 涂层的抗腐蚀性能可与 Al_2O_3 块材相媲美。在 YSZ 中添加一定量的 Al_2O_3,能够提高涂层的硬度和黏结强度,同时弹性模量和韧性基本没有变化。将 Al_2O_3 加入 YSZ 可提高涂层的使用寿命和基体的抗氧化性,如 $8YSZ - Al_2O_3$ 梯度涂层就比 8YSZ 涂层的热循环寿命要长得多。另外,可以通过在 YSZ 涂层上再制备一层 Al_2O_3 来提高涂层的硬度。

4.2.4 热障涂层失效机理

燃气轮机热端部件和航空发动机在服役过程中,会经历周期性地迅速加热升温和强制快速冷却的热冲击过程。随着服役时间的延长,热障涂层中热应力会不断累积,同时燃气中杂质化合物也会腐蚀涂层,最终导致涂层从热端部件表面剥落。导致热障涂层失效的因素主要包括热膨胀失配、氧化物的生长、陶瓷层的烧结、相变应力、热腐蚀等。

1)热膨胀失配

一般情况下,热障涂层由热绝缘陶瓷层和金属底层组成,分别被称为陶瓷表面和结合底层。由于陶瓷与金属本身的物理性能差异,陶瓷面层硬而脆,抗热震性差;而金属的硬度比陶瓷要低很多,塑性较好,抗热冲击性能好。两者的热膨胀系数相差很大,陶瓷的热膨胀系数通常为 $7 \times 10^{-6} \sim 12 \times 10^{-6} K^{-1}$,而金属的热膨胀系数通常为 $18 \times 10^{-6} \sim 20 \times 10^{-6} K^{-1}$。这种物理特性的差异导致热障涂层在经历温度变化时,陶瓷面层与结合底的热变形量不同,产生形变热应力。随着工作时间的延长,累积的热应力会使陶瓷涂层产生开裂和脱落,最终导致涂层失效。因此,通常在陶瓷面层和基体间加入黏结层,以改善陶瓷与合金基体间的物理相容性。当产生热应力时,这种中间涂层能起到缓冲的作用,从而使陶瓷和基体之间不至于过早的脱落而失效。

2)氧化物的生长

人们对高温氧化气氛中服役的热障涂层进行了大量的研究和分析,发现在原来的热障涂层系统中增加了一层新的物质。这种物质是 MCrAlY 黏结层和陶瓷层之间的热生长氧化物(TGO),是产生内应力,并导致涂层失效的根本原因之一。TGO 引起了各国研究人员极大的关注,研究结果表明,TGO 是引起热障涂层在长期高温氧化环境中失效的重要因素。MCrAlY/YSZ 界面间只要有 3~4μm 的 TGO 就足以引起陶瓷面层的剥落。MCrAlY 黏结层的氧化过程分为两个阶段:在第 1 阶段,黏结层中 Al 选择氧化,形成 Al_2O_3 层,质量增量取决于涂层厚度和 Al 元素的含量;在第 2 阶段,Al 消耗后,其他元素发生氧化,氧化速率与第 1 阶段成正比。由于选择氧化导致 Al 元素的大量消耗,使该处的 Cr、Co、Ni 等元素富集,随后选择氧化消失,进而生成 Cr、Co、Ni 等元素的氧化物。当 Al 含量小于 10% 时,Cr_2O_3、NiO 相生成。在氧化产物中,Cr/Ni 富集的区域,例如 $NiAl_2O_4$、$NiCr_2O_4$ 处,裂纹要比 Al_2O_3 处易于产生和扩展。因而,Cr、Co、Ni 等元素的 TGO 的形成将会大大加速热障涂层的失效。为了减缓 TGO 的生长,控制氧的传输速率对于延长 YSZ 涂层的寿命有着重要意义。

3)陶瓷层的烧结

YSZ 涂层服役的温度一般超过 900℃,陶瓷层会发生烧结现象,表现为涂层的孔隙率下降、微裂纹数量减小甚至消失、陶瓷层致密化及材料的弹性模量增大。烧结现象会导致陶瓷层与黏结层之间的热应力增加,促使陶瓷层/TGO 界面处出现横向扩张裂纹,导致涂层失效。另外,陶瓷层发生烧结会增大涂层的热导率,降低涂层的隔热效果。材料成分对陶瓷层的烧结率有着重要影响,掺杂不同氧化物的 YSZ 陶瓷烧结率随温度的变化如图 4-8 所示。当 $T=1200℃$ 时,掺杂 NiO、Sc_2O_3 或 CeO_2 均提高了陶瓷的烧结率,会对相应涂层的烧结性能产生不利影响。通过掺杂 HfO_2,可以有效降低陶瓷的烧结率,进而提高热障涂层陶瓷面层的抗烧结性能,减缓涂层因烧结引起的隔热效果降低。

4)相变应力

陶瓷层材料一般选用 Y_2O_3 质量分数为 6%~8% 的 ZrO_2,即 Y_2O_3 部分稳定的 ZrO_2。ZrO_2 是一种耐高温的氧化物,熔点为 2680℃。ZrO_2 有三种晶型:单斜相、正方相和立方相。常温条件下,稳定相为单斜晶型,高温条件下稳定相则为立方晶型。当温度升高到 950~1220℃ 时,ZrO_2 由单斜相向正方相转变。单斜相和正方相之间的转变是可逆的,当温度降低到 600℃ 以下时,ZrO_2 又由正方相转变为单斜相,伴随 3%~5% 的体积膨胀。相变引起的体积变化使 ZrO_2 涂层内积聚起足够大的应力,引起裂纹或碎裂,最终导致涂层失效。在高温阶段,温度超

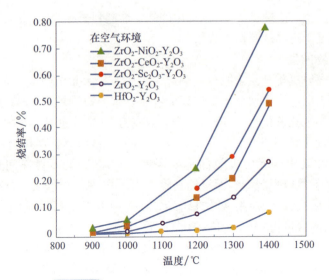

图4-8　不同陶瓷的烧结率随温度的变化

过2370℃时,ZrO_2由正方相转变为立方相,正方相与立方相之间的转变是不可逆的,在室温和高温下立方相是稳定的。为避免在热循环过程中出现相变,通常在ZrO_2中加入Y_2O_3作为稳定剂。要使正方相完全稳定,需要17%的Y_2O_3。但热循环实验结果显示,完全稳定的ZrO_2的抗热循环性能并不是最好的,在Y_2O_3的含量为6%~8%时,陶瓷层的使用寿命最长。

5)热腐蚀

航空燃气涡轮发动机使用的燃料中含Na和S等杂质,会以Na_2SO_4的形式沉积在高温部件上,因此热障涂层经常会遇到Na_2SO_4的腐蚀问题。对于使用劣质燃料的发动机,V、P等杂质对热障涂层的影响也不容忽视。稳定组元的Y_2O_3在上述气氛中易受腐蚀并发生反应,从ZrO_2中析出,导致ZrO_2失去相稳定性。失稳后的ZrO_2将发生上述的晶相转变,引起涂层体积的变化,进而导致涂层的失效。

4.3　烧蚀热防护材料

4.3.1　烧蚀材料分类

4.3.1.1　烧蚀材料的构成及类型

1)烧蚀材料的性能要求

材料的烧蚀防热是借助消耗质量带走热量以达到热防护的目的,希望材料能以最小的质量消耗来抵挡更多的气动热量。因此,衡量耐烧蚀材料性能优劣的一个重要参数是有效烧蚀热,即单位质量的烧蚀材料完全烧掉所带走的热量。烧蚀热防护材料一般应具备的基本特性如下:

(1) 比热容大,在烧蚀过程中尽可能吸收更多的热量;

(2) 热导率小,具有一定的隔热作用,使形成高热的部分仅局限在表面,热难以传导到内部结构;

(3) 密度小,最大限度地减少材料的总质量,以适应航天领域的设计要求;

(4) 烧蚀速率低,单位时间损耗的质量少。

另外,用在导弹鼻锥、航天飞机头锥与机翼前沿、火箭发动机喷管喉衬等部位的烧蚀防热材料,除应具备良好的耐烧蚀防热性能外,还应具有良好的力学性能和热物理性能,使其在高温气动环境下仍能较好地保持结构的承载能力和气动外形。

可见,飞行器防热用的烧蚀材料,除应具有良好的抗烧蚀性能和隔热性能,以保证外形的变化和结构温度在容许的范围之内外,还要有一定的力学强度,能够抵抗气动剪力和应力破坏。因此,通常不用单质材料,如纯碳(石墨)、纯 SiO_2、纯 SiC 等,而是采用一些特殊的工艺将其制成复合材料,提高材料的综合性能。其中大多数都采用纤维增强基体:先由纤维束编织成一定的结构,再通过液态浸渍或气相沉积等工艺渗入其他组分形成基体材料;然后用基体与纤维复合制备出复合材料,以满足不同的使用需求。

2) 烧蚀材料的分类

高超声速飞行器表面极高的温度限制了防热材料的选择范围,因为它们必须有较高的熔化、升华或热解温度以及较高的化学潜热。这就要求材料具有较强的固态化学共价键[如硅(Si)、碳(C)、硼(B)等]或金属共价键(如 d 族元素:钛(Ti)、钨(W)、钽(Ta)、铼(Re)等);另外,较小的质量也是一个重要方面,可以减少飞行器推力能量消耗。因此,在实际应用中,选择范围被限制在 Si、C、B 及其碳化物、氮化物或难熔氧化物(SiC、B_4C、Si_3N_4、Al_2O_3、SiO_2 等)等材料之中。

烧蚀防热复合材料按烧蚀机理分为升华型、熔化型和碳化型三类。C/C 复合材料、聚四氟乙烯、石墨等属于升华型烧蚀材料。其中,C/C 复合材料是用沉积碳或浸渍碳为基体,用碳纤维或织物为增强材料制成的复合材料。碳在高温下升华,可吸收大量的热量,而且碳的辐射系数较高,因而 C/C 碳复合材料具有良好的抗烧蚀性能。石英和玻璃类材料属于熔化型烧蚀材料,它的主要成分是二氧化硅(SiO_2)。例如,高硅氧玻璃中含有 96% ~ 99% 的 SiO_2。SiO_2 在高温下会熔化和蒸发,可吸收大量的气动热,并且具有很高的高温黏度,熔化后形成的液态膜可抵抗高速气流的冲刷。碳化型烧蚀材料主要为纤维增强的树脂基复合材料,这类材料主要利用树脂基体在高温烧蚀过程中的热解、碳化,吸收大量的热量,工程应用较为广泛。碳化型烧蚀材料的显著特点是在相对较低的温度下即开始热解和相变,在材料表面形成一层较厚的碳层,能经受住很高的温度,起到良好的抗烧蚀作用。另外,形成的碳层还具有辐射散热的效果,可充当高温隔热层保护内部的材料。

按所用基体的不同,可将烧蚀防热复合材料分为硅基复合材料、碳基复合材料、树脂基复合材料和陶瓷基复合材料四类。四类基体材料的主要成分如下。

(1)硅基。以 SiO_2 为主要成分,主要通过高温变成液态,经过渗入或浸渍工艺形成基体材料,统称为硅基材料,如高硅氧、碳石英等。硅基复合材料属于熔化型烧蚀材料。

(2)碳基。以沉积碳和碳纤维形式存在,统称为碳基材料,如二维碳布、三向编织 C/C。碳基复合材料耐烧蚀性能最好,并具有优异的高温力学性能与耐热冲击性。

(3)树脂基。主要包括环氧树脂、酚醛树脂、硅酮树脂等,烧蚀时通常出现热解和碳化层,统称为热解碳化材料。树脂基复合材料具有密度低、成型加工容易等优点。

(4)陶瓷基。通过浸渍、烧结或化学气相沉积等工艺,制成 Si_3N_4、SiC/C、ZrB/SiC/C、BN 等陶瓷材料,统称为陶瓷基材料。陶瓷基复合材料具有良好的高温力学性能、抗氧化性、耐磨性及隔热性。

4.3.1.2 烧蚀对飞行器气动特性的影响

烧蚀起到热防护作用的同时,对飞行器的气动特性带来很大影响,主要体现在以下三个方面。

(1)烧蚀外形的变化。特别是端头形状的剧烈变化,使绕飞行器头部流动的流场特性,尤其是激波形状和表面压力分布发生显著变化。通常情况下,烧蚀端头外形会使飞行器的波阻增大。对于层流烧蚀外形,由于端头变钝而使阻力增大;对于转捩烧蚀外形,当头部出现凹陷时,由于在凹陷区可能出现第二亚声速区域,表面压力升高,从而使头部波阻有较大的增加。烧蚀还会导致压心变化,影响飞行器的静稳定裕度,严重时可能使飞行器在再入过程中出现不稳定飞行甚至解体。

(2)飞行器阻力的变化。外壳防热层在烧蚀过程中产生大量的气体及其他烧蚀产物引射到边界层内,使表面摩擦减小。另外,质量引射使边界层厚度增加,这将改变飞行器的有效外形,造成飞行器表面压力分布变化,从而影响飞行器所受的阻力。烧蚀产物的质量引射对飞行器底部压力也有较大的影响。质量引射使边界层变厚,从而使底部尾流的颈部后移,气流从机体到底部的膨胀角减小,造成底部压力升高,底部轴向力系数下降。慢旋弹头由于烧蚀滞后产生的非对称吹气引起有效外形的不对称,有可能导致边界层出现非对称转捩,严重影响飞行器受力情况。

(3) 弹头锥身表面形成菱形花纹、鱼鳞坑、沟槽、凹陷坑等各种烧蚀图像,这些表面粗糙度的随机分布强烈影响边界层转捩,并使气动加热大幅上升。尤其重要的是,防热层工艺和表面烧蚀决定着弹头的滚转特性,有可能使弹头发生滚转共振、滚速过零等现象,从而导致弹头再入散布急剧加大,甚至使弹头飞行攻角发散,因横向过载增大而破坏。

4.3.1.3 影响烧蚀的主要因素

影响端头烧蚀外形变化的主要因素是:材料组分和工艺、边界层转捩、材料表面粗糙度、质量引射、激波形状和位置、边界层干扰及壁温比等。其中尤以边界层转捩和表面粗糙度两个因素最为重要。

研究表明,边界层转捩特性是引起端头烧蚀外形变化的最主要因素。影响边界层转捩的因素很多,如来流马赫数、雷诺数、钝度比、壁温比、质量引射、物面粗糙度等。这些因素对边界层转捩的综合影响到目前为止仍然不是很清楚。对有烧蚀情况下的边界层转捩而言,表面粗糙度是一个主要影响因素。即使在风洞实验条件下,存在风洞边界层噪声和来流湍流度,表面粗糙元的扰动对边界层的转捩也同样起着支配作用。

从端头地面实验烧蚀模型可看到,端头的表面是很粗糙的,不仅有流向的纵向沟槽,而且还可观察到菱形花纹和鱼鳞坑。显然,端头表面的转捩特性将由这些粗糙元的扰动所控制。其次,表面粗糙度对热环境有很大影响。

碳基材料无论是石墨还是 C/C 材料,都是由不同形态的 C 组成的。例如, C/C 材料是由树脂碳、纤维碳和浸渍碳组成,它们之间密度不同,烧蚀速度也不同,这种烧蚀不同步会造成表面粗糙度上升。此外,材料在制作过程中,压制时在局部地方会出现不均匀。例如,三向编织 C/C 防热材料碳纤维间存在空隙。当材料在烧蚀过程中受热膨胀,稠密区和稀疏区烧蚀量将不完全相同,逐步引起表面粗糙。由于存在微观粗糙粒子,粗糙表面将使当地的热流密度增加,严重时可高于光滑壁热流密度值数倍。热流密度增加后又将引起微观粒子增多或增大,增加表面粗糙度。因此,表面粗糙度在端头烧蚀外形计算中扮演着相当重要的角色,它不仅影响边界层转捩,也影响表面热流,使端头的烧蚀外形和端头表面的烧蚀量与粗糙度息息相关。

4.3.2 硅基复合材料

4.3.2.1 硅基复合材料基本情况

最早采用烧蚀防热的高超声速飞行器是战略导弹的再入弹头。在再入弹头热防护设计的演变过程中,硅基复合材料和碳基复合材料起着举足轻重的作用。硅基复合材料为熔化-蒸发型烧蚀材料,碳基复合材料为氧化升华型烧蚀材料,它们是两类最典型的烧蚀型防热材料,主要用于热环境最为严酷的飞行器端头区域、翼(舵)前缘区域等部位。

硅基复合材料是以 SiO_2 为主要成分的复合材料,早期被称为玻璃类增强塑料,包括石英、玻璃钢、高硅氧和碳石英等。最先成功应用于弹头的热防护材料为玻璃酚醛硅基复合材料,它是由玻璃纤维或玻璃布与酚醛树脂复合而成。SiO_2 在表面温度超过 1696K 时会发生熔化,形成液态层,液态层表面还会蒸发成气体,因此硅基复合材料又被称为熔化 – 蒸发型烧蚀材料。

玻璃纤维与树脂复合材料有多种形式:长纤维与酚醛树脂用于弹道再入,短纤维增强环氧树脂和酚醛微球树脂用于"阿波罗"号宇宙飞船,短纤维和酚醛树脂用于"惠更斯"号或先进再入验证器。硅基复合材料是第一代再入弹头的热防护材料,它的优点是取材容易,工艺简单,成本低,加工周期短,材料导热系数低,具有良好的抗烧蚀性能和隔热性能,至今仍广泛应用在各类飞行器和固体发动机喷管的热防护系统中。

硅基复合材料的缺点是 SiO_2 的蒸发潜热仅为碳的平均升华热的 1/3。随着弹头战术、战略性能的进一步提高,特别是弹头的小型化,玻璃酚醛复合材料的抗烧蚀性能难以胜任更为苛刻的再入弹头的热环境,逐渐被抗烧蚀性能更为优越的 C/C 复合材料取代。

4.3.2.2 硅基复合材料烧蚀机理

硅基复合材料烧蚀机理研究始于 20 世纪 50 年代末。对于纯石英材料,Adams 最早提出了液态层物理模型,给出了小雷诺数情况的液态层控制方程,并针对驻点情况,获得了烧蚀速率的解析解。后来,研究人员又把该模型推广到非驻点情况,建立了质量守恒常微分方程,利用液态 SiO_2 高黏性的物理特性,对常微分方程作了进一步简化,经过积分,获得了代数关系式。由于硅基复合材料烧蚀过程中存在树脂热解碳,并且在高压地面试验状态下,烧蚀模型表面没有明显的液态层存在,对其能否用液态层模型曾有过争议。但是大量地面试验结果和飞行试验残骸分析表明,硅基复合材料在再入过程中,其烧蚀表面确实存在很薄的液态层。1963 年,Hidalgo 发表了理论计算与飞行试验结果的比较文章,为液态层模型提供了飞行试验结果的可靠依据。20 世纪 70 年代中期,我国研制的碳石英复合材料采用碳纤维增强陶瓷的工艺来改善硅基材料的烧蚀性能,取得了较好的效果。碳石英材料中的碳纤维与 SiO_2 有较多的接触面积,这无疑有利于碳硅反应的进行。经过多年的努力,人们对硅基材料的烧蚀机理已研究得比较清楚,建立了许多数学物理模型,广泛用于工程设计。

1) 烧蚀过程中的热效应

硅基复合材料是由玻璃布或高硅氧布和酚醛树脂复合而成的。玻璃布和高硅氧布的差别是 SiO_2 的含量不同,高硅氧布是纯 SiO_2,而玻璃布除主要成分 SiO_2

外,还有其他无机物,如 B_2O_3。在低热流密度的情况下,硅基复合材料仅有热沉吸热,而没有烧蚀现象。当表面温度升至 700K 左右时,酚醛树脂就会出现热裂解,释放出热解气体,留下碳的残渣。随着热流增加和表面温度升高,当玻璃纤维(或高硅氧纤维)达到足够高的温度(超过 1696K)时,就呈熔融状态,以玻璃"珠"或"液膜"的形式顺气流方向沿表面流动。在液态层流失的同时,会出现一系列的吸热或放热现象,主要包括:①材料的热容吸热;②表面材料熔化吸热;③熔化的 SiO_2 蒸发和分解反应吸热;④有机树脂的热分解吸热;⑤树脂热解碳与空气反应放热;⑥热解和表面烧蚀产生的气体引射到空气边界层产生热阻塞效应;⑦烧蚀表面向周围环境的热辐射。

2)树脂热分解

树脂热分解过程又称为碳化过程。在碳化期间,材料表层物质的变化可通过分析暴露于电弧等离子射流中的硅基材料的成分来确定。

表 4-1 给出了碳化过程中挥发物质的比例及元素组成。原材料中树脂含量为 25%,表中的 A、B、C 样品分别代表材料的不同部位,其顺序是从材料表面到内部。从表中可见,材料从表面到内部,树脂热解的量逐渐减少。表层样品 A 在分解反应中约有 12.5% 的物质挥发,相当于树脂含量的一半。

表 4-1 碳化过程中挥发物质的比例及元素组成

样品	气化比例/%	C/%	H/%	O/%
A	12.5	51.1	10.9	33.8
B	10.7	55.9	10.0	32.9
C	4.7	57.0	8.3	33.9

图 4-9 给出了几种常用树脂的气化率曲线。从图中可以看出,气化率高的树脂达到平衡的热解温度较低。环氧树脂的气化率约为 90%,平衡热解温度约为 873K;有机硅树脂的气化率为 13%,平衡热解温度为 1173K;酚醛树脂处于中间,气化率为 50%,平衡热解温度为 1073K。

3)液态层与表面化学反应

在发生烧蚀的情况下,绕过物体的高速、高温气流将产生非常高的剪切力和压力,这些机械力的冲刷作用会导致表面液态层沿表面的流失、高温分解遗留物的剥蚀。试验表明,无机物和有机物的组成比例,以及增强材料的物理特性(如玻璃、石英、石棉物理性能上的差别),对烧蚀流动的物理过程有明显的影响。对于玻璃纤维含量低于 50% 的玻璃增强塑料,模型表面只形成覆盖碳化表面,没有液态层的痕迹。但是当玻璃纤维含量占主要成分时,无论是在火箭发动机排气流中还是在等离子射流中的实验均表明,表面被一层很薄的熔融物质所覆盖。

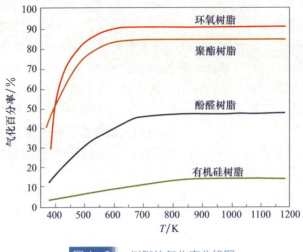

图4-9　树脂的气化率曲线图

酚醛树脂在1273K时已完成分解,因为热解气体的成分比较复杂,同时考虑到其本身含有氧的因素,所以一般不再考虑热解气体与空气的二次反应,把热解气体当作惰性气体处理,只是考虑它们对边界层的热阻塞效应。热解产生的C会与空气中的O_2发生化学反应,在更高的温度下,还会与N_2发生反应,甚至出现C的升华。考虑到有液态层存在时,表面温度不会很高,而且C在表面成分中所占比例较小,通常只考虑碳氧反应就足够了。热解碳与熔融玻璃纤维的组分SiO_2之间可能发生化学反应,但通过对电弧加热器烧蚀后的残骸分析表明,材料表面并不含有SiC和Si的组元,表明一般不会出现Si-C反应。因此,通常认为硅基复合材料在烧蚀过程中,表面主要发生以下三个化学反应:

$$SiO_2(l) \longrightarrow SiO_2(g) \tag{4-10}$$

$$SiO_2(g) \longrightarrow SiO + \frac{1}{2}O_2 \tag{4-11}$$

$$C + \frac{1}{2}O_2 \longrightarrow CO \tag{4-12}$$

4.3.3　碳基复合材料

4.3.3.1　碳基复合材料基本情况

用于烧蚀材料的碳基复合材料主要为各类C/C复合材料,由碳纤维或各种碳织物增强碳,或石墨化的脂碳以及化学气相沉积碳复合而成。C/C复合材料几乎完全是由C元素组成,具有烧蚀率低、高温强度好、质量小等特点,能够承受很高表面温度,通过表面辐射可去掉大量能量,是一种比较理想的高温烧蚀型热防护材料。飞行器防热用的 C/C 复合材料,主要由三向编织的碳纤维束与基体材料组成。将基体 C 填充到编织体孔隙内的方法主要有液相浸渍法和化学气相沉积法两种。

从 20 世纪 70 年代开始,随着第二代战略弹头向小型化、强突防和机动飞方向的发展,硅基复合材料的抗烧蚀性能已难以胜任更为苛刻的再入热环境,逐渐被抗烧蚀性能更为优越的碳基复合材料所取代,选取热防护材料的一个重要原则是组分材料有很高的化学潜热。硅基复合材料的主要成分是 SiO_2,它的蒸发潜热为 12690kJ/kg。C/C 复合材料的主要成分为 C,单个 C 原子的升华潜热为 59450kJ/kg,是 SiO_2 的 4 倍。当温度大于 3000K 时(C 开始升华的温度),C/C 复合材料的抗烧蚀性能会明显优于硅基复合材料。

由于碳基复合材料的烧蚀性能提高的潜力很大,早在 20 世纪 60 年代末,美国空军就提出研制碳纤维增强的 C/C 复合材料,以满足高性能战略再入弹头的热防护要求。经过几年的努力,AVCO 公司于 1968 年研制了 Mod – 3C/C 弹头材料;1969 年又研制了细编穿刺织物的弹头材料,纤维公司也研制了 2 – 2 – 3 结构的三向细编弹头材料。"民兵Ⅲ"导弹的 MK – 12A 弹头是美国最早采用碳基复合材料的弹头,其端头采用了 C/C 复合材料。1970 年,美国桑迪亚实验室制成了两种全尺寸的 C/C 弹头材料,在预定的再入条件下成功地完成了飞行试验。为了研究高级再入弹头的边界层转捩和烧蚀特性,美国于 1973 年 8 月发射了装有 ATJ – S 石墨端头的 TATAR 火箭飞行器,飞行弹道最高驻点压力为 7.3MPa,最高驻点热流为 35170kW/m^2,最大湍流热流为 73690kW/m^2。通用电气公司利用三向编织的 C/C 复合材料在美国空军材料实验室 50MW 电弧加热器中制备得到了有纵向沟的端头烧蚀外形。我国也于 20 世纪 70 年代末开始了碳基复合材料烧蚀问题的研究,并在型号研制中得到广泛应用。时至今日,碳基复合材料仍然是高速飞行器抵御严酷热环境的首选烧蚀型防热材料。

4.3.3.2　碳基复合材料烧蚀机理

材料在加热过程中的烧蚀机理研究,主要是明确材料通过何种方式损失质量,根据质量守恒原理,确定材料质量损失率与环境参数、材料性能参数之间的关系,根据能量守恒原理确定环境给予材料的气动加热、辐射加热和各种吸热量之间的关系。

对碳基材料而言,除少量杂质外,包含的唯一元素是 C。它的烧蚀过程与很多因素有关,而且各种因素也并不是孤立的,相互之间存在复杂的影响。大体上可以把烧蚀过程分为热化学烧蚀与机械剥蚀两部分。热化学烧蚀包括 C 表面在高温气流环境下与空气组元之间的化学反应和 C 的升华两个化学过程;机械剥蚀是在气流压力和剪切力作用下,由于基体材料和纤维密度不同造成烧蚀差异而引起的颗粒状剥落,或因热应力破坏引起的片状剥落。一般来说,机械剥蚀机制不如热化学烧蚀成熟,目前还只能根据试验进行经验或半经验估计。

1) C 与空气的表面化学反应

C 与空气的反应,主要是 C 的氧化和氮化反应。根据理论研究结果,在弹道飞行条件下,主要的生成物为 CO、C_2N,其次为 CN、C_2N_2、C_4N_2,再次为 C_2O 和 CN_2,最少为 CO_2 和 C_3O_2。碳基材料表面的主要化学反应如表 4-2 所列。

表 4-2 C 表面化学反应及其热效应

序号	反应式	3500K 的反应热/(kJ/mol)
1	$C + \frac{1}{2}O_2 \rightarrow CO$	130.6
2	$C + O_2 \rightarrow CO_2$	401.1
3	$2C + \frac{1}{2}O_2 \rightarrow C_2O$	-275.5
4	$3C + O_2 \rightarrow C_3O_2$	102.6
5	$C + \frac{1}{2}N_2 \rightarrow CN$	-425.4
6	$C + N_2 \rightarrow CN_2(C-N-N)$	-583.2
7	$C + N_2 \rightarrow CN_2(N-C-N)$	-436.3
8	$2C + \frac{1}{2}N_2 \rightarrow C_2N$	-546.8
9	$2C + N_2 \rightarrow C_2N_2$	-308.6
10	$4C + N_2 \rightarrow C_4N_2$	-533.0
11	$\frac{1}{2}N_2 \rightarrow N$	-484.0
12	$\frac{1}{2}O_2 \rightarrow O$	-257.1

C 与空气的反应看似简单,其实是非常复杂的。从低温到高温,会依次出现 C 的氧化、氮化和升华。其中 C 的氧化又包括氧化速率控制区、扩散控制区和介于二者之间的过渡区等复杂过程。氧化过程开始是速率控制的,氧化速率由表面反应动力学条件决定,与 O_2 向表面扩散过程无关。氧化动力学过程包括吸附、反应和解吸附等过程。低温时解吸附起控制作用,温度高时吸附起控制作用。随着温度升高,氧化急剧加快,O_2 供应逐渐不足,致使边界层内输送氧气的快慢程度对氧化率起控制作用,这时达到氧化扩散控制区。介于氧化速率控制区和氧化扩散控制区之间的区域,称为过渡区。在过渡区中,氧化速率由表面动

力学因素和边界层内对流扩散因素共同决定。在更高温度下,碳氮反应以及 C 的升华反应逐渐显著,升华过程也是由速率控制(动力学升华)过渡到扩散控制(平衡升华)的。如果温度和压力都极高(如表面温度约在 4300K 和压力在 100atm 以上)时,C 可以超过三相点,C 的熔化和液 C 的蒸发可以接着发生。

碳基复合材料烧蚀的动力学过程非常复杂,而且还受到很多其他因素的影响。首先,C 的氧化特性随材料微观结构不同而变化。碳有多种结构形式:钻石、玻璃体、热解碳、石墨、纤维等,通常石墨化程度越高,与氧的反应越难。其次,孔隙结构能够影响 C 的氧化特性,玻璃类碳氧化速率比石墨化热解碳低很多。最后,杂质对 C 氧化特性有很大影响。还有许多因素对 C 的氧化起催化作用,而有的因素能阻止 C 的氧化。另外,C 的表面积和体积比也影响 C 的氧化。对于 C/C 复合材料,影响因素更多,碳纤维和基体的氧化速率明显不同,更受到材料制备工艺、编织方式、热处理温度、杂质含量和石墨化程度等众多因素的影响。

2)碳基复合材料的力学剥蚀特性

碳基复合材料用于飞行器防热时,由于表面剪切力的作用和材料本身的热应力破坏,会出现机械剥蚀,包括微粒剥蚀和块状剥蚀两种情况。通过工艺的改进,消除宏观的孔洞,目前已可以避免块状剥蚀。但微粒剥蚀则难以避免,主要原因是复合材料的基体和基质的不同步烧蚀。碳基复合材料无论是石墨还是 C/C 复合材料,都由不同形态的 C 组成。例如,石墨,由颗粒 C 与黏合剂 C 组成,它们的密度不同,在烧蚀过程中相应的烧蚀速度也不同,出现了不同步烧蚀。黏合剂的烧蚀速度大于颗粒碳的烧蚀速度,造成表面粗糙、颗粒与黏合剂结合松弛。暴露在气流中的颗粒,在气动力作用下被吹走,这就是微粒剥蚀。C/C 复合材料中的树脂碳、纤维碳和浸渍碳,它们之间的密度也不相同,也有烧蚀不同步的现象。烧蚀速度最慢的纤维碳,当它暴露在气流中时,也会出现微粒剥蚀。

造成碳基材料机械剥蚀的另一个原因是烧蚀次表面结构的松弛。这一方面是烧蚀表面的氧化与升华使表面孔度增加与延伸;另一方面是极高的烧蚀次层表面温度,使材料内部的剩余有机物进一步裂解,次层内的蒸发效应也使内部孔度增加。

4.3.4 热解碳化材料

4.3.4.1 热解碳化材料基本情况

热解碳化烧蚀材料,是指用树脂黏缠填充纤维骨架编制体的一类烧蚀材料,如二维或三维树脂玻璃材料、C 和树脂条带缠绕碳酚醛(TWCP)材料、酚醛-浸渍碳烧蚀体(PICA)等。材料在受到外部加热过程中,其中的树脂会发生热解反应并产生热解气体,材料热解后留下多孔的碳化层,并在表面发生烧蚀;热解气体流经碳化层引射到表面上,与表面烧蚀产物一起对气动加热起阻塞作用。材料的这种热解反应,不仅影响表面烧蚀速度,而且还影响材料内部的温度分布。

单从材料组成来讲,热解碳化材料实际上是在硅基材料或碳基材料基础上,外加树脂成分而形成的一类防热材料,将其归类到硅基或碳基材料也说得过去。为了体现热解在烧蚀过程中发挥的作用,突出材料内部复杂的热响应,另外使用环境也与硅基和碳基材料大不相同,因此将其单独作为一类防热材料。这类材料大多应用于空间航天飞行器,包括返回式卫星和飞船返回舱等,它们的热环境特点为高焓、低热流、低压和长时间。例如,再入卫星与再入弹头相比,最大热流密度后者是前者的 210 倍,最高压力后者是前者的 1000 倍,但再入飞行时间前者为 400~1000s,后者仅为 20~60s。

美国于 20 世纪 60 年代初研制的生物卫星和"水星"号载人飞船的热防护系统,基本上继承了再入弹头热防护系统的研制成果,热防护材料密度较大。20 世纪 60 年代初,高速、高温边界层理论研究成果表明:向边界层引射某些气体或液体可以降低气动加热,即所谓热阻塞效应。这种热阻塞效应和来流总焓与无引射时的热流密度的比值有关,比值越大,热阻塞效率越高,也即对高焓、低热流密度的热环境来说,增加质量引射可以取得很好的热防护效果。受热阻塞效应研究成果的启发,热防护设计的工程师对飞船热防护系统提出一条与再入弹头不同的技术途径,即采用低密度的碳化复合材料以求达到最佳的热防护效果。

热解碳化材料按其密度大小可分为两类。一类是高密度碳化材料,如碳酚醛、涤纶酚醛以及尼龙酚醛复合材料等,其密度为 $1.2 \sim 1.4 \text{g/cm}^3$,主要用于弹头身部热防护。优点是原材料已是工业化产品,成本低,工艺较成熟,热防护性能已经过飞行试验考验;缺点是材料密度高,防热层质量大。另一类为低密度碳化材料,密度为 $0.5 \sim 0.8 \text{g/cm}^3$,常见的如美国"阿波罗"号载人飞船返回舱曾采用的 AVCO - 5026 - 39,它是一种酚醛玻璃蜂窝,格内充填酚醛环氧树脂加上石英纤维和酚醛小球。还有就是美国"双子星座"号飞船曾采用的 DC - 325、中国的"神舟"号载人飞船返回舱采用的 H88 和 H96,它们是在酚醛玻璃蜂窝格内充填硅橡胶材料。这类材料的优点是密度低,防热、隔热性能好。

4.3.4.2 热解碳化材料烧蚀机理

在返回式卫星或飞船的再入热环境作用下,低密度碳化材料的烧蚀机理与再入弹头防热材料有明显的差别。首先是吸热机制上的不同,再入弹头主要靠材料的化学反应吸热(包括材料的蒸发吸热、升华吸热、C - N 反应吸热等);返回式卫星和飞船则主要依靠材料热解吸热和热解气体注入边界层的热阻塞效应。其次是隔热性能的差别,弹头防热材料由于密度高,导热系数大,因而隔热性能差;而低密度碳化材料由于密度低,导热系数小,因而隔热性能好。最后是材料表面后退量的差别,弹头防热材料表面后退量大,烧蚀外形变化大,需要考虑烧蚀外形变化对弹头气动力的影响;而返回式卫星和飞船材料表面烧蚀后退量很小,不会对气动力产生影响,有些碳化材料(如硅橡胶),还会出现膨胀。基于上述这些差别,对碳化复合材料的热防护性能的研究重点应放在材料热解反应和有热解气体流动的热响应机制上。

1) 碳化材料的热解特性

碳化材料的一个重要特性是材料在一定温度下出现热解反应,高分子键裂解为低分子键。这种低分子键以气态流经碳化层,注入边界层。热解的效果是材料损失质量,热解反应吸收热量。

热解通常都是发生在一定的温度区间内,几种典型材料的热解温度区域为:509材料(类同AVCO-5026-39)和涤纶酚醛材料温度都为873~1073K,酚醛树脂温度为673~973K,107材料(类同DC-325)的温度为593~973K。其中热解反应最激烈的温度,四种材料均为773K,这也大致反映了高分子材料热解的一个共性。

表4-3给出几种碳化材料的分解吸热量,最高为碳酚醛,其次为涤纶酚醛,再次为107材料,最低为509材料。

表4-3 几种碳化材料的分解热

材料	509	107	涤纶酚醛	碳酚醛
分解热/($MJ \cdot kg^{-1}$)	87.7	124	231	465

利用热重分析仪,可测定树脂的气化分数和热解气体组成。酚醛树脂热解产物共有9种组元,最多摩尔分数组元为H_2(50.1%)、H_2O(23.4%)、CH_4(10.0%)。酚醛树脂的热失重分析结果表明:剩余质量分数在1073K近似为0.54,即气化分数为0.46,有接近一半质量变成热解气体。

107材料和DC-325材料的主要成分为双组分甲基硅橡胶,与其他几种碳化材料相比,其热解反应具有明显的二次裂解。这种二次裂解反应构成材料的内部空腔层,以及在一定加热条件下,材料表面出现膨胀。空腔层的形成和表面膨胀的出现:一方面,对提高材料的隔热性能十分有利;另一方面,在高热流和高剪力的条件下,烧蚀性能下降,这是不利的一面。

总的来说,碳化材料热解气体的主要成分为H_2、CH_4、H_2O、CO、CO_2等,其中摩尔百分数最多的为H_2。H_2与空气中的O_2产生以下化学反应:

$$2H_2 + O_2 \longrightarrow H_2O \tag{4-13}$$

式中产生的水蒸气在高温下与表面碳产生水煤气反应:

$$C + H_2O \longrightarrow H_2 + CO \tag{4-14}$$

式(4-13)和式(4-14)的总效应是C的燃烧反应。若认为反应为化学平衡反应,最终产物为 CO,那么 H_2 的燃烧反应以及 H_2O 与 C 的反应的总效应与 C 的燃烧效应是一致的。因此可以把热解气体当作惰性气体处理,在烧蚀计算中仅考虑 C 的燃烧即可。

2)碳化材料烧蚀热响应特征

碳化复合材料在加热过程中的热响应分为四层:材料最外层为烧蚀层,厚度等于材料的烧蚀后退距离;第二层为碳化层,主要是材料热解后剩留的碳骨架,以及流动的热解气体;第三层为热解层,材料在此发生热解,放出热解气体,材料的热解温度一般为 400~1200K;第四层为原始材料层。各层的吸热机制概括如下:①边界层主要机制有边界层传热(能量和质量传递)、离解气体复合/表面催化、烧蚀产物注入边界层产生热阻塞效应;②烧蚀层主要机制有交界面现象(热和质量平衡)、表面烧蚀化学反应(氧化、升华和裂解)、表面向环境的热辐射、移动边界;③碳化层主要机制有多孔介质传热传质、内辐射传热、材料热容吸热、热解气体流经多孔碳化层的热容吸热、热解气体二次裂解吸热;④热解反应区的主要机制有多孔介质传热传质、热解反应、材料的热容吸热、热解气体流过反应区的热容吸热;⑤原始材料区主要机制有材料热容吸热、热传导。

对于不含 Si 元素的碳化材料,其表面的热化学烧蚀与碳基材料基本相同,主要是 C 的燃烧、C 的升华和碳氮反应,主要的化学反应如表 4-2 所列。

热解气体流过碳化层注入边界层,对壁面气动加热和边界层结构主要有三个方面的影响:①热解气体注入边界层,会起热阻塞的作用,降低对流热流密度,即热阻效应;②热解气体进入边界层会改变壁面其他组元的浓度;③热解气体进入边界层会沿着边界层流动,起着空气流与烧蚀壁面之间的隔离作用,因此热解气体会减少有效粗糙度。

4.3.5 陶瓷基复合材料

4.3.5.1 陶瓷基复合材料基本情况

近年来,临近空间飞行器的兴起,对防热材料提出了更高的要求。所谓临近空间主要是指通用航空器飞行高度上限与地球低轨道下限之间的广阔空域,而临近空间飞行器是较长时间在临近空间以高超声速飞行的一类飞行器的总称。为了保持长时间飞行的气动外形不变,要求防热材料在 1000~2800℃ 的高温下能够保持非烧蚀或低烧蚀。显然,现有的烧蚀型防热材料是无法达到这一要求的,必须寻求或研制更为先进的防热材料。在这一背景下,各种新型复合材料应运而生,陶瓷基复合材料便是最有应用前景的一种。

陶瓷材料本身具有优良的耐高温性能,且其中的 SiO_2、SiC、Al_2O_3、Si_3N_4 和 BN 等材料不仅具有良好的耐烧蚀性能,还能在烧蚀条件下保持良好的介电性能。但陶瓷材料在脆性和抗热震性能上的不足,限制了它在防热材料上的应用。这些陶瓷基体材料采用高性能纤维编织物增强制得陶瓷基复合材料(CMC)后,不仅保持了比强度高、比模量高、热稳定性好的特点,而且克服了其脆性的弱点,抗热震性能也显著增强。CMC 用于航天防热结构,可实现耐烧蚀、隔热和结构支撑等多功能一体化设计,大幅度减轻系统质量,增加运载效率和使用寿命,提高导弹武器的射程和作战效能,是未来航天科技发展的关键支撑材料之一。

目前,研究最多、应用最成功和最广泛的陶瓷基复合材料是连续纤维增韧碳化硅(SiC)陶瓷基复合材料(CMC – SiC),主要包括碳纤维和碳化硅纤维增韧碳化硅(C/SiC、SiC/SiC)两种。其密度分别为难熔金属和高温合金的 1/10 和 1/4,比 C/C 复合材料具有更好的抗氧化性、抗烧蚀性和力学性能,覆盖的使用温度和寿命范围宽,因而得到了广泛的应用。CMC – SiC 在 700 ~ 1650℃ 范围内可以工作数百至上千小时,适用于航空发动机、核能和燃气轮机及高速刹车片;在 1650 ~ 2200℃ 范围内可以工作数小时至数十小时,适用于液体火箭发动机、冲压发动机和空天飞行器热防护系统等;在 2200 ~ 2800℃ 范围内可以工作数十秒,适用于固体火箭发动机。CMC – SiC 在高超声速飞行器上主要用于大面积热防护系统,比金属构件减重 50%,可减少发射准备程序,减少维护,延长使用寿命和降低成本。

目前,陶瓷基复合材料体系从实验室走向工程应用不久,对其烧蚀理论还没有完全研究清楚。有关试验结果表明,这类材料在高温下有一个共同特点:表面都会形成一层液态或固态抗氧化膜,抗氧化膜能够起到降低或阻滞表面氧与材料原始层进一步接触的作用,使烧蚀量大幅降低。添加含有 Zr 元素成分(如 ZrC、ZrB_2 等)的低烧蚀 C/C 复合材料的氧化膜,其主要成分是 ZrO_2,是一种疏松状固态抗氧化膜,厚度较厚(几毫米到十几毫米),氧气扩散遵从多孔介质的扩散机制,需要知道孔隙率和当量孔径;而 C/SiC 复合材料烧蚀形成的氧化膜,其主要成分是液态 SiO_2,氧气先溶解在液膜中,然后再扩散,氧化膜的厚度非常薄,通常只有微米量级。低烧蚀 C/C 复合材料是由 Z 向纤维和基体组成,基体材料氧化后很容易形成氧化膜,氧化过程以惰性氧化为主,Z 碳纤维烧蚀后形成一个个孔洞,当氧化膜达到一定厚度时会将孔洞封闭。而 C/SiC 复合材料从外观上看不出 C 和 SiC 的分界面,其烧蚀过程与外界条件有很大关系。在不同温度和压力条件下,C/SiC 复合材料可能发生惰性氧化和活性氧化两种氧化破坏机制。低温高压情况下容易形成抗氧化膜,发生惰性氧化;高温低压条件下,通常不会形成抗氧化膜,基体材料直接暴露在氧气中,将发生活性氧化。当温度达到 3000K 左右或以上时,材料会发生熔化分解,反应过程十分复杂。

由此可见,陶瓷基复合材料并不是材料本身多么耐烧蚀,其实它们恰恰是通过烧蚀来达到低烧蚀或非烧蚀的目的。但是,抗氧化膜的出现是有条件的,不是在所有情况下都能够形成抗氧化膜。对于液态和固态抗氧化膜，O_2 的扩散机制是不同的，而且还受到氧化膜晶态结构和杂质的影响，氧化膜的厚度也是不断变化的。氧化膜是通过烧蚀形成的，因此它们仍然属于烧蚀材料。由于新材料体系烧蚀的主控因素与传统烧蚀材料完全不同，它们是有别于传统烧蚀材料的新类型。

4.3.5.2 C/SiC 复合材料的氧化特性

SiC 属于硅基陶瓷材料，由于硅基陶瓷具有许多优良耐高温性能，特别是会出现惰性氧化，从 20 世纪 50 年代起就引起了人们的广泛关注，并对其活性氧化和惰性氧化行为进行了研究。到 20 世纪 90 年代，人们已经对这类材料的氧化行为有了比较深入的了解。与此同时，国内也开展了这一方面的研究工作。但是，由于 SiC 材料的制作成本高、成形面积小、脆性大，工程上一直难以推广应用。近年来，采用 C/C 增强 SiC 形成复合材料的技术日趋成熟，材料性能得到大幅提高，制造成本显著下降，已经开始在工程中得到初步应用。

SiC 材料根据制备方法不同可分为单晶 SiC、化学气相沉积 SiC（CVD - SiC）、烧结 SiC 和热压 SiC 等；根据晶体结构大致可分为 α - SiC 和 β - SiC 两类。晶体 SiC 的氧化行为具有方向性，可区分为快反应面和慢反应面，其氧化速率相差 6～7 倍。材料中是否含有杂质对氧化速率也有很大影响，一般情况下，杂质可使烧蚀速率显著提升。国内用于航天飞行器防热的 SiC 材料主要是采用化学气相沉积法制备的，纯度相对较高。

SiC 复合材料的烧蚀机理非常复杂。在 2600℃ 以上，SiC 将发生转熔分解，气态产物有 Si、Si_2、SiC_2、Si_nC、SiO 和 CO 等，反应过程十分复杂。其中，Si_nC 中的 n 在不同温度下可以为 2～4.3，很难确定。

在温度低于 2600℃ 时，SiC 的烧蚀取决于氧的分压、表面温度和材料微观结构及构成，可能出现活性氧化和惰性氧化两种破坏机制。在低压高温时，呈活性氧化，裸露的 SiC 与 O_2 直接反应生成气态产物 SiO 和 CO。反应式为

$$SiC + O_2 \longrightarrow SiO + CO \qquad (4-15)$$

反应可能为扩散控制、反应速度控制或混合控制。

逐渐增加氧浓度或分压，在某一状态下，将生成 SiO_2 抗氧化膜，即发生如下反应：

$$SiC + \frac{3}{2}O_2 \longrightarrow SiO_2 + CO \qquad (4-16)$$

SiO_2 在表面聚集将形成一层 SiO_2 固态或液态抗氧化膜，抗氧化膜的存在阻止了氧气直接与表面材料的反应，O_2 必须通过扩散穿过抗氧化膜才能到达 SiC 表面发生氧化反应，这一氧化过程为惰性氧化。

研究表明，惰性氧化速率主要受控于氧在 SiO_2 抗氧化膜中的扩散，而在不同

温度条件下 SiO_2 具有不同的氧扩散机制。实验结果表明，惰性氧化与活性氧化速率相差几个数量级，后者远大于前者。对防热而言，当然希望表面形成 SiO_2 抗氧化膜。但如果 O_2 压力逐渐减小，当 SiO_2 蒸发速率大于氧向抗氧化膜中的扩散速率时，抗氧化膜会消失，SiC 将裸露出来，转化为活性氧化，烧蚀量会急剧增大。人们对活性氧化向惰性氧化转化以及惰性氧化向活性氧化转化的过程和转化条件进行了大量研究，提出了很多分析模型。

从以上分析可以看出，C/SiC 等新型耐高温材料之所以耐烧蚀，不是因为材料本身是否有较高的抗烧蚀性能，而是因为材料基体受热后发生氧化反应，在表面形成一层氧化膜，O_2 必须通过氧化膜扩散才能到达基体表面发生氧化。由于氧化膜能有效阻止氧与基体材料直接接触，发生的是惰性氧化，可使烧蚀速度下降 4 个数量级。因此，这一类材料也是通过烧蚀来达到低烧蚀和非烧蚀目的。然而，不是在所有情况下都能形成氧化膜。在低压和高温情况下，氧化膜难以保持，裸露的基体材料氧化后不是生成固态或液态的氧化膜，而是直接生成气态产物，到达材料表面的氧不再受氧化膜限制，从而产生活性氧化，烧蚀量急剧增大。

4.4 其他热防护材料

4.4.1 高温隔热材料

在航天领域，高超声速飞行器服役热环境具有高温、长时的显著特征，因此用于该类装备的隔热材料必须具有耐高温和低导热系数两个基本特征，此时的隔热材料常称为高温高效隔热材料。目前，此类隔热材料主要有陶瓷纤维刚性隔热瓦、纳米隔热材料、柔性隔热毡等。

4.4.1.1 陶瓷纤维刚性隔热瓦

1）陶瓷纤维刚性隔热瓦发展现状

陶瓷纤维刚性隔热瓦是航天飞行器热防护系统中最重要的一类高温高效隔热材料，具有孔隙率高、体积密度低、力学性能优良、高温稳定性好、导热系数低、可加工性强等诸多优点。

美国在陶瓷纤维刚性隔热瓦的研究上起步最早，开展了大量的系统性研究工作，涉及制备、安装、考核及应用等多个方面。主要研究单位包括洛克希德·马丁公司（LMSC）、NASA 艾姆斯研究中心、波音公司等。发展的材料体系包括 LI 系列、FRCI 系列、AETB 系列、HTP 系列及 BRI 系列，具体发展历程及主要性能见表 4-4。为了提高材料的高温抗热辐射性能及抗气流冲刷性能，通常还在其表面覆盖高辐射涂层，较为典型的涂层体系包括 TUFI、RCG、HETC 等。为了满足特殊要求，研究人员还在材料孔隙内部填充了其他材料组分，包括纳米隔热材料和硅树脂等，前者可降低材料的热导率，后者可提高材料的防热功能。

表4-4 国外典型陶瓷纤维刚性隔热瓦及其主要性能

研制单位	时间	牌号	材料体系	密度/(g/cm³)	热导率/[W/(m·k)]	耐温性/K
LMSC	20世纪70年代	LI-900	石英纤维	0.128~0.152	0.050	1590(M)/1760(S)
LMSC	20世纪70年代	LI-2200	石英纤维	0.320~0.384	0.070	1640(M)/1810(S)
艾姆斯研究中心	20世纪70年代末	FRCI-12	石英纤维+硼硅酸铝纤维	0.191~0.216	0.053	1640(M)/1810(S)
艾姆斯研究中心	20世纪70年代末	FRCI-20	石英纤维+硼硅酸铝纤维	0.320	—	1640(M)/1810(S)
艾姆斯研究中心	20世纪70年代末	AETB-8	石英纤维+硼硅酸铝纤维+Al_2O_3纤维	0.128	—	1640(M)/1810(S)
艾姆斯研究中心	20世纪70年代末	AETB-12	石英纤维+硼硅酸铝纤维+Al_2O_3纤维	0.192	0.064	1700(M)/1870(S)
艾姆斯研究中心	20世纪70年代末	AETB-20	石英纤维+硼硅酸铝纤维+Al_2O_3纤维	0.320	—	—
LMSC	20世纪80年代	HTP-12	石英纤维+Al_2O_3纤维	0.192	—	1700
LMSC	20世纪80年代	HTP-22	石英纤维+Al_2O_3纤维	0.320	0.060	1700
波音公司	20世纪80年代	BRI-8	石英纤维+Al_2O_3纤维	0.128	—	1640(S)
波音公司	20世纪80年代	BRI-16	石英纤维+Al_2O_3纤维	0.320	—	1813

注：M 代表多次；S 代表单次。

国内从事陶瓷纤维刚性隔热瓦研究的单位包括航天材料及工艺研究所、国防科技大学、山东工业陶瓷研究设计院有限公司、航天特种材料及工艺技术研究所、哈尔滨工业大学、华南理工大学等。在陶瓷纤维隔热瓦涂层研究方面，主要研究单位有航天材料及工艺研究所、哈尔滨工业大学、天津大学、南京工业大学和山东工业陶瓷研究设计院有限公司等。目前,国内的陶瓷纤维刚性隔热瓦在耐高温等级及力学强度等方面较国外产品稍差。

美国最初将陶瓷纤维刚性隔热瓦用作航天飞机的大面积热防护材料,约占据了热防护材料面积的70%,主要应用部位为迎风面等区域。2004年11月,美国X-43A高超声速飞行器机身上使用了AETB陶瓷纤维刚性隔热瓦,成功进行了最大飞行速度达马赫数10的演示验证飞行试验。美国于2010年4月发射的X-37B轨道试验飞行器的迎风面使用了最新研制的BRI陶瓷纤维刚性隔热瓦。另外,NASA在X-43A发动机地面考核试验中,将AETB陶瓷纤维刚性隔热瓦用于发动机进气道斜坡,取得了较好效果。2010年5月,美国首次试飞成功的X-51A高超声速飞行器超燃冲压发动机的进气道斜坡和脊部也使用了BRI陶瓷纤维刚性隔热瓦。

制备陶瓷纤维刚性隔热瓦所需的原材料包括陶瓷纤维、水、黏合剂、烧结助剂、分散剂、遮光剂等。其中,陶瓷纤维为主要成分,赋予材料良好的隔热性能和一定的力学性能;水作为主要分散介质,在物料混匀中具有极为重要的作用;烧结助剂以碳化硼(B_4C)等硼化物为主,在高温下与陶瓷纤维等发生物理化学作用,最终转变为耐高温陶瓷相,并与纤维黏结在一起,为隔热瓦提供必要的力学强度;黏合剂为淀粉等材料,赋予毛坯一定的力学性能并保证毛坯在干燥过程中不发生膨胀;分散剂的作用是调控陶瓷纤维的表面电荷,使纤维之间产生斥力,达到更好的分散效果,一般选用无机酸或无机碱;遮光剂为纳米尺度的陶瓷粉末,在高温下可有效阻挡红外辐射,确保材料具有较好的高温隔热性能。

按照制备过程中采用的陶瓷纤维种类,可将陶瓷纤维刚性隔热瓦分为石英纤维刚性隔热瓦、莫来石纤维刚性隔热瓦、Al_2O_3纤维刚性隔热瓦、氧化锆(ZrO_2)纤维刚性隔热瓦及氧化硅(SiO_2)-Al_2O_3纤维刚性隔热瓦等。

2)陶瓷纤维刚性隔热瓦的设计

陶瓷纤维刚性隔热瓦的主要成分为陶瓷纤维,因此陶瓷纤维的基本热物理性质在很大程度上决定了材料的微观结构、导热系数、力学强度、高温稳定性等。表4-5为几种用于隔热瓦的陶瓷纤维材料的基本性质。

表4-5 陶瓷纤维的基本性质

种类	使用温度/℃	直径/μm	化学成分
石英纤维	1260	1~3	SiO_2含量不小于99.5%
硅酸铝纤维	1350	2~4	(SiO_2+Al_2O_3)含量不小于96%
莫来石纤维	1500	3~5	Al_2O_3含量72%~75%
Al_2O_3纤维	1600	2~3	Al_2O_3含量95%
ZrO_2纤维	>2000	5~12	立方相ZrO_2含量95%

与其他陶瓷纤维相比,石英纤维具有导热系数低、热膨胀系数小、弹性模量适中等显著优势,因此是制备陶瓷纤维刚性隔热瓦的首选原材料。以石英纤维为主要成分制备的陶瓷纤维隔热瓦通常称为石英纤维隔热瓦。为了提高隔热瓦的耐高温等级,可以采用耐高温性能更好的莫来石纤维、Al_2O_3纤维等替代部分的石英纤维,这种隔热瓦一般称为高温隔热瓦。

为了方便计算设计,可将陶瓷纤维刚性隔热瓦的微观结构简化为图4-10所示的导热系数计算物理模型。其中,黑色部分为烧结助剂转变而成的陶瓷相,灰色部分为陶瓷纤维,其他为气相。水平方向棱柱的长度为隔热瓦的平均孔隙直径d;垂直方向棱柱是纤维之间沿垂直方向的传热路径,其高度为h。经传热计算分析,这一物理模型的导热系数λ_e可以表示为

$$\lambda_e = \frac{4a^2\lambda_1 + 4ad\lambda_3 + d^2\lambda_2}{(2a+d)^2} \quad (4-17)$$

式中:a为纤维的半径,即$a = d_f/2$,d_f为纤维的平均直径;λ_1、λ_2、λ_3分别为四条边上黏合剂-纤维-黏合剂的串联导热系数、中心区域气相导热系数、四个侧面纤维-气相-纤维的串联热导率,计算公式分别为

$$\lambda_1 = \frac{h+2a}{\dfrac{a}{\lambda_n} + \dfrac{h}{\lambda_f} + \dfrac{a}{\lambda_n}} = \frac{(h+2a)\lambda_n\lambda_f}{2a\lambda_f + h\lambda_n} \quad (4-18)$$

$$\lambda_2 = \lambda_g \quad (4-19)$$

图4-10 陶瓷纤维刚性隔热瓦导热系数计算物理模型

$$\lambda_3 = \frac{h+2a}{\dfrac{a}{\lambda_f}+\dfrac{h}{\lambda_g}+\dfrac{a}{\lambda_f}} = \frac{(h+2a)\lambda_g\lambda_f}{2a\lambda_g + h\lambda_f} \qquad (4-20)$$

式中:λ_n、λ_g、λ_f 分别为黏合剂、气相和纤维的导热系数;由于材料中的孔由纤维搭接组成,d 为一个与纤维平均长度有关的量,假设平均孔径 d 与纤维平均长度 l_f 呈线性关系,即 $d=\beta l_f$,β 为系数;h 为纤维在竖直方向上的投影长度,即 $h=l_f\sin\theta$,其中 θ 为纤维与水平方向的平均夹角。

由式(4-17)计算得到陶瓷纤维直径及材料孔隙率对刚性隔热瓦导热系数的影响,结果如图 4-11 所示。从图中可以看到,陶瓷纤维刚性隔热瓦的导热系数随陶瓷纤维直径的增大而提高,但随着孔隙率提高而降低。因此,在刚性隔热瓦的制备过程中,应尽量选用直径较小的陶瓷纤维,同时要尽量提高材料的孔隙率。

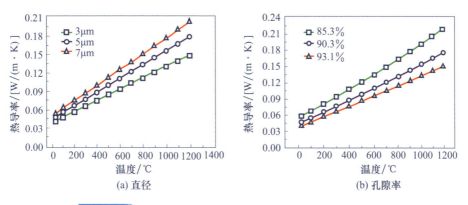

图 4-11　陶瓷纤维直径及孔隙率对隔热瓦导热系数的影响

4.4.1.2 纳米隔热材料

1) 纳米隔热材料发展现状

纳米隔热材料主要是指以气凝胶为代表的一类隔热材料。同其他隔热材料相比,这类材料内部具有纳米尺度的孔隙结构,使其具有极低的导热系数,表现出优异的隔热性能。此外,纳米隔热材料的孔隙率可达 90% 左右,因此还具有体积密度非常低的优点。纳米隔热材料因其优异的综合性能,被视为当前最具有发展潜力的高温高效隔热材料。

纳米隔热材料的起源可追溯到 1931 年,当前已成为隔热材料研究领域的热点之一,受到国内外研究人员的重视。国外,比较有影响力和生产规模的单位为 Aspen 公司。国内,最早从事纳米隔热材料研究的单位是同济大学,在航天隔热领域进行实际应用的单位主要包括航天材料及工艺研究所、国防科技大学和航天特种材料及工艺研究所等。

纳米隔热材料在航天领域最著名的应用,是美国将其用于太空高速粒子捕捉及深空探测器在超低温环境下的保温。尽管前者与隔热无关,后者与高超声速武器等面临的高温热环境有所不同,但两者均显示出这类材料在航天领域的广阔应用前景。另外,NASA艾姆斯研究中心在航天飞机的研制过程中,还曾发展了隔热瓦增强的 SiO_2 纳米隔热材料。纳米隔热材料还可用于武器动力装置中,用以阻止热源扩散,以提高武器装备的反红外侦察能力。

纳米隔热材料一般采用溶胶-凝胶技术制备,典型制备工艺流程为:将制备纳米隔热材料的前驱体(如正硅酸乙酯、仲丁醇铝)溶解到适量溶剂中,在适量水和催化剂的作用下,经水解、缩聚等过程得到凝胶,再经老化、干燥过程去除凝胶中的水和溶剂后,获得最后的纳米隔热材料。为提高材料的力学强度和隔热性能,通常还要在制备过程中加入增强纤维和遮光剂等功能性添加剂。

依据材料的组成成分,可将作为高温高效隔热材料使用的纳米隔热材料分为 SiO_2 纳米隔热材料、Al_2O_3 纳米隔热材料及 SiO_2-Al_2O_3 纳米隔热材料。

2)纳米隔热材料的设计

纳米孔隙结构是纳米隔热材料最典型的微结构特性,同时也是其具有超低导热系数的根本原因。纳米材料孔隙尺寸对其气相导热系数的影响可采用经典的Kaganer模型进行描述。这一模型是基于克努森数(Kn)建立的,其数学表达式为

$$k_g = \frac{\Pi k_{g,0}}{1 + 2\beta Kn} \quad (4-21)$$

式中:k_g 为多孔材料的气相导热系数;Π 为材料的孔隙率;$k_{g,0}$ 为自由空气的导热系数;β 为常数,表示气体分子与多孔材料孔壁之间的相互作用,对于空气来说,一般取值为1.5;Kn 为克努森数,表达式为 $Kn = l_g/D$。其中,D 为多孔材料的孔隙尺寸;l_g 为气体分子的平均自由程,是温度和压力的函数,可表示为

$$l_g(T) = \frac{k_B T}{\sqrt{2}\pi d_g^2 P_g} \quad (4-22)$$

式中:k_B 为玻尔兹曼常数;T 为热力学温度;d_g 为气体分子平均直径,空气取值为 3.54×10^{-10} m;P_g 为多孔材料孔隙内部的气压。

图4-12为材料孔隙尺寸大小对气相导热系数的影响。从图中可以看出,气相导热系数随孔隙尺寸的增大而升高,因此需要将材料的孔隙尺度尽量控制在较小的范围。

与陶瓷纤维刚性隔热瓦类似,纳米隔热材料的组成成分同样会对其热导率和隔热性能产生影响,但主要表现为对固相导热系数的影响。具有这种微结构特征的材料的固相导热系数 λ'_s 可表示为

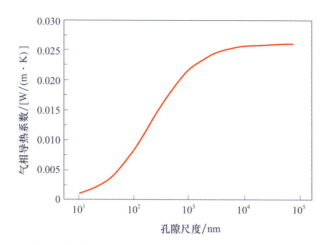

图4-12　材料孔隙尺度对气相导热系数的影响

$$\lambda'_s = \frac{\rho v \lambda_s}{\rho_s v_s} \qquad (4-23)$$

式中：ρ 和 ρ_s 分别为材料的表观密度和固体骨架材料的真密度；v 和 v_s 分别为两者的声速；λ_s 为骨架材料的本征导热系数。

表4-6 为主要材料体系的物性参数，结合式(4-10)可知，材料组分的控制十分重要。

表4-6　材料体系的物性参数

组分	λ_s/[W/(m·k)]	ρ_s/(kg/m³)	v_s/(km/s)	$\lambda_s/(\rho_s v_s)$/[×10⁻⁸m³/(s²·k)]	v/(m/s)
SiO₂	1.34	2200	5.90	10	150
TiO₂	6.50	4170	4.64	34	—
Al₂O₃	30.2	3970	9.79	78	—
ZrO₂	1.97	5560	5.77	6.1	—

4.4.1.3　柔性隔热毡

1) 柔性隔热毡发展现状

柔性隔热毡是美国航天飞机中应用的另一类必不可少的大面积用热防护材料，它以无机纤维(棉)为内置隔热组分，外部以无机纤维布包覆后，采用无机纤维线缝制固定，外形类似棉被。与陶瓷纤维刚性隔热瓦等刚性隔热材料相比，柔性隔热毡在使用过程中不存在热匹配问题，不但方便成型、大尺寸复杂隔热构件可直接进行应用，并且具有质量小、抗热震性好及价格低廉等优点，是飞行器理想的大面积用热防护材料。目前，国外发展的主要种类有 FRSI、AFRSI、CFBI、

TABI、CRI、OFI 等,基本性能见表 4-7。国内进行柔性隔热毡研究、生产和应用的单位主要有航天材料及工艺研究所、国防科技大学、天津大学等。总体而言,国内柔性隔热毡的性能要低于国外,尤其是高温稳定性方面。

柔性隔热毡在飞行器隔热系统中得到了广泛应用,最早应用于航天飞机的背风面。X-51A 飞行器中除在上表面大面积使用 FRSI 柔性隔热毡之外,还用其来隔绝超燃冲压发动机燃烧时的高温辐射热量。此外,X-37B 轨道试验飞行器的背风面上大面积使用了 CRI 隔热毡。

柔性隔热毡制备工艺较为简单,基本流程为:将陶瓷纤维(棉)和纤维布按顺序铺层后,以陶瓷纤维线上下贯穿隔热材料的各层并固定。其中,陶瓷纤维(棉)为柔性隔热毡的核心,赋予材料隔热性能;纤维布和纤维线将陶瓷纤维(棉)封闭在特定空间内,赋予材料较好的整体性。

表 4-7 国外柔性隔热毡牌号及基本性能

研制单位	牌号	缝线	填充物	包覆布	热导率/[W/(m·k)]	使用温度
艾姆斯研究中心	FRSI	石英纤维线	石英纤维毡	石英纤维布	—	最高使用温度低于 815℃
艾姆斯研究中心	AFRSI	硅酸铝纤维线	石英纤维毡	硅酸铝纤维布	0.033	重复使用温度达 1037℃
艾姆斯研究中心	CFBI	碳化硅纤维线	氧化铝辐射屏+隔热材料	碳化硅纤维布	0.035	—
艾姆斯研究中心	TABI	碳化硅纤维线	氧化硅、氧化铝、硼硅酸铝纤维	硅酸铝纤维布或碳化硅纤维布	—	1480℃下具有较好的稳定性
波音公司	CRI	硅酸铝纤维线(高温面);石英纤维线(低温面)	氧化硅、氧化铝、氧化硼等陶瓷纤维	硅酸铝纤维布(高温面);石英纤维布(低温面)	—	最高使用温度为 1200℃
艾姆斯研究中心	OFI	硅酸铝纤维线	氧化硅、氧化铝、氧化锆等陶瓷纤维,遮光剂	硼硅酸铝纤维布	—	1482~1650℃

2) 柔性隔热毡设计

柔性隔热毡中填充的陶瓷纤维或陶瓷纤维棉主要影响材料的耐高温等级、隔热性能及密度等;纤维线及纤维线的疏密程度决定材料的拉伸强度;纤维布和纤维线也在一定程度上决定了材料的耐高温等级。因此,需要根据使用温度和使用时间对材料的组分进行设计。其中,陶瓷纤维(棉)可以选用石英纤维(棉)、硅硼酸铝纤维、莫来石纤维、氧化铝纤维、碳化硅纤维、氧化锆纤维等,其导热系数和密度依次降低,但高温稳定性逐渐提高;纤维布可以选用石英纤维布、硅酸铝纤维布、氧化铝纤维布、碳化硅纤维布、氧化锆纤维布等;纤维线可以选用石英纤维线、硅硼酸铝纤维线、氧化铝纤维线和碳化硅纤维线等。除此之外,还可通过在陶瓷纤维中增加反射屏的方式进一步提高材料的高温隔热性能。

在微结构设计上,可以将陶瓷纤维与纳米隔热材料复合,将其中原有的微米孔隙尺度减小至纳米量级,利用纳米尺度效应降低材料的导热系数,提高材料的隔热性能,其原理与纳米隔热材料类似。

4.4.2 热密封材料

4.4.2.1 热密封材料应满足的基本条件

热密封结构是热防护技术中的短板,美国的"亚特兰蒂斯"号航天飞机曾因再入飞行时的加热过程导致热密封件破损,然而针对热密封结构的研究及评估相对较少。为达到飞行器密封间隙的热防护要求,热密封材料应满足以下条件。

(1)稳定的高温表现。热密封材料处于极端的高温有氧环境中,通过热分析预测其接触热流温度可达 1260℃ 左右。为尽可能阻挡热流、发挥效能,热密封材料应具有良好的高温热稳定性及抗氧化性,并在高温环境下具有尽可能低的导热系数。

(2)优良的高温力学性能。飞行器处在超高温、急速升降温、强烈振动以及冲刷等复杂的极端环境中时,为达到更好的密封效果及强度,材料应具有低模量和高强度,同时为应对使用期间的循环摩擦载荷,避免防隔热流能力下降,材料应具有良好的耐磨损性。

(3)轻质、易加工。为减轻飞行器负载,应着力开发低密度的轻质热密封材料。同时,考虑实际生产情况,低硬度、易加工的热密封材料有助于降低加工难度、减轻成本压力。

高温热密封材料广泛应用于飞行器的控制面、机身防热部件交接处和机身舱门等开口部位,表 4-8 总结了各部位常用的热密封结构。

表 4-8 常用的高温热密封结构

密封方式	使用部位	热密封结构	作用	使用温度
静密封	机身防热部件	填隙式密封(部件交接处)	阻挡缝隙,中高温隔热	1000℃ 以下
		封闭瓦(表面)	衔接各防热部件	1200℃
	机身开口部位	热障密封(外层)	减少外空气进入	1000℃ 以上
		气压密封(内层)	防止机体内外空气对流	-106.7~126.7℃
动密封	控制面	基线式密封	保护作动器及机身温度敏感结构	670℃
		栅片式密封	保证发动机安全有效工作	1100~1371℃

4.4.2.2 热密封材料发展现状

现有的热密封材料主要以纤维、弹簧及栅片的形式应用于热密封结构中，表4-9对其应用部位及优缺点进行了总结。目前，达到应用水平的热密封材料以 Si_3N_4、ZrO_2 和莫来石为代表，SiC、Al_2O_3 也作为热门候选材料受到了关注。从表4-9可以看出，传统热密封材料普遍具有耐高温、抗氧化等优良性能，但也存在密度较高、加工较难、导热系数不够低等问题，实际上已无法完全满足当前高超声速飞行器由于速率提升、续航增长而日趋严苛的热密封需求。

表4-9 典型热密封结构材料的应用部位与优缺点

材料名称	应用方式	应用结构	优点	缺点
Si_3N_4	栅片、弹簧	栅片式密封	综合性能理想；使用温度高；高温下的高回弹性；抗氧化性	硬度高，难加工；导热系数高；密度大；成本高
ZrO_2	弹簧	热障密封；栅片式热密封	高熔点、低导热系数；热膨胀系数接近合金；高断裂韧性	易产生相变，导致裂纹；硬度高，难加工；密度大；热膨胀系数大
莫来石	弹簧、套管、纤维	填隙式热密封；热障密封；基线式热密封	导热系数低；热膨胀系数低	难加工

在静密封方面，传统的填隙式热密封结构多采用高温陶瓷纤维织物或柔性材料填充，这种结构能够有效阻挡中高温热流，在机身热防护系统热密封方面有着非常广泛的应用，但难以满足1000℃以上的高温热密封要求。因此人们又开发了新型的热障密封结构及气压密封结构。新型热障密封结构由高温合金编制的管状弹簧、Nextel 纤维套管及 Nextel 纤维织物组成，高温回弹性比传统热障密封结构有所提升。而气压密封结构则使用硅橡胶制成中空管状密封条及尾端，表面由 Nomex 纤维织物覆盖。

动密封结构可分为基线式热密封和栅片式热密封两类。基线式热密封结构最早应用于 X-38 高超声速飞行器中，这种弹簧管组件结构可通过缠绕在转动轴缝隙处达到密封效果。基线式热密封结构的骨架为高温合金编织弹簧，内部填充隔热的陶瓷纤维棉芯，外部包裹耐温耐火的多层莫来石纤维套管 Nextel 312 和 Nextel 440，其使用温度受高温合金弹簧骨架的耐温性和抗氧化性的制约。镍铬高温合金弹簧在670℃左右即开始出现回弹性失效，无法满足高温下长期服役的要求。

为了进一步满足高温下的动态热防护需求，NASA 格伦研究中心于 20 世纪 90 年代开发了栅片式热密封结构，最早用于 X-51 的超燃冲压发动机中。对于高超声速飞行器发动机而言，其尾喷管和机体之间的密封部位处于苛刻的高温热流和氧化环境中，需要采用栅片式热密封组件，承受 1100～1371℃ 的温度和约 0.7MPa 的压力，同时还要具有良好的抗氧化能力和可加工性。栅片式热密封结构由密封栅板、弹性构件和高温腻子三部分组成，可通过调节密封凹槽尺寸、栅片厚度和装配紧密度来调整密封预紧力。结合辅助密封的预载荷装置后，栅片式密封结构具有良好的贴合性、回弹性，并且能够利用内外气压差进行自密封。与其他热密封结构相比，采用致密陶瓷栅片作为密封组件，其耐久性和密封性都有很大的提升，非常适合用于高超声速飞行器的热密封系统。

NASA 格伦研究中心对比了冷压烧结 Al_2O_3、热压烧结 α-SiC、热压烧结 Si_3N_4 和冷压烧结 Si_3N_4 等材料，结果表明 Si_3N_4 陶瓷的各项性能参数最为理想，其使用温度高达 1357℃。同时，Si_3N_4 陶瓷用作预载荷装置的压缩弹簧时也有良好表现。实验证明其在 1204℃ 循环载荷下仍有较高回弹性。NHK Spring 公司研发了 Si_3N_4 压缩弹簧，其使用温度也可达到 1000℃。但 Si_3N_4 作为热密封材料仍存在硬度高、脆性高、加工难度大的问题，同时其导热系数、密度、成本也较高。目前，主要的栅片式热密封候选材料密度均较高、加工较难，导热系数也不够低，开发新型陶瓷栅片材料对热密封材料的发展具有重要的意义。

4.4.3 热透波材料

热透波材料早期的研究工作主要是针对耐高温性能和介电性能均较为优良的陶瓷材料开展，应用对象主要为各类空空、地空和空地导弹。除根据实际使用需求进行材料体系筛选外，更多的工作集中在改善材料的力学性能，特别是脆性和抗热冲击性能，以提高天线罩的安全性和可靠性。随着弹道式精确末制导导弹的出现，天线罩尺寸增加，陶瓷天线罩的可靠性和安全性难以满足高马赫数再入飞行器的热冲击和气动载荷要求。针对高马赫数再入的应用环境，发展出了陶瓷基透波复合材料天线罩，并进行了大量的研究工作。

4.4.3.1 陶瓷透波材料

氧化物陶瓷是研究最早，也是迄今为止品种最多的热透波材料体系，其中 Al_2O_3 陶瓷是第一种商业化高温天线罩材料。20 世纪 50～80 年代，美国军方与康宁公司(Corning)、雷神公司(Raytheon)、佐治亚理工学院(Georgia Tech)等多家公司和高校合作，对微晶玻璃、堇青石陶瓷、BeO 陶瓷、石英陶瓷等材料开展了大量的研究工作。其中，微晶玻璃和石英陶瓷具有优异的综合性能，在飞行马赫数为 3 以上的空空导弹和地空导弹上获得了广泛应用。特别是石英陶瓷，可以在飞行马赫数为 3.5 以上的导弹上使用。

氮化物陶瓷热透波材料的研究工作始于 20 世纪 60 年代,主要是 Si_3N_4、氮氧化硅(SiN_xO_y)、塞隆($SiALON$)和氮化硼(BN),以及复相陶瓷,该类材料的耐高温和耐烧蚀性能普遍优于氧化物陶瓷。虽然已有很长的研究历史,但由于若干技术未突破和成本较高等原因,型号应用还不广泛。据了解,Si_3N_4 陶瓷天线罩已经在 PAC-3 导弹上实现了工程应用。PAC-3 导弹采用了高精度的毫米波主动雷达末制导,其制导精度小于 0.17m,导弹的最大飞行马赫数达到 6~7,气动载荷和气动热超过了传统石英陶瓷天线罩承受范围。氮化物陶瓷目前仍然是高温透波材料研究的热点之一,特别是多孔陶瓷,是一个重要的发展方向,可作为宽频热透波材料使用,是高速反辐射导弹研制需要攻克的关键技术之一。

国内早期主要发展出微晶玻璃和石英玻璃材料,20 世纪 90 年代以后,石英陶瓷材料技术逐步成熟,现已成为地空导弹和空空导弹天线罩的主要材料。在 Si_3N_4 陶瓷材料方面,国内也开展了大量研究工作,研制出的材料具有良好的力学和介电综合性能,并已突破天线罩工程应用技术。

4.4.3.2 陶瓷基透波复合材料

为了大幅度提高热透波材料的抗热冲击性能,满足高速再入环境条件需求,20 世纪 70 年代末至 20 世纪 80 年代初,美国菲格福特公司(Philco-Ford)和通用电气公司(General Electric company)首先开展了石英纤维增强 SiO_2 热透波复合材料研究工作,发展了系列材料制备工艺,全面评价了材料综合性能,但后续研究和应用工作情况未见报道。为进一步提高复合材料的抗烧蚀性能,美国还开展过少量的 BN 纤维增强 BN 复合材料研制工作,但未见天线罩的应用报道。

20 世纪 50~60 年代,从低成本需求出发,苏联、美国和联邦德国开始进行硅质纤维织物增强磷酸盐复合材料研究,其中具有代表性的是苏联研制的磷酸铬铝材料,可以在 170℃下低温固化,并在 1200℃高温下使用。我国从 20 世纪 90 年代末开始同类材料研究,突破了低温固化高温使用、介电性能调控等关键技术,采用模压工艺制备的材料获得了少量应用。磷酸盐类热透波材料具有明显的低成本优势,但与其他热透波材料相比,其介电和力学综合性能较为普通,且不适合高热流状态环境使用。

我国从 20 世纪 70 年代开始进行石英纤维增强 SiO_2 复合材料研究工作,经过近 50 年的发展,突破了石英纤维制备、增强织物结构设计、织物编织、高效浸渍复合等一系列材料研制和工程应用关键技术。针对不同需求,研制出穿刺结构、三向正交结构、浅弯交联结构等一系列具有优良力学、介电性能、烧蚀和热物理等综合性能的高温透波材料及构件,满足了系列重大型号背景需求,材料体系也基本成熟,是目前国内高温透波材料的主要品种。

相比于纯陶瓷材料,陶瓷基复合材料的最大优势在于具有较好的抗热冲击性能和结构可靠性，特别适用于高超声速再入的热力载荷环境。该类材料的不足在于孔隙率较高，烧蚀性能低于同类的致密陶瓷材料，围绕提高耐烧蚀性能的一个重要的研究方向是研制氮化物和氮氧化物复合材料。

目前，已开展过的氮化物纤维增强氮化物基体复合材料研究工作比较少，这主要受复杂的工艺流程、苛刻的工艺环境和设备要求，以及高昂的材料成本所限。我国近年开展过 BN 纤维增强 Si_3N_4 复合材料探索研究，同时也对石英纤维增强 Si_3N_4/BN 复合材料开展了较多的研究工作，采用了与 SiO_2 基复合材料相似的循环浸渍热处理工艺。由于受石英纤维性能高温退化的制约，该类材料很难充分发挥出氮化物基体在力学和耐烧蚀方面的优势，材料的综合性能与 SiO_2 复合材料相近。连续氮化硅纤维增强复合材料是继 SiO_2 基复合材料之后的新一代耐烧蚀天线罩材料，我国针对该材料开展了相关研究工作。结果表明，相同热环境下材料的线烧蚀速率显著降低，且烧蚀面平整，同时连续氮化硅纤维复合材料的高温力学性能显著优于石英复合材料。

综上所述，国内外热透波材料的研究主要针对各类空空、地空、空地及弹道式精确末制导导弹，发展出了各种类型的热透波材料，这类服役环境具有温度高、时间短的特点。随着先进航天飞行器的不断发展，大气层内（或跨大气层）高超声速飞行器的出现对热透波材料提出了长时、耐高温、抗烧蚀的需求，急需发展长时热透波材料，并结合高超声速服役环境特点开展系统、深入的研究。

4.4.3.3 长时热透波材料

在短时高温飞行条件下，天线罩、天线窗外表面温度较高，内表面温度相对较低，高温区域主要集中在外表面，内部仍有相当厚的承载层处于相对较低的温度下，温度值未超过热透波材料的高温承载上限，可满足短时高速飞行要求。随着高超声速飞行器的不断发展，飞行时间由之前的十几秒逐渐发展到几百秒甚至数千秒量级。长时飞行带来的气动热导致天线罩、天线窗的整个壁厚达到较高温度，对热透波材料的承载温度上限提出了更高要求，同时还要求其具有抗烧蚀能力和稳定的高温介电性能。在这种长时高温条件下，目前应用较多的石英类短时热透波材料不能完全满足使用要求。

石英类材料在 1000℃ 以上会出现析晶现象，在 1200℃ 以上会出现明显析晶现象，复合材料强度急剧下降，强度保留率在 40% 以下。受高温力学性能的制约，当长时气动加热温度达到 1000℃ 以上时，石英类材料将难以满足高温长时高承载要求。

根据高超声速飞行器的服役环境特点，需要对长时热透波材料进行针对性设计，从性能上综合考虑材料的高温承载性能、抗烧蚀性能和高温介电性能，并根据使用部位和部件尺寸重点考虑可靠性问题。

在高温承载方面，如前面所述，石英类材料在 1000℃ 以上会出现析晶现象，导致强度下降,因此只能适用于1000℃以下的高温长时环境;Al_2O_3陶瓷虽然强度高,但是由于其弹性模量较高(370GPa),热膨胀系数较大(8.1×10^{-6}/℃),其抗热冲击性较差,只适用于飞行马赫数小于3的使用环境,而且构件尺寸不宜过大。连续Al_2O_3纤维增强复合材料克服了Al_2O_3陶瓷抗热冲击差的问题,具有优良的结构可靠性,高温强度优良,1200℃时拉伸强度在30MPa以上,适用于1200℃以下的高温长时飞行环境;Si_3N_4陶瓷材料具有良好的抗热冲击性能和高温力学性能,可作为马赫数为6~7高速飞行器的天线窗和小尺寸天线罩。连续Si_3N_4纤维增强复合材料具有优良的结构可靠性,同时具有良好的高温力学性能,可满足1400℃的高温承载透波要求。

在高温介电性能方面,要求长时热透波材料在室温至高温内的介电性能保持稳定,介电常数不出现大幅度的波动,同时介电损耗保持在10^{-2}以下,以保证高温下电磁信号的透过性。上述几类长时热透波材料在室温~1500℃内的介电性能稳定,可满足超声速飞行器的高温透波要求。

在结构可靠性方面,对于陶瓷类长时热透波材料,如石英陶瓷、Al_2O_3陶瓷和Si_3N_4陶瓷,由于陶瓷材料的本征脆性,在受力状态下,内部微裂纹将产生突发性扩展。裂纹扩展后将引起周围应力的重新分配,导致裂纹扩展的加速,最终使材料发生脆性断裂。随着透波构件尺寸的增加,陶瓷裂纹缺陷数量也增加,在热冲击应力和气动载荷的作用下,当载荷超过材料强度时,微裂纹在应力作用下迅速扩展至整个构件,导致构件破坏。在使用过程中,即使产生局部的损伤,破坏模式仍然是整体式的。因此,陶瓷透波构件的可靠性比复合材料低,用于大尺寸天线罩时存在较高的可靠性风险。对于高马赫数飞行的大尺寸透波构件,选择陶瓷基复合材料具有较高的安全可靠性。

参考文献

[1] 王春杰,王月,张志强. 纳米热障涂层材料[M]. 北京:冶金工业出版社,2017.
[2] 何利民. 高温防护涂层技术[M]. 北京:国防工业出版社,2012.
[3] 谢冬柏,张明明. 高温防护涂层的制备及性能[M]. 北京:科学出版社,2019.
[4] 黄永昌,张建旗. 现代材料腐蚀与防护[M]. 上海:上海交通大学出版社,2012.
[5] 尹洪峰,贺格平,孙可为,等. 功能复合材料[M]. 北京:冶金工业出版社,2013.
[6] 胡小平,吴海燕,鄢昌渝,等. 传热传质分析[M]. 长沙:国防科技大学出版社,2011.
[7] 郑荣跃,王克昌,鄢小清. 航天工程学[M]. 长沙:国防科技大学出版社,1999.
[8] 潘伟,任小瑞,赵蒙. 热障涂层陶瓷YSZ材料性质与高温时效[M]. 北京:科学出版社,2018.

[9] 曹学强. 热障涂层新材料和新结构 [M]. 北京：科学出版社，2016.
[10] 车剑飞，黄洁雯，杨娟. 复合材料及其工程应用 [M]. 北京：机械工业出版社，2006.
[11] 金永德，崔乃刚，关英姿，等. 导弹与航天技术概论 [M]. 哈尔滨：哈尔滨工业大学出版社，2002.
[12] 黄丽，陈晓红，宋怀河. 聚合物复合材料 [M]. 北京：中国轻工业出版社，2012.
[13] 冯志高，关成启，张红文. 高超声速飞行器概论 [M]. 北京：北京理工大学出版社，2016.
[14] 陈国良. 高温合金学 [M]. 北京：冶金工业出版社，1988.
[15] 陈连忠，欧东斌，高贺，等. 高超声速飞行器热防护电弧风洞气动加热试验技术 [M]. 北京：科学出版社，2020.
[16] 陶杰，周建初，朱正吼，等. 金属表面功能涂层基础 [M]. 北京：航空工业出版社，1999.
[17] 张利嵩，俞继军. 高超声速飞行器热防护技术 [M]. 北京：科学出版社，2021.
[18] 国义军，石卫波，曾磊，等. 高超声速飞行器烧蚀防热理论与应用 [M]. 北京：科学出版社，2019.
[19] 曹学强. 热障涂层材料 [M]. 北京：科学出版社，2007.
[20] 周益春，杨丽，朱旺. 热障涂层破坏理论与评价技术 [M]. 北京：科学出版社，2021.
[21] 王俊山，冯志海，徐林，等. 高超声速飞行器用热防护与热结构材料技术 [M]. 北京：科学出版社，2021.
[22] 李仲平. 热透波机理与热透波材料 [M]. 北京：中国宇航出版社，2013.
[23] 李斌，李瑞，张长瑞，等. 航天透波复合材料 [M]. 北京：科学出版社，2019.
[24] 北京航空材料研究院. 航空材料技术 [M]. 北京：航空工业出版社，2013.
[25] 秦江，章思龙，鲍文，等. 高超声速冲压发动机热防护技术 [M]. 北京：国防工业出版社，2019.
[26] 张冰，张建伟. 火箭发动机热防护技术 [M]. 北京：北京航空航天大小出版社，2016.
[27] 张忠利，张蒙正，周立新. 液体火箭发动机热防护 [M]. 北京：国防工业出版社，2016.
[28] 邢焰，王向轲. 航天器材料 [M]. 北京：北京理工大学出版社，2018.
[29] 冯坚. 气凝胶高效隔热材料 [M]. 北京：科学出版社，2016.

第 5 章　先进光学材料

光学材料是具有一定光学性质和功能的材料的统称,包括光学介质材料和光功能材料两大类。光学介质材料利用线性光学效应,以折射、反射和透射的方式改变光线的方向、弧度、相位和偏振状态,使光线按照预定的要求传输,或吸收或透过一定波长范围的光线从而改变光线的光谱成分,主要类型有光学玻璃、光学晶体、光学塑料、光学薄膜和光纤材料等。光功能材料主要利用材料的非线性光学效应,基于光、声、电、磁、热、力等外场作用使材料光学性质改变的原理,应用于探测、功能转换等光学装置或仪器,可分为激光材料、红外材料、发光材料、光色材料、光存储材料和非线性光学材料等。本章首先简单介绍光学介质材料、薄膜材料和光纤材料的组成和种类;其次重点介绍激光材料、红外材料和非线性光学材料等光功能材料的基本原理和应用情况。

5.1　光学介质材料

光学系统的功能是由折射和反射等单元共同实现的,折射单元的要求是能对特定波段的光有高的透过率,反射单元则要求对特定波段的光有高的反射率。不管是折射还是反射都是利用了材料的线性光学效应,这种通过折射、反射和透射的方式改变光的方向、弧度、相位、偏振状态或光谱成分的材料称为光学介质材料,也是狭义上的光学材料。

从材料成分来分,光学介质材料可分为光学玻璃、光学晶体和光学塑料等。其中,光学玻璃属于无机高分子凝聚态物质,是制造光学仪器和光学元件的核心材料。光学晶体是具有规则排列结构的固体,受限于生长工艺比较困难,光学晶体的使用没有玻璃普遍。光学塑料属于有机高分子化合物,特点是质轻、抗震、成本低、生产效率高,但热膨胀系数一般比玻璃大,在高级光学系统中应用受到一定的限制。

从透光波段来看,光学介质材料可分为透紫外(0.01~0.4μm)、透可见光(0.4~0.76μm)、透红外(0.76~1000μm)材料等。透紫外材料中应用最普遍的是玻璃,包括光学石英玻璃、透紫外黑色玻璃、透短波紫外玻璃等。透可见光材料主要有光学玻璃和光学塑料两类,前者透过率高、折射率范围大、色散系数范围大、光学稳定性好、耐磨损,后者重量轻、成本低、工艺简单、不易破碎,均有较广的应用。透红外材料一般指对红外透过率高、透过波段宽的材料,玻璃、晶体、塑料和陶瓷材料等都可用于制作透红外光学器件。3~5μm中波红外窗口材料主要有蓝宝石、尖晶石、氟化镁(MgF_2)、熔融石英等,8~12μm长波红外窗口材料主要有锗(Ge)、硫化锌(ZnS)、硒化锌(ZnSe)等。

根据光学系统的工作环境和使用条件,光学材料应具备以下特征:①光学性能好,具有特定的、精确的光学常数;②热稳定性好,能经受温度冲击,折射率不随温度变化而显著变化;③化学稳定性好,能抵抗大气中的盐溶液或腐蚀性气体的腐蚀,不易潮解;④机械强度高,可承受高速运动时的速压载荷;⑤对用于透镜、棱镜、窗口和整流罩的光学材料来说,折射率要尽量低以减少反射损失,同时发射率也尽量低以免增加光学系统的目标特征。

本节主要介绍光学玻璃、光学晶体和光学塑料三类基本的光学介质材料。

5.1.1 光学玻璃

玻璃是无序的、非周期性原子排列的非晶态材料,主要有以下特点:①没有固定的熔点,固体转变为液体可在一定的温度范围内进行;②没有晶界或粒界,原子均匀排列,可获得原子级的平滑表面;③无固定形态,容易制成粉体、薄膜、纤维、块体、空心腔体等,可满足多种应用需要;④具有各向同性,不同方向上原子的排列几乎完全相同,物理化学性质在任何方向都是相同的;⑤具有可设计性,玻璃的性质会随着成分变化在一定范围内发生连续或渐进的改变。光学玻璃的主要参数有折射率、色散系数、应力双折射、光学均匀性和热特性等。

折射率是光在真空中与介质中的传播速度之比,相对折射率是光在空气中与介质中的传播速度之比。折射率代表玻璃的折光能力,与玻璃的组成及结构密切相关,与密度有很好的线性关系,如含钡(Ba)、铅(Pb)等重金属氧化物的光学玻璃密度大,相应的折射率也高。

色散指的是折射率随波长改变而变化的现象,色散系数 v_D(也称为阿贝数)定义为

$$v_D = \frac{n_D - 1}{n_F - n_C} \tag{5-1}$$

式中：n_D 为材料对钠光谱中 D 线（$\lambda=589.29\mathrm{nm}$）的折射率；$n_F$ 为材料对氢光谱中 F 线（$\lambda=486.13\mathrm{nm}$）的折射率；$n_C$ 为材料对氢光谱中 C 线（$\lambda=495.8\mathrm{nm}$）的折射率；n_F-n_C 通常称为中部色散。由于色散的存在，不同波长的光在光学元件中有不同的折射，会使成像出现色差，一般需要通过光学设计消除或减小色差和像差以保证光学元件的质量。

应力双折射又称光弹性效应，是指物体受应力作用光学性质发生变化的现象。透明的各向同性的玻璃介质在机械和热应力的作用下变成各向异性，折射率特性也随之改变，显示出光学上的各向异性，形成局部的光学双折射现象。利用应力双折射效应，可以检验光学材料的内应力，以及观察各种力学结构的应力分布。

光学均匀性是指同一块玻璃中各部分折射率变化的不均匀程度，主要受玻璃制造过程中退火温度不均匀或内部残余应力的影响，对于大尺寸光学元件而言，光学均匀性是评价玻璃质量的重要因素。

热膨胀系数是指光学玻璃在一定温度范围内温度升高 1℃ 时对应的单位长度伸长量。光学玻璃具有正的热膨胀系数，即随温度升高而膨胀。温度变化可能在光学玻璃中产生温度梯度，导致玻璃材料折射率发生变化，因此光学玻璃的热胀冷缩性质应与光学器件的热胀冷缩性质尽量保持一致。

下面介绍几类常见的光学玻璃。

1）无色玻璃

无色玻璃与一般光学玻璃相比，最大特点是在 400~700nm 整个可见光范围具有较低的光吸收系数，使玻璃看起来是无色透明的。玻璃中极低含量的过渡金属和部分稀土离子的氧化物，特别是铁（Fe）、钴（Co）、镍（Ni）、铜（Cu）等过渡金属的氧化物，就会导致玻璃在可见光波段产生强烈的吸收，因此无色光学玻璃在制作中一般需要进行特殊的提纯处理。

无色玻璃是狭义上的光学玻璃，也是应用最广的一类光学玻璃。根据色散系数的不同，光学玻璃可分为冕类玻璃和火石玻璃两类。冕类玻璃的 $v_D>50$，以字母 K 表示，基本组成为 $R_2O-B_2O_3-SiO_2$（R 代表碱金属），PbO 含量小于 3%。火石玻璃的 $v_D<50$，以字母 F 表示，基本组成为 $R_2O-PbO-SiO_2$，PbO 含量一般大于 3%。光学玻璃牌号由其所属的玻璃类别名称代号再加上序号组成，用六位数字作代码来表示，其中前三位数字表示该牌号玻璃折射率小数点后三位数，后三位数字表示该牌号玻璃阿贝数，如 $n_D=1.51680$、$v_D=64.20$ 的玻璃代码为 517642。无铅（Pb）、砷（As）、镉（Cd）以及其他放射性元素的玻璃牌号，用"环"字汉语拼音的声母"H"作为前缀表示。用于模压成型的低软化点无 Pb、As、Cd 以及其他放射性元素的玻璃牌号，用"低"字汉语拼音的声母"D"作为前缀表示。高透过率玻璃的牌号序号后加"High Transmittance"单词的首字母

"HT"作为前缀表示。紫外高透过率玻璃的牌号,按原有的习惯命名用紫外"Ultraviolet"单词的首字母"U"作为前缀表示。

2) 有色玻璃

有色玻璃又称为颜色玻璃和滤色玻璃,可通过在无色玻璃中掺入具有特定波长能力的着色剂而制成。过渡金属氧化物是最常用的着色剂,钛(Ti)、钒(V)、铬(Cr)、锰(Mn)、铁(Fe)、钴(Co)、镍(Ni)、铜(Cu)等元素的氧化物在玻璃中以特定价态的离子状态存在,会对可见光产生选择性吸收。硫硒化合物也可以作为着色剂,主要是利用硫化镉(CdS)、硒化镉(CdSe)、三硫化二锑(Sb_2S_3)或三硒化二锑(Sb_2Se_3)等对可见光的选择吸收特性。稀土金属元素如铈(Ce)、钕(Nd)等也常用作有色玻璃的着色剂。

按照光谱特性,通常将有色光学玻璃分为三类:①截止型,有明显的截止波长,小于截止波长的光不能透过,大于截止波长的光透过率则会迅速提高;②选择吸收型,只选择性透过或吸收某一个或某几个波段的光,比如透红外玻璃对短波可见光有强吸收,而在很宽的红外光波段有很高的透过率;③中性灰色型,对各波段光能无选择地均匀吸收,玻璃整体呈暗灰色。图5-1是三类有色玻璃的光谱特性示意图。

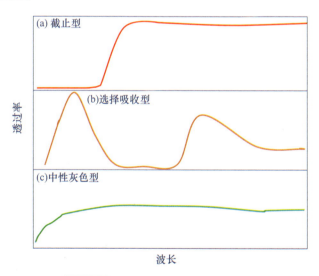

图5-1 有色玻璃光谱特性示意图

3) 变色玻璃

变色玻璃指受紫外线或短波可见光照射后能改变颜色,而去除紫外线后又恢复原来色彩的玻璃,成分中一般含有铈离子、铕离子、Tl或Ag的卤化物等。变色玻璃常用于制作变色镜或汽车、飞机、船舶的前向玻璃观察窗。利用可逆着色效应,变色玻璃还可作为光信息存储介质,如卤化银光色玻璃可用作三维全息照相的记录介质,实现可重复存储、无损读出的功能。

从结构来看,变色玻璃分为均相型和异相型两种。均相型变色玻璃中亚稳态色心与玻璃基质具有相同的相,如掺有氧化铈(CeO_2)的硅酸盐玻璃中,铈离子在紫外光照下产生电子跃迁,形成能吸收蓝紫色光的亚稳态色心,使玻璃由浅黄色变为深黄褐色。弱光照时铈离子色心恢复原来的电子态,使玻璃恢复高透明状态。异相型变色玻璃中亚稳态色心由与玻璃基质不同的光敏晶相物质组成,如有光照时卤化银(AgX)被激发发生光化学反应而析出游离态银离子(Ag^+),众多游离态 Ag^+ 的散射作用使玻璃着色,而无光照时重新形成 AgX,其亚微观晶相对光的散射极小,玻璃则呈现高度透明状态,着色变化原理表示如下:

$$Ag^+ + X^- \xrightleftharpoons[热、长波光]{无光、短波光} Ag + X \qquad (5-2)$$

4)耐辐射玻璃

玻璃受高能辐射照射会产生自由电子和空穴,使某些元素离子被还原以及形成新色心,导致玻璃不可逆的变色和发黑。耐辐射玻璃可以耐受较高剂量的 γ 射线和 X 射线的辐照,不会因高能辐射激发而产生色心等着色现象,可保持可见光波段的高透明特性。耐辐射玻璃主要用于制作高能辐射环境下使用的光学元件,如高能辐射装置的窥视窗、卫星和宇航器光学元件等。

耐辐射玻璃的原理是通过引入变价的阳离子,吸收由辐射产生的大部分电子和空穴,从而减少色心的形成。在玻璃中加入 CeO_2、As_2O_3、Sb_2O_3、Cr_2O_3 等氧化物时,可显著增强玻璃耐辐射的特性。常用的耐辐射变价离子为铈,在强辐射时三价铈离子(Ce^{3+})起强的空穴俘获中心作用,四价的铈离子(Ce^{4+})则是电子的俘获中心,一般光学玻璃中铈离子的掺入量约为 0.5%~1.0%。

5)石英玻璃

石英玻璃俗称水晶玻璃,是 SiO_2 单一成分的玻璃,微观结构是一种由 SiO_2 四面体组成的网络结构,Si-O 化学键能很大,结构紧密,石英玻璃具有非常优异的光学性能,热膨胀系数极小,具有良好的耐热性和耐温度骤变性,耐用温度为 1100~1200℃,短期使用温度可达 1400℃,可经受高温及骤冷骤热的变化而不致破裂。石英玻璃还有硬度高、机械强度和弹性模量大、化学稳定性好、不易受潮湿侵蚀等特点,得到广泛的应用。

石英玻璃分为透明石英玻璃和不透明石英玻璃两类。透明石英玻璃,以水晶或四氯化硅($SiCl_4$)为原料经高温熔制而成,高纯石英玻璃中 SiO_2 含量超过 99.999%,内部只有极少量小气泡,有相当高的光学均匀性,在紫外到红外连续波长范围都有优良的透射比。不透明石英玻璃以脉石英、石英砂为原料经高温熔制而成，SiO$_2$含量在99.5%以上，内部含有大量直径0.15~0.3mm的大气泡和0.004~0.08mm的小气泡，因光线散射作用而呈乳白色不透明状。

5.1.2 光学晶体

光学晶体一般是指作为光学介质用的晶体，内部原子排列有序，在空间有规律地排列在一定的阵点上。与光学玻璃不同的是，光学晶体在紫外、可见、近红外甚至红外波段都有比较好的透过率。光学晶体通常具有以下性质：①均一性，晶体内部质点的性质和排列方式相同，表现出的物理和化学性质也几乎完全相同；②各向异性，晶体空间点阵的排列方式在各个方向上是不同的，晶体的性质随观察方向不同而有所差异；③对称性，相同的性质在晶体的不同方向或位置上会有规律地重复出现；④自限性，晶体会自发地形成封闭几何多面体外形，是内部质点有规律排列的外在表现；⑤最小内能性，对于成分相同但呈不同物相的物质来说，以结晶质的内能为最小；⑥稳定性，晶体具有最小内能，不能自发地转变为其他状态，因此稳定性是晶体最小内能性的必然结果。

光学晶体的主要特点是透光范围宽，普通的光学玻璃透光范围为可见光区和近紫外区，只有某些特殊玻璃的透光范围才能达到红外区。光学晶体透光范围可以从紫外区(0.15~0.4μm)、可见光区(0.4~0.7μm)一直延伸到红外区(0.7~15μm)。因此，目标波段为红外、紫外的光学元件主要采用光学晶体材料来制作。一般来说，轻元素化合物光学晶体在紫外区有较宽的透光波段，而重金属元素化合物光学晶体在红外区有较宽的透光波段。另外，光学晶体不仅比光学玻璃的透光波段更宽，对光的吸收也相对更小，同时折射率随波长的变化幅度也比光学玻璃小得多，也就是说光学晶体的色散比较小，因此Si或Ge制造的红外光学系统几乎不需要对色差进行额外的校正。

光学晶体通常分为单晶和多晶两类，单晶材料具有较高的晶体完整性和透光性、较低的损耗，因此光学晶体多以单晶为主。按用途分类，光学晶体可分为紫外晶体、红外晶体、偏振晶体、复消色差晶体和激光晶体等。按硬度和工艺方法分，光学晶体可分为硬质晶体和软质晶体。硬质晶体如石英、红宝石、钇铝石榴石等晶体的莫氏硬度为7~9，大部分光学晶体均属软质晶体，莫氏硬度为2~4，常用的软质晶体有萤石和方解石等。按照化学组成，光学晶体可分为离子晶体和半导体晶体等。离子晶体包括碱卤化合物晶体、碱土-卤族化合物晶体、氧化物晶体、无机盐化合物晶体、硫化物晶体等，其中氧化物光学晶体包括蓝宝石、水晶及金红石等简单氧化物晶体和钛酸锶(SrTiO$_3$)、钛酸钡(BaTiO$_3$)、尖晶石、方解石等复杂氧化物晶体。半导体晶体主要包括Ⅳ族单元素晶体、Ⅲ-Ⅴ族化合物晶体、Ⅱ-Ⅵ族化合物晶体等，在可见光谱区和近红外光谱区的透光性能良好。

下面重点介绍几类常见的光学晶体。

1)金属卤化物晶体

碱金属卤化物光学晶体中常用的有溴化钾(KBr)、溴化铯(CsBr)、氯化钠(NaCl)、碘化钾(KI)、碘化铯(CsI)等,这些晶体的特点是折射率较小,具有很高的透光性和很宽的红外透过波段,熔点低(620~800℃),易于生长大尺寸单晶,被广泛地用于制造红外窗口和棱镜。金属铊(Tl)和卤族元素化合物的单晶也是一类常用的晶体材料,具有相当宽的透光波段。碱金属卤化物晶体的缺点是容易潮解,硬度较低,机械强度较差,应用时必须在光学表面镀保护膜。

常用的碱土-卤族化合物晶体主要是氟化物单晶,如氟化镁(MgF_2)、氟化钙(CaF_2)、氟化钡(BaF_2)等,这类单晶在紫外、可见甚至红外光谱区均有较高的透过率、较低的折射率和反射系数,机械强度大,几乎不溶于水。CaF_2晶体的紫外透过极限可达150nm,同时也能很好地透过8~9μm的红外光,是很好的透紫外和红外窗口材料。氯化物晶体的缺点是线膨胀系数大、导热系数小,抗热冲击性能较差。

2)氧化物和含氧酸盐晶体

常用的氧化物晶体有蓝宝石(Al_2O_3)、石英(SiO_2)、金红石(TiO_2)、氧化镁(MgO)等。蓝宝石晶体属单轴晶体、六方晶系,化学组成是$\alpha-Al_2O_3$,透过波段为0.15~6.5μm,在紫外、可见光和红外波段有良好的透过率。蓝宝石晶体熔点高达2030℃,硬度仅次于金刚石,同时具有高热导率和低线性膨胀系数等特点,广泛用于制作高速导弹的整流罩和航天飞机、卫星等的可视窗口。石英晶体是一种六方晶系的正光性单轴晶体,金红石是四方晶系的单轴晶体,都有良好的双折射性能,而且熔点高、化学稳定性好,是制造偏光零件的常用材料。

3)半导体晶体

Ge和Si是常用的Ⅳ族半导体晶体。Ge单晶化学稳定性好,红外透光波段范围为1.8~23μm,特别适合8~12μm波段,折射率为4.0左右,光折射损耗大。以Ge制作红外光学透镜,必须镀红外增透膜,在近红外区一般镀SiO_2膜,中红外区一般镀ZnS膜。Si单晶在红外波段折射率为3.5左右,其表面折射损耗略小于Ge,用作透镜时也需镀增透膜,在近红外区一般镀SiO_2或Al_2O_3膜,中红外区一般镀ZnS或碱卤化合物膜。

ZnS、ZnSe、CdTe等也是常用的半导体晶体,具有较好的化学稳定性和光透过率性,透光波段从可见光一直到红外波段,可应用于宽波段兼容的光学系统,常用于制作红外光学系统中的棱镜和透镜,以及高功率CO_2激光器的窗口。ZnS从可见光到30μm红外波段的透光率可达90%,同时具有较高的硬度和较低的折射率。ZnSe光谱透过区从可见光到17μm红外区,缺点是折射率温度系数较大,容易受到热透镜效应的影响,且硬度不高,需镀膜来增加耐磨性。CdTe 和 GaAs 单晶大多都用作沉积碲镉汞薄膜的红外衬底材料,碲镉汞薄膜被广泛用作红外光学元件、半导体探测器和红外薄膜器件,性能良好。

5.1.3 光学塑料

光学塑料是一种无定型有机高分子聚合物,具有一定的光学、力学和化学性能,能满足光学设计的要求,可用于制作各种光学元件,着色后也能制成各种滤光片。光学塑料的优点是制造工艺简单,可用模压法成型,免去了粗细磨和抛光等复杂工序,制造成本较低。

与光学玻璃相比,光学塑料有以下几个特点:①透红外、紫外性能好,在可见光区的透过率接近冕牌玻璃,但在红外、紫外区的透过率远高于光学玻璃,聚甲基丙烯酸甲酯(PMMA)、聚苯乙烯(PS)、聚酰胺(PA)等光学塑料的透光率已达 90% 左右;②密度小,光学塑料的密度为 $0.8 \sim 1.5 \text{g/cm}^3$,而光学玻璃的密度为 $2.5 \sim 4.7 \text{g/cm}^3$,密度小对减轻光学仪器重量尤为重要;③耐冲击强度高,一般比玻璃高几倍,目前耐冲击强度最高的是聚碳酸酯塑料;④耐温度骤变能力强,低于塑料熔点温度时急剧的温度变化不会显著改变塑料的光学性能,比玻璃要稳定的多;⑤易成型,光学玻璃研磨、抛光很难形成非球面、微透镜阵列等,塑料可以采用注射、浇铸、热压、车削等加工方法,便于制成各种复杂的形状;⑥成本低,光学塑料用模压或注射的方法成型,容易实现大规模批量生产,进而可降低制造成本。

光学塑料的缺点是热膨胀系数大,通常比光学玻璃大 10 倍,再加上吸湿性较强,使塑料的膨胀率较高,不适合应用到高精度光学系统。此外,与玻璃相比光学塑料的融化温度低、硬度低、表面耐磨性差,表面镀膜的附着性和耐用性也较差,上述缺点使光学塑料的应用受到一定的限制。

根据材料受热后的性能变化,光学塑料可分为热塑性和热固性两大类。热塑性光学塑料具有链状的线型结构,材料的软硬随温度的变化是可逆的受热软化,温度升高材料压制成所需要的形状后冷却固定形状,如果温度再升高,材料变软又可塑制成其他的形状。常用的热塑性光学塑料有聚甲基丙烯酸甲酯、聚苯乙烯、聚碳酸酯(PC)、聚酰胺(俗称尼龙)、聚苯乙烯碳酸纤维等。热固性光学塑料具有网状的体型结构,材料软硬随温度的变化是不可逆的,在温度变化初期,材料随温度的升高而变软,具有可塑性;继续升温材料伴随化学反应的发生而变硬,形状固定后受热不再软化,也不能反复塑制。常用的热固性光学塑料有透明的环氧树脂、烯丙基二甘醇碳酸酯(CR-39)等。

此外,共聚物光学塑料是指两种或两种以上的单体经共聚反应得到的塑料,可通过互补而保持各单体的优良性能,并克服各单体自身的缺点。常用的共聚物光学塑料有甲基丙烯酸甲酯和苯乙烯共聚物(NAS)、丙烯腈、丁二烯和苯乙烯三元共聚物(ABS),苯乙烯和丙烯腈共聚物(SAN)等。

下面重点介绍几类常见的光学塑料。

1) 聚乙烯

聚乙烯是结构最简单的聚合物,是乙烯聚合制得的一种热塑性光学塑料,具有优良的耐低温性能(最低使用温度可达 $-100 \sim -70℃$)、化学稳定性好、能耐大多数酸碱侵蚀等特点,常温下不溶于一般溶剂,吸水性小,电绝缘性优良。根据聚合方法、分子量高低和链结构的不同,可分高密度聚乙烯、低密度聚乙烯及线性低密度聚乙烯等。高密度聚乙烯基本上为线形分子,结晶度在95%以上,熔点为136℃,而低密度聚乙烯分子链有较高的支化度,结晶度低,熔点只有110℃。原料乙烯来自石油的裂解,价格低,因此聚乙烯是产量最高的塑料之一。

2) 聚甲基丙烯酸甲酯

聚甲基丙烯酸甲酯(PMMA),俗称有机玻璃,折射率1.492,与冕牌玻璃相近,故称王冕塑料。PMMA是高度透明的热塑性塑料,具有极好的透光性,可见光波段的透过率达到94%,并能透过73%的紫外光。此外,PMMA能耐酸、碱、脂的侵蚀,绝缘性较好,已广泛地用来制作各种塑料光学零件,几乎有80%以上的塑料透镜都是用PMMA制造的。PMMA光学塑料的缺点是耐热性差,受热变形大,表面硬度较差,易被擦伤。

3) 聚苯乙烯

聚苯乙烯(PS)也是热塑性的光学塑料,折射率为$1.59 \sim 1.66$,与火石玻璃接近,故称火石塑料。PS对可见光波段的透过率为88%左右,可与丙烯酸系塑料配合制作消色差透镜。PS能耐某些矿物油、有机酸、碱、盐侵蚀,但溶于芳烃。PS光学塑料的缺点是长时间照射或长期存放后易变浊发黄,另外应力双折射效应较大,热变形温度较低($70 \sim 98℃$),使用温度不宜超过60℃。

4) 聚碳酸酯

聚碳酸酯(PC)是一种综合性能优良的热塑性光学塑料,折射率1.586,可见光波段的透过率为90%左右。PC尺寸稳定性好,良好的耐热性、耐寒性,能在$-135 \sim +120℃$温度范围内保持较高的机械强度,且耐水、油、盐、稀酸、脂肪烃侵蚀。PC光学塑料的缺点是熔体黏性大、流动性差,加工过程中残余应力大,容易产生应力双折射和应力开裂等现象。

5) 苯乙烯和丙烯酸酯共聚物

苯乙烯和丙烯酸酯共聚物(NAS)是70%的苯乙烯和30%的丙烯酸酯的共聚物,是一种热塑性光学塑料,折射率为$1.533 \sim 1.567$,对可见光波段的透过率可达90%。NAS光学塑料的韧性、抗冲击强度、抗划伤能力和热变形温度均比

PS 好,常用来制作比较薄的塑料透镜。

6）烯丙基二甘醇碳酸酯

烯丙基二甘醇碳酸酯（CR-39）是目前广泛使用的热固性光学塑料,通常采用浇铸成型,也可采用研磨抛光的方法加工,透明度、耐磨性、抗冲击强度及化学稳定性好,缺点是收缩率较高,多用于制作塑料眼镜片。

7）环氧树脂

环氧树脂是分子中含有两个以上环氧基团的一类聚合物的总称,最常见的是双酚 A 型环氧树脂。环氧基具有化学活性,可用多种含有活泼氢的化合物使其开环,固化交联生成网状结构,因此环氧树脂也是一种热固性光学塑料。光学透明环氧树脂具有光学性能好、熔点低、韧性好、耐腐蚀性强、抗老化等特点；缺点是耐热温度还不够高,一般在 160℃ 以下。

5.2 光学薄膜材料

光学薄膜是附着在光学零件表面的厚度薄而均匀的介质膜层,是一类利用光通过介质膜层时的反射、透射、折射和偏振等特性的光学介质材料。光学薄膜的特点是表面光滑,膜层内折射率连续,既可以是透明介质,也可以是吸收介质,其光学性能集中表现为薄膜界面的分振幅多光束干涉能力。

光学薄膜主要有两个基本特点：①具有二维延展性,厚度方向的尺寸远小于其他两个方向的尺寸；②不管能否形成自持（自支撑）的薄膜,衬底材料是必备的前提条件,即只有在衬底表面才能形成薄膜。薄膜材料的分类有多种,按照化学键不同可分为金属型、离子型和共价键型,按照元素不同可分为金属、半导体、陶瓷、聚合物等,按结晶特性可分为晶态、非晶态和多晶态,按应用场景分为反射膜、增透膜、滤光膜、保护膜、偏振膜、分光膜和相位膜等。

从目标光学波段来看,光学薄膜可分为紫外和红外薄膜,不同类型的薄膜对光谱的响应差别很大。紫外波段可以细分为近紫外（200~400nm）、真空紫外（30~200nm）等。在近紫外区,ZrO_2、MgO 等氧化物薄膜一般用作高折射率材料,而 LiF、MgF_2 等氟化物薄膜一般用作低折射率材料。在真空紫外区,只有少数材料可满足低折射率的要求,高折射率材料更为缺乏。红外波段常用波长为 0.75~50μm,光谱范围较广,很难有材料可覆盖整个红外区域。PbF_2、BaF_2、CsI 等金属卤化物常用作低折射率材料,ZnS、$ZnSe$、$CdSe$ 等硫族化合物常用作低折射率或中折射率材料,而 Si、Ge、$PbTe$ 等半导体材料多用作高折射率材料。常用的宽波段红外薄膜组合有近红外区域的 Ge-SiO、4~10μm 红外的 Ge-ZnS、8~20μm 红外的 PbTe-ZnSe 以及更长波段的 PbTe-CdSe、PbTe-CsI 等。

薄膜光学特性记录最早可追溯至 17 世纪,但光学薄膜研究主要开始于 20 世纪 30 年代以后,真空技术的发展为光学薄膜的制备提供了必要条件。到目前光学薄膜技术得到了很大的发展,光学薄膜的生产已逐步走向系列化、程序化和专业化,但仍有不少问题有待进一步解决。例如,薄膜的生长有一定的随机性,给薄膜厚度、光学常数以及光学特性带来了不同程度的影响,薄膜的均匀性和稳定性直接制约着光学薄膜的质量水平。除此之外,光学薄膜的吸收散射等光学性能、光损耗水平和机械强度等都还有进一步改进的空间。

本节主要对光学薄膜材料的制备方法、功能分类和主要薄膜类型进行概述介绍。

5.2.1 薄膜制备方法

薄膜的制备方法可分为气相成膜和液相成膜两种,从物理作用和化学反应角度可进一步分为物理成膜、化学成膜以及物理与化学复合成膜等,代表性的薄膜制备方法主要有 PVD 和 CVD 等。下面简要对这几种薄膜制备方法进行介绍。

5.2.1.1 物理成膜法

物理成膜法,顾名思义是指薄膜形成过程基本是一个物理变化过程,不涉及化学反应。这类方法主要以物理气相沉积法为代表,即用物理方法将源物质转移到气相中,在基材上形成薄膜层。PVD 通常在真空中进行,工作模式主要有真空沉积、溅射沉积、等离子体增强沉积和离子束增强沉积等。

1) 真空蒸发镀膜法

真空蒸发镀膜是指在真空室内加热,使固态源材料蒸发汽化或升华,随后凝结沉积到衬底表面形成薄膜的方法,该过程可分为三个基本阶段:①被蒸发材料受热后蒸发或升华,由固态或液态转变为气态;②气态原子或分子由蒸发源运输到衬底;③气态粒子在衬底表面经历碰撞、吸附与解吸、表面迁移、成核生长等过程后成膜。真空蒸发镀膜方法中常见加热方式有电阻加热、电子束加热、高频感应加热、电弧加热、激光加热等。

2) 分子束外延法

分子束外延法在真空蒸发技术基础上改进而来,即在超高真空下将各组成元素的分子束流以一个个分子的形式喷射到衬底表面,在适当的衬底温度等条件下外延沉积。分子束外延法的优点是可以生长极薄的单晶层,适合用于制备超晶格、量子点等。

3) 溅射镀膜法

溅射镀膜是指在电场作用下气体放电产生的正离子加速成为高能粒子,撞击靶材表面,使其表面的原子或分子在轰击下离开表面,再利用被溅射出来的物质沉积成膜的过程。溅射镀膜的特点是:①镀膜过程中无相变现象;②沉积粒子能量大,对衬底有清洗作用,薄膜附着性好;③薄膜密度高、杂质少;④膜厚可控性和重复性好;⑤适合制备大面积薄膜;⑥设备复杂,需要高压,沉积速率较低。溅射镀膜是基于高能粒子轰击靶材时的溅射效应,整个溅射过程建立在辉光放电的基础之上。不同的溅射技术采用不同的辉光放电方式,直流溅射利用直流辉光放电,射频溅射利用射频辉光放电,而磁控溅射则利用环状磁场控制下的辉光放电。

4) 脉冲激光沉积法

脉冲激光沉积技术是利用脉冲聚焦激光束烧蚀靶材,使其局部在瞬间受高温汽化,并在真空室内惰性气体余辉等离子体作用下活化,最后沉积到衬底的制膜方法。脉冲激光沉积过程分为靶材的蒸发、蒸气余辉输运和沉积成膜三个阶段,优点为与分子束外延方法相比,成本低得多,同质量薄膜成本仅为分子束外延方法的1/10。此外,激光源与沉积系统分开,可以通过将激光向不同靶聚焦,在衬底上直接生长多层薄膜。

5) 离子成膜法

离子成膜法可分为离子镀、离子束沉积和离子注入等方式。离子镀是将真空蒸发与溅射结合的技术,利用气体放电产生等离子体,同时将膜层材料蒸发,一部分物质被离子化,一部分变为激发态的中性粒子,离子在电场作用下轰击衬底表面,起清洗作用,而中性粒子则沉积于衬底表面成膜。离子束沉积分为由膜层材料离子组成离子束的低能离子束沉积和由惰性气体或反应气体离子组成离子束的离子束溅射两类。离子注入是将大量的高能离子注入衬底,当衬底中注入的气体离子浓度接近衬底物质的原子密度时,注入的离子与衬底元素发生化学反应形成化合物薄膜。

5.2.1.2 化学成膜法

化学成膜法,是指通过物质间发生化学反应,从而实现薄膜的生长,此类方法主要以化学气相沉积、液相反应沉积、电化学沉积等为代表。

1) 化学气相沉积

CVD 是指流经衬底表面的气态物质发生化学反应,在衬底表面生成固态物质形成薄膜的方法。CVD 成膜有以下几个主要阶段:①反应气体向衬底表面输运扩散;②反应气体在衬底表面吸附;③衬底表面气体间发生化学反应,固态生成物粒子经表面扩散成膜,气态生成物由内向外扩散和表面解吸附;④气态生成物向表面区外扩散和排放。

CVD 的优点是:①设备、操作简单,可制备梯度膜、多层单晶膜及微组装多层膜,薄膜致密、质量好、膜层纯度高;②适用于非金属、金属及合金等多种膜的制备；③可在远低于熔点或分解温度下实现难熔物的沉积，薄膜黏附性好；④便于进行可控杂质掺杂；⑤可获得平滑沉积表面，且易实现外延生长；⑥可在常压和低真空下进行。

2）液相反应沉积

液相反应沉积是指在液相中进行反应实现沉积成膜的方法，液相反应沉积工艺有液相外延、化学镀、电化学沉积等。

液相外延技术是饱和溶液中在单晶衬底上生长外延层的成膜方法，液相外延技术的优点是：①生长设备简单；②外延膜纯度高，生长速率快；③重复性好，组分、厚度可精确控制；④外延层位错密度比衬底低；⑤操作安全，无有害气体产生。

化学镀利用还原剂在镀层物质溶液中进行化学还原反应，在镀件的固液两相界面上析出和沉积得到镀层。化学镀的特点是：①可在复杂的镀件表面形成均匀的镀层；②不需要导电电极；③通过敏化处理活化，可直接在塑料、陶瓷、玻璃等非导体上镀膜；④镀层孔隙率低；⑤镀层具有特殊的物理和化学性质。

阳极氧化法是电化学沉积法的一种，在适当的电解液中以 Al、Ti 等金属或合金作阳极，以石墨或金属本身作阴极，加直流电压后，阳极金属表面会形成稳定的氧化物薄膜。

溶胶－凝胶法用含高化学活性组分的化合物作前驱体，在液相下将这些原料进行水解、缩合化学反应形成稳定的透明溶胶体系，胶粒间缓慢聚合形成三维空间网络结构的凝胶，再经过干燥、烧结固化转变成无定形态或多晶态的薄膜。

5.2.2 光学薄膜分类

光学薄膜的种类多、用途广，大多数光学薄膜基于多界面多光束干涉理论，下面介绍几种典型的光学薄膜。

5.2.2.1 减反射膜

光学系统中器件表面的光反射会造成光能量损失和杂散光的产生，减反射膜主要目的是消除或减少透镜、棱镜、平面镜等光学表面的反射光，从而增加光学元件的透光量。减反射膜又称增透膜，是目前应用最为广泛的一类光学薄膜，可分为单层、双层和多层减反射膜三类。

当薄膜的折射率低于基体材料的折射率时，两个界面的反射系数具有相同的相位变化。如果膜光学厚度为 $\lambda/4$，相邻两束光的振动方向相反，叠加的结果便是反射光减少。适当选择膜层的折射率，使两个界面的反射系数相等，这时光学表面的反射光就可以完全消除。

最简单的减反射膜是单层膜，它是镀在玻璃等基质表面上的一层光学厚度

为 λ/4 的低折射率薄膜。可见光区玻璃的折射率一般为 1.52 左右,单层减反射膜最佳折射率为 1.23,MgF_2 折射率(1.38)最为接近,因此是目前应用最多的薄膜材料之一。红外区单层镀膜材料一般选折射率为 2.3 的 ZnS,可使窗口材料 Ge 几乎没有反射损耗。此外,类金刚石膜在红外区有很高的透过率,也可作为红外区的减反射膜。由于 SiO_2 薄膜在 350nm 波长处的透过率达到 98%,紫外区的最高透过率达到 99% 以上,因此常用作紫外区的减反射膜。

一般情况下,采用单层膜很难达到理想的效果,为实现零反射或在较宽光谱范围的低反射率效果,往往采用双层、三层甚至更多层数的减反射膜。单层、双层及三层减反射膜光谱特性和减反射效果比较见图 5-2。

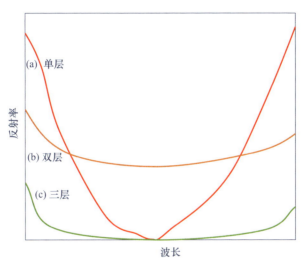

图 5-2　单层、双层及三层减反射膜效果示意图

5.2.2.2　反射膜

与减反射膜相反,反射膜的功能是增加光学表面的反射率,一般可分为金属反射膜和介质反射膜两大类,此外还有把两者结合起来的金属电介质反射膜。

金属反射膜一般选择消光系数较大、光学性质稳定的 Au、Ag、Al、Pt、Cu 等金属作为膜材料。银膜在可见光区和红外区的反射率高于目前所有的已知材料,其在可见光区的平均反射率可达 96%,红外区的平均反射率可达 98%。但在紫外区,银膜的反射率很低,320nm 波长处仅为 4% 左右。此外,银膜的附着力较差,机械强度和化学稳定性也不够好。铝膜是唯一从紫外到红外整个光谱区域都有极高反射率的材料,在可见光谱区反射率可达 94%,0.85μm 波长反射率最小,约为 86%。Al 膜对衬底的附着力比较强,机械强度和化学稳定性也比较好。金膜在红外区与银膜反射率接近,且在空气中不易被污染,能够保持较高的反射率,镀在 Cu 或玻璃基底上可作为远红外反射膜。由于 Al、Ag、Cu 等材料在空气中很容易氧化和受损,有时需要在金属膜外再加一层保护膜,常用的保护膜材料有 MgF_2、SiO_2、Al_2O_3 等。

介质反射膜是用光学厚度为 $\lambda/4$ 的高低折射率材料组合而成,与金属反射膜相比,反射率更高,优质反射膜的反射率可达 99.9%,甚至无限接近于 1。一般来说,介质反射膜的反射谱带相对较窄。可见红外反射膜多用 TiO_2、Ta_2O_5、ZrO_2、Al_2O_3 等氧化物材料,中红外反射膜材料主要为 $ZnSe$、ZnS 等半导体材料以及 YbF_3、BaF_2 等氟化物材料组合,反射率通常可达 99.9%。

5.2.2.3 分光膜

分光膜能够在一定波段内把一束光分成光谱成分相同的两束光,主要包括波长分光膜、光强分光膜和偏振分光膜等几类。

波长分光膜按波长区域把光束分成两部分,本质上是一种截止滤光片或带通滤光片(图5-3)。设计波长分光膜时,不仅要考虑透过光,同时也要考虑反射光,二者都要求有一定形状的光谱曲线。

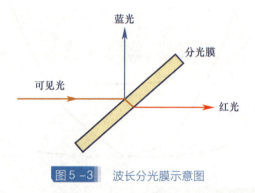

图5-3 波长分光膜示意图

光强分光膜是按照一定的光强比把光束分成两部分的薄膜,分为仅考虑某一波长的单色分光膜和考虑一个光谱区域的宽带分光膜等。

偏振分光膜是利用光斜入射时薄膜的偏振效应制成的:一种是棱镜型分光膜,利用了布儒斯特(Brewster)角入射时的界面偏振效应;另一种是平板型分光膜,利用了两个偏振分量反射带带宽不同的原理。

为满足不同的需求,分光膜往往有不同的透过率和反射率比值(透反比),一般情况下透反比为 50∶50 的中性分光膜最为常用。

5.2.2.4 滤光膜

滤光膜是指衰减光强度或改变光谱成分的薄膜,主要用途是降低或者增加色温、改变波长等。滤光膜可实现某一波段范围的光高透过,而偏离这一波段的光高反射。短波通滤光片和长波通滤光片是最常用的滤光膜,两种滤光膜的效果示意图如图5-4所示。窄带滤光片则要求一定的波段内只有中间一小段范围是高透过率的通带,而在通带的两侧是高反射率的截止带。

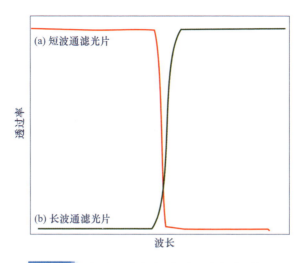

图 5-4　短波通滤光片和长波通滤光片示意图

5.2.2.5　偏振膜

偏振膜是用来产生偏振或消除偏振效应的一类光学薄膜,根据几何结构可分为棱镜型偏振膜和平板型偏振膜。

棱镜型偏振膜一般位于两个对称的直角棱镜的中间,光束在膜层的界面上以布儒斯特角入射时,平行入射面的光高透过,垂直入射面的光高反射,从而实现偏振分光。

平板型偏振膜主要是利用在斜入射时两个偏振分量的反射带带宽不同而制成的,入射角一般选择在基体的布儒斯特角附近,在一定波长范围内平行分量光高透过,垂直分量光高反射,形成偏振光。有些光学薄膜的光学效果是抑制薄膜的偏振效应,通称消偏振膜,本质上也是一种偏振膜。消偏振膜效果示意图见图 5-5。

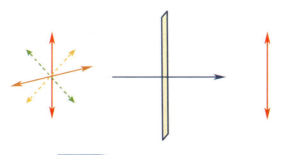

图 5-5　消偏振膜效果示意图

5.2.2.6　保护膜

飞机、导弹在高速飞行过程中窗口和整流罩表面易被雨蚀和沙蚀,入射光透过时发生光散射,进而对透过率产生严重影响。保护膜镀于光学器件的外表面,以防止光学表面起雾、氧化和破坏。

金刚石是所有天然物质中最硬的材料,具有热导率高、全波段透光率高、绝缘性好、抗辐射、耐高温等特点,常作为导弹的整流罩材料。类金刚石膜也是典型的保护膜,不仅在光电系统工作波段内具有高透光性,也有一定的硬度和良好的耐摩擦性,广泛地用于红外成像系统的前置窗口上。立方氮化硼(c-BN)薄膜是一种人工合成材料,具有闪锌矿结构,硬度仅次于金刚石,具有摩擦系数小、热导率高、化学稳定性和高温抗氧化性好等特点,在宽波段范围内有很好的透光性,常作为光学元件的表面保护涂层,特别是 ZnSe、ZnS 等材料窗口的保护涂层。

憎水膜也是常见的一种保护膜,一般为厚度为 5~20nm 的防水材料,具有防水、防尘的功能,但不会影响光的透过性。

5.2.3 常见薄膜材料

5.2.3.1 金属薄膜

金属和合金是应用较为广泛的薄膜,具有反射率高、截止带宽、中性好、偏振效应小等特点,常见的金属薄膜材料主要有 Al、Ag、Au 和 Cr。

Al 膜从紫外到红外均具有较高的反射率,且对玻璃衬底的附着力较好,具有较好的机械强度和化学稳定性,是一种性能良好的反射膜。但铝膜表面易形成 Al_2O_3 层,会影响紫外波段的反射率,因此常在 Al 膜表面再加一层 MgF_2 作为保护层。

Ag 膜在可见光和红外波段具有较高的反射率,适合用作分光膜,缺点是紫外区域反射率低,对玻璃衬底的附着力较差,且化学稳定性不够好,易被氧化或者硫化,实际使用时通常也需要合适的保护层。

金膜在波长大于 800nm 的红外区表现出较好的反射特性,化学稳定性良好,常用作红外系统中的外反射镜。但 Au 膜对玻璃衬底的附着力不高,可以用 Cr 或者 Ti 作为附着力增强层。由于化学稳定性很好,Au 膜一般可以不加特别的保护层。

Cr 膜在可见光区的分光特性几乎呈中性,在玻璃衬底上的附着力极佳,且光学和化学稳定性好,常用作光栅、度盘中制作线条或者掩模的阻光材料。

5.2.3.2 化合物薄膜

常见的化合物薄膜材料包括氟化物、硫化物、氧化物等。

冰晶石(Na_3AlF_6)等氟化物多为低折射率材料,有很宽的透明波段(0.2~14μm),在可见光区的折射率约为 1.35,折射率低、应力小,缺点是膜层较软、易吸潮。MgF_2 薄膜透明区域为 0.12~10μm,具有较高的张应力(300~500MPa),

可与多种薄膜组合构成多层膜。

ZnS 是典型的硫化物薄膜材料,透明波段为 $0.38 \sim 14 \mu m$,折射率为 $2.3 \sim 2.6$,是可见光区的高折射率材料,同时也是红外区重要的低折射率材料。

氧化物薄膜一般是用 TiO_2、ZrO_2 和 SiO_2 等高温烧制而成的陶瓷膜。SiO_2 是蒸发过程中分解率很小的低折射率材料,在可见光区折射率为 1.46,透明波段为 $0.18 \sim 8 \mu m$,具有吸收小、抗磨耐蚀、膜层稳定牢固等特点。TiO_2 是可见光与近红外区重要的高折射率材料,薄膜性能稳定,牢固性强。ZrO_2 薄膜具有较高的折射率,短波吸收低,膜层牢固稳定,可应用于紫外区域。

5.3 光纤材料

光纤材料又称光波导纤维材料,是光通信中用于传播光信息的光学纤维材料的统称。光纤一端的发射装置使用发光二极管或激光将光脉冲传送至光纤,光纤另一端的接收装置使用光敏元件接受和检测光脉冲信号。1966 年,高锟(C. K. Kao)和霍克哈姆(C. A. Hockham)首次提出光纤通信的可能性及技术实现途径,并指出高纯石英玻璃可作为光纤通信的最佳选择。1970 年,美国康宁玻璃公司拉制出世界上第一根长数百米的高纯 SiO_2 玻璃光纤,传输损耗低于 20dB/km。几年后,美国贝尔实验室制造出波长 850nm 损耗小于 4dB/km 的光纤,随后波长 1550nm 损耗仅为 0.2dB/km 的石英光纤也问世了。当前通信光纤损耗已下降到 0.1dB/km,几乎达到了材料的本征光学损耗。

低损耗石英光纤规模制造问题解决后,1976 年,美国贝尔实验室在亚特兰大进行了世界第一条传输距离 110km 的 850nm 多模光纤通信系统的实验,使光纤通信向实用化迈出了第一步,也由此开启了光纤通信时代。1984 年,实现了 $1.3 \mu m$ 单模光纤的通信系统,后来又实现了 $1.55 \mu m$ 的单模光纤通信系统。随着光源技术和光检测器技术的发展,光纤由多模向单模演进,传输带宽取得了巨大的进步。1989 年,光放大器的研发进一步提高了光纤通信的传输距离和传输容量。20 世纪 90 年代,在同一根光纤中同时传输两个或众多不同波长光信号的波分复用(WDM)技术出现,是光纤通信技术发展的另一个里程碑。历经 40 多年突飞猛进的发展,光纤通信速率由 1976 年的 45Mb/s 提高到目前的 100Tb/s(实验室水平已达 1Pb/s 以上),光纤通信系统的传输容量显著增加。

与传统通信技术相比,光纤通信具有如下特点。

(1) 传输容量大。光纤通信所用的光波长范围为 $0.8 \sim 2.0 \mu m$,属于电磁波谱中的近红外区。多模光纤典型的窗口波长是 $0.85 \mu m$ 和 $1.3 \mu m$,单模光纤典型的窗口波长是 $1.3 \mu m$ 和 $1.55 \mu m$,现在已经实现从 $1.3 \sim 1.7 \mu m$ 全覆盖。光纤通信所用的光频率越高,可以传输信号的频带宽度就越大,即传输容量就越大。密集波分复用技术可进一步增加光纤的传输容量,单波长光纤通信系统具有其他通信技术无法比拟的巨大的通信容量。

(2)传输衰耗低。普通电缆传输 800MHz 信号时,损耗在 40dB/km 以上。相比之下,光纤损耗则要小得多,传输 1.55μm 的光时,损耗小于 0.15dB/km。光纤通信系统无中继传输的距离更远,由于中继站数目的减少,长距离传输线路系统的复杂性和成本可大大降低。

(3)抗电磁干扰能力强。光纤的基本成分是石英,不导电,也不受电磁场的影响,光纤传输对电磁干扰有很强的抵御能力。

(4)保密性好。光信号被限制在光波导结构中,任何泄漏的光线都被环绕光纤的不透明皮层所吸收,相邻信道不会出现干扰,光纤中传输的信息也无法被外部截获。

本节主要对光纤传输的基本原理、光纤材料分类和光纤材料应用进行概述介绍。

5.3.1 光纤传输基本原理

光在不同物质中的传播速度不同,当光从一种物质进入另一种物质时,在界面处会发生折射和反射,折射角 ϕ_2 会随入射角 ϕ_1 变化而改变,且入射角与折射角之间服从斯涅耳(Snell)折射定律:$n_1/n_2 = \sin\phi_2/\sin\phi_1$。根据折射定律,如果光从光密介质($n_1$)进入光疏介质($n_2$),则有 $\phi_2 > \phi_1$,如图 5-6(a)所示。随着 ϕ_1 继续增大,当 $\phi_2 = 90°$ 时,折射光将沿着界面传播,如图 5-6(b)所示,此时称为临界状态,入射角 $\phi_1 = \arcsin(n_1/n_2)$ 也称为临界角(ϕ_0)。当 ϕ_1 进一步增大时,$\phi_2 > 90°$,这时便发生全反射现象,如图 5-6(c)所示,入射光不再发生折射而是全部被反射回来。

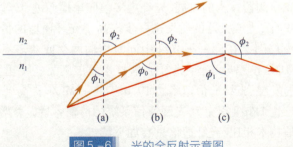

图 5-6　光的全反射示意图

光纤传输就是利用光的全反射原理,入射光束以大于 ϕ_0 的特定角度入射到纤芯与包层的界面上,光线在界面上发生全反射,之后在纤芯中以锯齿状路径曲折前进,不会穿出包层,也就避免了光在传播时的折射损耗,如图 5-7 所示。

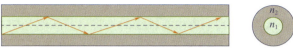

图 5-7　光在光纤中的传播路径示意图

光纤传输的几个主要参数如下。

1)子午光线和斜光线

光在半径 r、折射率 n_1 的纤芯和折射率为 $n_2(n_1>n_2)$ 的包层中传输时,可以有子午光线和斜光线两种方式,如图 5-8 所示。子午光线是在一个平面内弯曲进行的光线,一个周期内和光纤的中心轴相交两次,在直圆柱形光纤中以带状方式向前传播。斜光线则不与光纤中心轴相交,在直圆柱形光纤中以螺旋方式向前推进,光路长度、反射次数和数值孔径与子午线有明显差异,斜光线方式光纤的数值孔径一般比子午线方式的数值孔径更大。

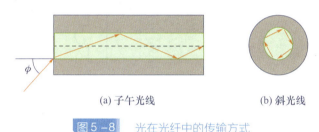

(a) 子午光线　　　　(b) 斜光线

图 5-8　光在光纤中的传输方式

作为子午光线传输的条件为

$$\sin\phi < \sqrt{n_1^2 - n_2^2} \tag{5-3}$$

式中:ϕ 为入射角。

2)数值孔径

入射到光纤端面的光并不能全部被光纤所传输,只有在某个角度范围内的入射光才可以,习惯上把 $\sqrt{n_1^2-n_2^2}$ 称为光纤的数值孔径(NA)。NA 表示光纤接收和传输光的能力,仅取决于光纤的折射率,与光纤的几何尺寸无关。NA 值越大,ϕ_0 相应地也越大,即允许有更多的光进入纤芯,光纤接收光的能力越强。不过,NA 增大容易激发光的高次模传播方式,不利于光纤的单模传输。

3)传输模式

光学上把具有一定频率、一定偏振状态和传播方向的光称为光的一种模式,或称为光的一种波型。受电磁场特性、光纤尺寸、结构和折射率等影响,光波在光纤内传输有一定的传输模式。单模光纤只允许传输一个模式的光,多模光纤允许同时传输多个模式的光。多模光纤又可进一步分为阶跃型和渐变型两类,前者的纤芯与包层间折射率是阶梯状的改变，入射光线在纤芯和包层的界面产生全反射，呈锯齿状曲折前进。后者的纤芯折射率从中心轴线开始向径向逐渐减小，入射光线进入光纤后，偏离中心轴线的光将呈曲线路径向中心集束传输，形成周期性的会聚和发散，呈波浪式曲线前进。图 5-9 是光纤的三种传播模式示意图。

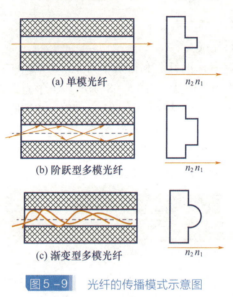

图 5-9　光纤的传播模式示意图

4）传输损耗

传输损耗指的是光在光纤传输过程中的损耗，公式为

$$Q = 10\log \frac{I_2}{I_1} \tag{5-4}$$

式中：I_1 为入射光强；I_2 为出射光强；Q 为传输损耗（dB/km）。传输损耗是衡量光纤质量的一个最重要的指标，Q 值越大光传播距离就越短，反之光传播距离就越远。光纤传输损耗的机理有吸收损耗、本征散射和波导散射三种方式。

吸收损耗是重要的损耗方式，包括本征吸收、杂质吸收和 OH^- 吸收等。本征吸收是光纤组分原子振动产生的吸收，主要位于紫外和红外区域。金属杂质吸收位于可见和红外区域，OH^- 吸收一般位于近红外区域。

本征散射又称瑞利散射，是由纤维密度不均导致折射率不均匀所引起的散射，与波长的 4 次方成反比。本征散射损耗随波长的增加会迅速减小。

波导散射由光纤的结构缺陷产生，如纤芯直径起伏、界面粗糙、凹凸不平就会引起传导模的附加损耗。

5）传输带宽

传输带宽是衡量光纤传输信息能力的重要指标。在光纤通信中，需要把载波光按要求调制成光脉冲,调制频率越高,能传输的信息容量也越大,即传输带宽越大。如果输入的光信号经光纤传输后,脉冲受到延迟失真并随着距离的增加而逐渐展宽,则传递的脉冲信息之间就会互相重叠,发生干扰以致无法进行正常传输。一般来说,脉冲扩展宽度越大,传输频带被限制得越窄。

光纤传输带宽受材料色散、模式色散和构造色散等影响。材料色散是指不同波长的光在介质中的折射率不一样,模式色散是指不同模式的光脉冲在光纤中传播速度不同所产生的传输时间差,构造色散是指由光纤结构上的原因引起的光传播速度的变化。一般而言,多模光纤限制传输带宽的主要因素是模式色散,单模光纤影响传输带宽的主要因素是材料色散。

5.3.2 光纤材料分类

光纤材料分类有多种方式,根据光在纤维中传输模式不同,将光纤分为单模光纤和多模光纤两种。单模光纤只允许传输一个模式的光波,通常芯径小于 $10\mu m$,与光波长接近,且没有模式色散,传输频带宽、传输信息量大,十分适合用于大容量、长距离光纤通信。多模光纤的芯径较大,如 $50\mu m$ 或 $62.5\mu m$,能允许同时传输多个模式的光,传输频率受模式色散制约,传输信息量比单模光纤低得多,但制造工艺简单,光纤连接也比单模光纤容易,因此通信用光纤大多为多模光纤。多模光纤按形成波导传输的纤维结构又可分为阶跃型和渐变型两类。

此外,按照工作波长可分为紫外光纤、可见光光纤、近红外光纤和红外光纤。按照折射率分布可分为阶跃型光纤、渐变型光纤、色散移位型光纤和色散平坦型光纤等。按照光纤材质可分为石英光纤、玻璃光纤、晶体光纤和聚合物光纤等。下面主要从光纤材质方面介绍光纤的几种常见类型。

1) 石英光纤

石英光纤是一种以高折射率的纯石英玻璃材料为纤芯,以低折射率的有机或无机材料为包层的光学纤维,重量是同等长度同轴电缆的几千分之一。通常采用 CVD 制作高纯度的石英预制棒,再拉丝制成低损耗的石英光纤。根据不同的要求,可在光纤中掺入不同量的稀有元素,目的主要是改变光纤的折射率、信道范围、软化温度等。例如,掺杂 GeO_2 可提高光纤的折射率,而掺杂 F 元素则会降低光纤的折射率。

石英光纤的传输过程不会发生电磁泄漏,也不容易被外界电磁辐射影响,自身具有强度高、耐大气侵蚀等特点,十分适用于信息的保密传输。光纤传输光束的振幅、相位、偏振状态、波长等物理量可受外界环境调制而变化,用石英光纤制作干涉仪可得到极高的检测灵敏度。此外,石英光纤中掺入某些元素后可变为增益介质,可进一步开发做成光纤激光器,在激光器的小型化、实用化等方面具有很大的发展前景。

2) 多组分玻璃光纤

多组分玻璃光纤主要成分除石英(SiO_2)外，还含有 Na_2O、B_2O_3、CaO、TiO_2 等其他氧化物成分，熔点低，制备工艺简单，可制成几十千米的长纤维，但因其损耗较大(4~7dB/km)，很少在长距离通信上应用。多组分玻璃光纤 NA 可达 0.5，可用于对损耗不敏感的内窥镜、传感器等领域。

非氧化物玻璃光纤包括卤化物、硫族化合物和硫卤化合物玻璃光纤等。所含 F^-、S^{2-}、Se^{2-} 等阴离子比 O^{2-} 质量大，因此光纤透红外性能更好，窗口波长更长，理论损耗也更小。非氧化物玻璃光纤在超远距离通信、高功率激光传输、纤维激光器和光纤传感器方面很有应用前景。

3) 晶体光纤

晶体光纤由晶体材料制成，有近乎完美的晶体结构，集晶体与纤维特性于一体。晶体光纤可分为单晶光纤和多晶光纤，主要有 $Y_3Al_5O_{12}$ 系、$YAlO_3$ 系、Al_2O_3 系、$LiNbO_3$ 系、LiB_3O_5 系和卤化物系等。与玻璃光纤相比，晶体光纤对较长波长的光具有更好的传输特性。单晶光纤由于晶界对光的散射小，因而可进一步降低光的损耗。晶体光纤器件与普通光纤相比具有更高的耦合效率，在光纤系统应用中具有很大的优势。

4) 塑料光纤

塑料光纤也称聚合物光纤，是指纤芯和包层都用塑料做成的光纤。塑料光纤的直径比其他光纤大得多，芯层尺寸是玻璃光纤的近 100 倍，如直径 1000μm 的塑料光纤，芯层为 980μm，即 96% 的截面积可以用于传递光线。此外，与石英光纤相比，塑料光纤 NA 大、质地柔软、质量轻，且加工方便、价格低，用于短距离传输时有一定的优势。不过，塑料光纤的传输损耗非常高，有机玻璃(PMMA)光纤损耗为 150dB/km，聚苯乙烯(PS)和聚碳酸酯(PC)光纤损耗高达 1000dB/km。相比之下，单模玻璃纤维的传输损耗只有 0.2dB/km，多模玻璃纤维的传输损耗也仅为 3dB/km 左右。由纤维中的金属离子、水等杂质所引起的吸收损耗是塑料光纤主要的损耗方式，此外塑料光纤中的杂质、空隙、纤芯-包层界面以及端面还会造成散射损耗。

5.3.3 光纤材料的应用

光纤材料的应用主要涉及信息的传播和采集两个方面，信息传播属于光纤通信的范畴，对光纤的要求主要体现在光纤的损耗、色散等。信号采集属于光纤传感应用的范围，对光纤的要求则是多方面的，有的是检测光强信号，有的是检测相位或偏振信号，有的则需要对光纤进行增敏或去敏等特殊处理。

5.3.3.1 光纤通信

光通信系统原理是用电信号去调制激光,被调制的光信号经耦合器和连接器引入到光纤中,通过光纤传输光信号,再由光电二极管把光信号还原成电信号,最后由接收机接收并对信号进行处理。归纳起来,光通信系统由调制器、传输通路和解调器三部分组成。光纤通信和其他通信方式本质的区别在于通信传输信息的媒质是光纤。

光纤通信有如下的特点:①光纤直径很细,与同轴电缆相比,可容纳光纤的数目更多,通信空间利用率高;②光纤密度不到铜缆的四分之一,架设线缆更方便、距离更长;③光纤传输损耗极小,可实现中继距离超100km的超长传输;④光纤传输频带宽,能够传输更多的信息;⑤光纤材料主要是Si的氧化物及掺杂的Ge、B、P等,原料来源丰富;⑥光纤是绝缘体,不受高压线、电车线等电磁感应影响,无须用金属线导管屏蔽,也不会产生电磁泄漏问题。

光纤的不足之处主要是力学性能差,尤其不能锐角弯曲,光纤连接、分接和耦合较为复杂,给光纤的大规模应用造成一定的影响。

5.3.3.2 光纤传感

光纤除能用作传输光的媒质外,还能用作信息传感手段来采集物理量的变化。光在光纤中传播时,振幅、相位、偏振态、频率等特征参量会受外界因素的影响而间接或直接地发生变化,这些外界因素包括温度、压力、位移、转动、速度、电场、磁场等。光纤传感器是一种通过光传播特性检测来感测外部环境各物理量的大小及变化的装置,光纤传感器可分为传感型和传光型两大类。传感型是利用外界因素对光特征物理量的改变来采集和计量外界因素,同时又把得到的信息沿光纤传输过去。传光型是用其他敏感元件,如声光、电光、磁光等效应转换器件作为传感器,而光纤只作为传输信号的媒质。

与传统的传感器相比,光纤传感器的主要特点是:①抗电磁干扰,电绝缘性能好,耐腐蚀,可以在高电压强电磁场、易燃易爆、强腐蚀等极端环境下使用;②灵敏度高,除本征灵敏度高以外,还可以采用光干涉、平衡补偿等技术进一步提高其灵敏度;③质量小、体积小,外形可变,适合在航空、航天等特殊环境使用;④可感测的物理量多,如温度、压力、液位、位移、速度、加速度、角速度、流量、振动、水声、电流、电场、电压、磁场、核辐射等;⑤对被测量介质的影响小,尤其适合在医学、生物等被测物敏感的领域;⑥成本低。

5.3.3.3 光纤图像传输

光纤图像传输是指物体发出的光由光纤一端送入光纤,传输一段距离后从光纤另一端传出再生成图像,医学上常用的内窥镜就是基于这一原理。按照使用的光纤数量不同,光纤图像传输方式主要分为利用一根光纤传输的单光纤法和由大量光纤按一定结构排列进行传输的纤维束法。

光纤传输图像的优点有：①光纤传输是一种纯光学方法，不必进行电光与光电转换，传输系统简单，避免了光电转换带来的信号失真等问题；②光纤传输基于全光学系统，对强电磁干扰有非常好的抵御能力；③光纤传输时，可将图像进行人为编码从而得到特殊的效果，如可用于传输较高质量的彩色图像。

5.3.3.4　光纤能量传输

由于低损耗光纤的出现，光能量传输距离大大增加，使远距离光能的传输具备应用的可能。光纤传输光能具有许多优点，它可以使光在任意方向上传送，可以将光束穿过各种环境介质导引至所需工作场合，特别是水下、管道内部等直线传输难以达到的地方。用光纤传输能量和传输信息本质上都是传输电磁波，但两种光纤的要求不尽相同。传输能量时，要求光纤有小的传输损耗，发散角应尽可能小，以保证足够的功率密度。同时，还要考虑在高功率密度下光纤不发生端面及内部的破坏，以及在长时间使用下光纤的导光性能不降低等。

按组成材料的不同，能量传输的光纤一般分为玻璃光纤、晶体光纤和空芯光纤三类。玻璃光纤中的石英光纤可传输氩离子（Ar^+）激光器的可见光激光（$0.488 \sim 1.5 \mu m$）和 YAG 晶体激光器的近红外激光（$1.06 \mu m$），一般玻璃光纤可以是直径为 $0.2 \sim 2 \mu m$ 的单根纤维或直径为几毫米的纤维束。晶体光纤一般以高折射率晶体为纤芯，以空气或低折射率的晶体为包层，晶体材料大多为 NaCl、卤化银单晶或多晶，多为直径几毫米的单根光纤，可传输 CO_2 激光器的远红外激光（$10.6 \mu m$）。空芯光纤以空气为纤芯，用金属或玻璃制作空芯管，并在其内壁涂以 GeO_2 等，可传输高达 $1500 \sim 2000W$ 的高功率激光。

5.4　激光材料

受激辐射的概念最早由爱因斯坦在 1917 年首次提出，即处于激发态的发光原子在外来辐射场的作用下，向低能态或基态跃迁时辐射光子的现象。产生的光子和诱导光子的频率、相位、传播方向以及偏振状态完全相同，这两个光子又可以去诱发产生更多相同状态的光子，这种在入射光子诱发作用下引起大量发光粒子受激辐射，并产生大量状态相同光子的现象称为受激辐射光放大（Light Amplification by Stimulated Emission of Radiation，Laser）。Laser 最初译为"莱塞"，20 世纪 60 年代初，钱学森先生建议改为"激光"或"激光器"。1960 年，梅曼（T. H. Maiman）发明了世界上第一台红宝石固体激光器；1961 年，贾文（A. Javan）制成了氦氖气体激光器；1962 年，霍耳（R. N. Hall）发明了 GaAs 半导体激光器；1964 年，CO_2 激光器诞生，1966 年染料液体激光器问世，1977 年自由电子激光器出现。至此，主要类型的激光器都被发明出来。

20 世纪 60 年代的激光技术主要围绕激光器的实验装置和样机,没有出现成熟的产品;20 世纪 70 年代后,激光应用技术方面取得重要突破,激光制导、激光测距机等开始应用于军事领域;20 世纪 80 年代后,随着高质量激光器性能的不断提升,激光应用迅猛发展,开始形成相当规模的激光光电子产业。

激光具有四个典型特征:

(1)方向性或准直性好,几乎沿直线传播,光束发散角小,一般为毫弧度(mrad)量级,接近于平行光;

(2)单色性好,激光谱线宽度远小于普通光源的线宽,氦氖激光线宽可达 10^{-9} nm;

(3)亮度高,由于激光束截面积和发散角都很小,光束能量十分集中,可实现极高的亮度;

(4)相干性好,激光中每个光子的频率、相位、偏振等状态都相同,是极佳的相干光源。

当前,随着材料技术的进步,新型激光器不断出现,激光器性能也越来越高,工作波长从远红外一直到 X 射线,输出功率下至纳瓦(10^{-9} W)上到太瓦(10^{12} W),脉冲能量最大可达万焦(10^4 J),外形尺寸变化可从头发丝直径的 1/10 到上百立方米,应用领域也在不断拓展。

本节概述激光器的基本原理和激光的主要应用,重点介绍激光工作物质的类别、特点和发展趋势等。

5.4.1 激光器原理

激光器通常由激光工作物质、谐振腔和泵浦源三部分组成,其中激光工作物质是实现粒子数反转分布的物质基础,谐振腔是造成反馈、选模和输出耦合的主要场所,泵浦源是提供能量的外部条件。激光产生的过程是,泵浦源对激光工作物质进行激励使其形成粒子数反转的状态,受激产生的光经光学谐振腔选模、反馈和放大作用后输出激光。激光器基本结构见图 5-10。

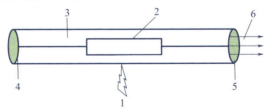

图 5-10　激光器基本结构示意图

1—泵浦源;2—激光工作物质;3—谐振腔;4—全反射镜;5—半反射镜;6—激光束。

1)激光工作物质

激光器中能够实现能级跃迁的物质称为激光工作物质,是激光器的核心,也称为工作介质或增益介质。激光工作物质包括激活粒子与基质两部分,激活粒子指能够形成粒子数反转的发光粒子,可以是分子、原子或离子。激活粒子可以独立存在,有些则必须依附于某些固体、气体或液体基质中。基质主要是晶体、玻璃或陶瓷等材料,决定了工作物质的光、热、机械等物理性能。

常用激光器的激活粒子大多属于三能级或四能级系统,图5-11是两种能级系统的示意图。在红宝石激光器 Cr^{3+} 的三能级系统中,E_1 能级为基态,作为激光下能级。泵浦源将激活粒子从 E_1 能级抽运到 E_3 能级,但 E_3 能级寿命很短,激活粒子很快地经非辐射跃迁方式到达 E_2 能级。E_2 能级的寿命比 E_3 长得多,称为亚稳态,作为激光上能级。只要抽运速率达到一定程度,就可以实现 E_2 与 E_1 两个能级之间的粒子数反转,为受激辐射创造了条件。在 Ar^+ 激光器的三能级系统中,E_1 能级也为基态,但不作为激光下能级,而是以 E_3 和 E_2 分别作为激光的上、下能级,这是因为 E_3 的寿命比 E_2 长,E_2 能级在热平衡条件下基本上是空的。因此,只要抽运一些粒子到达 E_3 能级,就很容易实现粒子数反转,受激辐射后到达 E_2 的粒子则会迅速通过非辐射跃迁的方式回到 E_1 基态。

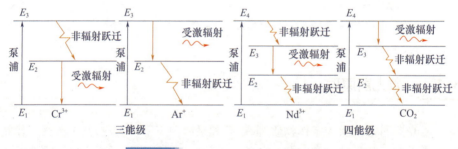

图5-11 三能级和四能级系统示意图

四能级系统中能级更多,辐射跃迁和非辐射跃迁情况更为复杂。在掺 Nd 的钇铝石榴石激光器 Nd^{3+} 的四能级系统中,E_1 能级为基态,泵浦源将激活粒子从 E_1 抽运到 E_4,E_4 能级的寿命很短,激活粒子立即通过非辐射跃迁的方式到达 E_3 能级,E_3 能级的寿命较长,是亚稳态,作为激光上能级。E_2 能级的寿命也很短,热平衡时基本上是空的,作为激光下能级。E_2 能级上的粒子主要也是通过非辐射跃迁的方式回到基态,而在 CO_2 激光器激活粒子的四能级系统中,E_4 和 E_3 分别作为激光的上、下能级,E_2 能级是 E_3 与 E_1 之间的一个中间能级,寿命很短,受激辐射后的粒子由 E_4 到达 E_3 后,很快会通过非辐射跃迁的方式跳到 E_2 能级,并再通过非辐射跃迁的方式回到基态。

2）谐振腔

谐振腔由放置在激光工作物质两边的两个相互平行的反射镜组成，其中一个是全反射镜，另一个是部分反射、部分透射的半反射镜。工作物质辐射出的光子方向是任意的，平行于激光器轴线的光子在两反射镜间往复反射，不断地使工作物质受激辐射产生光子。在谐振腔光学正反馈作用下，腔内的光子数不断被放大，而由于损耗的存在，腔内的光子数也会不断衰减，当二者平衡时就可以形成稳定的光振荡，进而输出功率稳定的激光。由此可见，谐振腔的主要作用是产生与维持激光振荡。除此之外，谐振腔还具有改善输出激光质量的功能，通过改变谐振腔参数就可以控制激光的光束特性，如激光的方向性、单色性和输出功率等。

3）泵浦源

泵浦源作用是把外界能量传输或转换成工作物质可以吸收的辐射能量，对工作物质激励以实现粒子数反转，也称激励系统。目前，有光泵浦、电泵浦、热泵浦、化学反应泵浦及膨胀超声流泵浦等方式。光泵浦指粒子从强光源中吸收能量受激吸收跃迁转换成高能态的过程，电泵浦过程则是通过强电场下的电荷放电或电荷注入完成的，这两种方式是最为常用的泵浦方式。

需要说明的是，泵浦源一般根据激光工作物质来选择。对于固体激光器，一般是用氙灯或高压汞灯等普通强光源作为泵浦源，又称光泵。对于气体激光器来说，通常是将气体工作物质密封在细玻璃管内，两端加电压，通过放电的方法来进行激励。

5.4.2 激光器分类

激光器可以按照泵浦方式、工作物质、工作方式、输出功率和输出波长等不同的维度进行分类。按泵浦方式的不同，可以分为光泵浦激光器、电泵浦激光器、化学泵浦激光器、热泵浦激光器和核泵浦激光器。按工作方式的不同，可分为连续激光器和脉冲激光器，连续激光器可以在较长一段时间内连续输出，热效应高。脉冲激光器以脉冲形式输出，主要特点是峰值功率高，热效应小。按输出波长的不同，激光器可分为红外激光器、可见光激光器、紫外激光器等。按照工作物质的不同，可以分为液体激光器、气体激光器和固体激光器（包括光纤、半导体、全固态、混合等），其中光纤激光器由于工作物质较为特殊且占有较高的市场份额，学术及生产实践中一般会将其与其他固体激光器单独区分开。光纤激光器与固体激光器是目前市场上应用最为广泛的两类主流激光器，前者具有平均功率高、热效应强的特点，被广泛地应用于宏观加工领域的金属材料切割、焊接、钻孔、烧结等；固体激光器则具有峰值功率高、热效应小、加工精度高的特点，主要用于薄性、脆性材料和非金属材料的精细微加工领域。

5.4.2.1 固体激光器

固体激光器一般是指以固体材料为工作物质的激光器,有连续、脉冲、调Q及锁模等工作方式,具有体积小、效率高、寿命长、输出功率大等特点,覆盖范围广,坚固耐用,是目前比较成熟同时应用较为广泛的激光器。工作物质由基质材料和少量激活离子组成,常见的有红宝石晶体、钕玻璃、掺钕钇铝石榴石晶体、掺钛蓝宝石晶体等。泵浦源一般使用氙灯或高压汞灯等普通强光源。随着高功率半导体激光器和阵列器件技术的提高,激光二极管逐渐成为可选的泵浦源,其突出优点是高效、耐用和结构紧凑。目前固体激光工作物质已达百余种,激光谱线数千条,脉冲能量达到几万焦,最高峰值功率可超过 10^{13} W。

下面对固体激光器的激光工作物质进行简要介绍。

1)基质材料

工作物质中的基质材料主要是晶体、玻璃或陶瓷等,决定了工作物质的光、热、机械等物理性能,以及与激活离子的匹配性、化学稳定性等。

晶体中原子、分子或离子呈周期性排列,掺杂后激活离子可取代晶格点阵上的离子。激光晶体材料包括简单氟化物(CaF_2、BaF_2、SrF_2、LaF_3、MgF_2等)、简单氧化物(Al_2O_3、Y_2O_3、Er_2O_3等)、复合氧化物($CaWO_4$、$CaMoO_4$、$LiNbO_4$等)、溴化物、硫化物、氧氟化物、氧氯化物和氧硫化物等。晶体的主要特点是晶体的机械强度较高,不易损伤,且晶体的热传导较高,不易产生热应力双折射和光学畸变。缺点主要是单晶生长周期长、价格贵、尺寸小,尤其是控制掺杂离子浓度比较困难。

玻璃是无序排列的,一般认为呈网格结构,具有近程有序、远程无序的结构特点,激活离子主要掺入玻璃网格外的空隙中。激光玻璃主要有氧化物(硅酸盐、硼酸盐、硼硅酸盐、氟磷酸盐、锗酸盐和磷酸盐玻璃等)和非氧化物(卤化物和硫化物玻璃等)。玻璃的优点是可以较容易地实现大尺寸化,同时可以保证较高的光学均匀性。缺点是激活离子在玻璃中的荧光线宽通常比在晶体中的宽,激光阈值一般相对较高。另外,玻璃的导热系数远低于晶体,高功率工作时内部会产生较大的热致双折射和光学畸变等。

陶瓷是多孔粉体烧结而成的致密晶粒结合体,激活离子随机分布在晶粒的内部或表面,光学性能、机械性能、导热性能等接近或优于晶体。陶瓷可以分为氧化物陶瓷、氟化物陶瓷和金属氧化物陶瓷三类。与单晶激光材料相比,陶瓷激光材料具有尺寸大、硬度高、机械稳定性好、耐热冲击、易于制造等优点,且掺杂离子分布更均匀,十分适合作为高功率固体激光器的工作物质。

一般来说,固体激光器基质材料应具有以下特点:①良好的光学性质,对光的有害吸收小;②机械稳定性好,弹性模量大,不易损伤;③良好的热性质,热导率高,光照稳定性和热光稳定性好,热光畸变效应小;④掺杂可控性高,激活离子能够实现高浓度可控掺杂,且荧光寿命长;⑤尺寸大,能够实现规模化、低成本生产。

2）激活离子

激活离子提供亚稳态能级，由泵浦激发振荡出一定波长的激光，其能级结构决定激光的波长和光谱性质，是激光晶体的发光中心。激活离子主要是过渡金属离子、稀土金属离子和锕系离子三类。

过渡金属主要包括钪（Sc）、钛（Ti）、钒（V）、铬（Cr）、锰（Mn）、铁（Fe）、钴（Co）、镍（Ni）等，其中已实现受激辐射的掺杂离子有铬离子（Cr^{3+}）、钒离子（V^{2+}）、钴离子（Co^{2+}）、镍离子（Ni^{2+}）、钛离子（Ti^{3+}）等。

稀土金属也称镧系元素，主要包括镧（La）、铈（Ce）、镨（Pr）、钕（Nd）、钐（Sm）、铕（Eu）、钆（Gd）、钬（Ho）、铒（Er）、铥（Tu）、镱（Yb）、镥（Lu）等，其中大多数的三价稀土金属离子已可实现受激辐射，其中 Nd^{3+} 最先用于产生激光，且应用最为广泛。

锕系元素主要包括锕（Ac）、钍（Th）、镤（Pa）、铀（U）、镎（Np）、钚（Pu）、镅（Am）、锔（Cm）、锫（Bk）等，大部分是放射性元素，制造和处理过程复杂，应用较为困难。目前，三价铀离子（U^{3+}）已成功掺杂到氟化钙（CaF_2）中获得激光。

一般来说，激活离子应具有以下特点：①有三能级或四能级结构，四能级结构更优；②吸收特性好，有宽的吸收带、大的吸收系数和吸收截面，有利于储能；③在泵浦光和振荡波长光谱区高度透明；④吸收散射等损耗小，损伤阈值高；⑤可高浓度掺杂，且荧光寿命长。

下面对几类常见的固体激光器进行简要介绍。

1）红宝石激光器

红宝石（Cr^{3+}：Al_2O_3）激光器是典型的三能级结构激光器，工作物质为掺杂 Cr^{3+} 的刚玉氧化铝（Al_2O_3）晶体，Cr^{3+} 掺入浓度为 0.03%~0.07% 时激光晶体呈现淡红色。红宝石激光器的主要优点是晶体物化性能好，硬度高，抗破坏能力强，同时对泵浦光的吸收特性好，可在室温条件下获得 694.3nm 的可见激光。红宝石激光器的主要缺点是三能级结构产生激光的阈值较高。

2）掺钕钇铝石榴石激光器

掺钕钇铝石榴石（Nd^{3+}：YAG）激光器的工作物质是掺杂 Nd^{3+} 的钇铝石榴石（YAG）。YAG 由 Y_2O_3 和 Al_2O_3 按照 3∶5 的比例组成，晶体无色透明，掺杂 Nd^{3+} 后的激光晶体呈现淡粉紫色。钇铝石榴石激光器一般以发出 1.06μm 波长的激光为主，次之为 1.34μm 的激光。与红宝石相比，钇铝石榴石激光晶体的荧光寿命较短、谱线较窄，激光储能较低，但具有热物理性能优异、熔点高、硬度大等优点。此外，与红宝石相比钇铝石榴石产生激光的阈值更低，增益系数更大，非常适合用于连续和高重复率脉冲工作。

其他基于 YAG 的激光晶体还有掺铒钇铝石榴石（Er^{3+}：YAG）、掺铱钇铝石榴石(Ho^{3+}:YAG)等。

3) 紫翠宝石激光器

紫翠宝石(Cr^{3+}:$BeAl_2O_3$)激光器的工作物质是掺杂0.01%~0.4%Cr^{3+}的金绿宝石($BeAl_2O_3$),吸收峰值为590nm和680nm,可分别适合用闪光灯和激光二极管泵浦,紫翠宝石激光器的输出波长在720~800nm范围内可调谐,二次谐波范围为360~400nm。

4) 掺钛蓝宝石激光器

掺钛蓝宝石(Ti^{3+}:Al_2O_3)激光器的工作物质是掺杂约0.1% Ti^{3+}的Al_2O_3,Ti^{3+}替代Al^{3+}在晶体点阵中的位置,光谱吸收带与荧光发射带有小部分重叠,吸收峰值位于500nm附近,氪离子、倍频钕玻璃等激光器可作为掺钛蓝宝石激光器的泵浦源。掺钛蓝宝石激光器的输出峰值为780nm,在700~900nm范围可调谐,二次谐波范围为350~470nm。

5) 掺钕铝酸钇激光器

掺钕铝酸钇(Nd^{3+}:YAP)激光器的工作物质是掺杂约0.1% Ti^{3+}的YAP。YAP由Y_2O_3和Al_2O_3按照1:1的比例组成。Nd^{3+}:YAP晶体物理化学、力学性能等与Nd^{3+}:YAG晶体接近,由于YAP晶体具有各向异性的特点,且可掺入的Nd^{3+}浓度更高,因此Nd^{3+}:YAP晶体储能更大,生长速度更快,能获得线偏振激光和高功率激光输出。

6) 钕玻璃激光器

钕玻璃激光器工作物质是掺杂1%~5% Nd_2O_3的光学玻璃(硅酸盐玻璃、磷酸盐玻璃、氟酸盐玻璃等),钕玻璃掺杂浓度高,光学均匀性好,物理性能稳定,形状和大小具有较大的自由度,既可制作特大功率激光器,也可用于光纤激光器。缺点是热性能和力学性能较差,不适于连续或高重复率工作的激光器。

7) 陶瓷激光器

陶瓷激光器是采用陶瓷作为工作物质基质材料的一类激光器,第一台激光陶瓷是掺镝的氟化钙(Dy^{2+}:CaF_2),后来相继出现了掺钕的YAG(Nd^{3+}:YAG)陶瓷、掺镱的YAG(Yb^{3+}:YAG)陶瓷等,激光功率和效率不断得到提升。与单晶和玻璃等基质材料相比,陶瓷材料具有更高的热导率,可实现更高的运行功率,并减小热透镜畸变的产生。此外,陶瓷还具有掺杂浓度高、掺杂均匀、制造成本低、尺寸形状可控等优点,是开发高功率激光器的优良基质材料。

8) 可调谐固体激光器

可调谐固体激光激光器在工作原理上与常规的固体激光器(如Nd^{3+}:YAG激光器)类似,掺入到固体基质中激活离子受激辐射产生激光,其特点是输出激光的波长可以调谐。目前,研究最多的可调谐固体激光器是紫翠宝石激光器和掺钛蓝宝石激光器。

9）激光二极管泵浦固体激光器

激光二极管泵浦固体激光器采用半导体激光二极管或二极管阵列作为泵浦源,与灯泵浦源相比的优点是易用温度调谐来改变发射波长,泵浦功率和效率高,光-光转换效率可轻易超过60%,同时器件体积更小、质量更小,寿命长达数万小时。激光二极管泵浦的主要缺点是制造成本较高。激光二极管泵浦一般有两种泵浦方式,一种是端面泵浦(纵向泵浦),泵浦光束从工作物质的端面垂直进入激活介质,结构简单,泵浦效率高,但受到腔模的横向尺寸的限制,难以把大量的光泵浦到激光工作物质的端面上,导致输出功率受到影响。另一种是侧面泵浦(横向泵浦),泵浦光束垂直于激光棒的光束入射,效率高而且可靠,系统的热耗散较小,缺点是转换效率比端面泵浦方式低。

激光二极管泵浦固体激光器的工作物质种类很多,如 Nd：YAG 晶体、Yb：YAG 晶体、Nd：YVO$_4$ 晶体、Cr：LiSAF 晶体、Tm：YAG 晶体、Yb：S-FAP 晶体和 Tm：Ho：YLF 晶体等。Yb：YAG 晶体的泵浦波长为 940nm,具有高光-光转换效率、宽吸收带宽、低量子缺陷、较长的上能级辐射寿命等优点,主要缺点是对泵浦功率密度的要求高,同样增益下 Yb：YAG 晶体的泵浦功率比 Nd：YAG 晶体高3倍左右。Nd：YVO$_4$ 晶体与 Nd：YAG 晶体相比具有更大的吸收系数和增益横截面,在入射泵浦功率固定时具有较大的腔内小信号环路增益,有助于降低 Q 开关脉冲的最小可能脉宽。Cr：LiSAF 晶体是一种低增益介质,其输出功率的放大通常受激光二极管泵浦源的非衍射极限光束和上能级寿命淬灭所影响。

5.4.2.2 气体激光器

气体激光器是以单一气体或混合气体、金属蒸气为工作物质的激光器,具有光束质量好、谱线范围宽、输出功率大、稳定工作时间长、结构简单、造价低廉等特点。世界上第一台 1MW 的大功率激光器就是采用 CO_2 作为激光工作物质。气体放电激励是气体激光器主要的激励方式,具体有直流放电、交流放电、无电极高频放电及高压脉冲等多种方式。弱电离气体包括中性气体粒子(原子、分子)、带电粒子(电子、正离子、负离子)和激发态粒子(受激中性粒子、带电粒子)等,放电气体中存在的粒子种类取决于气体和外界激励的强度。对单种气体或气体混合物放电激励可产生从远红外一直延伸到紫外的多种波长的激光,氦(He)、氖(Ne)、氩(Ar)、氪(Kr)、氙(Xe)、氡(Kn)全部的惰性气体均可受激辐射产生激光,对锌(Zn)、镉(Cd)、汞(Hg)、铅(Pb)、锡(Sn)、铜(Cu)等金属蒸气和氯(Cl)、溴(Br)、碘(I)等卤素气体脉冲放电激励也可产生激光。除气体放电激励外,还可采用电子束、光、热、化学能、核能等方式进行激励。

典型的气体激光器有氦氖激光器、氦镉激光器、准分子激光器、氩离子(Ar^+)气体激光器、CO_2 激光器、铜蒸气激光器等。常见的气体激光器主要有以下几类。

1) 原子气体激光器

氦氖激光器以氦气和氖气组成的混合气体为工作物质,是最典型的惰性气体激光器,其中 Ne 为产生激光的物质,而 He 是提高其泵浦效率的辅助气体。氦氖激光器产生的激光谱线主要是 632.8nm,此外还有 1152.3nm、3391.2nm 等,主要分布在可见光和近红外区域。氦氖激光器的主要优点是输出光束相干性、单色性和方向性好,线宽低至 20Hz,发散角小于 1mrad,接近衍射极限。此外,氦氖激光器可连续或脉冲运转,具有结构简单、使用方便、成本低、寿命长等优点。

除 Ne 原子外,其他惰性气体原子如 Ar 原子、Kr 原子、Xe 原子等也可产生激光跃迁,其他惰性气体激光器在结构、工作原理和输出特性等与氦氖激光器接近。其他气体激光器的输出波长更为丰富,如氦镉激光器主要输出波长为 441.6nm 和 325.0nm 的紫外激光,Ar^+ 气体激光器输出波长主要是 488nm 和 514.5nm,氪离子(Kr^+)气体激光器输出波长主要是 476.2nm、520.8nm、568.2nm 和 647.1nm,Ar^+ 和 Kr^+ 混合气体作为工作物质的激光器可以输出 488.0nm、476.5nm、514nm、657nm 等波长的激光。

金属蒸气也可作为气体激光器的工作物质,采用高压脉冲对铜(Cu)、金(Au)、铅(Pb)、锰(Mn)等中性金属原子放电激励,实现自终止跃迁受激发射的激光器称为自终止跃迁金属蒸气激光器。此外,以离子为工作物质的称为金属蒸气离子激光器,以碱金属蒸气为工作物质的一般称为光泵浦金属蒸气激光器。

2) 分子气体激光器

分子气体激光器是以分子气体为工作物质的激光器,首台分子气体激光器是输出为波长 10.6μm 的 CO_2 激光器。除 CO_2 外,CO、N_2、O_2、NO、H_2O、H_2 等分子气体,以及准分子气体也可以产生激光。

CO_2 激光器是一种混合气体激光器,激光工作物质为 CO_2,其他气体如 He、N_2、CO、Xe、H_2O、H_2、O_2 等都是辅助气体,作用是为了提高上能级的激发速率和下能级的弛豫速率,进而增强激光的输出功率和效率。CO_2 激光器输出激光波长为 9.2~11μm,主要输出波长为 10.6μm,由 CO_2 分子振动-转动能级间跃迁产生。CO_2 激光器增益较高,具有宽频带可调谐、输出功率高、激光能量高等优点,在测距、指示、传感及高功率定向能武器中得到了广泛应用。CO_2 激光器主要缺点是整体尺寸较大,即使中等功率的器件尺寸往往也超过其他类型的激光器。

氮(N)分子激光器以氮气为工作物质,输出激光波长主要是紫外波段的 337.1nm、357.7nm、315.9nm 等。氮分子激光器同样具有很高的增益,无须谐振腔反馈就可产生高功率的相干光,输出峰值功率高,脉冲持续时间短,具有放大的自发辐射特性,而且结构简单、制造相对容易。

3）准分子激光器

准分子激光器是以准分子气体为工作物质的激光器。在准分子激光系统中,跃迁发生在束缚的激发态到基态,因此属于束缚－自由跃迁。准分子基态的寿命极短,一般为 10^{-13} s 量级,即一个分子振动周期量级,激光下能级可视为空,容易实现粒子数反转。此外,由于跃迁终止于基态,因此整个过程无辐射,也没有瓶颈效应的限制,有望获得很高的量子效率。

迄今为止,已经发现十几种准分子气体能够产生准分子激光,如稀有气体（Ar_2、Kr_2 等）、稀有气体卤化物（XeF、ArF、XeCl 等）、稀有气体氧化物（ArO、KrO 等）、金属蒸气卤化物（HgCl、HgBr 等）和金属蒸气氧化物（BeO 等）,输出波长遍及可见光和真空紫外区,是紫外波段重要的高功率脉冲激光器。其中,稀有气体卤化物是目前效率最高的紫外激光器,有较为广泛的应用。

4）氧碘化学激光器

氧碘化学激光器基本原理是在 I_2 气体中利用单重态氧受激实现粒子数反转态,具体过程是将单重态氧和 I_2 气体通过精密的喷嘴阵列射入激光器反应室,进入谐振腔后碘被分解从而实现碘分子的粒子数反转,气流正交于谐振腔轴线。本质上讲,氧碘化学激光器是一种气体动力激光器,其工作原理示意图见图 5-12。

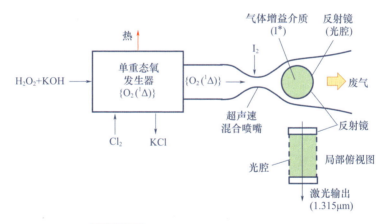

图 5-12 氧碘化学激光器原理示意图

氧碘化学激光器具有高达 40% 的能量转换效率,输出波长为 $1.315\mu m$,易于在大气或光纤中传输,也是目前唯一已知的利用电子跃迁的化学激光器。美军在波音 747 飞机上集成了氧碘化学激光器及子系统,形成了机载激光定向能武器系统,获得了功率为兆瓦级的激光,可用于战略导弹防御系统。

5.4.2.3 液体激光器

染料激光器是以有机染料溶解于甲醇、乙醇或水等溶剂中作为激光工作物质的激光器,是一种常见的液体激光器。相比气体和固体激光介质,染料激光器最大特点是输出激光波长可调谐,波长范围更广泛,可获得从 $0.3 \sim 1.3 \mu m$ 光谱范围内的窄带高功率激光。此外,染料激光器还具有光谱分辨率高、结构简单、价格便宜等优点,是目前光谱学研究中用得最多的一类激光器。染料激光器的光学结构非常简单,具有良好的灵活性和通用性,简单染料激光器的剖面结构示意图见图 5-13。如果需要持续稳定地输出激光,特别是激光线宽、功率等有较高要求时,染料激光器结构复杂性可能会有所增加。

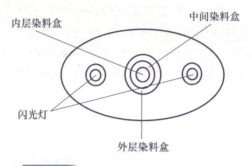

图 5-13　染料激光器剖面结构示意图

染料设计和选择的考虑因素主要有:①光谱特性,如果调谐波长范围比较宽,则要求染料的吸收光谱对泵浦光波长有较大范围的吸收;②光化学稳定性,染料的分解会降低染料的有效量;③转换效率,染料较高的转换效率有益于输出功率的提升;④染料浓度,染料的最佳浓度与溶剂、泵浦光的波长和功率、激光损耗等有关;⑤使用寿命,应选择使用寿命较长的染料。

染料激光器泵浦方式分闪光灯泵浦和激光泵浦两种方式,脉冲染料激光器一般选用脉冲激光器(氮分子激光器、准分子激光器、Nd^{3+}:YAG 激光器等)和脉冲闪光灯作泵浦源,连续染料激光器则多采用 Ar^+ 激光器或倍频的 Nd^{3+}:YAG 激光器作为泵浦源。

5.4.2.4　半导体激光器

半导体激光器又称激光二极管,以半导体材料作为激光工作介质,工作物质虽然也为固体,但其原理与一般意义上的固体激光器受激辐射机制有明显的不同。半导体激光器的工作物质是直接带隙半导体材料构成的结形器件,基本原理是基于光子和半导体中的载流子的相互作用,受激辐射由电子-空穴复合产生。光子与半导体中的载流子可发生自发辐射、受激吸收和受激辐射三种相互作用,电子跃迁在表征电子能量状态的能带之间发生,而不是在离散能级之间。因此,跃迁辐射的可能性与半导体能带结构以及能带中载流子的分布有关,受激辐射的波长取决于半导体材料的禁带宽度。

半导体激光器结构简单,仍然由工作物质、泵浦源和谐振腔三部分组成,常用的工作物质有砷化镓(GaAs)、掺铝砷化镓、硫化铬(Cr_2S_3)、磷化铟(InP)、硫化锌(ZnS)等,泵浦方式有电注入、电子束泵浦和光泵浦三种形式。半导体激光器件可分为同质结、单异质结、双异质结等几种,同质结激光器和单异质结激光器在室温时多为脉冲工作,适用于大功率输出的场合。而双异质结激光器对光和载流子能起到一定的限制作用,加上良好的散热装置辅助后,就可在室温时实现连续工作。

半导体激光器具有体积小、质量小、效率高、寿命长、辐射波长范围大等优点,是目前最实用最重要的一类激光器,在激光通信、光存储、光陀螺、激光打印、测距以及雷达等方面得到了广泛的应用,尤其是光纤通信系统中最为重要的光源。

5.4.2.5 光纤激光器

光纤激光器和传统的固体、气体激光器一样,也是由激光工作物质、谐振腔、泵浦源三大基本要素组成。激光工作物质为稀土掺杂光纤或普通非线性光纤,可以由光纤光栅等光学反馈元件构成直线型谐振腔,或用耦合器构成环形谐振腔,泵浦源一般采用高功率的半导体激光器。泵浦光经适当的光学系统耦合进入增益光纤,增益光纤在吸收泵浦光后形成粒子数反转或非线性增益并产生自发辐射,自发辐射光经受激放大和谐振腔的选模作用后形成稳定的激光输出。光纤激光器结构示意图如图 5-14 所示。

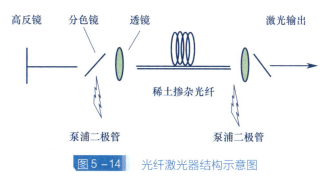

图 5-14　光纤激光器结构示意图

光纤激光器实质上是一种特殊形态的固体激光器,与传统块状固体激光器相比具有以下特点。

(1)光束质量好,光纤的波导结构决定了光纤激光器易于获得单横模输出,且受外界因素影响很小,能够实现高亮度的激光输出。

(2)效率高,通过选择发射波长和掺杂稀土元素吸收特性相匹配的半导体激光器为泵浦源,可以实现非常高的光-光转化效率,目前可超过70%。

(3)散热特性好,增益介质为细长的掺杂稀土元素光纤,表面积和体积比非常大,在散热能力方面具有天然的优势。

(4)结构紧凑,可靠性高,工作物质为光纤,有利于进一步压缩体积、节约成本。

光纤激光器性能显著增强的原因有多方面,主要可归结于稀土离子的有效掺杂、高效紧凑的泵浦源和传输损耗的可控减少等。光纤激光器能产生高质量初始光,通过一系列光纤放大器放大后,输出高功率的激光束,同时能保持光束的质量,非常适合用于高功率的激光系统。

根据激光工作物质的不同,光纤激光器可分为基于非线性光学效应的光纤激光器和基于受激辐射的掺杂光纤激光器两类。稀土离子掺杂光纤激光器中基质可以为单晶、石英玻璃、氟化锆玻璃等,激活离子可以是 Nd^{3+}、Er^{3+}、Yb^{3+} 等,通过掺杂不同类型的稀土离子和采用适当的泵浦技术,可获得不同波长的激光输出。

5.4.2.6 自由电子激光器

普通激光器是基于分子、原子外围轨道束缚电子能级间或电子的振动-转动能级间跃迁来产生激光,而自由电子激光器则利用周期性摆动磁场的高速电子束和光辐射场之间的相互作用,将电子的动能传递给光辐射而使其辐射强度增大。自由电子激光器主要由高能电子加速器、摆动器和谐振腔三部分组成,其中高能电子加速器提供工作物质相对论电子束,摆动器产生空间周期磁场(相当于泵浦源),谐振腔把高能电子束引到作用区内的光轴,并对周期磁场内相互作用区提供反馈。

自由电子激光器特点如下:

(1)效率高,工作物质为自由电子本身,激励过程没有发热等能量耗散,理论效率可达50%以上;

(2)平均功率高,理论上波长在 $0.1 \sim 100\mu m$ 的激光平均功率可达1MW;

(3)波长可调谐范围宽,通过改变电子速度和磁场极性变换周期可进行波长调谐,辐射波长可从红外到远紫外区。

5.4.3 激光技术的应用

激光技术是20世纪最重大和最实用的科技进步之一,也是21世纪最活跃的高新技术之一,已经具有广泛的应用,涉及日常生活的众多领域。例如,激光技术可应用于激光切割、激光打标、激光焊接等工业领域,也可用于激光手术、激光治疗等医疗领域,或者用于激光通信、激光雷达等通信领域。

此外,激光在军事领域中也是一种重要的技术手段,激光技术的发展彻底改变了现代战争的形态,显著提高了装备的作战效能。激光在军事上的应用主要是激光测距、目标指示、激光制导和激光杀伤等。激光测距机可实现远程目标距离、速度等物理量的精确测量,激光指示器主要与激光半主动寻的制导武器搭配使用,激光告警器能识别激光制导武器的威胁从而警告己方力量机动规避、掩护或实施干扰,激光致盲利用激光束照射人眼或光电传感器件从而使之受到干扰、失效或损伤,激光制导利用激光获得制导信息或传输制导指令使导弹按一定导引规律飞向目标,激光武器是一种利用高能激光对远距离的目标进行精确打击或防御导弹等的定向能量武器。

下面主要对激光在军事领域中的应用进行介绍。

5.4.3.1 激光测距

在军事领域枪炮射击、侦察等都需要精确的距离数据,激光测距技术的出现极大地提高了火炮枪械的命中率,深刻影响了军事斗争的形态。激光测距原理是对准目标发射激光脉冲,激光遇目标后反射,由于光在大气中传播速度是常数,测出从发射激光脉冲到接收到回波的时间间隔,即可算出目标距离。

激光测距具有以下优点:①测距精度高,测距误差仅取决于测距设备的精度,降低了传统测距方式对操作者经验的依赖;②激光测距仪便携性好,激光由于准直性好,很小体积的激光测距仪就可以发射极窄的光束,质量大小可控,便于单兵携带或集成到各类装备上;③分辨率高,激光光束窄,能量高度集中,具有极高的横向和纵向目标分辨率,且穿透力强,不易受普通的电磁干扰手段影响。

根据距原理不同,激光测距主要有以下三类:①脉冲测距法,测距精度大多为米级,适合在军事及工程测量中精度要求不高的场合使用;②相位测距法,测量连续激光的调制波往返传播所发生的相位变化来间接测量时间,从而达到测距目的,测量精度高,通常在毫米量级;③干涉测距法,通过测量激光本身干涉条纹的变化来计算距离,分辨率可达到激光波长的一半,通常可以达到微米量级。

第一台激光测距仪用的是波长为694.3nm的单脉冲红宝石激光器,主流测距仪采用波长1.06μm的Nd^{3+}:YAG激光器,当前多数激光测距仪采用的都是固体激光器。激光测距在大气层内的最大测距距离约30km,精度最高可达几十厘米,但受环境影响很大,如大气粒子、雾、雨、雪、烟尘等吸收和散射作用都会对测距距离有制约。在大气外层空间,由于不存在各种吸收和散射因素影响,测距精度和距离都有很大的提升,激光测距在卫星定位、天体测量中有十分重要的应用价值。

近年来,激光测距技术的发展主要集中在两个方面:一是小型化、固态化,即利用激光二极管泵浦的固体激光器,以获得更稳定可靠的固态化光源;二是发展人眼安全的工作波长,以消除或降低激光对人员可能的危害。CO_2激光测距仪波长10.6μm,且穿透雾、雨、雪和烟尘的能力很好,但因其可靠性较差以及需要低温条件,在应用中有较大的限制。用Er或Ho替代Nd的Er^{3+}:YAG(波长1.54μm)和Ho^{3+}:YAG(波长2.1μm)激光测距仪,可能是取代波长更短的

Nd^{3+}：YAG 测距仪的可行方案。

5.4.3.2 激光雷达

激光雷达的原理是激光回波光斑照射到光电探测器的四象限结构上,产生方位和俯仰误差信号,结合雷达经纬度判定目标的方位角和俯仰角,再通过伺服系统调整天线重新对准目标,就可实现对目标的持续跟踪。另外,根据光学多普勒效应,当发射激光遇到运动目标后,只要目标相对雷达有径向运动,其反射的激光回波频率就发生减小或增大,通过分析回波频率的变化,就能计算出目标的运动速度。激光雷达系统主要有工作波长为 $10.6\mu m$ 的 CO_2 激光雷达和工作波长为 $2.0\mu m$ 的 Ho^{3+}：YAG 激光雷达,目前已有激光跟踪雷达、激光制导雷达、多普勒激光测速雷达、扫描激光成像雷达和非扫描激光成像雷达等类型。

激光雷达具有以下优点:①分辨率高,激光准直性好,且激光束具有很小的发散角,一般来说激光雷达比毫米波雷达的灵敏度高 2~3 个数量级,特别适合对运动目标的探测;②抗干扰能力强,由于激光单色性好、分辨力高,与微波雷达相比可轻易排除背景或地面杂波的干扰,十分适合对超低空目标进行探测;③天线小,电磁波频率越高则所需发射天线的尺寸就越小,因此激光雷达与微波雷达相比天然具有体积小、质量小的优点。激光雷达的缺点主要是作用距离较小,尤其是在烟雾和不利气象条件下作用距离一般不超过 3~5km。另外,波束窄、分辨率高使激光雷达扫描存在一定的困难。微波雷达通常可以弥补以上缺点,因此在实际使用中,可先用微波雷达进行警戒扫描,发现目标后再使用激光雷达进行精密跟踪。

除探测目标外,激光雷达能很好地探测雷雨、风暴、大气湍流等异常气象现象,因此可用于辅助导引飞机在恶劣天气环境下的起降操作。激光被大气中的物质散射时,散射光频率变化量与激光波长无关,只取决于物质的化学组成,因此激光雷达还可用于战场气溶胶监测或化学毒剂侦察等。

5.4.3.3 激光指示

激光指示常用于辅助制导武器命中目标,其原理是激光指示器对激光编码后照射目标,漫反射的激光脉冲进入导引头的搜索器,信号经处理后引导导弹锁定和飞向目标。由于指示激光编码不同,避免了指示信号的相互干扰,当在同一区域指示几个不同目标时,只有特定的导引头才能正确识别漫反射激光,从而可以实现不同导引头各自击中目标。美国空军于 1968 年在越战中首次使用了激光制导炸弹,由成对飞行的两架 F-4 飞机完成,一架飞机通过激光光束照射目标产生编码激光信号,另一架飞机负责投弹轰炸。随着精密航空电子导引系统的发展,目前单架飞机就能实现指定目标的探测、锁定和攻击。

目标指示器多数采用具有高脉冲重复率的 Nd^{3+}：YAG 激光,当需要考虑对抗烟雾和云雾干扰时,CO_2 激光通常更具有优越性。激光目标指示器可由人员携带,也可用于飞机、战舰、装甲车及各种其他平台,具有很强的便携性和机动性。激光指示还可用于步枪或轻机枪的瞄准仪,大多采用红宝石激光器,瞄准后在目标上产生一个明显可见的红斑。例如,需要产生只被枪手看到的光斑,或在夜间瞄准,可选用近红外波长的激光器。

5.4.3.4 激光制导

激光制导炸弹最早使用在越南战场上,受限于激光制导水平未产生重要的军事价值,直到20世纪90年代海湾战争中,新一代激光制导系统极大地提高了导弹的命中率,使精确制导武器效费比大幅超过炮击和轰炸等常规打击手段。

激光制导分为全主动式、半主动式、驾束式和复合式等制导方式。全主动式激光制导就是导弹能主动地发射激光束照射目标,又能同时接收回波信号并通过反馈系统调整导弹飞行姿态,是一种"发射后不理"的制导方案。半主动式激光制导,是由激光指示器照射目标,弹上的导引头接收目标漫反射回来的激光信号,修正弹道直至击中目标。驾束式制导是让导弹在机载激光器光束照射范围内飞行,直至命中目标。

世界上第一枚激光制导炸弹来自越南战争期间的美国"宝石路"计划,固体激光器工作物质是宝石晶体材料,采用结构简单的半主动设计,激光照明既可以由飞机也可以由地面的侦察人员完成,载机只需要进行快速瞄准、锁定、发射就可以自由脱离。目前的激光制导武器主要有导弹、制导炮弹、制导鱼雷、制导子弹等。

5.4.3.5 激光告警

激光告警是一种针对战场激光制导武器威胁的光电侦察行为,通过测量敌方激光辐射源的方向、波长、脉冲重复频率等技术参数,识别威胁目标类型、方位及威胁等级并发出告警信号,是光电干扰与对抗技术的基础。激光告警系统主要由光学接收、光电传感、信号处理、警报发送等部分组成。

激光探测器是激光告警系统的核心,常用的主要有三种类型:①光电二极管探测器,主要用于探测可见光至近红外波段的激光,其中 SiPIN 光电二极管光谱响应范围为 $0.4\sim1.1\mu m$,InGaAs:InPPIN 光电二极管光谱响应范围为 $0.95\sim1.65\mu m$;②碲镉汞(HgCdTe)探测器,主要用于探测 $10.6\mu m$ 波长的激光,200K 光导 HgCdTe 探测器和 77K 光伏 HgCdTe 探测器光谱响应范围都在 $8\sim12\mu m$;③三波段 HgCdTe 探测器,主要用于探测红外波段的激光,常采用多层的并列或叠层结构。

5.4.3.6 激光武器

激光武器是用高能激光对远距离目标进行精确打击或防御导弹的定向能武器,与炮弹、导弹等武器相比具有许多独特的优点:①反应迅速,光速传输,不需要计算弹道,发现即命中;②抗干扰能力强,激光传输不受电磁干扰手段影响;③瞄准和发射速度快,发射无后坐力,能在短时间变换射击方向,且可连续射击;

④作战效费比高,发射成本远低于精确制导炮弹和导弹。激光武器的主要缺点是不能全天候作战,受大雾、大雪、大雨等气象条件影响十分显著。此外,激光发射系统也受大气影响,如大气对激光能量的吸收、大气的扰动会导致激光能量衰减、出现热晕效应等。

根据激光功率的大小和用途的不同,激光武器可分为软杀伤激光武器和硬杀伤激光武器。

软杀伤激光武器的作用原理是激光束直接或间接地照射人眼或光敏传感器件,干扰或破坏观瞄镜、测距仪、夜视仪、光电传感器等光电侦察、搜索、火控和制导设备,使其不能发挥正常作用。软杀伤激光武器主要目标有:①人眼,低能量密度的激光束进入人眼就足以导致视网膜被破坏,不同波长的激光均可在一定能量下造成裸眼损伤,蓝绿激光对人眼的损害最大;②光学系统,强激光照射玻璃等会使光学玻璃表面熔化龟裂,透明度大大下降;③光电传感器,强激光使光电传感器的输出完全饱和,甚至感光元器件受到破坏,传感器暂时或永久失效。软杀伤激光武器能量较低,用于干扰与致盲的激光武器平均功率多在万瓦以下,但脉冲峰值功率可达兆瓦级。

硬杀伤激光武器也称高能激光武器,是一种定向能武器,其原理是高功率激光束照射在目标上后,点燃引信、损坏制导器件或摧毁目标物理结构,使其丧失战斗能力。硬杀伤激光武器的破坏机理主要有三个方面:①热效应破坏,受强激光照射后目标表面材料吸热发生软化、熔化、气化直至电离,材料内部压力增高产生爆炸;②力学破坏,目标气化、电离形成的等离子体向外高速喷射,形成的反冲力使目标变形断裂;③辐射破坏,等离子体辐射紫外线或 X 射线,直接破坏目标的电子元器件。

硬杀伤激光武器可用于拦截火箭弹、炮弹、导弹以及无人机、战机等飞行器,甚至可以攻击卫星,具有极高的效费比。根据激光能量的不同,硬杀伤激光武器可分为战术型、战区型和战略型等。战术防空激光武器的平均功率在十万瓦以上,射程在 10km 左右。战区防御激光武器的平均功率最高可达兆瓦级,有效射程大于 100km。战略反导激光武器的平均功率普遍在兆瓦级以上,射程通常在几百千米甚至几千千米。常用的高能激光器主要有氧碘化学激光器(波长 1.315μm)、氟化氘(DF)化学激光器(波长 3.8μm)、CO_2激光器(波长 10.6μm)等。

5.5 红外材料

红外线是一种波长范围为 0.7~1000μm 的电磁波,按波长可分为近红外(0.7~3μm)、中红外(3~6μm)、远红外(6~15μm)和极远红外(15~

1000μm)。不同领域对红外波段划分略有不同,对近、中、远红外的分界也不统一。地球大气中的粒子对电磁波有吸收、反射和散射作用,会影响红外辐射的传输。一般将那些大气红外透过率高的波段称为大气窗口,常用的大气窗口有 0.76~1.1μm、3~5μm 和 8~12μm 等,在军事领域中通常分别称为近红外、中红外和远红外。

红外辐射的物理本质是热辐射,主要由物体的温度和材料本身的性质决定,辐射强度及光谱成分取决于物体的温度。1880 年兰利(Langley)发明了第一台热辐射计,1917 年凯斯(Case)研制出红外光子探测器,1933 年库切尔(Kutascher)发现了 PbS 的光导性,后来硫化铅成为第一个成功应用的红外探测器,1947 年高莱(Golay)发明了气动型红外探测器。20 世纪 50 年代研制出了以 Ge 为基础的非本征光导探测器,20 世纪 60 年代中期,研制出了热释电型探测器。20 世纪 70 年代开始,制冷型红外焦平面阵列成为红外探测器的主流,被称为第二代红外探测器技术。20 世纪 90 年代以来,红外技术正在经历第三次革命,以微测辐射热计和热释电探测器为代表的非制冷红外成像技术获得了重要突破并达到实用化,成为当今红外成像技术最引人瞩目的突破之一。

红外辐射来自分子的振动和转动,后者又与温度有关,所以任何 0K 以上的物体均发射特征红外辐射,这个特征对于军事观察和光电探测具有特殊意义。红外技术快速发展,具体应用可分为以下几类:①光辐射测量,如非接触温度测量、大气污染分析、燃烧废气检测、有毒气体检测等;②红外成像器件,如夜视仪、红外显微镜等,可用于侦察和预警;③红外无损检测,利用物体表面的温度差异检测材料的缺陷,可用于探测焊接缺陷、火箭发动机壳体、集成电路等;④通信和遥控,红外探测比普通雷达具有更高的分辨率,红外辐射穿透雾、烟的能力比可见光强,可用于海洋、陆地、空中目标的距离和速度测量,以及用于宇宙飞船之间的音视频传输;⑤红外制导,利用目标自身所发射的红外辐射引导制导武器自动瞄准和跟踪。

红外探测系统主要包括红外光学系统和红外探测器,前者对红外辐射进行透过、吸收、折射等光学过程处理,后者将接收到的红外辐射转换成可测量的电、热等形式的信号。红外材料是指与红外线的辐射、吸收、透过和探测等相关的一类材料。可用来制造红外光学系统中的窗口、整流罩、透镜、滤光片等基于线性光学效应的红外光学介质材料已在前几节作过介绍,本节主要介绍红外辐射和红外探测器相关的材料,并对红外技术的主要应用进行概述。

5.5.1 红外辐射材料

红外辐射材料一般指能吸收能量而大量发射红外线的材料,其辐射特性决定于材料的温度和发射率等。物体向周围发射辐射,同时也吸收周围物体所发射的辐射。当物体与外界的能量交换过程使物体在任何短时间内保持稳定的温度时,该物体可看作热平衡辐射体。黑体是一个理想化的物体,能够吸收外来的全部电磁辐射,并且不会有任何反射与透射。一般以黑体作为热辐射研究的标准物体,把实际物体发射的辐射出射度与同温度下黑体发射的辐射出射度之比定义为发射率 ε,显然黑体 $\varepsilon=1$,实际物体 $\varepsilon<1$。发射率是红外辐射材料的重要特征值,与辐射的方向有关,除用半球向发射率来描述物体辐射特性外,还常用方向发射率来描述物体在某方向的辐射特性,其中垂直于辐射面方向的法向发射率是最常用的一种。一般来说,物体的半球向发射率与法向发射率的差别较小。

发射红外辐射的物体或器件称为红外辐射源,由于任何物体在 0K 以上时均可发射辐射,因此原则上自然界中任何物体都可看作红外辐射源,只是辐射的强度不同而已。太阳是近似于温度 5600K 黑体的良好辐射源,虽然峰值波长在可见光波段,但太阳仍是地球附近最强且稳定的红外辐射源,可以作为空间红外仪器参考的标准源。常用的发射率较高的红外辐射材料有碳、石墨、氧化物、碳化物、氮化物及硅化物等,常用的红外辐射源有黑体、能斯特灯、硅碳棒、红外灯、碳化硅板、红外激光器等。

1)标准辐射源

标准辐射源常用于测量各种材料的吸收、透射和反射系数,以及用于标定红外测量仪器或系统,或校准其他辐射源、辐射探测器等。标准辐射源主要有能斯特灯、硅碳棒等。

能斯特(Nernst)灯是近代红外技术中常用的标准辐射源之一,由锆(Zr)、钆(Gd)、铈(Ce)或钍(Th)等的氧化物及少量其他物质混合制成棒状或管状结构,两端缠绕铂丝,用直流或交流供电,工作温度可达 2000K。能斯特灯可以在空气中点燃,无须额外配套玻璃外壳及红外透射窗。能斯特灯辐射光谱在 $1\sim6\mu m$ 波段,光谱发射率较小,类似于选择性辐射体。而在 $7\sim15\mu m$ 波段光谱发射率接近 1,可近似为黑体辐射源。能斯特灯主要缺点是机械强度低,工作寿命短,表面部分的辐射特性常受空气扰动变化,另外点燃也相对比较麻烦。

硅碳棒是用高纯度的六方碳化硅(SiC)为主要原料,按一定配料比加工制坯,经 2200℃ 高温硅化再烧结结晶而制成的棒状、管状非金属高温电热元件,可以在空气中直接通电加热,也不像能斯特灯那样需要预热。硅碳棒工作温度一般在 1500K 以下,若温度超过 1500K 则棒体将被氧化损坏。如果硅碳棒表面涂 TiO_2 保护层,则可使其工作温度提高到 2200K 左右。硅碳棒的辐射特性近似于灰体辐射,在 $1000\sim1800K$ 的温度范围内发射率变化不大,平均值为 0.85 左右。但在 $1.5\sim15\mu m$ 波段内,硅碳棒的辐射较低,仅约为黑体辐射的 80% 左右。大尺寸的硅碳棒在工业中常作为红外加热元件,小尺寸的硅碳棒则常作为红外光度计的标准辐射源。

2) 普通辐射源

钨丝白炽灯的灯丝温度可高达 3300K,发射的是连续光谱,在中部可见光区和黑体辐射曲线仅相差约 0.5%,在整个光谱段内和黑体辐射曲线平均相差约 2%。但由于玻璃灯罩不能透过 $4\mu m$ 以上的辐射,故钨丝灯仅可用作近红外波段的辐射源。钨丝灯发光特性稳定,寿命长,使用方便,广泛用作各种辐射度量和光度量的标准光源,也是实际光电测量中最常用的光源之一。

碳弧是开放式的放电结构,电弧发生在大气中两个碳棒之间。碳弧的辐射光谱是由炽热电极的连续光谱和气体混合物的特征谱线及光谱带叠加而成的,在可见光范围内的发射率可达 0.99,$1.7\mu m$ 近红外的发射率为 0.96。碳弧放电时阳极大量放热,碳蒸发后在阳极中心形成稳定的喷火口,碳弧的辐射大约有 90% 从阳极发出。为使电弧保持稳定,一般采用炭黑、石墨、焦炭等纯碳素材料制作碳弧的阳极。

SiC 是一种性能良好的红外辐射材料,可制成板状或管状的旁热式红外辐射器,也可制成直热式电热硅碳棒红外辐射器。为了提高某一波段的红外辐射效率,可在表面涂覆特定的红外高发射率涂料,如 Ni_2O_3、Cr_2O_3、CoO、Na_2O、MnO_2、SiO_2 等。

超高压下的氩(Ar)、氪(Kr)、氙(Xe)等惰性气体在紫外和可见光区域辐射连续光谱,在红外波段除辐射连续光谱外还叠加有明显的线光谱。惰性气体中,以氙气放电最为常用,由它制成的辐射源称为氙灯,典型的超高压短弧氙灯实际光谱与太阳光谱很相似,在近红外区域也有很强的辐射。

5.5.2　红外探测材料

红外辐射起源于分子的振动和转动,而分子振动和转动起源于温度,因此红外辐射本质上是一种热辐射,遵循一般的热辐射基本定律。例如,根据普朗克定律和维恩定律,物体温度越高,辐射出射度的光谱密集度峰值就越向短波一侧移动;根据斯忒藩-玻尔兹曼定律,辐射出射度与绝对温度的 4 次方成正比关系;基尔霍夫定律说明,任何辐射体对相同波长的辐射出射度和吸收率之比相等,并恒等于该温度下黑体对同一波长的辐射出射度,且只与温度有关。若物体对某种波长的辐射有很强的吸收能力,则它对这种波长辐射的发射能力相应地也会很强。

红外探测器是把接收到的红外辐射转变成体积、压力、电流等易测量的物理量的器件,多数情况下是把红外辐射转变成为电信号的形式。红外探测器通常须满足两个条件:一是灵敏度高,能检测到微弱的红外辐射;二是输出物理量的变化须与接收的辐射成特定比例关系,这样才能达到定量测量红外辐射的目的。

根据探测原理的不同,红外探测材料可分为两类:一类是无选择性的热探测材料,包括热释电材料、超导材料和光声材料等;另一类是选择性的光子探测器材料,包括外光电效应材料、内光电效应材料(光敏材料)等。外光电效应材料主要应用于光电发射探测器,如充气光电管、光电倍增管、真空光电管等,内光电效应材料主要用于光电导探测器、光伏探测器和光磁电探测器等。

本节主要介绍红外探测器相关的特征参数和所需的制冷系统,并对常用的红外探测器类型进行概述。

5.5.2.1 特征参数

从原理上讲,红外探测器所利用的主要是热效应和光电效应,输入的是红外辐射,输出的主要是电信号,因此探测器的特征参数与辐射量和电信号等密切相关。红外探测器的性能指标主要有以下几类。

1) 响应率

红外探测器响应率 R 的定义是探测器输出电信号基本量的均方根(rms)与输入辐射功率基本量的均方根之比,单位是伏特每瓦(V/W)或安培每瓦(A/W)。

$$R = \frac{S}{P} \quad (5-5)$$

式中:S 为输出电信号的均方根;P 为输入辐射功率的均方根。

2) 噪声等效功率

噪声等效功率(NEP)是探测器产生的信号输出等于噪声输出时的入射功率,噪声等效功率是为了描述光敏元件对微弱信号的探测能力。当外界辐射引起的电压信号与探测器噪声电压的均方根值相等时,信噪比(S/N)为1dB,此时对应的是最小可探测功率。NEP越小,噪声越小,表明探测器的性能越好。实际探测中,要能真正确定被探测辐射信号的存在,一般入射辐射功率应是噪声等效功率 NEP 的 2~6 倍。NEP 的计算公式为

$$\text{NEP} = \frac{P}{\left(\frac{S}{N}\right)} = \frac{N}{R} \quad (5-6)$$

式中:S 和 N 分别为探测器输入信号和噪声的均方根;P 为入射辐射功率的均方根;R 为响应率。

3) 探测率

探测率 D 是噪声等效功率(NEP)的倒数,代表探测器在其噪声之上产生一个可观测电信号的能力。D 越大,表明探测器响应的光功率越小,其探测率越高。由于 NEP 和探测灵敏度都是测量带宽和光敏面积的函数,因此单纯比较 D 并不能反映不同探测器的优劣。为方便不同类型的探测器进行比较,通常归一

化为测量带宽 1Hz、光敏面积 1cm² 的 D,即归一化的探测率 D^*,可表示为

$$D^* = \frac{1}{\text{NEP}} = \frac{\left(\frac{S}{N}\right)}{P} = \frac{R}{N} \qquad (5-7)$$

4)光谱响应

红外探测器理想的响应率 R 应与波长无关,但实际上并非如此。常用光谱响应曲线来反映探测器对不同波长的响应能力,而光谱灵敏度则代表了光敏元件对于不同入射波长的光转换能力的大小。最大响应率 R_m 对应的峰值波长用 λ_p 表示,当 $\lambda > \lambda_p$ 时,R 迅速下降。R 降至 R_m 的一半时,对应的波长 λ_c 称为截止波长,一般探测器工作的波长必须小于 λ_c。图 5-15 是红外探测器的光谱响应曲线。

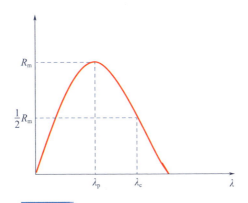

图 5-15　红外探测器的光谱响应曲线

5)响应时间

红外辐射照射到探测器上时,经过一定时间后输出电压才能上升到与入射辐射功率相对应的稳定值。同样,红外辐射消失后,也需要经过一定时间输出电压才能降到辐射之前的水平。一般来说,这个上升或下降过程所需的时间是相等的,称为探测响应时间或弛豫时间。响应时间代表了探测器对入射辐射响应的快慢,显然响应时间越短,探测器反应越快,性能也就越好。

5.5.2.2　制冷系统

红外探测器性能与工作温度密切相关,对光子探测器来说,外界热会激发出载流子。由此看出,热激发可算作一种干扰噪声,为尽量减少热激发载流子的产生,通常要使探测器在低温下工作,长波探测器尤其需要。一般来说,工作波长大于 3μm 的光子探测器都需要制冷。目前,红外探测器制冷系统主要有以下几种。

(1)灌液式杜瓦瓶。大部分工作在 8~14μm 的红外探测器需要在约 77K 的

低温下工作,一般使用充满液氮的杜瓦瓶制冷。探测器固定在杜瓦瓶夹层制冷剂室的端部,只与制冷剂进行热传导,断绝了与外界的热量交换。杜瓦瓶制冷设备相对笨重,且需定期补灌液氮,使用起来比较不便。

(2)气体节流制冷器。也称焦耳-汤普森(Joule-Thompson)制冷器,是利用高压气体从节流阀喷出后膨胀变冷原理的一种制冷器,选择不同的高压气体作为制冷物质,可以得到不同的制冷温度。气体节流制冷器优点是体积小、质量小、冷却速度快,但对气体纯度要求很高,不能含有水汽或杂质,否则会因冻结而堵塞节流孔。气体节流制冷器需配备压缩气瓶或压缩机提供高压气体,特别适合于安装在空间很小而且制冷时间要求较短的探测器中,比如导弹寻的头等。

(3)斯特林循环制冷机。它以氦气(或空气)为制冷物质,通过闭合压缩-膨胀循环原理实现制冷,只要通电就可以制冷工作,使用方便,是目前红外探测器中最重要的一种制冷机。斯特林制冷机的制冷温度可以自由控制,一般可达77K。

(4)热电制冷器。也称温差电制冷器,利用了珀尔帖效应,即当电流通过不同半导体构成的回路时,除产生不可逆的焦耳热外,在不同导体的接头处随着电流方向的不同会分别出现吸热、放热现象。制冷量的大小,取决于所用的半导体材料和所通电流的大小。

(5)辐射制冷器。它利用辐射传热原理来制冷,温度可达100~200K,适用于在超低温和超高真空宇宙空间工作的卫星或飞船上工作的红外探测器。

5.5.2.3 探测器分类

红外探测器是将红外辐射转变为电信号的光电器件,根据探测原理的不同,红外探测器可分为热探测器和光子探测器两大类。热探测器基于红外辐射引起温升及其他可测量变化的原理,对红外辐射波长无选择性,包括热释电、温差电偶、热敏电阻和气动探测器等。光子探测器主要利用材料的光电效应,对红外辐射波长具有选择性,包括外光电和内光电效应探测器,其中内光电探测器主要包括光电导、光伏和光磁电探测器等,外光电探测器主要是光电发射探测器,如充气光电管、光电倍增管、真空光电管等。图5-16是几类主要的红外探测器。

1)热探测器

热探测器吸收红外辐射能量后引起温度升高,同时伴随发生其他的物理效应变化,通过定量测量这些效应变化就可以把红外辐射转变成电信号。热探测器以红外辐射转变为热能为基础,优点是热敏元件对波长不具有选择性,灵敏度可在相当宽的光谱范围内保持恒定。热探测器一般在室温下工作,不需要制冷,缺点是弛豫时间较长,一般可达毫秒级以上。

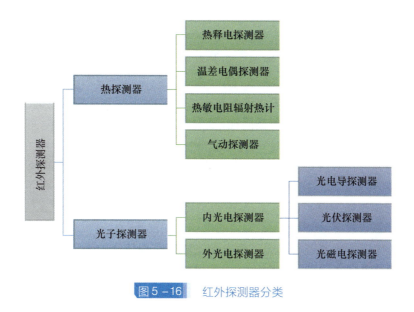

图5-16　红外探测器分类

按工作原理不同,热探测器可分为以下四种常用类型。

(1)热释电探测器。

热释电探测器是利用吸收红外辐射后,晶体材料自发极化强度随温度变化而改变的一种热敏型探测器。电压大小与吸收的红外辐射功率成正比,且电信号与温度随时间的变化率正相关,晶体自发极化的弛豫时间很短,所以其响应速度比其他热探测器快得多,有效时间常数可达$10^{-5} \sim 10^{-4}$s。热释电探测器从近紫外到远红外波段几乎都有均匀的光谱响应,具有光谱响应范围宽、频响带宽大、光敏面积大、不需偏压、无须制冷、使用方便等特点,因此得到了日益广泛的应用。常用的热释电材料有单晶、陶瓷和聚合物三类。

热释电单晶材料中硫酸三甘肽(TGS)研究最为广泛,可用于光导摄像管和高性能单元件探测器,具有很高的热释电系数、较低的介电常数和导热系数,缺点是吸湿性较强,化学和电稳定性不够理想。

热释电陶瓷材料主要有锆酸铅(PZ)、钛酸铅(PT)、钛锆酸铅(PZT)等,主要特点是居里温度高,不会形成热诱导噪声峰值,机械和化学稳定性较好。此外,通过选择晶格中的掺杂元素,可以控制介电常数、居里温度、电阻抗和机械性质等。

热释电聚合物主要是以聚偏氟乙烯(PVDF)和三氟乙烯共聚物(PVDF-TrFE)为基础的铁电聚合物,具有较低的热释电系数、介电常数和导热系数,但损耗相对较高。整体而言,聚合物材料性能不如其他热释电材料好,但该类材料在样品加工时表现出优良的机械性质,适合制作大面积的探测器。

(2)热电偶探测器。

温度变化会使两种不同导体的结合处形成电压,而温差电偶探测器是利用温差电现象制成的一种热探测器。温差电压与吸收的辐射功率成正比,据此可测量热电偶吸收的红外辐射功率。首个温差电偶探测器采用细金属丝制成,两根金属丝连接形成热电结,接收器与热电结直接相连。金属温差电偶探测器灵敏度低,但有很好的稳定性和坚固性,较为常用的金属组合有铋/银、铜/康铜和铋/铋-锡合金等。

半导体材料的发展和应用,尤其是互补金属氧化物半导体(CMOS)工艺的快速进步,为提高温差电偶探测器的灵敏度提供了可能。与金属材料相比,半导体材料有相当高的塞贝克系数,器件微型化程度高,微机械加工工艺与标准IC卡等生产工艺兼容,规模化探测器件的生产成本较低。

温差电偶探测器还可以通过热电偶串联来实现较高的温度探测灵敏度,尽管目前温差电偶探测器灵敏度比其他的热探测器略差,但在可靠性和性价比等方面具有一定的优势,规模化量产也在逐步实现。

(3)热敏电阻辐射热计。

热敏电阻辐射热计是一种热探测器,利用了材料吸收红外辐射后电阻发生变化的原理。热敏材料吸收红外辐射后,温度升高,阻值也随之改变,其变化值与吸收的红外辐射功率成正比关系,据此可测量吸收的红外辐射功率。热敏电阻辐射热计一般采用相对电阻温度系数比金属更高的半导体氧化物材料烧结混合料制作,敏感材料一般是由锰(Mn)、钴(Co)和氧化镍(NiO)制成,安装在电绝缘、导热的蓝宝石等材料上,蓝宝石器件再安装到金属散热片上,用于控制器件的时间常数。此外,温度灵敏区一般涂黑以提高探测器的辐射吸收特性。

热敏电阻辐射热计稳定性好,寿命长,在防盗报警、火灾探测、工业测温等领域都有广泛的应用。

(4)气动型探测器。

气动型探测器利用了气体吸收红外辐射后温度升高、压强增大的原理,也是一种热探测器。在气体体积保持一定的条件下,压强增加的大小与吸收的红外辐射功率成正比,据此可测量被吸收的红外辐射功率。气动型探测器中的填充气体一般是氙气等具有低导热系数特性的气体,现代气动型探测器结构普遍用固态光敏二极管代替钨丝灯和真空光电管,探测器的可靠性和稳定性大幅提升。

气动型探测器的性能仅受限于吸收膜与探测器气体热交换产生的温度噪声,因而具有特别高的灵敏度,探测率 D^* 可达 $3 \times 10^9 \mathrm{cm \cdot Hz^{1/2} \cdot W^{-1}}$,响应度是 $10^5 \sim 10^6 \mathrm{V/W}$,但响应时间较长,典型值是15ms。气动型探测器尽管存在尺寸大、成本高等不足,但探测灵敏度高,是综合性能最好的热探测器之一。

2）光子探测器

光电探测器的原理是基于材料不同的光电效应，即吸收光子后电子状态发生改变，通过测量光子效应的大小以及光子数就可以测定红外辐射。光子探测器是有选择性的探测器，只对不长于截止波长的红外辐射才有响应，响应率比热探测器高 1~2 个数量级，且响应时间短得多。多数光子探测器必须工作在低温条件下才能表现出优良的性能，一般波长大于 3μm 的光子探测器都需要制冷。光子探测器是红外探测器中研究最多、应用最广的一种，对探测器通用性的要求是响应率高、响应快、噪声低。目前，常见的光子探测器有光电子发射、光电导、光伏和光磁电四类，其中光电子发射属于外光电效应，而光电导、光生伏特和光磁电三种属于内光电效应。

光子探测器能否产生光子效应，取决于入射光子的能量。当光子能量大于本征半导体的禁带宽度 E_g 或杂质半导体的杂质电离能 E_D 时，就能激发出光生载流子。入射光子的最大波长，即探测器的长波限与半导体的禁带宽度 E_g 有如下关系

$$h\upsilon_{min} = \frac{hc}{\lambda_c} \geqslant E_g \tag{5-8}$$

$$\lambda_c \leqslant \frac{hc}{E_g} = \frac{1.24}{E_g} \mu m \tag{5-9}$$

式中：λ_c 为光子探测器的截止波长；c 为光在真空中的传播速度；h 为普朗克常数。

（1）光电子发射探测器。

当光入射到某些金属、金属氧化物或半导体表面时，可激发其表面发射电子，这种现象称为光电子发射，属于外光电效应。光电子发射探测器就是利用光电子发射原理制成的一种光子探测器，主要优点有灵敏度高、稳定性好、响应速度快、噪声小等，缺点是电压高、体积大、结构复杂。光电子发射探测器主要结构包括阴极、阳极和高压电源等，阴极受光照射时部分电子逸出阴极材料的表面，阳极收集电子就得到了与输入光子数量成正比的电流信号，这种光电流信号的幅度很容易用外接的电子放大器加以放大。光电倍增管是一种级联结构，内置大量由 CsSb、AgMgO 和 CuBeO 等材料制成的倍增电极，工作电压较高，一般可达 1000~2500V，具有很高的电流增益。

（2）光电导探测器。

受光照射时半导体材料表面层内会产生载流子，在外电场作用下可形成光电流，光电导探测器就是基于半导体的光电导效应，是种类最多、应用最广的一类光子探测器。光电导探测器使用的半导体材料可分为多晶薄膜和单晶两种类型。薄膜型探测器品种较少，常用的只有 PbS 和 PbSe 两种，其中 PbS 适用于 1~

3μm 近红外，PbSe 适用于 3～5μm 中红外。单晶型探测器可再细分为本征型和掺杂型两类，通常本征型只限于探测波长在 7μm 以下的红外辐射，主要为 InSb 探测器，后来陆续开发出适用于 8～14μm 远红外的 HgCdTe 和 PbSnTe 探测器。掺杂型主要包括适用于 8～14μm 远红外的锗掺汞（Ge:Hg）、锗掺镉（Ge:Cd）等探测器。

(3) 光伏探测器。

半导体 PN 结及其附近吸收光子后可产生电子和空穴，在结区外靠扩散进入结区，在结区内则受静电场作用电子漂移到 N 区，空穴漂移到 P 区。N 区获得附加电子，P 区获得附加空穴，结区获得附加电势差，但与 PN 结原来存在的势垒方向相反，这会导致 PN 结原有的势垒降低，扩散电流增加，直到达到新的平衡为止。如果把半导体两端用导线连接，电路中就有反向电流通过。如果 PN 结两端开路，可测量出光生伏特电压，这就是 PN 结的光伏效应。如果 PN 结上加反向偏压，则结区吸收光子后反向电流会增加，这种现象有点类似于光电导，但实际上是光伏效应引起的，这就是光电二极管。利用光伏效应制成的红外探测器称为光伏探测器，具有量子效率高、响应快、线性工作范围大、体积小、寿命长、使用方便等特点。在光电二极管中，硅光电二极管应用广泛，其他光电二极管主要有 PIN 型硅光电二极管、InAsP 光电二极管、PIN 集成行波探测器等。

(4) 光磁电探测器。

光磁电探测器利用光磁电效应制成，即在样品横向加一磁场，半导体表面吸收光子后所产生的电子和空穴随即向体内扩散，在扩散过程中由于受横向磁场的作用，电子和空穴分别向样品两端偏移，从而在样品两端产生电位差。常用的光磁电探测器材料有 InSb、HgTe、InAs 等。光磁电探测器的光谱响应特性与同类光电导或光伏探测器相似，但光磁电效应的本质使探测器的响应率比光电导探测器低，额外磁场的存在也增加了使用的不便，因而光磁电探测器实际应用较少。

5.5.3　红外探测技术的应用

红外仪器系统主要分为光学系统和探测器两部分，红外光学系统负责对外来红外辐射进行透过、吸收、折射等光学过程处理，红外探测器则把接收到的红外辐射转换成电、热等便于测量的信号。通常来说，红外探测技术主要应用于以下四个方面：①红外辐射和光谱辐射测量，如非接触温度测量、焊接缺陷探测、地面勘察等；②辐射物体搜索和跟踪，如宇航装置导航、飞机预警、遥控引爆等；③红外成像，如夜视仪、红外热像仪等，可用于遥感探测、医学诊断治疗、军事伪装识别、集成电路的质量检查等；④通信和遥控，如宇宙飞船之间进行视频和音频传输、海陆空目标的距离和速度测量等。

红外探测技术起源于军事，至今仍然是军事领域最重要的技术之一，主要基于以下几个优势：①红外辐射属于非可见光，故可避开敌方的目视观察或可见光器材；②日夜均可使用，特别适用于黑暗中的侦察和监视；③采用被动式观察和接收系统，不发射信号，比雷达安全、隐蔽；④目标辨别能力强，可根据目标和背景辐射特性的细微差异而识别军事目标；⑤分辨率高、透过性好，红外波长比微波短，所以红外探测的分辨率要高于微波雷达，同时由于红外波长比可见光长，其在大气中的透过性要优于可见光。

1）红外测温

红外测温利用接收的被测物体的红外辐射来确定其温度，具有许多其他测温方法所不具备的显著特点，主要有：①可进行远距离和非接触测量，适用于温度过高、热容量过小以及难以靠近物体的温度测量；②响应速度快，红外测温不像热电偶、温度计等需要达到与被测对象的热平衡状态，只要接收到目标的红外辐射即可完成定温，响应时间一般都在毫秒级甚至微秒级；③灵敏度高，物体的辐射能量与温度的 4 次方成正比，只要温度有微小变化，就会引起辐射能量的明显改变；④无损测量，不破坏物体原来的温度场，测温真实、准确；⑤测温范围广，从零下几十到零上几千摄氏度都可以测量。

2）红外无损检测

红外无损检测通过检查物体温度差异来检测金属或非金属材料质量和内部缺陷，是一种不影响被测物的无损检测手段。尤其是对于某些采用 X 射线、超声波等无法探测的局部缺陷，红外无损检测往往可以取得较好的效果。红外无损检测分被动式和主动式两类，被动式是用物体自身的热辐射作为辐射源，探测其辐射的强弱或分布情况，判断物体内部有无缺陷，多用于运行中的设备、电子元器件的检测。主动式检测是在人工加热工件的同时或停止加热一段时间后，测量工件表面的温度分布，以反映金属材料、非金属材料、复合材料、胶合材料等材料内部是否存在孔洞、夹杂、裂缝和脱胶等缺陷，检测对象比其他无损检测方法更为广泛。

3）红外遥感

红外遥感是指在距离目标较远的地方利用红外观测目标信息的技术，一种遥感方式是利用仪器发射红外辐射使之与目标相互作用，再接收和分析这些携带有目标信息的红外辐射信号。另一种遥感方式是利用仪器直接探测远距离目标自身的热辐射，从而得到目标的有效信息。红外遥感技术的主要优点是无须借助可见光，所以昼夜均可工作，而且红外波段宽，可得到较多的目标信息。但红外遥感仪器的灵敏度相对较差，同可见光相比分辨率要低得多。另外，红外辐射不能穿过浓雾和云层，因而红外遥感受气象影响较大。

4）红外夜视

红外夜视仪可把红外辐射信号转换为可见光信号，按转换方式可分为主动式和被动式两类。主动式夜视设备需要辐射源，利用红外辐射照射目标，再接收反射回来的红外辐射，经光电变换器件处理后显示目标的图像。主动式夜视设备具有成像清晰、制作简单等特点，致命弱点是己方发出的红外辐射会被敌方的红外探测装置发现。20 世纪 60 年代，美国首先研制出被动式夜视设备（一般称热成像仪），直接利用目标发出的红外辐射形成图像进行观察，不发射红外辐射，因此不易被敌方发现，并具有透过雾、雨等进行观察的能力。红外夜视仪可用于作战飞机导向吊舱和瞄准吊舱、路基或舰载观察和火控系统，实现目标搜索和跟踪，为制导及非制导武器提供瞄准和制导，可显著提高夜间作战条件下武器系统的打击命中精度。

5）红外侦察

红外侦察包括空间侦察、空中侦察和地面侦察三种。空间侦察是指侦察卫星携带红外成像设备，可得到地面目标的情报信息，并能识别伪装目标，或在夜间对敌军事行动进行监视。导弹预警卫星利用红外探测器可探测到导弹发射时发动机尾焰的红外辐射并发出警报，为拦截来袭导弹提供一定的预警时间。海湾战争中"爱国者"导弹成功击落"飞毛腿"导弹的主要原因之一就是美国红外预警卫星及时地探测到了导弹的发射。空中侦察是指利用有人或无人驾驶的侦察机携带红外相机、红外扫描设备等对敌军活动、阵地、地形等情况进行侦察和监视。地面侦察中常将无源被动式红外探测器隐蔽地布置在被监视区域或道路附近，用于发现和监视特定区域的活动目标。

6）红外制导

许多军事目标，尤其是飞机、火箭、坦克、军舰等具有动力装置的目标，都在不断地发射大功率的红外辐射，是很强的红外辐射源。红外制导利用这些目标自身的红外辐射来引导导弹跟踪并接近目标，从而提高命中率。红外制导一般由导引头、电子装置、操纵装置和舵转动机构等部分组成，其中导引头可探测目标的红外辐射，是导弹实现自动跟踪目标的核心基础。据统计，20 世纪 80 年代以来的几次局部战争中，被导弹毁伤的飞机中有 90% 是被红外制导导弹击落的。红外制导的优点是不易受干扰、准确度高、结构简单、成本低，尤其适合探测超低空目标。

红外制导可分为红外点源制导和红外成像制导两种方式。红外点源制导是把敌方目标视为一个点源红外辐射体，主要用于空对空和地对空导弹等。红外成像制导方式首先探测目标表面温度分布及辐射差异，从而形成目标的"热图"，之后再对目标"热图"进行处理与分析，最后给出飞行控制信号，引导和控制导弹飞向目标。红外成像制导主要用于高级别的自动寻的武器装备。

红外制导技术的发展可分为三代：第一代为红外点源制导，以目标的高温部分作为制导信号源，只用单一的红外探测器，抗点源干扰能力较差，如 AIM-4"猎鹰"和改良后的 AIM-9"响尾蛇"近程空空导弹等；第二代为红外成像制导，采用光机扫描和线列多元探测器进行二维或一维光机扫描成像，由于红外成像导引头体积和质量大，一般用在口径较大的导弹中，如 AGM-65D"小牛"空地导弹和 AGM-65F 反舰导弹等；第三代为先进红外成像制导，采用凝视焦平面阵或扫描焦平面阵红外探测器技术，电子扫描的凝视成像方式代替了机械扫描，探测波长涵盖了长波、中波和短波红外，如 AIM-132"阿斯拉姆"空空导弹、FGM-148"标枪"反坦克导弹等，可实现"发射后不管"的功能。

5.6 非线性光学材料

弱光束在介质中传播时，介质的折射率或极化率等光学性质是与光强无关的常量，介质的极化强度正比于光的电场强度，光叠加时遵守线性叠加原理，即线性光学现象。对强激光来说，当光的电场强度可与原子内部的库仑场相比拟时，光与介质的相互作用将产生非线性的效应，介质极化强度等物理量不仅与电场强度的一次方有关，还取决于其更高幂次项，从而导致出现许多线性光学中不明显的新现象，即非线性光学效应。

1961 年，弗兰肯（Franken）用波长为 694.3nm 的红宝石激光束射入到石英晶体上，从石英晶体出射光中发现了两束不同波长的激光，一束为原入射的 694.3nm 的激光，而另一束为新产生的波长为 347.2nm 的激光，其频率恰好为入射光频率的 2 倍，这就是倍频现象。倍频现象的发现，标志着非线性光学学科的诞生，同时也开辟了非线性光学及其材料发展的新时代。

非线性光学晶体是指在强光、直流或低频电场、磁场等其他外场作用下能产生非线性光学效应的一类晶体，当强光或其他外场对晶体作用时，能引起晶体的非线性极化响应，导致光的频率、强度、偏振态及传播方向等改变。通常情况下，将强光作用下产生非线性效应的晶体称为非线性光学晶体，将其他外场作用下产生非线性光学效应的晶体称为电光晶体、磁光晶体和声光晶体等。非线性光学晶体按材料性质可分为无机晶体、金属有机晶体和半导体类晶体，按形态可分为块状晶体、薄膜晶体、纤维晶体和液晶等。

一般而言，非线性光学晶体应具备以下性质：①非线性光学系数大；②能够实现相位匹配，光转化效率高；③透光波段宽，透明度高；④抗光损伤阈值高；⑤物化性能稳定、硬度大、不潮解；⑥可生长光学尺寸均匀、大尺寸的晶体；⑦易加工、成本低。

非线性光学晶体在当代光电子技术中占有非常重要的地位,它们是激光、光通信与信息处理等领域中不可缺少的材料。二次非线性光学材料可作为激光频率转换材料,用于倍频、混频、参量振荡和参量放大等,也可作为电光、声光、磁光转换的光调制材料。三次非线性光学材料主要应用于全光型光信息处理、光学双稳、光互连、光学存储、三倍频和光学运算等元器件。

本节首先介绍非线性光学效应的基本原理,其次对常见的非线性光学材料及其应用进行简要概述。

5.6.1 非线性光学效应

弱光束在介质中的传播时,介质的极化强度正比于光的电场强度,即介质极化强度 P 与电场强度 E 呈线性关系,如图 5-17(a)所示,可表示如下:

$$P = \chi E \tag{5-10}$$

式中:χ 为介质的线性极化系数。对强激光来说,光的电场强度可与原子内部的库仑场相比拟,介质极化强度不仅与的电场强度的一次方有关,而且还取决于其更高幂次项,P 与 E 呈非线性关系,如图 5-17(b)所示。

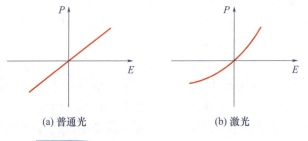

(a) 普通光　　　　　　　(b) 激光

图 5-17　极化强度 P 与电场强度 E 的关系

在非线性光学效应中,介质极化强度 P 与电场强度 E 关系为

$$P = \chi_1 E + \chi_2 E^2 + \chi_3 E^3 + \cdots + \chi_n E^n \tag{5-11}$$

式中:χ_1 为线性极化系数;χ_2、χ_3、χ_n 分别为介质的二次、三次和 n 次非线性极化系数,极化系数的数值随次数的增加而逐次下降。

考虑到介质的各向异性,设 E_j、E_k、E_l 为光频电场的三个分量,其角频率分别为 ω_1、ω_2 和 ω_3,则它们在介质中产生的极化可写成如下形式:

$$P_i = \chi_{ij} E_j(\omega_1) + \chi_{ijk} E_j(\omega_1) E_k(\omega_2) + \chi_{ijkl} E_j(\omega_1) E_k(\omega_2) E_l(\omega_3) + \cdots \tag{5-12}$$

式中:$i, j, k, l = 1, 2, 3$;χ_{ij} 为二阶张量;χ_{ijk} 为三阶张量;χ_{ijkl} 为四阶张量。非线性极化系数是极张量,根据诺埃曼(Neumann)原则,所有晶体无论是否具有对称中心,都可以有偶数阶的极张量,而只有无对称中心的晶体才可能具有奇数阶极张量。因此,所有晶体都可以具有 χ_{ij} 和 χ_{ijkl},即都具有线性光学效应和三次非线性光学效应,都能将频率为 ω_1、ω_2 和 ω_3 的三束入射光变成 $\omega_1 + \omega_2 + \omega_3$、$\omega_1 + \omega_2 - \omega_3$、$\omega_1 - \omega_2 + \omega_3$、$\omega_1 - \omega_2 - \omega_3$ 四种频率的光,不过这些光在一般情况下非常微弱。只有在无对称中心的 21 种晶体中才可能有 χ_{ijk},才能产生二次非线性光学效应,将频率为 ω_1、ω_2 的两束入射光变成 $\omega_1 + \omega_2$、$\omega_1 - \omega_2$ 两种频率的光。

由于激光具有极强的光频电场,介质的极化系数是光频电场 E 的函数,将介质极化强度 P 对光频电场 E 取一阶导数,则有

$$\frac{dP_i}{dE} = \chi_{ij} + \chi_{ijk}E + \chi_{ijkl}EE + \cdots \qquad (5-13)$$

当电场强度 E 较小时,由于一般非线性极化系数都很小,几乎没有影响,极化强度就符合线性光学效应的描述。在强激光电场下,高次幂项不能被忽视,极化强度 P 与电场强度 E 之间呈现出非线性效应。其中,以二次项引起的二次非线性光学效应最为显著,应用也最为广泛,其次三次非线性关系效应在某些材料中也比较重要。由于 χ_n 随 n 的增大,以大约 10^{-6} 的比例减小,所以更高次的非线性效应可以忽略不计。

对于二次非线性光学效应来说

$$P_i(\omega_3) = \chi_{ijk} E_j(\omega_1) E_k(\omega_2) \qquad (5-14)$$

式中: E_j 和 E_k 为两个入射光场的电场强度分量,其角频率分别为 ω_1 和 ω_2; $P_i(\omega_3)$ 为由非线性光学效应产生的非线性极化波,由极化波再激发产生同频率的光波。极化波有两个,它们的频率 ω_3 由两个入射光场的频率 ω_1 和 ω_2 共同决定。即 $\omega_3 = \omega_1 + \omega_2$ 和 $\omega_3 = \omega_1 - \omega_2$,前者称为和频光,后者称为差频光,同时产生和频光和差频光的现象称为混频。

若 $\omega_3 = \omega_1 + \omega_2$,和频产生的二次谐波频率大于基频光波频率(波长变短)。如果 $\omega_1 = \omega_2 = \omega$,则 $\omega_3 = 2\omega$,光波非线性参量互作用产生倍频(波长为入射光一半)激光;如果 $\omega_2 = 2\omega_1$,则 $\omega_3 = 3\omega_1$,和频产生基频光三倍数(波长为基频光三分之一)激光;同样,还可以利用倍频光和三倍频光或倍频光之间的相互作用实现基频光的四倍频、五倍频乃至六倍频等。

若 $\omega_3 = \omega_1 - \omega_2$,所产生谐波的频率减小(波长变长),由可见或近红外激光可获得红外、远红外乃至亚毫米波段的激光。尤其是当 $\omega_1 = \omega_2$ 时,$\omega_3 = 0$,激光通过非线性光学介质产生直流电极化,称为光整流。

5.6.2 非线性光学材料分类

非线性光学材料是指光学性质依赖于入射光强度的一类材料,只有在激光

这样的强相干光作用下才表现出非线性光学现象。非线性光学材料在当代光电子技术中的应用占有非常重要的地位,是激光技术、光通信与信息处理技术等领域中不可缺少的材料。利用二次非线性效应产生的倍频、混频、光参量振荡及光参量放大等变频技术,可拓宽激光的波长范围。随着半导体激光器和波导技术的突破,用弱光激发量子阱结构材料获得了较强的三次非线性光学现象,从而使光电子器件向微型化、集成化的方向发展。

下面主要对常用的二次非线性光学材料和三次非线性光学材料进行概述。

5.6.2.1 二次非线性光学材料

二次非线性光学材料是一类具有大的二次非线性极化率、能产生强的二次非线性光学效应的材料,在结构上不具有宏观的对称中心。二次非线性光学材料可用二阶极性张量描述压电效应、电光效应等物理性质,在激光频率变换等实际应用中占有十分重要的地位。按照材料的性质,二次非线性光学材料可分为无机晶体材料、半导体晶体材料和有机材料三种。

1) 无机晶体材料

在二次非线性光学材料中,无机晶体材料很长时间处于主要地位,具有较广的应用。相对于有机材料,无机晶体材料通常更稳定,且有比有机材料纯度更高的晶体形式,许多无机晶体允许各向异性离子交换,因此可用作导波器材料。

二次无机晶体材料主要有三类:①压电晶体,如磷酸二氢钾(KH_2PO_4)、磷酸二氢铵($NH_4H_2PO_4$)、砷酸二氢铯(CsH_2AsO_4)、砷酸二氢铷(RbH_2AsO_4)、α-石英等,具有光损伤阈值高、非线性光学系数大、能量转换效率高等优点;②铁电晶体,如铌酸锂($LiNbO_3$)、铌酸钡钠等,能产生较强的二次谐波,在$0.4 \sim 5\mu m$波段有较高的透过率,转换效率可达50%~70%,二次非线性系数比磷酸二氢钾等压电晶体高一个数量级,且可在室温实现90°相位匹配,适合于高功率倍频;③其他晶体,如三硼酸锂(LBO)、碘酸锂($LiIO_3$)、磷酸氧钛钾(KTP)等,具有抗光损伤阈值和二次非线性光学系数高、光学均匀性好、成本低等优点。

2) 有机晶体材料

二次有机晶体材料相对于无机晶体材料具有非线性光学系数高、响应快速、易于修饰、光学损伤阈值高、易于加工及分子可变性强等优点,主要缺点是熔点较低、易潮解、机械性能和热稳定性差、高质量单晶生长困难等。

有机非线性光学材料主要包括各类有机低分子、高聚物、金属有机配合物等,具体而言主要有以下几类:①尿素及其衍生物,如尿素、马尿酸和5-硝基吡啶脲等;②甲酸盐类,主要有甲酸锂、甲酸锂钠、甲酸钠、甲酸锶等;③苯基衍生物,主要有间二硝基苯、间二苯酚等间二取代苯衍生物以及硝基苯类、硝基吡啶类等芳香硝基化合物。

3）半导体晶体材料

二次半导体晶体材料主要有硒化镉（CdSe）、硒化镓（Ga_2Se_3）、硒镓银（$AgGaSe_2$）、硫化镓银（$AgGaS_2$）、碲（Te）、硒（Se）等，通过调节材料的能隙，可有效地改变电子的跃迁概率，从而控制材料的非线性光学响应特性。半导体晶体材料大多具有较高的非线性光学系数，且在较宽的红外波段都有高的透过率，适用于波长较长入射光产生红外波段的倍频光。半导体晶体材料主要缺点是晶体质量不高，光损伤阈值太低。

5.6.2.2　三次非线性光学材料

三次非线性光学材料是一类在强激光作用下产生三次非线性极化响应、具有强的光波间非线性耦合作用的材料。理论上任何结构对称的材料都具有三次非线性效应，但一般具有结构对称中心且具有大的分子或基团的三次非线性极化材料才能不受二次效应的干扰，呈现强的纯三次非线性效应。三次非线性光学材料的范围很广，由于不受是否具有中心对称这一条件的限制，可以是气体、原子蒸气、液体、液晶、等离子体以及各类晶体、光学玻璃等。

三次非线性光学材料可分为气体材料、液体材料、玻璃材料、半导体晶体材料和有机聚合物材料等。常见的三次非线性光学材料主要有：①惰性气体，通常用于产生光学三次谐波、三次混频，以获得紫外波长的相干光；②碱金属或碱土金属蒸气，以及 H_2、HF、CF_2 等分子气体，金属蒸气是各向同性介质，无二次非线性光学效应，且密度小，高阶非线性效应较小；③液体，包括 CS_2、液氮等分子液体以及苯、硝基苯等极性克尔液体；④半导体，包括砷化镓（GaAs）、锑化铟（InSb）等块体半导体和量子阱结构半导体材料，当入射光子能量接近材料带隙时，非线性效应大，量子阱结构半导体材料比块体材料具有更大的非线性系数；⑤有机聚合物，包括聚二乙炔、聚苯胺、聚吡咯等含离子或电子共轭体系的聚合物，以及某些金属有机聚合物、液晶聚合物等；⑥玻璃，如掺硫或硒等极性化合物的玻璃。

5.6.3　非线性光学材料的应用

非线性光学材料的应用主要有光波频率转换和光信号处理两个方面，光波频率的转换是通过倍频、和频、差频或混频以及通过光学参量振荡等方式拓宽激光波长的范围，光信号处理则是对光信号进行控制、开关、偏转、放大、计算、存储等。从应用领域来看，非线性光学材料主要在激光技术、信息技术和材料技术等领域发挥着重要的作用。目前，各种谐波器件中使用的非线性光学材料主要是无机晶体，主要是因为无机晶体的透光范围、双折射率、光损伤阈值及其物理和化学性能优于有机晶体。

1）在激光技术中的应用

非线性光学材料在光电子技术中最重要的应用之一是扩展激光的波长覆盖范围。目前多数商用激光器只能输出近红外区的特定波长，即便是可调谐激光器，其输出波长可调范围为 700～1100nm。利用倍频和混频、可调谐光参量振荡等效应可产生更多波长的强相干光辐射，可大大地拓宽激光辐射光谱区范围。

借助和频，可使激光辐射波长达到远紫外光谱区，采用磷酸二氢钾晶体上转换可获得 190～423nm 波段的紫外激光。也可将红外激光有效地转换到可见光区，如 CO_2 激光辐射（10.6μm）可上转换到可见光区，转换效率达到 30%～40%。借助差频，可获得中红外和远红外甚至毫米波段的相干光源，在某些特定条件下也可用来获得可见光区的可调谐高功率光辐射。

当频率及强度较低的光（信号光）与频率和强度比较高的激光（泵浦光）同时通过非线性光学晶体时，信号光将获得放大，同时产生频率等于泵浦光与信号光频率差的第三种光，这种现象称为光参量放大。光参量振荡是一种基于光参量放大原理的可调谐激光光源，波长调谐范围更宽，可从紫外到红外波段，且为全固化，结构紧凑，调谐方便和迅速。

2）在信息技术中的应用

传统的微波电缆可同时传送几十万路信号，由于通过非线性光学效应获得的相干光的频带极其宽广，现在的激光通信光缆可同时传送数百万路电话或几千万套电视节目，解决了无线电通信容量小、频带过分拥挤的难题。

光折变晶体材料可作为全息记忆系统的存储介质，信息的写入和读取是基于折射率的变化，可进行实时记录，而且能反复使用，具有分辨率高、存储量大、读/写效率高等优点。另外，信息可分层存储，在几毫米厚的晶体中可存储 10^3 个全息图。

参考文献

[1] 舒朝濂. 现代光学制造技术 [M]. 北京：国防工业出版社，2008.
[2] 阮双琛. 中红外光学材料及应用技术 [M]. 北京：科学出版社，2022.
[3] 卢进军，刘卫国，潘永强，等. 光学薄膜技术 [M]. 北京：电子工业出版社，2020.
[4] 樊美公，姚建年. 光功能材料科学 [M]. 北京：科学出版社，2013.
[5] 曹建章，徐平，李景镇. 薄膜光学与薄膜技术基础 [M]. 北京：科学出版社，2014.
[6] 魏忠诚. 光纤材料制备技术 [M]. 北京：北京邮电大学出版社，2016.
[7] 罗遵度，黄艺东. 固体激光材料物理学 [M]. 北京：科学出版社，2015.
[8] 朱林泉，朱苏磊. 激光应用技术基础 [M]. 北京：国防工业出版社，2004.
[9] 朱林泉，牛晋川. 现代激光工程应用技术 [M]. 北京：国防工业出版社，2008.

[10] 邓开发,陈洪. 激光技术与应用[M]. 长沙:国防科技大学出版社,2002.
[11] 周方桥. 红外光学材料[M]. 武汉:华中理工大学出版社,1994.
[12] 周广宽,葛国库. 激光器件[M]. 西安:西安电子科技大学出版社,2011.
[13] 郭瑜茹,林宋. 光电子技术及其应用[M]. 北京:化学工业出版社,2015.
[14] 王海晏. 红外辐射及应用[M]. 西安:西安电子科技大学出版社,2014.
[15] 洪广言. 稀土光功能材料[M]. 北京:科学出版社,2021.
[16] 周馨我. 功能材料学[M]. 北京:北京理工大学出版社,2018.
[17] 焦宝祥. 功能与信息材料[M]. 上海:华东理工大学出版社,2011.
[18] 王雨三,张中华,林殿阳. 光电子学原理与应用[M]. 哈尔滨:哈尔滨工业大学出版社,2005.
[19] 陈玉安,王必本,廖其龙. 现代功能材料[M]. 重庆:重庆大学出版社,2012.
[20] 俞宽新. 高等光学[M]. 北京:北京工业大学出版社,2009.

第6章　先进能源材料

能源是为人类活动提供有用能量的各种物质的统称,是现代社会正常运转和持续发展不可或缺的动力,随着现代工业的发展和人们生活水平的提高,人类对能源的需求与日俱增。目前的主要能源是以煤、石油和天然气等化石燃料为代表的不可再生资源,在使用过程会带来环境污染、全球变暖等一系列严重问题。相对而言,太阳能、风能、海洋能、地热能等清洁、无污染的新能源受到了越来越多的重视。新能源材料是新能源的转化和利用过程中所需的关键材料,是新能源技术体系的核心。新能源材料的种类繁多,因篇幅有限,本章仅介绍几类有重大意义且发展前景较好的新能源材料。

6.1　能源与新能源

6.1.1　能源

能源按其形成方式不同可分为一次能源和二次能源。一次能源即天然能源,是指自然界中以天然的形式存在并没有经过加工或转换的能量资源。一次能源包括以下三大类。

(1)来自地球以外天体的能量,主要是太阳能;

(2)地球本身蕴藏的能量,海洋和陆地内储存的燃料、地球的热能等,如煤、石油、天然气、油页岩、植物秸秆、水能、风能、地热能、海洋能等;

(3)地球与天体相互作用产生的能量,如潮汐能。

二次能源即人工能源,它是由一次能源直接或间接转换成其他种类和形式的能量资源,如煤气、焦炭、人造石油、汽油、煤油、柴油、电力、蒸汽、热水、酒精、氢气、激光等。

能源按其循环方式不同可分为不可再生能源(化石燃料等)和可再生能源(生物质能、氢能、化学能源等);按使用性质不同可分为含能体能源(煤炭、石油等)和过程能源(太阳能、电能等);按环境保护的要求可分为清洁能源(又称绿色能源,如太阳能、氢能、风能、潮汐能等)和非清洁能源;按现阶段的成熟程度可分为常规能源和新能源。

6.1.2 新能源及其利用技术

新能源是相对于常规能源而言的,以采用新技术和新材料而获得的,在新技术基础上系统地开发利用的能源,如太阳能、风能、海洋能、地热能等。与常规能源相比,新能源生产规模较小,适用范围较窄。如前所述,常规能源与新能源的划分是相对的。以核裂变能为例,20 世纪 50 年代初开始把它用来生产电力和作为动力使用时,被认为是一种新能源。到 20 世纪 80 年代,世界上不少国家已把它列为常规能源。太阳能和风能被利用的历史比核裂变能要早许多世纪,由于还需要通过系统研究和开发才能提高利用效率、扩大使用范围,所以仍然把它们列入新能源。联合国曾认为新能源和可再生能源共包括 14 种能源:太阳能、地热能、风能、潮汐能、海水温差能、波浪能、木柴、木炭、泥炭、生物质能、畜力、油页岩、焦油砂及水能。当前,虽然各国对这类能源的称谓有所不同,但共同的认识是,除常规的化石能源和核裂变能之外,其他能源都可称为新能源或可再生能源,主要为太阳能、地热能、风能、海洋能、生物质能、氢能和水能。由不可再生能源逐渐向新能源和可再生能源过渡,是当代能源利用的一个重要特点。在能源、气候、环境问题日益突出的今天,大力发展新能源和可再生能源符合国际发展趋势,对维护我国能源安全以及环境保护意义重大。

新能源分布广、储量大和清洁环保,将为人类发展提供新的动力。实现新能源的利用需要新技术支撑,新能源技术是人类开发新能源的基础和保障。当前,比较核心的新能源利用技术主要包括以下几类。

1) 太阳能利用技术

太阳能是人类最主要的可再生能源,太阳每年输出的总能量为 3.75×10^{26} W,其中辐射到地球陆地上的能量约为 8.5×10^{16} W,这个数量远大于人类目前消耗能量的总和,相当于 1.7×10^{18} t 标准煤。太阳能利用技术主要包括:太阳能-热能转换技术,即通过转换装备将太阳辐射转换为热能加以利用,如太阳能热能发电、太阳能采暖、太阳能制冷与空调、太阳能热水系统、太阳能干燥系统、太阳灶和太阳房等;太阳能-光电转换技术,即太阳能电池,包括应用广泛的半导体太阳能电池和光化学电池的制备技术;太阳能-化学能转换技术,如光化学作用、光合作用等。

2）氢能利用技术

氢是未来最理想的二次能源。氢以化合物的形式储存于地球上最广泛的物质中，如果把海水中的氢全部提取出来，总能量是地球现有化石燃料的9000倍。氢能利用技术包括制氢技术、氢提纯技术和氢储存与输运技术。制氢技术范围很广，包括化石燃料制氢技术、电解水制氢、固体聚合物电解质电解制氢、高温水蒸气电解制氢、生物质制氢、热化学分解水制氢及甲醇重整等。氢的储存是氢利用的重要保障，主要技术包括液化储氢、压缩氢气储氢、金属氢化物储氢、配位氢化物储氢、有机物储氢和玻璃微球储氢等。氢的应用技术主要包括燃料电池、燃气轮机发电、镍氢电池、内燃机和火箭发动机等。

3）核能利用技术

核能是原子核结构发生变化放出的能量。核能技术主要有核裂变和核聚变。核裂变所用原料铀1g就可释放相当于2.8t煤的能量，而每升海水中含有的氘核聚变可产生相当于300L汽油的能量。海洋中氘的储量极其丰富，是取之不尽、用之不竭的清洁能源。自20世纪50年代第一座核电站诞生以来，全球核裂变发电迅速发展，核电技术不断完善，各种类型的反应堆相继出现，如压水堆、沸水堆、石墨堆、气冷堆及快中子堆等。其中，以轻水（H_2O）作为慢化剂和载热剂的轻水反应堆（包括压水堆和沸水堆）应用最多，技术相对完善。人类实现核聚变并对其进行控制的难度非常大，采用等离子体最有希望实现核聚变反应。

4）生物质能利用技术

生物质能目前占世界能源中消耗量的14%。估计地球每年植物光合作用固定的碳达到2×10^{12}t，含能量3×10^{21}J。地球上的植物每年生产的能量是目前人类消耗矿物能的20倍。生物质能的开发利用在许多国家得到高度重视，生物质能有可能成为未来可持续能源系统的主要成员，扩大其利用是减排CO_2的最重要的途径。生物质能的开发技术有生物质气化技术、生物质固化技术、生物质热解技术、生物质液化技术和沼气技术等。

5）化学能源利用技术

化学能源实际是直接把化学能转变为低压直流电能的装置，也称电池。化学能源已经成为国民经济中不可缺少的重要的组成部分。同时化学能源还将承担其他新能源的储存功能。化学电能技术即电池制备技术，目前研究活跃且具有发展前景的电池主要有金属氢化物-镍电池、锂离子二次电池和燃料电池。

6）风能利用技术

风能是大气流动的动能，是来源于太阳能的可再生能源。估计全球风能储量为10^{14}MW，如有千万分之一被人类利用，就有10^6MW的可利用风能，这是全球目前的电能总需求量,也是水利资源可利用量的10倍。风能应用技术主要为风力发电技术,如海上风力发电、小型风机系统和涡轮风力发电等。

7)地热能利用技术

地热能是来自地球深处的可再生热能。全世界地热资源总量大约1.45×10^{26} J,相当于全球煤热能的1.7亿倍,是分布广、洁净、热流密度大、使用方便的新能源。地热能开发技术集中在地热发电、地热采暖、供热和供热水等技术。

8)海洋能利用技术

海洋能是依附在海水中的可再生能源,包括潮汐能、潮流、海流、波浪、海水温差和海水盐差能。估计全世界海洋的理论可再生能为7.6×10^{13} W,相当于目前人类对电能的总需求量。潮流能的利用涉及很多关键问题需要解决。例如,潮流能具有大功率低流速特性,这意味着潮流能装置的叶片、结构、地基要比风能装置有更大的强度,否则在流速过大时可能对装置造成损毁;海水中的泥沙进入装置可能损坏轴承;海水腐蚀和海洋生物附着会降低水轮机的效率和整个设备的寿命;漂浮式潮流发电装置也存在抗台风和影响航运等问题。

9)可燃冰利用技术

可燃冰是天然气的水合物,它在海底分布范围占海洋总面积的10%,相当于4000万km^2,它的储量够人类使用1000年,但是可燃冰的深海开采本身面临众多技术问题。另外,就是开采过程中的泄漏控制问题,甲烷(CH_4)的温室效应要比CO_2强很多,一旦发生大规模泄漏事件,对全球气候变化的影响不容忽视,因此相关开采研究有很多都集中在泄漏控制方面。

10)海洋渗透能利用技术

在江河的入海口,淡水的水压比海水的水压高,如果在入海口放置一个涡轮发电机,淡水和海水之间的渗透压就可以推动涡轮机来发电。海洋渗透能是一种十分环保的绿色能源,它既不产生垃圾,也没有CO_2的排放。在盐分浓度更大的水域里,渗透发电厂的发电效能会更好,如地中海、死海、大盐湖等。

6.1.3 新能源材料

能源材料是材料学科的一个重要研究方向,有的学者将能源材料划分为新能源技术材料、能量转换与储能材料和节能材料等。综合国内外的一些观点,新能源材料是指实现新能源的转化和利用以及发展新能源技术中所要用到的关键材料,它是发展新能源技术的核心和新能源应用的基础。从材料学的本质和能源发展的观点来看,能源储存和有效利用现有传统能源的新型材料也可以归属为新能源材料。新能源材料覆盖了镍氢电池材料、锂离子电池材料、燃料电池材料、太阳能电池材料、反应堆核能材料、生物质能材料、新型相变储能和节能材料等。

新能源材料的基础仍然是材料科学与工程基于新能源理念的演化与发展。材料科学与工程研究的范围涉及金属、陶瓷、高分子材料、半导体以及复合材料。通过各种物理与化学的方法来发现新材料、改变传统材料的特性或行为使它们变得更有用,这就是材料科学的核心。材料的应用是人类发展的里程碑,人类所有的文明进程都是以他们所使用的材料来分类的,如石器时代、铜器时代、铁器时代等。21 世纪是新能源发挥巨大作用的年代,新能源材料及相关技术也将发挥巨大的作用。

下面主要介绍太阳能电池材料、镍氢电池材料、锂离子电池材料、燃料电池材料、超级电容器材料和非锂金属离子电池材料等新能源材料。

6.2 太阳能电池材料

6.2.1 太阳能电池发展概况

太阳能是一种储量极其丰富的可再生能源,有取用不尽、用之不竭、安全环保等优点。太阳能的有效利用方式有光-热转换、光-电转换和光-化学转换三种方式,太阳能的光电利用是近年来发展最快、最具活力的研究领域。由于半导体材料的禁带宽度($0 \sim 3.0 eV$)与可见光的能量($1.5 \sim 3.0 eV$)有一定的匹配性,当光照射到半导体上时能够被部分吸收,产生光伏效应。太阳能电池是一种利用光伏效应的光电半导体设备,只要满足一定的光照度,就可输出电压及在有回路的情况下产生电流。

太阳能光伏发电最核心的器件是太阳能电池。从 1877 年 W. G. Adams 和 R. E. Day 研究了 Se 的光伏效应并制作第一片硒太阳能电池开始,太阳能电池已经经过了一百多年的漫长发展历史。第一代太阳能电池以晶体硅太阳能电池为代表,包括单晶、多晶和非晶硅太阳能电池,这类电池发展较为成熟,已在商业上得到了广泛应用。第二代太阳能电池主要是化合物半导体太阳能电池,这类电池具有较高的理论转化效率,但生产成本较高,在航空航天、军事等领域有一定的应用。第三代太阳能电池也被称为新型太阳能电池,主要包括无机/有机薄膜、染料敏化、量子点敏化和钙钛矿太阳能电池等,这类电池目前发展迅速,有较高理论转化效率,且成本相对较低,具有极大的发展潜力。

从 2009 年开始,中国光伏产业得到迅猛发展,尽管期间受到国际社会"双反"的严重影响,但随之变得更加理性地发展起来,到 2015 年年底光伏产量与装机容量均为世界第一,世界十大组件生产企业有 8 家是中国企业。

目前,全球光伏产业逐渐向少数国家和地区集中。中国大陆、中国台湾地区、马来西亚、美国是当今全球排在前四位的光伏制造产业集中地。其中,中国大陆的光伏企业制造成本最低,其次是马来西亚、中国台湾地区和美国。

太阳能电池已广泛应用于通信、交通、石油、气象、国防、农村电气化等许多领域,太阳能电池使用量每年以高于40%的速率增长。随着太阳能电池转换效率和生产技术的不断提高,太阳能电池的应用越来越广泛。

6.2.2　太阳能电池的工作原理和特点

1) PN 结

太阳能电池本质上是一个大面积的半导体二极管将太阳辐射能转换成电能,发电原理主要是利用半导体的光电效应。从太阳能电池的结构来说,太阳能电池主要有同质结(PN 结)太阳能电池、异质结太阳能电池和 PIN 结构太阳能电池,其中 PN 结电池是最为常见的太阳能电池。

在常温下,本征半导体中只有极少数的电子－空穴对(载流子)参与导电,部分自由电子遇到空穴会迅速恢复成为共价键电子结构,所以从外在特性来看它们是不导电的。为增加半导体的导电能力,一般在 Si 晶体中掺入一定浓度的硼(B)、镓(Ga)、铝(Al)等 3 价元素或磷(P)、砷(As)、锑(Sb)等 5 价元素,这些杂质元素与硅元素组成共价键后,会出现多余的电子或空穴。例如掺入 B 时,硅晶体中就会产生空穴,空穴因无电子而变得很不稳定,倾向于吸收电子而中和,形成 P 型半导体。同样,掺入 P 后,因为 P 原子有 5 个电子,在形成共价键之外会出现多余的电子,形成 N 型半导体。

在 N 型半导体和 P 型半导体结合后,由于 N 型半导体中含有较多的电子,而 P 型半导体中含有较多的空穴,在两种半导体的交界面区域会形成一个特殊的薄层,N 区一侧的电子浓度高,形成一个要向 P 区扩散的正电荷区域;同样 P 区一侧的空穴浓度高,形成一个要向 N 区扩散的负电荷区域。N 区和 P 区交界面两侧的正、负电荷薄层区域,称为"空间电荷区",即 PN 结,如图 6-1 所示。扩散越强,空间电荷区越宽。

在 PN 结内,有一个由 PN 结内部电荷产生的、从 N 区指向 P 区的电场,称为"内建电场"或"自建电场"。由于存在内建电场,在空间电荷区内将产生载流子的漂移运动,使电子由 P 区拉回 N 区,使空穴由 N 区拉回 P 区,其运动方向正好和扩散运动的方向相反。

开始时,扩散运动占优势,空间电荷区内两侧的正负电荷逐渐增加,空间电荷区增宽,内建电场增强;随着内建电场的增强,漂移运动也随之增强,阻止扩散运动的进行,使其逐步减弱;最后,扩散的载流子数目和漂移的载流子数目相等而运动方向相反,达到动态平衡。此时在内建电场两边,N区的电势高,P区的电势低,这个电势差称为PN结势垒,也叫"内建电势差"或"接触电势差"。

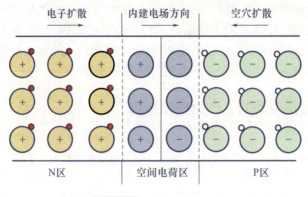

图6-1　PN结示意图

当PN结加上正向偏压(P区接电源的正极,N区接负极),此时外加电压的方向与内建电场的方向相反,使空间电荷区中的电场减弱。这样就打破了扩散运动和漂移运动的相对平衡,有电子源源不断地从N区扩散到P区,空穴从P区扩散到N区,使载流子的扩散运动超过漂移运动。由于N区电子和P区空穴均是多子,通过PN结的电流(称为正向电流)很大。

当PN结加上反向偏压(N区接电源的正极,P区接负极),此时外加电压的方向与内建电场的方向相同,增强了空间电荷区中的电场,载流子的漂移运动超过扩散运动。这时N区中的空穴一旦到达空间电荷区边界,就要被电场拉向P区;P区的电子一旦到达空间电荷区边界,也要被电场拉向N区。它们构成PN结的反向电流,方向是由N区流向P区。由于N区中的空穴和P区的电子均为少子,故通过PN结的反向电流很快饱和,而且很小。电流容易从P区流向N区,不易从相反的方向通过PN结,这就是PN结的单向导电性。太阳能电池正是利用了光激发少数载流子通过PN结而发电的。

2)太阳能电池工作原理

太阳能电池是以半导体PN结上接受太阳光照产生光生伏特效应为基础,直接将光能转换成电能的能量转换器。当太阳能电池受到光照时,光在N区、空间电荷区和P区被吸收,分别产生电子-空穴对。由于从太阳能电池表面到体内入射光强度成指数衰减,在各处产生光生载流子的数量有差别,沿光强衰减方向将形成光生载流子的浓度梯度,从而产生载流子的扩散运动。N区中产生的光生载流子到达PN结N侧边界时,由于内建电场的方向是从N区指向P区,静电力立即将光生空穴拉到P区,光生电子阻留在N区。同理,从P区产生的光生电子到达PN结P侧边界时,立即被内建电场拉向N区,空穴被阻留在P

区。空间电荷区中产生的光生电子-空穴对则自然被内建电场分别拉向 N 区和 P 区。PN 结及两边产生的光生载流子就被内建电场分离,在 P 区聚集光生空穴,在 N 区聚集光生电子,使 P 区带正电,N 区带负电,在 PN 结两边产生光生电动势,该过程通常称为光生伏特效应或光伏效应。因此,太阳能电池也叫光伏电池。

太阳能电池工作原理可分为三个过程:首先,材料吸收光子后,产生电子-空穴对;其次,电性相反的光生载流子被半导体中 PN 结所产生的静电场分开;最后,光生载流子被太阳能电池的两极所收集,并在电路中产生电流,从而获得电能。太阳能电池结构与发电原理示意图如图 6-2 所示。

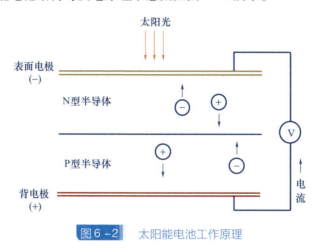

图 6-2　太阳能电池工作原理

如果在电池两端接上负载电路,则被 PN 结所分开的电子和空穴,通过太阳能电池表面的栅线汇集,在外电路产生光生电流。从外电路看 P 区为正,N 区为负,一旦接通负载,N 区的电子通过外电路流向 P 区形成电子流;电子进入 P 区后与空穴复合,变回中性,直到另一个光子再次分离出电子-空穴对为止。人们约定电流的方向与正电荷的流向相同,与负电荷的流向相反,于是太阳能电池与负载接通后,电流是从 P 区流出,通过负载而从 N 区流回电池。

太阳能电池的转换效率代表照射在太阳能电池上的光能量转换成电能的大小,其定义为太阳能电池的最大输出功率与照射到太阳能电池的总辐射能之比,即

$$\eta = \frac{P_m}{P_{in}} \times 100\% \qquad (6-1)$$

式中:η 为转换效率;P_m 为最大输出功率;P_{in} 为总辐射能。

理论计算表明太阳能电池的热力学极限转换效率为 32%,实际转换效率要远低于此值,如单晶硅太阳能电池受串联电阻和表面反射等非理想因素影响,实

际转换效率仅为 10%~15%,一般太阳能电池的实际转换效率在 20% 左右。

半导体不是电的良导体,因此如果电子通过 PN 结后在半导体中流动,电阻就会非常大,导致损耗也大。若在上层全部涂上导电金属,阳光不能通过,则电流就不能产生,因此一般用金属网格覆盖 PN 结,以增加入射光的面积。另外,由于 Si 表面非常光亮,会反射掉大量的太阳光,为此给 Si 表面涂上一层反射系数非常小的保护膜,就可将反射损失减小到 5%,甚至更小。

3) 太阳能电池的特点

太阳能电池具有的主要特点如下。

(1) 太阳能是一种取之不尽、用之不竭的清洁能源,太阳能发电不需要燃料。

(2) 只要有太阳光便可发电,可就近在负载所在地供电,不必像火力、水力发电等进行长距离输电,输电损耗低。

(3) 太阳能电池能直接将光能转换成电能,不会产生废气和有害物质等,且发电规模可依系统而定,大至发电厂、小至一般计算器皆可发电。

(4) 太阳能电池所产生的电是直流电,便于储存电能。

(5) 太阳能电池寿命长,发电时无噪声,管理、维护简便。

尽管太阳能电池在使用上具有诸多优点,但目前太阳能电池尚有一些缺点仍待改进。

(1) 就现阶段的发展而言,太阳能电池的生产设备成本相对昂贵。

(2) 太阳能电池的转换效率为 15%~20%,大规模发电的太阳能电池组件需要很大的收集面积。

(3) 硅基太阳能电池的机械强度低,需要其他的封装材料加以增强。

(4) 结晶硅太阳能电池的发电受天气影响大,在弱光、晨昏与阴雨天时,发电量会降低。

6.2.3 太阳能电池材料

太阳能电池主要以半导体材料为基础,但并不是所有的半导体材料都能用作太阳能电池材料。一方面,禁带宽度、载流子迁移率和光吸收系数等物理性质限制,使一些材料制备的太阳能电池的转换效率很低;另一方面,某些材料提纯困难,材料和电池的制作成本过高。根据使用的材料不同,太阳能电池可分成硅太阳能电池、化合物太阳能电池以及有机半导体太阳能电池等。

6.2.3.1 硅太阳能电池材料

以 Si 材料为基体的太阳能电池主要有单晶硅太阳能电池、多晶硅太阳能电池以及非晶硅太阳能电池。

1)单晶硅

在硅系列太阳能电池中,单晶硅太阳能电池转换效率高,在大规模应用和工业生产中占主导地位。单晶硅材料的禁带宽度为1.12eV,对光的吸收处于可见光和近红外波段,但其电子迁移率较其他半导体材料小。根据晶体生长方式的不同,单晶硅可以分为悬浮区域熔炼方法制备的区熔单晶硅和切氏法制备的直拉单晶硅两种。区熔单晶硅市场占有率小,主要应用于大功率器件方面。直拉单晶硅制造成本相对较低,机械强度较高,且易制备大直径单晶,是单晶硅市场的主体,在太阳能电池和集成电路等领域应用广泛。高质量单晶硅材料和成熟的材料及器件加工工艺是保证转换效率的前提,这也导致单晶硅太阳电池成本较高。

2)多晶硅

多晶硅太阳能电池按材料厚度的不同,可分为体太阳能电池和薄膜太阳能电池两类,一般把多晶硅体太阳能电池称为多晶硅太阳能电池。多晶硅材料由多个不同取向的单晶晶粒组成,因此多晶硅太阳能电池的性能与单晶硅电池基本相同,影响电池性能的主要因素是晶粒尺寸及形态、晶界以及基体中有害杂质的含量及分布等。多晶硅材料研究和应用进展十分迅速,目前有害杂质的含量得到了有效的控制,所以多晶硅太阳能电池的转换效率和电池产量近年来也在快速提升。

多晶硅薄膜是指生长在玻璃、陶瓷等非硅衬底材料上的具有一定厚度的晶体硅薄膜,由众多大小不一且晶向不同的细小硅晶粒组成,晶粒直径一般为几百纳米到几十微米。多晶硅薄膜具有晶体硅的基本性质,同时又具有非晶硅薄膜成本低、制备简单和易于大面积制备等优点。与之相应的,多晶硅薄膜太阳能电池也兼具单晶硅和多晶硅电池的高转换效率、长寿命以及制备工艺相对简单等优点,虽然转换效率一般稍低于单晶硅太阳能电池,但其使用的硅材料比单晶硅少,且无光致衰退问题,电池成本也明显地低于单晶硅电池。

3)非晶硅

非晶硅太阳能电池是20世纪70年代中期发展起来的一种新型薄膜太阳能电池,该电池的最大特点是采用了低温(约200℃)工艺技术,耗材少,因而成本低、便于大面积连续生产。非晶硅太阳能电池的工作原理与单晶硅太阳能电池类似,不同之处在于非晶硅太阳能电池中光生载流子只有漂移运动而无扩散运动。这是因为非晶硅材料结构上的长程无序性和无规则网络带来了极强的散射效应,使载流子的扩散长度很短,如果附近没有电场存在,则载流子将会很快复合而不能被收集。为了有效地收集载流子,就需要在光注入涉及范围内尽量布满电场。因此,非晶硅太阳能电池一般设计成PIN型,其中I层为本征吸收层,处于P层和N层产生的内建电场中。非晶硅尽管是一种很好的电池材料,但由于其光学带隙为1.7eV,使材料本身对太阳辐射光谱的长波区域不敏感,这样就限制了非晶硅太阳能电池的转换效率。此外,非晶硅太阳能电池的光电效率会随着光照时间的延续而衰减,即光致衰退效应,这会使电池性能不稳定。

6.2.3.2 化合物太阳能电池材料

化合物太阳能电池可分为Ⅲ-Ⅴ族、Ⅱ-Ⅵ族以及多元化合物太阳能电池等。

1) Ⅲ-Ⅴ族化合物

Ⅲ-Ⅴ族化合物半导体材料是继 Ge 和 Si 材料之后发展起来的一类重要的太阳能电池材料,这类材料有许多优点。Ⅲ-Ⅴ族化合物太阳能电池主要有砷化镓(GaAs)电池、铜铟镓硒(CIGS)薄膜电池等。GaAs 太阳能电池有较多优点。首先,它的光转换效率高。GaAs 半导体材料的禁带宽度为 1.43eV,光谱响应特性和太阳光谱匹配能力强,是理想的太阳能电池材料。单结 GaAs 电池只能吸收特定光谱的太阳光,多结 GaAs 电池可按禁带宽度大小叠合,选择性吸收和转换不同波长的光,因此可大幅度提高太阳能电池的光电转换效率(图 6-3)。目前,硅电池的理论效率大概为 23%,单结 GaAs 电池的理论效率可达到 27%,而多结 GaAs 电池的理论效率甚至可超过 50%。其次,GaAs 的吸收系数大。GaAs 是直接跃迁型半导体,而 Si 是间接跃迁型半导体。在可见光范围内,GaAs 的光吸收系数远高于 Si。同样吸收 95% 的太阳光,GaAs 电池的厚度只需要 5~10μm,而硅电池则需大于 150μm。因此 GaAs 太阳能电池可以做得很薄。另外,GaAs 电池的耐温性好,在 250℃ 的条件下仍可以正常工作,但硅电池在 200℃ 就已经无法正常运行。GaAs 电池的主要缺点是原材料 GaAs 单晶晶片价格比较昂贵;Si 的密度为 2.329g/cm^3,而 GaAs 的密度为 5.318g/cm^3,质量大,不利于在空间应用;此外,GaAs 比较脆,容易损坏。

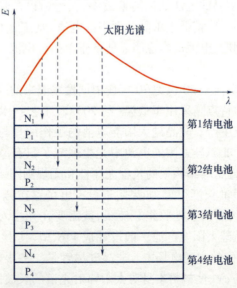

图 6-3　多结太阳能电池光谱吸收原理

2) Ⅱ-Ⅵ族化合物

Ⅱ-Ⅵ族化合物半导体材料主要有硫化镉(CdS)、碲化镉(CdTe)等。

CdS 是一种宽带隙半导体材料,室温下它的禁带宽度是 2.42eV。因此,CdS 薄膜在异质结太阳能电池中是一种重要的 N 型窗口材料,具有较好的光电导率和光的通透性。作为窗口层的 CdS 薄膜的厚度为 50~100nm,可使波长小于 500nm 的光通过。在使用 CdS 薄膜作为窗口层的器件中,使用 CdTe 和 $CuInSe_2$ 作为吸收层,与 CdS 复合组成异质结太阳能电池的研究比较多,并且 CdS 薄膜在提高异质结太阳能电池光电转换效率方面起到了明显的作用。目前,人们已经成功制备了转化效率达到 17% 的 $CdS/CuInSe_2$ 结构的太阳能电池和转换效率为 16.5% 的 CdS/CdTe 结构的太阳能电池。

CdTe 也是一种理想的光电转换太阳能电池材料,在室温下其禁带宽度是 1.47eV,与太阳光谱匹配性良好,可用于制作 N 型和 P 型半导体薄膜,它的理论转换效率高达 28%。

CdS/CdTe 薄膜太阳能电池,就是利用 CdS 优良的窗口效应和 CdTe 良好的光电转换效率而做成的一种层叠的异质结薄膜太阳能电池,如图 6-4 所示。这种异质结太阳能电池具有晶格失配度小、热膨胀失配率低、能隙大、稳定性好等优点,其理论转换效率是 17%。CdS/CdTe 太阳能电池价格与非晶硅太阳能电池的价格相当,但它的转换效率比非晶硅高,且稳定性好,是一种非常廉价的太阳能电池,所以被公认为是非晶硅太阳能电池的一个强有力的竞争者,是未来理想的太阳能电池。

图 6-4 CdS/CdTe 薄膜太阳能电池的结构

3）多元化合物

多元化合物铜铟硒（$CuInSe_2$，CIS）或铜铟镓硒（$CuInGaSe_2$，CIGS）是光学吸收系数极高的半导体材料，以它们为吸收层的薄膜电池非常适合光电转换，转换效率和多晶硅接近，但不存在光致衰退的问题。由于多元化合物半导体具有价格低廉、性能良好和工艺简单等优点，逐渐成为最具潜力的第三代太阳能电池材料。

CIS 是直接带隙的半导体材料，其禁带宽度为 1.04eV（77K），对温度的变化不敏感。光吸收系数高达 $10^5 cm^{-1}$，是已知半导体材料中最高的，非常有利于电池基区光子的吸收和少数载流子的收集。掺入适量 Ga 取代 In 就可制成 CIGS 四元固溶半导体，调整 Ga 含量可使 CIGS 的禁带宽度在 1.04 ~ 1.70eV 变化，非常适合调整和优化禁带宽度。例如，在膜厚方面调整 Ga 的含量，形成梯度带隙半导体，会产生背表面场效应，可获得更多的电流输出。能进行这种带隙裁剪是 CIGS 系电池相对于 Si 系和 CdTe 系电池的最大优势。

CIGS 电池具有成本低、转换效率高、不衰退、弱光性能好等显著特点，光电转换效率接近晶体硅太阳能电池，居各种薄膜太阳能电池之首。但由于 In 和 Se 都是比较稀有的元素，且具有一定的毒性，存在资源短缺和环境污染的问题。

6.2.3.3 有机半导体太阳能电池材料

高分子聚合物由许多排列无序的大分子组成，通常情况下不能导电，表现出绝缘体的特性。1977 年，A. J. Heeger 等发现掺杂碘或五氟化砷的聚乙炔具有半导体特性，也能传输电流，电导率可以达到 $10^3 S/cm$，从此改变了聚合物是绝缘体的观念。20 世纪 90 年代，人们开始尝试将聚合物材料应用于太阳能电池，并在 21 世纪初取得了较为显著的成果，高分子聚合物日渐成为新一代太阳能电池材料。

1）有机半导体太阳能电池的工作原理

由于材料的不同，电流的产生过程也会有所不同。目前无机半导体的理论研究比较成熟，而有机半导体体系的电流产生过程仍有许多值得探讨的地方，也是目前的研究热点。有机半导体吸收光子产生电子 - 空穴对（激子），激子的结合能为 0.2 ~ 1.0eV，高于相应的无机半导体激发产生的电子 - 空穴对的结合能，所以电子 - 空穴对不会自动解离形成自由移动的电子和空穴，需要电场驱动电子 - 空穴对进行解离。两种具有不同电子亲和能和电离势的材料相接触，接触界面处产生接触电势差，可以驱动电子 - 空穴对解离。单纯由一种纯有机化合物夹在两层金属电极之间制成的肖特基电池效率很低，后来将 P 型半导体材料（电子给体）和 N 型半导体材料（电子受体）复合，发现两种材料的界面电子空穴对的解离非常有效，光激发单元的发光复合退火过程得到了有效的抑制，导致高效的电荷分离,也就是通常所说的 PN 异质结型太阳能电池。

2)典型有机半导体太阳能电池材料

较为典型的有机半导体太阳能电池材料有有机小分子化合物、有机大分子化合物、模拟叶绿素材料和有机无机杂化体系。有机半导体太阳能电池与传统的化合物半导体电池、普通硅太阳能电池相比,其优势在于更轻薄灵活,而且成本低廉。但其转化效率不高,使用寿命偏短,一直是阻碍有机半导体太阳能电池技术市场化发展的瓶颈。

(1)有机小分子化合物。最早期的有机太阳能电池为肖特基电池,是在真空条件下把有机半导体染料如酞菁等蒸镀在基板上形成夹心式结构。这类电池对于研究光电转换机理很有帮助,但是蒸镀薄膜的加工工艺比较复杂,有时候薄膜容易脱落。因此,又发展了将有机染料半导体分散在聚碳酸酯(PC)、聚醋酸乙烯酯(PVAC)、聚乙烯咔唑(PVK)等聚合物中的技术。虽然这些技术能提高涂层的柔韧性,但半导体的含量相对较低,使光生载流子减少,短路电流下降。

酞菁类化合物是典型的 P 型有机半导体,具有离域的平面大 π 键,在 600~800nm 的光谱区域有较大吸收。同时此类化合物是典型的 N 型半导体材料,具有较高的电荷传输能力,在 400~600nm 光谱区域内有较强吸收。

(2)有机大分子化合物。1998 年,Friend 研究小组在聚合物光诱导电荷转移光电池的研究中获得了重大的发展,他们用聚噻吩衍生物 POPT 作为电子给体,用聚亚苯基乙烯基 MEH – CN – PPV 取代 C_{60} 并采用层压技术制成了双层光电池器件,能量转换效率在模拟太阳光下为 1.9%。

Padinger 等将热稳定性较好、玻璃化转变温度 T_g 较高的聚 3 – 己基噻吩(P3HT):PCBM 共混体系在高于其 T_g 的温度下经过退火处理,迫使聚合物链沿着电场定向排列,结构有序度大大提高,载流子的传输能力提高,使器件的转换效率由 0.4% 提高到 3.5%。聚噻吩衍生物越来越受到人们的重视,它们不仅共轭程度高,具有较高的电导率、易于合成,并且具有较好的环境稳定性和热稳定性。

(3)模拟叶绿素材料。植物的叶绿素可将太阳能转化为化学能的关键一步是叶绿素分子受到光激发后产生电荷分离态,且电荷分离态寿命长达 1s。电荷分离态存在时间越长越有利于电荷的输出。美国阿贡国家实验室(ANL)的工作人员合成的化合物,利用卟啉环吸收太阳光,将电子转移到受体苯醌环上;胡萝卜素也可以吸收太阳光,将电子注入卟啉环,最后正电荷集中在胡萝卜素分子上,负电荷集中在苯醌环上,电荷分离态的存在时间高达 4ms。卟啉环对太阳光的吸收远大于胡萝卜素。如果将该分子制成极化膜附着在导电高分子膜上,就可以将太阳能转化为电能。

(4) 有机无机杂化体系。2002 年,Alivisatos 将在红外光区有较好吸收且载流子迁移率较高的棒状无机纳米粒子 CdSe 与聚 3 - 己基噻吩 P3HT 直接从吡啶氯仿溶液中旋转涂膜,制成了太阳能电池器件。在 AM1.5G 模拟太阳光条件下,能量转换效率达到 1.7%。在共轭聚合物中,P3HT 的场效应迁移率是最高的,达到 $0.1 cm^2 \cdot V^{-1} \cdot s^{-1}$,这些体系大大拓宽了人们对此类材料结构设计的思路,从而使有机太阳能电池各种材料的性能得到不断地改善。根据量子阱效应,改变纳米粒子的大小可以调节它的吸收光谱。

6.2.3.4 染料敏化太阳能电池材料

1991 年,瑞士洛桑联邦理工学院的 Grätzel 教授研制出用羧酸联吡啶钌(Ⅱ)染料敏化的 TiO_2 纳米晶多孔膜作为光电阳极的化学太阳能电池,称为染料敏化纳米晶太阳能电池(DSSC)。其光电转换效率在 AM1.5G 模拟日光照射下可达 7.1% ~ 7.9%,接近多晶硅电池的能量转换效率,成本仅为硅光电池的 1/10 ~ 1/5,使用寿命可达 15 年以上。该类电池与传统的晶体硅太阳能电池相比,具有结构简单、成本低廉、易于制造的优点,光稳定性好,对光强度和温度变化不敏感,对环境无污染,因此自其问世以来就得到人们的广泛关注。

染料敏化太阳能电池主要由宽带隙的多孔 N 型半导体(如 TiO_2、ZnO 等)、敏化层(有机染料敏化剂)及电解质或 P 型半导体组成。由于采用了成本更低的多孔 N 型半导体薄膜及有机染料分子,不仅大大提高了对光的吸收效率,还大规模地降低了电池的制造成本,具有很好的开发应用前景。经过多年的技术更新,染料敏化太阳能电池已投入了大规模工业生产,并在欧美市场上获得成功,成为索尼等公司电子阅读器的指定电源。

1) DSSC 电池的工作原理

在常规的 PN 结光伏电池(如硅太阳能电池)中,半导体起两个作用:一是吸收入射光,捕获光子激发产生电子和空穴;二是传导光生载流子,通过结效应,电子和空穴分开。但是,对于 DSSC 而言,这两种作用是分别执行的。首先光的捕获由光敏染料完成,而传导和收集光生载流子的作用则由纳米半导体来完成。在该类太阳能电池中,TiO_2 是一种宽禁带的 N 型半导体,其禁带宽为 3.2eV,只能吸收波长小于 375nm 的紫外光,可见光不能将它激发,需要对它进行一定的敏化处理,即在 TiO_2 表面吸附染料光敏剂,从而实现有效的光电转化。吸附在纳米 TiO_2 表面的光敏染料吸收太阳光跃迁至激发态,激发态电子迅速注入紧邻的较低能级的 TiO_2 导带中,实现电荷分离,发生电子的迁移,这是产生光电流的关键。

2) DSSC 电池的结构

染料敏化太阳能电池主要由透明导电基底、纳米晶氧化物半导体膜、敏化染料和对电极组成,结构示意图如图 6-5 所示。

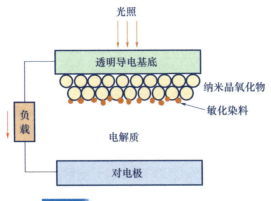

图6-5　染料敏化太阳能电池结构

(1) 透明导电基底。透明导电基底是染料敏化太阳能电池 TiO_2 薄膜的载体，同时也是光阳极上电子的传导器和对电极上电子的收集器，一般为透明的导电玻璃。导电玻璃是在厚度为 1~3mm 的普通玻璃表面上，使用溅射、化学沉积等方法镀上一层 0.5~0.7μm 厚的掺 F 的 SnO_2 膜或氧化铟锡膜。一般要求方块电阻在 1.0~2.0(Ω·cm)，透光率在 85% 以上，它起着传输和收集正、负电极电子的作用。为使电极达到更好的光和电子收集效率，有时需经特殊处理，如在氧化铟锡膜和玻璃之间扩散一层约 0.1μm 厚的 SiO_2，以防止普通玻璃中的 Na^+、K^+ 等在高温烧结过程中扩散到 SnO_2 膜中。

除采用导电玻璃作为导电层基底外，还可以采用柔性材料，如塑料来制备电极。这样的电池具有缩放容易、易于运输等优点，拓展了染料敏化太阳能电池的应用领域。

(2) 纳米晶氧化物半导体膜。纳米晶多孔的半导体光阳极是整个染料敏化太阳能电池的核心组成部分。氧化物半导体的纳米晶通过镀膜均匀沉积到导电玻璃衬底上，形成彼此连接的纳米晶网格，它的结构和性能直接关系到与光敏染料分子的匹配和电子注入效率。目前常用的氧化物半导体是 TiO_2 纳米晶，其他如 ZnO、SnO_2、Nb_2O_5、$SrTiO_3$ 等纳米晶多孔半导体也被广泛研究。与其他的半导体材料相比，纳米 TiO_2 多孔薄膜拥有巨大的内比表面积（80~200m^2/g），其总表面积为几何表面积的 1000 倍，粒径集中在 15~20nm，膜的厚度通常为 5~20μm，对染料的吸附能力超强，光电转换效率高。

(3) 光敏染料。染料光敏化剂也是 DSSC 电池的核心部分，在电池中主要起吸收太阳光产生电子的作用，将直接影响电池的光电转换效率。一个好的光敏染料应该具有高的化学稳定性和光稳定性，在自然光下可以持续地被氧化还原 10^8 次，相当于电池正常运行 20 年的时间。另外，光敏染料还应在可见光范围内有较强、较宽的吸收光谱，理想的氧化还原电位和较长的激发态寿命,基态能级应位于半导体的禁带中,激发态能级应高于半导体导带底并与半导体有良好的能级匹配,使电子由激发态染料分子向半导体导带中的注入符合热力学规律。另外,为了更好地捕获可见光,还应该具有较大的摩尔消光系数。

目前,研究报道的染料光敏化剂主要有无机染料和有机染料两种。无机染料主要包括联吡啶金属配合物、卟啉和酞菁金属配合物。有机染料种类繁多,主要有天然染料和合成染料。

(4)电解质。在染料敏化太阳能电池中,电解质的关键作用是将电子传输给氧化态的染料分子,并将空穴传输到对电极。电解质中必须有氧化还原电对,其中应用最为广泛、研究最为透彻的是 I^-/I_3^- 电解液。根据形态,电介质可分为液态电解液、离子液态电解液、准固态电解液和固态电解液四大类。

传统的有机溶剂液态电解质存在易挥发的缺点,近些年来发展起来的离子液态电解质克服了这个缺点,它具有非常小的饱和蒸气压、不挥发、无色、无臭,较大的稳定温度范围,较好的化学稳定性及较宽的电化学稳定电位窗口等优点。虽然离子液态电解质性能优于有机溶剂电解质,但仍然存在着诸如封装困难、易泄漏等问题,从而给染料敏化纳米晶太阳能电池的实际应用带来困难。为解决这些问题,人们已经逐渐开始关注固态和准固态电解质,并取得了一定的进展。其中,高分子聚合物作为固态或准固态电解质是主要的研究方向之一,包括高分子聚合物凝胶电解质和导电高分子聚合物固态电解质两类。

(5)对电极。对电极也称光阴极,通常是由导电玻璃和附着在其上的铂薄膜构成。在电池中对电极有以下几方面的作用:将从外电路获得的电子转移给电解液中氧化还原电对的 I_3^-;Pt 作为催化剂,催化还原 I_3^-;导电玻璃上的铂层可以充当反光镜,将没有被染料吸收的光(特别是红外光)反射回去,使染料再次吸收。纳米粒子的光散射结合反光镜的光反射可以使入射光在纳米网络中无规则穿行,使红外光区的吸收增加 $4n^2$(n 为染料敏化纳米晶膜在相应长波区域内的折射率),显著改善红外光区的光电转化效率。

6.2.3.5 钙钛矿太阳能电池材料

钙钛矿太阳能电池自 2009 年被提出以来得到迅速发展,目前光电转化效率已跃升至 23.3%,开路电压最高可达 1.78V,其性能已能与商业化的多晶硅太阳能电池相媲美,且成本远低于传统的硅基太阳能电池,因此具有极其广阔的发展前景。

钙钛矿太阳能电池的结构主要包括透明导电玻璃基底(光阳极)、N 型半导体(电子传输层)、钙钛矿材料(光吸收层)、P 型半导体(空穴传输层)、金属或碳对电极(光阴极)。钙钛矿太阳能电池结构示意图如图 6-6 所示。

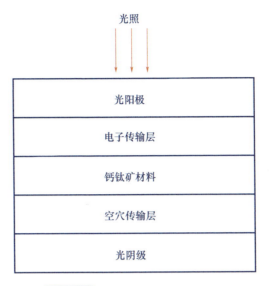

图6-6 钙钛矿太阳能电池结构

1) 光阳极

光阳极多以透明导电玻璃 ITO、FTO、AZO 为主,一般要求其方块电阻越小越好,透过率在 85% 以上,既可有效收集载流子又可充分采光,目前已成功应用于太阳能电池领域。就钙钛矿太阳能电池而言,可用聚乙烯亚胺(PEIE)进行修正,以减小其功函数,可有效地促进电子在光阳极与电子传输层间的运输,从而提高电池的转换效率。

2) 电子传输层

电子传输层要具有较高的电子迁移率,其导带最小值低于钙钛矿材料的导带最小值,便于接收由钙钛矿层传输的电子,并将其传输到光阳极中。其形态结构决定了电池的性能,不仅决定电子的传输还影响钙钛矿薄膜的生长,在电池结构中起到关键性的作用。

最初的钙钛矿太阳能电池的电子传输层为多孔态电子传输层,主要为纳米多孔 TiO_2,其转换效率较低。为了提高电池转换效率,人们又用介孔态替代了多孔纳米 TiO_2,使电池的转换效率得到了提升。但介孔态电子传输层制备工艺复杂、能耗较高,限制了其应用范围。因此人们把紧密无孔的 N 型 TiO_2 和 ZnO 作为电子传输层,电池形成了典型的 PIN 平面异质结构,效率也提高到 15% 以上。这表明钙钛矿型太阳能电池可以在没有介孔基质的条件下获得较高的电池效率。电子传输层从介孔态到平面态的变化,无须复杂的制备工艺和高温烧结。与此同时,紧密无孔平面态电子传输层对上层钙钛矿晶体的生长没有约束,为钙钛矿吸收层和空穴传输层性能的提升创造了空间。

3）钙钛矿吸收层

由钙钛矿材料构成的光吸收层是钙钛矿太阳能电池的核心部分，其主要作用是吸收太阳光。钙钛矿材料属于 ABX_3 结构，其中 A 为有机阳离子，B 为金属离子，X 为卤素基团。在该结构中，B 占据立方晶胞体心位置，X 占据立方体的 6 个面心位置，而有机阳离子 A 占据了立方体晶胞的 8 个顶点位置。当前研究和使用最多的光敏层材料为有机-无机杂化钙钛矿材料（$CH_3NH_3PbX_3$），其中 X^- 为 Cl^-、Br^-、I^- 等卤素离子，位于面心位置；B 为 Pb^{2+} 离子，处于体心位置占据由 X^- 组成的八面体空隙；而 A 为甲胺基（$CH_3NH_3^+$），占据晶胞的顶点位置。钙钛矿材料具有能带可调的特点，通过原子替换的方式调节带隙，可使其能级与电子、空穴传输层更加匹配，进而可以达到更高的载流子传输效率。

4）空穴传输层

2012 年，有机分子螺二芴（Spiro-MeOTAD）被作为空穴传输层而引入钙钛矿太阳能电池，全固态 $CH_3NH_3PbI_3$ 钙钛矿太阳能电池结构面世。目前，空穴传输层材料也是以 Spiro-MeOTAD 小分子结构为主，它与钙钛矿层能保持良好的接触，能够更好地实现空穴的传输。除 Spiro-MeOTAD 以外，PTAA 和 PCDTBT 等也被作为空穴传输材料，但研究发现，PTAA 和 PCDTDT 等空穴传输材料的引入反而限制了填充因子的提高。此外，无机空穴导电材料 CuI 可以替代 Spiro-MeOTAD，其空穴迁移率要比 Spiro-MeOTAD 高 2 个数量级，所得电池串联电阻变小，但是电池的开压较小（仅有 0.62V），电池效率仅为 8.3%。

2012 年，Grätzel 等直接在 $CH_3NH_3PbI_3$ 钙钛矿吸收层上淀积 Au 作为电极，舍去了空穴传输层，制备了 $TiO_2/CH_3NH_3PbI_3/Au$ 电池，但电池效率只有 5.5%。2014 年，中国科学院物理所孟庆波小组也制备了同样的无空穴传输层的钙钛矿电池，对界面进行了调控处理，获得了 10.49% 的电池效率，但与高效钙钛矿太阳能电池的效率相比仍然很低。可见对于高效钙钛矿太阳能电池，空穴传输材料是必不可少的，其也将成为钙钛矿太阳能电池领域的一大研究重点。

5）光阴极

由于空穴传输材料的限制，目前广泛应用于高效钙钛矿太阳能电池对电极的是金（Au）和铂（Pt），相比传统太阳能电池电极材料（Al、Ag、石墨等）要昂贵许多，成为制约钙钛矿太阳能电池的市场化的一个重要因素。

总之，钙钛矿太阳能电池虽然具有较高的光电转换效率，但其稳定性较差，吸收层中含有 Pb 等重金属，易对环境造成污染。虽然钙钛矿材料相对便宜，但空穴传输材料较为昂贵，同时还需要 Au、Pt 等贵金属作为电极，在一定程度上提高了电池的成本。因此，提高电池稳定性、降低电池成本是钙钛矿太阳能电池商业化应用所面临的主要难题。与此同时，钙钛矿材料处于最佳光学匹配带隙范围，电池开路电压高于 1V，短路电流在 $20mA/cm^2$ 以上，因此可与硅电池、CIGS

电池形成叠层电池结构,从而扩大钙钛矿太阳能电池的应用范围。

6.2.3.6 量子点太阳能电池材料

量子点太阳能电池属于第三代太阳能电池,优异的特性使其保持器件性能的同时能大幅降低太阳能电池的制造成本,已成为当前的前沿和热点课题之一。量子点太阳能电池采用量子点敏化剂作为吸光材料,具有吸光效率高、范围广、带隙可调、成本低等优点,理论光电转换效率高达44%,是目前最具研究潜力的太阳能电池之一。

量子点太阳能电池的结构主要包括光阳极、敏化剂、电解液和对电极四部分,与染料敏化太阳能电池的结构相似,且两者工作原理也十分相似,主要区别在于采用的光敏剂不同。量子点作为光敏剂的优势主要体现在:①量子点具有量子尺寸效应,可以通过表面改性和尺寸调控来改善偶极矩、消光系数和带隙宽度等;②量子点光吸收效率高,吸光范围广,且具有良好的光学稳定性;③量子点生长工艺简单,便于大规模生产;④量子点理论光电转化效率极高,且与染料敏化太阳能电池的有机染料相比性能更稳定,受周围环境的影响也相对较小。

6.3 镍氢电池材料

6.3.1 镍氢电池发展概况

氢能是最清洁的二次能源,储氢材料的发现、发展及应用反过来促进了氢能的开发与利用。镍氢电池是以储氢合金材料为核心开发的一种新型电池,具有高能量密度、大功率、无污染等优点。镍氢电池和镍镉电池的外形相似,都是以氢氧化镍为正极,区别在于镍镉电池以活性物质为负极,而镍氢电池以高能储氢合金为负极。另外,镍氢电池的电化学特性与镍镉电池也基本相似,因此镍氢电池在使用时可完全替代镍镉电池,而不需要对设备进行额外的改造。

镍氢电池技术的发展大致经历了三个阶段。第一阶段即20世纪60年代末至20世纪70年代末为可行性研究阶段。第二阶段20世纪70年代末至20世纪80年代末为实用性研究阶段。1984年开始,荷兰、日本、美国都致力于研究开发储氢合金电极。美国Ovonic公司(1988年)、日本松下、东芝、三洋(1989年)等电池公司先后开发成功镍氢电池。第三阶段即20世纪90年代初至今为产业化阶段。我国于20世纪80年代末研制成功电池用储氢合金,1990年研制成功AA型镍氢电池,国产镍氢电池的综合性能已经达到国际先进水平。镍氢电池广泛应用于各类便携式电子产品、电动工具、纯电动汽车、军事电子设备以及航天等领域。当前镍氢电池主要面向高能量、高功率、低成本、低自放电等方向发展,在部分领域已经取得较大的进展。

6.3.2 镍氢电池的工作原理和特点

镍氢电池基于储氢合金的电化学吸放氢特性和电催化活性原理,以 $Ni(OH)_2$ 电极为正极,金属氢化物(MH)电极为负极,KOH 水溶液为电解质,氢在 MH 电极和 $Ni(OH)_2$ 电极之间的 KOH 水溶液中运动。充电时,负极上在电解水作用下产生氢原子并扩散进入电极材料中形成氢化物实现负极储氢,正极上 $Ni(OH)_2$ 与电解液中的 OH^- 反应生成 NiOOH,OH^- 则转变为 H_2O,并释放出电子流向负极。放电时,氢化物分解放出氢原子并被氧化生成 H_2O,放出电子流向正极,在正极 NiOOH 与 H_2O 反应逆转变为 $Ni(OH)_2$。镍氢电池工作原理示意图见图 6-7。

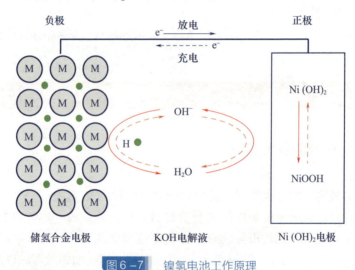

图 6-7 镍氢电池工作原理

镍氢电池的电极反应及总反应式为

正极:
$$Ni(OH)_2 + OH^- \underset{\text{放电}}{\overset{\text{充电}}{\rightleftharpoons}} NiOOH + H_2O + e^-$$

负极:
$$M + H_2O + e^- \underset{\text{放电}}{\overset{\text{充电}}{\rightleftharpoons}} MH + OH^-$$

总反应:
$$Ni(OH)_2 + M \underset{\text{放电}}{\overset{\text{充电}}{\rightleftharpoons}} NiOOH + MH$$

式中：M 为储氢合金；MH 为储有氢的储氢合金。

从上述镍氢电池反应可以看出，充放电过程可以看作氢原子或质子从一个电极移到另一个电极的往复过程，通过电解水在电极表面上生成的氢不是以气态分子氢的形式逸出，而是直接被储氢合金吸收，并向储氢合金内部扩散，进入并占据合金的晶格间隙，最终形成金属氢化物。无论是正极还是负极，都是在氢原子进入到固体内进行的反应，不存在溶解、析出反应的问题。储氢合金本身并不作为活性物质进行反应，而是作为活性物质氢的储藏体和电极反应触媒而起作用。

在充电后期正极有氧气产生并析出，氧透过隔膜到达负极区，与负极进行复合反应生成水。其反应式为

正　极：
$$4OH^- \rightleftharpoons 2H_2O + O_2 + e^-$$

负　极：
$$4MH + O_2 \rightleftharpoons 4M + 2H_2O$$

总反应：
$$2H_2O + O_2 + 4e^- \rightleftharpoons 4OH^-$$

在过充电时，对于理想密封电池，正极上产生的 O_2 很快地在负极上与氢反应生成水。镍氢电池的失效在很大程度上是由负极对 O_2 复合能力的衰减，导致电池内压升高，迫使电池安全阀开启，产生漏气、漏液等现象。

在过放电时，当电压接近 $-0.2V$ 时，在正极上产生氢，使内压有少量增加，但这些氢很快与负极反应，反应式为

正　极：
$$H_2O + e^- \rightleftharpoons \frac{1}{2}H_2 + OH^-$$

负　极：
$$\frac{1}{2}H_2 + M \rightleftharpoons MH$$

总反应：
$$OH^- + MH \rightleftharpoons H_2O + M + e^-$$

在镍氢电池设计时，一般采用正极限容、负极过量，即负极的容量必须超过正极。否则，过充电时，正极上会析出氧，从而使合金被氧化，造成负极片的不可逆损坏，导致电池容量及寿命骤减；过放电时，正极上会产生大量氢气，造成电池内压上升。所以，一般负正极的设计容量比为 1.5 左右。

与镍镉电池相比，镍氢电池具有以下显著优点：①能量密度高，同外形尺寸的镍氢电池容量是镍镉电池的 1.5~2 倍；②无重金属镉，不污染环境，因此镍氢

电池又被称为绿色电池；③充放电速度快，可实现大电流快速充、放电；④耐过充、放电能力强；⑤记忆效应少，不需要完全放电后再进行充电。

镍氢电池材料包括电池的正、负极活性物质和制备电极所需的基板材料（泡沫镍、纤维镍及镀镍冲孔钢带）与各种添加剂、聚合物隔膜、电解质以及电池壳体和密封件材料等。

6.3.3 镍氢电池负极材料

镍氢电池的核心技术是负极材料——储氢合金。金属氢化物储氢合金具有独特的储氢和电化学反应双重功能，是镍氢电池的负极材料，也是决定镍氢电池性能的最主要因素。作为镍氢电池负极的储氢合金须满足以下基本要求：①可逆储氢容量高，②室温平台压力合适，③合金组分化学状态相对稳定，④电催化活性和抗阳极氧化能力好，⑤电极寿命长，⑥成本相对低廉。

储氢合金是由易生成稳定氢化物的元素 A（如 La、Zr、Mg、V、Ti 等）与其他元素 B（如 Cr、Mn、Fe、Co、Ni、Cu、Zn、Al 等）组成的金属间化合物。目前，常见的储氢合金负极材料主要有 AB_5 型储氢合金、AB_2 型 Laves 相储氢合金、Mg-Ni 系非晶合金、V 基固溶体型合金以及 AB 型钛系储氢合金等类型。

1）AB_5 型储氢合金

AB_5 型储氢合金是最早用作电极材料的储氢合金，具有良好的性价比，是国内外镍氢电池中应用最为广泛的负极材料。AB_5 型储氢合金为 $CaCu_5$ 型六方结构，典型代表为 $LaNi_5$ 合金。$LaNi_5$ 合金的 La 占据 La(0,0,0) 等价位置，Ni 分别占据 2c(1/3,2/3,0) 和 3g(1/2,0,1/2) 等价位置。金属元素替代可发生在 La 和 Ni 位置，一般 4f 稀土元素可以在 La 位置上进行全部浓度范围内的固溶替代，而对镍的替代则限定在特定浓度范围内有限的金属元素（主要为金属氢化物不稳定性元素）。一般在合金多元替代中，具有较大原子半径的元素优先占据 3g 位置，而与镍原子半径相近的元素随机分布在这两种位置。氢优先占据四种不同的间隙位置：$4h(B_4)$、$6m(A_2B_2)$、$12n(AB_3)$ 和 $12o(AB_3)$。

$LaNi_5$ 合金是 AB_5 型储氢合金的典型代表，具有很高的电化学储氢容量和良好的吸放氢动力学特性，但吸氢后晶胞体积膨胀，晶格容易变形，导致合金严重粉化和比表面积增大，其容量迅速衰减。因此，对储氢合金的化学成分、表面特性及结构进行优化，是进一步提高 AB_5 型储氢合金性能的重要途径。其中，化学成分的优化包括 A 侧混合稀土的组成优化与 B 侧合金元素组成的优化。

在 AB_5 型混合稀土系储氢合金中，合金化学式 A 侧的混合稀土金属，主要由 La、Ce、Pr、Nd 四种稀土元素组成。从现有 A 侧混合稀土组成的优化结果来看，尽管有关 La、Ce、Pr、Nd 四种稀土元素对合金电极性能的综合影响机制尚待进一步认识,但已有研究证实,优化调整混合稀土中的 La 和 Ce 两种主要稀土元素的比例是进一步提高储氢电极合金性能的重要途径。

在目前商品化的 AB_5 型混合稀土系合金中,B 侧的构成元素大多为 Ni、Co、Mn、Al。此外,比较常见的用以部分取代 Ni 的添加元素还有 Cu、Fe、Sn、Si、Ti 等。研究结果表明,Co 是改善 AB_5 型储氢合金循环寿命最为有效的元素;Mn 对 Ni 的部分替代可以降低储氢合金的平衡氢压,减少吸放氢过程的滞后程度;Al 对 Ni 的部分替代也可以降低储氢合金的平衡氢压,但随着替代量的增加,合金的储氢容量有所降低;加入适量的 Cu 能降低合金的显微硬度和吸氢体积膨胀,有利于提高合金的抗粉化能力。

2)AB_2 型 Laves 相储氢合金

在 AB 二元合金中,ZrM_2 及 TiM_2(M 代表 Mn、V、Cr)等合金的化学式均为 AB_2,且因 A 原子和 B 原子的原子半径之比(r_A/r_B)为 1.225 而形成一种密排堆积的 Laves 相结构,故称该类合金为 AB_2 型 Laves 相储氢合金。在合金中原子半径较大的 A 原子与原子半径较小的 B 原子相间排列,Laves 相的晶体结构具有很高的对称性及空间充填密度。Laves 相的结构有 C14(MgZn 型,六方晶系)、C15(MgCu 型,正方晶系)及 C36(MgNi 型,六方晶系)三种类型。AB_2 型储氢合金通常含有 C14 与 C15 两种 Laves 相。由于原子排列紧密,C14 与 C15 型 Laves 相的原子间隙均由四面体构成,包括由一个 A 原子和三个 B 原子组成的 A_1B_3、由两个 A 原子和两个 B 原子组成的 A_2B_2 以及由四个 B 原子组成的 B_4 三种类型。由于 Laves 相结构中可供氢原子占据的四面体间隙(A_1B_3 及 A_2B_2)较多,AB_2 型 Laves 相储氢合金具有储氢量大的特点。如 $ZrMn_2$ 和 $TiMn_2$ 的储氢量为 1.8%(质量分数),其理论容量为 482mA·h/g,比已经实用化的 AB_5 型混合系合金(理论容量 348mA·h/g)提高了约 40%。

因为 AB_2 型合金比 AB_5 型合金的储氢密度更高,所以可使镍氢电池的能量密度进一步提高。因此,在高容量储氢电极合金的研究开发中,AB_2 型合金的研究受到广泛关注,被看作继 AB_5 型合金之后第二代储氢负极材料。研究开发中的 AB_2 型合金放电容量已可达 380~420mA·h/g。但目前还存在初期活化比较困难,高倍率放电性能较差及成本较高等不足之处,有待于进一步改进与提高。

由于 ZrM_2 或 TiM_2 等二元合金吸氢生成的氢化物均过于稳定,不能满足氢化物电极的工作要求。此外,Ni 是储氢电极合金中不可缺少的电催化元素。因此,在研究开发 AB_2 型 Laves 相储氢电极合金的过程中,必须用 Ni 和其他元素部分替代 ZrM_2 或 TiM_2 合金 B 侧的 M 元素或用 Ti 等元素部分替代 ZrM_2 合金 A 侧的 Zr,调整合金氢化物的平衡氢压及其他性质,才能使合金具备良好的电极性能。研究表明,除合金元素替代之外,改变合金 A、B 两侧的化学计量比(原子比)对于改善合金电极性能也有重要的作用。因此,研究开发中的 AB_2 型多元合金含有标准化学计量比(AB_2)和超化学计量比($AB_{2+\alpha}$)两种类型。此外,为便于区分,通常将合金 A 侧只含有 Zr 的 AB_2 型合金称为 Zr 系合金,将 A 侧同时含有 Zr 和 Ti 的合金称为 Zr – Ti 系合金。

研究表明,为使 AB_2 型合金具有较好的电极活性,合金中的 Ni 含量应保持在 40%(原子分数)左右。由于在 ZrM_2(或 TiM_2)中添加 Ni 后使合金的晶胞体积减小,在增大合金氢化物平衡氢压的同时,也使合金的储氢量有所降低。因此,在进一步进行合金化时,为确保合金具有较高的储氢量,应优先选择能使合金晶胞体积增大的元素(如 Mn、V、Cr)对合金 B 侧进行部分替代。已经证实,含有 Mn 和 V 的含 Cr 合金具有较好的循环稳定性,但合金较难活化,放电容量也有所降低。此外,采用 Ti 对 ZrM_2 合金 A 侧的 Zr 进行适量替代时,可以降低合金氢化物的稳定性,使合金保持较高的放电容量。

在 AB_2 型多元储氢合金中,通常含有 C14 型和 C15 型两种 Laves 相,是合金的主要吸氢相,此外还可能存在 Zr_7Ni_{10}、Zr_9Ni_{11} 以及固溶体等非 Laves 相。与 AB_5 型合金的单相 $CaCu_5$ 型结构相比,多相结构是 AB_2 型合金的重要特征。由于合金的相结构对电化学性能具有重要影响,研究并优化合金的相结构也是提高 AB_2 型合金电极性能的重要途径。

3)Mg – Ni 系非晶合金

以 Mg_2Ni 为代表的 Mg – Ni 合金具有储氢量大(理论容量近 $1000mA \cdot h/g$)、资源丰富及价格低廉等突出优点,其电化学应用的可能性问题一直受到广泛关注。鉴于常规冶金方法制备的非晶态 Mg_2Ni 吸氢生成的氢化物过于稳定(需在 250℃ 左右才能放氢),并存在反应动力学性能较差的问题,不能满足镍氢电池负极材料的工作要求,人们已对晶态和非晶态 Mg – Ni 系合金的制备方法及电化学吸放氢性能进行了大量的研究和探索。采用置换扩散法及固相扩散法合成的晶态 Mg – Ni 系合金,可使合金的动力学及热力学性能得到显著改善,并具有一定的室温充放电能力。但上述合金的放电容量一般只有 $100mA \cdot h/g$ 左右,且循环寿命很短,不能满足镍氢电池负极材料的应用要求。

采用机械合金化法制备的非晶态 Mg – Ni 系合金具有比表面积大和电化学活性高的特点,可使 Mg – Ni 合金在室温下的充放电过程顺利实现。研究表明,非晶态 $Mg_{50}Ni_{50}$ 系合金电极在第一次充放电循环即能完全活化,放电容量可达 $500mA \cdot h/g$ 左右。但非晶态 Mg – Ni 系二元合金电极存在容量衰退迅速的问题,在循环稳定性方面不能满足镍氢电池的工作要求。进一步对非晶态 $Mg_{50}Ni_{50-x}M_x$(M 代表 Co、Al、Si 等,$x = 5 \sim 10$)三元合金研究表明,当采用 Co、Al 和 Si 等元素部分取代 $Mg_{50}Ni_{50}$ 中的 Ni 时,三元合金的起始放电容量较 $Mg_{50}Ni_{50}$ 合金有所降低(为 $210 \sim 320mA \cdot h/g$),但可使合金的抗腐蚀性能得到提高,因而可以在较大程度上改善非晶合金的循环稳定性。但从实用化角度来看,其循环稳定性仍有待进一步提高。

非晶态 Mg-Ni 系合金的放电容量已达到 500~800mA·h/g,显示出诱人的应用开发前景。另外,非晶态 Mg-Ni 系合金目前仍存在循环稳定性差的问题,必须进一步研究改进,才能满足镍氢电池实用化的要求。研究表明,Mg-Ni 系合金比较活泼,在碱性水溶液中容易氧化腐蚀,合金表面生成的非致密的 $Mg(OH)_2$ 不能阻止体相中活性物质进一步腐蚀,是导致 Mg-Ni 系合金电极循环容量衰减迅速的主要原因。因此,通过对合金的制备方法、多元合金元素替代及合金的表面改性处理等方面的研究,进一步提高合金的抗腐蚀性能,现已成为非晶态 Mg-Ni 系合金实用化的重要研究方向。

4) V 基固溶体型合金

V 及 V 基固溶体合金(V-Ti 及 V-Ti-Cr 等)吸氢时可生成 VH 及 VH_2 两种类型的氢化物。其中,VH_2 的储氢量高达 3.8%(质量分数),理论容量达 1018mA·h/g,为 $LaNi_5H_6$ 的 3 倍左右。在接近室温条件下,尽管 VH 的平衡氢气压太低而使 VH-V 放氢反应难以利用,实际上可以利用的 VH_2-VH 反应的放氢量只有 1.9%(质量分数)左右,但 V 基固溶体合金的上述可逆储氢量明显高于现有的非 AB_5 型或 AB_2 型合金。与 AB_5 型或 AB_2 型等合金利用金属间化合物吸氢的情况不同,由于 V 基储氢合金的吸氢相是 V 基固溶体,故称为 V 基固溶体型合金。V 基固溶体型合金具有可逆储氢量大、氢在氢化物中的扩散速度比较快等优点,已在氢的存储、净化、压缩以及氢的同位素分离等领域较早得到应用。但由于 V 基固溶体本身在电极碱性溶液中没有电极活性,不具备可充放电的能力,一直未能在电化学体系中得到应用。

近年来,为了研究开发高容量的储氢电极合金,日本进一步研究了 V 基固溶体型合金的电极性能并取得了重要发展。研究表明,通过在 V_3Ti 合金中添加适量非催化元素 Ni 并优化控制合金的相结构,利用在合金中形成的一种三维网状分布的第二相的导电和催化作用,可使以 V-Ti-Ni 为主要成分的 V 基固溶体型合金具备良好的充放电能力。在所研究的 V_3TiNi_x($x=0~0.75$)合金中,$V_3TiNi_{0.56}$ 合金的放电容量可达 410mA·h/g,但存在循环容量衰减较快的问题。通过对 $V_3TiNi_{0.56}$ 合金进行热处理及进一步多元合金化研究,合金的循环稳定性及高倍率放电性能得到显著提高,从而使 V 基固溶体型合金发展成为一种新型的高容量储氢电极材料,显示出良好的应用开发前景。

5) AB 型钛系储氢合金

钛与镍可形成三种金属间化合物:Ti_2Ni 相、TiNi 相和 $TiNi_3$ 相。其中,只有前两种才具有在间隙位置吸收大量氢的特征,吸氢后可分别形成 $Ti_2NiH_{2.5}$ 和 TiNiH。吸氢后 Ti_2Ni 和 TiNi 氢化物的晶型未发生改变,但其晶胞体积分别膨胀

10%和17%。在碱液和室温条件下,TiNi储氢电极材料可完全可逆地充放电,且TiNi合金抗粉化、抗氧化和电催化性能良好,但其理论化学储氢容量偏低,仅为250mA·h/g。Ti_2Ni由于可以形成多种氢化物相($Ti_2NiH_{0.5}$、Ti_2NiH、Ti_2NiH_2、$Ti_2NiH_{2.5}$相),其电化学储氢难以完全可逆进行,仅有40%的氢可以参与电化学反应过程,且其抗粉化和抗氧化性能相对较差。将TiNi和Ti_2Ni的混合粉末烧结制备的电极,其充放电容量提高到300mA·h/g,充放电效率接近100%。这主要是因为在TiNi-Ti_2Ni混合烧结电极中氢可以按移动式机制进行充放电,即TiNiH相首先进行放电,由于在两相中浓度梯度的形成,$Ti_2NiH_{2.5}$相的氢通过固相扩散逐步转移到了TiNi相,并实现可逆放电。这种氢移动式机制为构建新型储氢复合材料提供了新的思路。

6.3.4 镍氢电池正极材料

1)正极材料基本性质

$Ni(OH)_2$是镍氢电池的正极材料,电极充电时$Ni(OH)_2$转变为NiOOH,Ni^{2+}被氧化成Ni^{3+};放电时,NiOOH逆变成$Ni(OH)_2$,Ni^{3+}还原成Ni^{2+}。电极的充放电反应式为

$$Ni(OH)_2 + OH^- \underset{\text{放电}}{\overset{\text{充电}}{\rightleftharpoons}} NiOOH + H_2O + e^-$$

按反应式,每克$Ni(OH)_2$在放电过程中Ni^{2+}与Ni^{3+}相互转变产生的理论放电容量约为289mA·h/g。由于电化学反应不充分或过充、过放,$Ni(OH)_2$的实际放电容量常与理论值有一定差异。在充放电过程中,也经常出现非化学计量现象。

随着技术的进步,$Ni(OH)_2$正极材料的密度有显著提高,与原有的无规则形状的低密度$Ni(OH)_2$相比,高密度球形$Ni(OH)_2$因能提高电极单位体积的填充量(>20%)和放电容量,且有良好的充填流动性,是镍氢电池生产中广泛应用的正极材料。虽然目前还没有统一的高密度定义范围,但一般认为松装密度大于1.5g/mL、振实密度大于2.0g/mL的球形材料为高密度球形$Ni(OH)_2$。

2)在充放电过程中的晶相变化

$Ni(OH)_2$存在α、β两种晶型,NiOOH存在β、γ两种晶型。目前镍氢电池使用的$Ni(OH)_2$均为β晶型,这是因为α-$Ni(OH)_2$极不稳定,在碱性电解质水溶液中会很快转变成β-$Ni(OH)_2$。β-$Ni(OH)_2$由层状结构的六方单元晶胞构成,每个晶胞有1个Ni、2个O和2个H。α-$Ni(OH)_2$和β-$Ni(OH)_2$都可以看成NiO_2的层状堆积,不同之处在于它们的层间距和层间的粒子存在差异。

在充放电过程中,各晶型的$Ni(OH)_2$和NiOOH存在一定的对应转变关系,

如图 6-8 所示。在正常充放电条件下,β-Ni(OH)$_2$ 转变为 β-NiOOH,NiO$_2$ 层间距从 0.461nm 膨胀至 0.484nm,但 Ni-Ni 间距从 0.313nm 收缩为 0.281nm,体积缩小 15%。在过充电条件下,β-NiOOH 将转变为 γ-NiOOH,NiO$_2$ 层间距膨胀至 0.69nm,晶格体积膨胀 44%。生成 γ-NiOOH 带来的体积膨胀会导致电极开裂、掉粉,进而影响电池容量和循环寿命。由于 γ-NiOOH 在电极放电过程中不能逆变为 β-NiOOH,使电极中活性物质的实际存量减少,导致电极容量下降甚至失效。

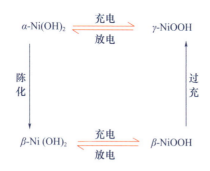

图 6-8　充放电过程中各晶型的转变

3)影响 Ni(OH)$_2$ 电化学性质的因素

作为镍氢电池活性物质的 Ni(OH)$_2$,其本身的电化学性能较差,在实际的充放电过程中还存在一些问题,如放电容量不高、残余容量较大、电极膨胀、电极寿命较短等。影响电化学性能的因素主要有化学组成、粒径大小、粒径分布、密度、晶型、表面形态和组织结构等。

Ni 含量、添加剂和杂质含量的高低对 Ni(OH)$_2$ 的电化学性能均有一定的影响。纯 Ni(OH)$_2$ 的 Ni 含量为 63.3%,因含水、添加剂和杂质,可使 Ni 含量降至 50%~62%。通常 Ni(OH)$_2$ 的放电容量随着 Ni 含量的升高而增加。为了提高活性物质的利用率、电池的放电电压平台及其电压与电池总容量的比率,以及提高电池的大电流充放电性能和循环寿命,常采用共沉淀法,在 Ni(OH)$_2$ 的制备过程中添加一定量的 Co、Zn 和 Cd 等添加剂。由于 Cd 对人体及环境有较大危害,在镍氢电池中已不再使用。不同种类添加剂及其添加量会对微晶结构产生一定的影响。此外,电池中的杂质主要为 Ca、Mg、Fe、SO$_4^{2-}$ 和 CO$_3^{2-}$ 等,它们对 Ni(OH)$_2$ 的性能均有不同程度的负面影响。

由化学沉淀晶体生长法制备的球形 Ni(OH)$_2$ 的粒径一般在 1~50μm(扫描电镜法测定,下同),其中平均粒径在 5~12μm 的使用频率最高。粒径大小及粒径分布主要影响 Ni(OH)$_2$ 的活性、比表面积、松装和振实密度。一般粒径小、比表面积大的颗粒活性就高。但粒径过小,会降低松装和振实密度,今后生产 Ni

$(OH)_2$ 的粒径有细化的趋势。在 0.2C 和 1.0C 放电条件下,平均粒径对 $Ni(OH)_2$ 利用率(测试容量与理论容量的百分比)的影响见图 6-9。

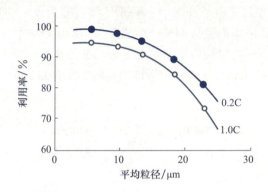

图 6-9　$Ni(OH)_2$ 的利用率与平均粒径的关系

在 1000 倍扫描电镜下观察,球形 $Ni(OH)_2$ 呈较光滑的表面状态,而在 100000 倍扫描电镜下,则能观察到表面孔隙和针状结构。一般表面光滑球形度好的 $Ni(OH)_2$ 振实密度高,流动性好,但活性差;而球形度低、表面粗糙、孔隙发达的产品振实密度相对较低,流动性差,但活性较高。$Ni(OH)_2$ 不同的表面状态,会导致比表面积存在较大的差异,显著影响电化学性。通常,将 $Ni(OH)_2$ 比表面积控制在 $7.8 \sim 17.5 m^2/g$ 时,可获得较高的放电容量。

化学组成和颗粒粒径分布相同的 $Ni(OH)_2$ 电化学性能往往存在相当大的差异。根本原因是 $Ni(OH)_2$ 晶体内部微晶晶粒尺寸和缺陷不同。在制备 $Ni(OH)_2$ 过程中,不同的反应工艺、反应物后处理方法及添加剂的种类和添加量都会对组成 $Ni(OH)_2$ 晶体的微晶晶粒大小、微晶晶粒排列状态产生影响。微晶晶粒大小和排列状态又会引起 $Ni(OH)_2$ 晶体内部缺陷、孔隙和表面形貌等的差异,最终影响 $Ni(OH)_2$ 的电性能。

6.3.5　电解质材料

电解液是镍氢电池的主要组成之一,电解液的冰点、沸点、熔点等性质直接决定了电池的工作温度范围。改善电解液的性质可以扩大电池工作温度范围,改善电池的高低温性能。电解液的比电导会直接影响电池的内阻,一般应选择比电导较高的材料。但还应该注意电池的使用条件,如在低温下工作时要考虑电解液的冰点大小。对于非水有机溶剂电解液,一般是介电常数越大越好。电解液需要长期保存于电池中,所以要求它具有良好的稳定性,电池开路时电解质不会发生任何反应。

电解质应要有高的离子传导能力,目前使用的电解质主要是 KOH 水溶液,也可用 LiOH 水溶液作为电解质,但它们都具有强碱性,对电极有很强的腐蚀作用。同时,液体电解质也给电池加工带来不便。因此,开发具有高导电性能的固体或凝胶电解质来代替碱性水溶液,将是镍氢电池发展的一个重要方向。

6.4 锂离子电池材料

6.4.1 锂离子电池发展概况

锂离子电池的研究始于锂电池概念的提出。Li 是世界上密度最轻的金属元素(相对原子质量为 6.94),与此同时 Li^+/Li 电对具有很低的电极电势($-3.04V$),因此 Li 作为电极组成电池理论上可以获得很高的能量密度。自从 1958 年美国加利福尼亚大学一名研究生提出了基于 Na、Li 等活泼金属用作电池负极的构想,Li/MnO_2、Li/FeS、Li/I_2 和 $Li/(CF_x)_n$ 等锂一次电池被大量研究者开发出来。锂二次电池的研究工作也同时展开,但锂二次电池使用金属 Li 作负极带来了许多问题。特别是在反复的充放电过程中,金属 Li 表面生长出锂枝晶,能刺透在正负极之间起电子绝缘作用的隔膜,最终接触到正极,造成电池内部短路,引发安全问题。

1980 年,Armand 提出使用石墨层间化合物用作锂离子电池的负极解决了这一问题。同年,Goodenough 等提出使用 $LiCoO_2$ 作为锂二次电池的正极材料,并发现了锂离子可逆嵌入/脱嵌机理,自此基于石墨层间化合物负极与钴酸锂正极的锂离子电池开始受到广泛研究。1990 年,索尼公司首先开发出了工作电压 3.6V、比能量高达 78W·h/kg、循环寿命达 1200 次的新型锂离子二次电池,并在 1991 年迅速实现了商业化。后来,这种不含金属锂的二次锂电池被称为锂离子电池。

自此,锂离子电池作为新一代储能设备在世界范围内普及使用。在接下来 30 多年的时间中,锂离子电池的发展进入了新的阶段,全球各地的科研工作者和生产技术人员针对锂离子电池的能量密度、功率密度、寿命问题、安全问题以及成本问题做了大量工作,研发了一系列的新材料。例如,磷酸铁锂($LiFePO_4$)、镍酸锂($LiNiO_2$)、锰酸锂($LiMn_2O_4$)和三元镍钴锰氧化物($LiNi_xCo_yMn_zO_2$)等正极材料,以及硅基材料、锡基材料和金属氧化物等负极材料,电解液也从纯液态开始向半固态电解质和纯固态电解质体系发展。此外,电池结构设计和电池管理系统也随着工业化水平的整体提高而越发成熟,锂离子电池在各行各业中的应用范围逐渐扩大,发展前景一片光明。

6.4.2 锂离子电池的工作原理和特点

锂离子电池主要由正极、负极、隔膜、电解质和外包装等部分组成。电池正极是锂离子电池的重要组成部分,承担着参与化学反应和提供锂离子的重要作用,一般由活性物质、导电剂、黏合剂和集流体组成,其正极活性物质是控制电池容量的关键性因素;电池负极也是电池中参与电化学反应的重要组成部分,负极由活性物质、黏合剂和集流体组成。隔膜的主要作用是分隔正、负极,防止电子在电池内部传导引起短路,同时能够让锂离子通过。电解质的作用是在电化学反应过程中在正、负极之间传输离子。

锂离子电池实质是一种浓差电池,其充放电过程示意如图 6-10 所示。电池的正负极均采用可供锂离子(Li^+)自由嵌脱的活性物质,充电时 Li^+ 从正极中脱出,经过电解质和隔膜嵌入负极层状材料中,正极处于贫锂状态,而负极处于富锂状态。同时电子通过外电路由正极流向负极使电荷得到补偿。放电时则相反,Li^+ 从负极脱出,经电解质和隔膜嵌入正极,负极处于贫锂状态而正极处于富锂状态。电子经外电路由负极流向正极并对负载供电。充、放电时 Li^+ 嵌入和脱出的过程就像摇椅一样摇来摇去,故锂离子电池也被称作"摇椅电池"。锂离子电池的电极反应为

正　极:

$$LiMO_2 \underset{\text{放电}}{\overset{\text{充电}}{\rightleftharpoons}} Li_{1-x}MO_2 + xLi^+ + xe^-$$

负　极:

$$nC + xLi^+ + xe^- \underset{\text{放电}}{\overset{\text{充电}}{\rightleftharpoons}} Li_xC_n$$

总反应:

$$LiMO_2 + nC \underset{\text{放电}}{\overset{\text{充电}}{\rightleftharpoons}} Li_{1-x}MO_2 + Li_xC_n$$

式中:M 为 Co、Ni、Fe、W 等。

在正常充放电情况下,锂离子在层状结构的碳材料和层状结构氧化物的层间嵌入和脱出,一般只引起材料的层面间距变化,不破坏其晶体结构,在充放电过程中,负极材料的化学结构基本不变。因此,从充放电反应的可逆性来看,锂离子电池反应是一种理想的可逆反应。由于充放电过程中,不存在金属锂的沉积和溶解过程,避免了锂枝晶的生成,极大地改善了电池的安全性和循环寿命,这也是锂离子电池比锂金属二次电池优越并取代之的根本原因。

锂离子电池具有优良的性能:①工作电压高,单体电池电压 3.6~3.8V,是镍铬、镍氢电池的 2 倍以上;②能量密度高,比能量超过 200W·h/kg,远超传

统电池;③能量转换率高,达到96%,而镍氢电池为55%~65%,镍镉电池为55%~75%;④自放电率低,室温下月自放电率一般低于10%,大大低于镍镉电池(25%~30%)和镍氢电池(30%~35%);⑤无记忆效应,可随时充电;⑥循环寿命长,一般均可达到500次以上;⑦环境友好,不含Pb、Cd、Hg等有害物质。

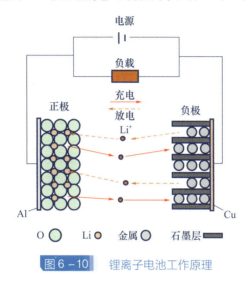

图6-10 锂离子电池工作原理

随着新材料的出现和电池设计技术的改进,锂离子电池的应用范围不断拓展。民用领域已从信息产业(移动电话、PDA、笔记本电脑等)扩展到能源交通(电动汽车、电网调峰、太阳能、风能电站蓄电等)。而在国防军事领域,锂离子电池的应用则涵盖了陆(单兵系统、陆军战车、军用通信设备)、海(潜艇、水下机器人)、空(无人侦察机)、天(卫星、飞船)等诸多兵种。锂离子电池技术已不是一项单纯的产业技术,它关系到信息产业和新能源产业的发展,更成为现代和未来军事装备不可缺少的重要能源。

6.4.3 锂离子电池负极材料

锂离子电池的性能关键在于能够可逆地嵌入和脱嵌锂离子的负极材料,理想的负极材料应满足以下要求:①Li^+嵌入的氧化还原电位尽可能低,尽量接近金属锂,从而获得高的输出电压;②能够发生可逆嵌入和脱嵌的锂应较多,以提高电池的比容量;③锂离子的嵌入和脱嵌应当可逆,对基体不会引起明显变化,确保良好的循环性能;④氧化还原电位随基体中锂离子含量的变化应尽可能小,保证电池充、放电的平稳;⑤具有较高的离子和电子电导率,有利于减少极化以及大电流充放电的阻力;⑥表面结构良好,在整个电压范围具有良好的化学稳定性;⑦具有较大的 Li^+ 扩散系数,便于进行快速充放电;⑧价格便宜、对环境无污染等。

锂离子电池负极材料主要集中在石墨化碳材料、无定形碳材料、氮化物、硅基材料、锡基材料、锗基材料、新型合金、纳米氧化物和其他复合材料等,其中石墨化碳材料是目前商品化锂离子电池负极材料的主流。

1) 碳负极材料

由于碳材料具有比容量高、电极电位低、循环效率高、循环寿命长和安全性能良好等优点,被广泛地用作锂离子电池的负极材料。目前,锂离子电池碳负极材料主要有石墨、热解碳、焦炭等。

石墨是最早用于锂离子电池的碳负极材料,插锂电位低且平坦,可为锂离子提供高的且平稳的工作电压。在 0~0.25V 较低电位时,锂离子能够可逆地嵌入石墨层间,形成石墨插层化合物,使层间距从 0.34nm 增大到 0.37nm。由于电荷间 Li^+ 的相互排斥,Li^+ 只能占据石墨层间相间的晶格点,形成 Li_xC_6 化合物。当对应最大嵌锂量($x=1$)时,锂离子电池的最大理论容量为 $372mA \cdot h/g$。石墨负极的缺点是对电解液非常敏感,而且难与溶剂相容,易发生溶剂共插入现象,在大电流下充放电性能较差。可对石墨表面进行适度氧化处理、包覆聚合物热解碳以形成具有核壳结构的碳质材料,或对碳质材料进行表面沉积金属离子处理等表面修饰或改性处理,可以改善石墨负极与电解质的相容性,显著提高电池的可逆容量。

热解碳是 500~1200℃ 高温处理得到的石墨微晶或无定形碳,热处理温度较低,石墨化过程进行得不完全。无定形碳具有比石墨高的容量,其可逆容量高达 $900mA \cdot h/g$,但循环性能不很理想,可逆容量随循环的进行而快速衰减。另外,热解碳负极锂离子电池还存在电压滞后现象,Li^+ 嵌入时主要是 0.3V 以下进行,而脱出时则有大部分在 0.8V 以上。

焦炭结构中碳层大致呈平行排列,但网面小,积层不规则,层间距为 0.334~0.335nm。焦炭具有热处理温度低、成本低、锂离子脱嵌速率比石墨大、载荷特性好等优点,但大多数 1000℃ 左右处理的焦炭嵌锂容量较低,一般为 $200~250mA \cdot h/g$,可经过进一步的高温热处理(>2000℃)进行石墨化。

碳纳米管可看作由单层或多层的石墨片状结构卷曲形成的管状结构,直径为几个至几百个纳米,长度一般为微米量级,层间距约为 0.34nm,略大于石墨的层间距。碳纳米管的管径为纳米尺寸,管间相互交错的缝隙也是纳米量级,Li^+ 不仅可以嵌入管内的管径和管芯,也可以嵌入管间的缝隙中。因此,Li^+ 嵌入空间很大,非常有利于提高锂离子电池的嵌锂容量。另外,碳纳米管还可以起桥梁作用,增强了材料的导电性,避免了石墨在充放电过程中产生"孤岛效应"。

石墨烯目前是世界上最薄最坚硬的纳米材料,几乎完全透明,常温下其电子迁移率超过15000cm²/(V·s),比纳米碳管和硅晶体都要高得多,而电阻率只约$10^{-6}\Omega\cdot cm$,甚至比Ca或Ag更低,是目前电阻率最小的材料。石墨烯负极锂离子电池理论容量是商业石墨负极的2倍,将杂原子引入石墨烯晶格中可有效地调节其表面电荷分布,同时由此造成的结构扭曲可进一步抑制石墨烯层的聚集,赋予了石墨烯更多的Li^+嵌入位点。此外,通过共价键将氧化还原官能团、空间位阻基团以及卤素原子键合到石墨烯表面也可以进一步提升石墨烯负极的电化学性能。

2)锡氧化物

锡氧化物不仅具有低嵌锂电势和高容量的优点,而且具有资源丰富、安全环保、价格便宜等特点,被认为是锂离子电池碳负极材料最佳的代替物。锡氧化物有SnO和SnO_2两种,理论容量分别为875mA·h/g和783mA·h/g。首先SnO_x与Li^+发生氧化还原反应,SnO_x被还原成Sn单质,同时Li^+获得氧生成电化学惰性的Li_2O基质。Li_2O本身可以作为一种缓冲基质,对接下来Sn与Li之间的合金化及逆过程中产生的体积膨胀起到缓冲作用。由于第一步反应在通常状态下是不可逆的,因此材料的不可逆容量往往较高,库仑效率低,使得实际容量受到一定的制约。同时,锡氧化物本身是半导体材料,自身导电性并不是很理想,在大电流充、放电时材料的电化学性能会受到很大的限制。

3)尖晶石氧化物

尖晶石氧化物$Li_4Ti_5O_{12}$的理论容量为175mA·h/g,实际容量可达到150~160mA·h/g,循环稳定性好,嵌锂电位高但不易引起金属锂的析出,故而放电电压平稳,能够在大多数液体电解质的稳定电压区间使用。$Li_4Ti_5O_{12}$材料来源广泛,热稳定性好,充、放电结束时有明显的电压突变特性,这些优良特性使其能够满足新一代锂离子电池循环次数更多、大倍率性能更好、充放电过程更安全等要求。因此,$Li_4Ti_5O_{12}$将来可能成为最有发展和应用前景的动力锂离子电池的负极材料之一。

另一种尖晶石氧化物为$LiTi_2O_4$,属$Li_4Ti_5O_{12}$的同系化合物,具有与其相似的结构特性和电化学性能,但其电导率远远大于$Li_4Ti_5O_{12}$。$LiTi_2O_4$电池的电位平台非常宽,具有两相共存特征,充、放电平台电位为1.338V,可靠性和安全性高,且环境友好,易薄层化,作为1.5V电子产品电池具有较好的应用前景。

第三类尖晶石型氧化物为三元尖晶石型过渡金属氧化物,是混合过渡金属氧化物的一种,其通式是AB_2O_4。与二元尖晶石型不同,三元尖晶石型中的A和B不再是同一种金属的不同价态离子,而是完全由两种不同元素构成,一般来说A可以是Mn、Fe、Co、Ni、Cu、Zn,B可以是Mn、Fe、Co、Ni。三元尖晶石型过渡金属氧化物的结构与二元尖晶石型相同,只是四面体和八面体的体心元素发生了改变。作为锂离子电池负极材料的三元尖晶石型过渡金属氧化物主要有$ZnMn_2O_4$、

$NiCo_2O_4$、$ZnCo_2O_4$ 等。

4)过渡金属硫化物

过渡金属硫化物由于其独特的物理及化学特性,已在催化、储氢、超级电容器、锂离子电池等领域引起了广泛的关注。MoS_2、WS_2 是典型的二元过渡金属硫化物,有较好的导电性、很高的能量密度和理论放电容量,此外含量丰富、价格低廉。二者都具有特殊的层状结构,WS_2 晶体结构中 W 原子有三棱柱以及八面体两种配位形式,通常情况下 W 原子采取三棱柱配位。在 MS_2(M = Mo、W)晶体结构中,每个金属原子 M 和六个 S 原子成键,形成三棱镜配位模型,它们按照 S 层 – M 层 – S 层的顺序交替排列,形成特殊的 S – M – S 三明治结构,每一层内的每个金属原子 M 和两个 S 原子通过共价键连接在一起。但是,三明治结构中的每一个 S – M – S 层之间没有直接相连,只依靠微弱的范德瓦耳斯力来维系,当然这种作用力是相当小的。这种独特的晶体结构有利于锂离子在电极材料中快速扩散,且能够保证在锂离子脱嵌过程中没有明显的体积变化。因此,过渡金属硫化物 MoS_2、WS_2 都是高容量锂离子电池负极材料的最佳选择。

6.4.4　锂离子电池正极材料

锂离子电池正极材料是主要的 Li^+ 供体,通常为金属氧化物,在决定锂离子电池容量、热稳定性和电势等性能方面起着重要作用。理想的嵌 Li 化合物正极材料应具有以下性能:①嵌锂化合物 $Li_xM_yX_z$ 中金属离子 M^{n+} 应有较高的氧化还原电位,从而保证电池的输出电压高而稳定;②金属离子 M 有多个可变化合价,化合价相差越大,允许可逆脱嵌的 Li^+ 就越多,理论容量就越大;③Li^+ 脱嵌过程中,电极材料的主体结构随循环过程的进行没有变化或变化很小,同时氧化还原电位随 x 的变化较小,可保持电压不发生明显变化;④电子和离子电导率高,可满足在大电流条件下进行充放电;⑤在整个电压范围内应具有良好的化学稳定性,与电解液不发生化学反应,循环寿命长;⑥成本低、对环境污染小。

锂离子电池正极材料主要有层状结构的 $LiMO_2$(M 为 Co、Ni、Co – Ni、Co – Ni – Mn 等)、尖晶石型 LiM_2O_4(M 为 Co、Ni、Mn、V 等过渡金属离子)、橄榄石型 $LiMPO_4$(M 为 Fe、Mn、Co 等)以及 $LiNi_xCo_{1-x}O_2$ 等 Li 的过渡金属氧化物等,商业上常用的有钴酸锂($LiCoO_2$)、镍酸锂($LiNiO_2$)、锰酸锂($LiMn_2O_4$)、磷酸铁锂($LiFePO_4$)、三元正极材料等。

1)$LiMO_2$ 型化合物

$LiCoO_2$ 属于六方型层状结构,紧密排列的氧离子和处于八面体间隙位置的 Co 形成稳定的 CoO_2 层,嵌入的 Li^+ 进入 CoO_2 层间,占据空的八面体间隙位置,Li^+ 和 Co 可以占据所有八面体间隙位置,因此 $LiCoO_2$ 有较大的比容量,理论比容量为 274mA·h/g,实际可逆容量为 130~150mA·h/g。$LiCoO_2$ 具有放电电压平台高、放电平稳、循环性能高、比能量高等优点,且生产工艺简单,所以率先占领了市场,到目前为止,$LiCoO_2$ 仍然应用得很广泛。但 $LiCoO_2$ 存在成本高、热稳定性差、大电流放电或深度循环时比容量衰减快等问题,掺杂和表面修饰可在一定程度上解决这些问题。

$LiNiO_2$ 同样为六方型层状结构,比能量也较高,实际容量达 190~210mA·h/g,远高于 $LiCoO_2$。其工作电压范围为 2.5~4.2V,不存在过充电和过放电的限制,且自放电率低、对环境无污染,在价格和资源上有一定的优势,曾被认为是最有前途的正极材料之一。$LiNiO_2$ 的主要缺点是难合成计量比产物、循环容量衰退较快、热稳定性较差。研究发现,采用其他金属元素 M(M 为 Al、Ti、Co、Mg、Mn 等)替代 $LiNiO_2$ 中的部分 Ni,可以降低阳离子混排现象,提高材料的结构稳定性,改善材料的电化学性能,从而衍生出后来的层状三元材料以及层状富锂材料。

2)$LiMn_2O_4$ 氧化物

Co 系正极材料中的 Co 是一种稀有金属,量少而价贵,制约了其大规模应用。由于 Mn 的资源丰富、价格便宜、低毒、易回收,各种嵌锂的锂锰氧化物已成为备受关注的锂离子电池正极材料。锂锰氧化物主要有用于 4V 锂离子电池的尖晶石系列 $LiMn_2O_4$ 和用于 3V 锂离子电池的层状 $LiMnO_2$ 系列。

$LiMn_2O_4$ 为尖晶石结构,氧原子呈面心立方密排,Mn 交替位于氧原子堆积的八面体间隙位置,为 Li^+ 扩散提供了一个由共面的四面体和八面体框架构成的三维网络,O^{2-} 占据面心立方位置,Li^+ 占据四面体位置。$LiMn_2O_4$ 的理论比容量为 283mA·h/g,实际可逆容量一般在 160~190mA·h/g,工作电压为 4.15V。$LiMn_2O_4$ 的优势主要在于 Mn 的资源丰富,成本低廉,且 Mn 的毒性小,对环境基本无污染。$LiMn_2O_4$ 价格便宜、安全性好;体积效应好,充电时体积收缩与碳负极体积膨胀相适应,对过充不敏感。主要缺点是在电解液中会逐渐溶解,发生歧化反应,深度放电时当锰的平均化合价为 3.5 时,会发生 Jahn-Tellar 扭曲,使尖晶石晶格在体积上发生较大变化。此外,电解液在高压充电时不稳定,电池经多次循环后可能出现容量衰减的情况。

层状 $LiMnO_2$ 具有菱形的层状结构,与 $LiCoO_2$ 不同,属于正交晶系,理论容量高达 286mA·h/g。在 2.5~4.3V 的电位范围内,正交 $LiMnO_2$ 的脱锂容量高,可达 200mA·h/g 以上。但是,脱锂后结构不稳定,慢慢向尖晶石型结构转变。晶体结构的反复变化引起体积的反复膨胀和收缩,导致循环性能不好。因此需采取措施来稳定结构,改善循环性能。例如,可以掺杂金属离子(Co、Ni、Al、Cr 等),改善其循环性能。但是除掺杂 Co 和 Ni 外,其他大多数元素的掺杂在增强循环稳定性的同时会使容量有不同程度的降低。

3) LiFePO$_4$

LiFePO$_4$ 为橄榄石结构，氧原子呈六方紧密堆积形成了四面体和八面体空隙，嵌入四面体空隙的 P 与 O 形成四面体结构，而 Li 和 Fe 则嵌入八面体空隙与 O 形成八面体结构，并且 O^{2-}、P^{5+} 与 PO_4^{3-} 形成稳定的三维结构。不同于其他层状的正极材料，LiFePO$_4$ 的电化学反应仅在 LiFePO$_4$ 和 FePO$_4$ 两相之间进行。充电时，LiFePO$_4$ 逐渐脱出 Li$^+$ 形成 FePO$_4$，放电时 Li$^+$ 则嵌入 FePO$_4$ 形成 LiFePO$_4$。LiFePO$_4$ 变为 FePO$_4$ 后，密度增加 2.59%，晶胞体积减小 6.81%，体积变化很小，这正是 LiFePO$_4$ 在低电流密度下具有良好的电化学性能和循环性能的原因。LiFePO$_4$ 材料具有 170mA·h/g 的理论容量，3.5V 左右的电压平台，3.64g/cm^3 的质量密度，在低电流密度下 LiFePO$_4$ 中的 Li$^+$ 几乎可以 100% 嵌入/脱嵌，并且可逆嵌入/脱嵌 Li$^+$ 的数量会随着工作温度的升高而增加，表现出优良的高温稳定性，同时 LiFePO$_4$ 对环境友好，其制备的原料来源丰富，具有潜在的低成本优势。

LiFePO$_4$ 的性能特点主要包括：

(1) 安全性高。LiFePO$_4$ 是目前最安全的锂离子电池正极材料，磷酸铁锂完全解决了 LiCoO$_2$ 和 LiMn$_2$O$_4$ 的安全隐患问题，LiFePO$_4$ 电池是目前全球比较安全的锂离子电池，在高温下的稳定性可达 400～500℃，保证了电池内在的高安全性，不会因过充、温度过高、短路、撞击而产生爆炸或燃烧。

(2) 电池寿命超长、循环使用次数高，在室温下充放电循环 1500 次，容量保持率在 95% 以上，是铅酸电池的 8 倍、镍氢电池的 3 倍、LiCoO$_2$ 电池的 4 倍、LiMn$_2$O$_4$ 电池的 4～5 倍。

(3) 无记忆效应。

(4) 不含任何重金属与稀有金属，环保性好。

LiFePO$_4$ 的主要缺点是：导电性差，影响了电池的可逆容量和大电流工作特性；堆积密度低，使体积比容量比钴酸锂低很多，制成的电池体积十分庞大。因此，提高 LiFePO$_4$ 的导电性、堆积密度和体积比容量对其实用化具有决定性意义。

4) 三元正极材料

Li-Ni-Co-Mn-O 三元材料包括了 Ni、Co、Mn 三种元素的 NCM 层状三元正极材料，同时还有 Ni、Co、Al 三种元素的 NCA 正极材料等。1999 年，最早的层状三元正极材料 LiNi$_{1-x-y}$Co$_x$Mn$_y$O$_2$（$0<x,0<y,x+y<1$）被制备出来，其由镍钴锰氢氧化物 Ni$_{1-x-y}$Co$_x$Mn$_y$(OH)$_2$ 在 550℃ 下与 LiNO$_3$ 复合而成。相对于具有不同缺点的单一元素的层状氧化物，三元材料兼备了 LiCoO$_2$、LiNiO$_2$ 和 LiMn$_2$O$_4$ 的优点，具有较高容量(160～220mA·h/g)、高电位(2.8～4.5V)、高振实密度、热稳定性好等优点，且结构稳定、安全性好，循环性能稳定。三元材料中 Ni 元素主要为电池提供容量，Mn 元素的引入可以降低材料的成本并提高正极材料的热稳定性，Co 元素可以抑制镍离子和锂离子的混排，并增强正极导电性。虽然三

元材料安全性逊于 $LiFePO_4$，但能量密度比 $LiFePO_4$ 高出近 30%，目前已经成为锂离子电池的主要正极材料之一，广泛应用于电动工具、手机、计算机及汽车动力电池中。

对于镍钴锰三元材料，三种过渡金属元素的配比除 1∶1∶1 之外，常用的还有 5∶3∶2 和 8∶1∶1（高镍），三种元素的配比平衡十分重要。过多的 Co 尽管提高了电导率并减少了阳离子的混排使层状结构稳定，但会导致正极嵌锂量下降。过多的 Ni 在提升体积能量密度的同时，Ni^+ 和 Li^+ 半径相似而产生的离子混排现象会更严重，材料结构稳定性会下降。过高的 Mn 含量会导致反应过程中晶体的层状结构向类尖晶石型结构转变，较大的体积变化会破坏正极材料结构，并使电池循环稳定性下降。

高镍三元材料 $LiNi_{1-x-y}Co_xMn_yO_2$（NCM）是一种特殊的三元材料，它是指 Ni 元素的摩尔分数大于 0.6 的锂离子三元正极材料。高镍三元材料具有高比容量、低成本、安全性优良的特点，尤其是 Ni 含量在 80% 以上的高镍材料，如 NCM811（$LiNi_{0.8}Co_{0.1}Mn_{0.1}O_2$）和 NCA（$LiNi_{0.8}Co_{0.15}Al_{0.05}O_2$）三元材料的可逆比容量超过 200mA·h/g，所以近年来 NCM811 材料的发展备受关注。

6.4.5　电解质材料

电解质是电池内部承担传递正负极间电荷作用的物质，它的作用是在正负极之间形成良好的离子导电通道，凡是能够成为离子导体的材料如溶液、熔盐或固体材料，均可作为电解质。

电解质材料应具备以下性能：①离子电导率高，一般应达 $10^{-3} \sim 10^{-2}$ S/cm；②电化学稳定性高，能在较宽的电位范围内保持稳定；③与电极的兼容性好，在高电位条件下有足够的抗氧化分解能力；④与电极接触性好，对液体电解质而言，应能充分浸润电极；⑤低温性能良好，在较低的温度范围（$-20 \sim 20$℃）能保持高电导率和低黏度；⑥热稳定性好，在较宽的温度范围内不发生热分解；⑦蒸气压低，在使用温度范围内不挥发现象；⑧化学稳定性好，在电池长期循环和储备过程中，自身不发生化学反应，也不与正极、负极、集流体、黏结剂、导电剂、隔膜、包装材料、密封剂等发生化学反应；⑨无毒、无污染，使用安全；⑩易制备，成本低。

常用的锂离子电池电解质主要有液态电解质、固态电解质和熔盐电解质三类。

1）液态电解质

在锂离子电池中，必须采用非水电解液体系作为锂离子电池的电解液。高电压下不分解的有机溶剂和电解质盐是锂离子电池液体电解质研究开发的关键。非水有机溶剂是电解液的主体成分，溶剂的许多性能参数都与电解液的性能优劣密切相关,如溶剂的黏度、介电常数、熔点、沸点、闪点以及氧化还原电位等因素对电池使用温度范围、电解质锂盐溶解度、电极电化学性能和电池安全性能等都有重要的影响。优良的溶剂是实现锂离子电池低内阻、长寿命和高安全性的重要保证。

用于锂离子电池的非水有机溶剂主要有碳酸酯类、醚类和羧酸酯类等。碳酸酯类主要包括环状碳酸酯和链状碳酸酯两类。碳酸酯类溶剂具有较好的化学、电化学稳定性,较宽的电化学窗口,在锂离子电池中得到广泛应用。常用的有碳酸乙烯酯(EC)、碳酸丙烯酯(PC)等环状碳酸酯和碳酸二甲酯(DMC)、碳酸乙甲酯(EMC)、碳酸二乙酯(DEC)、二甲基乙炔酯(DME)等链状碳酸酯。锂离子电池电解质一般使用多种溶剂,混合溶剂比单一溶剂能提供更高的电导率和更宽广的温度范围。由于EC具有非常好的负极成膜性能,因此一般作为溶剂的固定组成。与EC相比,PC溶剂成本低,且具有较高的化学、电化学和光稳定性,能够在更恶劣的条件下使用。

理想的电解质锂盐应能在非水溶剂中完全溶解、不缔合,溶剂化的阳离子应具有较高的迁移率,阴离子应不会在正极充电时发生氧化还原分解反应,阴阳离子不应和电极、隔膜、包装材料反应,盐应是无毒的,且热稳定性较高。由于锂离子的半径较小,有机溶剂中满足最小溶解度要求的锂盐大多具备复杂的阴离子基团,这些阴离子基团由被路易斯酸稳定的简单阴离子组成,主要有$LiPF_6$、$LiClO_4$、$LiBF_4$、$LiAsF_6$等。与无机电解质锂盐相比,有机电解质锂盐在介电常数较低的溶剂中仍具有较高的解离常数,强吸电子基能够促进该类锂盐在非水溶剂中的溶解。有机电解质锂盐通常主要是全氟代烷基磺酸锂、氟代烷基磷酸锂等。

2)固态电解质

液体电解质存在漏液、易燃、易挥发、不稳定等缺点,因此人们一直希望电池中能采用固体电解质。

锂离子电池中的固态电解质主要是含锂离子的固溶体。按照晶体结构,无机固体锂离子电解质可分为晶体型、复合型及玻璃态非晶体型。其中,晶体型主要包括钙钛矿型、石榴石型、NASICON(nasuper ionic conductor)型、LISICON(lithium super ionic conductor)型、LiPON型等。复合型主要由锂离子导体和某些绝缘体复合而成,如Al_2O_3-LiI。非晶体型固态电解质主要包括氧化物玻璃和硫化物玻璃两大类。目前研究较多的固态电解质主要是LISICON型导体,它是在Li_2ZnGeO_4系中合成出来的电解质,由GeO_4、SiO_4、PO_4、ZnO_4四面体或Li_6O八面体构成,可引入间隙锂离子或锂空位进行替代,具有较大的固溶范围。LISICON型导体在高温下有高的离子电导率,但在室温下离子电导率较低。

还有一类固态电解质是聚合物电解质。聚合物电解质具有高分子材料的柔顺性、良好的成膜性、黏弹性、稳定性、质轻、成本低的特点,而且还具有良好的力学性能和电化学稳定性。在电池中,聚合物电解质兼具电解质和电极间的隔膜两项功能。按照聚合物电解质的形态,大致可分为全固态聚合物电解质和胶体聚合物电解质两类。全固态聚合物电解质目前为止研究最多的是聚环氧乙烷(PEO)基聚合物体系,另外聚环氧丙烷(PPO)、聚甲基丙烯酸甲酯(PMMA)、聚丙烯腈(PAN)、聚偏氟乙烯(PVDF)等也常作为聚合物基体材料。目前,制约全固态聚合物电解质应用的两个主要因素是:①电极和电解质的界面接触很难达到液体电解质的完全浸润的效果,②低于室温的电导率急剧下降。

3)熔盐电解质

熔融盐是指由金属阳离子和非金属阴离子所组成的熔融体,主要有室温离子液体和高温熔融盐两类。熔融盐具有不挥发、不可燃、热稳定性和电化学稳定性高、安全性好、液程宽等优点,十分适合用作锂离子电池的电解质。尿素-乙酰胺-碱金属硝酸盐形成的低温共熔盐具有良好的导电性,但此体系稳定性不好,容易析出结晶。

离子液体是完全由离子组成的、在常温下呈液态的低温熔盐。由于离子液体大多具有较宽的使用温度范围、好的化学和电化学稳定性以及良好的离子导电性等优点,近年来作为新型液体电解质受到了密切的关注,尤其是在电池、电容器、电沉积等方面的基础和应用研究已见较多报道。

离子液体的独特性质通常由其特定的结构和离子间的作用力来决定。离子液体一般由不对称的有机阳离子和无机或有机阴离子组成,不同阴阳离子的组合对离子液体电解质的物理和电化学性质影响很大。例如,当阴离子均为$(CF_3SO_2)_2N^-$时,阳离子为TBA(四丁基铵)和EMI(1-乙基-3-甲基咪唑)的离子液体的熔点分别为70℃和-3℃;阳离子为TMPA(三甲基丙基铵)和EMI的阴极极限电位分别约为-3.3V和-2.5V。另外,阳离子中有机基团的多少和长短也能显著改变离子液体的黏度、熔点等性质。离子液体物理和电化学性质的明显差异将对锂离子电池的性能产生极大影响。

6.4.6 隔膜材料

隔膜是电池的重要组成部分之一,在电池内部主要起着隔离正负电极间的电通路、保持两电极之间具有良好的离子通道和防止活性物质向对电极迁移等作用。隔膜材料的优劣对电池容量、放电电压、自放电和循环寿命等方面都产生较大影响。

锂离子电池隔膜应满足以下要求:

(1)力学性能。隔膜应具有一定机械强度,不会受电极材料的挤压而破裂。

(2)化学和热稳定性。隔膜在电解质溶液中应具有良好的化学稳定性和热稳定性,耐电解质溶解的腐蚀,而且不产生膨胀现象。

(3)离子通过能力。具有均匀的孔径范围和孔隙率,离子通过隔膜的能力大,这样电池的内阻小,电池在大电流放电时的能量损耗小。

(4)电子导电性。隔膜应是电子的良好绝缘体,并能阻挡从电极上脱落的活性物质微粒和枝晶的生长。

(5)对电解质的作用。易被电解质湿润,不伸长不收缩,在宽的温度范围内尺寸稳定。

(6)成本。用作隔膜的材料应具有资源丰富,价格低廉和容易加工成型等特点。

目前市场上的锂离子电池隔膜一般使用多孔性聚烯烃,如 PE、PP、单层、多层或复合膜。

隔膜的物理性质如厚度、孔隙率等同样影响安全性,为保证电池的安全,一般孔隙率低于 50%,厚度为 20μm 以上。DSC 测出隔膜的主要温度效应是聚合物的熔化,为吸热反应,测得的能量 PP 为 90J/g,PE 为 190J/g,因此不会引起电池热稳定性的衰退。

对于聚合物锂离子电池,要实现高容量,其中的一项工作是使隔膜薄型化,但是隔膜基材的薄型化必然使聚乙烯视密度减少。如果视密度降低由于外部短路或过充电等原因,隔膜会熔融、破解,正负极发生大面积短路,进一步使电池内部温度升高,导致热失控。因此,隔膜材料的薄型化应在确保电池安全的基础上进行。

6.5 燃料电池材料

6.5.1 燃料电池发展概况

燃料电池作为一种高效利用燃料发电的装置,是继水力发电、热能发电和原子能发电之后的第四代发电技术。它可以直接把燃料中的化学能转变成电能,不经过热能的转变,因此不受卡诺循环效率的限制,理论上装置的转化效率可达 100%,在发电站、航天飞机、交通运输工具、便携式电子设备等领域具有巨大的应用潜力。燃料电池在原理和结构上与传统化学电池完全不同,前者是一种将燃料和氧化剂中的化学能直接转化成电能的发电装置,其通过外界不断供给燃料和氧化剂,活性物质并不储存在装置中,因此理论上燃料电池的容量是无限的;而化学电池的活性物质仅储存在电池内部,其容量有限,当活性物质消耗完毕后,电池将无法工作,或者必须充电后才能使用。除此之外,燃料电池由燃料供应系统、水管理系统、热管理系统及控制系统等几部分组成,是一个复杂的发电系统;而化学电池则是一种将储能物质中的化学能转变成电能的能量储存与转换装置,结构相对简单。

1839年,英国的Grove发明了第一种燃料电池。1889年,Mond和Langer首次提出"燃料电池"这一术语。在19世纪实现燃料电池的商业化存在许多障碍,以当时的科技而言,铂电极材料和氢燃料的生产技术难题难以攻克,燃料电池的研究逐渐减少以致停滞,人们甚至认为这只不过是科学史上的一次奇特事件。燃料电池再一次受到人们的广泛关注是在20世纪60年代初期。当时美国国家航空航天局为了寻找适合的载人飞船动力源,对常规化学电源、燃料电池、氢氧内燃机、太阳能及核能等各种动力源的输出功率和使用寿命进行了分析和比较,认为燃料电池是最佳候选动力源。因此,美国国家航空航天局决定以燃料电池作为载人飞船的动力源,并资助了一系列燃料电池的研究计划。尽管碱性燃料电池在航天领域得到了广泛应用,但因具有对二氧化碳耐受度低的缺点,其仍难以应用于民用领域。

1973年的石油危机令全世界意识到新能源开发的紧迫性,燃料电池的商业化再次引起人们的关注,多国政府部门和企业不断加大人力和物力投入,积极克服燃料电池在实际应用中遇到的障碍,加速了燃料电池的发展。首先实现应用的是磷酸燃料电池发电站系统,其具有运行稳定、使用寿命长的优势,可以作为不间断电源和应急备用电源使用,目前全世界已建立了数百台PC25(200kW)磷酸燃料电池发电站,功率为2000kW的实验电站也已投入运行。燃料电池在发电站中得到实际应用后,人们又致力于将其应用于交通运输、便携电子设备等领域,研究重点集中在电极设计、隔膜材料、燃料来源、催化剂用量等方面,而且取得了巨大进步。美国通用电气公司利用PEM燃料电池实现电解水,该技术被应用于美国海军。1972年,美国杜邦公司开发出了燃料电池的专用聚合物电解质膜Nafion。1989年,英国佩里科技公司与加拿大巴拉德动力系统公司合作,研制出以PEM燃料电池为动力的潜艇,并将其应用于英国皇家海军。1993年,加拿大巴拉德动力系统公司展示了以燃料电池为动力的公共汽车,这是全世界第一辆以PEM燃料电池为动力的车辆。之后,英国特利丹公司展示了首台以PEM燃料电池为动力的客车。除此之外,美国的汽车企业在国家的支持下,也纷纷参与燃料电池动力汽车的研发,在20世纪末几乎每家汽车企业都推出了自己的燃料电池动力汽车。全世界燃料电池相关的专利也急剧增多,这表明燃料电池的开发已经得到工程界和科学界的广泛关注和参与。

进入21世纪后,全球汽车企业已经研发出多种燃料电池动力汽车,在许多城市,以燃料电池为动力的公共汽车已经投入运行。除作为交通工具的动力源以外,燃料电池还作为不间断电源或应急电源在商场、医院、体育馆、学校等公共场所运行。此外,便携式燃料电池的开发也在进行,有望应用于手机、移动电源等电子产品中。在 19 世纪还被认为是科学史上奇特事件的燃料电池即将成为 21 世纪及以后的重要能源使用方式。

6.5.2　燃料电池的工作原理

燃料电池由阴极、阳极、电解质和集流体等几部分组成。阳极为电池的负极,工作时发生氧化反应,失去的电子由外电路传输到阴极;阴极为电池的正极,发生还原反应,得到电子而产生可供传导的离子;电解质起隔离燃料和氧化剂,以及传导离子的作用;集流体又称为双极板,主要用于收集电流、疏导反应气体。

以氢氧燃料电池为例,其结构示意图如图 6-11 所示。燃料电池在工作过程中,阳极输入燃料(氢气),阴极输入氧化剂(氧气);氢气分子在阳极催化剂的作用下,进一步分解成氢离子进入电解液,而电子随后通过外电路转化为电流,最终传至阴极;在阴极上,氢离子、氧气分子和电子在阴极催化剂的作用下反应生成水分子。该过程是可逆的,更重要的是,燃料电池工作过程中只有水一种产物,是一种绿色、无污染、环境友好的发电装置。

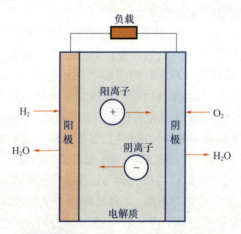

图 6-11　单体氢氧燃料电池示意图

氢氧燃料电池在酸性和碱性介质中电化学反应如下。
在酸性介质中:
阴极反应

$$O_2(g) + 4\,H^+(aq) + 4e \longrightarrow 2\,H_2O(l)$$

阳极反应

$$H_2(g) \longrightarrow 2\,H^+(aq) + 2e$$

总反应

$$2H_2(g) + O_2(g) \longrightarrow 2H_2O(l)$$

在碱性介质中：

阴极反应

$$O_2(g) + 2H_2O(l) + 4e \longrightarrow 4OH^-(aq)$$

阳极反应

$$H_2(g) + 2OH^-(aq) \longrightarrow 2H_2O(l) + 2e$$

总反应

$$2H_2(g) + O_2(g) \longrightarrow 2H_2O(l)$$

根据燃料电池的类型和燃料的种类，电极反应或电池反应有所不同。

根据工作原理的不同，燃料电池可分为酸性燃料电池和碱性燃料电池两类。根据使用燃料的不同，可分为氢燃料电池和碳氢燃料电池。根据工作温度的不同，可分为低温燃料电池（工作温度低于100℃）、中温燃料电池（工作温度为100～300℃）和高温燃料电池（工作温度高于600℃）。根据所用电解质的不同，可将燃料电池分为碱性燃料电池（AFC）、磷酸燃料电池（PAFC）、熔融碳酸盐燃料电池（MCFC）、固体氧化物燃料电池（SOFC）和质子交换膜燃料电池（PEMFC），各种燃料电池的特性见表6-1。

表6-1 主要燃料电池及其特性

类型	电解质	导电离子	工作温度/℃	燃料	氧化剂
AFC	KOH	OH^-	50～200	氢气	氧气
PAFC	H_3PO_4	H^+	100～200	氢气、天然气、气化煤	空气
MCFC	$(Li,K)_2CO_3$	CO_3^{2-}	650～700	气化煤、天然气	空气
SOFC	氧化钇稳定的氧化锆	O^{2-}	800～1000	氢气、天然气	空气
PEMFC	全氟磺酸膜	H^+	室温～100	氢气	空气

不同类型氢氧燃料电池的电极反应如表6-2所列。

表6-2 H_2-O_2燃料电池的电极反应

燃料电池	阳极反应	阴极反应
AFC	$H_2 + 2OH^- \longrightarrow 2H_2O + 2e$	$O_2 + 2H_2O + 4e \longrightarrow 4OH^-$
PEMFC	$H_2 \longrightarrow 2H^+ + 2e$	$O_2 + 4H^+ + 4e \longrightarrow 2H_2O$
PAFC	$H_2 \longrightarrow 2H^+ + 2e$	$O_2 + 4H^+ + 4e \longrightarrow 2H_2O$
MCFC	$H_2 + CO_3^{2-} \longrightarrow H_2O + CO_2 + 2e$	$O_2 + 2CO_2 + 4e \longrightarrow 2CO_3^{2-}$
SOFC	$H_2 + O^{2-} \longrightarrow H_2O + 2e$ $CO + O^{2-} \longrightarrow CO_2 + 2e$	$O_2 + 4e \longrightarrow 2O^{2-}$

6.5.3　燃料电池的特点

作为火力发电、水力发电、原子能发电之后的第四代发电技术,燃料电池技术具有以下主要特点。

1) 能量转换效率高

燃料电池是一种可直接将燃料的化学能转化为电能的装置,在工作过程中不会发生如传统火力发电机那样的能量形态变化,因此极大地降低了中间转换损失,具有很高的能量转换效率。就目前发展现状而言,火力发电和原子能发电具有30%~40%的效率,温差电池具有10%的效率,太阳能电池具有20%的效率,而燃料电池系统的燃料-电能转换效率高达45%~60%,比其他大部分系统都高。从理论上看,燃料电池无燃烧过程,不受卡诺循环的约束,燃料化学能转化为电能和热能的效率高达90%。

2) 组装和操作方便灵活

燃料电池可以通过串并联组成燃料电池堆,满足不同的功率需求,具有运行部件少、占地面积小和建设周期短等诸多优势。因此,燃料电池更适合集中电站和分布式电站的建立,在电力工业领域受到广泛关注与应用。

3) 安全性高、可靠性好

在使用内燃机、燃烧涡轮机的传统发电站中,转动部件失灵、核电厂燃料泄漏事故近几年时有发生。与这些发电装置相比,燃料电池采用模块堆叠结构,运行部件较少且易于使用和维修。此外,当燃料电池负载变动较大时,其展示出高的响应灵敏度,当过载运行或低于额定功率运行时,燃料电池效率基本不变。

4) 环境友好

利用化石燃料的传统火力发电装置在工作过程中会释放出大量的氮氧化物、硫化物、二氧化碳和粉尘等,从而引发酸雨和温室效应等严重的环境问题。不仅如此,空气污染还是造成心血管疾病、哮喘及癌症的罪魁祸首之一。而燃料电池是一种环境友好的发电装置,其排放物大部分是水,有些燃料电池排放的二氧化碳量比使用汽油的内燃机小得多(约为其1/6),因此使用燃料电池可以在很大程度上减少污染物的排放。另外,燃料电池的组成中不包括机械转动部分,运转时较为安静,不会产生噪声污染等问题。

5) 燃料多样性

燃料电池所需的燃料种类繁多,一类是初级燃料(如天然气、醇类、煤气、汽油),另一类是需经二次处理的低质燃料(如褐煤、废弃物,或者城市垃圾)。目前,以氢气为燃料的燃料电池系统通常采用燃料转化器,将烃类或醇类等燃料中的氢元素提取出来投入使用。此外,燃料电池的燃料也可来源于经厌氧微生物分解、发酵产生的沼气。如果将可再生能源(如太阳能和风能)电解水产生的氢气作为燃料电池的燃料气,便可实现污染物完全零排放,源源不断的燃料供给使燃料电池可以不间断地产生电力。

虽然燃料电池具有非常广阔的应用前景,但也存在较多瓶颈需要进一步解决,主要体现在:①制造成本高,如在车用 PEMFC 中,质子交换膜的成本约为 300 美元/m^2,其比例是燃料电池总成本的 35%,而且 Pt 金属催化剂的成本所占比例为 40%,这使整车制造成本大大提升;②反应/启动速度慢,与传统的内燃机引擎启动速度相比,燃料电池的启动速度慢;③不能直接利用碳氢燃料,一般情况下,燃料电池不能直接利用碳氢燃料作为燃料气,必须经过燃料转化器处理;④氢气基础建设不足,虽然氢气已经在世界范围内被广泛使用,但其制备、灌装、储存、运输和重整的过程仍十分复杂;⑤密封要求高,燃料电池组由多个单体电池串并联组装而成,若密封未达到要求,燃料电池中的氢气会发生泄漏,使燃料电池中的氢燃料供给不足,最终降低燃料电池的输出功率和利用率,甚至会引起氢气燃烧事故。因此,燃料电池组的设计极其复杂,在使用和维护过程中会带来很多困难。

6.5.4 燃料电池材料

构成燃料电池的关键材料是电极、隔膜和双极板。电极是燃料电池发生电化学反应的场所,而燃料电池是以气体为燃料和氧化剂,气体在电解质中的溶解度通常很低。为了提高电池的功率,必须增大电极与气体的接触面积,同时还应尽可能减小液相传质的路径。多孔气体扩散电极由气体扩散层和催化反应层构成,气体扩散层是由多孔材料制备,并起到支撑催化反应层、收集电流、传导气体和反应产物的作用。催化反应层一般由催化剂和防水剂等组成。

燃料电池中隔膜的功能是传导离子,并将燃料与氧化剂隔开。在燃料电池工作的过程下,隔膜材料必须能耐电解质的腐蚀,同时不能有导电性,否则会导致电池内部漏电而降低电池的效率。隔膜一般是无机或有机的绝缘材料,如碱性燃料电池用的是石棉膜,磷酸燃料电池用的是碳化硅膜,质子交换膜燃料电池用的是全氟磺酸质子交换膜。

双极板是分隔燃料和催化剂的材料,应具有阻气功能,同时还起着集流、导热、抗腐蚀的作用。目前采用的双极板材料一般是无孔的石墨和各种表面改性的金属板。

6.5.4.1 碱性燃料电池材料

碱性燃料电池是最早研制成功并量产的燃料电池,催化剂相对廉价,与其他类型的燃料电池相比具有较高的氧电极活性和广泛的燃料适用性。碱性燃料电池的主要缺点是二氧化碳耐受度低,常因二氧化碳毒化而在很大程度上降低电池的反应效率和使用寿命。

单体电池主要由氢气气室、阳极、电解质、阴极和氧气气室组成,以 H_2 为燃料,以 O_2 或脱 CO_2 的空气为氧化剂,工作温度为 50～120℃,属于低温燃料电池。

电解质一般为 KOH 水溶液,阳极材料通常选择对氢电化学氧化具有良好催化活性的 Pt、Ni 等贵金属,或 Pt－Ag、Pt－Pd 等贵金属合金,以及由 Ni 或合金组成的非金属复合物,如 Ni－Mn、Ni－Co、NiB 等。

阴极材料最早也使用 Pt 等贵金属,后来为降低电池成本,一般用对氧电化学还原具有良好催化活性的 PVC、Ag、Ag－Cu、Ni 等。

隔膜采用石棉膜,其主要成分为氧化镁和氧化硅($3MgO \cdot 2SiO_2 \cdot 2H_2O$)。由于石棉具有致癌作用,现已研究出了几种替代材料,主要有聚苯硫醚(PPS)、聚四氟乙烯(PTFE)、聚砜(PSF)等。

双极板材料主要是 Ni 和无孔石墨板,质量比功率和体积比功率高的碱性燃料电池多采用镀 Au 或 Ag 的 Mg、Al 等轻金属来制作双极板。

6.5.4.2　磷酸燃料电池材料

磷酸燃料电池是商业化发展快、最实用的一种燃料电池,工作温度一般为 180～210℃,具有高达 40% 以上的转换效率。磷酸燃料电池阴极反应气体可采用空气和重整气,且不受二氧化碳限制,可将多个磷酸燃料电池单元堆集叠放构成电池堆,具有成本低、寿命长、燃料来源广泛和可操作性强等诸多优点。

磷酸燃料电池以磷酸作为电解质,燃料采用氢气或间接氢,阳极材料主要是贵金属 Pt 或 Pt 的合金,贵金属催化电极反应可逆性较好,催化活性较高,能耐电解质腐蚀,具有长期的化学稳定性。

阴极材料由于工作在酸性介质中,除使用贵金属外,为降低电池成本,也可使用 Fe、Co 等金属卟啉大环化合物以及 Pt 与大环化合物复合催化剂等,常用的合金材料一般为 Pt－Cr、Pt－Co－Cr、Pt－Fe－Mn 和 Pt－Co－Ni－Cu 等。

隔膜早期曾使用经过特殊处理的石棉膜和玻璃纤维纸,但它们中的碱性氧化物会与电解质磷酸反应,导致电池性能降低。目前,一般选用具有化学和电化学稳定性的 SiC 多孔隔膜。磷酸电解质在电池中不是自由流体的形式,而是包在由 SiC 制成的多孔基质中。

双极板分隔氧化剂和燃料,同时传导电流。由于酸的强腐蚀性,双极板不能采用一般的金属材料,通常由石墨粉和酚醛树脂或聚苯硫醚树脂制作而成。

6.5.4.3　熔融碳酸盐燃料电池材料

熔融碳酸盐燃料电池是继碱性燃料电池和磷酸燃料电池后的第二代燃料电池,具有高达 650℃ 的工作温度,可与涡轮机联用形成热电联供,从而可以大幅提高燃料的利用率。熔融碳酸盐燃料电池具有效率高、噪声低、污染少和燃料多样(煤气、氢气和天然气)等优点。

阳极材料最早使用 Ag 和 Pt,后来采用了电导性与电催化性能良好的 Ni。但 Ni 阳极容易在工作过程中发生蠕变现象,晶体结构产生微形变导致电极性能衰减,所以常在 Ni 中加入摩尔分数 10% 左右的 Cr、Co、Al 等金属与 Ni 形成合金,以便加固电极和分散蠕变应力。

阴极一般采用多孔的 NiO,阴极气体一般采用空气加 CO_2 或氧气加 CO_2。长期工作后,NiO 易溶解于电解质中导致电极性能下降。NiO 在电解质中的溶解度与 CO_2 的分压有关,一般随着 CO_2 的分压增加,NiO 先经历"碱性溶解"再发生"酸性溶解"。在阴极制备过程中加入 MgO、CaO、SrO 和 BaO 等碱土元素氧化物制成碱性较强的掺杂型 NiO 多孔阴极,可借助碱土元素降低熔盐中 Ni 的溶解性,从而达到提高阴极稳定性的目的。

隔膜为电解质提供结构,但不参加电化学过程,一般是粗、细颗粒及纤维的混合物。其中,细颗粒作用是提供高的孔隙率,粗粒材料则用于提高抗压强度和热循环能力。早期采用 MgO 作为隔膜材料,但 MgO 在高温熔融碳酸盐中会有微量的溶解,目前细颗粒材料一般是具有很强的抗碳酸熔盐腐蚀能力的 $LiAlO_2$。

双极板通常用不锈钢和镍基合金钢制成,如 316L 不锈钢和 310 不锈钢,一般在阳极侧镀镍、在密封面镀铝来提高双极板的防腐蚀性能。

6.5.4.4 固体氧化物燃料电池材料

固体氧化物燃料电池是在碱性燃料电池、磷酸燃料电池和熔融碳酸盐燃料电池基础上发展出的第三代燃料电池,实现了全固态电化学能量转换,展现出高的能量转换效率和广泛的燃料适用性等优点。固体氧化物燃料电池工作温度为 700~1000℃,属于高温燃料电池,发电时排放高温气体,可为天然气重整提供热量,还可用于产生蒸汽,实现热电联产,因此比其他类型的燃料电池更有利用价值。

燃料在阳极被氧离子氧化,因此阳极材料须对燃料的电化学氧化反应具有足够高的催化活性,同时具有足够高的孔隙率,以及在高温还原气氛下的稳定性等。常用的阳极材料有焦炭、Ni、Co 和贵金属等。$Ni/Y_2O_3-ZrO_2$ 金属陶瓷是当前制备阳极的主要材料,对于甲烷燃料通常采用掺杂的 CeO_2 来制作阳极。

阴极最先采用 Au、Ag、Pt 等贵金属,主要是考虑其在氧化气氛中优良的导电性及催化活性。目前,也采用以稀土元素为主要成分的钙钛矿型复合氧化物作为阴极材料,如掺 Sn 的 In_2O、掺杂 ZnO 和掺杂 SnO 等。

隔膜通常采用 Y_2O_3 和 ZrO_2 来制作。双极板必须在高温和氧化、还原气氛下具备良好的力学性能、化学稳定性和高的电导率,热膨胀系数也要与电池其他组件相似。目前双极板材料主要有掺杂铬酸镧($La_{1-x}Ca_xCrO_3$)和 Cr-Ni 合金材料两类。

6.5.4.5 质子交换膜燃料电池材料

质子交换膜燃料电池又称为固化聚合物电解质燃料电池,是一种新兴的燃料电池,具有工作温度低(60~110℃)、能量密度大、启动速度快等优点,实际应用效率可达80%以上。

质子交换膜是电池的最关键部件之一,直接影响电池的性能与寿命。质子交换膜是一种选择透过性膜,主要起传导质子和分隔氧化剂与还原剂的作用,不仅是电解质和电极活性物质的基底,也承担着隔膜的功能。质子交换膜主要有全氟磺酸膜、酚醛树脂磺酸膜和聚苯乙烯磺酸膜等。

质子交换膜燃料电池中电极均为气体扩散电极,由气体扩散层和催化层构成。气体扩散层不仅起支撑催化层的作用,还具有扩散气体和水、传导电流、传输热等功能。催化层则是发生电化学反应的场所,同时也是进行电子、水、质子和热的生成和传输的地方。当燃料是氢气或空气时,将纳米铂粉高度分散在导电、耐腐蚀的炭黑上,可作为阴阳两极的主要材料。如果燃料是碳氢化合物时,则用铂合金作为制备阳极的材料,因为工作过程中形成的 CO 能够吸附在 Pt 上而导致电极中毒,而在 Pt 中加入 Ru 等合金元素可促进对 CO 的氧化,抑制电极的中毒效应。

双极板材料主要是石墨和金属,多采用石墨双极板。金属双极板常用材料有 Al、Ni、Cu、Ti 等,导电和导热性好,但密度大,容易被腐蚀。复合双极板材料一般有石墨金属复合材料和高分子复合材料两种,可兼具石墨和金属材料的优点。

6.6 超级电容器材料

6.6.1 超级电容器发展概况

超级电容器又称电化学电容器,通过极化电解质来储能,功率密度是锂离子电池的10倍以上,能量密度为传统电容器的10~100倍,可以在短时间大电流充放电,且充放电效率高,循环寿命长。超级电容器的出现填补了传统静电电容器和化学电源之间的空白,在新能源发电、电动汽车、信息技术、航空航天、国防科技等领域中具有广泛的应用前景。

最初的双电层电容器是建立在双电层理论基础之上的。1879 年,Helmholz 发现了电化学界面的双电层电容性质;1957 年,Becker 申请了第一个由高比表面积活性炭作电极材料的电化学电容器方面的专利;1962 年,标准石油公司(SOHIO)生产了一种 6V 的以活性炭作为电极材料,以硫酸水溶液作为电解质的超级电容器;1969 年,该公司首先实现了碳材料电化学电容器的商业化;1979 年,NEC 公司开始生产超级电容器,开始了电化学电容器的大规模商业应用。随着材料与工艺关键技术的不断突破,产品质量和性能不断得到稳定和提升,到了 20 世纪 90 年代末开始进入大容量高功率型超级电容器的全面产业化发展时期。目前,美国、日本、俄罗斯的产品几乎占据了整个超级电容器市场,各个国家的超级电容量器产品在功率、容量、价格等方面都自己的特点和优势。

与国外相比,我国超级电容器的研究起步晚,始于 20 世纪 90 年代末。国内研发和生产的超级电容器主要用于民用,如各种电动交通工具的辅助电源、UPS 系统、电磁开关、安全气囊、电站峰谷电力平衡、电动起重机的吊件位能回收等高功率用电场合。

6.6.2 超级电容器的特点

超级电容器利用电极/电解质交界面上的双电层或者电极界面上发生快速、可逆的氧化还原反应来存储能量。根据存储电能的机理可分为双电层电容器、赝电容器和混合电容器;根据电极材料可分为碳电极电容器、金属氧化物电极电容器和导电聚合物电极电容器;根据电解质类型可分为水溶液电解质型电容器和有机电解质型电容器。

超级电容器作为一种介于蓄电池和传统电容器之间的新型储能元件,既有电容器的快速充放电特点,又有电化学电池的储能机制,具体来说有以下特点。

(1)功率密度高。超级电容器的内阻很小,其功率密度可达到 $10^2 \sim 10^4 \text{W/kg}$,远高于目前一般蓄电池的功率密度水平,而且可在短时间内放出几百到几千安培的电流,非常适合短时间高功率输出的应用场景。

(2)充放电循环寿命长。超级电容器在充放电过程中只有离子和电荷的传递,通常不会导致电极材料结构的改变,电化学反应具有良好的可逆性,充放电循环寿命一般可达 10^5 以上,远大于蓄电池的充放电循环寿命。

(3)充电效率高。可以采用大电流充电,能在几分钟甚至几十秒内完成充电过程。

(4)工作温度范围宽。电极材料的反应速率受温度影响不大,可以在 -40 ~ +80℃ 的温度范围内正常使用,容量随温度的衰减非常小。

(5)免维护。对过充电和过放电有一定的承受能力,可稳定地反复充放电,理论上不需要进行维护。

(6)绿色环保,对环境无污染。

6.6.3 超级电容器的工作原理

1)双电层电容器

双电层电容器采用高比表面的材料作为多孔电极,在相对的电极之间添加电解质溶液,施加电压时两个相对的电极上就分别聚集电荷,正极板存储正电荷,负极板存储负电荷,电解质中的正负离子将在电场的作用下分别向两个电极移动,并聚集在表面上形成紧密的电荷层,即双电层。双电层电容量的大小取决于电荷的数量,多孔电极比表面积高达 $1000 \sim 3000 m^2/g$,且电极与电解质的界面距离极小(不足 1nm),因此这种双电层电容器要比传统的物理电容器大得多。

当两电极间电势低于电解液的标准电位时,电解液界面上电荷不会脱离电解液,此为超级电容器的正常工作状态,反之为非正常状态。随着超级电容器的放电,正、负电极上的电荷被外电路泄放,电解液的界面上的电荷相应减少。由此可看出,超级电容器的充放电过程是物理过程,没有化学反应的产生。双电层电容器工作原理见图 6-12。

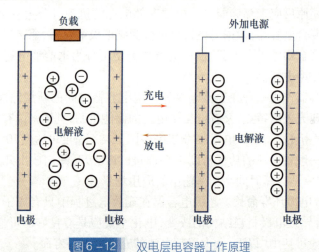

图 6-12　双电层电容器工作原理

2)赝电容器

赝电容器的原理是电活性物质在电极材料表面或体相的二维或准二维空间上进行欠电位沉积,发生高度可逆的化学吸附/脱附或氧化/还原反应,从而产生与电极充电电位有关的电容。赝电容不仅在电极表面,而且可在整个电极内部产生,因而具有更高的电容量和能量密度。在相同电极面积的情况下,赝电容器的容量是双电层电容器的 10~100 倍。

根据反应过程的不同赝电容可以分成三类:第一类是氧化还原赝电容,也是最常见的一种赝电容形式,基于 MnO_2、RuO_2 等过渡金属氧化物和导电高分子表面及近表面的氧化还原反应过程进行电荷的存储和释放;第二类是低电势沉积赝电容,在较低外加电压下 H^+ 和 Pb^{2+} 可吸附在贵金属(Ag、Au)表面;第三类是离子嵌入赝电容,反应过程与嵌入型金属离子电池十分类似,不过离子嵌入型赝电容主要发生在电极材料的近表面。图 6-13 是三种不同赝电容工作原理示意图。

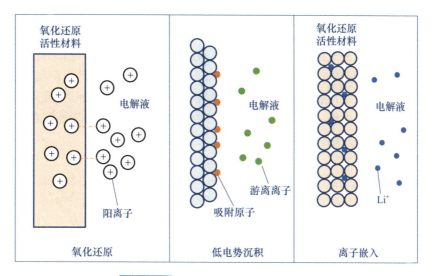

图 6-13　三种不同赝电容工作原理

6.6.4　超级电容器材料

超级电容器的结构比较简单,主要由电极、电解液、隔膜三部分组成。电极由集流体和电极材料组成,其中集流体主要起收集电流的作用,常用的集流体有泡沫镍、铝箔、不锈钢网、碳布等。电极材料通常由活性物质、导电剂、黏合剂组成,其中活性物质是超级电容器最重要的组成部分,主要有碳材料、金属氧化物、导电聚合物三类。导电剂一般是乙炔黑、石墨粉和碳纳米管等,黏合剂通常是聚偏氟乙烯(PVDF)、聚四氟乙烯(PTFE)、聚全氟磺酸(Nafion)等。

电解液的作用是提供电化学过程中所需要的阴阳离子,一般具备高电导率、较宽的工作温度范围、良好的化学稳定性,以及不与电极材料发生反应等特点。根据物理状态,电解液可以分为固态电解液和液态电解液两大类,其中液态电解液又可细分为水系电解液和有机电解液。水系电解液主要包括 H_2SO_4 等酸性、

KOH等碱性和钾盐、钠盐等中性电解液,有机电解液中的阳离子一般有季铵盐、锂盐等,阴离子主要是高氯酸根、四氟硼酸根、六氟磷酸根等,溶剂通常是碳酸丙烯酯、碳酸乙二酯等。

隔膜一般是多孔的绝缘体薄膜,主要作用是防止正负极之间直接接触短路,但允许电解液离子自由通过。因此,隔膜材料的基本要求是不仅要有稳定的化学性质,本身不导电,而且不能对电解液离子的通过产生阻碍作用。目前,使用最多的隔膜材料是聚丙烯膜、琼脂膜等聚合物多孔薄膜。

下面主要对超级电容器的电极材料进行介绍。

6.6.4.1 碳材料

碳材料在反复充放电循环过程中寿命较长,可逆性较高,广泛作为商业化双电层超级电容器的电极材料。碳材料主要包括活性炭、碳纳米管、碳气凝胶等,它们的共同特点是比表面积大,材料表面与电解液的有效接触面广,孔阵列中粒子具有较好的导电性。但并不是比表面积越大越好,只有有效表面积占全部碳材料表面积的比重越大,超级电容器的比电容才越大。

1) 活性炭

活性炭是双电层电容器使用最多的一种电极材料,具有原料丰富、价格低廉、成型性好、电化学稳定性高等特点。活性炭的性质直接影响双电层电容器的性能,其中最关键的几个因素是活性炭的比表面积、孔径分布、表面官能团和电导率等。一般认为活性炭的比表面积越大,其比电容就越高,所以通常可以通过使用大比表面积的活性炭来获得高比电容,但实际上活性炭的比电容与其比表面积并不呈线性关系。双电层电容器主要靠电解质离子进入活性炭的孔隙形成双电层来存储电荷,超细微孔对比表面积的贡献较大,但由于孔径过小电解质离子很难进入,这些微孔对应的表面积也就成了无效表面积。所以,除比表面积外,孔径分布也是一个非常重要的参数。

2) 碳纳米管

碳纳米管具有较大的长径比,因此可以将其看作准一维的量子线,由于具有比表面积大、导电性好、化学性质稳定和密度小等优点,是很有前景的超级电容器电极材料。碳纳米管的比电容与其结构有直接关系,由于单壁碳纳米管通常成束存在,管腔开口率低,形成双电层的有效表面积较低,相对来说多壁碳纳米管更适合用作双电层电容器的电极材料。虽然碳纳米管具有诸多优点,但其比表面积较低,而且价格昂贵,高质量批量生产的技术不成熟。单独使用碳纳米管做电极材料时,性能还不是很好,主要不足是可逆比电容不高、充放电效率低、自放电现象严重和易团聚等,不能很好地满足实际需要。

3) 石墨烯

石墨烯是由 sp^2 杂化的碳原子相互连接形成的具有二维蜂窝状晶格结构的

碳质材料，碳原子以六元环形式周期性排列于石墨烯平面内，具有120°的键角，有极高的力学性能和导电性，非常有利于电解质的扩散和电子的传输。通过表面改性、与其他材料复合等手段可以对石墨烯进行二次构建，优化其结构，获得更好的储能性能。更重要的是，石墨烯可以通过化学氧化还原法大量地制备得到，低廉的价格和丰富的储藏使石墨烯有望成为潜力巨大的储能材料。

4）碳气凝胶

碳气凝胶是一种新型轻质纳米多孔的无定型碳素材料，是唯一具有导电性的气凝胶，具有质轻、比表面积大、中孔发达、导电性良好、电化学性能稳定等特点。碳气凝胶孔隙率高达80%~98%，典型的孔隙尺寸一般小于50nm，网络胶体颗粒直径为3~20nm，是制备高比容量和高比功率双电层电容器理想的电极材料。

6.6.4.2 金属氧化物

过渡金属氧化物及水合物所含金属元素有不同价位，是赝电容器的常用电极材料，主要有 MnO_2、V_2O_5、RuO_2、IrO_2、NiO、$H_3PMo_{12}O_{40}$、VO_3、PbO_2 和 Co_3O_4 等。这类材料主要是在目前已知材料的基础上通过不同的制备方法所得，寻找和开发新型材料是提高超级电容器性能的关键。

1）MnO_2

MnO_2 电极材料的储能机理主要是基于法拉第赝电容，同时还包括一定量的双电层电容，但法拉第赝电容是双电层电容的 10~100 倍，所以一般主要考虑法拉第赝电容的贡献。电极材料的充放电过程实际上是其氧化还原反应，所以 MnO_2 在理论上可提供非常高的比电容（理论值为 1370F/g）。但是在实际应用过程中，电极材料的氧化还原反应有一定程度的不可逆性且纳米材料很容易在充放电过程中发生团聚，因此缺乏循环稳定性能。并且，MnO_2 的导电性能较差，导致电极材料的倍率性能较差。

2）RuO_2

RuO_2 电极材料具有比电容高、导电性好以及在电解液中非常稳定等优点，是目前性能最好的超级电容器电极材料。不同方法制备的 RuO_2 比电容差别较大，其中用溶胶-凝胶法制备的含结晶水的 RuO_2 的比电容可达 768F/g。RuO_2 的主要问题是价格昂贵并且在制备过程中污染严重，因而不适合大规模商业化生产。

3）Co_3O_4

Co_3O_4 材料外观为灰黑色或黑色粉末，具有正常的尖晶石结构，与磁性氧化铁为异质同晶，具有好的赝电容性能和较低的价格，是一种具有发展潜力的超级电容器电极材料。用溶胶-凝胶法合成的 CoO_x 干凝胶在 150℃ 时的比电容为 291F/g，非常接近其理论值 335F/g；而采用水热法制备的 Co_3O_4 电极材料，单电极比电容可达 505F/g。

6.6.4.3 导电聚合物

导电聚合物在充放电过程中,聚合物共扼链上会进行快速可逆的 N 型、P 型掺杂和脱掺杂的氧化还原反应,从而使聚合物具有较高的电荷密度而产生很高的法拉第赝电容,实现电能的储存。导电聚合物的 P 型掺杂指的是共轭聚合物链失去电子,电解液中的阴离子聚集在聚合物链中来实现电荷平衡。而 N 型掺杂是指聚合物链中有富余的负电荷,电解液中的阳离子聚集在聚合物链中从而实现电荷平衡。该过程与双电层电极材料仅依靠电极材料表面吸附电解液离子相比,具有更高的电荷储存能力,因而表现出更大的比电容,同比表面积赝电容电极材料容量要比双电层电极材料容量大得多。另外,这种充放电过程不涉及任何聚合物结构上的变化,因此这个过程具有高度的可逆性。

常用作超级电容器电极材料的导电聚合物主要有聚苯胺、聚吡咯、聚噻吩及其相对应的衍生物等。导电聚合物电极材料不足之处在于,在充放电过程中,其电容性能会出现明显的衰减。这主要是由导电聚合物在充放电过程中发生溶胀和收缩等导致的,当导电聚合物呈纳米纤维、纳米棒、纳米线或者纳米管时,可以有效地抑制聚合物在循环使用中的电容性能衰减。

6.6.4.4 复合材料

碳材料、过渡金属化合物和导电聚合物这三种主要的超级电容器电极材料分别存在各自的问题:碳材料存储电荷是基于双电层电容,其比电容较低且难以提高;过渡金属化合物的比电容高,但是价格昂贵,导电性较差;导电聚合物的比电容较高,价格便宜,但是循环寿命和稳定性较差。单一的电极材料很难同时具有高比电容、高循环寿命、高能量密度和高功率密度等优点,而通过以复合的形式结合两种或多种电极材料,有望提高材料的整体电化学性能,获得上述优秀的特点。导电复合材料就是通过一定的复合方式,将不同的电极材料按照不同组合条件进行二元或三元混合而成。不同材料的组合发挥各自优点的同时也弥补了各自存在的不足,高效地提升了复合材料的导电性能。常见的复合材料有 C/金属化合物、C/导电聚合物、MnO_2/导电聚合物、石墨烯/聚苯胺、聚苯胺/碳纳米管、石墨烯/碳纳米管/MnO_2 等。

6.7 非锂金属离子电池材料

锂离子电池具有能量密度大、循环寿命长、工作电压高、无记忆效应、自放电小、工作温度范围宽等优点,目前已成为移动设备和电动汽车的主要电源。但是,目前锂离子电池仍然面对严峻的挑战,如资源有限、电池安全和容量不足等问题。首先随着锂离子电池逐渐应用于电动汽车,Li 的需求量将大大增加,而

Li 的储量有限,且分布不均,Li 矿物的价格逐年增长。其次在锂离子电池的负极石墨上容易形成锂的枝晶,而枝晶可穿破隔膜,造成电池短路,并进而导致局部过热甚至爆炸。近年来屡屡有锂电池爆炸的事件发生。因此,亟须发展下一代综合效能优异的储能电池新体系。非锂金属离子电池则正是在这一背景下发展起来,成为目前最有前景之一的新型二次储能电池。

6.7.1 非锂金属离子电池工作原理

类似于锂离子电池,非锂金属离子电池也是一种二次电池(充电电池),它主要依靠非 Li 金属离子或者络合金属离子在正极和负极之间移动来工作。常见的非 Li 金属离子主要包括碱金属(Na^+ 和 K^+)、碱土金属(Mg^{2+} 和 Ca^{2+})、第三主族金属(Al^{3+})和过渡金属(Zn^{2+})等。这些离子的共同特征是在地壳中储量丰富、价格便宜、环境友好、适宜大规模开发使用。

图 6-14 显示了钠离子电池的工作原理,使用的正极为层状钠氧化物,负极为石墨。在充放电过程中,Na^+ 在两个电极之间往返嵌入和脱嵌:充电时,Na^+ 从正极脱嵌,经过电解质嵌入负极,负极处于富钠状态;放电时则相反。

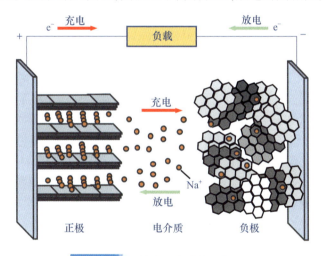

图 6-14 钠离子电池的工作原理

按照非 Li 金属离子的价态,非锂金属离子电池可以分为一价碱金属离子电池和多价金属离子电池。一价碱金属离子包括 Na^+ 和 K^+,尽管其容量偏低,但储量十分丰富。并且 Na 和 K 的离子迁移速度快,活性高,而且其还原电位相对较低,仅比 Li 分别高出 0.33 V 和 0.11 V。在 Na 和 K 之中,钠离子电池具有较大的容量和较好的安全性,因此获得了更为广泛的关注,成为最有前景的非锂金属离子电池之一。

多价金属离子则包括 Mg^{2+}、Ca^{2+}、Zn^{2+} 和 Al^{3+}，由于单个多价金属离子携带了一价金属 2 倍甚至 3 倍的电量，这类金属离子电池往往具有较高的容量。特别是 Al，其理论体积容量高达 $8040mA·h/cm^3$，是金属 Li 的 4 倍，前景十分看好。并且这类金属可以直接暴露在空气中而不发生快速的化学反应，因而既具有较好的安全性又可以简化装配工艺，降低成本。但是除 Ca 以外，其他金属的理论还原电位都比较高，Al 甚至达到了 -1.67V，这就影响了该类离子电池的能量密度。而更大的挑战则是由于这类离子较大的电场强度制约了其迁移速率，目前还难以找到合适的电极材料使得多价金属离子可以在材料中迅速扩散。同时，与之匹配的电解液也是难题。

6.7.2 钠离子电池材料

早在 20 世纪 80 年代，钠离子电池和锂离子电池同时得到研究，随着锂离子电池成功商业化，钠离子电池的研究逐渐放缓。Na 与 Li 属于同一主族，具有相似的理化性质，电池充放电原理基本一致。与锂离子电池相比，钠离子电池具有以下特点：Na 资源丰富，约占地壳元素储量的 2.64%，而且价格低廉，分布广泛。然而，钠离子质量较重且离子半径(0.102nm)比 Li(0.069nm)大，这会导致 Na^+ 在电极材料中脱嵌缓慢，影响电池的循环和倍率性能。同时，Na^+/Na 电对的标准电极电位(-2.71V)比 Li^+/Li 高约 0.3V(-3.04V)，因此，对于常规的电极材料来说，钠离子电池的能量密度低于锂离子电池。锂离子电池作为高效的储能器件在便携式电子市场已得到了广泛应用，并向电动汽车、智能电网和可再生能源大规模储能体系扩展。从大规模储能的应用需求来看，理想的二次电池除具有适宜的电化学性能外，还必须兼顾资源丰富、价格廉价等社会经济效益指标。近年来，国内外在钠离子电池的核心材料体系(正极、负极、电解质和隔膜)、重要辅助材料(黏结剂、导电剂和集流体)、关键电池技术(非水系、水系和固态电池)，以及分析表征、材料预测和失效机制等方面取得了一系列研究进展，为钠离子电池的商业化奠定了坚实的基础。

6.7.2.1 钠离子电池正极材料

与锂离子电池相似，钠离子电池工作原理也是靠钠离子的浓度差实现的，正负极由不同的化合物组成。钠离子电池正极材料一般为嵌入化合物，作为钠离子电池关键材料，正极材料的选取原则如下：①具有较高的比容量；②较高的氧化还原电位，这样电池的输出电压才会高；③良好的结构稳定性和电化学稳定性，在嵌入和脱嵌过程中 Na^+ 的嵌入和脱嵌应可逆，并且主体结构没有或很少发生改变；④嵌入化合物应有良好的电子电导率和离子电导率，以减少极化，方便大电流充放电;⑤具有制备工艺简单、资源丰富以及环境友好等特点。

根据反应机理和结构的不同,现有的钠离子电池正极材料可分为金属氧化物、聚阴离子材料、普鲁士蓝类化合物以及有机材料等。

1) 金属氧化物

与 $LiMO_2$ 氧化物作为锂离子电池正极材料使用相似,$NaMO_2$ 氧化物(如 $NaCoO_2$、$NaMnO_2$ 和 $NaFeO_2$ 等)有着较高的氧化还原电位和能量密度,被作为钠离子正极材料使用。在充放电过程中能脱嵌 0.5~0.85 个 Na 离子,具有较高的比容量。近年来低 Co 含量材料以及锰基和铁基等环境友好材料受到广泛关注,对单金属氧化物(锰基氧化物、铁基氧化物)及多元金属氧化物做了大量研究。可通过控制形貌、优化组分以及表面改性等方式对金属氧化物正极材料的性能进行优化。

2) 聚阴离子材料

聚阴离子化合物材料具有诸多优势而备受青睐。聚阴离子材料具有开放的框架结构、较低的钠离子迁移能和稳定的电压平台,其稳定的共价结构使其具有较高的热力学稳定性以及高电压氧化稳定性。在钠离子电池领域,研究得较多的聚阴离子正极材料主要有磷酸盐类,如 $NaFePO_4$、$Na_3V_2(PO)_3$ 等;氟磷酸盐类,如 Na_2FePO_4F、Na_2MnPO_4F 和 $Na_3V_2(PO_4)_2F$ 等;焦磷酸盐类,如 $Na_2FeP_2O_7$、$NaMnP_2O_7$ 和 $Na_2CoP_2O_7$ 等;硫酸盐类,如 $Na_2Fe_2(SO_4)_3$ 等。

3) 普鲁士蓝类化合物

普鲁士蓝类化合物为 CN- 与过渡金属离子配位形成的配合物,具有三维开放结构,有利于钠离子传输和储存,也被广泛用于钠离子电池正极材料。美国得克萨斯大学的 Goodenough 课题组研究表明,普鲁士蓝及其衍生物 $A_xMFe(CN)_6$(A=K 和 Na;M=Ni、Cu、Fe、Mn、Co 和 Zn 等)在有机电解液体系中也显示了较好的倍率性能和循环稳定性。尽管这些化合物本身无毒,价格低廉,但制备过程由于 CN- 的使用,可能会对环境造成影响。此外,合成过程中对水含量的控制也十分关键,这将直接影响材料的性能。

6.7.2.2 钠离子电池负极材料

钠离子电池的负极材料主要有碳基材料、金属氧化物、合金、非金属单质和有机材料几种类型。

1) 碳基材料

钠离子与石墨层间的相互作用比较弱,因此钠离子更倾向于在电极材料表面沉积而不是插入石墨层之间,同时由于钠离子半径较大,与石墨层间距不匹配,导致石墨层无法稳定地容纳钠离子,因此石墨长期以来被认为不适合做钠离子电池的负极材料。然而,Adelhelm 课题组于 2014 年首次报道石墨在醚类电解液中具有储钠活性,研究表明放电产物为嵌入溶剂化钠离子的石墨。利用这种溶剂化钠离子的共嵌效应,南开大学牛志强等进一步探索了天然石墨在醚类电解液中的嵌钠行为,发现其循环性能非常优异(6000 周后容量保持率高达 95%)。

与石墨相比,纳米碳材料的结构更加复杂,拥有更多的活性位点,特别是具有良好的结构稳定性和优良的导电性的碳纳米线和纳米管,因此更适宜做钠离子电池的负极材料。超大的比表面积能增大电极材料内部电解液与钠离子的接触面积,提供更多的活性位点。石墨烯作为一种具有超大比表面积的新型碳材料,广泛地应用于钠离子电池负极材料。

2)合金类材料

采用合金作为钠离子电池负极材料可以避免由 Na 单质产生的枝晶问题,因而可以提高钠离子电池的安全性能、延长钠离子电池的使用寿命。目前研究较多的是 Na 的二元、三元合金。研究表明,可与 Na 制成合金负极的元素有 Pb、Sn、Bi、Ga、Ce、Si 等。合金负极材料在钠离子脱嵌过程中存在体积膨胀率大,导致负极材料的循环性能差。如 Sb 做负极时,Sb 到 Na_3Sb 体积膨胀 390%,而 Li 到 Li_3Sb 体积膨胀仅有 150%。纳米材料的核/壳材料能有效地调节体积变化和保持合金的晶格完整性,从而维持材料的容量。

4)金属氧化物

过渡金属氧化物因为具有较高的容量早已被广泛研究作为锂离子电池负极材料。该类型材料也可以作为有潜力的钠离子电池嵌钠材料。与碳基材料脱嵌反应和合金材料的合金化反应不同,过渡金属氧化物主要是发生可逆的氧化还原反应。迄今为止,用于钠离子电池电极材料的过渡金属氧化物还比较少,负极材料主要有 TiO_2、$\alpha-MoO_3$、SnO_2 等。TiO_2 具有稳定、无毒、价廉及含量丰富等优点,在有机电解液中溶解度低,理论能量密度高,一直是嵌锂材料领域的研究热点。TiO_2 为开放式晶体结构,其中 Ti 离子电子结构灵活,使 TiO_2 很容易吸引外来电子,并为嵌入的碱金属离子提供空位。在 TiO_2 中,Ti 与 O 是六配位,TiO_6 八面体通过公用顶点和棱连接成为三维网络状,在空位处留下碱金属的嵌入位置。TiO_2 是少有的几种能在低电压下嵌入钠离子的过渡金属材料。

4)非金属单质

从电化学角度说,单质 P 具有较小的原子量和较强的锂离子嵌入能力。它能与单质 Li 生成 Li_3P,理论比容量达到 2596mA·h/g,是目前嵌锂材料中容量最高的,而且与石墨相比,它具有更加安全的工作电压,因此,它是一种有潜力的锂离子电池负极材料。在各种单质磷的同素异形体中,红磷是电子绝缘体,并不具备电化学活性,正交结构的黑磷由于具有类似石墨的结构,且具有较大的层间距,目前研究较多。磷基材料是一种容量较高的储钠材料,目前亟待解决的问题主要是如何抑制钠离子嵌脱过程中材料的体积膨胀,从而得到具有较高库仑效率和优秀循环性能的材料。虽然目前关于嵌钠的报道不多,但从已报道的文献来看,磷基材料有望成为一种高性能的钠离子电池负极材料。

5) 有机材料

与无机化合物相比,有机化合物具有以下优点:化合物种类繁多,含量丰富;氧化还原电位调节范围宽;可发生多电子反应;很容易循环等。目前,已经有一系列的有机化合物被研究用于锂离子电池嵌锂材料。其中部分材料被证实具有比容量高,循环寿命长和倍率性能高等特点,因此开发低电位下高性能有机嵌钠材料是目前钠离子电池负极材料领域研究的新方向。与无机物相比,有机化合物结构灵活性更高,钠离子在嵌入时迁移率更快,这有效解决了钠离子电池动力学过程较差的问题。含有羰基的小分子有机化合物由于结构丰富,是钠离子电池负极材料的主要候选。

6.7.3 镁离子电池材料

镁离子电池具有能量密度高、成本低、无毒安全、资源丰富等特点,在储能领域具有重要前景。自从 2000 年,以色列的 Aurbach 改良镁电池以来,就兴起了研究镁电池的热潮。近几年的研究主要集中在 Mg 材料,这是因为 Mg 在周期表中处于 Li 的对角线位置,根据对角线法则,两者化学性质具有很多的相似之处。Mg 的价格比 Li 低得多(约为 Li 的1/24);Mg 及几乎 Mg 的所有化合物无毒或低毒、对环境友好;Mg 不如 Li 活泼,易操作,加工处理安全,安全性能好,熔点高达 649℃;Mg/Mg^{2+} 的电势较低,标准电极电位 -2.37。可见,Mg 及 Mg 合金可以成为电池的理想材料。

尽管镁离子电池具有能量密度高、成本低、无毒安全、资源丰富等特点,在理论上具有超越锂离子电池性能的巨大潜力,但目前的研究仍处于起步阶段,距离实用化和大规模商业化阶段还远,还需要克服很多难题。制约镁离子电池的两个主要因素是:Mg 在大多数电解液中会形成不传导的钝化膜,Mg 离子无法通过,致使 Mg 负极失去电化学活性;Mg^{2+} 很难嵌入一般基质材料中。因此镁离子电池要想有所突破必须克服这两个难题,寻找合适的电解液和正极材料。

6.7.3.1 镁离子电池正极材料

理想的镁电池的正极材料,需要具备能量密度高、循环性好的特点,镁离子能够很好地可逆脱嵌,而且还要安全性能好、环境友好、价格低廉。正极材料的选择一般集中在无机过渡金属氧化物、硫化物、硼化物、磷酸盐等材料上。

1) Chevrel 相 $Mo_6X_8(X=S,Se)$

Chevrel 相硫化物(Mo_6S_8)是首个展示出可逆镁离子储存能力的正极材料,具有良好的镁离子嵌入/脱嵌性能。法国 Bar-Ilan 大学的 Aurbach 等组装的镁离子电池使用的正极材料为 $Mg_xMo_3S_4$,其结构和其他 Chevrel 相化合物一样,可以认为是 Mo_6S_8 单元的紧密堆积。与其他基体相比,Chevrel 相不需要把正极材料做成纳米颗粒、纳米管或是薄片,而它具有的独特结构能加快镁离子的传递速度。Aurbach 等在原有电池系统基础上,对镁离子电池进行了进一步的改进。新的体系在原来的正极材料中加入了 Se 元素,加快了正极材料中的离子插入与扩散速度,容量和循环性能都有所提高。硫化物作为正极材料主要缺陷是:制备比较困难,并且要求在真空或氩气气氛下高温合成;比起氧化物容易被腐蚀,其氧化稳定性不理想。尽管如此,其良好的充放电性能使其成为理想的嵌入/脱嵌基质材料。

2)过渡金属氧化物

Pereiva-Ramos 等研究发现 Mg^{2+} 可以插入钒氧化物 V_2O_5 中,并形成 $Mg_{0.5}V_2O_5$ 化合物,而且嵌入与脱嵌是可逆的,但其循环性能差。南开大学的袁华堂课题组采用高温固相法合成了 MgV_2O_6 正极材料,得到了较高的放电比容量和较好的循环性能,但镁离子在正极中的扩散速度仍然很慢。减小材料的粒径可以缩短离子的扩散路径并提高材料的循环寿命,也可以通过加入碳等导电性好的颗粒增强镁离子的扩散性进而提高可逆容量。

首次组装并研究二次镁电池的 Gregory 等使用了 Co_3O_4 作为正极材料,发现大部分的氧化物和硫化物不能用于镁二次电池,而只有 Co_3O_4、Mn_2O_3、RuO_2、ZrS_2 等有可能用于镁二次电池。2005 年,袁华堂课题组采用溶胶-凝胶法在 700°C 下煅烧合成 $MgCo_{0.4}Mn_{1.6}O_4$ 粉末作为镁二次电池的正极材料,得到了较好的初始放电比容量和循环性能。

3)层状二硫化物或二硒化物

以 MoS_2 为代表的层状二硫化物或二硒化物具有独特的层状结构,层与层之间以范德瓦耳斯力结合,层间的孔隙可容纳大量的离子嵌入,因此也被认为是镁离子电池正极的候选材料之一。清华大学的李亚栋教授制备了多种形貌的二硫化钼(MoS_2),包括类富勒烯中空笼状的、纤维绒状的和纳米球状的,遗憾的是,这些材料未能表现出令人满意的储镁性能。南开大学的陈军教授以类石墨烯的 MoS_2 作为正极、Mg 作为负极制得镁离子电池,经 50 次循环后其容量可保持在 170mA·h/g 左右。此外,WSe_2、TiS_2 也可以作为镁离子电池的正极材料。

6.7.3.2 镁离子电池负极材料

与锂离子电池相比,镁离子电池负极材料的研究仍处于起步阶段。目前主要探索具有良好电化学性能的镁离子电池正极材料和电解液,对负极材料的报道较少。镁离子电池负极材料主要有金属、合金及金属氧化物等类型。

1)金属和合金

作为镁离子电池的负极材料,要求镁的嵌入和脱嵌电极电位较低,从而使镁离子电池的电势较高。金属 Mg 有很好的性能,其氧化还原电位较低($-2.37V$),比能量大($2205mA·h/g$),因此目前所研究的负极材料,大多数都是金属 Mg 或者 Mg 合金。通过减小镁颗粒的大小,可以显著提高 Mg 负极材料的容量。南开大学的陈军教授以二维 MoS_2 作为正极,超细的 Mg 纳米颗粒作为负极制备了镁离子电池,其工作电压高达 1.8V,首次放电容量达到 $170mA·h/g$。

虽然金属 Mg 有很好的性能,但是其表面很容易出现致密的氧化膜,限制了金属 Mg 负极的开发和应用,其他金属负极也是在这样的背景下发展起来。北美丰田研究院的研究人员研究了金属铋(Bi)、锑(Sb)以及铋锑合金等负极材料的性能,发现镁离子可以嵌入 Bi 中形成 Mg_3Bi_2,同时也很容易脱嵌。其中,$Bi_{0.88}Sb_{0.12}$ 在 1C 的电流密度下可逆容量达到 $298mA·h/g$,经过 100 次充放电循环后保持了 72% 的容量。但是 Bi 和 Bi 合金的性能也受到体积膨胀的影响。美国西北太平洋国家实验室的研究人员制备了新型的 Bi 纳米管,作为镁离子电池负极容量可达到 $350mA·h/g$ 或 $3430mA·h/cm^3$,首圈库伦效率高达 95%。其特殊的纳米多孔结构可有效吸纳 Mg_3Bi_2 形成过程中的体积膨胀并且减少了镁离子的扩散距离。更重要的是,这种镁电池可使用传统电解液。

2)低应力金属氧化物

尖晶石型钛酸锂($Li_4Ti_5O_{12}$)由于其独特的"零应变"特征,作为锂离子电池负极材料已经备受关注。中科院化学所郭玉国研究员和中科院物理所谷林、李泓研究员的研究表明,$Li_4Ti_5O_{12}$ 同样可以作为镁离子电池负极材料。镁离子可以插入 $Li_4Ti_5O_{12}$ 结构中,$Li_4Ti_5O_{12}$ 的可逆容量可达到 $175mA·h/g$,得益于材料在充放电过程中的"零应变",经过 500 次循环后,材料的容量仅有 5% 的衰减。

参考文献

[1] 袁吉仁. 新能源材料[M]. 北京:科学出版社,2020.

[2] 王新东,王萌. 新能源材料与器件[M]. 北京:化学工业出版社,2022.

[3] 《新能源材料科学与应用技术》编委会. 新能源材料科学与应用技术[M]. 北京:科学出版社,2016.

[4] 李伟,顾得恩,龙剑平. 太阳能电池材料及其应用[M]. 成都:电子科技大学出版社,2014.

[5] 冯传启,王石泉,吴慧敏. 锂离子电池材料合成与应用[M]. 北京:科学出版社,2017.

[6] 吴其胜,张霞,戴振华. 新能源材料[M]. 2版. 上海:华东理工大学出版社,2017.

[7] 雷永泉,万群,石永康. 新能源材料[M]. 天津:天津大学出版社,2000.

[8] 刘金云,等. 电化学储能材料[M]. 北京:科学出版社,2022.
[9] 许宁. 太阳能电池材料与应用[M]. 北京:科学出版社,2022.
[10] 钱斌,王志成. 燃料电池与燃料电池汽车[M]. 2版. 北京:科学出版社,2021.
[11] 翁敏航. 太阳能电池:材料·制造·检测技术[M]. 北京:科学出版社,2013.
[12] 章俊良,蒋峰景. 燃料电池:原理、关键材料和技术[M]. 上海:上海交通大学出版社,2014.
[13] 牛志强. 燃料电池科学与技术[M]. 北京:科学出版社,2021.
[14] 王林山,李瑛. 燃料电池[M]. 2版. 北京:冶金工业出版社,2005.
[15] 韦文诚. 固体燃料电池技术[M]. 上海:上海交通大学出版社,2014.
[16] 王绍荣,叶晓峰. 固体氧化物燃料电池技术[M]. 武汉:武汉大学出版社,2015.
[17] 刘国强,厉英. 先进锂离子电池材料[M]. 北京:科学出版社,2015.
[18] 米立伟,卫武涛. 镍钴基超级电容器电极材料[M]. 北京:中国纺织出版社,2019.
[19] 解晶莹. 钠离子电池原理及关键材料[M]. 北京:科学出版社,2021.
[20] 胡勇胜,陆雅翔,陈立泉. 钠离子电池科学与技术[M]. 北京:科学出版社,2020.
[21] 周馨我. 功能材料学[M]. 北京:北京理工大学出版社,2018.
[22] 焦宝祥. 功能与信息材料[M]. 上海:华东理工大学出版社,2011.
[23] 陈玉安,王必本,廖其龙. 现代功能材料[M]. 重庆:重庆大学出版社,2012.

第7章　先进电磁频谱对抗材料

随着光电、雷达探测技术的发展,现代战争在电磁频谱域的斗争日趋激烈,各类军事目标和作战行动时刻面临着被探测、跟踪和打击的威胁,由此发展起来的隐身技术、烟幕干扰技术等电磁频谱对抗手段也越显重要。本章主要介绍应用于电磁频谱对抗领域的吸波材料、光电干扰材料等先进功能材料,通过本章的学习可以了解这类材料与电磁波作用的基本原理、设计方法、主要类型和典型应用情况。

7.1 电磁频谱对抗

7.1.1 电子战与电磁频谱战

电子对抗又称电子战,是使用电磁能、定向能等技术手段,削弱、破坏敌方电子信息设备、系统、网络及相关武器系统或人员的作战效能,同时保护己方电子信息设备、系统、网络及相关武器系统或人员作战效能正常发挥的作战行动,主要内容包括电子对抗侦察、电子进攻和电子防御。

电子对抗是敌对双方在电磁频谱领域中广泛进行的一种对抗性军事行动。目前,电磁频谱的应用深入整个战争的各个领域,频谱从无线电波、微波、红外、可见光直到紫外和更短波长的全部频谱。因此,2015年,美军正式提出了电磁频谱战的概念。2017年美国空军发布的电子战条令中将电子战改称为电磁战,明确将传统电子对抗的战争形态提升为电磁频谱对抗的形态,突显了现代战争电磁频谱领域对抗的重要性和严峻性。电磁频谱领域的对抗贯穿战争的整个过程,敌对双方综合电子对抗实力已成为影响战争全局的关键因素。在现代高科技战争中,处于电子战弱势的一方,将失去电磁频谱权,从而丧失制空权和制海权。

在电磁频谱中,光学和雷达波段的对抗无疑是现代战争中最为激烈的。随着光电、雷达探测和制导技术的发展,各类工作在光学和雷达波段的装备和器材具备了全天候、立体化的作战能力,在战争中的威胁越来越大。尤其是精确制导武器,具有命中精度高、杀伤威力大、作用距离远等技术特点,已成为现代战争中的决定性力量,其重要性已在海湾战争以来的多次战争中得到了体现。因此,雷达对抗和光电对抗是当前技术条件下,电磁频谱对抗的两种主要形式。研究表明,在没有人为干扰的情况下,精确制导武器全天候应用命中概率达到 90% 以上。如何影响制导武器和侦察设备对战场目标的探测、锁定和跟踪能力,降低其发现和打击目标的概率,是雷达对抗和光电对抗的主要任务。隐身技术和烟幕技术是雷达对抗和光电对抗的两种重要的技术手段,通过装备设计和功能材料的应用,可显著降低军事装备被发现、跟踪和打击的概率,提升装备的战场生存能力。

7.1.2 隐身技术

在军事技术领域,隐身技术又称为目标特征信号控制技术或低可探测技术,是通过减小武器平台的特征信号,降低其被敌方探测器探测、识别、跟踪的概率,降低敌方制导武器攻击的成功率,提高武器平台生存力技术的总称。从定义来看,隐身技术有以下特点。

(1)隐身技术是一类技术的统称,并非专门针对某种探测器或某种专门技术的应用。

(2)隐身技术的目的是提高武器平台的生存能力,是一种防御性军事技术。

(3)隐身技术提高生存力的手段是降低武器平台本身的特征信号,它与雷达干扰、假目标迷惑等手段的区别是不需要干扰机、假目标等其他设备或器件的辅助。

(4)隐身技术并不意味着武器平台完全不能被探测到,而是其被探测到的概率能够大大降低,不排除某些特殊情形下仍然能够被探测到的可能性。

(5)隐身技术并不只是降低武器平台被探测到的概率,还包括降低其被跟踪、识别的概率和被制导武器攻击的成功率。

也就是说,隐身技术可以提高武器平台的生存概率。例如,飞机的生存概率 P_S 可以表示如下:

$$P_S = 1 - P_H P_{K/H} \tag{7-1}$$

式中:P_H 为飞行器被命中的概率,称为敏感性;$P_{K/H}$ 为飞行器在被命中的条件下被击毁的概率,与其抗打击能力有关,称为易损性。P_H 的影响因素主要有三个方面:威胁的活动性(active)概率 P_A,飞行器被探测(detected)、识别(identified)和跟踪(tracked)的概率 P_{DIT} 以及飞行器被威胁武器发射(launched)、引导(guided)和引爆(detonated)的概率 P_{LGD}。因此,命中概率可表示为

$$P_H = P_A P_{DIT} P_{LGD} \quad (7-2)$$

利用隐身技术可以有效减低飞行器被探测、识别和跟踪的概率 P_{DIT},从而提高飞机的生存概率。

针对武器平台的常用探测器包括雷达、红外探测器、可见光探测器、声呐等,相应的特征信号为雷达波、红外辐射、可见光和噪声。根据探测器的类型和相应的特征信号,隐身技术可分为雷达隐身、红外隐身、可见光隐身、声隐身等几类。对于不同的目标,由于其自身及所处环境特征信号的差异,隐身技术的侧重点也有所不同。一般情况下,飞机的主要特征信号为雷达波和红外信号,对其构成的主要威胁来自雷达和红外探测器,因此飞机隐身的重点是雷达隐身和红外隐身;潜艇的特征信号为辐射的噪声和主动声呐探测时的反射声波,其隐身的重点为声隐身;坦克等地面装备的主要特征信号为可见光和红外信号,其隐身的重点为红外隐身和可见光隐身,二者又合称为光电隐身;而低空突防的直升机的雷达波、红外、噪声和可见光等特征信号都非常重要,所以雷达隐身、光电隐身以及声隐身都会涉及。

隐身技术按照其实现手段可分为外形隐身技术、材料隐身技术、有源对消技术、无源对消技术和等离子体隐身技术等。其中,外形隐身技术与材料隐身技术是目前武器平台采用的两种主要技术手段。外形隐身是指通过改变目标的外形结构,使其在满足一定气动性能的前提下,将雷达回波转向探测威胁较小的方向上,从而降低其被探测的概率。外形设计是实现武器系统高性能隐身的最直接和最有效的技术手段,但它不会减弱回波的总能量,对双站或多站雷达探测体制,外形隐身技术可能会失效;另外,在气动性能的限制、一些关键部件无法改变外形等情形下,仅依赖外形隐身技术很难取得最佳的隐身效果。材料隐身技术可以弥补外形隐身技术的不足,在不改变武器平台外形结构和牺牲飞行器的气动性能的条件下,兼具良好的隐身效果,因而在隐身技术领域占有很重要的地位。

材料隐身技术主要依靠各类隐身材料来实现,根据作用对象,隐身材料可以分为雷达隐身材料、红外隐身材料、可见光隐身材料以及声学隐身材料等。

7.1.3 烟幕干扰技术

烟幕是人工制造的、起屏蔽作用的气溶胶,是固体、液体或固液混合微粒与

空气形成的两相或多相混合体系,按战术用途可分为遮蔽烟幕、迷盲烟幕、干扰烟幕、欺骗烟幕和信号烟幕等。烟幕干扰技术是使用发烟装备施放发烟剂形成烟幕云团,改变电磁波通路上的介质传输特性,对光电探测和制导武器系统实施干扰、降低其作战效能的一种技术手段。

作为光电对抗的一种主要的无源干扰手段,烟幕干扰技术早在第一次世界大战时就被应用于战场,在历次战争中发挥了重要的作用,其作用波段已经从早期的可见光波段,发展到紫外、中远红外、激光,甚至毫米波波段。烟幕技术的主要特点如下:

(1)烟幕不能自动形成,需要借助发烟装备将发烟剂施放到空中形成气溶胶云团才会产生作用,作用的强弱取决于组成气溶胶的固体或(和)液体微粒的物理和化学性质。

(2)烟幕干扰技术也主要是一种军事防御技术,可以提高武器平台的战场生存能力,掩护作战行动。

(3)烟幕的使用方式灵活,可采用燃烧、爆炸以及气动分散等多种方式成烟,应用场景涵盖陆地、空中及水上,根据需要可以实现多种战术目的,如遮蔽、干扰、欺骗、迷盲、传递信号等。

(4)烟幕对光学波段的电磁波衰减力强,覆盖整个光学频谱范围,包括紫外、可见光、近红外、中远红外。进一步增加气溶胶颗粒的尺寸,还可具备毫米波段的干扰能力,但烟幕粒子的悬浮性能会大幅下降。

(5)烟幕技术也是一种概率防护手段,可以降低战场目标和作战行动被发现和攻击的概率,使用效果受多种因素的影响,其中风速、风向、大气垂直稳定度、湿度等气象条件以及地形、地貌的影响最为明显。

(6)烟幕装备和器材通常价格便宜,战场使用的效费比高。

烟幕干扰技术主要包括发烟剂技术、发烟装备技术、烟幕效能评估技术和发烟装备使用技术,其中发烟剂技术和发烟装备技术是烟幕干扰技术的核心内容。

发烟剂是通过一定方式生成烟幕的化学物质,是产生烟幕物质的统称。发烟剂可以是一种单组分的物质,也可以是多组分的物质;可以是固态的,也可以是液态的;可以是无机物,也可以是有机物,还可以是矿物质或尘埃;在军事上主要用于形成烟幕,起遮蔽、干扰等作用。发烟剂被施放到空气中形成的气溶胶云团即为烟幕,组成烟幕的气溶胶颗粒即为烟幕材料。烟幕材料是发烟剂的产物,发烟剂在施放过程中发生的物理和化学变化决定了烟幕材料的物质组成、颗粒大小和形状等特征。

发烟装备是用于施放发烟剂形成烟幕的特种装备,按照发烟剂的施放方式主要分为三类:①燃烧型发烟装备,该类装备通过发烟剂的燃烧反应形成烟幕,具有结构简单、使用方便、持续时间长的特点,主要包括燃烧型发烟罐、发烟手榴弹等;②爆炸分散型发烟装备,该类装备采用爆炸方式将发烟剂分散形成烟幕,具有成烟速度快的特点,主要包括发烟榴弹、发烟迫弹、发烟枪弹、发烟火箭弹及发烟航弹等;③气动分散型发烟装备,该类装备采用某种气源作为分散动力将发烟剂分散形成烟幕,具有发烟时间长、成烟面积大的特点,包括各种类型的发烟机、发烟车和气动型发烟罐等。

7.2 雷达隐身材料

雷达隐身材料通常指雷达吸波材料(Radar Absorbing Materials,RAM),可以吸收入射电磁波来减小反射回雷达的能量,是抑制目标镜面反射最有效的方法,也是最先获得实际应用的隐身技术手段,在隐形战斗机上得到了广泛的应用,如美国的F-117、B-2、F-22、F-35。

7.2.1 雷达吸波材料基本原理

7.2.1.1 雷达工作原理

雷达的工作原理是通过发射并接收目标散射的电磁波,实现对目标精确定位,同时还能对目标的运动参数(速度、加速度、航向、航迹等)进行测量并跟踪目标。因此,雷达可探测的目标非常广泛,从飞机、舰船、装甲车辆、导弹到建筑物,以及桥梁、山川、雨云等,都可以成为雷达的探测目标。雷达的特点是探测距离可以或近或远、精度高、不易受天气影响,可以在黑暗、薄雾、浓雾、下雨和下雪时工作。因此,雷达已成为防空系统、进攻性导弹及其他许多武器装备的重要组成部分。

雷达主要由天线、发射机、接收机和显示器四部分组成,其工作的基本过程为:发射机产生足够的电磁能量传递给天线,天线将这些能量辐射至大气中,集中在某一很窄的方向上形成波束向前传播;当雷达波束遇到目标后,将沿各个方向产生反射,其中一部分电磁能量反射回雷达的方向,即回波信号;微弱的回波信号被雷达天线获取后被送到接收机,经放大和信号处理,提取出包含在其中的信息并送至显示器,显示出目标的距离、方向和速度等参数。

根据雷达波从发射时刻到接收到回波的延迟时间 t,可以确定目标的距离 R 为

$$R = \frac{ct}{2} \tag{7-3}$$

式中:c 为光速。雷达测距时一个重要的参数是距离分辨力,即对两个相邻目标

的区分能力,定义为对目标最小可区分的径向距离,用 ΔR_{min} 表示。若不考虑天线收发转换开关的时间,则距离分辨力的计算公式为

$$\Delta R_{min} = \frac{c\tau}{2} \tag{7-4}$$

式中:τ 为雷达波的脉冲宽度,即一个脉冲持续的时间。式(7-4)说明,τ 越小,距离分辨力越好,越有利于雷达识别目标的数量。因此,为了提高距离分辨力,需要采用窄脉冲雷达信号进行探测。

如果目标有径向运动,则回波信号的频谱会产生频移,该频移与目标相对于雷达的速度成正比,这就是多普勒频移效应。根据该频率频移效应,当目标相对于雷达的径向速度为 v 时,接收机收到的回波频率偏移 f_d 为

$$f_d = 2f\frac{v}{c} \tag{7-5}$$

式中:f 是发射机发射的频率。由散射回波的多普勒频移 f_d 就可以计算出目标的径向速度。

雷达可用的频率范围为 3MHz~300GHz,相应的波长范围为 1mm~100m。大多数雷达工作在微波区域,频谱范围为 300MHz~300GHz,相应的波长范围为 1mm~1m,不同频率有着不同的军事应用。目前,雷达波段的分区常使用美国电气与电子工程师协会(Institute of Electrical and Electronics Engineers,IEEE)的分类方式,如表7-1所列。目前,雷达吸波材料研究的频率范围主要在 2~18GHz。

表7-1 雷达波段字母代号

波段名称	频率范围/GHz	波长范围/cm
UHF	0.3~1	100~30
L	1~2	30~15
S	2~4	15~7.5
C	4~8	7.5~3.75
X	8~12	3.75~2.5
Ku	12~18	2.5~1.67
K	18~27	1.67~1.11
Ka	27~40	1.11~0.75
V	40~75	0.75~0.4
W	75~110	0.4~0.27
mm	110~300	0.27~0.1

7.2.1.2 雷达散射截面

雷达散射截面(Radar Cross Section,RCS)是表征目标在雷达波照射下产生的回波强度的一个物理量,是隐身设计中的一个重要指标。所谓雷达隐身,本质上就是降低目标的 RCS。较小的 RCS 意味着雷达系统能够接收到的回波信号更弱,更难对目标进行识别和跟踪。对于一定的雷达系统,RCS 主要取决于装备的几何外形和材料的物理特性,所以可以把雷达隐身技术简单归结为 RCS 的减缩技术。

目标的 RCS 可用一个各向均匀辐射的等效反射器的投影面积来定义,该等效反射器在接收方向单位立体角内具有与目标相同的回波功率。RCS 具有面积量纲,一般用 σ 表示,根据雷达接收天线处的散射场和目标处的入射场定义为

$$\sigma = \lim_{R \to \infty} 4\pi R^2 \frac{|\boldsymbol{E}_\mathrm{s}|^2}{|\boldsymbol{E}_\mathrm{i}|^2} \tag{7-6}$$

式中:R 为目标与雷达接收天线的距离;$\boldsymbol{E}_\mathrm{s}$ 为散射回波在雷达接收天线处的电场强度;$\boldsymbol{E}_\mathrm{i}$ 为入射波在目标处的电场强度。式(7-6)中,$R \to \infty$ 意味着目标处的入射波与雷达处的散射波都具有平面波的性质,从而消除了距离对 RCS 的影响。$|\boldsymbol{E}_\mathrm{i}|^2$ 和 $|\boldsymbol{E}_\mathrm{s}|^2$ 分别为单位面积上入射雷达波和散射波的功率;$4\pi R^2 |\boldsymbol{E}_\mathrm{s}|^2$ 为散射波在半径为 R 的整个球面上的总散射功率。因此,RCS 的物理意义可描述为目标总散射功率与单位面积入射波功率之比。RCS 可以看作与目标散射等价的一个假想截面积,这个截面积截取了垂直照射到其上的平面波的能量,并各向同性地再次辐射出去。RCS 大小与探测目标的形状、尺寸、结构及材料有关,也与入射电磁波的频段、极化方式和入射角等直接相关。

对于微波雷达,几种典型目标的 RCS 值是:巡航导弹约为 $0.5\mathrm{m}^2$,小型战斗机约为 $2\mathrm{m}^2$,大型轰炸机 $10 \sim 100\mathrm{m}^2$,中型舰船约为 $10000\mathrm{m}^2$,B-17 轰炸机约为 $74\mathrm{m}^2$,而采用隐身技术的 F-117 隐身战斗机的 RCS 可小于 $0.1\mathrm{m}^2$。

用面积表示的 RCS 起伏较为剧烈,因此常用分贝值来表示,即

$$\sigma_\mathrm{dBsm} = 10\lg \sigma_\mathrm{m} \tag{7-7}$$

式中:σ_m 的单位为 m^2,σ_dBsm 的单位为 dBsm。例如 B-52 飞机的头向 RCS 为 $100\mathrm{m}^2$,即 20dBsm。

7.2.1.3 雷达方程

雷达探测目标是通过接受目标散射的雷达回波实现的,回波的功率与 RCS 的大小直接相关。雷达方程是描述雷达探测距离与 RCS 及其他变量间的数学表达式,它将雷达作用距离与发射机、接收机、天线和目标特性关联起来,不仅可用于确定某一特定雷达能够探测到的目标最大作用距离,而且还可以作为研究影响雷达性能因素的一种手段,是雷达系统设计中的一个重要辅助工具。

功率密度表示单位时间内通过单位面积的能量。设雷达发射功率为 P_t,则

距离雷达 R_1 处的功率密度 S_t 为

$$S_t = \frac{P_t G}{4\pi R_1^2} \qquad (7-8)$$

式中：G 为天线增益。增益是指在特定方向上辐射到远距离处的功率密度与辐射相同功率的各向同性天线在相同距离处的功率密度之比，体现对功率密度增加的一种度量。一般来说，天线尺寸与波长的比值越大，这种定向性越强。根据天线理论，天线增益 G 和天线有效面积 A_e 之间的关系为

$$G = \frac{4\pi A_e}{\lambda^2} \qquad (7-9)$$

式中：λ 为雷达波的波长。

设目标的 RCS 为 σ，则其截获的功率 P_1 为

$$P_1 = S_t \sigma = \frac{P_t G}{4\pi R_1^2} \sigma \qquad (7-10)$$

根据 RCS 的定义，目标接收到能量向各个方向均匀辐射，则辐射出去的总功率也应为 P_1。设接收天线与目标的距离为 R_2，则回波功率密度 S_2 为

$$S_2 = \frac{P_1}{4\pi R_2^2} = \frac{P_t G \sigma}{(4\pi)^2 R_1^2 R_2^2} \qquad (7-11)$$

接收天线的有效面积 A_e 将照射到上面的所有能量截获，得到雷达天线接收到的回波功率 P_r 为

$$P_r = S_2 A_e = \frac{P_t G \sigma A_e}{(4\pi)^2 R_1^2 R_2^2} \qquad (7-12)$$

式(7-12)即为雷达方程的基本形式，它反映了雷达接收功率的影响因素，包括发射功率、天线增益、天线有效面积、距离、目标 RCS 等。

对于单基地雷达，发射天线和接收天线共用，则 $R_1 = R_2 = R$，又根据天线增益与有效面积之间的关系，雷达方程又可表示如下：

$$P_r = \frac{P_t G^2 \lambda^2 \sigma}{(4\pi)^3 R^4} \qquad (7-13)$$

设雷达最小可探测信号为 P_{min}，只有当 $P_r \geq P_{min}$ 时，雷达才能探测到目标。当 $P_r = P_{min}$ 时，可计算得到雷达最远探测距离 R_{max} 为

$$R_{max} = \left[\frac{P_t G^2 \lambda^2 \sigma}{(4\pi)^3 P_{min}} \right]^{\frac{1}{4}} \qquad (7-14)$$

从式(7-14)可以看出，雷达在自由空间的最大探测距离 R_{max} 与雷达散射截面的 4 次方根成正比，为了使雷达的 R_{max} 降低 1/2，需要将目标的 RCS 缩减到原来的 1/16。雷达方程揭示了 RCS 与雷达探测距离之间的关系，是雷达隐身设计的理论依据。通过吸波材料降低回波能量，减小目标的 RCS，是实现雷达隐身的

有效术途径。

7.2.1.4 材料吸波的基本条件

当电磁波入射到材料表面时,会发生两种行为,一部分电磁波会在材料表面发生反射,另一部分电磁波会通过材料表面进入材料内部发生衰减损耗。为了能让更多的雷达波进入材料内部并将其能量耗散掉,吸波材料一般应具备两个基本条件,即阻抗匹配条件和衰减条件。

1) 阻抗匹配条件

阻抗匹配条件就是创造一定的边界条件,使入射电磁波在材料介质的表面反射率最小,从而尽可能地减少入射电磁波在吸波材料介质表面的反射,使之尽可能多地进入材料内部。

电磁波由一种介质传播到另一种介质时,两种介质的阻抗不匹配将导致电磁波在分界面处产生反射。介质的波阻抗定义为电场强度 E 和磁场强度 H 的振幅比值。假设平面波沿 z 轴方向传播,电场强度只有 x 方向分量,磁场强度只有 y 方向分量,若 E_x 和 H_y 分别为电磁强度和磁场强度的振幅,则波阻抗 Z 为

$$\eta = \frac{E_x}{H_y} = \sqrt{\frac{\mu}{\varepsilon}} \tag{7-15}$$

式中:ε 和 μ 分别为介质的复介电常数和复磁导率。自由空间的波阻抗为 $\eta_0 = \sqrt{\mu_0 \varepsilon_0} \approx 377\Omega$。

在自由空间传播的电磁波与吸波界面垂直相遇时,根据菲涅尔公式,反射系数可表示为

$$\Gamma = \frac{\eta - \eta_0}{\eta + \eta_0} = \frac{\sqrt{\mu_r} - \sqrt{\varepsilon_r}}{\sqrt{\mu_r} + \sqrt{\varepsilon_r}} \tag{7-16}$$

式中:η 和 η_0 分别为电磁波在吸波材料和自由空间的波阻抗;ε_r 和 μ_r 分别为材料的相对介电常数和相对磁导率。但需要注意的是,该计算公式仅适用于无限厚度的吸波材料。对于有限厚度的材料,需要利用等效传输线理论等方法进行计算。

从式(7-16)可知,若要 $\Gamma = 0$,需满足 $\eta = \eta_0 \approx 377\Omega$ 或 $\sqrt{\mu_r} = \sqrt{\varepsilon_r}$,此即吸波材料的阻抗匹配条件。因此,要使直射雷达波完全进入吸波材料,吸波材料的相对磁导率和相对介电常数要相等。要找到 $\mu_r = \varepsilon_r$ 的吸波材料很困难,在宽频谱范围寻找这样的材料更难。因为自然界中大多数材料的 ε_r 都远大于 μ_r。且在微波频段内,材料的 ε_r 和 μ_r 都具有频散特性,即数值大小会随着频率的升高而迅速降低。介电常数变化可从很小至几千甚至几万,而磁导率很少大于20,因此难以在宽频段内实现 $\mu_r \approx \varepsilon_r$。因此,吸波材料设计的主要目的之一就是尽可能使相对磁导率和相对介电常数匹配,在尽可能宽的频率范围内,使材料对雷达波

的反射系数尽可能小。

2) 衰减条件

衰减条件是指进入材料内部的电磁波因损耗而被吸收耗散。实现这个条件的方法是使材料具有良好的电磁损耗特性,能将电磁波迅速地衰减掉,但同时还要满足阻抗匹配条件。

设电磁波沿 z 轴方向传播,它在自由空间中的波动方程为

$$E(z,t) = E_0 \exp[j(kz - \omega t)] \tag{7-17}$$

式中:E_0 为电场的振幅;ω 为角频率;ωt 为时间相位;k 为波数,也称为传播系数,其表达式为

$$k = \omega \sqrt{\mu \varepsilon} \tag{7-18}$$

对于有损耗的介质,电磁波的传播系数 k 为复数,可写成

$$k = \beta + j\alpha \tag{7-19}$$

此时,k 又称为复波数,相应电场的表达式为

$$E(z,t) = E_0 \exp(-\alpha z)\exp[j(\beta z - \omega t)] \tag{7-20}$$

式中:α 为衰减常数,表示单位距离衰减的程度,即电磁波沿传播方向衰减快慢的程度;β 为相位常数,表示单位距离落后的相位;$\exp(-\alpha z)$ 为衰减因子。由式(7-20)可见,电磁波在有损耗的介质中传播时,不仅场强的相位有滞后,其振幅也将按指数规律不断衰减。可见,电磁波在介质中产生衰减的原因是由于其在传播过程中不断有电磁能的损耗,而损耗的强弱则与衰减常数 α 直接相关。

在损耗介质中,介电常数和磁导率都可以表示为复数,即

$$\varepsilon = \varepsilon' - j\varepsilon'' \tag{7-21}$$

$$\mu = \mu' - j\mu'' \tag{7-22}$$

设介质的介电损耗角和磁损耗角分别为 δ_e 和 δ_m,则电损耗正切 $\tan\delta_e$ 和磁损耗正切 $\tan\delta_m$ 为

$$\tan\delta_e = \frac{\varepsilon''}{\varepsilon'} \tag{7-23}$$

$$\tan\delta_m = \frac{\mu''}{\mu'} \tag{7-24}$$

从而可导出衰减常数与电磁参数和损耗正切的关系为

$$\alpha = \omega\sqrt{\mu'\varepsilon'}\left\{\frac{1}{2}\left[\tan\delta_e\tan\delta_m - 1 + \sqrt{(1+\tan^2\delta_e)(1+\tan^2\delta_m)}\right]\right\}^{\frac{1}{2}} \tag{7-25}$$

也可将衰减常数表达为电磁参数和电磁波频率 f 的函数

$$\alpha = \sqrt{2}\pi f\sqrt{\mu''\varepsilon'' - \mu'\varepsilon' + \sqrt{(\mu'\varepsilon'' + \mu''\varepsilon')^2 + (\mu''\varepsilon'' - \mu'\varepsilon')^2}} \tag{7-26}$$

对于损耗介质,其衰减吸收作用用传输系数 T 表示

$$T = e^{-\alpha L} \tag{7-27}$$

式中:L 为材料的厚度。从以上关系式可以看出,影响吸波材料衰减特性的因素包括衰减常数、电磁波频率和材料厚度等。根据式(7-26),若 $\varepsilon'' = \mu'' = 0$,则 $\alpha = 0$,此时材料对电磁波无衰减。因此,吸波材料的介电常数和磁导率必须有虚部,电磁波才能在其中衰减。α 为 μ'、ε'、$\tan\delta_e$ 或 $\tan\delta_m$ 的单调增函数,要获得较大的 α 值,则要求 μ'、ε'、$\tan\delta_e$ 和 $\tan\delta_m$ 都有较大的值。电磁参数的虚部越大,$\tan\delta_e$ 和 $\tan\delta_m$ 的数值越大,电磁波衰减得越快,同样厚度的吸波材料就能达到越好的因素效果。但是,电磁参数的变化可能会增大材料的反射系数,使阻抗匹配条件变差。因此在进行吸波材料设计时,要同时兼顾衰减条件和阻抗匹配条件。

7.2.1.5 雷达吸波材料衰减机制

吸波材料衰减雷达波主要有两种吸收衰减机制:介电损耗和磁损耗。其中介电损耗又包括电导损耗和极化损耗。

1) 电导损耗

电导损耗也叫作电阻损耗,是由吸波材料的本征电导特性引起的。在电磁波的电场作用下,吸波材料中自由载流子的移动会在其内部产生感应电流。如果将吸波体简单视为电路中的一个负载电阻,当感应电流在其中流动时,由于电流的热效应,会消耗电能,产生热量,从而使入射的电磁能量发生损耗。

定义单位体积吸波材料的电导损耗率为 p,则

$$p = \sigma E^2 = nq\mu E^2 \tag{7-28}$$

式中:E 为电磁波的电场强度;σ 为材料中自由载流子产生的电导率;n、q、μ 分别为自由载流子的数量、荷电量和迁移速率。对于金属良导体,衰减常数为

$$\alpha = \sqrt{\omega\mu\sigma/2} \tag{7-29}$$

可见电导率越大、频率越高,衰减常数 α 也越大,电磁波进入材料后衰减越快。一般高频电磁波进入良导体后,在微米量级的距离内就基本衰减为 0。因此,高频电磁波只能存在于导体表面的一个薄层内,这一现象称为趋肤效应。定义趋肤深度 δ 为

$$\delta = \frac{1}{\alpha} = \sqrt{\frac{2}{\omega\mu\sigma}} \tag{7-30}$$

显然,趋肤深度越小,表明导体材料对电磁波的衰减越厉害。

从式(7-28)可知,只要吸波材料中存在自由载流子(自由电子、正负离子、空穴等),就会产生电导损耗,但损耗的大小与材料的电导率或自由载流子数量成正比。如果材料为绝缘体,由于电导率较低,其中的自由载流子数量较少,电导损耗可以忽略。对于半导体和导体,随着内部自由载流子数量变多,其电导率增加,电导损耗就开始变得明显。因此,具有较好导电性的吸波材料,如碳材料、

导电聚合物等，对雷达波都有良好的电导损耗性能。垂直入射导体表面的电磁波，其反射率 R 为

$$R = 1 - 2\sqrt{\frac{2\omega\varepsilon_0}{\sigma}} \tag{7-31}$$

可见，电导率越大，反射率越接近 1，电磁波在材料表面的反射越严重。因此，在设计此类吸波材料时，要注意电导率的合理控制，避免过高电导率的出现。

2) 极化损耗

吸波材料的极化损耗主要与材料极化的弛豫过程有关。前面章节介绍电介质极化的微观机制时，曾指出不同极化方式建立并达到平衡所需的时间不同。实际上，只有电子位移极化和离子位移极化可以认为是瞬时完成的，其他极化（如弛豫极化、转向极化、空间电荷极化等）都需要较长的时间，这样在交变电场的作用下，电介质的极化就存在频率响应问题。通常把电介质完成极化所需的时间称为弛豫时间，用 τ 表示。

当电介质在交变电场作用时，随着频率的增加，极化强度和电位移矢量将落后于交变电场的变化，有部分电能转变成热能而产生损耗。此时介电常数为复数，其虚部 ε'' 为介质损耗因子，极化损耗的大小用损耗角正切 $\tan\delta_e$ 来表示，其值为

$$\tan\delta_e = \frac{\varepsilon''}{\varepsilon'} = \frac{\varepsilon_r''}{\varepsilon_r'} = \frac{\sigma}{\omega\varepsilon'} \tag{7-31}$$

由此可见，介质的极化损耗由介电常数的虚部引起，虚部越大，极化损耗越大。另外，由于 $\varepsilon'' = \sigma/\omega$，因此电导率的增加也会增大介电常数的虚部，使极化损耗增大。

介电常数与交变电场的频率有关，也与电介质的极化弛豫时间有关，描述这种关系的方程为德拜方程，其表达式如下：

$$\begin{cases} \varepsilon_r' = \varepsilon_{r\infty} + \dfrac{\varepsilon_{rs} - \varepsilon_{r\infty}}{1 + \omega^2\tau^2} \\ \varepsilon_r'' = \dfrac{(\varepsilon_{rs} - \varepsilon_{r\infty})\omega\tau}{1 + \omega^2\tau^2} \\ \tan\delta_e = \dfrac{(\varepsilon_{rs} - \varepsilon_{r\infty})\omega\tau}{\varepsilon_{rs} + \varepsilon_{r\infty}\omega^2\tau^2} \end{cases} \tag{7-32}$$

式中：ε_{rs} 为静态或低频下的相对介电常数；$\varepsilon_{r\infty}$ 为光频下的相对介电常数。

德拜方程清晰地描述了介电常数与频率和弛豫时间的关系，如图 7-1 所示。从图 7-1 中可知，当 $\omega\tau = 1$ 时，ε_r'' 具有极大值，产生的极化损耗最为明显；当 $\omega\tau \ll 1$ 或 $\omega\tau \gg 1$ 时，ε_r'' 很小，此时各种极化都能跟上电场的变化或完全来不及响应电场的变化，几乎不产生极化损耗。

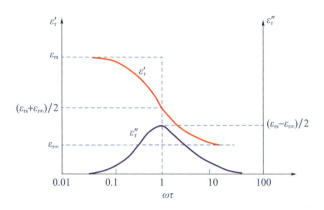

图7-1　介电常数实部和虚部与 $\omega\tau$ 的关系

常用雷达波的频率在 $10^9 \sim 10^{10}$ 量级,电子位移极化和离子位移极化的弛豫时间分别约为 $10^{-14} \sim 10^{-16}$ s 和 $10^{-12} \sim 10^{-13}$ s,极化完成时间极短,完全能够跟上电场的变化,其 $\omega\tau \ll 1$,不会产生极化损耗。空间电荷极化等弛豫时间非常长的极化,约为几秒至几十小时,完全来不及响应雷达波电场的变化,其 $\omega\tau \gg 1$,也不会产生极化损耗。而弛豫极化、转向极化的弛豫时间适中(分别为 $10^{-2} \sim 10^{-9}$ s、$10^{-2} \sim 10^{-10}$ s),其 $\omega\tau$ 值可以调节在 1 附近,使其具有较大的介电常数虚部,从而产生明显的极化损耗。因此,吸波材料在雷达波段的极化损耗机制主要是由于弛豫极化、转向极化滞后于雷达波电场的变化而发生的能量损耗。

3)磁损耗

磁损耗的产生是由于复数磁导率虚部 μ'' 的存在,使磁感应强度 B 落后于外加磁场 H,引起磁性材料在动态磁化的过程中不断消耗外加能量。在均匀交变磁场中的单位体积铁磁体在单位时间内的平均能量损耗(或磁损耗功率密度) P_{Total} 为

$$P_{\text{Total}} = \frac{1}{T}\int_0^T H\mathrm{d}B = \frac{1}{2}\omega H_m B_m \sin\delta_m = \pi f \mu'' H_m^2 \tag{7-33}$$

式中:$T = 2\pi/\omega$;H_m 和 B_m 分别为磁场强度和磁感应强度的振幅。可见,磁损耗的大小与材料的虚部 μ'' 成正比。

根据材料的磁性能可知,吸波材料的磁损耗包括涡流损耗、磁滞损耗和剩余损耗等三方面的损耗机制。用 W 表示单位体积总的磁损耗,则

$$W = W_e + W_h + W_c \tag{7-34}$$

式中:W_e、W_h 和 W_c 分别为单位体积的涡流损耗、磁滞损耗和剩余损耗。

(1)涡流损耗。

涡流损耗是导电性材料在交变磁场的作用下,由于电磁感应产生的涡电流在材料中流动产生焦耳热,使电磁能转变成热能而造成的电磁损耗。设材料的

厚度为 d,电阻率为 ρ,则一个周期内材料的涡流损耗大小可表示为

$$W_e = \frac{af d^2 B_m^2}{\rho} \qquad (7-35)$$

式中:a 为常数;f 为电磁波频率;B_m 为最大磁感应强度。可见,在电磁波频率和材料厚度一定的情况下,涡流损耗的大小与材料的电阻率成反比。因而,对于雷达吸波材料来说,涡流损耗主要发生在电阻率较小的磁性导电金属或合金材料中,而铁氧体等磁性材料因电阻率较高,涡流损耗很小。

(2)磁滞损耗。

磁滞损耗则是由于磁性材料在交变磁场中的磁滞现象而产生的电磁能损耗。如果磁化过程只存在磁滞损耗,那么磁滞回线的面积在数值上就等于每磁化一周产生的磁滞损耗。在磁感应强度 B 低于其饱和值 $1/10$ 的弱磁场中,瑞利(L. Rayleigh)总结了磁感应强度 B 和磁场强度 H 的实际变化规律,得到了它们之间的解析表达式,故这种弱磁场范围称为瑞利区。单位体积的材料中磁化一周带来的磁滞损耗为

$$W_h = \oint H dB \approx \frac{4}{3} \nu H_m^3 \qquad (7-36)$$

式中:ν 为瑞利常量,其物理意义表示磁化过程中能量不可逆部分的大小;H_m 为最大磁场强度。那么,在交变磁场中每秒的磁滞损耗功率 P_h 为

$$P_h = f W_h \approx \frac{4}{3} f \nu H_m^3 \qquad (7-37)$$

可见,吸波材料磁滞损耗功率同雷达波频率 f、瑞利常量 ν 以及最大磁场强度 H_m 的 3 次方成正比。磁滞损耗通常在强磁场作用下才能发生,因而在雷达吸波材料中由磁滞效应引起的磁损耗很弱,可以忽略。

(3)剩余损耗。

剩余损耗是除涡流损耗和磁滞损耗以外的其他所有损耗。在低频和弱磁场条件,剩余损耗主要由磁后效损耗引起,且与频率无关。所谓磁后效是指磁化强度跟不上外磁场变化的延迟现象。在高频条件下,剩余损耗则主要来源于尺寸共振损耗、自然共振损耗及畴壁共振损耗等共振损耗。

所谓共振损耗是材料的磁损耗在某特定频率下显著增大的现象。共振损耗与材料的尺寸有关。在相对磁导率为 μ_r、相对介电常数为 ε_r 的材料中,频率为 f 的电磁波的波长为

$$\lambda = \frac{c}{f \sqrt{\mu_r \varepsilon_r}} \qquad (7-38)$$

式中:c 为光速。当磁性材料的尺寸为波长的整数倍或半整数倍时,材料中将形成驻波,从而发生共振能量损耗,这种损耗称为尺寸共振损耗。对于铁氧体来

说,尺寸共振损耗一般发生在 $f = 10^4 \sim 10^6$ Hz 的中频区,因此在雷达波频率范围内不会发生尺寸共振。

发生磁后效时,磁化强度与磁场的方向并不完全一致,而是绕着磁场方向的轴线作进动。当进动周期与高频磁场的周期一致时,出现共振损耗。在铁磁材料中一般都存在磁各向异性场 H_k,材料中的微观磁化强度将绕着 H_k 进动。可以证明,该进动的频率为

$$f = \frac{|\xi| H_k}{2\pi} \tag{7-39}$$

式中: ξ 为旋磁系数。这种磁各向异性场形成的共振现象,称为自然共振。铁氧体的自然共振一般发生在 $f = 10^8 \sim 10^{10}$ Hz 的超高频区,是其在雷达波段产生磁损耗的主要原因。

另外,在交变磁场的作用下,畴壁将受到力的作用,在其平衡位置附近振动。其振动的角频率为 $\omega_0 = \sqrt{\alpha/m}$,其中 α 为弹性回复系数,m 为畴壁的质量。当交变磁场的频率 ω 等于畴壁振动的固有频率 ω_0 时,吸波材料的 μ'' 为极大值,损耗显著增大,这种情况称为畴壁共振损耗。铁氧体的畴壁共振一般发生 $f = 10^6 \sim 10^8$ Hz 的高频区域,易在雷达波的低频段产生磁损耗。

7.2.1.6 雷达吸波材料的性能指标

1) 反射率

根据传输线理论,对于涂覆在金属板表面的雷达吸收材料,电磁波垂直入射到单层吸波材料界面处的反射系数为

$$\Gamma = \frac{Z_{\text{in}} - Z_0}{Z_{\text{in}} + Z_0} \tag{7-40}$$

式中: $Z_0 = \sqrt{\mu_0 \varepsilon_0} = 120\pi \, \Omega$ 为空气的特征阻抗; Z_{in} 为吸波材料表面的输入阻抗,表达式为

$$Z_{\text{in}} = Z_c \tanh(\gamma \cdot d) \tag{7-41}$$

式中: Z_c、γ 和 d 分别为吸波材料的特征阻抗、传输常数和厚度。Z_c 和 γ 的表达式为

$$Z_c = \sqrt{\mu/\varepsilon} \tag{7-42}$$

$$\gamma = j2\pi f \sqrt{\mu\varepsilon} \tag{7-43}$$

反射率 R 为雷达波反射功率与入射功率之比,在数值上等于反射系数模的平方。吸波材料领域的反射率一般是对 R 取对数得到的,记为 R_L,即

$$R_L = 10\lg|\Gamma|^2 = 20\lg\left|\frac{Z_{\text{in}} - Z_0}{Z_{\text{in}} + Z_0}\right| \tag{7-44}$$

式中:反射率 R_L 的单位为 dB,数值为负数。R_L 越小表示雷达波衰减损耗越大,

材料的吸波性能越强。由反射率的计算公式可以看出,材料的吸波性能主要由其电磁参数、厚度及电磁波频率决定。

2) 频带宽度

反射率 R_L 小于某一数值 $-x$ 对应的电磁波频率区间称为频带宽度,用 ΔW_x 表示。例如,ΔW_5、ΔW_{10}、ΔW_{20} 分别代表反射率小于 -5dB、-10dB 和 -20dB 的频带宽度。实际应用中通常用反射率 R_L 小于 -10dB 的频带宽度 ΔW_{10} 来衡量吸波材料的带宽性能,ΔW_{10} 也称为吸波材料的有效吸收带宽。吸收峰位反射率并不能反映吸收总能量大小,相对而言,有效吸收带宽更能反映吸收总能量的大小。有效吸收带宽越大,材料的吸波性能越好。

3) 厚度参数

干涉型吸波材料的厚度 d 应满足以下关系:

$$d = \frac{\lambda_0}{4} \cdot \frac{1}{\sqrt{\mu'_r \varepsilon'_r}} \qquad (7-45)$$

式中:λ_0 为入射电磁波的波长。可见,材料的厚度与 $\sqrt{\mu'_r \varepsilon'_r}$ 成反比。定义厚度参数为

$$D = \sqrt{\mu'_r \varepsilon'_r} \qquad (7-46)$$

显然,厚度参数越大,则材料在某一特定频率的厚度越小。通常,电磁参数是频率的函数,且吸波材料厚度与电磁波的波长成正比,因此用 D_n 表示频率为 $n\text{GHz}$ 时的厚度参数。

当电磁波频率为 10GHz,若要求材料的厚度小于 2.5mm,则根据式(7-45),厚度参数 D 应大于 3.0,对于非磁性介电材料,则其相对介电常数的实部应大于 9。若要求材料厚度小于 1mm,则相对介电常数的实部需达到 56 以上;若采用相对磁导率实部为 2 的磁性材料,则相对介电常数的实部只要达到 28 即可。因此,降低干涉型吸波材料厚度的主要方式是增大相对介电常数实部,或采用相对介电常数实部与相对磁导率实部乘积较大的磁性材料。

4) 面密度

面密度是反映吸波涂层是否轻质的指标,即单位面积的质量。设吸波涂层的体密度为 ρ,质量为 m,面积为 A,厚度为 d,则其面密度 d_M 为

$$d_M = \frac{m}{A} = \frac{\rho A d}{A} = \rho d \qquad (7-47)$$

显然,面密度不仅与材料的体密度有关,而且也与厚度有关。因此,密度越小,厚度越薄的材料面密度越小。工程应用上,面密度越小的材料越轻质,使装备增加的重量越少。要降低材料的面密度,需要考虑同时降低其密度和厚度。

7.2.2 雷达吸波材料吸波性能测试方法

麦克斯韦方程组表明,复介电常数和复磁导率是表征材料电磁特性的本征参数,也是影响吸波材料本征吸波性能的关键,通过复电磁参数可计算得到材料的波阻抗、反射率等吸波特性参数。因此,准确测量材料的复电磁参数,对于评价材料的吸波性能至关重要,也对吸波材料的优化设计具有重要的意义。另外,也可采用弓形法、远场法等直接测试方法,测试得到材料在不同雷达波频段的反射率。

7.2.2.1 复电磁参数测试方法分类

通常情况下,材料的复电磁参数难以直接测量得到,需要通过测量反射系数、传输系数、品质因子、谐振频率等间接参数来获取。获取方法是:根据测得的中间参数与电磁参数的理论关系建立数学模型,通过反演算法求得材料的复介电常数和复磁导率。因此,测量仪器的精度、数学模型的构建以及求解方程的算法都会影响到复电磁参数测量的准确性。材料复电磁参数的测量源于 20 世纪五六十年代,经过几十年的发展,人们开发出了多种测量方法。在雷达波段的测量方法按照测试原理可分为谐振腔法和网络参数法两大类。谐振腔法测试精度最高,但只是一种点频测试方法。网络参数法是将传感器及样品视为单端口或双端口网络,测试出复散射参数和复反射系数等表征其网络特性的参数,再计算得到样品的复电磁参数。网络参数法种类较为繁多,通常包括时域法、传输/反射法、自由空间法、多厚度法、多状态法等,这些方法都可以在宽频带内进行测量。

1)谐振腔法

谐振腔法最早源于 20 世纪 70 年代,该方法是将样品放置在封闭谐振腔或者开放谐振腔中,根据样品放置前后腔内品质因子、谐振频率等电磁场特性的变化得到样品的复介电常数和复磁导率。当在微波谐振腔中插入样品时,由于样品的电磁参数与空气不同,会使谐振腔的等效容积发生变化,从而改变谐振频率 f;同时,由于样品本身具有电磁损耗特性,会导致谐振腔的品质因子 Q 发生变化。通过谐振腔内品质因子 Q 和谐振频率 f 的变化情况,可以推导出样品的复介电常数和复磁导率。常用的谐振腔法有谐振腔微扰法、介质谐振器法、高 Q 谐振腔法等。谐振腔法的优点是对低损耗材料的测试具有很高的精度,但对于高损耗材料,要求样品的尺寸非常小,增加了样品加工的难度。另外,谐振法只适合在点频上进行测量,无法满足宽频带的测试要求。

2)时域法

时域法是利用样品对脉冲信号的频率响应关系来确定其电磁特性参数的一

种测试方法。早在 19 世纪中叶,在矢量网络分析仪普遍使用之前,时域法已成为当时主流的电磁参数测量方法。时域法通过在单端口处获取激励源与响应时间历程来构建和模拟待测样品的二端口频域响应,解决了众多频域法对无定形样品较难进行测量的问题,具有测试操作简单、无须校准、低成本等优点。但在测量高损耗电磁材料时,时域法不能很好地分辨时间参数,使测量结果存在一定的误差。

3)传输/反射法

传输/反射法是测量雷达波电磁参数最常用的一种方法,通过将填充于传输线的待测样品等效为互易的二端口网络,利用测得的散射参数与电磁参数之间的单值关系获得样品的电磁特性参数。根据测试场域的不同,可分为闭场域下的同轴线法、矩形波导法和带状线法以及开场域下的自由空间法。传输/反射法应用非常广泛,可测量单层平板、衬底上薄膜、平板间粉末和颗粒材料的复介电常数和复磁导率。传输/反射法属于二端口传输线法,具有操作简单、测量频带宽、测量效率高及测量精度较高等优点,但对于同轴法和矩形波导法,存在样品材料与传输线横向尺寸紧密配合问题,若存在间隙,将导致较大测量误差。

4)自由空间法

自由空间法是一种开场电磁参数测试技术,属于传输/反射法的一种。其基本原理是电磁波在天线的作用下辐射到自由空间之中,当自由空间中的电磁波与样品材料接触时,一部分在样品表面被反射回去,另一部分穿过样品发生透射,天线接收这些被反射和透射的电磁波,根据接收信号通过计算推导出样品的电磁参数。自由空间法对样品的要求较低,只需要一个双面平行且面积足够大的样品,确保入射电磁波能够完全入射至样品表面,克服了闭场域下的同轴法和矩形波导法中的配合间隙问题,另外还具有宽频带测量、非接触性、非破坏性等优点。

5)多状态法和多厚度法

由于实际测量设备的限制,有时难以同时测量多个网络参数的幅值和相位,因而通过改变样品的终端状态或样品的厚度,测出对应的复反射系数,也能获得复电磁参数,这两种方案特别适合于反射计系统。多状态法即改变样品的终端状态,通常是短路和开路。这种方法不适合于高损耗材料,因为对于高损耗材料,大部分信号能量都被材料损耗掉了,改变样品终端状态前后得到信号的相位和幅度差别都很小,会造成测量误差的增加。多厚度法是分别测量得到样品在两种不同厚度下的反射系数,进而获得电磁参数的方法。其局限性主要在于要求两块样品的均匀性一致,这在实际中很难做到,会导致存在一定的测量误差。多状态法、多厚度法的测量动态范围大约有传输/反射法的一半。

7.2.2.2 传输/反射法测试原理

传输/反射法等二端口传输线测试方法是目前主流的电磁参数测试方法。传输/反射法源于20世纪70年代,由Nicolson、Ross和Wier提出,即著名的NRW方法。NRW方法同时适用于同轴线、矩形波导和自由空间测试。半个世纪以来,NRW方法以简单且使用范围广的优势,一直被研究和应用。

1) 传输线 S 参数

在微波波段,难以直接测试传输线的电压和电流,通常测试传输线的 S 参数。S 参数通常指散射参数,它是建立在入射波与反射波关系基础上的网络参数,适用于微波电路分析,以器件端口的反射信号以及从该端口向另一端口的传输信号来描述电路网络。S 参数反映了电磁波在介质中传播时,反馈的反射信号和透射信号的情况,用网络分析仪可以直接测量得到。任何网络都可以用多个 S 参数来表征其端口特性,对于二端口网络,如单根传输线,则需要4个 S 参数(图7-2)。

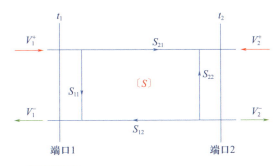

图7-2 二端口传输线 S 参数流向示意图

S 参数是矢量,可用矩阵表示。对于二端口传输线,其 S 参数为二维矩阵。如图7-2所示的二端口传输线,t_1 和 t_2 分别定义为传输线的两个端口平面;V_1^+ 为入射到端口1的电压波振幅;V_1^- 为自端口1反射的电压波振幅;V_2^+ 为入射到端口2的电压波振幅;V_2^- 为自端口2反射的电压波振幅。S 参数矩阵由这些入射和反射电压波之间的关系确定

$$\begin{bmatrix} V_1^- \\ V_2^- \end{bmatrix} = \begin{bmatrix} S_{11} & S_{12} \\ S_{21} & S_{22} \end{bmatrix} \begin{bmatrix} V_1^+ \\ V_2^+ \end{bmatrix} \qquad (7-48)$$

令 $[S] = \begin{bmatrix} S_{11} & S_{12} \\ S_{21} & S_{22} \end{bmatrix}$,则 S 即为二端口网络的散射矩阵,矩阵参数称为网络的散射参数或 S 参数。式中:S_{11} 为端口2接上匹配负载时,端口1的反射系数;S_{21} 为端口2接上匹配负载时,端口1到端口2的传输系数;S_{22} 为端口1接上匹配负载时,端口2的反射系数;S_{12} 为端口1接上匹配负载时,端口2到端口1的

传输系数。

2)S 参数与电磁参数的关系

S 参数不仅是表征二端口传输线微波特性的参数,更是实验测试参数和待测样品本征电磁参数之间的桥梁,通过 S 参数与电磁参数之间的关系,可以间接得到样品的电磁参数。

电磁波通过网络时将产生反射和透射,对其进行测试,可得到二端口网络的四个 S 参数。由麦克斯韦方程和边界条件,两个端口之间的 S 参数可表示为

$$S_{11} = \frac{\Gamma(1-T^2)}{1-\Gamma^2 T^2} \tag{7-49}$$

$$S_{21} = \frac{T(1-\Gamma^2)}{1-\Gamma^2 T^2} \tag{7-50}$$

式中:T 为样品中的传输系数;Γ 为样品厚度无穷大时样品表面的反射系数。

根据经典的 NRW 方法,可以从测试的 S 参数得到材料的本征电磁参数。令

$$K = \frac{S_{11}^2 - S_{21}^2 + 1}{2S_{11}} \tag{7-51}$$

可从 S 参数计算出反射系数 Γ 和传输系数 T,即

$$\Gamma = K \pm \sqrt{K^2 - 1} \tag{7-52}$$

$$T = \frac{S_{11} + S_{21} - \Gamma}{1 - (S_{11} + S_{21})\Gamma} \tag{7-53}$$

式(7-52)计算的 Γ 值有正负号,可根据 $|\Gamma| \leq 1$ 确定其符号。传输系数和反射系数又可表示为

$$T = \exp(-\gamma d) \tag{7-54}$$

$$\Gamma = \frac{Z_c - Z_0}{Z_c + Z_0} \tag{7-55}$$

式中:d 为样品的厚度;γ 为样品中的传播常数,即

$$\gamma = j\frac{2\pi}{\lambda_0}\sqrt{\mu_r \varepsilon_r - \left(\frac{\lambda_0}{\lambda_c}\right)^2} \tag{7-56}$$

式中:λ_0 为电磁波在空气中的波长;λ_c 为截止波长,自由空间和同轴线的 λ_c 为无穷大,矩形波导的 λ_c 根据波导尺寸确定。如果用矩形波导测量,使用主模 TE_{10},则 $\lambda_c = 2a$,a 为矩形波导宽边尺寸。

Z_0 和 Z_c 分别为空气的特征阻抗和样品的特征阻抗,计算式如下:

$$Z_0 = \frac{\sqrt{\frac{\mu_0}{\varepsilon_0}}}{\sqrt{1-\left(\frac{\lambda_0}{\lambda_c}\right)^2}} \tag{7-57}$$

$$Z_c = \frac{\sqrt{\frac{\mu}{\varepsilon}}}{\sqrt{1-\left(\frac{\lambda}{\lambda_c}\right)^2}} \tag{7-58}$$

式中:μ 和 ε 分别为样品的磁导率和介电常数;λ 为电磁波在样品中的波长,$\lambda = \lambda_0/\sqrt{\mu_r \varepsilon_r}$。从而可以推导出样品的电磁参数为

$$\mu_r = \frac{1+\Gamma}{\Lambda(1-\Gamma)\sqrt{\frac{1}{\lambda_0^2} - \frac{1}{\lambda_c^2}}} \tag{7-59}$$

$$\varepsilon_r = \frac{\lambda_0^2}{\mu_r}\left(\frac{1}{\Lambda^2} + \frac{1}{\lambda_c^2}\right) \tag{7-60}$$

式中:Λ 由以下方程得到

$$\frac{1}{\Lambda^2} = -\left[\frac{1}{2\pi d}\ln\left(\frac{1}{T}\right)\right]^2 \tag{7-61}$$

因此,只要测试得到样品端面的 S 参数 S_{11} 和 S_{21},就可以计算出分界面的反射系数 Γ 和传输系数 T,继而得到样品材料的复电磁参数 ε_r 和 μ_r。若为自由空间法和同轴法,λ_c 为无穷大,此时样品的电磁参数为

$$\mu_r = \frac{\lambda_0(1+\Gamma)}{\Lambda(1-\Gamma)} \tag{7-62}$$

$$\varepsilon_r = \frac{\lambda_0^2}{\mu_r \Lambda^2} \tag{7-63}$$

从式(7-54)看出,传输系数 T 为复数,其相位具有周期性。因此,从式(7-61)计算出的 Λ 有无穷多个解,需要采用解析算法或数值算法从中提取正确的解,解析算法比较经典的如 Weir 提出的群延迟法,数值算法有牛顿-拉夫逊(Newton-Raphson)迭代、非线性最小二乘法拟合等。

除因相位模糊导致的多解问题外,当待测样品为低损耗且厚度为电磁波半波长的整数倍时,由于半波谐振会导致求解过程不稳定。在此情况下,S_{11} 接近于 0 且不确定度极大,因其在式(7-51)中是分母,从而引起 K 值的不稳定。为了降低由于厚度谐振带来的误差,要求介质板的厚度应小于波长的一半,但这样会增加样品制作的难度。对于高损耗的材料,半波谐振现象不会出现,原因在于其传输系数的幅值随频率的增加是递减的。对于非磁性材料,也可以采用测得的 $\mu_r \varepsilon_r$ 代替 ε_r,来消除厚度谐振问题。

3) 矢量网络分析仪

矢量网络分析仪是微波和毫米波测试仪器领域最为重要、应用最为广泛的一种高精度智能化测试仪器,被称为"微波/毫米波测试仪器之王",主要用于被

测网络双向 S 参数的幅频、相频及群延时等特性的测量。

早期微波散射参数主要采用实验方法进行测定,测量参数有限,而且大多只能测量反射参数和传输参数其一,只能得到模值而不能得到幅角。20 世纪 60 年代,才出现了能够扫描宽频带并测量全部 S 参数幅度和角度的网络分析仪。网络分析仪大体上分为标量网络分析仪和矢量网络分析仪两大类。前者成本便宜但只能测试 S 参数的幅度,获得的参数是标量;后者价格较贵但能够获得 S 参数的全面信息,既可以测出单端口和双端口网络各种参数的幅度,又可以测出其相位,所得参数是矢量。随着技术的进步、集成度和计算效率的提高及成本的降低,矢量网络分析仪的使用越来越广泛。

矢量网络分析仪有多种类型,一般都包括信号源、信号分离器、接收机和处理显示单元等基本单元。信号源向被测件提供频率和功率可调的电磁信号,信号源一般还具备频率扫描和功率扫描功能。信号分离器包括功率分配器和定向耦合器,分别完成对被测件输入信号和反射信号的提取,包括幅值和相位。接收机包括混频器、本振频率源、滤波器、数字信号处理器等,完成对参考信号、反射信号、传输信号的幅度和相位的测试分析。处理显示单元由图形处理器、显示器等组成,完成对测试结果的处理并按照需要的方式显示测试结果。矢量网络分析仪覆盖的频率范围很宽,美国安捷伦公司推出的产品最高频率已能达到 500GHz。

当需要测量被测器件的 S 参数时,信号源向被测件发送一个单一频率的信号。首先将信号开关拨向端口 1,发射的信号经过定向耦合器取出一部分信号作为参考信号 a_0,另一部分信号 a_1 输入被测件,会产生一个反射信号 b_1,信号 b_1 经过定向耦合器取出送到基带电路处理,通过被测件的信号 b_2 被另一端口的定向耦合器取出作为传输信号。由此流程矢量网络分析仪测量出了被测件的 S_{11} 和 S_{21} 参数,即

$$S_{11} = \frac{b_1}{a_1}, S_{21} = \frac{b_2}{a_1} \tag{7-64}$$

通过转换开关,将端口 1 接匹配负载,端口 2 入射激励信号,则可测得 S_{22} 和 S_{12} 参数,即

$$S_{22} = \frac{b_2}{a_2}, S_{12} = \frac{b_1}{a_2} \tag{7-65}$$

信号源随后步进到下一个频率,重复上述测量,则可得到不同频率下的 S 参数。

7.2.2.3　反射率直接测试方法

材料的反射率也可以直接进行测试。具体测试方法为首先将发射信号与金属导电平板作用,测试回波信号,然后材料放置在金属导电平板前端,发射同样功率电磁波,接收回波信号,两次回波信号比较即可得到材料的反射率。材料反

射率的测试方法有多种,目前常用的是弓形法和远场法两种。

1) 弓形法

弓形法20世纪40年代由美国海军研究实验室(NRL)首先提出,这种方法可以非常方便地测量材料在不同角度情况下的吸收特征。弓形法测试系统主要由弓形架、样板支架、发射天线和接收天线、矢量网络分析仪、智能温控器和计算机等组成,如图7-3所示。弓形测试法的特点是近场相对比较测量,操作便捷,利于实现高低温反射率测量,适用于平板型RAM研制过程中的反射率测量。

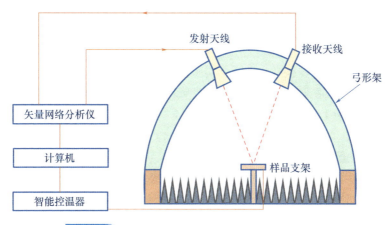

图7-3 RAM反射率弓形法测试系统组成示意图

弓形法测试系统对待测RAM试样和测试环境的要求如下:

(1)测试系统的发射和接收天线分别安装在一段圆弧框上,样板中心与弓形框的圆心重合,样板支架附近的地面铺设高性能微波暗室吸波材料,降低背景反射。

(2)RAM样板可在收、发天线的近场区,但两天线必须位于彼此镜像的远场区。天线口至样板的最小测试距离r_{min}应满足以下条件

$$r_{min} = \frac{D^2}{\lambda} \qquad (7-66)$$

式中:D为材料板边长与天线口面边长的较大者;λ为电磁波波长。

(3)标准板和样品衬板取正方形,边长的最大范围为1~20个波长,推荐边长处于3~15个波长范围内。2~18GHz频率范围的标准板和样品衬板尺寸一般为300mm×300mm×5mm。标准板和样品衬板材料一般为良性导体,电导率不小于1.0×10^7 S/m。板子的表面粗糙度不大于6.4μm,表面平面度不大于0.10mm,两表面平行度不大于0.15mm,板侧面相互垂直,板侧面与板面垂直,其垂直度不大于0.2mm。

(4)被测样板的RAM层应喷涂或粘贴在金属衬板上。RAM层应性能稳定,不得发生形变,如弯曲、收缩、膨胀、开裂等;RAM样板侧面不得涂敷RAM;RAM层

应表面洁净,无油污及其他杂质或附着物,无裂缝和气泡;RAM 层厚度应均匀,不均匀度不大于 5%;RAM 层若用黏合剂与衬板黏合,则黏合剂应薄而均匀,不脱黏。

在满足上述测试条件的基础上,利用定标体对系统进行定标后,分别测量同尺寸标准板的反射功率P_m和平板型 RAM 样板的反射功率P_a,按式(7-67)计算得到平板型 RAM 的反射率。

$$R = \frac{P_a}{P_m} \qquad (7-67)$$

若以 dB 为单位,则反射率的计算式为

$$R_L = 10\lg\left(\frac{P_a}{P_m}\right) \qquad (7-68)$$

弓形法占地面积较小,非常适合实验室使用,但也正是受制于弓形法的整体空间构造较小,不适用于更低频段和更高频段材料吸波性能的评价测试,一般测试的频率范围为 1~40GHz。

2) 远场法

远场法一般在微波暗室中进行,因此也称为暗室法。暗室法使用微波暗室进行测试,采用金属屏蔽防护防止外界信号干扰,内部采用尖锥形吸波材料解决电磁波在房间内来回反射问题,模拟外场电磁环境,可以不受环境影响,进行全天候测试,但是受制于空间大小限制,只能对小型装备隐身性能测试,或者进行装备局部隐身性能测试,或者缩比测试。暗室法除使用超大空间达到远场条件,将发射源产生的球面波转化为平面波进行测试外,还可以采用紧缩场来实现。紧缩场是采用反射面将球面波在短距离内转变为平面波,可以节省空间。

RAM 反射率远场 RCS 法测试系统主要由紧缩场(或喇叭收发天线)、矢量网络分析仪、信号收发设备、计算机、目标支架及转台、转台驱动控制器和激光定位对准装置组成,如图 7-4 所示。

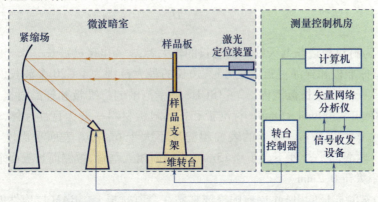

图 7-4 RAM 反射率远场法测试系统组成示意图

远场法对待测 RAM 试样和测试环境的要求如下：

(1) 测试系统高频设备应在电磁屏蔽间使用，屏蔽度大于 80dB。

(2) 被测材料板放置在天线的远场区域，在使用喇叭天线收发情况下，天线口面到材料板反射点的最小 R_{min} 按式(7-69)计算：

$$R_{min} = \frac{2L^2}{\lambda} \qquad (7-69)$$

式中：L 为材料板边长与喇叭天线口面边长的较大者。

(3) 标准板和样品衬板材料要求、尺寸要求和加工要求同弓形法。

(4) 两面角反射器衬板与定标用两面角反射器加工精度相同，其中一个面与定标用两面角反射器尺寸相同，另一个面的尺寸应在长度方向增加 RAM 衬板的厚度。

(5) 被测样板的 RAM 层应喷涂或粘贴在金属衬板上。RAM 层的要求同弓形法。

远场法的测试原理和数据处理方法同弓形法。远场法相对于弓形法测试空间更大，可测试的频率范围也更大，一般能达到 0.5~100GHz。对于更大的测试样品或者大型装备，暗室法无法完成测试，需要利用外场法，以室外空旷环境作为背景。外场法易受环境因素影响，如背景噪声、无法精确控制、可重复性相对较差。

7.2.3 雷达吸波材料基本类型

按照材料成型工艺和承力情况，雷达吸波材料可分为涂覆型和结构型。涂覆型吸波材料不参与结构承力，是喷涂于或贴于装备表面的一种涂料或膜材料。涂覆型吸波材料的特点是成本低、使用方便、可修复性强，可在不改变装备外形或改变很小的情况下实现隐身，这类吸波材料比较有实用价值的是铁氧体或羰基铁与橡胶复合而成的涂料或膜层。不足之处在于，由于厚度的限制一般吸收带宽较窄，同时增加了飞机的重量，容易脱落和变质，保养和维护费用较高。结构型吸波材料是将吸收剂加入复合材料之中制成的既有雷达波吸收能力，又能承载重量的材料，通常根据需要制作成蜂窝状、波纹体或者角锥状的复合结构。例如，用玻璃钢等透波材料制造蜂窝夹芯结构的平板，用玻璃纤维布或芳纶纤维布浸涂加入碳粉等耗能物质的树脂后制成蜂窝芯层，最后根据飞行器外形将面板与芯层胶合成型。

根据吸波原理，雷达吸波材料又可分为吸收型和干涉型。吸收型吸波材料是利用材料的本征电损耗和磁损耗特性，或者通过吸波结构设计，使进入的电磁波能量转变成为热能等其他形式的能量，可以实现宽频带范围的吸收。干涉型吸波材料则是利用吸波涂层的里外两个界面反射电磁波振幅相等、相位满足1/4波长而产生干涉损耗,通常吸收的频带较窄。

按不同的电磁波损耗机制,雷达吸波材料又可分为电阻损耗型、介电损耗型和磁损耗型三种,而电阻损耗型和介电损耗型又统称为电损耗型。电阻损耗型材料主要以电导损耗机制衰减电磁波,此类材料一般导电性较好,如碳纤维、碳纳米管、石墨、石墨烯、导电性高聚物等。介电损耗型主要以极化损耗机制衰减电磁波,如钛酸钡($BaTiO_3$)、铁电陶瓷、碳化硅(SiC)等。磁损耗型为铁氧体、羰基铁、磁性金属及其合金等磁性材料,这类材料兼具磁损耗机制和电损耗机制。

按照发展的不同时期,雷达吸波材料可分为传统吸波材料和新型吸波材料。传统吸波材料包括铁氧体、金属微粉、$BaTiO_3$、SiC、石墨及导电纤维等,而新型吸波材料包括导电聚合物、纳米材料、手性材料、电磁超材料等。

7.2.3.1 铁氧体

铁氧体一般是以氧化铁和其他铁族或稀土族氧化物为主要成分的复合氧化物,也称为磁性陶瓷。铁氧体多属半导体,但在应用上一般作为磁性介质。铁氧体磁性材料与金属或合金磁性材料最主要的差别也在于导电性,一般铁氧体的电阻率为$10^2 \sim 10^8 \Omega \cdot cm$,而金属或合金的电阻率则为$10^{-6} \sim 10^{-4} \Omega \cdot cm$。因为铁氧体既是磁介质又是电介质,因此它在损耗机制上兼具磁损耗和介电损耗,是一种双复材料,即介电常数和磁导率均为复数。在低频段,铁氧体对电磁波的损耗主要来源于磁滞效应、涡流效应及磁后效应;在高频段,铁氧体对电磁波的损耗主要来源于自然共振损耗、畴壁共振损耗及介电损耗。在X波段的雷达波,一般认为铁氧体吸波材料的磁损耗主要由自然共振和畴壁共振产生,介电损耗主要由固有电偶极子极化引起。

铁氧体是发展最早、应用最广的吸波材料。铁氧体在高频下有较高的磁导率,且电阻率也较大,电磁波易于进入并快速衰减,因而被广泛应用在雷达吸波材料领域。铁氧体吸波涂料价格低廉、吸收效率高、频带宽,即使在低频、厚度薄的情况下仍有良好的吸波性能,在米波至厘米波范围内,可使反射能量衰减$-20 \sim -17dB$。另外,铁氧体复合材料具有较好的频率特性,在低频($f < 1GHz$)具有较高的μ_r值而ε_r值较小,作为阻抗匹配材料具有明显的优势,适合制作匹配层,在低频带拓宽方面具有良好的应用前景。铁氧体的不足之处是比重大、温度稳定性差,会使装备增重,影响装备的性能。

铁氧体种类繁多、性能各异,其中有些已不含铁,而是以铁族或其他过渡金属氧化物(或以硫属元素等替换氧)为重要组元的磁性物质。按照其晶体结构可分为尖晶石型、磁铅石型和石榴石型三种,用作吸波材料的一般为尖晶石型和磁铅石型铁氧体。在雷达波段,铁氧体的吸收机制主要是磁畴的自然共振,发生共振时的频率由铁氧体磁晶的各向异性场H_a决定,H_a越大共振频率移向高频。

由于磁铅石型铁氧体与尖晶石型铁氧体相比具有较大的 H_a，因此磁铅石型铁氧体能够做厘米波甚至毫米波的吸收剂。传统的尖晶石型铁氧体一般只能在小于 3GHz 的低频段使用。而石榴石型铁氧体磁矩相互抵消比较严重，吸波能力较弱。

尖晶石型铁氧体与天然矿石镁铝尖晶石（$MgAl_2O_4$）有类似结构，属于立方晶系，其化学分子式可用 $MeFe_2O_4$。其中，Me 为二价金属离子 Mg^{2+}、Mn^{2+}、Ni^{2+}、Zn^{2+}、Fe^{2+} 等；而 Fe 为三价离子，也可以被其他金属离子如 Al^{3+}、Cr^{3+}、Fe^{2+}、Ti^{4+} 等替代。尖晶石型铁氧体具有高磁晶各向异性和饱和磁化强度，在吸波材料领域应用广泛，如 Ni-Zn 铁氧体、Ni-Mg-Zn 铁氧体和 Mg-Cu-Zn 铁氧体都是常见的几种吸波材料。尖晶石型铁氧体吸波材料在国内外都已有很长的研究历史，已有一些定型产品，但由于各向异性场 H_a 很小，使其应用频率受到限制，其在微波频段的磁导率和吸收特性总体上不如六角晶系铁氧体。

磁铅石型铁氧体的晶体结构与天然矿石磁铅石 $Pb(Fe_{7.5}Mn_{3.5}Al_{0.5}Ti_{0.5})O_{19}$ 有类似的结构，属于六角晶系。磁铅石型铁氧体的晶体结构也具有对称性，相对于尖晶石型和石榴石型铁氧体，具有高磁晶各向异性、高磁各向异性和高共振频率，可作为厘米波段至毫米波段的吸波材料。磁铅石铁氧体的化学分子式可表示为 $MFe_{12}O_{19}$，M 通常为二价金属离子 Ba^{2+}、Sr^{2+}、Pb^{2+} 等。钡铁氧体（$BaFe_{12}O_{19}$）是典型的磁铅石型铁氧体。用 Mg、Mn、Fe、Co、Ni、Zn、Cu、Sn 等二价离子或离子组合替换钡铁氧体中的 Ba，可形成磁铅石型复合铁氧体，并可分为 M、W、X、Y、Z 和 U 型六种。其中，Y 型钡铁氧体具有 c 面各向异性，可在 1~20GHz 范围内具有理想的吸波性能；其余几种磁铅石铁氧体都是 c 轴各向异性，具有较高的共振频率，可适用于更高频率的电磁波吸收。例如，M 型 $BaFe_{12}O_{19}$ 的自然共振频率达到 42.5GHz，靠近大气窗口频率 35GHz，有望制作性能优异的毫米波吸波材料。

石榴石型铁氧体又称磁性石榴石，与天然石榴石 $(Fe,Mg)_3Al_2(SiO_4)_3$ 有类似的晶体结构，属于立方晶系，化学式为 $3Me_3Fe_5O_{12}$。其中 Me 表示三价稀土金属离子 Y^{3+}、Sm^{3+}、Eu^{3+}、Gd^{3+}、Tb^{3+}、Dy^{3+}、Ho^{3+}、Er^{3+}、Tu^{3+}、Yb^{3+} 或 Lu^{3+} 等。石榴石型铁氧体的吸波性能相对较弱，在吸波材料领域的应用较少。

由于单一铁氧体材料在频带宽度、比重以及热稳定性等方面存在不足，实际应用中往往与其他类型的吸波材料进行复合，可有效提升吸波材料的综合性能。①铁氧体与高分子材料复合。利用聚合物做基体、铁氧体为填料制成的复合吸波材料，兼具高分子材料的易加工性和铁氧体的电磁特性，具有易成型、抗腐蚀、抗氧化、质量轻、价格低廉等优点。常见的聚合物有环氧树脂、聚苯胺（PANI）、聚吡咯（PPy）和聚噻吩（PTh）等，其中 PANI、PPy、PTh 均属于导电高聚物，既有高分子的特性，又有良好的导电性，可调节复合材料的电磁特性。②铁氧体与碳材料复合。石墨烯、碳纳米管、碳纤维等新型碳材料具有独特的力学、热学、光学和电学性质,其电导率较高,属于电阻型吸波材料,与磁损耗型的铁氧体复合可提升材料的吸波性能。③铁氧体与金属微粉复合。金属的导电性好,电导损耗强,对电磁波具有较强的吸收特性和很强的反射特性,与铁氧体复合可增强其对电磁波的吸收能力。对于磁性金属微粒,还具有很强的磁损耗特性,可调节复合材料的电磁参数,改善铁氧体的吸收效率、拓宽其吸波频带。④元素掺杂。通过掺杂其他金属元素到铁氧体中可以提高铁氧体的吸波性能,最典型的是稀土元素。稀土元素的离子半径一般较大,且具有高饱和磁化强度和各向异性,掺杂之后可以增大铁氧体的晶格常数和磁晶各向异性,从而改善复合材料的电损耗和磁损耗性能,增强其吸波性能。

7.2.3.2 超细金属微粉

超细金属微粉是指粒度在 $10\mu m$ 甚至 $1\mu m$ 以下的金属粉末。一方面,由于粒子的细化使其活性大大增加,在微波辐射下,分子、电子运动加剧,促进磁化,使电磁能转化为热能。另一方面,具有铁磁性的金属超细微粉具有较大的磁导率,与高频电磁波有强烈的电磁相互作用,理论上具有高效的吸波性能。软磁铁氧体是传统的吸收体材料,但其磁导率随频率的增加而急剧变坏,还存在宽带吸收体厚度较大带来的使用、重量、成本等方面的问题。与铁氧体相比,铁磁性金属粒子的晶体结构比较简单,没有铁氧体中磁性次格子之间磁矩的相互抵消,因此其磁性一般较铁氧体强,饱和磁化强度一般为铁氧体的 4 倍以上,可获得较高的磁导率和磁损耗,且磁性能具有较高的热稳定性。磁性金属、合金粉末兼有自由电子吸波和磁损耗,使其磁导率的实部和虚部相对较大,对微波的吸收性能比铁氧体好。

磁性金属粒子用于电磁波吸收剂时需要满足一些基本要求。金属粒子受到电磁波作用时,因存在趋肤效应,所以粒径不能太大(一般不超过 $30\mu m$),否则对电磁波的反射会迅速增加。金属粉末的粒度应小于工作频带高端频率时的趋肤深度,材料的厚度应大于工作频带低端频率时的趋肤深度,这样既能保证能量的吸收,又使电磁波不会穿透材料。金属粒子吸收剂在某些应用中也存在一些缺点,如频率特性不够好、吸波频带窄等问题,因此需要与其他吸收剂配合使用来改善和提高其吸波性能。磁性金属微粉吸收剂目前有两个方向引人注目,一是开发纳米量级的超细粉,利用纳米粒子的特殊效应来提高吸波性能;二是开发长径比较大的针状晶须(纤维),利用粒子的各向异性来提高吸波性能。

金属纳米粉对电磁波特别是高频至光频率范围的电磁波具有优良的衰减性能,但其吸波机制目前尚不清楚。一般认为,它对电磁波的能量吸收由晶格电场热振动引起的电子散射、杂质和晶格缺陷引起的电子散射以及电子与电子间的相互作用三种效应决定。近年来,人们对金属纳米吸波材料开展了大量的研究工作。有学者研究了平均粒径大小为10nm的 γ-(Fe,Ni)合金的微观结构和吸波特性,该材料在厘米波段和毫米波段均具有优异的微波吸收性能,最高吸收率可达99.95%。同时,金属 Al、Co、Ti、Cr、Nd、Mo 等超细微粉作为微波吸收剂也有报道。法国研制的金属纳米微屑作填充剂的微波材料在50MHz～50GHz 都有良好的吸波性能。但是金属吸波介质具有自身的缺点,磁损耗不够大,磁导率随频率的升高而降低比较慢,对频率展宽不利;化学稳定性差,耐腐蚀性不如铁氧体,需进一步加以探索和研究。

目前主要使用的是微米级的磁性 Fe、Co、Ni 及其合金粉。将金属、合金颗粒分散于非磁性、绝缘基体中,即制备金属粒子与基体的复合材料是一种方便的途径,在形成导电体之前其掺杂量最大可达60%。另外,粒度在 0.5～20μm 的羰基金属微粉,如羰基铁、羰基镍和羰基钴,也具有较好的吸波特性。其损耗机理主要为铁磁共振吸收,具有较大的磁损耗角,以涡流损耗、磁滞损耗、剩余损耗机制衰减和吸收雷达波。

如何获得各种相关性能优良的复合电磁波吸收体,解决金属颗粒内的趋肤效应、分散和氧化等问题,是包括金属粒子吸波机理研究在内的需要进一步解决的科学和工程问题。

7.2.3.3 陶瓷类吸波材料

陶瓷类材料属于介电损耗型吸波材料,主要包括金属碳化物、氧化物和氮化物,研究较多的有 SiC、Si_3N_4、ZnO、TiO_2、Al_2O_3、$BaTiO_3$ 等。陶瓷类吸波材料具有耐高温、蠕变低、膨胀系数低、耐腐蚀性强等优点,常作为高温吸波材料应用在航天、航空领域。

SiC 陶瓷由于具有密度小、耐高温、介电常数随烧结温度变化较大、吸收频带宽等特点,具有较好的应用前景。其粒径和热处理时间等参数对其吸波性能影响非常大。不同处理温度和时间条件下,SiC 的电阻率有着明显变化。通过控制工艺参数,可以实现对其电磁参数的有效调控,获得较为理想的吸波效果。

在高温陶瓷吸波材料的研究上,日本一直走在前列,不仅制备出 $SiC/Si_3N_4/C/BN$ 复合吸波材料,改善了常用吸波材料(如铁氧体)耐热性和耐热冲击性不能兼具的缺点,在耐高温的同时还具有较好的吸波性能;而且还成功研制出几乎不含任何杂质的 SiC 粉体,该材料具有很宽的吸收频带和很高的吸波性。此外,美国用陶瓷基材料制成的吸波材料应用到 F-117 的尾喷管后,可以承受 1093℃的高温。法国 Alcole 公司采用陶瓷复合纤维制造出了无人驾驶隐身飞机。国内西北工业大学通过对纳米 SiC 进行掺杂,得到了纳米 Si/C/N 吸收剂,具有很好的吸波性能。

7.2.3.4 导电高聚物

导电高聚物是指某些具有 π-共轭体系的高聚物经过化学或电化学掺杂,

使其电导率由绝缘体转变为导体的一类高聚物的统称。导电高聚物不仅具有高聚物的高分子设计与合成、结构多样化、密度小、易复合加工的特点,还具有半导体和金属的特性,这些独特的物理、化学性能使其近年来已成为雷达吸波材料研究领域的一个热点。国外如美国、法国、德国、日本、印度等国已经相继开展了导电高聚物雷达吸波材料的研究,并取得了一定的进展。导电高聚物的吸收机制在于掺杂后在其内部形成了可看作其固有偶极子的极化子,这些极化子在微波电磁作用下的取向极化导致了介电损耗。因此,导电高聚物属于电损耗型雷达吸波材料。

导电高聚物雷达吸波材料是一类很有发展前途的新型吸波材料,但其属于电损耗型,因此面临降低涂层厚度和展宽频带的调整。因而赋予和改善导电高聚物的磁损耗是该类吸波材料实用化的关键。目前,改善的方法有使导电高聚物纳米化、形貌管状化、智能化等,这些方法为导电高聚物的实用化提供了很好的发展机遇。

导电高聚物具有金属和聚合物的优点,其微波性能既不同于金属对微波的全反射,也不同于普通高聚物对微波的高透过无吸收。它们的密度与普通高聚物相近,一般在 $1.0 \sim 1.5 \text{g/cm}^3$ 范围,仅为铁氧体的 $1/5 \sim 1/3$;由于其结构特性,它们还具有与金属或半导体相当的导电性能。导电高聚物的导电性可在绝缘体、半导体和导体之间调节,其电导率变化范围很大,因此可以很方便地通过控制导电高聚物的电导率来调节其吸波性能。近年来合成成功的可溶性导电性高分子加工应用十分方便,它们不但可以溶解涂膜,还可以与 PE 和 EVA 等高分子共混,通过调节配比来调节电导率,从而达到较好的吸波性能。

本征型导电聚合物主要有聚乙炔、聚吡咯、聚噻吩、聚苯胺等,另一类则是普通高分子与金属或碳材料复合而成的具有良好导电性的复合型高聚物材料。研究结果表明,当导电高聚物处于半导体状态时,对微波有较好的吸收,其机理类似电损耗型,在一定电导率范围内最高反射率随电导率的增大而减小。美国宾夕法尼亚大学的 Marc Diarmid 报道,用聚乙炔制成的厚度为 2mm 的膜层对 35GHz 的微波吸收率达 90%;法国的 Laurent Olmedo 的研究结果表明聚 -3- 辛基噻吩平均反射率为 -8dB,最小为 -36.5dB,频带宽为 3.0GHz。本征型导电高聚物一般无法实现良好的阻抗匹配和宽频吸收,可通过掺杂来改善其吸波性能。国内廖海星等以浓 H_2SO_4、HCl 和 $FeCl_3$ 掺杂的聚苯胺,平均反射率为 -13.37dB,最小为 -26.7dB,频宽为 $10.34 \sim 14 \text{GHz}$,密度仅为 0.7g/cm^3。Dorraji 制备的聚苯胺/Fe_3O_4/ZnO 纳米吸波材料在 X 波段低于 -10dB 的反射率可覆盖 90%,频带宽为 $8.4 \sim 11.6 \text{GHz}$。

导电席夫碱类材料是有机高分子吸波材料中的一类,包括视黄基席夫碱、聚合长链席夫碱、视黄基席夫碱盐及席夫碱掺杂非金属或金属的复合物等。席夫碱最初由 H. Schiff 于 1864 年首先发现而得名,其—C＝N—基团杂化轨道上的 N 原子具有孤对电子,赋予它重要的化学和生物特性。1987 年美国成功将视黄席夫碱盐应用于吸波涂料,席夫碱特殊的电、磁和光学性能使国内外学者对此类新型吸波材料开始了探索研究。席夫碱类化合物经掺杂或成盐处理后,其导电性和吸波性能会得到明显的改善。导电席夫碱由于电磁参量可调而备受关注,成为近年来吸波材料研究领域的热点之一。

7.2.3.5 碳系吸波材料

碳系吸波材料主要包括石墨、炭黑、碳纤维等传统碳材料以及碳纳米管、石墨烯等纳米碳材料。碳系吸波材料具有较好的导电性,属于电阻型吸波材料。

1) 石墨和炭黑

石墨在很早以前就被用来填充在飞机蒙皮的夹层中吸收雷达波。美国在石墨复合材料的研究方面取得了很大的进展,用纳米石墨做吸波剂制成的石墨 – 热塑性复合材料和石墨环氧树脂复合材料,称为"超黑粉"纳米吸波材料,不仅对雷达波的吸收率大于 99%,而且在低温下仍然保持良好的韧性。国内对石墨基吸波材料的研究主要集中在石墨与磁性金属和金属氧化物的掺杂方面。例如,有研究人员先让 Ni^{2+} 吸附到石墨层间和表面,然后通过 H_2 进行还原,制备了石墨层间和表面含有 Ni 纳米颗粒的 Ni/石墨纳米复合材料。当厚度为 1.5mm 时,在 300℃条件下还原得到的 Ni/石墨纳米复合材料的微波吸收效果最好,反射率达 – 17.5dB,反射率低于 – 5dB 的频段范围为 8.5～14.5GHz,频宽达 6GHz。另外,用化学镀的方法在膨胀石墨表面镀覆纳米镍、镍钴、镍铁钴复合吸波材料,镀覆层厚度为 70～150nm,当复合材料的厚度为 0.3mm 时,最低反射率达 – 28dB,反射率低于 – 10dB 的频宽达 7.5GHz。

有研究表明,在吸波材料中掺入炭黑,可使材料介电常数增大,而且可以减小吸波材料的匹配厚度,从而减轻其重量。炭黑导电性能好,价格低廉,对不同的导电要求有较大选择余地。聚合物/炭黑导电体系的电阻率可在 $10^{-8}\sim10^{0}\Omega\cdot m$ 调整。炭黑作为吸波剂加入吸波层,缓冲了吸波层与空气之间的阻抗差值,使材料的整体吸波效果提高。一方面,炭黑的导电性能较好,在材料内部形成导电链或局部导电网络,提高了材料的电导率,载流子引起的宏观电流变大,电导损耗增强,有利于电磁能转变为热能。另一方面,炭黑粒子的粒径很小,不仅有利于其在基体中分散均匀,而且对电磁波形成多个散射点,电磁波产生多次散射而消耗能量,增强了复合材料的吸波性能。

石墨和炭黑作为吸收剂的主要缺点是高温抗氧化性较差,尽管它们已不再是吸波材料领域的研究热点,但作为最传统的吸波材料仍有不可替代的作用。将炭黑、石墨与新型吸波材料复合,以及用新的工艺进行处理都有可能实现新的发展。

2)碳纤维

碳纤维属于有机物转化而成的过渡态碳,其碳含量一般为92%~95%。碳纤维的电性能近似于金属,但与金属的导电机理有所不同。金属导电是依靠自由电子的定向移动,而碳纤维则依靠离子导电,这些离子包括基体聚合物分子中的离子基缔合在一起产生的离子,以及碳纤维中杂质产生的离子。当电磁波在碳纤维之间传播时,一方面,由于趋肤效应产生电磁能的损耗;另一方面,在每束碳纤维之间的部分电磁波经散射而发生类似相位相消现象,即当入射波与反射波等幅、相位相差180°时,这两列波相互对消而损耗了电磁波的能量,从而减少了电磁波的反射。

碳纤维是结构隐身材料最常用的一种增强纤维,在结构吸波材料中已得到了广泛应用,并经过实战考验。美国的隐身战斗轰炸机F-117、战略轰炸机B-2、战斗机YF-22、YF-23、F-22、F-35,以及先进巡航导弹上都采用了大量碳纤维、碳-Kevlar纤维或碳-玻璃纤维混杂纤维作为增强材料的结构吸波材料。

F-117隐身战斗轰炸机中,大量采用了雷达波反射小的硼纤维和碳纤维复合材料,在发动机四周、主翼前缘、垂直尾翼及前部机身等蒙皮材料都使用了它。B-2大量采用了碳纤维结构吸波材料,如中翼盒段、中后段及外翼段,这不仅解决了B-2复杂外形的成型问题,也大幅减轻了结构质量,达到了超音速巡航。B-2上采用了50%的特殊碳纤维复合材料,其吸波结构的关键在于研制成功了具有隐身特性的特种碳纤维。隐身用的特种碳纤维不同于普通碳纤维,其截面不是圆形,而是有棱角的三角形、四方形或多角形。

从YF-22到F-22,它们的材料构成有较大变化。前者Al合金、Ti合金和复合材料占比分别为32%、27%和21%,而后者的比例分别为16%、39%和24%。碳纤维复合材料用于飞机蒙皮壁板、机翼中间梁、机身中间梁、机身隔框、舱门和其他部件。YF-23复合材料用量在30%~50%,除个别部位外,整个外蒙皮均为碳纤维、玻璃纤维增强的双马来酰亚胺(BMI)吸波材料。F-117、B-2、F-22均为全隐身飞机。为了尽快提高飞机的作战和隐身能力,缩短研制周期,各国的局部隐身飞机也得到了快速发展,在这些局部隐身飞机中,碳纤维结构吸波材料也得到了广泛的应用。例如,法国的幻影F-1战斗机采用了碳纤维结构吸波材料,后缘操纵面为蜂窝结构,副翼蒙皮采用C_f结构吸波材料。幻影2000战斗机垂尾的大部分和方向舵的全部蒙皮采用的是硼-环氧树脂-碳复合材料。英、德、意和西班牙四国联合研制的EF2000战斗机的机身大量采用碳纤维复合材料。美国的F-16轻型战斗机以及苏联米格-29战斗机也均采用了大量碳纤维复合材料。

上述局部隐身飞机所采用的碳纤维和碳纤维复合材料均具有吸收雷达波的性能。高性能碳纤维的出现使结构吸波材料真正走向实用化成为可能,但碳纤维的抗氧化性差,在空气中难以承受较高的使用温度,使其在应用上受到一定限制。高性能陶瓷纤维的问世,扩展了结构吸波材料的使用范围。目前,先进复合材料常用的陶瓷纤维有石英纤维、SiC 纤维和 Al_2O_3 纤维,其中石英纤维和 Al_2O_3 纤维为透波材料,需与吸波剂搭配使用,而 SiC 纤维在制备过程中可以通过改变原料组成和制备工艺来调节其电阻率,且电阻率的调节范围较大,因而适合于制备结构吸波材料。

3) 碳纳米管

碳纳米管作为一种一维结构的纳米材料,具有纳米吸波材料吸波机制。例如,随着比表面增大所引起的表面效应增强,晶体缺陷增加、悬挂键增多则帮助界面效应对吸波性能改善,产生界面极化与有助于吸波的多重散射活性点的增加,这些均有助于碳纳米管对 GHz 级电磁波的吸收。单独的碳纳米管作为吸波材料置于交变电磁场中,通过以电导及电极化损耗方式最终将电磁波转换为其他形式的能量进行损耗。由于不具铁磁材料性质,碳纳米管缺失了磁损耗部分对电磁波的消耗,同时也降低了阻抗匹配性能。因此,一般将碳纳米管与介电陶瓷、磁性材料以及导电高聚物等吸波材料复合,拓展复合吸波材料的吸收强度和频域。

碳纳米管/陶瓷复合材料。单一陶瓷吸波材料中,吸波损耗机制依靠介质的电子、离子、分子的极化,形成电滞效应进行电磁波的损耗。加入具有优异电导性质的碳纳米管后,使整体碳纳米管/陶瓷复合材料兼具介电极化损耗和电导损耗。例如,将 $BaTiO_3$ 与碳纳米管复合制备出具有双层结构的复合吸波材料,使复合材料获得高界面面积,从而提高了界面极化及多重散射损耗机制,得到了最大反射损耗值达 $-63.70dB$、匹配厚度为 $1.3mm$、有效频带宽度为 $1.7GHz$ 的优异吸波性能。纯玻璃粉、ZnO 及碳纳米管各自所制备的吸波样品反射率均未达到 $-10dB$,而三者复合而成的吸波材料最大反射损耗值达到 $-70.0dB$,对应有效频带宽度为 $3.4GHz$。

碳纳米管/磁性介质复合材料。通过对铁氧体、磁性金属等铁磁材料中具有的磁滞损耗、自然共振、畴壁共振等磁损耗机制充分利用,并使之于碳纳米管自身具有的电损耗相互匹配耦合,碳纳米管/铁磁型复合材料能发挥十分优异的吸波性能。将 $Cu_{0.25}Ni_{0.25}Zn_{0.5}Fe_2O_4$ 铁氧体用共沉淀法与多壁碳纳米管进行复合,研究结果表明,铁氧体的负载量对复合材料的吸波性能有显著的影响。当铁氧体的负载量为 0.16%(质量分数)时,复合材料的吸波性能最好,最大反射损耗值可达 $-37.70dB$,对应频率为 $10.20GHz$,匹配厚度为 $2.5mm$。而铁氧体的负载量为 0.32%(质量分数)时,反射损耗值为 $-10.83dB$。利用 CVD 法制备的空心球形 $CoFe_2O_4$,其直径约为 $2\mu m$,最佳反射损耗值为 $-23.90dB$。将其与碳纳米管进行复合,使碳纳米管的壳层均匀生长在 $CoFe_2O_4$ 空心球的表面,形成核/壳结构的复合材料，测得的最佳反射损耗为 -32.80dB，有效吸收带宽为 5.70GHz，相较于单一空心球形 $CoFe_2O_4$，吸波性能明显提升。

碳纳米管/聚合物吸波材料。碳纳米管具有较大的比表面积和小尺寸效应，使其具有较高的介电损耗，由于量子限域效应，电子在碳纳米管中沿轴向运动，使其表现出金属和半导体特性，利于电磁波吸收。将碳纳米管与高分子聚合物等材料复合可以实现各组分性能的优势互补，从而更加有效地利用碳纳米管的特性，提高复合材料的吸波性能。使用物理非共价改性法可制备得到聚乙烯醇/多壁碳纳米管和聚乙二醇/多壁碳纳米管复合材料。前者的最大反射损耗值为 -30.62dB，对应频率为 10.96GHz，有效频带宽带为 2.32GHz；后者最大反射损耗值为 -25.17dB，对应频率 10.16GHz，有效频带宽度 1.84GHz。而单一多壁碳纳米管的反射损耗值在整个 $2\sim18\text{GHz}$ 频段内均未超过 -7dB。另外，还可直接添加导电聚合物形成碳纳米管/导电聚合物复合材料，用以进一步加强电导损耗及电极化损耗。

7.2.3.6 手性吸波材料

手性吸波材料是在 20 世纪 80 年代才开始研究的一种新型材料，与一般材料相比具有吸波频率高、吸收频带宽等优点，并可通过调节旋波参量来改善吸波特性，在提高吸波性能和扩展吸波带宽方面具有很大潜力。美国、法国和苏联非常重视手性材料的研究，在微观机理研究方面取得了很大的进展。

所谓手性是指物体无论是通过旋转还是平移都不能与其镜像重合的性质，这种性质与物质的旋光性密切相关。手性材料的根本特点在于在电磁场作用下会产生交叉极化。对于手性材料来说，除电磁场的自极化外还出现二者间的交叉极化，电场不仅能引起材料的电极化，而且能引起材料的磁极化；磁场不仅引起材料的磁极化，也引起材料的电极化。手性材料的吸波性能除了与其电磁参数有关，还与它的手性参数 ξ 有关。因此，手性吸波材料的吸波性能可以通过电磁参数和手性参数进行调控，调控手段更加丰富。调整手性参数比调整介电常数和磁导率容易，可以在较宽的频带上实现阻抗匹配；而且手性参数的频率敏感性比介电常数和磁导率小，容易实现宽频吸收。因此手性材料在扩展吸波频带和提升低频吸波性能上有很大的潜能。手性吸波材料主要有金属手性微体、螺旋碳纤维和手性导电高聚物等类型。

1）金属手性微体

金属手性微体的研究时间比较长，具有耐磨性、高弹性、良好的导电性和烧结性等优点。实际应用中，一般将金属手性微体掺入环氧树脂或石蜡基体中作为吸波材料。金属手性材料的制作方法比较简单，早在 20 世纪 50 年代，Tmoco 就将金属铜丝绕成三匝螺旋圈使其具有了手性，从而发现了制作金属手性吸波材料最简单的方法。金属螺旋体的浓度、尺寸等对手性材料的性质有着重要的影响。研究人员选用细铜丝烧制出不同螺距、螺径、线径的铜螺旋体,对其吸波性能进行了测试。测试结果表明,在电磁波频率 8.5~11.5GHz 区间,螺旋体浓度对手性材料的手性参数和电磁参数都有明显的影响,浓度在 1.6%~3.2% 时,手性样品的吸波性能最佳。金属手性微体加入一般的基底中能够有效地提高材料的吸波性能,且会随着基底电导率的不同而变化。然而,金属手性微体的密度和尺寸都较大,使手性微体复合材料的质量和厚度一般也较大。

2) 螺旋碳纤维

螺旋碳纤维是一种有着特殊螺旋结构、具备良好电磁性能的碳纤维材料,具有耐摩擦、低密度、高电热传导性等特点。1953 年,Davis 首次报道在电镜下从 CO 的裂解产物中,可以看到相互缠绕在一起的两根碳纤维。20 世纪 90 年代,Motojima 研究小组以镍粉作为催化剂,重现性较好地合成出了螺旋碳纤维。目前,制备螺旋碳纤维大多采用该方法。一般来讲,制备出来的螺旋碳纤维由两根直径为数百纳米的碳纤维相互缠绕而成,呈现为双螺旋结构,两根碳纤维的旋向、螺径以及螺旋长度都相同。研究人员研究了螺旋碳纤维复合材料在 W 波段的吸波性能,结果发现:样品中不含螺旋碳纤维而只含铁氧体或者炭粉时,不会吸收 W 波段的电磁波;加入的螺旋碳纤维质量分数为 1% 时,样品在 W 波段的电磁波衰减都优于 -10dB,最大衰减为 -30dB;若加入的螺旋碳纤维含量超过 2% 时,吸波效果逐渐降低,大于 5% 时不再具有吸波效果;在含量增加的过程中,材料的吸收频段逐渐往低频移动且频带变宽。另外,研究结果还表明,螺旋碳纤维的手性参数越接近 0.23 时,其在某一波段的吸波效果就越好;同时碳纤维长度对吸波性能也有很大影响,长度越长吸波频带越宽,螺旋碳纤维可以吸收比自身尺寸大 2~3 个数量级波长的电磁波。

3) 手性导电高聚物

手性导电高聚物又称手性合成金属,具有良好的导电性能,是在导电高分子和手性高分子的基础之上发展起来的。手性聚合物是聚合物本身或构象的不对称性而具有旋光性的高分子,因带有不对称或含有带手性原子的基团而具有构型上的特异性,从而形成相对稳定的螺旋链高聚物。手性导电高聚物的合成一般分为两种类型,一种类型是非手性单体在聚合过程中加入手性诱导剂来实现其空间螺旋结构,手性导电聚苯胺的合成就是利用这样的方法。另一种类型是利用手性单体在一定的反应条件、适合的催化剂作用下,直接聚合成具有螺旋结构的导电聚合物,手性导电聚噻吩、聚吡咯等一般采用此法。手性导电聚席夫碱是一种新型的高分子吸波材料,兼具导电席夫碱及手性材料的特点,是一种有潜在应用价值的吸波材料。选择不同的手性单体以及通过化学反应对聚合物碳链进行修饰,可以得到性能比较稳定的手性导电聚席夫碱。通过原位聚合反应合成的手性聚席夫碱银配合物,在厚度为 5mm 时,最大反射损耗可达 -45.6dB;制备的手性聚苯胺/钡铁氧体复合材料,在厚度仅为 0.9mm 时最大反射损耗达到了 -30.5dB。手性材料展现出了良好的吸波性能。

7.2.3.7 电磁超材料

传统结构形式的雷达吸波材料受材料电磁参数频散特性和厚度的限制,很难实现小厚度情况下的宽频吸波性能。并且随着吸收剂性能的不断挖掘以及材料设计与制备水平的不断提高,传统结构形式的吸波材料性能的提升空间逐渐缩小并趋于极限,亟须发展新的结构形式的吸波材料突破技术瓶颈。近年来,超材料的出现使人们能够从宏观尺度层面控制材料的电磁性能,给吸波材料性能的提升带来了新的契机。

电磁超材料(Metamaterial)是 21 世纪科技界出现的一个新的学术名词,用于描述两种或两种以上的自然媒质结构单元按照特定的规则组合而成的人工复合结构或人工复合材料,其宏观性质不仅取决于组成媒质的本征性质,还由组合规则决定,通过合理设计,可以构造出自然媒质不具备的奇异电磁特性的人工材料。普通材料中的特征尺度与构造材料的基本单元(原子、分子等)有关,一般在纳米级以下;而超材料的特征尺寸往往与波长有关,对于微波频段,特征尺寸一般在厘米量级。

最早发展的电磁超材料为左手材料,它具有电磁参数的双负特性,其概念由苏联理论物理学家 Veselago 在 1967 年首先提出。Veselago 假想了一种介电常数和磁导率均为负数的材料,电场、磁场和电磁波传播方向符合左手坐标系,因此称为左手材料或双负材料,并在数学上证明了这种材料的若干性质,如负折射率、完美透镜、反向波等。在随后近 30 年的时间里,人们都没有在自然界发现这种具有双负特性的材料。直到 1996 年,英国科学家 Pendry 提出了一种全新的材料设计理念:自然界的材料都是由原子、分子等基本单元按一定规则组合而成,其本征电磁参数可以看作由这种组合规则产生的;进而,可以用人工制作的结构单元模拟自然材料的基本单元,并按照一定规则进行排列,实现自然材料所没有的电磁特性。基于这一理念,Pendry 提出具有金属丝阵列和开口谐振环两种周期结构的材料可以分别实现负介电常数和负磁导率,从实验的角度指出双负介质的确是可以实现的。2001 年,美国杜克大学的 Smith 研究团队基于 Pendry 的理论,通过在材料两面分别印刷金属丝和金属谐振环周期结构,首次构建出在微波频段具有负介电常数和负磁导率的左手材料。从此,开启了人工电磁超材料的研究热潮,越来越多的专家学者投入这种新材料的研究之中,并在雷达隐身领域开发出众多研究成果。

电磁超材料不仅是一种材料形态,更代表着一种全新的材料设计理念,为新型吸波材料的设计与开发提供了全新的思路。由于电磁超材料在本征电磁性能的基本上引入了宏观结构,这些结构可以显著影响材料与电磁波的相互作用关系,通过结构参数的改变可以方便地调控材料的等效电磁参数及阻抗等特性,有望突破传统结构形式吸波材料仅能通过调控材料本征电磁特性达到改善吸波性能的局限,摆脱对材料本征电磁参数频散特性的依赖。显然,电磁超材料的设计具有非常大的灵活性,其性能主要由周期结构特性决定,对材料的电磁特性要求较低,更易于实现。

7.2.4 雷达吸波材料的设计

7.2.4.1 雷达吸波材料的设计要求

雷达吸波材料总的设计要求可以概括为"薄、轻、宽、强"四个字,即厚度薄、重量轻、频带宽、吸收强。此外,还应满足易于应用、价格便宜等要求。

1)厚度薄

在满足一定的吸波性能的前提下,在工作频带范围内,使入射到材料内部的电磁波在尽量薄的厚度内尽快被损耗。实现材料厚度变薄,主要通过提高电磁参数实部实现。目前 X 频段隐身的大多数涂层的厚度在 1.5mm 以上,低于 0.7mm 的涂层隐身效果并不理想。

2)重量轻

吸波涂层的面密度应尽可能小,涂覆到装备上的材料尽可能轻,这对飞行器尤为重要。降低重量的途径主要是减小厚度,采用有机材料、多孔材料、泡沫材料等密度较小的吸波材料,主要研究方向是导电聚合物、纳米材料、纤维材料和陶瓷材料等。

3)频带宽

实际应用中,常以反射率 R_L 小于 -10dB 的频带宽度衡量吸波材料的带宽性能,该指标也称为有效吸收带宽。增加带宽要求增大吸波涂层的透波性能,将电磁波引入吸波材料的内部,利用吸收剂的吸收特性拓展吸收峰。可采用多组分吸波剂改性方法,在降低材料电磁参数实部的同时尽量增大电磁参数虚部,或采用多层复合吸波材料,其中面层为电磁参数实部较低的透波层,底层为吸收层,都是增加涂层吸收带宽的有效途径。

4)吸收强

要提高材料的吸收强度,主要通过调整电磁参数实部与虚部的匹配,产生强的干涉吸收峰。目前,实用雷达吸波材料反射率通常在 -20dB,窄带 RAM 可达 -30dB 以上。

此外,吸波涂层不但要有较强的雷达波吸收能力,还必须具备高标准的力学性能及良好的环境适应性和理化性能,要求材料具有黏结强度高、可耐受一定温度和空间环境变化。

实现雷达吸波材料"薄、轻、宽、强"中每一个指标,都有相应的办法,但要同时实现这四个要求,难度较大。雷达吸波材料的设计,就是要尽可能同时满足几方面的要求,使雷达吸波材料达到最佳的综合性能。

7.2.4.2 雷达吸波材料优化设计方法

优化设计是雷达吸波材料研究的重要环节,合理的优化设计方法能显著提高吸波材料的研发效率。优化设计主要包括两部分:计算吸波材料的反射率和采用高效的优化方法获得全局最优参数。

1) 反射率计算方法

雷达吸波材料反射率常用的计算方法有等效传输线法、传输矩阵法、电路模拟法和跟踪计算法等。其中,等效传输线法能够清晰地描绘电磁波在多层材料界面的传输过程,简单实用,因而被广泛采用。下面主要介绍等效传输线法计算反射率的基本原理。

对于多层材料,第 k 层的输入阻抗为

$$Z_{in}(k) = Z_c(k) \frac{Z_{in}(k-1) + Z_c(k)\tanh[\gamma(k) \cdot d(k)]}{Z_c(k) + Z_{in}(k-1)\tanh[\gamma(k) \cdot d(k)]} \quad (7-70)$$

式中:$d(k)$ 为第 k 层的厚度;$Z_{in}(k)$ 为第 k 层的输入阻抗;$Z_{in}(0)$ 为第一层吸波材料和底板之间界面上的输入阻抗;$Z_c(k)$ 为第 k 层的特征阻抗,$\gamma(k)$ 为第 k 层的传输常数,表达式如下:

$$Z_c(k) = \sqrt{\frac{\mu_k}{\varepsilon_k}} \quad (7-71)$$

$$\gamma(k) = j\omega\sqrt{\mu_k \varepsilon_k} \quad (7-72)$$

计算时,从最底层材料开始算起,如果有金属反射背衬,$Z_{in}(0) = 0$;如果没有反射背衬,$Z_{in}(0) = 1$。依次迭代计算出上一层材料的输入阻抗,直到得到最表层的输入阻抗 $Z_{in}(n)$。则材料的反射系数 Γ 为

$$\Gamma = \frac{Z_{in}(n) - Z_0}{Z_{in}(n) + Z_0} \quad (7-73)$$

式中:Z_0 为空气的特征阻抗。由反射系数,可求得反射率 R_L 为

$$R_L = 20\lg|\Gamma| \quad (7-74)$$

2) 优化方法

得到了反射率的计算方法,即可采用一定的方法对吸波材料的参数进行优化,得到最优吸波性能对应的参数解。吸波材料的优化方式主要有两种,一种是根据吸波性能、厚度等目标函数要求,优化出吸波材料的层数、各层厚度及电磁参数。这种方法获得的优化参数只能作为吸波材料研制过程中的理论指导,因为这些参数所对应的材料不一定能制备出来。另一种方式是根据已有材料的电磁参数数据库,对吸波材料的层数、组合方式、厚度等参数进行优化,从而获得在

限定电磁参数条件下的最优解。这种方式具有较强的可操作性,容易实现,是目前吸波材料研制过程中最常用的方法。

吸波材料优化设计是一个复杂的多目标规划问题,是依据已有材料电磁参数,在厚度、吸波性能等约束条件下获得最优参数解。优化设计变量有离散的,如材料种类和铺层顺序;也有连续的,如各层厚度。此外,吸波材料反射率优化目标还是一个多极值复杂函数,容易陷入局部优化。因此,如何通过优化方法获得全局最优解就成为吸波材料优化设计过程中要解决的主要难题。

优化目标函数可表示如下:

$$F = \sum_{j=1}^{n} \omega_j(f) |R_L| \qquad (7-75)$$

式中:n 为频带内频率的取样点数;$\omega_j(f)$ 为权重函数,可根据设计指标的要求对某些频率改变权值。优化过程就是调整优化参量(ε、μ、d、m)使目标函数 $|R_L|$ 尽可能的小,m 为吸波材料层数。优化设计是所有优化参量的综合过程,它的结果并非唯一,它与优化参量的约束条件直接相关。

传统的多层吸波材料优化设计方法有共轭梯度法、牛顿迭代法、单纯形法、罚函数法、模拟退火法等,虽然取得了一些成效,但还存在比较明显的缺点。比如,迭代时间较长,迭代过程容易出现局部收敛现象,这严重降低了计算设计的效率。针对上述问题,近年来出现了一些新型的全局优化算法,如遗传算法、微粒群算法等。各种算法各有特点,可根据实际情况择优选择。关于各种优化算法的具体介绍可以参考相关书籍,此处不做详细介绍和讨论。下面针对典型的雷达吸波结构,介绍它们的设计思路,包括单层吸波材料、多层阻抗匹配吸波材料、Salisbury 屏吸波体、Jaumman 吸波体以及电磁超材料等。

7.2.4.3 单层吸波材料设计

单层吸波材料由均匀吸波介质和金属反射背衬构成,也叫作 Dallenbach 吸收体。对于单层吸波材料,理论上有两种机制可以实现电磁波的完全吸收:①电磁波完全进入材料内部,并被材料完全吸收;②材料表面的反射波与反射背衬的回波相位相反,相互抵消。对于第一种情况,要求材料的输入阻抗与自由空间相同,并且介电常数虚部要足够大,这样的材料目前还不存在。第二种情况则属于干涉型单层吸波涂层,其性能主要取决于吸波涂料的厚度及电磁参数,通过优化设计,可使电磁参数匹配实现电磁波在材料表面无反射,从而达到特定频谱的强吸收。干涉型吸波涂层的主要特性为:①宽频带吸收时电磁参数均随频率的增大而降低;②相较于厚的吸波材料,薄层吸波材料具有更高的介电常数实部;③介电型吸波材料在低频要获得良好的吸波性能,要求介电常数实部大或者材料厚度大,介电常数虚部对峰值大小影响明显,对峰位则影响较小。

由干涉型吸波材料的原理可知,材料的复介电常数随着频率变化,可使厚度为电磁波在材料中波长 1/4 的奇数倍,使反射波产生干扰,从而获得该频点下的最大衰减。

当电磁波在材料中传播时,其波长 λ 为

$$\lambda = \frac{\lambda_0}{\sqrt{\mu_r' \varepsilon_r'}} \tag{7-76}$$

式中:$\lambda_0 = c/f$ 是电磁波在真空中传播的波长。

令材料厚度 $d = (2n+1)\lambda/4$,其中 $n = 0,1,2,3\cdots$,此时材料厚度是波长 1/4 的奇数倍。即有

$$\lambda = \frac{4d}{(2n+1)} \tag{7-77}$$

将式(7-77)代入式(7-76)可得

$$\mu_r' \varepsilon_r' = \frac{c^2}{16}(2n+1)^2 (fd)^{-2} \tag{7-78}$$

对于非磁性材料,$\mu_r' = 1$,设 $L_1^n = \frac{c^2}{16}(2n+1)^2$,则

$$\varepsilon_r' = \frac{c^2}{16}(2n+1)^2 (fd)^{-2} = L_1^n (fd)^{-2} \tag{7-79}$$

两列波产生干涉相消,不仅要求频率相同、振动方向一致、相位相反,而且要求振幅相等。式(7-79)的介电常数实部保证了相位相反,而介电常数的虚部则调节两列波的振幅使之相等。在给定厚度和介电常数实部的情况下,若介电常数虚部大于或小于其理想取值,都会导致一次界面反射能量与二次反射能量不相等,减弱干涉相消的效果。研究发现对于非磁性材料,其 ε_r'' 与厚度 d 与频率 f 之间的关系为

$$\varepsilon_r'' = L_2^n (fd)^{-1} \tag{7-80}$$

式中:L_2^n 为常数。

由上述讨论可知,单层非磁性材料采用干涉相消机制在完全吸收电磁波的情况下,介电常数实部与频率和厚度的乘积平方成反比,介电常数虚部与频率和厚度的乘积成反比。

单层非磁性材料在完全吸收电磁波情况下,其介电常数需要满足苛刻的条件,对于实际材料,除个别频点外,其介电常数很难在一定频段范围内达到这样的要求。因此,在实际设计与应用过程中,常常需要确定一个反射率阈值。

在确定厚度和反射率阈值的情况下,可以通过计算得到单层吸波材料在不同频率下的介电常数值,得到一个介电常数通道,只有在此通道内的材料其反射率才能满足阈值要求。理论研究表明,对于单层吸波材料,若要在 2~18GHz 范围内具有较好的吸波能力,其介电常数实部与虚部均需具备较好的频散特性,

即随着频率的增加,介电常数呈快速下降特性。对于实际电损耗材料,受制于电性能频散特性,要实现较宽频段范围内的强吸收是很困难的,一般只能保证在较窄频段范围内的介电常数落到通道内,反射率曲线常表现为单吸收峰形。因此,要实现吸收带宽的进一步拓宽,需要采用其他吸波材料结构形式以降低对材料介电性能的要求。

7.2.4.4 多层阻抗匹配吸波材料设计

单层吸波材料要实现宽频吸波性能具有很大难度,为此,人们开发出双层或多层阻抗匹配吸波材料,旨在降低对各层材料的电磁参数要求,展宽吸波性能。

多层吸波材料必须解决的几个问题:①选择哪几种材料;②选择的材料如何组合;③各层的厚度如何确定;④评价标准怎么建立。在解决这一系列问题的过程中需要进行复杂的计算工作,一般需要通过计算机优化计算进行解决。目前,国内多个单位相继开展了雷达隐身材料计算机辅助设计研究工作,编制了相应的多层吸波材料优化设计软件,为多层吸波材料的研究和开发奠定了基础。

多层吸波材料通常遵循阻抗渐变原则,将阻抗大的材料置于外层,以与自由空间相匹配;将损耗大的置于内层,以更多地损耗电磁波。此处的阻抗是指各层材料的输入阻抗,而不是各层材料的特征阻抗(波阻抗)。输入阻抗不仅与材料的电磁参数有关,还与其厚度有关。因此,根据多层阻抗匹配材料的优化设计结果看,其特征阻抗不一定遵循阻抗渐变原则,即不一定是特征阻抗大的材料在外层,还要看各层材料的厚度情况。

为了评价方便,一般采用特定频带的平均反射率来表征吸波材料吸波性能的优劣,避免选用不同反射率阈值对结果分析的干扰。平均反射率 R_A 的计算公式为

$$R_A = 10\lg\left[\int_{f_1}^{f_2} 10^{\frac{R(f)}{10}} \mathrm{d}f(f_2 - f_1)\right] \qquad (7-81)$$

式中:f_1 和 f_2 分别为起始频率和终止频率。以 R_A 最小为优化设计目标,常用的优化设计方法有遗传算法、单纯形法、罚函数法、多目标规划法等。

选用 A、B、C、D 四种吸波剂,它们的特征阻抗大小关系为 A > B > C > D,以平均反射率最低为目标,分别对厚度为 2~8mm 的三层吸波材料进行了优化设计,结果如表 7-2 所列。从设计结果可见,只有在厚度较大时吸波材料最优组合才满足特征阻抗渐变原则,厚度越薄,越有将低特征阻抗材料放在表层的趋势。

对于多层阻抗匹配吸波材料,兼顾性能与工艺,在不同厚度约束条件下其层数存在一个合适值。一方面,在一定厚度约束条件下,不一定是层数越多吸波性能越好;另一方面,过多的层数给设计以及材料制备带来一定困难。因此,多层阻抗匹配吸波材料存在一个最佳层数选取的问题。

表7-2 四种吸波剂的设计方案与设计结果

厚度/mm	方案(内层至外层)	R_A/dB	是否满足特征阻抗渐变原则
2	A/B/D	-4.24	否
3	D/A/D	-5.46	否
4	D/A/C	-6.80	否
5	C/A/C	-7.48	否
6	D/C/A	-8.39	是
7	D/C/A	-9.18	是
8	D/B/A	-9.61	是

同样选用四种电损耗型吸波剂,分别对总厚度为2mm、3mm、4mm和8mm的吸波材料进行了1~5层优化设计,设计频段为2~18GHz,厚度2~4mm时反射率阈值取值为-5dB,厚度为8mm时反射率阈值为-8dB。优化结果表明,厚度为2mm时,多层与单层材料吸波性能差别不大,但随着厚度的增加,多层材料的性能比单层材料提高越来越明显,因此厚度越大,多层设计的作用也越大;从单层到双层性能提升最明显,3层以上增加层数对吸波性能改善有限。因此,对于可选吸波剂种类不是很多的情况下,一般2层设计方案可作为首选,最多采用3层设计方案即可。

7.2.4.5 Salisbury 屏吸收体设计

Salisbury 屏是一种经典的电磁波吸波材料,是美国麻省理工学院的 Salisbury 发明的,并在1952年获得了专利。经过设计的 Salisbury 屏吸收体能在一定频段内实现电磁波的强吸收,其结构如图7-5所示,由电阻片、介质层和反射背衬构成。

图7-5 Salisbury 屏吸收体结构示意图

当吸波体的面积远大于电磁波波长,入射波为平面波且垂直入射时,其反射系数 Γ 可用传输线理论分析:

$$\Gamma = \sqrt{\frac{(\alpha-1)^2\eta_1^2\tan^2\left(\frac{\pi\bar{f}}{2}\right)+\alpha^2\eta_0^2}{(\alpha+1)^2\eta_1^2\tan^2\left(\frac{\pi\bar{f}}{2}\right)+\alpha^2\eta_0^2}} \qquad (7-82)$$

式中:$\alpha = R_s\eta_0$,$R_s = 1/(\sigma D)$为电阻片方阻,σ为电阻片的电导率,D为电阻片的厚度;η_0为空气波阻抗;η_1为介质波阻抗,$\eta_1 = \sqrt{\mu_1\varepsilon_1}$,$\mu_1$和$\varepsilon_1$分别为介质层的介电常数和磁导率;$\bar{f}=f/f_0$,$f_0$为Salisbury屏吸收体的谐振频率,$f_0 = L\sqrt{\mu_1\varepsilon_{1/4}}$,$L$为介质层的厚度。

对式(7-82)进行分析,可得到以下结论:

(1) 当$\bar{f} = 2n+1(n=0,1,2,3\cdots)$时,$\Gamma = |(\alpha-1)(\alpha+1)|$,此时反射系数仅与电阻片方阻有关,且$R_s = \eta_0$时,反射率为0;

(2) 当$\bar{f} \neq 2n+1$时,反射系数除与方阻有关外,还受介质波阻抗η_1的影响;

(3) 反射系数有多个对称轴,分别关于$\bar{f} = 2n+1$对称;

(4) 小于某反射系数阈值带宽的影响因素比较复杂,一般情况下,在介质层波阻抗$\eta_1 = \eta_0$,且$R_s = \eta_0$时带宽最大。

Salisbury屏吸收体的吸波机制主要是依靠电磁波的干涉,当满足干涉条件时,即当介质层厚度为介质中波长1/4的奇数倍时,此时在电阻片位置处电磁波相位相反产生干涉,利用电阻片的电导损耗吸收电磁波,因此也称为共振吸收体。

Salisbury屏的优点是结构简单,在某个频段内可实现强吸收,但吸收频带窄,若要实现低频吸收,要求介质层厚度较大,这些缺点使Salisbury屏吸收体在雷达吸波材料中应用较少。

7.2.4.6 Jaumann 吸收体设计

1943年,出现了如图7-6所示的Jaumann吸收体,其结构类似于多层的Salisbury屏吸收体,吸波原理也属于共振损耗型。相对于Salisbury屏,Jaumann吸收体引入了多层共振结构,具备宽频吸波性能。

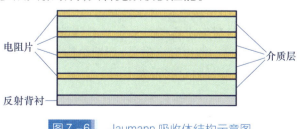

图7-6　Jaumann 吸收体结构示意图

Jaumann 吸收体的吸波性能由各层电阻片方阻、介质层电磁参数和介质层厚度决定。作为一种多层结构吸波材料,Jaumann 吸收体也可按式(7-70)对反射率进行计算,然后采用优化方法对吸波性能进行优化设计。

对于电阻片,电导损耗占主导地位,其介电常数虚部可表示为

$$\varepsilon'' = \frac{\sigma}{\varepsilon_0 \omega} \qquad (7-83)$$

式中:σ 为材料的电导率;ε_0 为真空介电常数;ω 为角频率。

对于方阻为 R_s 的电阻片,设其厚度为 d,则电导率为

$$\sigma = \frac{1}{R_s d} \qquad (7-84)$$

因此,有

$$\varepsilon'' = \frac{1}{2\pi f \varepsilon_0 d} \qquad (7-85)$$

电阻片厚度与介质层厚度相比要小得多,因此介电常数实部取值对吸波性能影响较小,为方便起见,电阻片的实部可取为 1。Jaumann 吸波体的吸收频段非常宽,吸波性能优异,缺点是材料厚度较大,6 层结构的 Jaumann 吸波体厚度可达到 40mm 以上,因此在应用中也受到较大限制。

Jaumann 吸收体在厚度上的不足,可以通过调控介质层材料的介电常数来降低材料的厚度。Jaumann 吸收体属于共振损耗型吸波材料,可以近似利用干涉理论进行分析。对于此类材料,当介质层厚度 d 为介质中波长 1/4 的奇数倍时,产生最小反射,此时厚度 d 为

$$d = \frac{(2n+1)\lambda}{4} = \frac{(2n+1)\lambda_0}{4\sqrt{\varepsilon_r \mu_r}} \qquad (7-86)$$

由式(7-86)可知,增大材料的相对介电常数或相对磁导率,可减小材料的物理厚度。材料电磁参数的增加可能会带来材料吸收带宽减小以及吸收强度减弱等问题,但是通过增加介质层电磁参数减小材料物理厚度的方法具有较强的实用价值。

7.2.4.7 电磁超材料设计

前面讨论的均为传统结构形式的吸波材料,优化设计过程更多关注的是材料本身的电磁特性,获取材料的电磁参数后即可对吸波性能进行优化设计。对于电磁超材料而言,除材料本征电磁参数外,周期结构特性也是重要参数,因而其优化设计方法与传统吸波材料存在很大不同。

1)解析方法

描述超材料电磁特性的解析方法主要是等效媒质理论,它也是超材料等效电磁参数提取的理论基础。获取超材料的等效电磁参数后,即可采用前面介绍

的传统吸波材料的优化设计方法对超材料的吸波性能进行优化设计。

等效媒质理论将由周期结构单元组成的超材料看成均匀媒质,具有等效的电磁参数,可通过计算或实验得到电磁散射参数,进一步获得超材料的阻抗、共振与损耗特性等。因此,如何提取超材料的等效电磁参数是等效媒质理论的核心问题。最先提出超材料等效电磁参数提取方法的是 Smith 团队,基本原理是采用 S 参数反演获得等效电磁参数。

周期结构是超材料的典型特征,求解电磁波在周期结构中的传输特性是采用解析方法研究超材料的基础。根据 Floquet 定理,可得到电磁波在周期结构中传播的两个重要结论,这是对周期结构电磁场研究工作的基础:

(1)周期结构由于受周期性边界条件的影响,存在一系列简谐行波,这些谐波可以通过对场的空间分布作傅里叶展开得到;

(2)无限周期结构的分析可以归结为对一个周期内电磁场传播特性的分析,从而大大降低计算量。

2)数值计算方法

解析方法的计算结果精确可靠,但由于麦克斯韦方程组非常复杂,采用解析方法只能求解一些简单规则系统的严格解或近似解。随着计算电磁学的发展,利用计算机技术通过数值计算方法求解麦克斯韦方程,能有效解决许多实际工程中的复杂电磁问题。

计算电磁学中常用的数值计算方法有高频方法和低频方法。高频方法是基于等效源模型的近似方法,主要有物理光学、几何光学、射线追踪、一致性几何绕射理论等。低频方法包括以矩量法(MOM)为代表的二阶方法(CPU 时间和内存与网格数的 3 次方成正比)、以有限元法(FEM)为代表的一阶方法(CPU 时间和内存与网格数的 2 次方成正比)、以有限积分法(FIT)和时域有限差分法(FDTD)为代表的零阶方法(CPU 时间和内存与网格数成正比)。

各种数值计算方法各有特点,但对于电磁场理论和编程不熟悉的工程技术人员来说,实现起来具有较大的难度。目前,基于计算电磁学原理已经开发出多种商业化仿真软件,具有计算精度和效率高、三维建模方便、用户界面友好、输出参数丰富等特点,已成为电磁仿真与优化的首选工具。例如,CST Microwave Studio 软件就是一款基于 FIT 的电磁仿真软件,可对以周期结构为典型特征的电磁超材料进行 S 参数的求解。该软件还提供了多种优化方法,可以针对设置的目标函数进行参数优化。

3)等效电路法

解析方法适用范围较窄,仅能对结构较为简单的周期结构进行计算;数值计算方法适用范围广,但只能对已知结构特性的超材料进行仿真与优化。超材料的周期结构种类繁多,如果采用数值计算方法逐个研究,一方面具有较大盲目性,难以得到较优解,另一方面工作量十分巨大。在电磁超材料的实际优化设计过程中,首先需要进行定性分析,初步筛选出周期结构形式以及参数优化范围(如容性/感性、拓扑结构、周期结构材料的电性能等),其次再采用数值计算方法进行优化设计,从而提高优化设计效率。

等效电路法在超材料的定性分析过程中具有重要作用,尽管其很难得出超材料的优化参数,但其有明确的物理含义,直观易懂,可以作为定性分析电磁超材料阻抗特性的有力工具,完成超材料周期结构特性的初步筛选工作。

7.3 光电隐身材料

7.3.1 可见光隐身材料

7.3.1.1 可见光隐身基本原理

可见光隐身技术也称视觉隐身技术,其主要目的是通过减小目标与背景之间的亮度、色度和运动的对比特征,达到对目标视觉信号的控制,以降低可见光探测系统发现目标的概率。常用的方法就是在目标的表面涂覆伪装涂料。总的原则是使目标在可见光的照射下,看上去与背景很难区分。

1) 亮度对比度

人眼仅对波长范围在 380~780nm 的光线敏感,这个范围的光称为可见光。人眼的视觉探测是从一定亮度的背景中把目标区分出来,因此人眼的视觉敏锐程度与背景的亮度及目标与背景的亮度对比有关。设目标与背景的亮度分别为 Y_t 和 Y_b,则两者的亮度对比度 K 为

$$K = \frac{|Y_t - Y_b|}{\max(Y_t, Y_b)} \tag{7-87}$$

亮度对比度阈值是人眼把目标从背景中区分出来所需的最低亮度对比度。根据 Wald 定律,背景亮度 Y_b、对比度阈值 K_v 及人眼所能探测的目标视角 α 之间的关系为

$$Y_b \cdot K_v^2 \cdot \alpha^x = 常数 \tag{7-88}$$

式中:x 值为 0~2。对于小目标,$\alpha < 7'$,则 $x = 2$,式(7-88)变为

$$Y_b \cdot K_v^2 \cdot \alpha^2 = 常数 \tag{7-89}$$

式(7-89)即著名的 Rose 定律。该定律说明,人眼有这样的特点,当它观察亮度不等的两个面时,如果亮度很低,觉察不出亮度的差别;但是把两个面的亮度按比例提高,即维持亮度对比度不变,则达到一定大小的亮度时,就有可能感

觉出差别来。

目标与背景除了亮度差别还存在色彩差别,在近距离观察时,两者之间的色差也很重要;但在远距离观察时,彩色会失去色彩而接近消色(黑色、白色和灰色),此时只能依靠亮度来区分目标和背景。因此在光学隐身伪装中,考察目标与背景之间的亮度对比度非常重要。

对于较大目标($\alpha>30'$),在自然光照下的亮度对比度阈值约为 1.75%。此值为实验条件下测得的,对于伪装来说,由于背景斑点的颜色比较复杂,有利于目标的隐蔽,所以实际亮度对比度阈值是实验室结果的 5~10 倍,为 0.1~0.2。一般而言:

(1) 当目标视角大于30′,要求目标不可见时,必须满足 $K \leqslant 0.05$;

(2) 当目标视角小于30′,要求目标不可见的对比度阈值根据背景的斑驳程度而定:单调背景,$K \leqslant 0.1$;斑驳背景,$K \leqslant 0.2$;

(3) 当要求目标明显可见时,必须满足 $K \geqslant 0.4$。

2) 光谱反射率与光谱反射曲线

光谱反射率是物体表面对某一波长光的反射率,而光谱反射曲线是物体表面光谱反射率随波长变化的曲线。光谱反射曲线反映了物体对光的选择性反射,是目标与背景间光学特性差别的内在因素。

光谱反射曲线可反映物体的物质组成。人造绿色伪装材料虽然肉眼看起来与绿叶颜色接近,但是光谱曲线一般都存在较大差异。因此了解和掌握自然背景中各种物体的光谱反射曲线,对光学伪装来说非常重要。只有目标表面的反射曲线接近其背景的反射曲线时,才能消除或减小目标与背景之间的色彩差别和亮度差别,对抗高光谱侦察,达到良好的伪装效果。

颜色是最基本的可见光伪装性能,对应波长为 380~780nm。在伪装技术领域,颜色一般采用 CIE1931 标准色度观察者光谱三刺激值描述,即 XYZ 值。在三刺激值中,Y 值既代表色品又代表亮度,X、Z 只代表色品。通常所说的可见光亮度即为 Y 值。

颜色的差别可以用色差表示,伪装色的色差一般采用 CIELAB 色差公式表示:

$$\Delta E_{ab}^* = [(\Delta L^*)^2 + (\Delta a^*)^2 + (\Delta b^*)^2]^{\frac{1}{2}} \qquad (7-90)$$

式中:

$$L^* = 116 \left(\frac{Y}{Y_0}\right)^{\frac{1}{3}} - 16 \qquad (7-91)$$

$$a^* = 500 \left[\left(\frac{X}{X_0}\right)^{\frac{1}{3}} - \left(\frac{Y}{Y_0}\right)^{\frac{1}{3}}\right] \qquad (7-92)$$

$$b^* = 200\left[\left(\frac{Y}{Y_0}\right)^{\frac{1}{3}} - \left(\frac{Z}{Z_0}\right)^{\frac{1}{3}}\right] \qquad (7-93)$$

式中：X_0、Y_0、Z_0 为 CIE 标准照明体 D65 照射下，完全反射漫射面的三刺激值；ΔL^*、Δa^*、Δb^* 为样品色与其对应的标准色坐标 L^*、a^*、b^* 之差。以上色差公式在 X/X_0、Y/Y_0、Z/Z_0 三者的值均大于 0.008856 时适用；对于极深颜色，三者的值小于 0.008856，上述公式会导致很大误差，应当修正后使用。

一般认为，色差小于 3 肉眼观察区别不明显，因此一般要求伪装材料颜色与规定的标准色之间的色差不大于 3。

根据常见背景种类颜色的不同，可以把自然景物大致分为三类：①消色物体，包括雪层、石灰石、混凝土、柏油路面、黑土及煤炭等，这类物体的光谱反射率基本不随波长而变化，在日光照射下呈现为亮度不同的白色、黑色和灰色；②黄色物体，包括没有植被的黄土、沙漠、泥地、成熟的庄稼和晒干了的植物等，这类物体对长波光线的反射能力比短波光线强得多，其光谱反射率在光学波段随波长增大而逐渐增大，因此多呈黄红色；③绿色物体，主要包括各种自然植物，在日照下呈现为绿色。

3）感光元件的光谱功率响应特性

光学探测器依赖的光源主要有阳光、月光、星光、激光或近红外探照灯等，波长范围在 300~2500nm。

利用滤光片可以改变观察者接受的反射光的光谱功率分布，间接起到改变光源光谱功率分布的效果。典型例子是利用绿色检验镜来揭露绿色伪装和检验绿色伪装材料。这种滤光片可大量透过波长 680nm 以上的红光和近红外线，少量透过 500nm 左右的绿光，其他波长几乎都不能透过。在这种检验镜下，自然植物呈橙红色或红色，而人工绿色材料按其光谱反射特性与植物光谱反射的差异程度呈现不同的颜色：与植物相近的呈橙红色或红色，与植物差别大的呈绿色，介于两者之间的呈红褐色或暗褐色。

通常所说的颜色都是人眼的响应，而照相胶片、夜视器材上显现的则是它们的感光材料和元件所产生的响应。例如，人眼看到的各种彩色在黑白照相胶片上就变成灰度不同的黑白色调，而且照相胶片对蓝光和红光的灵敏度都比人眼高，所以在照片上蓝色和红色物体都会显得比人眼观察时亮。又如，近红外线是人眼看不到的光线，但在近红外照相机、近红外夜视仪以及微光夜视仪中，都可以显现出亮度的差别。

4）视亮度

经过大气传输后，观察到的目标与背景的亮度称为视亮度。目标与背景的视亮度 L'_t 和 L'_b 可表示为

$$\begin{cases} L'_t = L_t \tau^R + L_{sky}(1 - \tau^R) \\ L'_b = L_b \tau^R + L_{sky}(1 - \tau^R) \end{cases} \quad (7-94)$$

式中:L_t 和 L_b 分别为目标和背景的真实亮度;τ 为光线在大气中的单位厚度透射率;R 为目标的观察距离;L_{sky} 为地平线处的天空亮度。

不管目标与背景的真实亮度如何,其视亮度都会随着观察距离 R 增加或透射率 τ 的减小而逐渐接近于地平线处的天空亮度,τ 越小变化越快。当 $L_t < L_{sky}$,L'_t 随着 R 的增加而增大,比如青山或森林远看比近看亮;当 $L_t > L_{sky}$,L'_t 随着 R 的增加而减小,比如雪上或白色建筑物远看比近看暗。

因此,观察距离 R 增加或透射率 τ 减小都可使目标与背景的视亮度对比减小,有利于目标的伪装。对于望远系统的侦察,尽管望远镜可以放大视角,但是大气使目标与背景的视亮度对比下降限制了观察距离的增大,当视亮度对比下降到 1.75% 以下时,无论望远系统的放大倍率多大,都不能分辨目标。

7.3.1.2 迷彩伪装的种类

迷彩涂层通常用于军事目标表面或伪装遮障面,改变表面颜色或其他性能,实现降低目标显著性或歪曲目标外形的效果。可见光波段的迷彩伪装是指用涂料、染料和其他材料改变目标与背景的颜色、图案所实施的伪装。迷彩伪装的方法可分为保护迷彩、变形迷彩和仿造迷彩,每种方法适用于不同的目标(活动的或固定的)和背景(单调的或斑驳的)。

1) 保护迷彩

保护迷彩是复制背景基本色或优势背景色的单色迷彩。在单调或单色背景上,保护迷彩的颜色取背景上具有代表性的颜色。在多色斑驳背景上,如某种颜色的斑点面积超过背景总面积的 55%,则可取这种颜色作为保护迷彩色。背景颜色比较复杂时,保护迷彩的颜色取目标所处背景上各种颜色斑点的平均值。

多色斑驳背景上保护迷彩颜色的亮度取背景斑点亮度的均值,可用式(7-95)计算:

$$L_m = \sum s_i \cdot L_i \quad (7-95)$$

式中:s_i 和 L_i 分别为第 i 种斑点占背景面积的分数和亮度。

保护迷彩一般适用于单调背景上的固定目标和人工遮障,或单调背景上的活动目标(如坦克、火炮、汽车等);有时军队的服装、装具等也采用保护迷彩。

2) 变形迷彩

变形迷彩是由几种形状不规则的大斑点所组成的多色迷彩,主要用于伪装各种活动目标。变色迷彩斑点的颜色需要符合目标活动地域背景的主要颜色,颜色的种类通常为 2~5 种,最常用的是 3 色变色迷彩。同时,还要保证迷彩斑块之间保持必要的颜色差别,以保证对目标外形的分割以及保持颜色的多样性。通常要求相邻斑点颜色间的亮度对比不小于0.4。不少动物的体色体现了变形迷彩的伪装原理,如大熊猫、马来貘、Valais山羊等。

三色变形迷彩是最常用的迷彩方法,由中间色和亮、暗差别色组成。这三种斑点的面积比例、颜色选定都由背景决定。中间色的确定与斑驳背景中保护迷彩颜色确定类似,其亮度系数应为背景平均亮度系数。

3) 仿造迷彩

仿造迷彩是仿制目标周围背景图案的多色迷彩,它能使目标融于背景中,成为自然背景的一部分,用于固定目标或长期停留在固定地点的活动目标的伪装。由于仿造迷彩能使目标成为自然背景斑点的自然延伸,在多色斑驳的背景上,其伪装效果优于保护迷彩和变形迷彩。

4) 小斑点迷彩和数码迷彩

小斑点迷彩又称为双重结构迷彩,近距离观察时这种迷彩由各色小斑点构成,远距离观察时由于人眼分辨率不能区分单个的小斑点,各色小斑点经空间混色形成大斑点。根据小斑点配置的不同,小斑点迷彩能分别产生保护、变色和仿造迷彩的伪装效果。与大斑点迷彩相比,小斑点迷彩的主要特点是:①颜色总数较多,较大斑点能更好地仿造背景斑点的空间混色;②在不加工表面的情况下,小斑点能在一定程度上仿造背景斑点的粗糙状态;③小斑点的作业量大,复杂费时。

小斑点迷彩由于其复杂性一直未得到广泛的应用。近年来随着数字成像侦察技术的发展和计算机技术在伪装设计领域的应用,出现了数码迷彩的概念。数码迷彩是对小斑点迷彩概念的深化和发展。

数码迷彩是新型迷彩伪装技术,它运用计算机图像技术提取自然背景纹理、颜色和层次等信息,将背景图像中的颜色、纹理及其分布等信息密码进行像素化表达,并在装备表面进行复制和再现,克服了传统迷彩只在特定侦察距离上才具有伪装效果的不足,在不同的侦察距离上均具有良好的背景融合性。根据目标的特点和所处的背景特征,数码迷彩可设计成武器装备的变形迷彩,也可设计成固定军事设施的仿造迷彩。

7.3.2 红外隐身材料

7.3.2.1 红外辐射

红外辐射又称为红外线,是由组成物质的微观粒子(原子、分子、离子、电子等)在能态之间跃迁时发射出来的电磁波。红外线波长介于可见光和微波之间,波长范围为 $0.76 \sim 1000 \mu m$,覆盖室温下物体所发出的热辐射的波段。人眼不能看到红外线,但可以通过由它引起的热效应感受到。

红外线在空气中的损耗随波长而发生变化,有的波长下损耗非常严重,有的波长损耗较弱。红外辐射在大气中传输存在 4 个大气窗口,即 $1 \sim 2.5 \mu m$、$3 \sim 5 \mu m$、$8 \sim 14 \mu m$ 和 $16 \sim 24 \mu m$,分别称为第一、第二、第三和第四大气窗口。在大气窗口内,红外辐射衰减较小,传播距离远;而在窗口外,红外辐射基本被大气吸收,传播距离近。大气中主要的吸收气体有水、二氧化碳和氧气。第一窗口是早期的红外探测装备使用的工作频段,其背景噪声很大,已经很少用于红外探测;第四窗口的透过率较低,为半透明窗口,且飞行器等装备在该窗口的辐射能量很弱。因此,红外探测装置的主要工作波段位于第二和第三大气窗口,红外隐身也主要针对这两个大气窗口而言。

7.3.2.2 红外辐射定律

红外物理中比较重要的公式有普朗克黑体辐射定律、维恩位移定律、斯忒藩 – 玻尔兹曼定律和基尔霍夫定律等。

1) 普朗克黑体辐射定律

在热辐射的研究中,黑体是一个非常重要的概念。所谓黑体是指在任何温度下都能够完全吸收任何波长的入射辐射的理想物体,且不会有任何反射和透射。换句话说,黑体对任何波长的电磁波的吸收率都等于 1,而反射率和透射率均等于 0。黑体同时也是最强的辐射体,在相同状态下能辐射出最多的能量。1900 年,普朗克(M. Planck) 根据量子理论推导了黑体辐射定律,得到黑体的光谱辐射出射度 M_λ 为

$$M_\lambda = \frac{2\pi h c^2}{\lambda^5 (e^{\frac{hc}{\lambda k_B T}} - 1)} \qquad (7-96)$$

式中:c 为光速;h 为普朗克常数;k_B 为玻尔兹曼常数;T 为黑体的温度;λ 为波长。根据黑体辐射定律可知,黑体的辐射能量与温度有关,在任意波长下,其辐射能量都随温度的升高而增大。

2) 维恩位移定律

维恩位移定律给出了黑体光谱辐射出射度的峰值 M_{λ_m} 所对应的波长 λ_m 与黑体绝对温度 T 之间的关系,其表达式为

$$\lambda_m T = b \qquad (7-97)$$

式中:常数 $b = 2.898 \times 10^{-3} m \cdot K$。维恩位移定律表明,黑体光谱辐射出射度峰值对应的波长与黑体的绝对温度成反比。例如,人体温度约为 310K,辐射峰值对应的波长约为 $9.4 \mu m$;太阳可看作温度为 6000K 的黑体,峰值波长约为 $0.48 \mu m$。可见,太阳辐射的 50% 以上功率是在可见光和紫外区,而人体辐射几乎全部在红外区。

武器装备不同部位温度的不同,也将导致其红外辐射能量在波长上的分

布不同。例如,飞机发动机喷管和燃气喷流的温度较高,其红外辐射主要集中在 3～5μm 中波波段;机体外表面的温度较低,其红外辐射能量主要集中在 8～14μm 长波波段。飞行器红外辐射的一个重要特点是高空背景干净,环境温度较飞行器机体温度低很多,因此飞行器红外辐射特征在天空背景中非常明显。

3) 斯忒藩 - 玻尔兹曼定律

由黑体辐射定律可以推导出黑体在全波长范围内的辐射出射度(全辐射出射度)M 与温度的关系,即斯忒藩 - 玻尔兹曼定律,表达式为

$$M = \sigma T^4 \tag{7-98}$$

式中:黑体辐射常数 $\sigma = 5.67 \times 10^{-8} \mathrm{W/(m^2 \cdot K^4)}$。该定律表明,黑体的全辐射出射度与其温度的 4 次方成正比。因此,当温度有很小变化时,就会引起辐射出射度的很大变化。

对于红外探测器而言,由于探测器与飞行器之间的距离 R 远大于目标尺寸 L,因此,飞行器均可当作点源处理。在均匀背景下点源红外探测器作用距离 R 与飞行器红外辐射强度 I 的平方根成正比,即 $R \propto \sqrt{I}$。计算可知,如果目标的红外辐射强度下降 10dB(90%),则探测器作用距离下降 68%。

4) 基尔霍夫定律

黑体是一种理想化的物体,是最强的辐射体,而实际物体的辐射能力不如黑体。为了研究方便,引入发射率这个物理量,来表征实际物体的辐射能力。发射率也叫作比辐射率或热辐射效率,是实际物体在指定温度 T 时的辐射量与同温度黑体辐射量的比值,为无量纲,取值为 0～1。显然,发射率越大,表明实际物体与黑体的辐射越接近。因此,只要知道了某物体的发射率,利用黑体的基本辐射定律就可以找到该物体的辐射规律,也可计算出其辐射量。

发射率是物体的表面性质,与物体的种类、表面粗糙度、温度等有关。一般而言,抛光的金属表面具有非常低的发射率,而表面被氧化或污染后发射率升高,非金属的发射率一般都比较高。

基尔霍夫(Kirchhoff)定律揭示了物体发射率 ε 与吸收率 α 之间的关系如下:

$$\varepsilon(T) = \alpha(T) \tag{7-99}$$

对于任意波长下物体的光谱发射率和光谱吸收率,基尔霍夫定律可以表示为

$$\varepsilon(T,\lambda) = \alpha(T,\lambda) \tag{7-100}$$

由基尔霍夫定律可知,任何物体的发射率都与该物体在同温度下的吸收率相等。因此,吸收率越高的材料,其发射率越高。黑体的吸收率为 1,其发射率也为 1。

7.3.2.3 红外隐身的技术途径

根据目标自身的红外强度和辐射特性,结合红外辐射的大气传输规律,红外隐身通常遵循以下几个原则:

(1)降低辐射源温度。红外辐射强度与温度的4次方成正比,因此,实现红外隐身的最有效方法就是降低辐射源的温度,减少其向外辐射的能量。

(2)改变红外辐射频率。由于大气中某些成分对一定频段的辐射有较强的吸收作用,利用此原理,改变红外辐射频率,从而使大部分辐射能量被大气吸收掉,实现红外隐身效果。

(3)降低目标发射率。影响辐射强度的参数还有物体的发射率,降低目标的发射率也可降低其红外辐射强度。

根据以上红外隐身原理可知,目标的红外隐身包括三个方面的内容:改变目标的红外辐射特征,即改变目标表面的发射率;降低目标的红外辐射强度,即通常所说的热抑制技术;调节红外辐射的传播途径,包括光谱转换技术。

近红外波段的隐身,要求目标的红外反射特征与环境一致,主要策略为:①使用近红外表面发射系数的涂料,降低目标与背景辐射能量的差异;②使用降低目标表面温度的绝热材料,减小目标与背景的温度差异;③采用红外图形迷彩,如目前较常使用的近红外光谱区反射的四色变形迷彩涂料,弥补隐身材料的不足,提升红外隐身效果。

中远红外波段的隐身,以控制目标的红外辐射、降低与环境的对比度为主,常采用的方法如下:

(1)采用低发射率涂层。中远红外的伪装涂层通常采用低发射率涂层,以弥补目标与环境的温度差,如采用 ZnO。

(2)采用隔热模型。当目标温度较高、辐射特征明显时,必须把目标高温热源加以隔绝。

(3)采用红外变频材料。采用红外变频材料改变目标的辐射特征,进行红外光谱特征扫描的防护,这是更高层次的隐身复合材料。

7.3.2.4 低发射率涂层技术

如前所述,目标高温部分的温度一般显著高于背景,降低装备表面的发射率可以有效降低其辐射温度,因此低发射率涂层技术在红外隐身领域受到了很大的重视。对于地面装备来说,低发射率涂层的一个基本要求是可见光/近红外伪装兼容,即具有较低的热红外发射率的同时满足颜色及光谱反射率要求。低发射率涂层没有统一的标准,但一般要求发射率涂层热红外发射率小于0.7。

低发射率涂层除了应用于目标的高温部分,还能与高发射率涂层配合,在伪装面上形成热红外迷彩,使伪装面的热图形呈现出不同的亮度级别,从而歪曲目标轮廓,在斑驳的背景中降低目标的显著性。

低发射率涂层的关键技术包括红外透明黏合剂、低发射率颜料和填料等。

1) 红外透明黏合剂

伪装涂料中黏合剂的含量很高,为50%以上,故伪装涂料的发射率受黏合剂的影响很大。黏合剂的热红外性能可用其红外透光度来表征,透光度越高则吸收越弱,发射率也就越低。研究表明,用于低发射率涂料的黏合剂应符合如下两个基本要求:一是必须保护填料并在涂层的整个使用过程中保持它们的红外特性;二是必须在选定的光谱范围内红外透明。

美国涂料技术协会以有机化合物分子所含有的基团与化学键来大致判断其红外吸收能力。由于聚合物中官能团的分子振动,大多数黏合剂在红外区域有明显甚至强烈的吸收,如碳氢伸缩振动($3.3\mu m$)、羟基伸缩振动($5.7\mu m$)、碳氢变形振动($7.0\mu m$)、碳氧伸缩振动($8.0\mu m$)等。例如,聚氨酯因含有氨酯基(—NHCO—)和异氰酸酯基(—NCO)等不饱和官能团,在红外波段有强烈吸收,不适合用于红外隐身涂料。

因此,在低发射率伪装涂料的配方设计中,应根据各种有机树脂的红外吸收光谱,选用不含红外强吸收官能团的树脂材料,以减少涂层对红外线的吸收。

从聚合物的官能团和化学键来分析,石蜡族化合物、具有环状结构的橡胶、异丁烯橡胶、聚乙烯以及氯化聚丙烯等都可用作低发射率伪装涂料的黏合剂。国内在热红外透明树脂的研究中报道较多的材料包括丙烯酸聚氨酯、氯乙烯、丙烯酸树脂、氯丁橡胶、乙丙橡胶等。

采用红外透明树脂的低发射率涂料一般需要涂覆在低发射率的基底上才能最终获得低发射率涂层。

2) 低发射率颜料和填料

除了选用红外透明树脂,降低涂层的发射率还可以通过两种方法:一是选择低发射率的颜料,二是在涂层中添加片状铝粉等低发射率填料。在满足可见光/近红外光谱特性的条件下,颜料可选择的种类较少,铝粉的添加量也不能过多。因此,开发新型的低发射率颜料和兼容光学伪装要求的低发射率填料是重要的研究方向。

目前,研究较多的低发射率颜料和填料是一些掺杂半导体粉末,如掺锡氧化铟、掺锑氧化锡、掺铝氧化锌、CdS、ZnS等。

7.4 烟幕材料

烟幕是由悬浮于空气介质中的大量固态或液态微粒组成的气溶胶体系,这些固态或液态微粒即烟幕材料,其物理和化学性质决定了烟幕对电磁波的遮蔽干扰效果。因此,设计和制备高性能的烟幕材料是烟幕技术的核心。

7.4.1 烟幕材料基本作用原理

烟幕能够对电磁波形成遮蔽或干扰的根本原因在于,当电磁波经过烟幕云团时,其中存在的大量烟幕粒子会对电磁波产生散射、吸收等作用,使电磁波沿原有方向的传输能量发生显著衰减,导致光电探测器探测到的目标信号减弱,从而无法正确识别目标。通常,将烟幕粒子对电磁波的衰减作用称为消光,它包括散射和吸收两部分,烟幕粒子的消光性能与其化学组成、形状、尺寸、空间取向以及入射电磁波的频率和极化状态有关。

7.4.1.1 烟幕粒子的吸收作用

光散射和吸收的理论基础是麦克斯韦方程组,通过求解麦克斯韦方程组,可获得光波在介质中的传播规律。对于烟幕气溶胶来说,其电磁特性参数(如电导率 σ、介电常数 ε 和磁导率 μ)对电磁波的散射和吸收具有决定性的作用。烟幕粒子为有损耗的介质,此时平面波的麦克斯韦方程组的微分形式为

$$\begin{cases} \nabla \cdot \boldsymbol{E} = 0 \\ \nabla \cdot \boldsymbol{H} = 0 \\ \nabla \times \boldsymbol{E} = -\mathrm{j}\omega\mu\boldsymbol{H} \\ \nabla \times \boldsymbol{H} = \mathrm{j}\omega\varepsilon_c\boldsymbol{E} \end{cases} \quad (7-101)$$

式中: $\boldsymbol{E}$、$\boldsymbol{H}$ 分别表示电场强度和磁场强度; ω 为电磁波角频率; ε_c 为复介电常数,可表示为

$$\varepsilon_c = \varepsilon - \mathrm{j}\frac{\sigma}{\omega} \quad (7-102)$$

对式(7-101)的第三、四个方程取旋度,可得平面波在导电介质中的波动方程为

$$\begin{cases} \nabla^2 \boldsymbol{E} + k^2 \boldsymbol{E} = 0 \\ \nabla^2 \boldsymbol{H} + k^2 \boldsymbol{H} = 0 \end{cases} \quad (7-103)$$

式(7-103)又称为亥姆霍兹方程。式中: k 为复波数,表达式为

$$k = \omega\sqrt{\mu\varepsilon_c} = \omega\sqrt{\mu\left(\varepsilon - \mathrm{j}\frac{\sigma}{\omega}\right)} \quad (7-104)$$

假设电磁波沿 z 轴方向传播,可得平面波的解为

$$\begin{cases} E(z,t) = E_0 \exp(\mathrm{j}kz - \mathrm{j}\omega t) \\ H(z,t) = H_0 \exp(\mathrm{j}kz - \mathrm{j}\omega t) \end{cases} \quad (7-105)$$

式中: k 为复波矢。定义 $k = \beta + \mathrm{j}\alpha$,则

$$\begin{cases} E(z,t) = E_0 \exp(-\alpha z)\exp(j\beta z - j\omega t) \\ H(z,t) = H_0 \exp(-\alpha z)\exp(j\beta z - j\omega t) \end{cases} \quad (7-106)$$

可见,在烟幕粒子中,电场的振幅$E_0\exp(-\alpha z)$和磁场的振幅$H_0\exp(-\alpha z)$均会沿着传播方向呈指数衰减,烟幕粒子会对电磁波产生吸收作用。其中,α 也称为衰减常数,β 称为相位常数,根据波数的表达式可求得

$$\alpha = \omega \sqrt{\frac{\mu\varepsilon}{2}\left[\sqrt{1+\left(\frac{\sigma}{\omega\varepsilon}\right)^2}-1\right]} \quad (7-107)$$

$$\beta = \omega \sqrt{\frac{\mu\varepsilon}{2}\left[\sqrt{1+\left(\frac{\sigma}{\omega\varepsilon}\right)^2}+1\right]} \quad (7-108)$$

若 $\sigma = 0$,则 $\alpha = 0$,此时电磁波在传播过程中没有衰减,烟幕粒子对电磁波不产生吸收作用。

烟幕粒子的耗散特性也可以用复折射率来表示。定义复折射率 $m = n + jn'$,由于光速 $c = 1/\sqrt{\varepsilon_0\mu_0}$,可得

$$m = \sqrt{\mu_r \varepsilon_{r,c}} = c\sqrt{\mu\varepsilon_c} = c\sqrt{\mu\left(\varepsilon - j\frac{\sigma}{\omega}\right)} \quad (7-109)$$

因而

$$k = \omega\sqrt{\mu\varepsilon_c} = \frac{\omega m}{c} = \frac{\omega}{c}(n+jn') \quad (7-110)$$

式(7-105)可写为

$$\begin{cases} E(z,t) = E_0 \exp\left(-\frac{\omega n'}{c}z\right)\exp\left(j\frac{\omega n}{c}z - j\omega t\right) \\ H(z,t) = H_0 \exp\left(-\frac{\omega n'}{c}z\right)\exp\left(j\frac{\omega n}{c}z - j\omega t\right) \end{cases} \quad (7-111)$$

可见,复折射率描述了介质对光传播特性(振幅和相位)的作用,其实部是表征介质影响光传播相位特性的量,即为通常所说的折射率;虚部是表征介质影响光传播振幅特性的量,通常称为消光系数,通过它可以描述光在介质中传播的吸收和色散特性。当 $\sigma = 0$ 时,复折射率的虚部 $n' = 0$,此时烟幕粒子对电磁波没有吸收损耗。

7.4.1.2 烟幕粒子的散射作用

一束光通过介质时,其中一部分光偏离主要的传播方向,这种现象称为光散射。当光束通过均匀的透明介质时,从侧面看不到光线。如果介质是不均匀的(如高聚物稀溶液、溶胶、悬浮液、气溶胶等),就可从侧面看到一道清晰的光径,这种现象称为丁达尔(Tyndall)现象。产生这种现象的本质是光波的电磁场与介质分子相互作用的结果。当光波射入介质时,在光波电磁场作用下,分子或原子产生诱导极化,并以一定的频率做强迫振动,形成振动的偶极子。这些振动的

偶极子成为二次波源,向各个方向发射出电磁波。在纯净均匀的介质中,这些次波具有相干性,使光线只能在折射方向上传播,而在其他方向上则相互抵消,所以没有散射光出现。但当均匀介质中掺入进行着布朗运动的微粒后,或者体系由于热运动而产生局部的密度涨落或浓度涨落时,就会破坏次波的相干性,而在其他方向上出现散射光。

在材料的光学性能部分我们讲到光的散射可分为两大类:一类是散射前后波长不发生变化,称为弹性散射,如瑞利散射、米氏散射等;另一类是散射后波长发生改变,称为非弹性散射,如拉曼(Raman)散射、布里渊(Brillouin)散射等。对于烟幕粒子,我们只考虑弹性散射的情况。

烟幕粒子的散射特性可以利用理论方法进行计算。当前,用于烟幕粒子散射特性的计算方法主要有三类。第一类是能够得到精确解析解的计算模型,典型代表是米氏散射理论,该理论是最早发展的光散射模型,能够对球形粒子进行精确的计算。第二类是能够进行精确计算的数值计算模型,此类方法通过在一定边界条件下直接数值求解电磁波传播方程,获得粒子电磁散射特性,对于球形粒子和非球形粒子均可精确求解,典型的如 T 矩阵法、有限元法、时域有限差分法、离散偶极近似法等。第三类是针对粒子尺度参数较为极端情形的光散射近似模型,典型的模型包括瑞利散射近似、瑞利-甘斯近似、异常衍射近似及几何光学近似等。

1) 与散射相关的物理量

在研究烟幕粒子的光散射现象时,经常会涉及消光截面、散射截面、吸收截面以及相应的效率因子等物理量。

散射截面是一个散射颗粒在单位时间内散射的全部光能量 E_{sca} 与入射光强 I_0 的比值,记作 σ_{sca},它反映了颗粒使入射光发生偏转的能力。也就是说,一个颗粒单位时间内散射的全部光能量等于入射光单位时间内投射到该颗粒散射截面上的能量。σ_{sca} 具有面积的量纲,还可以进一步引入一个无量纲的量——散射效率因子。散射效率因子等于散射截面与散射体在入射光传播方向上的投影面积 A 之比,记作 Q_{sca}。根据定义,σ_{sca} 和 Q_{sca} 之间满足如下关系式:

$$Q_{sca} = \frac{\sigma_{sca}}{A} = \frac{E_{sca}}{I_0 A} \qquad (7-112)$$

当颗粒受到光的照射时,除散射外常常还伴随着吸收,被颗粒吸收的光能量转变为其他形式的能量而不再以光的形式出现,这与散射情形明显不同。可以采用同样的方法定义吸收截面 σ_{abs} 和吸收效率因子 Q_{abs}。即颗粒在单位时间内吸收的光能量 E_{abs} 与入射光强 I_0 之间的比值为吸收截面,吸收截面与颗粒在入射光传播方向上的投影面积 A 之比为吸收效率因子。有如下关系式:

$$Q_{abs} = \frac{\sigma_{abs}}{A} = \frac{E_{abs}}{I_0 A} \qquad (7-113)$$

在光线通过介质时,沿原传播方向的透射光的强度减弱,这种光的衰减现象称为消光。消光是由于颗粒对入射光散射和吸收两个因素引起的,与颗粒的物理性质、形状、大小等因素有关。当颗粒为非耗散介质时,消光完全由散射引起;反之,当颗粒为耗散介质时,散射和吸收同时存在,哪一因素占优势则由颗粒的特性决定。同样,消光截面定义为颗粒在单位时间内衰减的光能量E_{ext}与入射光强I_0之比,消光效率因子为消光截面与颗粒在入射光传播方向上的投影面积A之比。有如下关系式:

$$Q_{ext} = \frac{\sigma_{ext}}{A} = \frac{E_{ext}}{I_0 A} \qquad (7-114)$$

根据能量守恒定律,存在如下关系式:

$$\sigma_{ext} = \sigma_{sca} + \sigma_{abs} \qquad (7-115)$$

$$Q_{ext} = Q_{sca} + Q_{abs} \qquad (7-116)$$

当单个烟幕粒子被平面电磁波照射而发生散射时,在空间某点p所产生的散射光强I_s可用式(7-117)计算:

$$I_s = \frac{|S(\theta,\varphi)|^2}{k^2 R^2} I_0 \qquad (7-117)$$

式中:θ为散射角;φ为方位角;R为烟幕粒子至p点的距离;k为波数。$S(\theta,\varphi)$是无因次函数,表征散射光的方向特性,与颗粒的形状、大小、折射率及空间趋向有关,称为颗粒的散射振幅函数,一般情况下为复数。因此,根据散射过程发生的条件,找出散射振幅函数,是求解散射问题的关键。

根据散射振幅函数可计算得到散射效率因子、消光效率因子等参数

$$Q_{sca} = \frac{1}{k^2 A} \int_0^{4\pi} i(\theta,\varphi) d\Omega \qquad (7-118)$$

$$Q_{ext} = \frac{4\pi}{k^2 A} \text{Re}[S(0)] \qquad (7-119)$$

式中:$i(\theta,\varphi) = |S(\theta,\varphi)|^2$称为强度函数;$S(0)$是散射振幅函数在$\theta = 0$处的值。

烟幕云团是多粒子系统,如果不考虑粒子间的相互影响,每个粒子的散射特性可由散射函数$S_i(\theta,\varphi)$确定。在考虑$\theta \neq 0$方向上的散射时,由于颗粒位置的随机性导致散射光相位的随机性,因此总散射强度$I_s(\theta,\varphi)$是各粒子散射光强$I_{s,i}(\theta,\varphi)$的总和(非相干叠加):

$$I_s(\theta,\varphi) = \sum_i I_{s,i}(\theta,\varphi) \qquad (7-120)$$

$$\sigma_{sca} = \sum_i \sigma_{sca,i} \tag{7-121}$$

对于 $\theta=0$ 方向上的散射,来自各颗粒的散射光与入射光之间有一定的相位关系而产生相干现象,须通过振幅叠加后再求光强,即

$$S(0) = \sum_i S_i(0) \tag{7-122}$$

$$\sigma_{ext} = \sum_i \sigma_{ext,i} \tag{7-123}$$

在实际应用中,通常引入另一个参数——质量消光系数,它是在消光截面和消光效率因子的基础上,将更多的因素(主要是粒子的质量和密度)考虑进来,可以更全面地评价烟幕材料的消光性能。质量消光系数 α 为烟幕粒子的消光截面 σ_{ext} 与其质量 M 的比值,即

$$\alpha = \frac{\sigma_{ext}}{M} \tag{7-124}$$

质量消光系数与烟幕粒子的浓度无关,它与粒子的形状、大小、复折射率、质量(或密度)有关,单位为 m^2/g。球形粒子的质量消光系数为

$$\alpha = \frac{AQ_{ext}}{\rho V} = \frac{\pi r^2 Q_{ext}}{\frac{4}{3}\pi r^3 \rho} = \frac{3Q_{ext}}{4r\rho} \tag{7-125}$$

式中: r 和 ρ 分别为球形烟幕粒子的半径和密度。对于烟幕粒子来说,质量消光系数越大,代表消光能力越强。因此,质量消光系数是筛选烟幕材料的最重要的参数。

2)米氏散射理论

米氏散射理论是 1908 年由德国 G. Mie 和丹麦 L. Lorenz 同期独立提出的,他们在球形边界条件下,通过精确求解 Maxwell 方程组得到了粒子的光散射特性。因此,均质球体的散射又简称为米氏散射或 Lorenz – Mie 散射。米氏散射理论最初只适用于表面平滑的球形均质粒子,Aden 对其进行了改进,建立了适用于分层均匀球体的米氏散射模型,又称为 Aden – Kerker 散射理论。

当电磁波入射到球形粒子表面时,设沿散射面垂直方向和平行方向的散射光强分别为 I_r 和 I_l,相应的表达式为

$$I_r = \frac{|S_1(\theta)|^2}{k^2 r^2} I_{r0} \tag{7-126}$$

$$I_l = \frac{|S_2(\theta)|^2}{k^2 r^2} I_{l0} \tag{7-127}$$

式中: I_{r0} 和 I_{l0} 分别为沿散射面垂直方向和平行方向的入射光强; $S_1(\theta)$ 和 $S_2(\theta)$ 为散射振幅函数。散射振幅函数的表达式如下:

$$S_1(\theta) = \sum_{n=1}^{\infty} \frac{(2n+1)}{n(n+1)}(a_n \pi_n + b_n \tau_n) \quad (7-128)$$

$$S_2(\theta) = \sum_{n=1}^{\infty} \frac{(2n+1)}{n(n+1)}(a_n \tau_n + b_n \pi_n) \quad (7-129)$$

式中：a_n和b_n称为米氏系数，它们与球形颗粒的大小、颗粒相对于周围介质的折射率有关，表达式如下：

$$a_n = \frac{m\psi_n(mx)\psi'_n(x) - \psi_n(x)\psi'_n(mx)}{m\psi_n(mx)\xi'_n(x) - \xi_n(x)\psi'_n(mx)} \quad (7-130)$$

$$b_n = \frac{\psi_n(mx)\psi'_n(x) - m\psi_n(x)\psi'_n(mx)}{\psi_n(mx)\xi'_n(x) - m\xi_n(x)\psi'_n(mx)} \quad (7-131)$$

式中：x 为球形粒子的尺寸参数，定义为 $x = 2\pi r/\lambda$（r 为粒子半径，λ 为入射波长）；$m = m_1 + jm_2$为颗粒相对于周围介质的复折射指数。π_n和τ_n是与散射角 θ 有关的函数，表达式为

$$\pi_n(\theta) = \frac{P_n^{(1)}(\cos\theta)}{\sin\theta} \quad (7-132)$$

$$\tau_n(\theta) = \frac{\mathrm{d}}{\mathrm{d}\theta}P_n^{(1)}(\cos\theta) \quad (7-133)$$

式中：$P_n^{(1)}$是第一类缔合勒让德（Legendre）函数。ψ_n和ξ_n的表达式为

$$\psi_n(z) = \left(\frac{\pi z}{2}\right)^{\frac{1}{2}} \mathrm{J}_{n+\frac{1}{2}}(z) \quad (7-134)$$

$$\xi_n(z) = \left(\frac{\pi z}{2}\right)^{\frac{1}{2}} \mathrm{H}^{(1)}_{n+\frac{1}{2}}(z) \quad (7-135)$$

式中：$\mathrm{J}_{n+\frac{1}{2}}(z)$为第一类贝塞尔（Bessel）函数；$\mathrm{H}^{(1)}_{n+\frac{1}{2}}(z)$为第一类汉克尔（Hankel）函数。注意，此处也可以使用第二类汉克尔函数，此时复折射率的虚部为负数；使用第一类汉克尔函数时，复折射率的虚部为正数。

从散射振幅函数可求得散射效率因子、消光效率因子和吸收效率因子为

$$Q_{\mathrm{sca}} = \frac{2}{x^2} \sum_{n=1}^{\infty} (2n+1)(|a_n|^2 + |b_n|^2) \quad (7-136)$$

$$Q_{\mathrm{ext}} = \frac{2}{x^2} \sum_{n=1}^{\infty} (2n+1)\mathrm{Re}(a_n + b_n) \quad (7-137)$$

$$Q_{\mathrm{abs}} = Q_{\mathrm{ext}} - Q_{\mathrm{sca}} \quad (7-138)$$

公式中涉及无穷级数求和，n 的取值范围为 $0 \to \infty$，在实际计算过程中，必须对 n 值进行截断处理，截断值$n_{\max}$依赖于粒度参数。Wiscombe 将$n_{\max}$取值为 $x + 4x^{1/3} + 2$，而 Mishchenko 则相对比较保守，将$n_{\max}$定为 $x + 4.05 x^{1/3} + 8$，可以保证更高的精度，但计算会更加耗时。

米氏散射理论简单实用,广泛用于球形气溶胶粒子散射特性的模拟,被认为是目前计算球形粒子散射最精确的计算模型,但也存在一些局限性。米氏系数半整数阶贝塞尔函数和汉克尔函数有关,一般情况下,这些函数的直接计算非常复杂费时,在米氏散射计算中通常采用迭代方法实现。迭代规律如下:

$$\psi_n(z) = \frac{2n-1}{z}\psi_{n-1}(z) - \psi_{n-2}(z) \qquad (7-139)$$

$$\psi'_n(z) = -\frac{n}{z}\psi_n(z) + \psi_{n-1}(z) \qquad (7-140)$$

$$\xi_n(z) = \frac{2n-1}{z}\xi_{n-1}(z) - \xi_{n-2}(z) \qquad (7-141)$$

$$\xi'_n(z) = -\frac{n}{z}\xi_n(z) + \xi_{n-1}(z) \qquad (7-142)$$

初值 $\psi_0(z) = \sin z, \psi_{-1}(z) = \cos z, \xi_{-1}(z) = \cos z - j\sin z, \xi_0(z) = \sin z + j\cos z$。计算结果证明,以上迭代关系并不理想,迭代公式只在一定范围内是稳定的。例如,在阶数较高时,$\psi_{n-1}(z)$ 和 $\psi_{n-2}(z)$ 的值都很小,当 $(2n-1)/z$ 的数量级为 1 时,由递推公式得到的 $\psi_n(z)$ 就会由于有效位数大大减少而出现很大的误差。数值计算发现,递推公式出现不稳定的阶数 $n \approx z + 4z^{1/3}$。此外,当计算吸收性颗粒时,涉及 $\sin z$ 和 $\cos z$ 的计算:

$$\sin z = \sin[m_1(1-jm_2)x] = \frac{\exp(m_1m_2x)\exp(jm_1x) - \exp(-m_1m_2x)\exp(-jm_1x)}{2j}$$

$$(7-143)$$

$$\cos z = \cos[m_1(1-jm_2)x] = \frac{\exp(m_1m_2x)\exp(jm_1x) + \exp(-m_1m_2x)\exp(-jm_1x)}{2}$$

$$(7-144)$$

由于 $z = mx$ 是复数,当颗粒粒径很大或折射率虚部绝对值很大时,$\exp(m_1m_2x)$ 和 $\exp(-m_1m_2x)$ 有可能超出计算机允许的数值范围溢出,从而导致计算错误。为此,Lentz 采用了一种连分式方法进行迭代,该方法克服了由于颗粒粒径与折射率虚部的乘积过大而产生的数据溢出和递推关系中的不稳定性,从而使计算范围大大扩展。但同时带来的问题是计算速度大为降低,尤其对大的吸收性颗粒。

3) 数值计算方法

能够进行精确求解的数值计算方法按照计算原理大致分为基于场展开方式的散射模型(主要包括 T 矩阵法,扩展边界条件法,分离变量法和点匹配法等)、基于体积积分方程的散射模型(主要包括矩量法和离散偶极近似法)及基于微元法的散射模型(主要包括时域有限差分法和有限元法)。表 7-3 为常见光散射数值计算方法使用范围及主要优缺点的比较。

表7-3 常见光散射数值计算方法

模型名称	创建时间和创建者	适用范围	主要优点	主要缺点
T矩阵法（TMM）	1965, Waterman	均质对称颗粒，尺寸参数<180	计算精度高，应用广泛	极大长径比、折射指数太大等情况下，数值稳定性较差
时域有限差分法（FDTD）	1966, Yee	任何形状、均质或非均质颗粒，尺寸参数<20	适用于各种形状粒子，无奇异点	尺寸参数范围小，计算资源消耗大
分离变量法（SVM）	1973, Oguchi	椭球体、层状颗粒，尺寸参数<40	结果精确度高，适应大长径比颗粒	大尺寸参数和折射率时，数值不稳定
点匹配法（PMM）	1973, Oguchi	形状、结构简单的颗粒	结果比较准确	不满足瑞利条件时结果不准确
离散偶极近似（DDA）	1973, Purcell	各种形状的颗粒、粒子簇、涂层体	适应任何均质、非均质颗粒	颗粒尺寸较小，计算资源消耗大，精度较低
矩量法（MoM）	1968, Harrington	各种形状的颗粒、粒子簇、涂层体	适应任何均质、非均质颗粒	颗粒尺寸较小，计算资源消耗大，精度较低
有限元法（FEM）	1979, Morgan	任何形状、均质、非均质颗粒，尺寸参数<10	适用范围广，无奇异点	颗粒尺寸较小，计算资源消耗大

从表7-3可以看到，每种数值计算方法都有自己的优点，也有一定的局限性。实际使用的烟幕粒子在形状上有球体、圆片、柱体、纤维等多种，尺寸大小也跨度较大，从纳米级、微米级至毫米级多个尺度，目前还没有一种方法能够适用于所有的情形。因此，在实践中通常是对一种方法尽可能地优化以拓展其适用范围，同时，还采用多种计算方法相结合的方式，互为补充、互相验证，以获取更加精确的计算结果。另外，随着现代计算机芯片技术及计算软件的发展，高速运算、高通量计算等先进计算机技术发展迅猛，计算模型中烟幕粒子的数量可以进一步提升，计算模型网格也可以划分得更加精细，这些都为更精确地计算烟幕粒子消光性能提供了可能。

4）散射近似模型

随着当今计算机功能的逐渐强大、各种精确计算技术的不断成熟和发展，光散射和吸收的近似理论和方法的实际作用越来越小。对于球形粒子，基于米氏散射理论可以得到任何尺寸和折射率下的精确数值解；对于非球形粒子，各种数值计算方法也能够得到各种尺度下的精确数值解。尽管如此，近似理论和算法对于光散射和吸收的研究仍然是一种很有价值的研究方法，特别是在入射光波长远大于粒径或远小于粒径的极端情况下,它们的作用更加明显。针对第一种情形较典型的模型包括瑞利近似和瑞利-甘斯近似(Rayleigh-Gans-Stevenson)近似,针对第二种情形较典型的模型包括异常衍射近似和几何光学近似。

(1)瑞利近似。

从前面的米氏散射理论可以看到,散射是入射光与颗粒的相互作用的结果。可以通过电磁场理论(Maxwell 方程组、物质方程和边界条件)严格求解。当散射颗粒的线度远比波长小时,米氏散射的近似式就是瑞利公式,这种情况下的散射称为瑞利散射。

瑞利散射近似由 Rayleigh 在 1897 年率先提出,主要针对粒径远小于入射光波长的粒子,其有效使用条件为 $x \ll 1$ 且 $|mx| \ll 1$。瑞利散射基于一个重要的假设条件,即粒子内及其附近的场可以近似地认为是一个静电场。对于均质球体,瑞利散射的经典公式为

$$Q_{\text{sca}} = \frac{8}{3} x^4 \left| \frac{m^2-1}{m^2+2} \right|^2 \qquad (7-145)$$

$$Q_{\text{abs}} = 4x \cdot \text{Im}\left(\frac{m^2-1}{m^2+2} \right) \qquad (7-146)$$

由式(7-145)和式(7-146)可以看出,瑞利近似的散射效率因子与波长的 4 次方成反比,吸收效率因子也与波长成反比;在满足瑞利近似条件的尺寸参数范围内,尺寸参数 x 越大(波长越短或粒子半径越大),颗粒的散射和吸收就越强。瑞利近似只能针对一些简单的形体(如球体、椭球体)可得到完全的解析解,对于复杂形状的粒子,需要对极化矢量的积分方程进行数值求解。

(2)几何光学近似。

当粒子的尺寸远大于入射波长时($x \gg 1$),米氏散射理论中的级数序列收敛极为缓慢,光波动性对粒子散射场的影响较小,此时可以采用几何光学近似方法进行处理。几何光学近似(GOA)是以几何光学为基础,结合光线传播过程中的相位变化对散射场的影响,同时考虑基尔霍夫衍射的近似方法。该方法认为,当光入射到粒子上,会产生反射光、折射光和衍射光,将这三部分进行叠加即可得到粒子的散射场。

对于大粒子,无论粒子的形状和光学常数如何,粒子的消光效率因子均为

$$Q_{\text{ext}} = 2, \text{计入衍射} \qquad (7-147)$$

$$Q_{\text{ext}} = 1, \text{忽略衍射} \qquad (7-148)$$

当计入衍射时,其消光效率因子分为两部分:因粒子的反射、折射和吸收而产生的消光效率因子,以及因粒子边缘的衍射而造成的远场光强的衰减。此时,消光截面 $\sigma_{\text{ext}} = AQ_{\text{ext}} = 2A$,即消光截面等于其几何截面积的两倍。

GOA 是基于几何光学散射场的近似,理论上可适用于任何形状大粒子散射

特性的模拟,具有算法简单、易于理解等特点,大大提高了计算速度。然而 GOA 不能处理如表面波等情况,存在一定的误差。另外,在实际使用时,要特别注意其适用的尺度参数下限 $x_{\min}$。

7.4.1.3 烟幕粒子的消光定律

设平行单色光在均匀介质中传播,经过薄层 dL 后,由于介质的吸收,光强从 I 减小到 $(I-dI)$。朗伯(Lambert)总结了大量的实验结果指出,dI/I 与吸收厚度成正比,即有

$$\frac{dI}{I} = -KdL \tag{7-149}$$

式中:K 为吸收系数,负号表示光强减少。对该微分方程进行积分可得

$$I = I_0 e^{-KL} \tag{7-150}$$

式中:I_0 为入射光强;I 为透射光强;L 为介质的厚度。这个关系就是著名的朗伯定律或吸收定律。

同样,光的散射也符合以上形式,即

$$I = I_0 e^{-hL} \tag{7-151}$$

式中:h 为散射系数。

光散射和吸收从本质上是不同的,但在实际测量时,很难对它们进行区分。因此,在实际操作中通常将两个因素考虑在一起,将透射光强表示为

$$I = I_0 e^{-(K+h)L} = I_0 e^{-\gamma L} \tag{7-152}$$

式中:γ 为衰减系数。式(7-152)为综合考虑散射和吸收效果的朗伯定律,$D = \gamma L$ 也称为光学厚度。

实验表明,溶液的衰减系数与浓度有关。比尔(Beer)在1852年指出,溶液的衰减系数 γ 与其浓度 C 成正比,即 $\gamma = \alpha C$,此处 α 是与浓度无关的常数。此时,光的衰减规律可表示为

$$I = I_0 e^{-\alpha CL} \tag{7-153}$$

式(7-153)即为朗伯-比尔定律。

在烟幕技术领域,也采用式(7-153)所示的朗伯-比尔定律来描述烟幕粒子对电磁波的衰减规律。此时 C 为烟幕的质量浓度,L 为烟幕的厚度或电磁波穿过烟幕的光程,α 为质量消光系数。$T = I/I_0$ 称为电磁波的透过率。根据朗伯-比尔定律,质量消光系数可表达为

$$\alpha = -\frac{\ln T}{CL} \tag{7-154}$$

根据式(7-154)可通过烟箱实验测定烟幕材料的质量消光系数。实验测定时,首先测出电磁波透过烟幕的透过率 T,并测出烟幕的质量浓度 C,再由已知光程 L,根据式(7-154)可求得烟幕的质量消光系数。

朗伯-比尔定律成立的条件是假定每个粒子的散射均为单散射。单散射是指每个散射颗粒都暴露于原始入射光线中,仅对原始的入射光进行散射。反之,有部分颗粒并不暴露于原始光线中,它们对其他颗粒的散射光再次进行散射,即原始入射光线通过介质时产生多次散射,如果这种作用比较强,则称这种散射为复散射。对于单散射情况,由 N 个相同颗粒作为散射中心的集合体的散射强度是单个颗粒散射强度的 N 倍,数学处理十分简单。但对于复散射,散射光强与散射颗粒数的简单正比关系不复存在,目前数学上处理这类问题仍然很困难。

烟幕粒子的散射问题能否采用单散射近似处理,通常利用光学厚度 D 作为判断的依据。一般认为,当反照率 $W_0=1$ (反照率为散射截面与消光截面之比),即烟幕粒子是无吸收的,照在消光截面上的能量全部转换为散射辐射,如果光学厚度 $D<0.1$,单散射占绝对优势,复散射的影响可略去不计,可以按单散射近似处理。当 W_0 减小时,部分能量被粒子吸收,从而使散射辐射的能量减少,此时单散射近似的范围可以扩大一些。当 $W_0<0.5$ 时,适用范围可扩展至 $D=2$,甚至更大。对于烟幕材料来说,其光学厚度 $D=\alpha CL$。因此,在实验中测试烟幕材料的消光时,为了使光学厚度 D 尽可能小以满足单散射近似的条件,烟幕的浓度 C 和光程 L 都不能太大。

7.4.1.4 烟幕可见光遮蔽原理

一个物体不论放在哪里,除它本身亮度和颜色外,还有背景亮度和颜色。要看清这个物体,就要把物体及其背景区分清楚。假设背景和被观察物体具有相同的亮度和颜色,则在视网膜上生成不了被观察物体的形象。实验证明,人眼对亮度的变化比颜色的变化更为敏感。因此,目标物体相对于背景的亮度差异(亮度对比度)直接影响到其在可见光波段被识别的概率。关于亮度对比度,有多种定义方法,其中最著名的是 Weber 对比度。依据 Weber-Fechner 定律,亮度对比度 C 的计算公式为

$$C = \frac{|L_T - L_B|}{L_B} \qquad (7-155)$$

式中:L_T 和 L_B 分别为目标和背景的亮度。

如果在观察者和目标之间施放烟幕,设烟幕自身的亮度为 L_S,则此时目标的亮度 $L'_T = L_T \cdot T + L_S$,背景的亮度 $L'_B = L_B \cdot T + L_S$,T 为电磁波在烟幕中的透过率。此时亮度对比度 C' 变为

$$C' = \frac{|L'_T - L'_B|}{L'_B} = \frac{|L_T - L_B| \cdot T}{L_B \cdot T + L_S} = C \cdot \frac{1}{1 + \frac{L_S}{L_B \cdot T}} \qquad (7-156)$$

令 $T_C = \dfrac{1}{1 + \dfrac{L_S}{L_B \cdot T}}$,由式(7-156)可知,当烟幕的消光能力越强,电磁波的透

过率 T 越小,则 T_c 越小,使亮度对比度下降越多,目标被识别的概率也降低;另外,如果烟幕自身的亮度 L_s 越大,亮度对比度也下降越多。可见,为了提升烟幕的可见光遮蔽能力,应尽可能使用在可见光波段具有较大消光系数的烟幕材料;同时,应尽可能提升烟幕材料自身的亮度。

为了表征烟幕材料对可见光的遮蔽能力,引入全遮蔽能力(TOP)这一物理量。全遮蔽能力的物理意义是:单位质量的发烟剂成烟后,对可见光产生的最大有效遮蔽面积,单位为 m^2/kg。TOP 值的计算公式如下:

$$\text{TOP} = \frac{1}{C_t L_t} \tag{7-157}$$

式中: C_t 和 L_t 分别为可见光透过率为 0.0125 时的烟幕浓度和光程。$D^* = 0.0125$,称为人眼视觉对比度阈值,是研究人员通过大量人眼和心理测试后取得的统计值。它的含义是目标和背景的亮度对比度小于此值时,人眼观察不到目标;只有大于此值时,人眼才能观察到目标。在测量时,一般通过调整光程来寻找 $T = 0.0125$ 时所对应的 L_t,再通过式(7-157)计算得到 TOP 值。

TOP 值对于遮蔽型烟幕具有重要的意义,其值越大表明烟幕的可见光遮蔽能力越强,单位质量形成的有效遮蔽面积越大。质量优良的烟幕材料 TOP 值一般不应小于 $500m^2/kg$。

7.4.1.5 烟幕红外遮蔽原理

根据烟幕施放后辐射能量的高低可分为冷烟幕和热烟幕。冷烟幕自身温度较低,主要通过烟幕粒子的散射和吸收作用对目标的红外辐射进行消光作用;热烟幕在施放初期自身温度较高,烟幕自身辐射的能量对红外探测器有较大的影响,但随着烟幕自身温度的急剧下降,依然是众多烟幕粒子的吸收和散射产生干扰作用。因此,对于红外烟幕的持续性遮蔽效果而言,无论何种烟幕起干扰作用的主要是烟幕的吸收与散射。

在红外波段,被动红外成像系统应用最为广泛,它通过接收物体自身发出的红外辐射即可实现对目标的探测。它既克服了被动微光夜视系统完全依靠自然光照的缺点,也解决了主动红外成像系统需要人工照明、会暴露自我的问题。被动红外成像系统主要由光学成像系统、红外探测器、电子信息处理单元和图像显示器等组成,其性能主要取决于目标与背景之间的辐射差。热像仪的固有信噪比可表示为

$$\left(\frac{S}{N}\right)_0 = A(L_T - L_B) \tag{7-158}$$

式中:A 为比例常数;L_T 和 L_B 分别为目标和背景的固有辐射亮度。

在探测器和目标之间施放烟幕,目标和背景发射的辐射在传输过程中会由于烟幕的散射和吸收会产生一定的衰减,同时还会附加一些额外的红外辐射。

这些额外的红外辐射主要来源于烟幕散射及自身的辐射,统称为附加辐射亮度。不考虑大气的散射和吸收作用的情况下,在距离目标 R 处红外成像系统的表观信噪比为

$$\left(\frac{S}{N}\right)_R = A[(L_T T + L_a) - (L_B T + L_a)] = \left(\frac{S}{N}\right)_0 T \qquad (7-159)$$

式中:L_a 为附加辐射亮度;T 为红外光在烟幕中的透过率。

从式(7-159)可以看出,由于红外烟幕的存在,使红外辐射发生了衰减,降低了红外图像的信噪比,从而使被动红外热像仪的探测能力下降;烟幕的红外消光性能越强,透过率 T 越低,信噪比会下降得越多,被动红外热像仪受到的影响越大。

另外,式(7-156)表达的烟幕对可见光亮度对比度的影响同样适用于红外热像仪,由于烟幕的存在,使红外辐射的透过率 T 降低,外加烟幕自身的红外亮度 L_s,均会降低红外图像的亮度对比度,从而增加识别目标的难度。

7.4.1.6 烟幕对激光和毫米波的干扰原理

激光和毫米波的主要制导方式均为寻的制导,根据发射机的位置又可分为主动寻的制导和半主动寻的制导。

主动寻的制导是将发射机和接收机都安装在导引头里,在导弹进入飞行末段,制导系统开始工作:发射机发生激光(或毫米波)信号,信号波碰到目标后产生目标回波并被接收机接收,同时产生控制信号通过自动驾驶仪控制导弹飞向目标。

半主动寻的制导与主动寻的不同,照射目标的激光(或毫米波)发射机被设在导弹外部的制导站,导弹上的接收机收到目标反射的回波后,对目标进行捕获、定位和跟踪。半主动寻的优点是发射机位于制导站上,可以提高发射功率,具有较远的作用距离。

如果在目标前方施放烟幕,无论是主动寻的还是半主动寻的方式,激光(或毫米波)都需要往返两次穿过烟幕,回波信号才能被导弹上的接收器接收。设烟幕的质量消光系数为 α,质量浓度为 C,电磁波穿过烟幕的单向光程为 L。根据朗伯-比尔定律,激光(或毫米波)两次穿越烟幕的透过率相同,均为

$$T = e^{-\alpha CL} \qquad (7-160)$$

假设第一次透过烟幕的电磁波照射到目标后被全部反射回来,第二次透过烟幕后被接收器完全接收,则初始能量为 I_0 的激光(或毫米波)在经过烟幕两次衰减后,最终到达接收器的能量 I 为

$$I = I_0 \cdot T^2 = I_0 e^{-2\alpha CL} \qquad (7-161)$$

由式(7-161)可知,由于烟幕对激光和毫米波是双程衰减,衰减效率大大增强。如果激光或毫米波单程通过烟幕的透过率为 0.1,那么回波信号再次通

过烟幕时,其透过率只有 0.01。也就是说,激光或毫米波第一次通过烟幕时,能量损失了 90%,只有 10% 的能量通过烟幕;回波信号第二次通过烟幕时,能量值只剩下 1%。可见,烟幕的双程衰减效果非常明显。从式(7 - 161)还可知,要增强烟幕对激光和毫米波的干扰效果,可采用具有较高质量消光系数的烟幕材料,也可增加烟幕云团的浓度或者增大烟幕云团的尺寸。

7.4.2 发烟材料的基本要求

发烟材料通常也叫作发烟剂,是用于施放形成烟幕云团的材料,可以是一种单一材料,也可以是多种材料按一定配比复合而成。作为军用烟幕装备使用的发烟材料,一般需满足以下基本要求。

(1)形成的烟幕材料具有良好的消光性能。根据烟幕材料与电磁波的作用原理可知,烟幕粒子的散射和吸收作用是其对电磁波产生衰减的根本原因,为了保证烟幕对电磁波的遮蔽/干扰效果,发烟剂形成的烟幕材料应具有尽可能高的消光性能。消光性能一般用质量消光系数来表征,质量消光系数越大,则代表消光性能越强,达到同样干扰效果使用的烟幕材料越少。传统烟幕材料的质量消光系数一般在 $1\sim2m^2/g$,如金属粉、石墨烟幕材料等;新型烟幕材料的质量消光系数可达 $2m^2/g$ 以上。另外,质量消光系数还与波长有关,性能良好的烟幕材料应在较大的光谱范围内具有较高的消光系数。单一烟幕材料的作用频谱范围往往有限,为了拓宽频谱范围,一般可将几种不同的烟幕材料进行复合。

(2)形成的烟幕在空气中有足够的稳定性。烟幕稳定性是指在一定时间内保持其遮蔽/干扰性能,即保持质量浓度基本不变的性能。烟幕颗粒分散到空气中,因扩散运动、重力沉降和气溶胶的凝结作用等因素,随着时间推移将消散或沉降掉,为保持一定时间内有较好的遮蔽/干扰性能,必须有足够的稳定性。烟幕稳定存在的时间越长,对目标的掩护遮蔽越有利。

(3)成烟效率高。成烟效率是发烟剂产生的烟幕材料与所消耗的发烟材料之间的质量百分比。发烟剂的成烟效率越高,意味着消耗较少的发烟剂就能产生较大的烟幕遮蔽效应。成烟效率是评价发烟剂作战效能的一个重要指标。

(4)烟幕形成时间应尽量短。烟幕形成时间是指从启动发烟到形成足够尺寸的有效烟幕云团所需的时间。快速响应是现代战争对发烟装备的基本要求之一,战术使用时无论是遮蔽可见光还是干扰红外、激光和毫米波,都希望烟幕形成时间越短越好。

(5)燃烧型发烟剂应以一定的速度匀速燃烧。匀速燃烧是保证发烟剂能稳定燃烧形成有效烟幕的必要条件,否则会发生爆燃或断续燃烧,从而影响发烟剂的成烟效率和烟幕效应。发烟剂燃烧残渣应疏松多孔,确保燃烧产物可顺利通过,从而获得最佳成烟效果。

(6)使用安全性良好。发烟剂的机械感度、热感度和静电感度满足使用要求,确保生产、运输、存储和使用过程安全;具有稳定的理化性能,组分之间的相容性好,便于长期储存。

(7)环境友好性良好。无毒或低毒、无刺激、无腐蚀,不损害人员的身体健康、不腐蚀己方装备;合适的导电性,避免强导电性对己方战场的电子设备造成损害;良好的清洁性,不破坏环境,容易清除。

(8)成本较低。发烟剂原料应来源广泛、成本可控、经济性良好;发烟剂制造工艺简单。为了保证使用效果,烟幕遮蔽范围一般要超出目标面积的几倍,甚至十几倍;同时,为了保持有效的烟幕浓度,往往需要长时间连续施放。因此,发烟剂使用量一般较大,较低的成本才能体现其高性价比的特征。

7.4.3 发烟剂的基本类型

发烟剂有多种分类方法,按其作用的电磁波频谱可分为可见光发烟剂、红外发烟剂、毫米波发烟剂和多频谱发烟剂等。

7.4.3.1 可见光发烟剂

可见光发烟剂主要用于形成遮蔽烟幕干扰工作在可见光波段的光学观瞄器材和制导武器。由于早期的光电武器和装备均工作在可见光波段,因此这类发烟剂发展最早,形成的品种和数量较多。

早期研究的发烟材料主要关注其遮蔽性能,有些材料具有较大的毒性、刺激性和腐蚀性。例如硫酸酐、氯磺酸、四氯化钛等可见光发烟材料,极易挥发到空气中吸收其中的水分,成烟效率高,遮蔽能力强,但由它们具有很强的腐蚀性和刺激性,目前已很少使用。目前使用较多的可见光发烟剂主要包括磷发烟剂、HC 发烟剂和雾油发烟剂等。

1)磷发烟剂

磷(P)与空气中的氧相互作用生成五氧化二磷(P_2O_5),吸收空气中的水分后即形成磷酸烟雾。磷烟是目前遮蔽可见光性能最佳的发烟剂,黄磷的 TOP 值可达 $1042 m^2/kg$。磷发烟剂的反应机理如下:

$$4P + 5O_2 \longrightarrow 2P_2O_5$$
$$P_2O_5 + 3H_2O \longrightarrow 2H_3PO_4$$

P_2O_5 和磷酸均具有强吸湿性,因此空气相对湿度越大,磷烟的成烟效果越佳。磷有几种同素异形体,包括黄磷(白磷)、红磷(赤磷)、黑磷和紫磷,用于发烟剂的主要是黄磷和红磷。

黄磷为无色或浅黄色结晶,它的燃点很低,约为 40℃,在空气中一经摩擦即能燃烧,甚至能自燃。因此,黄磷保存时需与空气隔绝,通常保存于水中。黄磷燃烧时会发出光亮的黄色火焰,在氧气充足时生成磷酸酐,氧气不充足时生成亚磷酸酐。另外,黄磷为剧毒物质,致死量为 60~100mg。由于过于活跃的化学性质及剧毒性质,黄磷的实际应用已经较少,只在少数发烟弹中使用。

红磷为紫红色无定形粉末,全遮蔽能力仅次于黄磷,其燃点较高,约为 240℃,并且几乎没有毒性,因此红磷具有较好的安全性,实际应用更为广泛。红磷燃烧时发出稳定光亮的火焰,在空气中燃烧较为缓慢。红磷在使用时危险性较小,但与强氧化剂在一起时一经摩擦也能发火燃烧甚至爆炸,操作时要特别小心。

红磷可用于发烟罐、发烟弹、发烟手榴弹等装备中,通过燃烧反应形成浓厚的白色烟幕遮蔽可见光。

2) HC 发烟剂

1920 年,法国陆军上尉伯格(Berger)发明了 HC 发烟剂。该发烟剂以有机卤化物和金属粉为主要成分,通过燃烧反应生成灰白色可见光遮蔽烟幕,TOP 值可达 429.7m^2/kg。HC 发烟剂目前仍在军事上广泛应用,即可装填于发烟罐中使用,也可用于发烟手榴弹和发烟炮弹等弹药中。

HC 发烟剂中金属粉为锌粉、铝粉、铁粉等,有机卤化物为六氯乙烷、六氯代苯、五氯乙烷等。金属粉与卤化物燃烧产生氯化锌($ZnCl_2$)、氯化铝($AlCl_3$)、氯化铁($FeCl_3$)等金属氯化物,它们具有较强的吸湿性,能够吸收空气中的水分,使形成烟幕的浓度大大增强,因此在湿度较大的环境中使用,成烟效果更为明显。

典型的 HC 发烟剂配方为六氯乙烷、铝粉和氧化锌的混合物,主要反应方程式如下:

$$2Al + C_2Cl_6 + 3ZnO \longrightarrow 3ZnCl_2 + Al_2O_3 + 2C$$

$$2C_2Cl_6 + 6ZnO \longrightarrow 6ZnCl_2 + 3CO_2 + C$$

3) 雾油发烟剂

雾油发烟剂是一种石油产品制成的液体可见光发烟剂,主要包括机油、柴油等脂肪烃类化合物,沸点在 275~500℃。雾油的成烟原理是发烟剂受热蒸发后挥发到空气中,然后在大气中冷凝形成烟雾。

雾油发烟剂的性质取决于石油产品的馏分温度范围、运动黏度、闪点、凝点、杂质含量等指标。在 335~500℃蒸馏出来的石油产品,可作为夏季使用的液体发烟剂,如 50 号机油,凝点较高,在较高环境温度下也不易蒸发,能够得到比较稳定的烟幕;在 275~335℃蒸馏出来的石油产品,可作为冬季使用的液体发烟剂,如 -50 号柴油,凝点较低,在较低环境温度下也能保持较小的运动黏度,能够正常输送和分散形成稳定烟幕。

雾油发烟剂一般具有以下特点:①凝固点低,使用环境温度广,在 -40~

50℃为液体;②黏度小,易于流动,便于输送和分散;③闪点高,不易着火;④价格便宜,适于大量使用。

雾油发烟剂主要用于以涡轮发动机为气源的发烟车或发烟机等装备上,如法国的 SG18 发烟机,美国的 M56、M58 型发烟车,俄罗斯的 TDA－2k、TDA－3 型发烟车等。这些发烟装备可以长时间(1 小时以上)持续喷撒雾油发烟剂,形成大规模的可见光遮蔽烟幕。

7.4.3.2 红外发烟剂

随着光电技术的发展,制导武器和侦察设备的工作波长逐步由可见光扩展至红外波段,早期研制的可见光发烟剂在红外波段失去了作用效果。红外发烟剂形成的烟幕能够有效对抗工作在红外波段的武器装备,包括各类红外侦察设备、红外制导武器以及工作在红外波段的激光探测器等。红外波段的大气窗口为 $1\sim2.5\mu m$ 近红外、$3\sim5\mu m$ 中红外和 $8\sim14\mu m$ 远红外,红外制导武器主要工作在中、远红外波段。常用的红外发烟剂包括燃烧型红外发烟剂、金属粉类发烟剂和碳粉类发烟剂等。

1)燃烧型红外发烟剂

燃烧型红外发烟剂主要基于 HC 发烟剂和红磷发烟剂进行改性,在其中加入红外活性物质,使燃烧产物中产生碳颗粒等对红外具有消光作用的材料,增强其红外波段的干扰性能。

HC 发烟剂燃烧产生的烟幕可见光遮蔽效果好,但不具有红外干扰能力,在其中加入芳香族等富碳化合物,可显著提升其红外干扰能力。例如,在 HC 发烟剂中加入 10%~20% 的酚萘、沥青、煤焦油等富碳化合物,可使发烟剂燃烧后生成大量粒径在 $1\sim10\mu m$ 的碳粒子,这些游离的碳粒子对红外波具有良好的消光性能。由于大量碳粒子的存在,生成的烟幕颜色呈现为灰黑色。另外,美国海军在 HC 发烟剂中加入 32% 的 GAP,法国 Etat 公司则在 HC 发烟剂中加入 0%~30% 的萘($C_{10}H_8$),英国在 HC 发烟剂中加入 30% 的蒽($C_{14}H_{10}$),这些物质均能在燃烧过程中产生微小碳粒子,实现对红外波的有效干扰。

红磷发烟剂的可见光遮蔽效果非常理想,基于其进行红外改性,可获得在可见光和红外波段均具有良好遮蔽/干扰效果的发烟剂。例如,英国将 5% 的含炭黑的丁苯橡胶与 95% 的红磷混合形成的发烟剂,在发烟弹中爆炸后形成的烟云可干扰红外探测器 30s 以上。德国则在红磷发烟剂中加入铯化物[如硝酸铯($CsNO_3$)、氯化铯($CsCl$)、碳酸铯(Cs_2CO_3)等]红外活性物质,能显著提升烟幕的红外干扰性能。

燃烧型红外发烟剂主要应用到各种发烟罐和发烟弹装备平台。

2)金属粉类发烟剂

金属粉具有良好的导电性,是一类重要的红外干扰材料,常被用于发烟弹中爆炸形成红外干扰烟幕。

美军发烟榴弹用的红外发烟剂采用了鳞片状黄铜粉(片径为 1.5~14μm，厚度为 0.07~0.25μm)，与三氯乙烯、三氯乙烷、二氯甲烷等挥发性溶剂混合制成糯糊状，倒入模具中经挤压后再切削成小药片，干燥后装入弹体。

德国也采用鳞片状黄铜粉制作发烟榴弹和火箭弹用的红外发烟剂。黄铜粉的片径为 0.45~1.9μm，比表面积为 3200~16000cm^2/g。为防止金属粉装填和储存中结块，在其中加入磷酸铵、聚四氟乙烯、高分散性的硅酸等分散剂。

加拿大研究的金属粉红外发烟剂采用了青铜粉。另外，还试验了铝粉、不锈钢粉、氧化铝粉、滑石粉及红磷粉，其中以青铜粉和铝粉效果最好。

3) 碳粉类发烟剂

碳粉通常具有较好的红外干扰特性，也是一类非常重要的红外干扰材料。其中，石墨因储量丰富、价格较低、红外干扰性能突出，被广泛应用在发烟车等大型发烟装备上，使用量通常较大。例如美国的 M56、M58 发烟车，法国的 SG18 发烟机，俄罗斯的 TDA-2k、TDA-3 发烟车都具有石墨发烟剂的施放能力，能够形成长时间、大面积的红外干扰烟幕，有效干扰工作在红外波段的侦察设备和制导武器。

7.4.3.3　毫米波发烟剂和多频谱发烟剂

可见光和红外均属于光学波段，与其作用的烟幕粒子也在微纳尺度，由于粒度小、空中悬浮性好，形成的烟幕云团能够在空中稳定存在，实现较长时间的作用效果。理论研究表明，随着电磁波波长的增加，与之对抗的烟幕粒子的尺寸也应增加，当波长达到毫米级时，颗粒的尺寸也应达到毫米级。武器装备在毫米波段的主要工作波长为 3mm 和 8mm，此时可见光和红外烟幕材料由于尺寸太小，已无法对其产生有效的干扰效果，需要发展尺寸更大的烟幕材料。相对于光学波段的发烟材料，毫米波波段的干扰材料品种较少，目前主要有可膨胀石墨、短切纤维等少数几种。这些毫米波干扰材料可以单独形成干扰毫米波的毫米波发烟剂，也可以与可见光、红外波段的干扰材料混合形成能同时遮蔽/干扰可见光、红外和毫米波的多频谱发烟剂。

1) 可膨胀石墨

膨胀石墨是可膨胀石墨在高温作用下，插层化合物瞬时分解、气化而产生巨大的流体压力使薄弱的层间沿着 c 轴膨胀数十到数百倍而生成的，其外形不对称、长度不规则且扭曲如蠕虫状。它与天然石墨有相同的晶胞系数，因此具有石墨的一般性能，但同时由于体积的膨胀而具有其特殊的性能。美国在 20 世纪 60 年代就成功发明了它的制造方法，并开始应用到工程上，逐渐成为主要的密封材料。20 世纪 80 年代初，美国开始研究将其用作战场遮蔽物。由于它尺寸较大、密度很小，因此沉降速度慢、悬浮时间长，从而有效地解决了毫米波干扰技术中绝对尺寸和悬浮时间相矛盾的技术难题,促使人们将它用于毫米波干扰。

可膨胀石墨可以制备成只干扰毫米波的发烟剂,应用到发烟罐或发烟车平台。另外,还可以与光学波段的干扰材料复合,制备得到多频谱发烟剂。例如,德国研制的多频谱发烟剂中加入了40%~65%的可膨胀石墨,并配以3%~5%的金属粉或石墨粉,以 Mg 作燃烧剂,高氯酸钾($KClO_4$)为氧化剂,加1%~10%的火药或偶氮二酰胺作燃烧调速剂,1%~5%的硝化纤维或酚醛树脂作黏合剂。该发烟剂燃烧时产生600℃左右的高温,使可膨胀石墨产生膨胀,生成尺寸在1~10mm、密度甚小的膨胀石墨,能有效地衰减毫米波。由于同时加入了金属粉或石墨粉,该发烟剂还能干扰可见光和红外辐射。

2）短切纤维

纤维可以切割成适当的尺寸形成半波偶极子,从而对毫米波产生有效的干扰。因此,人们也采用在发烟剂中加入纤维材料的方法来干扰毫米波。

美国专利报道了一种以石墨碳纤维为装填材料的爆炸型发烟剂。该石墨碳纤维以聚丙烯腈为基体,直径为微米级,切割成电磁波的半波长,用环氧胶上胶、脱胶、压胶等工艺形成黏性的碳纤维固体块,其密度为 $0.8g/cm^3$,外形为中空圆柱或管形,装填在发烟枪榴弹中。爆炸后可以形成4~6m 直径的遮蔽云团,有效干扰毫米波。

欧洲专利公布了一种含纤维材料和红外粉体的发烟剂。纤维材料是一种聚合物,为丙烯腈、醋酸纤维或聚异苯二甲胺等,尺寸为20~100目。红外粉体为导电的金属粉或非金属粉,如 Ni、Al、黄铜、石墨、炭黑、CuS、NiS 等,粒度为 $0.1~2.5\mu m$。该发烟剂形成的烟幕粒子平均沉降速度小于5m/min,能在空中长时间滞留,有效地干扰红外和毫米波。

参考文献

[1] 张永顺,童宁宁,赵国庆. 雷达电子战原理[M]. 北京:国防工业出版社,2020.

[2] 周一宁,安玮,郭福成,等. 电子对抗原理与技术[M]. 北京:电子工业出版社,2014.

[3] 李云霞,蒙文,马丽华,等. 光电对抗原理与应用[M]. 西安:西安电子科技大学出版社,2009.

[4] 刘松涛,王龙涛,刘振兴. 光电对抗原理[M]. 北京:国防工业出版社,2022.

[5] 刁鸣. 雷达对抗技术[M]. 哈尔滨:哈尔滨工程大学出版社,2007.

[6] 姬金祖,黄沛霖,马云鹏. 隐身原理[M]. 北京:北京航空航天大学出版社,2018.

[7] 邢欣,曹义,唐耿平,等. 隐身伪装技术基础[M]. 长沙:国防科技大学出版社,2012.

[8] 韩裕生，李从利，胡博，等．光电制导技术［M］．北京：国防工业出版社，2021．

[9] 杨小冈，王雪梅，王宏力，等．精确制导技术与应用［M］．西安：西北工业大学出版社，2020．

[10] 王大鹏，吴卓昆，王东风．红外对抗技术原理［M］．北京：国防工业出版社，2021．

[11] 张锡祥，肖开奇，顾杰．新体制雷达对抗论［M］．北京：北京理工大学出版社，2020．

[12] 朱英富，张国良．舰船隐身技术［M］．哈尔滨：哈尔滨工业大学出版社，2021．

[13] 沈瑞喜，尚国清．现代潜艇隐身技术［M］．北京：海潮出版社，2003．

[14] 张乃艳，蒋晓军，朱旭．工程伪装材料［M］．西安：西北工业大学出版社，2020．

[15] 潘功配，杨硕．烟火学［M］．北京：北京理工大学出版社，1997．

[16] 刘海韬，黄文质，周永江，等．高温吸波结构材料［M］．北京：科学出版社，2017．

[17] 刘祥萱，王煊军，崔虎．雷达波吸收材料设计与特性分析［M］．北京：国防工业出版社，2018．

[18] 孙敏，张雨．隐身材料测试技术［M］．北京：化学工业出版社，2013．

[19] 刘顺华，刘军民，董星龙，等．电磁波屏蔽及吸波材料［M］．北京：化学工业出版社，2013．

[20] 田莳．材料物理性能［M］．北京：北京航空航天大学出版社，2004．

[21] 王会宗．磁性材料及其应用［M］．北京：国防工业出版社，1989．

[22] 严密，彭晓领．磁学基础与磁性材料［M］．杭州：浙江大学出版社，2006．

[23] 王家礼，朱满座，路宏敏．电磁场与电磁波［M］．西安：西安电子科技大学出版社，2000．

[24] 雷虹，余恬，刘立国．电磁场与电磁波［M］．北京：北京邮电大学出版社，2008．

[25] 连法增．材料物理性能［M］．沈阳：东北大学出版社，2005．

[26] 陶杰，周建初，朱正吼，等．金属表面功能涂层基础［M］．北京：航空工业出版社，1999．

[27] 陈平．磁功能化石墨烯三维结构设计及其吸波复合材料［M］．北京：化学工业出版社，2021．

[28] 魏世丞，梁义，王玉江，等．石墨烯/铁磁粒子复合吸波材料［M］．北京：科学出版社，2021．

[29] 刘崇波．席夫碱类复合吸波材料［M］．北京：冶金工业出版社，2018．

[30] 宋耀良，意格里·西姆琴科，谢尔盖·哈霍莫夫，等．手性电磁超材料设计［M］．北京：清华大学出版社，2021．

[31] 刘渊，陈桂明，王炜．磁性核壳结构吸波材料构建与制备［M］．北京：化学工业出版社，2019．

[32] 张世全，魏兵，曾俊．电磁超材料理论与应用［M］．西安：西安电子科技大学出版社，2019．

[33] 贾秀丽. 人工超材料设计与应用[M]. 北京：科学出版社，2020.
[34] MISHCHENKO M I, TRAVIS L D, LACIS A A. Scattering, absorption, and emission of light by small particles[M]. New York: NASA Goddard Institute for Space Studies, 2005.
[35] 王玄玉. 烟火技术基础[M]. 北京：清华大学出版社，2017.
[36] 姚禄玖，高钧麟，肖凯涛，等. 烟幕理论与测试技术[M]. 北京：国防工业出版社，2004.
[37] 吴建，杨春平，刘建斌. 大气中的光传输理论[M]. 北京：北京邮电大学出版社，2005.
[38] 胡传炘，杨爱弟. 特种功能涂层[M]. 北京：北京工业大学出版社，2009.
[39] 陈振国. 微波技术基础与应用[M]. 北京：北京邮电大学出版社，2002.
[40] 王培章，晋军. 现代微波与天线测量技术[M]. 南京：东南大学出版社，2018.
[41] 董树义. 微波测量技术[M]. 北京：北京理工大学出版社，1990.
[42] 张建奇，方小平. 红外物理[M]. 西安：西安电子科技大学出版社，2004.
[43] 黄素逸. 动力工程现代测试技术[M]. 武汉：华中科技大学出版社，2001.
[44] 吴健，乐时晓. 随机介质中的光传播理论[M]. 成都：成都电讯工程学院出版社，1988.

第8章 先进含能材料

含能材料是一类化学能源材料,在军用、民用领域均发挥着举足轻重的作用。在军事上,含能材料主要用于完成推进、毁伤、抛射等作战目的,是武器装备"打得远、打得狠、打得准、打得起"的核心和关键,具有基础性、共用性和带动性等特点,一个国家的含能材料技术水平在很大程度上决定了这个国家武器装备的水平。在民用上,矿业、冶金、建筑、石油、宇航、核反应、交通运输、救生救援、机械加工等诸多领域都能够看到含能材料的身影,发展先进含能材料对于提升这些领域的技术水平具有重要意义。本章首先介绍含能材料的化学基础,其次从功能应用的角度介绍传统含能材料的基本类型,最后重点介绍高能量密度含能材料、钝感含能材料、绿色含能材料等先进含能材料及其设计和制备方法。

8.1 含能材料化学基础

8.1.1 含能材料的概念

黑火药是中国古代四大发明之一(图8-1),在晚唐时期(公元9世纪末)正式出现,黑火药是现代含能材料的始祖,是高功率化学能运用的先驱。含能材料历经千余年的发展,近代以来,结合现代战争(尤其是两次世界大战)的历史背景,进入加速发展的状态。20世纪80年代以来,随着高新技术的引入和现代化武器系统的发展,新型推进、发射平台层出不穷,多样化的毁伤模式进一步牵引了含能材料的快速发展。

含能材料应用领域广阔,可以用作发射药、推进剂、炸药、烟火剂等。归纳这些领域材料的共性特征,可以将含能材料表述为:一类含有爆炸性基团或含有氧化剂和可燃物,能独立地进行化学反应并输出能量的化合物或混合物。因为"含能材料"概括了前述有其特征且已经存在的材料系列的内涵,至20世纪70年代,该概念逐步被世界军械领域所接受。含能材料的学术领域在国际上逐步形成,并诞生了例行的国际学术会议和国际性的含能材料杂志,我国也建立了含能材料学科和含能材料专业。

图8-1　黑火药——中国古代四大发明之一

从术语角度严格地讲,火炸药(发射药、推进剂、炸药和烟火剂)是可以控制和可被人们所利用的含能材料,它们是被实际使用过或正在被使用的材料;但含能材料不只有火炸药,还有尚未被人们作为能量利用的含能物质,尽管它们的数量很少。因此,含能材料与火炸药在概念上是有区别的。但含能材料的主体材料是火炸药,所以目前可以粗略地认为含能材料就是火炸药。

从化学角度来看,含能材料是处于亚稳定状态的一类物质,其主要的化学反应是燃烧和爆炸。发射药主要用于枪炮弹丸的发射,推进剂主要用于火箭和导弹的推进。发射药和推进剂以燃烧的方式释放能量,燃烧波的传播速度较慢,一般为几毫米每秒至几十毫米每秒。炸药被激发后则发生爆炸反应,爆炸反应的速度很快,一般在数微秒内完成,并以极高的功率对外做功,强烈冲击周围介质并使其发生变形或破碎。烟火剂主要依靠燃烧反应产生声、光、烟、热、色等效应。虽然发射药、推进剂、炸药、烟火剂都是含能材料,但它们在组成结构、应用场景和反应过程等方面存在明显的差别。

前面章节已经较为系统地介绍了材料的结构和物理性能等相关知识,本节主要介绍燃烧和爆炸两类化学反应,作为学习研究含能材料的化学基础。

8.1.2 含能材料的燃烧

8.1.2.1 燃烧的概念

人们通常把燃烧的表观现象称为火,火的使用是人类走向文明的重要标志。恩格斯指出,"即使是工具和动物驯养的发明在先,但是人们只是在学会了摩擦取火以后,才第一次迫使某种无生命的自然力替自己服务"。火的使用伴随着人类文明的发展。

随着科学技术的进步,尽管人们对燃烧技术的掌握与应用已有了相当高的水平(如喷气发动机中的燃烧、沸腾床燃烧、火箭发动机中的燃烧等),但燃烧是一个包括热量传递、动量传递、质量传递和高速化学反应的综合物理化学过程,因此至今我们对燃烧的认识还很不完善。现在,通常把一切强烈放热的、伴随光辐射的快速化学反应过程都称为燃烧。在有两种组分参加的燃烧反应中,把放出活泼氧原子(或类似的原子)的物质称为氧化剂,而被氧化剂氧化的另一类组分就称为燃料。如氧气、双氧水、高锰酸钾等是氧化剂,氢、酒精、汽油、木炭等是燃料。火药的燃烧则是集氧化剂和燃料于一体的特殊物质的燃烧,其燃烧过程还伴随生成大量的气体和释放出大量的热。火药的燃烧一般是有规律的,通常是逐层燃烧,即所谓平行层燃烧。燃烧过程都要经过热分解、预混合、扩散等中间阶段才能转变为燃烧的最终产物。

对于燃烧过程,从化学观点来看是氧化剂和燃料的分子间进行激烈的快速化学反应,原来的分子结构被破坏,原子的外层电子重新组合,经过一系列中间产物的变化,生成最终燃烧产物。这一过程,物质总的热能是降低的,降低的能量大多以热能和光能的形式释放出来而形成火焰。从物理观点来看燃烧过程总伴随物质的流动,可能是均相流也可能是多相流,可能是层流也可能是湍流。同时燃烧过程大都是多种物质的不均匀场,特别是火药的燃烧,由于火药的多组分、多种分解反应产物、多种燃烧反应产物,更形成不均匀的物质场,因而伴随着不同物质间的混合、扩散和相变;由于多种反应的热效应不同,还产生不均匀的温度场形成温度梯度,因而还伴随着能量的传递。因此,燃烧是一种物理和化学的综合高速变化过程。

8.1.2.2 火焰和具有化学反应的流动

1)火焰的一般概念

火焰是可燃气体燃烧时所发生的现象,可燃液体和固体须先受热变成气体后才能燃烧并形成火焰。不能变成气体的固体燃料,能与氧在高温下直接化合,但不形成火焰。因此,火焰实质上是气相物质发生剧烈氧化还原反应时释放出大量热量,同时产生光辐射的物理化学过程。火焰前锋是指未燃混合物和燃烧气态产物之间的"薄层"。火焰除具有发热、发光的特征外,还具有电离、自行传播等特征。火焰按其位置与形状随时间变化与否,可分为稳态火焰与非稳态火焰。根据燃料与氧化剂接触和混合的状况,火焰可分为预混火焰与扩散火焰。而根据可燃气的流动状况,火焰又可分为层流火焰和湍流火焰。

(1) 预混火焰。

燃料和氧化剂进入反应区前是预先混合好的,这种火焰称为预混火焰。预混火焰的传播速度主要受化学反应动力学因素的控制,同时也受流体动力学因素的控制。预混火焰还可以细分为层流预混火焰和湍流预混火焰。前者的传热、传质及混合过程由分子运动来完成,后者则主要由宏观的微团运动来完成。一般气流雷诺数 $Re < 2300$ 的为层流火焰,气流雷诺数 $Re \geqslant 2300$ 的为湍流火焰。双基火药和硝胺复合改性双基火药的燃烧火焰基本是预混火焰。

(2) 扩散火焰。

燃料和氧化剂在进入反应区前是分离的,进入反应区后经过扩散混合再燃烧,这种火焰称为扩散火焰。化学反应的速度远大于扩散速度,因此火焰传播速度主要由流体动力学因素控制。扩散火焰根据气流流动状况可以分成层流扩散火焰和湍流扩散火焰。复合火药和高氯酸铵(AP)复合改性双基火药的火焰由预混火焰和扩散火焰组成,并随压力的不同,有时以扩散火焰为主,有时又以预混火焰为主(特别是在低压时),但多数是由两者组成的混合火焰。

2) 具有化学反应的流动

任何燃烧过程都存在燃气流和产物气流的流动,流体动力学的基本定律同样适用于燃烧过程。根据关于动量传递的牛顿(Newton)黏性定律、关于热量传递的傅里叶(Fourier)热传导定律和关于组分传递的费克(Fick)扩散定律可以推导出质量守恒、动量守恒、能量守恒和组分守恒的微分方程。对于燃烧过程(特别是火药的燃烧),由于其复杂性,要列出包含所有参数在内的完整的方程组并获得有效解,实际上是很困难的。因此在建立燃烧过程数学模型的守恒方程组时,往往都要做一些简化假设。根据所研究的燃烧体系,忽略一些次要因素,使问题简化,以便可以得到具有有效解的方程组。例如:如果将有化学反应的燃烧气体流动,简化为只考虑 x 方向的一维流动和定常(气流参数不随时间而变化)状态时,在可燃混合气体的火焰前锋内取一体积微元 $\Delta x \Delta y \Delta z$。气流在 x 方向上的速度分量为 v,气体密度为 ρ,时间为 t,则可获得以下简化的守恒方程组。

(1) 质量守恒方程(连续方程)。

按质量守恒原则,微元体内气体的质量增量应等于质量流量的减小量,即得一维流动的连续方程为

$$\frac{\partial \rho}{\partial t} + \frac{\partial (\rho v)}{\partial x} = 0 \qquad (8-1)$$

对于一维定常流动$\left(\dfrac{\partial \rho}{\partial t}=0\right)$的质量守恒方程则有如下的简单形式：

$$\frac{\partial(\rho v)}{\partial x}=0 \qquad (8-2)$$

(2) 动量守恒方程（运动方程）。

根据动量定律，物体在某段时间内的动量变化等于该物体在同一时间内沿动量变化方向所受作用力的冲量。如果只考虑黏性力和压力(p)，忽略体积力和其他表面力。对于一维定常流动，可获得简化的动量守恒方程：

$$\rho v\frac{\partial v}{\partial x}+\frac{\partial p}{\partial x}=0 \qquad (8-3)$$

(3) 能量守恒方程。

在忽略辐射、摩擦消耗（流体邻近层间摩擦而产生热）以及黏性力和压力所做的功之后，根据能量守恒定律，单位时间内微元体内表现为温度升高的热量变化应等于热传导引起的热量变化与化学反应引起的热量变化之和。因此，对于一维定常流动，可得到简化的能量守恒方程：

$$\frac{\rho v\partial(c_{\mathrm{p}}T)}{\partial x}=\frac{\partial \lambda}{\partial x}\cdot\frac{\partial T}{\partial x}+\omega Q \qquad (8-4)$$

式中：T 为温度；c_{p} 为定压热容；λ 为导热系数；ω 为反应速度；Q 为反应热。

(4) 组分守恒方程。

设 v_i 为组分 i 沿 x 方向的流速，ρ_i 为该组分的密度。根据质量守恒原理，当体系的平均气流速度 $v(v=(\Sigma\rho v)/\rho)$ 不等于 0 时，组分 i 的质量速率 $\rho_i v_i$ 应等于扩散质量速率 J_i（由费克扩散定率知 $J_i=-D_i\partial\rho_i/\partial x$，$D_i$ 为扩散系数）与主体流动引起的组分 i 的质量速率之和，即

$$\rho_i v_i = J_i + \rho_i v = -D_i\frac{\partial \rho_i}{\partial x}+\rho_i v \qquad (8-5)$$

由于 $\rho_i=Y_i\rho$（Y_i 为质量分数），对于定常、一维流动则有简化的组分守恒方程：

$$D_i\frac{\partial \rho}{\partial x}\cdot\frac{\partial Y_i}{\partial x}-\rho v\frac{\partial Y_i}{\partial x}+M_i\omega_i=0 \qquad (8-6)$$

式中：M_i 为组分 i 的相对分子质量。

8.1.2.3 着火、熄火和火焰的稳定传播

1) 着火

着火是使能够进行燃烧反应的物质自动加速，自动升温达到化学反应速度出现剧增突变，并伴随出现火焰的过程。着火也是稳态燃烧的过渡和准备阶段，因此研究燃烧过程不可避免地需要研究着火过程。可燃物的着火方式可分为自发着火（自燃）和强迫着火（点火），研究自发着火对可燃物的安全储存条件和储

存寿命的分析具有指导作用,研究强迫着火则对可燃物的点火可靠性及点火条件的分析具有指导作用。

可燃物在环境温度下,当缓慢分解反应所释放的热量足以抵消并大于热散失时,反应物将自动升温,反应将自动加速,直至达到可燃物的发火温度而着火,这种现象称为自发着火。喷气发动机补燃室中的燃料喷雾着火,储存条件差、长期堆积的火药或塑料物质有时可发生自动着火,都是自发着火的实例。

强迫着火又称点燃或点火,是在可燃物的某处,用外部能源强制加热而使可燃物的局部区域温度迅速升高达到发火温度而着火,然后燃烧波再自动地传播到可燃物的其余部分,因此强迫着火就是火焰的局部引发以及相继的火焰传播。点火源可以是电热丝、电热线圈、电火花、炽热质点、点火烟火剂、点火火焰等。

2)熄火

熄火是燃烧的终断,当燃烧系统的生热速率小于散热速率时,就会产生熄火。要达到生热率小于散热率,一方面,可以通过增大散热率的办法,如突然给燃烧体系施加一个强的气流,使散热率突然增大而达到熄火;另一方面,也可通过减小生热率的方法,如对燃烧体系突然施加减弱或阻止燃烧反应进行的药剂也可达到熄火。熄火通常存在熄火延迟期。

多级火箭发动机分离时,要求推力在 $10\sim 20\mathrm{ms}$ 内终止,这就需要实现发动机可控熄火,也即火药燃烧的可控熄火。对于火药的熄火,曾试验过快速降压动态熄火法、注入火焰抑制剂法、喷入阻燃粉末法、快速辐射衰减动态熄火法、接触导热板熄火法等多种方法,只有前三种由于不需要增加设备或增加装置不多而具有在发动机中实际应用的价值。

3)火焰稳定传播

在实际燃烧中,总是先由局部地区开始着火,然后火焰传播到周围的其他空间。燃烧能够由局部向周围发展,正是由于火焰具有传播的特性,这种火焰的传播也叫作火焰波或燃烧波。对于可燃混合气体的燃烧,可以看到在已燃气体和未燃混气之间有一明显的分界面,这就是化学反应发光区。其厚度很薄,一般只有几百微米甚至只有几十微米,这个化学反应发光区称为火焰前沿或火焰前锋。我们把火焰前锋沿其法线方向朝未燃烧物传播的速度叫作火焰传播速度。火焰前锋除发光以外,由于激烈的化学反应,还放出大量的热,使燃气的温度升高到理论燃烧温度。由于高温火焰的传热,火焰才能自动地向未燃部分传播下去。对于层流火焰,前锋是光滑的,焰锋厚度很薄,火焰传播速度很小;当流速较高,混气成为湍流时,焰锋变宽并有明显的噪声,焰锋不再是光滑的表面,而是抖动的粗糙表面,湍流火焰传播速度也明显增加。层流火焰传播速度由混气的物理化学参数决定,而湍流火焰传播速度则不仅与混气的物理化学参数有关,还与湍流的流动特性有关。研究发现固体燃料的点火位置、点火延迟期及火焰传播速度等不仅与高温气流的氧含量、温度、流速、压力等有关,还与固体燃料的性质,特别是热解反应和气相反应的活化能大小有关。

对于火药的火焰传播,研究人员发现在静止大气中的双基火药,在点火之后的瞬间火焰传播速率有点不稳定,但燃烧到试样一定长度之后就变得很稳定了。火焰传播速率随压力、气体中氧含量及火药表面的粗糙度而变化。火焰传播速率随压力的大小和气氛中可反应组分的重量分数呈指数关系变化,指数和系数都随表面粗糙度的增大而增大。对表面粗糙化的试样,还观测到在火焰锋前头的偶然点火现象,估计这是由于粗糙表面接受较多的辐射加热的结果。通过研究火焰沿不含 Al 的复合火药新切断面传播的情况,研究人员观察到燃烧区的扩展是由于出现分散的微小火焰团而引起的,而不是连续火焰锋的移动。在主火焰锋前某个位置上出现的二次小火焰微团以低于主火焰锋的速率传播,这些小火焰微团通常被主火焰锋赶上并吞并。把压力和燃气分开考虑,发现两种因素都可提高火焰传播速率,但前者的影响比后者更大一些。在固体火箭发动机内火焰的传播和点火过渡过程方面,虽然已经开展了许多试验和理论研究工作,但到目前为止,对火焰传播和点火过渡过程的认识还是不完全的。

8.1.2.4 链反应

链反应或连锁反应是一类最为普遍的复杂化学反应,燃烧和爆炸均与链反应密切相关。链反应是由一系列反应速度常数互不相同的、串联的、竞争的和可逆的反应步骤组成。这类反应只要用热、光、辐射或其他方法使其引发,便可能通过某些被称为链载体(或简称为载体)的活性物种(如自由基或原子)与体系内的稳定分子进行反应,并不断再生,像链条一样使反应自动而又持续不断地传递下去。包括火药在内的所有燃烧过程中发生的全都是这类复杂的化学反应。

链反应由以下三个基本步骤组成。

(1)链引发:是由分子裂解成自由基或原子的反应。在这个反应中涉及分子中化学键的断裂,因而所需的活化能较高。链引发可由热引发(加热反应物)、光化学引发(吸收光)、辐射引发(高能射线照射)或化学物质引发(加入引发剂)等方式来实现。

(2)链传递:又称链增长,为自由原子或自由基与分子相互作用生成新的分子或自由基的交替过程。自由原子或自由基有较强的反应能力,故反应的活化能较低。在此反应中,随着一个自由基的消失会产生一个或几个新的自由基。链反应的主产物在此阶段产生。

(3)链中止:又称断链,此反应中因自由基被消除而使链中断。断链的方式有自由基彼此复合成稳定的分子及自由基与反应器壁之间碰撞而断链,因而改变反应器的形状或表面涂层都可能影响反应速度,这种器壁效应是链反应的特征之一。断链反应的活化能较小,有时为 0。

虽然自由基参与的反应未必是链反应,但是自由基的存在与否常作为考察是否为链反应的一个重要手段。根据反应中链的传递方式的不同,即产物中自由基的数目与反应物中自由基的数目之比(支化系数 n),链反应可分为直链反应($n=1$)和支链反应($n>1$)。

8.1.3 含能材料的爆炸

8.1.3.1 爆炸的概念

1) 爆炸

爆炸是物质发生急剧的物理、化学变化,由一种状态迅速转变为另一种状态,并在瞬间释放出巨大能量的现象。爆炸是一种极为迅速的物理或化学的能量释放过程。在此过程中,体系内的物质以极快的速度把其内部所含有的能量释放出来,转变成机械功、光和热等能量形态。爆炸产生破坏作用的根本原因是构成爆炸的体系内存有的高压气体或在爆炸瞬间生成的高温高压气体的骤然膨胀。爆炸体系和它周围的介质之间发生急剧的压力突变是爆炸的最重要特征,这种压力突跃变化也是产生爆炸破坏作用的直接原因。

爆炸现象可分为两个阶段:在第一个阶段,物质的能量以一定的方式转变为强烈的机械压缩能;在第二个阶段,机械压缩能急剧地向外膨胀,在膨胀过程中对外做功,引起被作用介质变形、移动和破坏。因此,爆炸现象一般具有以下特征:①爆炸过程进行得很快;②爆炸点附近压力急剧升高,产生冲击波;③发出或大或小的响声;④周围介质发生震动或邻近物质遭受破坏。

按照爆炸的性质不同,爆炸可分为物理性爆炸、化学性爆炸和核爆炸。由物理变化引起的爆炸称为物理爆炸,由化学变化引起的爆炸称为化学爆炸,由核裂变或核聚变引起的爆炸称为核爆炸。鉴于本章主要讨论含能材料,本章后面提到的"爆炸",如不加说明均指化学爆炸。

2) 爆燃和爆轰

火炸药在热源作用下会燃烧,当其燃烧速度较快,达到每秒数百米时,称为爆燃。爆燃是以亚音速进行的燃烧反应。炸药在燃烧过程中,若燃烧速度保持恒定,就称为稳定燃烧;否则称为不稳定燃烧。火炸药是否能够稳定燃烧,取决于燃烧过程中的热平衡情况。如果热量能够平衡,即反应区中放出的热量与经传导向未燃烧层和周围介质散失的热量相等,燃烧就能稳定,否则不能稳定。不稳定燃烧可导致燃烧的熄灭、震荡或转变为爆炸。

在足够的外部能量作用下,火炸药以每秒数百米至数千米的高速进行爆炸反应,爆炸速度增长到稳定爆速的最大值时就转化为爆轰。爆轰是炸药变化的重要形式,爆轰波的传播速度是超声速的。爆轰与炸药的实际使用性能密切有关,不论是军用炸药还是工业炸药,都是以爆轰形式作用的。爆轰时,反应区温度可达 4000K 左右,压力可达 30~40GPa,稳定传播速度可达每秒数千米。

在爆轰过程中,前沿冲击波面与后面的化学反应区是以相同的速度稳定传播,该速度就是爆轰波传播的速度,简称爆速。对于一定装药密度的炸药,其爆速是一个定值。例如密度为 1.59g/cm³ 的 TNT,其爆速约为 6900m/s。炸药的爆速是衡量其爆炸性能的重要指标,也是爆轰参数中当前能测量得最准确的一个参数。

爆燃可由较小的能量(如火花)引发,而爆轰则需要巨大能量的快速释放(如冲击波)来引发。爆燃在一定条件下可以转为爆轰。爆燃转爆轰全过程包含火焰加速、爆燃以及爆轰不同阶段。在火焰加速阶段,火焰传播特性对化学反应动力学参数以及黏性、热扩散和物质扩散效应十分敏感。实验证明,不受约束的火焰传播很少出现爆燃转爆轰;当火焰传播受墙壁或其他空间约束时,会增大火焰传播的速度,使爆燃转爆轰的可能性增加。爆燃转爆轰发生后,反应以自维持爆轰形式通过未反应材料。

8.1.3.2 炸药爆炸的三要素

炸药爆炸需要具备三个条件,即反应的放热性、反应的快速性和生成气态产物,三者互相关联,缺一不可。

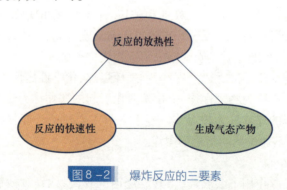

图 8-2　爆炸反应的三要素

1) 反应的放热性

反应的放热性是炸药爆炸应具备的第一个必要条件。没有这个条件,爆炸过程根本不能发生。要使炸药发生分解反应,必须首先供给能量,使其分子活化或破坏它原来的结构,重新组合成新的产物分子。没有反应的放热性这个条件,则前一层炸药爆炸后,不能激发下一层炸药的反应,爆炸过程便不能自动传播。反之,如果物质在爆炸时能释放热量,则其本身爆炸部分所释放的热量是激发未爆炸部分的能源。只有反应系统释放热能,才能够对外界做功,因此不放热或放热很少的反应不能提供做功所需要的足够能量,当然也不会具有爆炸性。

2）反应的快速性

反应的快速性也是炸药爆炸的必要条件之一。它是爆炸过程区别于一般化学反应过程的最重要标志。一般化学反应也可以是放热的，而且有许多反应释放的热量比炸药爆炸反应释放的热量大许多倍，但这些反应并未形成爆炸现象，其根本原因在于它们的反应过程进行得很慢。例如，1kg 汽油在发动机中燃烧或 1kg 煤块在空气中燃烧，所需要的时间为数分钟到数十分钟，而 1kg 炸药爆炸反应的时间仅十几到几十微秒，也就是说炸药的爆炸要比燃料燃烧快数千万倍。由于炸药的爆炸反应速度极快，因而可以近似地认为，爆炸反应物来不及膨胀，所释放的能量全部集中在炸药爆炸前所占的体积内，从而会形成一般化学反应所无法达到的很高的能量密度，这样可以形成高温高压气体，使炸药的爆炸具有巨大的功率和强烈的破坏作用。

3）生成气态产物

爆炸对周围介质做功是通过高温高压的气体迅速膨胀实现的，因此在反应过程中生成大量气体产物也是炸药爆炸的一个重要因素。这可以通过一系列不生成气体产物的放热反应不会发生爆炸的例子得以证明。例如铝热剂的反应，反应速度很快，反应的热效应可以使产物温度达到 3000℃，使其呈熔融状态，但因为没有气态产物生成，不发生爆炸，只是高温产物逐渐地将热量传导到周围介质中去，慢慢冷却凝固。

由上可见，放热性、快速性和生成气态产物这三个要素是缺一不可的。放热性给爆炸反应提供了能源，而快速性则是使有限的能量集中在较小的容积内并产生强大功率的必要条件，反应生成气态产物则是能量转换的工作介质。这三个要素又是互相联系的：反应的放热性将炸药加热到高温，从而使爆炸反应速度增加，即增大了反应的快速性；放热性和快速性使产物加热到很高温度，使更多的产物处于气体状态。

炸药由其自身的化学结构和物理状态决定其可以发生爆炸变化，但不同炸药的放热量、反应速度以及产生气体的量都是各不相同的，因而它们的爆炸性能存在差异。

8.1.3.3 炸药的起爆与感度

炸药是一种能发生急剧化学变化的物质，但在通常情况下它又是相对稳定的。若要引起炸药的爆炸，必须给予它一定的外界作用。由于不同的炸药对外界作用的敏感程度是不同的，习惯上把炸药在外界作用下发生爆炸反应的难易程度称为炸药的敏感度或炸药的感度。激发炸药发生爆炸反应的过程称为起爆。能够激发炸药发生爆炸变化的能量可以有多种形式，如热能、电能、机械能、冲击波能或辐射能等。习惯上把可以激发炸药爆炸变化的最小外界能量称为引爆冲能。引爆冲能越小，炸药感度越大；反之，引爆冲能越大，则炸药的感度越小。根据外界作用能量的不同形式可将炸药的感度分为若干类型,如热感度、火焰感度、静电感度、摩擦感度、撞击感度、冲击波感度、爆轰波感度等。

需要注意的是,不仅不同炸药发生爆炸变化时所需的引爆冲能不同,即使是同一种炸药,在不同形式的能量激发下,其引爆冲能也不是一个固定的值。引爆冲能的大小与外界能量的作用方式及作用速度等因素有关。例如,在静压作用下,必须有很大的能量才可能使炸药爆炸;但在快速冲击下,只需要较小的能量就可使炸药发生爆炸。在迅速加热的条件下,炸药发生爆炸所需的能量要小于它在缓慢加热时发生爆炸所需的能量。此外,同一种炸药的各种感度之间不存在某种当量关系。

炸药感度的另一特性是相对性。相对性主要有两层含义:①炸药的感度表示炸药危险性的相对程度。②不同场合对于炸药的感度有不同的要求。例如,在同样温度的热作用下,尺寸小于临界值的炸药包或药柱是安全的,而尺寸大于临界值的炸药包或药柱则可能发生热爆炸。因此,只能用一定条件下炸药发生爆炸的概率来表示其感度大小,并依据炸药感度的排列顺序评价其危险程度;试图用某一个值来表示炸药的绝对安全性是没有实际意义的。感度相对性的另一表现是根据使用条件对某种炸药提出不同的感度要求。

8.1.3.4 炸药的爆热和爆温

1) 炸药的爆热

一定量的炸药爆炸时放出的热量叫做炸药的爆热,通常以 1mol 或 1kg 炸药爆炸所释放的热量表示(即 kJ/mol 或 kJ/kg)。

爆热与燃烧热不同,燃烧热是表示物质中的可燃元素完全氧化时放出的热量,用该物质在纯氧中完全燃烧时放出的热量表示。测量燃烧热时需补加氧,而爆热则不用,因为炸药的爆炸变化极为迅速,可以看作在定容下进行,而且定容热效应可以更直接地表示炸药的能量性质,因此炸药的爆热均指定容爆热。

炸药的爆热是一个总的概念,对于爆轰来说,能量可以分为三类,即爆轰热、爆破热和最大爆热。这些能量概念和炸药的其他爆炸性质有密切的关系。爆轰热是指爆轰波中 C-J 面上所放出的能量,它完全传递给爆轰波以维持爆轰波的稳定传播,其大小与炸药的爆速密切相关。爆破热则是在爆轰波中一次化学反应的热效应与气体爆炸产物绝热膨胀时所产生的二次平衡反应热效应的总和,它与炸药的做功能力有着密切的关系。最大爆热则可以作为该炸药爆炸变化所能放出能量的最大范围,可用于估算某种炸药可放出能量的极限数值。当然,由于实际情况的限制,最大爆热是不可能达到的。三者的数量关系为:爆轰热<爆破热<最大爆热。

爆轰热是维持爆轰波稳定传播的重要因素,但试验测定十分困难,目前尚无可靠的测定方法。最大爆热具有理论上的意义,而爆破热不但可用试验测定,而且可通过试验研究它的外部影响因素,从而在爆破实践中逐步改善和提高炸药爆炸能量的利用率。

2)炸药的爆温

所谓爆温,是指炸药爆炸时放出的能量将爆炸产物加热到的最高温度。研究炸药的爆温具有重要的实际意义,一方面,它是热化学计算必需的重要参数;另一方面,在实际爆炸工作中,会根据使用环境的不同对其数值提出不同的要求。例如,对于具有可燃性气体和粉尘的矿山爆破,为了保证作业安全而使用矿用安全炸药,希望将炸药的爆温控制在较低的范围,为 2000~2500℃;为了达到某些军事目的,则要求炸药的爆温尽量高一些。

提高爆温的途径主要有:①增加爆炸产物的生成热。②减少炸药本身的生成热。③减少爆炸产物的热容量。其中途径①和②的结果就是增加爆热。提高爆热的途径,如调整氧平衡使炸药氧化完全,产生大量生成热较大的产物,或引入某些高能元素,或添加高能金属粉等物质,对提高爆温都有效。需要指出的是,如果爆热的增加伴随着爆炸产物热容的增大,那么前者可使爆温提高,而后者却会导致爆温下降,综合效果如何要看具体情况。

降低炸药的爆温也是实际应用中经常考虑的问题之一。对于矿用炸药来说,这可以避免在井下爆破时引起瓦斯及矿尘的爆炸;对于火药来说,降低燃烧温度,可以减少对炮膛的烧蚀。降低爆温的途径与提高爆温的途径恰恰相反,即减少爆炸产物的生成热、增大炸药的生成热或提高爆炸产物的热容。为了达到降低爆温的目的,一般采用在炸药中加入附加物的办法。这些附加物可以改变氧与可燃剂元素间的比例,使之产生不完全氧化的产物,从而减少爆炸产物的生成热;有的附加物不参与爆炸反应,只是增加爆炸产物的总热容。

在工业安全炸药中,还常加入一些带有结晶水的盐类,或加入一些热分解时能吸热的物质,如硫酸盐、氯化物、重碳酸盐、草酸盐等作为消焰剂。现代工业炸药甚至含有游离状态的水,如水胶炸药、乳化炸药等。

8.2 传统含能材料

8.2.1 含能材料发展现状

含能材料发展缓慢,黑火药在我国发明以来,历经了千余年发展,能够得到广泛应用的单质炸药屈指可数。目前,含能材料已经发展到第三代含能材料全面应用和第四代含能材料基础研究阶段。含能材料的代级可简单分类如下。

(1) 第一代含能材料：以安全、低能量配方应用为标志（近 100～150 年左右，大部分品种已经被取代）。主要有炸药三硝基甲苯(TNT)、发射药、中能双基推进剂如硝化甘油(NG)、硝化棉(NC)等。

(2) 第二代含能材料：以兼顾安全和能量性能的新材料合成为标志（近 50 年，已经广泛用于军火武器系统）。主要代表有黑索金(RDX)、奥克托今(HMX)、1,3,5 - 三氨基 - 2,4,6 - 三硝基苯(TATB)、六硝基芪(HNS)、3 - 硝基 - 1,2,4 - 三唑 - 5 - 酮(NTO)、聚叠氮缩水甘油醚(GAP)、高氯酸铵(AP)、硝酸铵(AN)和硝仿肼(HNF)、季戊四醇四硝酸酯(PETN)、三羟甲基乙烷三硝酸酯(TMETN)、1,2,4 - 丁三醇三硝酸酯(BTTN)，以及 Al、B、Mg 等金属粉和以硝基胍(NQ)为基的推进剂、发射药和炸药等。

(3) 第三代含能材料：以新型物理化学联合法获得新型高能材料为标志（近 20 年，已进入工程化应用研究阶段）。这类材料包括新型氧化剂二硝酰胺铵(AND)和硝酸羟胺(HAN)；新型氮杂环硝胺化合物六硝基六氮杂异伍兹烷(CL - 20)、双环奥克托今(BCHMX)和 1,3,3 - 三硝基氮杂环丁烷(TNAZ)；高氮含能材料四嗪衍生物 3,6 - 二氨基 - 1,2,4,5 - 四嗪 - 1,4 - 二氧化物(LAX - 112)；钝感高能炸药 2,6 - 二氨基 - 3,5 - 二硝基吡嗪 - 1 - 氧化物(LLM - 105)、1,1 - 二氨基 - 2,2 - 二硝基乙烯(FOX - 7)、N - 胍基脲二硝酰胺盐(FOX - 12)和 4,10 - 二硝基 - 4,10 - 二氮杂 - 2,6,8,12 - 四氧四环十二烷(TEX)；熔铸炸药 TNT 替代物 3,4 - 二硝基呋咱基氧化呋咱(DNTF)；含能黏合剂聚缩水甘油醚硝酸(PGN)、聚叠氮甲基 - 3 - 甲基氧杂环丁烷(PAMMO)、聚双叠氮甲基氧杂环丁烷(PBAMO)、聚硝酸酯甲基 - 3 - 甲基氧杂环丁烷(PNIMMO)；高能储氢材料（如 AlH_3）和其他高能燃料（如硼氢化物、高密度烃 JP - 10 等）。

按照含能材料出现的年代，可将第一代和第二代统称为传统含能材料，第三代起称为新型含能材料或先进含能材料。按照含能材料的用途，可以将其分为火药（发射药、推进剂）、炸药和烟火剂。

8.2.2 发射药

发射药是用于发射的混合型火炸药，它的成分有氧化剂、可燃物和改善性能的添加剂等。发射药主要用作身管武器的能源，利用其产生的气体推动和抛射载荷。

8.2.2.1 发射药的类型

现有发射药可分为单基药、双基药和三基药三种类型。单基药主要用于中小口径武器，其能量成分是单一的硝化棉；双基药的主要成分有硝化甘油和硝化棉两种；三基药的组分中有硝化甘油、硝化棉和硝基胍三种主要成分。

1）单基药

在单基发射药中只有硝化棉这一种物质是含能组分,且质量分数超过95%,所以该火药称为单基药。单基药中还有一种组分是安定剂,它能减缓硝化棉的热分解过程。两组分用挥发性溶剂塑化,再经过压伸成型和去除溶剂而制成单基药。

2）双基药

双基药是由硝化棉经过难挥发性溶剂硝化甘油、硝化二乙二醇或其他硝酸酯塑化而制成的。硝化棉和硝化甘油是双基药的能量组分,其爆热值为3300～5200J/g。双基药中硝化甘油含量越高,对武器的烧蚀越严重。双基药被广泛应用于枪弹和炮弹的发射。目前,更多地用作迫击炮和无后坐力炮的装药。

3）三基药

三基药是在双基药的基础上加入硝基胍或类似的炸药成分而制成的。硝基胍是白色结晶型固体炸药,在三基药中的质量分数为40%～55%。三基药的爆热值为3200～3700J/g,它对武器的烧蚀程度低于相同能量水平的单基药和双基药,主要用于大口径火炮的装药。

8.2.2.2 发射药的组成

现有发射药的化学组成主要为C、H、O、N等元素。含这些元素的发射药,在稳定性、腐蚀性、相容性及感度等方面都表现较好。含有金属和卤素的发射药,反应后形成的卤化物或金属化合物,容易损毁武器和污染环境。但发射药的组分并不局限于C、H、O、N系列化合物,一些金属及氟氮、氟碳等高能量或具有特殊性能的化合物根据武器和装置的需要也可以应用于发射药的配方中。

发射药功能组分的分子结构中通常含有以下基团：≡CH、≡C—NO_2、=N—NO_2、—O—NO_2、—ClO_4、—NF_2、—N_3、—NO_3、—N=N等。

含有上述基团的典型化合物有二硝基甲苯（DNT）等芳香族硝基化合物,硝基胍、黑索今、奥克托今等硝胺化合物,硝化甘油、硝化棉、季戊四醇四硝酸酯（太安、PETN）等硝酸酯化合物,重氮二硝基酚、高氯酸盐、二氟氨基化合物以及聚酯等高分子化合物。

与上述化合物类似的化合物及其混合物都有可能成为发射药或发射药的组分。例如,由单一硝化棉(含—O—NO_2基)组成的发射药,由氧化剂硝酸钾、可燃物硫和碳组成的黑火药,由氧化剂黑索今和可燃物高分子黏合剂组成的低易损发射药,由硝化棉、硝化甘油和硝基胍三种爆炸物组成的三基发射药等。

由此可见,在发射药的组成中必须有起氧化作用的氧化性基团和起还原作用的可燃性基团。它们或以氧化剂和可燃剂的混合物形式,或以两类基团存在于同一化合物的形式组成发射药。两类基团存在于同一化合物的物质也称为爆炸性化合物。在实际使用中,多以氧化剂和可燃剂组成混合物的形式配制发射药。因此,发射药的主要成分有氧化剂、可燃剂和爆炸性化合物。

发射药常用的氧化剂有硝酸钾、硝酸钠、黑索今和奥克托今等;常用的可燃剂有高分子黏合剂、硫、炭黑和增塑剂邻苯二甲酸二丁酯(DBP)、三醋酸甘油酯(TA)等;常用的爆炸性化合物有硝基胍、黑索今、奥克托今、硝化甘油、硝化棉、硝化二乙二醇等。

发射药中还常加入添加剂,用以调节发射药的性能和改善工艺。添加剂的种类很多,如降低感度的石蜡、石墨、樟脑、DBP、二氧化钛等钝感剂;改善力学性能的键合剂和黏合剂;改善燃烧性能的氧化铅(PbO)、松香、硝酸钾(KNO_3)等燃烧催化剂和消焰剂;改善安定性的二苯胺、中定剂等安定剂;调节能量性质的高能添加剂,以及用于调节加工性能的硝酸钾、凡士林、苯乙烯、卵磷脂等增孔剂、稀释剂等。

氧化剂、可燃剂、爆炸性化合物、黏合剂、钝感剂、消焰剂、高能添加剂、工艺附加物、安定剂等成分,同时或部分地存在于发射药中,通过对成分和质量分数的控制,调节发射药的性能,以满足各类武器的需要。其中有些物质可以一物多用,如硫黄既是可燃剂,又是黏合剂。

8.2.2.3 发射药的物理结构

现有单基、双基、三基、硝胺、混合硝酸酯等各类发射药和黑火药,虽然类型较多,但根据它们的结构特征,只有均质发射药和异质发射药两种结构形式。

1)均质发射药

单基发射药成分中仅有硝化棉一种爆炸性物质,通过溶剂作用后形成结构均匀的单相体系。

某些发射药除含有硝化棉之外,还含有爆炸性物质,通常是硝化棉的溶剂,如硝化甘油、硝化二乙二醇,或是爆炸性溶剂的混合物。硝化棉与爆炸性溶剂或其混合物塑化后,分别形成双基发射药和混合硝酸酯发射药,也是结构均匀的体系。

单基、双基和混合硝酸酯等发射药都是以硝化棉和爆炸性溶剂为主体,经塑化、密实和成型等物理及机械加工过程制备而成,其结构近似为一种固体溶液。根据其结构,单基发射药、双基发射药和混合酯发射药都是均质结构形式的发射药,统称为均质发射药。

2)异质发射药

黑火药和三基发射药是在可燃物或均质发射药的基础上加入氧化剂混合而成的。双基发射药中加入第三种主体成分硝基胍后,成为三基发射药,硝基胍能降低发射药对炮膛的烧蚀并减少火焰和烟。如果在均质发射药的基础上引入黑索今等硝胺炸药,即成为硝胺发射药,硝胺炸药能提高发射药的能量。三基和硝胺等发射药的结构不是均一体,除均质发射药相之外,还有氧化剂固体相。黑火药是几种固体的混合物,与单基、双基、混合酯发射药不同,黑火药、三基和硝胺发射药是异质结构形式的发射药,并称为异质发射药。

发射药无论是均质的还是异质的,从物理结构上看,其药体质地都是均匀致密的,具有足够的强度,能够承受储存、运输和使用过程中各种力的作用,保持药体不变形、不变脆,使燃烧能沿垂直于燃烧表面的方向、以平行层的方式向药体内部自行传播,而且能在很宽的压力范围(0.1~1000MPa)内稳定地进行。

8.2.3 推进剂

推进剂是以推进为目的的复合型含能材料,是提供推进力的能源,主要用于火箭发动机的推进和机械的驱动操作,可以作为伺服机构、增压器、陀螺、涡轮电机等装置的能源。火箭推进剂在组成上与发射药有一定相似性,但由于使用条件不同,两者之间有相当大的差别。发射药燃烧的环境压力为200~500MPa,药剂在短时间内快速燃烧。推进剂燃烧的压力范围为15~30MPa,燃烧的时间可以长达数百秒。对于发射药,不希望其有高的燃烧温度和燃烧残留物;而对于火箭发动机用推进剂,高燃温和残留物却无关紧要。

常用的推进剂类型包括固体推进剂和液体推进剂。固体推进剂是在第二次世界大战末期发展起来的。1935年,苏联首先将双基推进剂用于军用火箭,美国于1942年首先研制成功第一个复合推进剂——高氯酸钾、沥青复合推进剂。此后复合推进剂得到了迅速的发展,并在大、中型火箭中获得广泛应用。液体推进剂的应用也始于第二次世界大战末期,德国率先将液体火箭推进剂用于 V-1 及 V-2 火箭中。液体推进剂的能量高,但操作过程较为复杂,故在军事上获得普遍应用的还是固体推进剂。

8.2.3.1 液体火箭推进剂

应用于火箭发动机的液体推进剂有两种:由一种组分形成的单元液体推进剂和由氧化剂和燃料结合使用的双元液体推进剂。

1) 单元液体推进剂

单元液体推进剂是一种单一物质,能够在催化剂的作用下发生分解,伴随释放出热和气体。一般来说,这些推进剂的比冲值较低,如肼的特征速度是 1950m/s,目前主要用在空间站或太空探测器的姿态控制推进器中。典型的单元液体推进剂是肼(N_2H_4),又称联胺,它借助氧化铝载体上的铁催化剂发生分解。联胺能长期储存于铁合金或不锈钢罐中,但它具有毒性和相对高的凝固点(2℃)。

联胺的分解反应分两步:首先是联胺放热分解,其次是氨吸热分解。即

$$3N_2H_4 \longrightarrow 4NH_3 + N_2$$

$$2NH_3 \longrightarrow N_2 + 3H_2$$

在正常的发动机工作条件下,催化剂的工作温度约为1200℃,大约有体积分数为25%的氨将进一步分解。其他单元液体推进剂还存在一些缺点,如过氧化氢储存易分解、硝基甲烷点火困难等。

2) 双元液体推进剂

双元液体火箭推进剂有两种成分:液体燃料和液体氧化剂。两种成分被注入燃烧室后相遇,或自燃或被点燃。双元液体火箭推进剂的特点是能量高,主要用于大型火箭发射飞船或导弹。有的双元液体火箭推进剂系统的整体或局部要在-200℃左右的低温环境中储存,有的则可以在一般的环境(如洞穴)中储存。

液氢-液氧系统是典型的低温型双元液体火箭推进剂。液氢、液氧的沸点分别为-252℃和-183℃,分别储存在特殊的装置中,在发射之前注入火箭。美国的航天飞机和欧洲的阿丽亚娜(Arian)Ⅳ运载火箭都应用了该推进剂系统。但液氢-液氧系统一般不用于洲际导弹等武器上。

非低温型双元液体推进剂组分可在封闭容器内长期储存,一般预先进行装配,可满足战术、战略武器的使用要求。美军 Lance 导弹所用的就是双元液体推进剂。该弹携带一个约500kg的弹头,推进剂以偏二甲肼(UDMH)为燃料、红色发烟硝酸(IRFNA)为氧化剂,两组分相遇后会自燃,是典型的自燃型双元液体火箭推进剂。该推进剂的特征速度为2700m/s,而液氢-液氧的为3800m/s。另外,瑞典 Bofors 公司的空-地 RB05A 导弹使用的也是双元液体火箭推进剂。

液体火箭推进剂的优点是高性能、产物清洁、推力可控和价格便宜,但也存在一些问题,如管道和控制复杂、有时需要在低温下操作、材料具有毒性等。单元推进剂主要应用于起控制作用的推力装置,双元推进剂则主要用于强力的空间火箭系统。

8.2.3.2 固体火箭推进剂

固体推进剂分为双基固体推进剂和复合固体推进剂两个类别,两者的主要差别在于黏合剂。双基推进剂的黏合剂是硝化棉与液态硝酸酯的塑化产物,而复合推进剂的黏合剂则是以高分子预聚物与固化剂反应交联而成的三维网络体。二者使用的填料氧化剂和金属燃料基本相同。

黏合剂的差别使这两类推进剂在工艺方法、能量输出及燃烧性能等方面产生了明显的差异:以双基黏合剂为基础加入铝(Al)、高氯酸铵及奥克托今的改性双基推进剂在能量水平上有明显优势,标准理论比冲比复合推进剂高约30m/s;而复合推进剂,如端羟基聚丁二烯(HTPB)推进剂,则具有力学性能调节范围宽、玻璃化温度低、安全性较高的优点。

1) 双基固体推进剂

双基推进剂是以硝酸酯和硝化棉为主要成分,添加一定量功能添加剂制成的一种内部无相界的均质推进剂。双基推进剂具有药柱均匀、在常温下具有良好的安定性和机械强度、压力指数小和排气无烟等一系列优点,适合于自由装填的发动机装药,在要求燃气纯净的燃气发生器中得到了广泛应用。其缺点是能量水平较低,高、低温力学性能差,稳定燃烧的临界压力偏高。

目前,主要采用螺旋压伸或柱塞式压伸的工艺生产双基推进剂,这种工艺可实现大批量连续性生产,且产品性能重现性好。受加工机械的限制,此类生产工艺不宜挤压直径过大的药柱,而浇铸(粒铸)工艺则对于药柱的尺寸无限制。

2)复合推进剂

复合推进剂是以高分子黏合剂为基体,添加氧化剂固体填料制成的一种推进剂。为了提高燃烧温度以获得高的能量水平,还可以加入铝粉之类的轻金属燃料。此类推进剂属于一种存在相界面的非均相复合材料。黏合剂大多数是由相对分子质量为2500~4500的液态预聚物与固化剂及交联剂形成的弹性网络,也可以是相对分子质量高达数十万的线性高分子经塑化而形成。前者属热固性弹性体,后者属热塑性材料。

复合推进剂制造通常采用捏合浇铸工艺,这种工艺有很强的适应性,可满足各种直径发动机装药的制造要求,广泛应用于直径从数十毫米的试验发动机到直径数米的大型发动机的装药中。由于使用了液态高分子预聚物作为黏合剂,在复合推进剂制造中可以加入数量高达约90%的固体填料,使复合推进剂表现出优于传统双基推进剂的能量性能,已广泛应用于各种战术火箭、导弹和战略导弹以及它们的助推器中。

8.2.4 炸药

炸药是主要反应形式为爆轰的一类含能材料。按功能用途可分为起爆药和猛炸药两类,它们在燃烧转爆轰的难易程度和输出能量等方面有较大的区别。起爆药对初始冲能敏感,燃烧转爆轰迅速、容易,爆轰输出的能量可以引爆猛炸药。猛炸药又称次发炸药,特点是感度较低,只有在相当强的外界作用下才能发生爆炸(通常利用起爆药的冲击波来激发其爆轰),然而一旦爆炸后,可以具有更高的爆速和更强的威力。猛炸药主要用于军事上,如装填各种炮弹。猛炸药分为单质猛炸药和混合猛炸药两大类。

8.2.4.1 起爆药

起爆药是对外界作用特别敏感的一类炸药,受外界较小能量的作用就能发生爆炸变化,而且在很短的时间内其变化速度可增至最大(所谓爆轰成长期短),但是它的威力较小,在许多情况下不能单独使用,常用于火帽、雷管等起爆装置,以引燃火药或引爆猛炸药。起爆药按组成成分可分为单质起爆药、混合起爆药和复盐起爆药,按激发方式又可分为针刺药、摩擦药、击发药和导电药。

1)单质起爆药

单质起爆药是分子结构中含有爆炸性基团的单一化合物,主要包括以下几类化合物:

(1)重氮、叠氮和多氮化合物,如硝基重氮苯、二硝基重氮酚、叠氮化铅、三硝基三叠氮苯、四氮烯、硝基四唑等。

(2)雷酸、氰胺基金属盐,如雷汞、雷银、硝基氰胺银等。

(3)硝基酚重金属盐,如苦味酸铅、三硝基间苯二酚铅、三硝基间苯三酚铅等。

(4)乙炔的金属衍生物,如乙炔银、乙炔铜等。

(5)有机过氧化物,如过氧化丙酮等。

(6)氯酸、过氯酸重金属盐,如氯酸铅、过氯酸铅等。

2)混合起爆药和复盐起爆药

混合起爆药是由两种或两种以上单质起爆药或由起爆药与氧化剂、可燃剂等组成的混合物,还可根据某种使用要求加入其他添加剂,如钝感剂、安定剂、敏化剂等,使混合起爆药具有单质起爆药不具备的使用特性。由单质起爆药混合而成的混合起爆药常用作击发药、针刺药、拉火药等,而由起爆药与可燃剂、氧化剂组成的混合起爆药常用作引燃药、点火药和延期药等。

复盐起爆药是由两种或两种以上单质起爆药通过共沉淀或络合的方法制备而成,既具有单质起爆药的特点,同时还提升了安全、钝感等综合性能,可满足不同炸药的使用要求。例如,由叠氮铅与三硝基间苯二酚铅共同沉淀制成的起爆药,既有起爆能力大的特性,又有良好的火焰感度。复盐起爆药为发展新的起爆药提供了有效的技术途径。

混合起爆药有利于提高起爆药的安全性,满足火工品抗静电、抗射频、耐热性的要求,有利于获得合适的冲击、撞击、针刺、摩擦、热丝、激光等感度,以保证火工品作用的可靠性等。实际应用时,需要着重考虑组分之间的相容性、混合的均匀性、药剂的成型性和安全性等性质。

3)不同激发方式的起爆药

(1)针刺药。

针刺药是受针刺作用激发而发生爆燃的混合起爆药,主要组成为起爆药、可燃剂及氧化剂,有时还加有敏化剂或钝感剂。针刺药可分为含雷汞和不含雷汞两大类,前者又根据雷汞含量分为三种(含雷汞15%、25%及50%),后者又分为含氮化铅和不含氮化铅两种,但这两类针刺药都含有4%~5%的四氮烯作为敏化剂,以增强针刺感度。针刺药应具有适当的针刺感度和猛度,足够的点火能力,良好的安定性和相容性。许多击发药可用作针刺药,但针刺药不一定能用作击发药。针刺药主要用于针刺火帽和针刺雷管,针刺雷管输出的是爆轰波,它能直接引爆猛炸药。目前使用较多的是不含雷汞的针刺药。

(2)击发药。

击发药是火帽用起爆药,在外界撞击能量激发下发生爆燃,产生火焰。击发药对外界撞击敏感,而且有可靠的点火能力,能点燃发射药、火焰雷管以及延期药体等。击发药的输出包括火焰、热气体、热粒子、冲击波和热辐射。无腐蚀性击发药不含雷汞和氯酸盐,主要成分为斯蒂芬酸铅、四氮烯、硝酸钡、硫化锑等。火帽的温度可达 150~200℃,需要耐高温的击发药,许多耐高温的起爆药和猛炸药可以用于这类击发药中,如叠氮化铅、四唑类双铅复盐等。耐高温的猛炸药可与氯酸钾或高氯酸钾配合使用形成耐高温的起爆药,例如六硝基芪(HNS)、四硝基二苯并-1,3a,4,6a-四氮杂戊塔烯(TACOT)等。目前击发药多是含斯蒂芬酸铅和四氮烯的无腐蚀性击发药。

(3)摩擦药。

摩擦药是因摩擦激发而产生火焰的起爆药剂。它主要用于摩擦火帽或拉火管,靠拉动带毛刺和粘有药剂的金属丝与摩擦药摩擦产生火焰,之后点燃下一级药剂或火工品。常用的摩擦药配方组成为氯酸钾($KClO_3$)、三硫化锑(Sb_2S_3)、硫黄和面粉。在摩擦火帽中,除上述配方药剂做主装药外,火帽的拉环上涂有质量分数为90%的红磷和质量分数为10%的干虫胶。摩擦火帽安全性差,常用撞击火帽替代。

(4)导电药。

底火中的电火帽是利用电能激发的火帽,通过引入金属粉、石墨、氯酸钾等成分使起爆药具有导电性和被电能点火的性能。这类起爆药的发火时间较短,配方中常用的组分有锆粉、二氧化锆、硝酸钡和 PETN 等。

8.2.4.2 单质猛炸药

1)单质猛炸药的基本类型

单质炸药所含的爆炸性基团主要有 C—NO_2、N—NO_2 及 O—NO_2,由它们分别形成硝基化合物、硝胺及硝酸酯三类最主要的单质炸药。

硝基化合物炸药主要是芳香族多硝基化合物,常用的是单碳环多硝基化合物,其典型代表是三硝基甲苯(TNT)。硝基化合物炸药的能量和感度大多低于硝酸酯类和硝胺类炸药,制造工艺成熟,价格较低,应用广泛。

硝胺炸药的感度和安全性介于硝基化合物炸药与硝酸酯炸药之间,能量较高,综合性能较好,在军事上代替 TNT 用于各种炮弹,也用于发射药和固体推进剂。硝胺炸药可分为氮杂环硝胺、脂肪族硝胺及芳香族硝胺三类,最重要的氮杂环硝胺炸药是黑索今(RDX)和奥克托今(HMX)。

硝酸酯炸药做功能力较强,但感度较高,主要品种有太安(PETN)、硝化甘油、乙二醇二硝酸酯、二乙二醇二硝酸酯、1,2,4-丁三醇三硝酸酯、硝化棉等,常用作枪炮发射药和固体推进剂组分。

在军事上常用的单质猛炸药主要是 TNT、RDX、HMX、PETN 等。猛炸药的主要性能指标有爆热(Q)、爆速(D)和爆压(p),次要性能参数有爆温(T)和爆容(每千克炸药爆炸所产生的气体体积 V)等。

2) 三硝基甲苯(TNT)

TNT 的成分为 2,4,6-三硝基甲苯,于 1863 年由德国化学家 J. Wilbrand 首先合成,1902 年代替苦味酸用于装填弹药,是第二次世界大战期间的主要军用炸药。现在广泛用于装填各种炮弹、航空炸弹、手榴弹及用于工程爆破,是混合炸药的主要炸药成分。

TNT 是为黄色晶体,所以也称黄色炸药,熔点为 80℃,密度为 $1.54 \sim 1.66 g/cm^3$。TNT 的吸湿性很小,几乎不溶于水,可用于有水的炮孔中进行爆破。TNT 的热安定性好,常温下不自行分解,温度达到 180℃以上才显著分解。但遇火能燃烧,大量燃烧或在密闭条件下燃烧时,可转为爆炸。TNT 的机械感度较低,但如果混入硬质掺合物时则容易引爆,所以在制造、运输和使用时应特别注意。

TNT 的能量性能为:生成焓 -74.5kJ/mol,爆速为 6930m/s(密度 $1.64g/cm^3$),爆压为(18.9 ± 0.1)GPa(密度 $1.637g/cm^3$),爆热为 4540kJ/kg(密度 $1.59g/cm^3$),爆容为 $0.690m^3/kg$(密度 $1.59g/cm^3$),威力(铅墙扩大值)为 285mL,猛度(铅柱压缩值)为 16mm,撞击感度为 4%~8%,摩擦感度为 4%~6%,爆发点为 475℃(5s)。

3) 黑索今(RDX)

RDX 成分为 1,3,5-三硝基-1,3,5-三氮杂环己烷,于 1899 年由 G. Henning 首先合成,自两次世界大战以来在军事上得到广泛应用。以黑索今为主加入钝化剂、增塑剂等成分,已发展为 A、B、C 等多种混合炸药,用来装填各种弹药。RDX 是高聚物黏结炸药、发射药、推进剂、雷管、导爆索装药的重要组分。

RDX 为白色晶体,熔点为 205℃,密度为 $1.89g/cm^3$,含水不失去其爆炸作用,不与金属作用。RDX 的热安定性较好,机械感度和威力均比 TNT 高,加工时应采取钝化措施。它是一种爆炸威力高、爆速大的炸药,但制造成本较高。

RDX 的能量性能为:生成焓 61.5kJ/mol,爆速为 8700m/s(密度 $1.77g/cm^3$),爆压为 33.79GPa(密度 $1.767g/cm^3$),爆热为 5734kJ/kg,爆温为 3380℃,威力为 475mL,猛度为 24mm,撞击感度为 80%,摩擦感度为 76%。

4) 奥克托今(HMX)

HMX 成分为 1,3,5,7-四硝基-1,3,5,7-四氮杂环辛烷,于 1941 年被 G. F. Wright 和 W. E. Beckmann 在生产黑索今的杂质中发现。奥克托今用于制造高能混合炸药,如奥克托儿、高聚物黏结炸药,广泛应用于导弹战斗部装药和核武器起爆装药,还用作推进剂和发射药组分。

HMX 为无色晶体,有 α、β、γ、δ 四种晶型,熔点为 282℃,密度为 1.96g/cm^3,难溶于水。HMX 的爆速、热稳定性和化学稳定性都超过黑索金,是单质猛炸药中爆炸性能最好的一种。但机械感度比黑索金高、熔点高,且生产成本昂贵。

HMX 的能量性能为:生成焓 74.9kJ/mol,爆速为 9110m/s(密度 1.89g/cm^3),爆压为 39.50GPa(密度 1.90g/cm^3),5s 爆发点为 327℃,爆热为 5668kJ/kg,撞击感度为 100%,摩擦感度为 100%,威力为 486mL。

5)太安(PETN)

PETN 成分为季戊四醇四硝酸酯,白色结晶,熔点为 142.9℃,密度为 1.77g/cm^3,几乎不溶于水。撞击和摩擦感度比黑索金高,威力大于黑索今。PETN 在军事上主要用来制造导爆索药柱和雷管中的次发装药,也可用作混合炸药的组分。

PETN 的主要爆炸性能为:生成焓为 -523.4kJ/mol,爆发点为 225℃(5s),爆热为 6258kJ/kg,爆速为 8300m/s(密度 1.7g/cm^3),爆压为 31.0GPa(密度 1.67g/cm^3),撞击感度为 100%,摩擦感度为 100%,威力为 140%(TNT 当量),猛度为 125%(TNT 当量),威力为 500mL。

8.2.4.3 混合炸药

单质猛炸药存在一些明显的问题:要么感度太高,要么感度太低,感度高的炸药安全性差,感度太低起爆困难;单质猛炸药爆炸后生成的有毒气体一般较多,多数单质猛炸药的成本也比较高。为了满足实际应用需求,军事或工业中大多数炸药都采用混合炸药。混合爆炸由单质炸药与氧化剂、可燃剂及添加剂进行合理配比制成。常用的氧化剂有硝酸盐、氯酸盐、高氯酸盐等,可燃剂有金属粉、碳、碳氢化合物等,添加剂有黏合剂、增塑剂、敏化剂、钝感剂、防潮剂、疏松剂等。

用于军事领域的混合猛炸药主要有熔铸炸药、高聚物黏结炸药、含金属粉炸药、钝化炸药、燃料空气炸药、低易损性炸药、分子间炸药等几类。

1)熔铸炸药

将高能单组分固相颗粒加入熔融态的炸药(如 TNT)中进行铸装的炸药称为熔铸炸药。通常在熔融态的 TNT 中加入高熔点的黑索今、奥克托今、太安形成黑梯炸药、奥梯炸药、太梯炸药等,此类炸药是当前世界各国应用最为广泛的混合炸药,占军用炸药的 90% 以上。

2)高聚物黏结炸药

通常是以高分子聚合物为黏合剂的混合炸药,也称为塑性黏结炸药(PBX),以高能单质炸药(RDX、HMX 等)为主体,加入黏合剂、增塑剂及钝感剂组成。此类炸药按物理状态和成型工艺又分为造型粉压装炸药、塑性炸药、浇铸高分子黏结炸药。此类炸药在军事上可用于常规武器的基本装药及导弹、鱼雷、水雷和核战斗部等高性能武器的起爆装置。

3) 含金属粉的混合炸药

此类炸药也称为高威力炸药,由高能炸药和金属粉组成。可加入的金属粉有铝(Al)、镁(Mg)、铍(Be)等。常用的是铝粉,特点是爆热高、做功大,主要用于水雷、鱼雷、深水炸弹以及对空武器爆破弹。典型产品如 HBX 系列混合炸药,其爆炸组分为硝酸铵或高氯酸铵,金属粉为铝粉。

4) 钝化炸药

钝化炸药是由单质炸药和钝感剂组成的低感度炸药。常用的钝感剂有蜡、硬脂酸、胶体石墨和高聚物。其特点是撞击和摩擦感度低,便于压制成型,并且有良好的爆炸性能,多用于装填对空武器、水下兵器等弹药。

5) 燃料空气炸药

燃料空气炸药是由固态、液态、气态或混合态燃料(可燃剂)与空气(氧化剂)组成的爆破性混合物。燃料通常是易挥发的碳氢化合物,如环氧乙烷、环氧丙烷、含有少量丁烷的丙炔-丙二烷-丙烷混合物,或爆炸性粉尘,如铝粉、煤粉等。作用原理是:充分利用爆炸区内大气中的氧,使单位质量装药的能量大为提高,当投射到目标上空时,装在弹容器内的燃料经爆炸抛撒在空气中形成一定浓度的云雾,并定时瞬间点火,使云雾发生区域爆轰,产生超压和爆轰产物,直接破坏目标。

6) 低易损性炸药

低易损性炸药的概念始于 20 世纪 70 年代,此类炸药在外部刺激下不敏感、不易烤燃、不易殉爆、不易燃烧转爆轰,能够承受较高的冲击,在生产、运输、储存及使用过程中具有很高的安全性。目前,降低炸药易损性的方法主要是通过改变炸药的配方来进行,例如,采用不敏感的单质炸药、在炸药分子中引入适当的官能团以提高原有单质炸药的安全水平、采用分子间炸药和某些可降低炸药感度的高聚物黏合剂等方法。

7) 分子间炸药

分子间炸药本质上是一种钝感低易损性炸药,作为钝感炸药研究发展的一个重要发展方向,它的概念出现在 20 世纪 80 年代初,是由各为单独分子的氧化剂组分和可燃剂组分均匀混合组成的一类混合炸药。该混合炸药的能量并不是可燃剂化合物和氧化剂化合物能量的简单算术加和,而是比算术加和所预期的要高。它的特点是爆轰反应速度低、反应区宽度大、感度低,主要用作爆破、航弹、炮弹、地雷、鱼雷及水中作用时间长的弹药等的炸药装药。典型品种有乳化炸药、乙二胺二硝酸酯-硝酸铵-硝酸钾(EAK)共熔炸药等。

8.2.5 烟火剂

8.2.5.1 烟火剂的概念及特点

烟火剂,也称烟火药,是能产生声、光、烟、色、热、气等烟火效应的一类含能材料,是固体氧化剂、可燃物及添加剂制成的具有特殊烟火效应的混合物。它的反应一般是非爆炸性的,反应速度较低,且有自维持燃烧的能力。

烟火剂这个术语起源于古希腊,被译为"火的艺术"或"操作火的艺术"。与炸药和推进剂很相似,烟火剂也是基于强烈的放热反应,炸药的反应速率最大,推进剂相对反应速率最小,烟火剂介于两者之间。与反应释放大量气体的炸药相比,烟火剂形成固体和气体产物。一般的烟火剂由氧化剂和还原剂组成。根据使用目的,还可加入黏合剂、调速剂、着色剂以及产生烟和声的各类添加剂。与将氧化剂和还原剂结合在一个分子中(如 TNT、RDX)的炸药相比,传统烟火剂是不同物质的混合物。大多烟火剂反应是固态反应,这要求各组分颗粒大小尽可能地均匀一致。烟火剂反应释放的能量通常导致火、烟、光和气体的形成。烟火剂在军事上有很多应用,如照明弹、信号弹、曳光弹、烟幕弹、燃烧弹、诱饵弹等。

烟火剂在本质上是火炸药的一种,它既具有火药的燃烧特性,又具有炸药的爆炸性能。与炸药和推进剂相比,烟火剂具有两个显著的特征。

(1)烟火剂的主要成分为氧化剂、可燃剂和黏合剂,这与炸药和推进剂相似。但烟火剂中还有产生特种烟火效应的附加成分,如火焰着色剂、成烟物质、发光物质等,这是烟火剂在配方组成上与炸药和推进剂的根本区别。

(2)炸药和推进剂反应产生大量的气体产物对外做功,但烟火剂的化学反应不一定产生大量的气体,而是在反应中能产生光、色、烟、热、声等效应。因此,烟火剂在化学反应的最终效果上与炸药和推进剂也有根本的不同,这决定了它在用途上与后两者的差异。

8.2.5.2 烟火剂的组成

烟火剂的主要成分为氧化剂、可燃剂和黏合剂。氧化剂提供燃烧时所需要的氧,可燃剂在烟火剂燃烧时产生所需的热量,黏合剂使氧化剂和可燃剂等组分均匀分布、固定,并具有适合的强度。

1)氧化剂

氧化剂是构成烟火剂的基础成分。氧化剂可以是含氧的氧化剂,也可以是无氧的氧化剂,一般电负性大的元素都可作氧化剂。烟火剂中常用的氧化剂有含氧酸盐类(如氯酸盐、高氯酸盐、硝酸盐、硫酸盐、铬酸盐)、过氧化物和氧化物,有时也用到黑索金等硝基化合物。

2) 可燃剂

制造烟火剂常用的可燃剂有:金属、非金属、硫化物、硅化物等无机可燃剂;油类、碳水化合物、聚乙醛等有机可燃剂;三乙基铝、硬脂酸镁等有机金属可燃物及氢化锂等氢化物可燃剂。

3) 黏合剂

烟火制品生产中常用的黏合剂有:虫胶、松香、松脂酸盐等天然树脂;酚醛树脂、环氧树脂、聚氯乙烯等合成树脂;干性油、蓖麻油等油类;硬脂、蜂蜡等脂类;石蜡、沥青、地蜡等碳氢化合物;糊精、阿拉伯胶和乙基纤维素;等等。

8.2.5.3 烟火剂的主要类型

烟火剂可根据其燃烧与爆炸化学反应所产生的烟、光、声、热、颜色、气动等烟火效应进行分类,如图 8-3 所示。

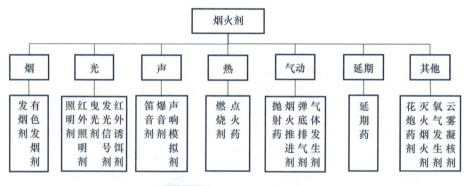

图 8-3　烟火剂主要类别

1) 烟效应烟火剂

此类烟火剂主要为发烟剂。发烟剂在军事上用于制造烟幕器材,如烟幕弹、发烟罐、发烟筒、发烟车等,用于产生烟幕,对可见光、红外、激光、毫米波等实施无源干扰,对抗精确制导武器和观瞄探测器材,提升目标的战场生存能力。民用上用于农作物防霜冻、杀虫灭鼠,也用于制造娱乐烟花制品。

有色发烟剂军事上用于制造昼用信号弹,供白天远距离传递信息与联络。民用上用于制造海上漂浮信号器材,供海上遇险求救传递信号;也用于制造手持信号烟管,供飞行员跳伞着陆联络;航空表演用于空中形成彩色飘带;花炮用于制作彩色烟球等。

2) 光效应烟火剂

光效应烟火剂主要包括照明剂、发光信号剂、曳光剂、红外诱饵剂和红外照明剂等。

照明剂用于制造照明弹及其他照明器材,如照明枪弹、照明火箭弹、照明炮弹、照明航弹，以及照明跳雷、手持照明火炬和飞机着陆用照明光炬等，供夜间照明用。闪光照明剂用于制造闪光照明弹，供飞机航空摄影或电影摄制。

发光信号剂在军事上用于制造各种信号弹（枪弹、榴弹），供远距离传递信息和联络用。交通运输业用于制造各种手持信号火炬和信号火箭，供遇险求救或险情预报用。花炮工业用于制造五颜六色的烟花或礼花，供人们娱乐观赏。

曳光剂用于制造曳光弹，如曳光枪弹、曳光炮弹、穿甲燃烧曳光枪弹等。曳光弹在飞行途中留下示踪轨迹，供射手进行弹道修正。

红外诱饵剂用于制造红外诱饵弹。例如红外诱饵掷榴弹、迫弹、火箭弹等，对红外制导导弹和红外探测观瞄实施引诱、迷惑、扰乱等干扰。

红外照明剂用于制造红外隐身照明弹，供红外夜视仪和微光夜视仪大幅度提高视距用。

3）声效应烟火剂

烟火剂主要包括笛音剂、爆音剂和声响模拟剂等。

笛音剂又称哨音剂，军事上用于制造啸声模仿训练器材，民用上用于制作笛音娱乐烟花制品。

爆音剂军事上用于制造教练弹，供训练时模仿枪炮声和各种弹药的爆炸音响。民用上多用于鞭炮、双响炮、礼炮、拉炮、发令枪等，供娱乐和庆典用。

声响模拟剂除具有声响效应外，还伴有闪光和烟雾效果，用于制造声、光、烟等模拟烟火器材。

4）热效应烟火剂

热效应烟火剂主要包括燃烧剂和点火药。

燃烧剂用于制造燃烧弹及其他燃烧器材，如燃烧枪弹、炮弹、航弹、火焰喷射器等。民用上用于烟火冶炼、切割、焊接和作为其他加热源。

点火药通常用作点火器材的基本装药，用于点燃烟火药剂、推进剂、发射药或起爆药剂。

5）气动效应烟火剂

气动效应烟火剂主要包括抛射药、烟火推进剂、气体发生剂和弹底排气剂等。

抛射药用于烟火制品和烟火器材某些部件的抛射，也用于近程短管掷榴发射器抛射干扰弹。

烟火推进剂用于固体火箭冲压发动机装药。

气体发生剂用于制造各种不同用途的气体发生器和充气装置，如救生筏、汽车安全气囊等。

弹底排气剂用于榴弹底部燃烧排气增程。它在不改变火炮结构系统、发射装药等条件下,可使弹丸射程提高30%。

6) 其他烟火剂

延期药用于各种需要有延期点火的烟火器材或装置,作延期传递点火用。

花炮药剂指仿声药剂、有色火焰药剂、有色闪烁药剂、有色喷波药剂、白色火焰药剂、有色发烟药剂、气动药剂、引燃药剂及特殊用途药剂等。用于制造五彩缤纷的观赏焰火。

灭火烟火剂是以消防灭火为目的的特殊药剂,有不同的作用机制,如利用烟火剂在燃烧时产生可抑制火焰的微米级固体颗粒气溶胶进行灭火。

云雾凝核剂用于人工防雹降雨,它能在云雾中产生人造冰核,促使过冷云层中的水汽凝结而降雨。

氧气发生剂又称生氧剂,用于制造氧气烛或氧气发生器,供登山运动员、飞机或潜艇乘员和坑道作业人员的应急供氧之用;也可用于制作便携式供氧的氧炔焰焊接装置。

需要指出的是,以上分类与用途是就烟火剂的作用特点和产生的烟火效应所做的相对划分。有些药剂的应用并不局限于某一用途,如照明剂也可用作曳光剂,有色发烟剂除用作昼用信号外,也用作日间目标指示和弹道示踪。

8.3 先进含能材料

高能、钝感、绿色、安全的先进含能材料及先进的含能材料设计与制备工艺,始终是含能材料研究领域长期的追求目标。新型含能材料的研究始于冷战结束之后,它们可归属于已处于工程应用阶段的第三代和处于基础研究阶段的第四代含能材料。

在先进含能材料的探索研究中,人们越来越感觉到基于传统含能材料的设计方法遇到了很大的瓶颈。首先,传统CHNO类含能材料(化学组成以C、H、N、O等元素为主的含能材料)潜力有限,这类炸药从发明到现在一百多年间,能获得广泛应用的单质炸药非常少。其次,传统含能材料存在能量与感度(或稳定性)之间的相互制约的问题。能量与感度是炸药最重要的两项性能指标,通常情况下,能量越高感度也越高,安全性越差,导致炸药能量与安全性之间相互制约,难以协调。另外,传统CHNO类含能材料的储能/释能已接近极限。炸药分子储存的能量与其密度存在正相关关系,由于有机炸药存在密度上限($2.2g/cm^3$),使其储存的能量已经接近极限。董海山院士曾预测过:以—NO_2为致爆基团的CHNO类炸药的最大能量可能比HMX只提高31%。

近三十年来,为了突破传统含能材料的上限,研究人员从理论和实验两个方面开展了大量研究,在高能量密度含能材料、钝感高能含能材料、绿色含能材料以及含能材料先进开发技术等方面取得了新的进展。

8.3.1 高能量密度含能材料

高能量密度是含能材料长久以来一直追求的关键性能。含能材料在应用中一般作为威力和动力能源,能量密度自然是影响其性能的核心指标。具有高能量水平和高释能效率的新型高能量密度含能材料的研发对于提升武器弹药的毁伤效能和投送能力具有重要意义。

8.3.1.1 高能量密度材料概述

1) 发展高能量密度材料的意义

高能量密度材料是指用作炸药、发射药和推进剂的高能量组分化合物,包括单质炸药、氧化剂、含能黏合剂和其他含能组分。这类材料几乎可用于所有战略和战术武器系统,在所有军兵种的装备中使用。例如,用于战略导弹的推进剂如果能使射程增加10%,则水下潜艇本身的隐蔽范围将增加数百万平方千米海域,可大幅提升潜艇的攻击能力和生存能力。用于武器战斗部时,若能将穿透能力提高几厘米,就能穿透坦克装甲和坚固的防御工事,完成杀伤和摧毁任务。此外,随着武器射程增大,攻击空中目标将在更远距离进行,使目标特性减弱、脱靶距离加大,这就要求空战导弹具有更大杀伤距离和更强摧毁能力的战斗部,也需要采用高能量密度材料来完成。毫不夸张地说,高能量密度材料已成为衡量一个国家核心军事实力的重要标志之一。

在第二次世界大战前,TNT 是威力最大的高能物质,广泛用作军用炸药。由于武器发展的需要,二战期间开发了威力更大的炸药 RDX;二战以后,又研究开发了更高能量的 HMX。RDX 和 HMX 是作为炸药的高能组分而研制的,也用作火炮发射药和火箭推进剂的高能氧化剂。HMX 是目前实际应用于弹药和推进剂系统中能量最高的含能材料,但其远不能满足更多更高要求的应用场景,因此开发新型的高能量密度材料成为目前含能材料领域最重要的研究方向之一。

2) 高能量密度材料研究的兴起

美国高能量密度材料(HEDM)计划始于 20 世纪 80 年代,目的是系统地开发能量密度更高的新型推进剂、炸药和火工品,显著地提高导弹武器和航天推进系统效能。HEDM 于 1990 年单独列入美国国防关键技术计划。1996 年,美国国防部又提出"集成高性能火箭推进技术"(IHPRPT)计划。HEDM 计划的影响是全球性的:苏联也曾针对 HEDM 有一个庞大的计划,基础研究工作十分深入;欧洲 13 国于 1989 年提出长期防务合作倡议,其中第 14 项即为含能材料,另外还有关于导弹推进和非商业推进新组分研究的 R 计划和 T 计划；日本防卫厅也将 HEDM 纳入了未来防卫技术发展的四大基础技术之一；其他国家如以色列、澳大利亚、加拿大、印度等国家也均在积极开展研究工作。

HEDM 的长远发展方向致力于寻找新型含能材料的储能/释能方式，以突破传统 CHNO 类含能材料元素组成单一、存在能量极限等局限。从性能指标角度来说，高能量密度材料至今还没有一个明确的定义和统一的标准。一般要求为能量性能优于 HMX（密度 $>2.0 g/cm^3$，爆速 $>9km/s$，爆压 $>40GPa$），安定性和感度与三氨基三硝基苯（TATB）相当，但实际研究中通常将能量密度显著高于现有推进剂组分的都称为高能量密度材料。

各国研究人员利用各种理论手段和实验方法，从各个技术途径开展了 HEDM 的研究，目前在笼型含能化合物、全氮化合物、多氮含能化合物和激发态含能材料几类材料的研究上取得了较为显著的成功。

8.3.1.2 笼型含能化合物

近年来，高度压缩的刚性多环笼型化合物因其特殊的结构而备受青睐。依据结构类型笼型含能化合物可分为全碳环和杂环两类，全碳环类主要包括金刚烷型、立方烷型和棱柱烷型等，杂环类的主要代表为 CL - 20 和 TEX 等，其结构如图 8 - 4 所示。氮杂笼型化合物以其独特的笼状结构，表现出了高密度、高能性等优异特点，使该类化合物在含能材料领域具有广泛的应用前景与研究价值。多环相结合使该类化合物能量极高。同时，此类含能化合物在稳定性及敏感性等方面也有着良好的表现。在过去的二十几年间，刚性多环笼状结构化合物的设计、合成和应用研究备受关注。

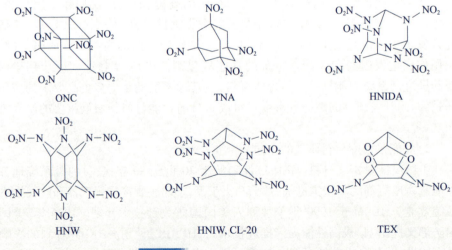

图 8 - 4　典型的笼型含能化合物

1987年，Nielsen等首次合成了含有六个硝基的氮杂四环笼状化合物，即2,4,6,8,10,12-六硝基-2,4,6,8,10,12-六氮杂异伍兹烷（简称HNIW，俗称CL-20）。CL-20有α、β、γ、ε四种稳定的晶型，其中ε型晶体密度最高，达到$2.04g/cm^3$。CL-20的生成焓为422kJ/mol，分解温度为228℃，爆速和爆压均比HMX高6%以上。优异的爆轰性能及相对成熟的合成方法使CL-20成为目前可放大合成的最具威力的非核炸药，在未来武器系统中有着极佳的应用前景。

目前，国内外CL-20合成技术已比较成熟，基本具备了批量生产的能力，但是生产成本依旧很高。CL-20具有高的性能和适中的危险性，世界各国近些年纷纷开展了各种含CL-20火炸药配方的设计和制备，目前已取得了较大进步。以CL-20为基的固体推进剂可使火箭助推装置的总冲量提高17%，用于吸气式巡航导弹能显著提高射程；以CL-20为基的高能炸药可使能量提高20%，用于锥形装药可提高穿透能力。CL-20是美国HEDM计划推出以来最成功的一种材料。

与CL-20一样，TEX也具有以异戊兹烷为主体的笼型结构，其晶体密度高达$1.99g/cm^3$，爆速约为8665m/s，爆压31.4GPa。其在能量方面与RDX相当，但有着极佳的低感度性能及热稳定性（m.p.>240℃）。在标准条件下对TEX感度评价结果显示其撞击感度为44%，摩擦感度仅为8%。通过隔板实验比较TEX、NTO和RDX的安定性发现，TEX比后两种炸药都要钝感。从综合性能来看其感度与TATB相似，优于NTO等炸药，属于钝感高能含能材料。良好的相容性使其在熔铸与压装炸药中也具有较大的应用前景。

多硝基立方烷（ONC）是一类具有紧密封闭型立方笼状骨架的含能化合物。该类化合物具有密度高、分子张力大、爆速爆压高及感度低等优异特性，受到了国内外含能工作者的极大重视。特别是八硝基立方烷，其最高晶体密度可达$2.19g/cm^3$，爆轰水平可超出HMX约20%，成为继CL-20之后的又一种高能炸药。虽然多硝基立方烷的性能优异，但特殊的结构使其合成难度很大，经过多年努力，国内外学者先后合成了2,4,5-八硝基立方烷。尤其是八硝基立方烷，直到2000年才由美国的P.E.Eaton等成功地合成出来。目前，对于多硝基立方烷的研究主要集中在其合成工艺的改进和优化，若能取得突破，其广泛应用也有望成为现实。

8.3.1.3 全氮含能化合物

分子式中只含氮原子的化合物称为全氮化合物。氮的原子量比碳大，比氢更大，因此以氮代替碳的有机化合物必然会有高的密度。另外，氮的单键和双键的键能分别为167kJ/mol和418kJ/mol，而N≡N三键的键能则高达941kJ/mol，因此全氮或富氮化合物在热分解生产氮气时会放出巨大的能量。理论研究表明,全氮化合物具有远高于 CL-20 的爆炸性能,爆速大于 12km/s,爆温 7000~8000K,爆压大于 60GPa。但是,全氮化合物至今未在实验中合成出来。目前,只有叠氮离子(N_3^-)、N_5^+、五唑阴离子(cyclo-N_5^-)等离子型全氮化合物和高压下的聚合氮可以被批量制备。

1)离子型全氮化合物

1890 年,Curtius 和 Radenhausen 首次发现了一种稳定的全氮阴离子——叠氮阴离子(N_3^-)。叠氮化物在军事、医药、农业等领域有着广泛应用。例如,叠氮化铅是一种典型的起爆炸药,起爆能力强,且安全性较好。叠氮化钠是合成多种炸药的重要中间体。

1999 年,美国南加州大学 Christe 教授首次成功合成了化合物 $N_5^+AsF_6^-$,标志着 N_5^+ 全氮离子的问世。合成过程需要在 -78℃ 和无水无氧的条件下进行,实验条件相当苛刻。最终产物 $N_5^+AsF_6^-$ 为一种白色固体,室温下勉强稳定,在 -78℃ 下可以保存数周而无明显分解。理论计算证实自由气态 N_5^+ 的生成焓 $\Delta H_f = 1469$ kJ/mol。它的成功合成引起了含能材料界的轰动,一致认为是向未来的先进化学推进剂迈出了重要的一步。随后,该研究室进一步合成了 $N_5^+SbF_6^-$、$N_5^+Sb_2F_{11}^-$、$(N_5)_2SnF_6$、$N_5^+SnF_5^-$、$N_5B(CF_3)_4$ 等十几种 N_5^+ 全氮离子盐。$N_5^+SbF_6^-$ 在室温下的稳定性有所提高,70℃ 才开始分解,对冲击极其钝感。总体而言,多数 N_5^+ 含能盐的稳定性欠佳,容易发生爆炸,因而限制了 N_5^+ 全氮材料的进一步应用。

2016 年,Haas 通过在低温下对芳基戊唑(ArN_5)进行碱金属处理,首次在四氢呋喃溶液中直接检测到 cyclo-N_5^-。大量研究表明,在众多合成 cyclo-N_5^- 的前体中只有 ArN_5 是稳定存在的。如何使 ArN_5 的 C—N 键裂解以生成 cyclo-N_5^- 而不发生戊唑 N—N 键断裂是合成 cyclo-N_5^- 的一大难点。2017 年,南京理工大学胡炳成团队制备得到了 N_5^- 的金属盐,他们制备了全氮五唑阴离子的钠、锰、铁、钴和镁盐水合物,通过它们的单晶结构,首次系统地揭示了全氮五唑阴离子与金属阳离子的相互配位作用、与水的氢键作用,以及热稳定性规律。N_5^- 的金属盐即使在微尺度下也会在一定温度下爆炸,该现象证实了 cyclo-N_5^- 是高能结构,并且其衍生物可以用作高能材料。但是,构成这些盐的主要部分金属阳离子对总能量的贡献很小,并且制备的 N_5^- 金属盐通常是水合物,爆炸时水会吸收热量。因此,当前的五唑金属盐的能量是有限的,可将其充当前体,制备具有更高能量密度的 cyclo-N_5^- 非金属盐。

2)氮原子簇化合物

氮簇类物质种类很多,而且每种都有多种结构方式,但除 N_5 外,其他都尚未合成出来。因此,对这类化合物的研究目前主要基于理论计算,主要有 N_4、N_6、

N_8、N_{10}、N_{60}等,其分子结构如图 8-5 所示。表 8-1 列出了英国 P. J. Haskins 计算的几种氮原子簇基团的预测性能。

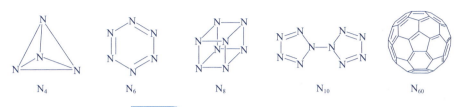

图 8-5　几种典型的氮原子簇化合物

表 8-1　几种氮簇基团性能预测

氮原子数	电子能/ $(10^{-17}/J)$	生成焓/ (kJ/mol)	密度/ (g/cm^3)	爆速/ (km/s)	爆压/ GPa	极化率
4	-2.4275	1125	1.752	13.24	77.02	23.464
6	-3.6255	1446	1.974	14.04	93.32	36.426
8	-4.8448	1702	2.151	14.86	108.39	45.987
10	-6.0430	1981	2.211	12.08	58.05	59.450
12	-7.2507	2426	2.283	12.53	64.07	76.891

对 N_4 报道最多的是四氮烯,但由于感度过高,很难拓展其应用。N_4 的另一种结构,N_4 立方烷,还处于理论预测阶段:N_4 立方烷具有四面体结构,理论计算的生成焓为 1125kJ·mol^{-1},密度为 3g/cm^3,爆速为 15700m/s,爆压为 125GPa,比冲为 4214m/s,表现出优异的综合性能。目前报道的 N_6 有六元环状和线性两种结构,环状 N_6 的稳定性不如线性结构。和 N_4 立方烷类似,N_8 立方烷也具有非常高的能量,N_8 立方烷理论计算的密度为 2.65g/cm^3,生成焓为 1702kJ/mol,爆速为 14570m/s,爆压为 137GPa,比冲为 5204m/s。N_{10} 的理论密度为 2.21g/cm^3,生成焓为 1981kJ/mol,爆速为 12080m/s,爆压为 58.05GPa。随着 C_{60} 的发现,研究者们开始对 N_{60} 展开研究。但研究发现,N_{60} 即使在亚稳态情况下也难以存在,合成难度大,目前还未见相关合成方面的报道。N 原子簇化合物理论计算的能量很高,爆速基本都高于 10000m/s,但同时化学合成困难、稳定性差也是制约其发展的重要原因。

3) 聚合氮

聚合氮也是颇具前景的高能量密度材料。1985 年,国外预测在超高压和高温下氮原子能以共价键三维连接起来,形成网状的新物质,即聚合氮。2004 年,德国化学家 Erements 首次通过激光加热微型金刚石小室内的氮气,在 2000K、

110GPa 条件下合成了聚合氮。通过拉曼光谱与 X 射线衍射测试发现,聚合氮具有立方体偏转结构,与金刚石的结构类似,因此聚合氮也被称为氮金刚石。2017年,中国科学院合肥物质科学研究院固体物理研究所极端环境量子物质中心采用超快探测方法与极端高温高压试验技术,以普通氮气为原材料,成功合成了超高含能材料聚合氮和金属氮,揭示了金属氮合成的极端条件范围、转变机制与光电特性等关键问题,将金属氮的研究向前推进了一大步。聚合氮的理论性能非常高,密度为 $3.9g/cm^3$,爆速为 30000m/s,爆压为 660GPa,比冲为 5057m/s。该能量密度高于目前所报道的所有含能化合物。但直至今天,聚合氮的常规合成方法还未见报道,因此,实现聚合氮的应用还需要很长时间。

8.3.1.4 多氮含能化合物

多氮含能化合物与传统 CHON 含能材料相比,其能量不仅来源于氧化还原反应,还包括大量高能键的断裂,如 C—N 键、N—N 键和 N—O 键,因而具有更高的能量密度。多氮含能化合物主要由高氮杂环单元、高氮桥联单元以及含能取代基团组成。在所有杂环骨架中,四唑环、四嗪环、三嗪环由于本身的高氮含量(分别为 80%、68.3%、51.8%),成为合成多氮含能材料的常用骨架。叠氮基、硝基、氨基是三类有效的含能取代基团。将高氮杂环骨架与高能基团结合,出现了一大批多氮化合物(图 8-6),它们的氮含量为 68.27% ~ 93.33%,具有一定的发展潜力。其中,氮含量高于 80% 的多氮化合物主包含二元碳氮共价化合物、二元碳氮阴离子、四唑类化合物三类。

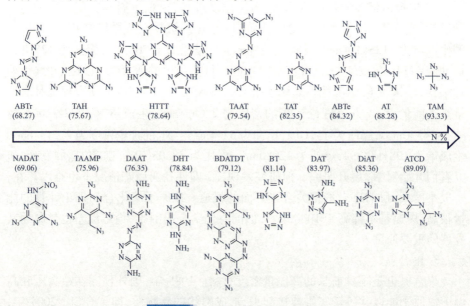

图 8-6　几种典型的多氮化合物

二叠氮四嗪 C_2N_{10} 是典型的二元碳氮共价化合物,于 1963 年由 Marcus 和 Remanick 首次报道,但并未得到单晶物质。2004 年,Huynh 等对 C_2N_{10} 的合成进行了研究,并首次得到了单晶结构。单晶 X 射线衍射图谱显示,C_2N_{10} 呈现出平面结构,且具有人字纹排列的晶胞排布。北京理工大学的庞思平课题组对 C_2N_{10} 的生成焓和爆轰性能做了进一步计算研究,得到的生成焓为 1088kJ/mol,爆速为 8450m/s,爆压为 31.3GPa,显示 C_2N_{10} 具有高生成焓、高爆速、高爆压的特点。虽然叠氮类的高氮化合物具有高生成焓这一高性能特点,但这类化合物的感度偏高,稳定性低,容易分解。因此,目前还无法得到实际应用,需要进一步提高稳定性。

在所有二元碳氮阴离子中,CN_7^- 因具有最高的氮含量而受到广泛关注。2008 年,Klapötke 等通过去质子化反应合成了 5 种 CN_7^- 金属盐和 5 种非金属盐,并首次得到了单晶结构。经过计算研究确定了 CN_7^- 肼盐、CN_7^- 铵盐与 CN_7^- 氨基胍盐的生成焓、爆轰性能和比冲性能。和传统炸药 RDX 相比,这 3 种 CN_7^- 含能离子盐具有优异的爆轰性能(爆速为 8424~9231m/s,爆压为 24.1~30.6GPa)和比冲性能(2234~2597m/s)。但是,CN_7^- 含能离子盐都具有极高的机械敏感度和中等的热分解温度,这成为影响其发展与应用的重要因素。

瑞典化学家 J. A. Bladin 于 1885 年制备出第一个四唑,掀起了研究人员对四唑化合物的研究兴趣。5-氨基四唑中的 1H 在碱性环境中与叠氮化氰反应,可生成由 N—C 键相连的双四唑化合物 2H-5-氨基-1,5-联四唑。该化合物经硝化反应后生成 2H-5-硝氨基-1,5-联四唑,是一种具有高氮含量的高能量密度材料。其肼盐的爆速为 9822m/s,爆压为 35.4GPa,撞击感度为 8J,摩擦感度为 192N,有望成为替代 CL-20 的新型含能材料。由于四唑环的高氮含量,四唑类含能化合物的氧平衡有限。而零氧或正氧平衡对含能材料的密度与性能都具有正向作用。为了提高四唑含能材料的氧平衡,研究人员研发了一批四唑 N-氧化物衍生物,但其感度较高,需要进一步提升稳定性。

8.3.1.5 激发态含能材料

美国 HEDM 计划也考虑了未来的超高能材料,探索性研究主要包括亚稳态材料、金属氢和核异构体材料。它们都可以储存巨大的能量,潜力非常大,代表了 HEDM 发展的方向,但实现的难度也很大。

1)亚稳态材料

亚稳态材料主要是指某些轻金属原子,如 H、Li、Be、B、C、Si,或者是它们的双原子分子,制备方式可以是通过离解或激发生成亚稳态材料,将其和基体材料(O、H、He)制成气态混合物,然后在强磁场下进行快速冷凝成型;也可以用电磁量子或含能粒子轰击,将它们植入基体并锁定在晶格内,实现原位基体隔离。这些轻金属原子在使用时发生重组反应而释放大量能量,可使化学推进剂能量上限成倍提高。以 H 原子为例,在重组成氢分子时产生的热效应是 433kJ/mol,因此纯的原子氢推进剂比冲可高达 20800m/s;而亚稳态的三重态氦推进剂比冲则达 30900m/s。

由于亚稳态组分实际能量取决于它们储存在基体内的浓度,而最高储存浓度取决于原子直径、扩散速率和重组速率等因素,因此各种原子有很大差异。美国犹他州立大学用量子力学的矩心分子动力学(CMD)和路径积分分子动力学(PIMD)仿真计算表明:B 原子在 15% 摩尔浓度时在仿真时间内可一直保持稳定,而 Li 原子则只有 2.5%。美国空军菲利浦研究所按照在固态氢中添加 5% 亚稳态组分,分别计算了各种单原子和双原子储存于固态氢/氧的比冲,并和基态氢/氧推进剂比冲进行了比较。采用单原子组分时的比冲增量为 78~804m/s(2%~21%),双原子组分时为 128~1373m/s(3%~36%)。然而实验工作进展远远落后于理论预测,目前可实现的储存密度仍相当低。

2)金属氢

金属氢的概念最早于 1935 年提出,认为在极高压强下可以将固态氢压缩成一种由质子网络组成的金属态,这时其电子可以不受原子核的束缚而自由地扩散。金属氢是具有金属导电性的固态氢原子,具有极高的能量密度,约为 218kJ/g,比 HMX 高约 40 倍,是目前化学能最高的物质。这种压缩态的金属氢密度为 1.15g/cm^3,是固态氢的 13 倍。1996 年,美国劳伦斯·利弗莫尔国家试验室(LLNL)已在 140GPa 压强下制备了液态金属氢。2017 年美国学者声称采用金刚石对顶压砧技术,在超高压和超低温条件下首次成功制备出固态金属氢样品,虽然最后在泄压后样品的消失带来了不少疑惑,但研究金属氢成为很多材料研究者的追求。实际上,金属氢的超高能还得益于氢是已知元素中质量最轻的元素,使其单位质量的能量最高。推而广之,分子量较轻的气态物质均有可能采用极端条件制备超高能含能材料。

3)核异构体

核异构体是一个完全不同的概念,它是通过增大核的旋转或使核发生变形将能量储存起来。物理学的基本原理表明,核激发的能量远大于电子激发能量,在松弛时将放出大量低能 γ 量子,释放出比化学燃烧高数百倍至数万倍的能量,但仍低于核裂变能。这种能量只有在受到外界能量激励时才会释放,而且释放速率取决于激励方式。LLNL 已经证实了这种核异构体的存在,研究工作将十分复杂,但潜在效益十分巨大,LLNL 希望其在未来数十年内成为炸药和推进剂的实用能源。

8.3.2 钝感含能材料

随着科学技术的发展,战场环境日益复杂,现代战争对武器弹药的要求也越来越苛刻。要求战斗部射程远、威力大、能量高,同时为提高己方作战人员生存能力,弹药系统又必须具备不敏感的特点(钝感性),这就要求发展钝感含能材料技术。

8.3.2.1 钝感含能材料概述

人们起初对弹药技术的研究主要致力于提高其爆轰性能,而对安全性的研究寥寥无几。后来弹药在储存、运输、勤务处理等过程中出现一系列重大事故,让人们越来越注意弹药的安全性问题。

1944年,马里亚纳海战中,日本"大凤"号大型装甲航空母舰拥有敌人难以炸穿的装甲甲板,却因为输油管线开裂,导致易燃气体外漏并被点燃,整个航空母舰在大爆炸中毁灭,舰上600多名官兵也一同沉没海底。

1969年,美国第一艘核动力航空母舰"企业"号上的战斗机起飞时意外撞击火箭发动机,弹药在燃烧条件下发生爆炸,致28人死、344人伤、15架战斗机毁坏、17架战斗机损伤。

2001年,俄罗斯"库尔斯克"号核潜艇发生意外事故,由于一枚未使用钝感装药的鱼雷在烤燃环境下发生反应,并引爆其他鱼雷发生连环爆炸。

发展钝感含能材料技术有以下几方面意义:

(1)提高战斗部安全性及生存力,减小未知环境威胁,降低弹药在储存、运输和防护等环节发生意外的概率,减轻后勤压力,保证弹药完成预设功能;

(2)降低弹药储存设备的维护费用,从而降低战斗部在全寿命周期内的费用;

(3)降低平台操作压力,提高系统效率;

(4)减弱弹药在全寿命周期内给环境带来的不良影响。

值得注意的是,含能材料的能量与安全性之间常相互制约。图8-7给出了几种典型炸药的爆速D(能量的特征参数之一)与感度(由特性落高H_{50}表示,即撞击感度试验中炸药试样发生爆炸的概率为50%时所需的落锤下落高度)的关系。可以看出,爆速越高的炸药其撞击能越低,感度越高,安全性越低;反之,爆速较低的炸药,其撞击能较高,安全性也较高。造成这一矛盾的主要原因是单质炸药的能量主要储存于炸药分子之中,能量高的分子其化学势能高,分子的离解能低,分子的稳定性降低,因而感度增高,安全性变差。因此,存在能量与感度(或稳定性、安全性)的矛盾,使炸药的两项主要性能难以协调,这阻碍了炸药的发展。因此,探究含能材料的钝感机理和发展钝感技术具有重要的价值。

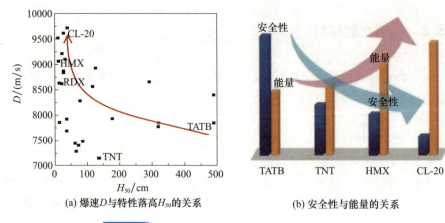

(a) 爆速D与特性落高H_{50}的关系

(b) 安全性与能量的关系

图 8-7　常见军用单质炸药能量与安全性的关系

8.3.2.2　含能材料钝感机理

1) 热起爆机理及其钝感机理

（1）热点理论。

在机械力作用下,炸药分子或晶体间的运动导致炸药局部加热,形成热点,而后热点在炸药体相中不断扩大、传播,从而引起全部炸药的爆炸。热点理论是炸药起爆及钝感领域的重要理论,下面进行简要介绍。

1892 年,Berthelot 首次研究了爆炸物撞击起爆的原因,提出撞击的动能转化为热量,会引起爆炸物温度升高,当温度高于点火温度时将引发起爆。20 世纪 30 年代,Taylor 和 Weale 的研究为爆炸物起爆过程提供了进一步解释,他们发现,对固体爆炸物的撞击会由于做功耗散而产生热量,但该热量远不足以将整个样品的温度提高到所需的点火温度,因此,提出了能量局域化的概念。1952 年,Bowden 等在研究非均质含能材料时,系统性阐述了热点的概念:含有杂质、空穴、晶界等缺陷会导致含能材料内部密度不均匀,当含能材料受到冲击时,冲击波到达密度不均匀处会形成局部高温区域,该区域就称为热点。

热点概念提出后,Campbell 等通过冲击波作用于含有气泡的含能材料的实验观察到了热点的存在,进而从实验上证明了热点起爆理论的正确性。他们指出,在冲击波作用下,材料中的气泡受压缩后,其所在位置的温度比周围高得多,即形成所谓热点,导

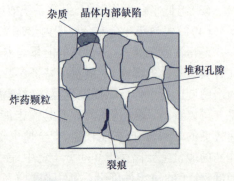

图 8-8　含能材料微观结构示意图

致反应首先发生在气泡位置处。

几十年来,针对热点形成机制开展了大量的理论和实验研究,热点形成的主要机制见表 8-2。

表 8-2 热点形成的主要机制

理论	提出者	提出时间	主要原理	适用情况
裂尖加热	Field	1982 年	裂尖处的强应力场引起材料塑性形变和温度升高	颗粒或复合含能材料
位错雪崩	Coffey	1981 年	强剪切应变区域的位错对相互作用,释放能量	压装含能材料、高剪切应力
气泡压缩	Starkenberg	1981 年	气泡被压缩时快速升温	低速冲击,含较大尺寸气泡
空隙塌陷	Kornfeld	1944 年	空隙不对称塌陷形成喷射流,发生撞击产生热量	高速冲击、高黏性系数、低屈服应力
绝热剪切	Winter	1975 年	压缩引起绝热剪切带形变以及内部摩擦产生热量	低温下的推进剂

裂尖加热机制是指在外界撞击或冲击下,裂纹在炸药内发生传播,在裂尖处具有较强的应力场,使材料发生塑性形变,温度升高,从而形成热点。

位错雪崩机制是指晶体形变总是伴随着位错的增长,在平面滑移发展的强剪切应变区域,可能出现具有反柏格斯(Burgers)矢量的位错对,当它们发生相互作用时,会释放出位错带的能量,使介质温度升高。

气泡压缩机制是指炸药在浇铸压装过程中会在内部形成气泡,当冲击波到达气泡位置时,因气体的比热容比炸药低,所以气泡在被压缩时会迅速升温形成热点,并加热相邻的炸药从而达到点火条件。

空隙塌陷机制是指当冲击波到达炸药内的空隙位置时,空隙的不对称塌陷会形成类似液体的喷射,当喷射流发生撞击时会产生热量,使空隙区域温度升高,形成热点。

绝热剪切机制是指当含能材料在外力冲击下被压缩时,材料内部的绝热剪切带会迅速发生塑性形变,剪切带内的摩擦产生热量使温度升高,形成热点。

(2)针对热起爆的钝感机理。

热起爆机理中,爆炸是以快速燃烧和燃烧向爆轰转变的方式实现的。在传播过程中,热点以高温火球方式或以平板式热爆炸机理进行传播。引起炸药的爆炸要经历一个热点形成和热点传播过程,若能阻止这个过程的任意环节的进行,爆炸就不会发生。

针对热起爆机理,为了实现含能材料钝感的目标,人们发展了吸热-填充钝感、绝热钝感、稀释润滑钝感、化学钝感等多种钝感机理。

吸热-填充钝感,是通过具有大热容或附加吸热特性(如熔化热、水合热、汽化热等)的钝感剂在热点处吸收大量热量,阻止自加速反应。此外,炸药中微气泡或空隙是形成热点的重要来源,而液态钝感剂可填充于固体炸药的空隙之间,从而减少热点形成概率。

Linder等认为炸药的钝感作用机理,不能把钝感剂仅看作吸热剂,而应该主要看作一种暂时的绝热体,以阻止热量从炸药的一个晶粒向另一个晶粒传导。根据绝热钝感机理,选择钝感剂时应重视钝感剂的绝热性质,导热率小的材料可能有较强的钝感作用。

稀释润滑钝感方面,研究人员发现,当炸药晶体表面包覆一层具有剪切应力的钝感剂时,在外力作用下,炸药晶体表面的剪切区域将向钝感剂层转移,由于钝感剂层迅速发生塑性形变而导致应力均匀分布,从而减少形成热点的可能性,同时钝感处理过的炸药也就表现出较低的极限强度。

化学钝感方面,根据热点理论,炸药发生爆炸反应的概率(P)等于热点产生的概率(P_1)和热点传播的概率(P_2)的乘积,即 $P = P_1 \times P_2$。由于含能材料分解时产生的中间产物常会进一步促进材料本身分解,加入化学钝感剂与这些中间产物作用可以降低中间产物浓度,进而降低材料进一步分解的速率,即通过降低热点传播的概率,达到炸药钝感的目的。

2)自由基反应及其钝感机理

该机理认为自由基相关反应的过程是炸药燃烧与爆炸的实质。自由基反应机理下炸药的起爆过程为:外界刺激作用于炸药表面,导致内部颗粒间或颗粒内部发生压缩和切变,进而诱发炸药分子自由基化或离子化,最后分子开始分解、放热导致爆炸。

20世纪80年代国外就开展了关于爆炸与燃烧的自由基实验和自由基理论的研究。美国海军实验室和美国弹道研究实验室检测到了冲击下炸药产生的自由基,并对其可能的结构做了推测。

根据自由基反应机理,为了制备钝感高能的炸药,必须抑制自由基出现或是在自由基出现时进行必要的、及时的消除。为了实现这一目标,在进行炸药配方设计过程中,往炸药中加入吸气剂,以此抑制自由基出现和扼杀已经出现的自由基,及时中止链反应,达到炸药钝感的目的。

8.3.2.3 含能材料钝感技术

1)设计新型钝感单质炸药

迄今为止,科学家已经合成出许多种含能材料,比如RDX、HMX和CL-20等,这些炸药虽然具有较高的毁伤能力,满足战争需求,但其低的安全性也给使用者带来了潜在的危险,意外碰撞和冲击作用下导致的爆炸事故时有发生,因而迫切需要研制具有钝感高能特性的新型炸药。经过多年来的努力,国内外都在合成新型钝感炸药上取得了突破性进展。

瑞典国防研究院 FOA 高能材料研究所和美国都合成了 1,1-二氨基-2,2-二硝基乙烯(FOX-7)。其稳定的分子结构、优良的综合性能和广阔的应用前景立即引起了各国含能材料工作者的普遍关注。FOX-7 晶体密度为 $1.893g/cm^3$,高于 RDX 的晶体密度,在水和普通有机溶剂中的溶解性较差,但可溶于二甲基亚砜(DMSO)、二甲基甲酰胺(DMF)、γ-丁内酯和甲基吡咯烷酮。它没有熔点,在 DSC 曲线上有两个放热峰,分别在 238℃ 和 281℃。FOX-7 的生成热为 -133kJ/mol,计算爆速为 8870m/s。FOX-7 耐热性及安全性能较好,摩擦感度与撞击感度均很低。它的能量密度大于三氨基三硝基苯(TATB),而与其感度相近。与 RDX 相比较,能量密度相当,但感度却低于 RDX。此外,FOX-7 与很多材料相容性好,配方综合性能优于 B 类炸药,有望成为钝感弹药未来的主要候选品种和组分之一。

TNAZ 是一种硝胺类化合物,化学名称为 1,3,3-三硝基氮杂环丁烷,熔点 101℃,基本无毒,不吸潮,热稳定性好,在 240℃ 以下不会分解,感度与 RDX 和 HMX 相当。TNAZ 的化学结构是一种含有张力键的四元环硝胺化合物,键的张力对能量有贡献。据计算,TNAZ 的能量密度仅与 HMX 相当,因此有人认为它不算是一种新型高能量密度材料,但美国军方却对其十分重视。美国空气喷气研究所的化学家 Archibald 对 TNAZ 进入武器系统的研究已进行了多年,认为 TNAZ 值得研究开发的主要原因是其具有 100℃ 下的熔融浇注性,不吸潮,便于在蒸汽加热下熔融浇注成任何形状的装药,特别适用于制作攻击重型装甲和坚固目标的高能锥型弹头装药,使爆炸力集中于特定的方位。这种优越的熔融浇注特性弥补了自身其他性质的不足。这个例子充分表明感度也是影响含能材料的重要指标,不能单凭能量密度判断某种含能材料的应用价值。

美国劳伦斯·利弗莫尔国家试验室(LLNL)1995 年首次合成了 LLM-105,其化学名称是 2,6-二氨基-3,5-二硝基吡嗪-1-氧化物。它的能量比 TATB 高 20%,是 HMX 的 81%。LLM-105 的热安定性好,对冲击波、火花和摩擦都相当钝感。由于 LLM-105 的能量和感度达到目前要求的钝感高能炸药的要求,越来越受到国内外研究的重视。

1,1′-二羟基-5,5′-联四唑二羟胺盐(TKX-50)是 2012 年合成出来的一种新型高能量密度化合物,具有较高的正生成焓和能量密度,对热和机械刺激不敏感,对冲击的敏感性比 RDX、HMX 低,与 TNT 相当,可作为新的不敏感高能化合物的良好候选物。TKX-50 不含卤素,与 CL-20 相比,能量高、热稳定性高、成本低;与 HMX 相比,在 1~10MPa 下,燃烧温度更低,特征速度和比冲更高,燃烧产物的平均相对分子质量更低。TKX-50 用于复合改性双基推进剂配方,不仅可改善比冲,还可有效减少火箭发动机排气中的二次烟,减少对环境的不利影响,在推进剂领域具有潜在的应用前景。

2014年,美国爱荷华大学的Shreeve等设计合成得到一种具有多硝基乙酰胺酸结构的含能化合物——四硝基乙酰胺酸(TNAA),其晶体密度为1.84g/cm^3,氧平衡(CO_2)为30%,撞击感度为19J,理论比冲为2048m/s,具有高密度、高氧平衡且不敏感的特点,是一种潜在的高能氧化剂。

2)提升炸药晶体品质

从热点理论可知,在外界刺激下晶体缺陷、层裂和孔穴内的喷射等都能够产生热点,使炸药分解,最后引起炸药的全面爆炸,因此提高高能炸药的晶体品质有助于实现炸药钝感。

德国弗劳恩霍夫化学工艺研究所Kröer等通过低温重结晶制备了高密度HMX(接近理论密度),晶体内部缺陷较少,冲击波感度明显下降。中国工程物理研究院化工材料研究所黄辉等通过晶体品质设计和控制,获得了高品质HMX晶体,以此高品质HMX代替普通HMX用于PBX配方设计,冲击波感度降幅可达11%~23%。Mishra等提出重结晶后得到的无孔洞的硝胺,由于其晶体品质的改变,撞击感度有可能得到改善。Heijden等对RDX的进一步研究表明,经过重结晶后,RDX晶体的品质发生了很大的变化,内部缺陷减少且表面变得光滑,感度下降明显。花成等用折光匹配显微技术(OMS)、X射线小角散射(SAXS)、原子力显微镜(AFM)等六种方法表征了RDX与HMX内部缺陷,表明晶体内部缺陷的大小及数量对含能材料的冲击波感度有很大的影响。

晶体形貌也是影响感度的一个重要因素。颗粒球形度越高、表面越光滑,含能材料的感度就越低。Song等制备了针状、多面体状、球状三种不同形貌的HMX,研究表明感度最高的为针状HMX,其特性落高H_{50}为17.1cm,而感度最低为球状HMX,H_{50}达到54.1cm。赵雪用重结晶法制备了表面光滑、形状规则、棱角少的球形RDX,其冲击波感度比普通RDX降低约25%。为改善RDX结晶形态和降低感度,封雪松以二甲基亚砜为溶剂、使用晶体改性剂对普通RDX进行重结晶处理,结果表明重结晶后制得的RDX颗粒外形更加规整圆滑。冲击波感度实验(SSGT)表明,以重结晶RDX制备的浇铸高聚物黏结炸药(PBX),其冲击波感度比相同配方下普通RDX降低25%。

3)表面包覆技术

通过在含能材料表面包覆一层惰性包覆层,减少含能材料在外界刺激下产生热点的可能性,是降低含能材料感度的一种有效方法。

金韶华等采用挤出造粒法、溶液悬浮法等不同的工艺,选用不同的包覆材料对CL-20进行包覆,结果表明,包覆材料氟橡胶F25作为黏合剂效果最好,包覆后CL-20的H_{50}值为42.5cm,与未进行包覆的CL-20的撞击感度相比有了显著的提高。陆铭用聚醚、异佛尔酮二异氰酸酯、1,2-二羟甲基丙酸配成的水性聚氨酯分别以破乳法和乳液聚合法包覆RDX,其中乳液聚合法包覆的RDX的撞击感度为59.0cm,而破乳法包覆的RDX降感效果更好,其撞击感度达到82.2cm。

4) 添加钝感剂

钝感剂是添加后能够降低含能材料感度的物质,它或阻碍热点产生,或限制热点能量传播,或改变反应路径,能够起到类似于能量栅栏的作用。当前的钝感剂主要有蜡钝感剂、石墨钝感剂、硬脂酸钝感剂、键合剂型钝感剂、含能钝感剂、聚合物钝感剂、化学钝感剂等。

(1) 蜡钝感剂。

蜡类物质具有熔点低、吸热性好、导热率低、硬度小兼具润滑作用等特点,在与含能材料混合后,其可在热点产生前填充空隙、减少摩擦,在热点产生时吸收热量,在热量传播时限制能量传递,从而达到良好的钝感效果。地蜡、蜂蜡、石蜡等,既可以单独用作钝感剂,也可以组成混合蜡使用。在B炸药中添加少量的石蜡,可以增加其操作安全性。蜡钝感炸药在第二次世界大战后期开始装备部队,许多国家都将这类炸药用于反坦克武器。目前,采用蜡、改性石蜡对含能材料进行钝感处理仍然是一种常用手段。

(2) 石墨钝感剂。

石墨具有强润滑性,其作为钝感剂的主要作用在于它能够减少炸药颗粒之间以及炸药与周围介质间的摩擦,并限制热量传播。郝清伟等研究了环氧树脂和石墨对KP/Al(高氯酸钾/铝粉)撞击感度的影响,试验中环氧树脂的加入使配方的撞击感度增大,当环氧树脂的质量分数为3%时,三元配方的撞击感度为60%。添加石墨后,撞击感度明显降低,且随着石墨添加量的增大,撞击感度降低的趋势增加,当加入质量分数为4%的石墨时,四元配方的撞击感度减为0。分析认为:环氧树脂薄膜的脆性和硬度较大,遇热不熔融,且流散性差,造成配方更易产生热点,撞击感度增大;而石墨有效降低了颗粒之间的摩擦力,抑制了药粒的边缘效应,同时,加入石墨改变了KP/Al/环氧树脂配方的吸热、放热过程,使体系的热量得到较好平衡,致使热点不易产生,降感效果明显。

(3) 硬脂酸钝感剂。

与石墨类似,硬脂酸(SA)熔点低且具有润滑作用,在高能物质中常被用作钝感剂、润滑剂;同时,SA的表面活性能增加炸药颗粒的自由流动性,进而增强降感效果。典型的A5传爆药就是采用硬脂酸作为RDX的钝感剂。李丹等利用SA的相变(液态到固态)及分子间范德瓦耳斯力的物理作用,将其包覆在超细RDX颗粒表面。SA层能有效降低晶体间的摩擦,在外界能量刺激下首先吸收能量并熔化;同时,其表面活性有利于均匀包覆,增加RDX颗粒的流散性,增强降感效果。试验中,超细RDX经质量分数1.5%SA钝化后的H_{50}(落锤质量

2.5kg,装药质量 35mg)由 25.20cm 提高到 32.90cm。当 SA 的添加质量分数从 3% 增加到 7% 时,其撞击感度和摩擦感度都相应降低,其中撞击感度的降幅相当明显;当 SA 的添加质量分数达到 9% 时,RDX 的撞击感度下降的幅度减小,摩擦感度显著降低。

(4)键合剂型钝感剂。

键合剂型钝感剂的优势在于,它在降低材料感度的同时,还能提高整个配方的力学性能。李江存等利用海因/三嗪类复合键合剂对 RDX 进行处理,通过化学键和物理吸附作用在 RDX 颗粒周围形成一层均匀的复合键合剂包覆层。此包覆层不但能改善颗粒的表面性能,降低撞击感度,还能加强 RDX 与黏合剂网络体系的黏结,提高配方力学性能。RDX 经键合剂钝化后,H_{50}(落锤质量 5kg,装药质量 50mg)从 26.2cm 提高到 30.7cm。

(5)含能钝感剂。

该类钝感剂主要是利用低感度含能材料处理高感度含能材料,最终既不损失能量,又可改善安全性,如 TATB 对枪击、碰撞、摩擦等外界刺激非常钝感,故常被用作含能钝感剂。在 HMX 颗粒表面原位生成 TATB 实现原位包覆,能使 TATB 均匀地附着在 HMX 表面,包覆效果好,提升 HMX 的热分解温度。含能增塑剂 TMETN(三羟甲基乙烷三硝酸酯)结构与硝化甘油相似,撞击感度却比后者低很多,Wagstaff 等利用 TMETN 有效降低了 CL-20 的摩擦感度。常双君等在 RDX 表面原位反应生成高能钝感的 ANPZ(2,6-二氨基-3,5-二硝基吡嗪),制备出以 RDX 为晶核,表面包覆一层固体颗粒状 ANPZ 的高能钝感炸药。在 ANPZ 分子中的氨基和 RDX 分子中的硝基之间可形成氢键,从而有利于颗粒状的 ANPZ 晶体附着于 RDX 晶体表面,减少了机械作用下感度较高的 RDX 晶体相互接触的机会,进而降低了热点形成的概率。

(6)聚合物钝感剂。

聚合物钝感剂通常利用其在含能材料表面形成柔性膜来缓解外界刺激,另外,根据聚合物本身性质的不同还能给材料带来新的性能,如高能、力学性能、导电性、耐热性等。氟橡胶质地柔软、润湿效果好,利于包覆,可在含能材料小颗粒表面形成弹性薄膜,增加材料的弹性,降低药剂的机械感度。聚氨酯材料具有性能可根据配方进行调整、成本低廉等优点,在含能材料包覆降感中广泛使用。导电聚合物既有有机聚合物柔韧的机械性能,又有类似金属的电学性能,其柔韧性有利于填充颗粒空隙、缓冲外界刺激、减少直接摩擦,对降低机械感度非常有利,而其独特的电学性能对于降低静电火花感度也非常有利。

(7)化学钝感剂。

含能材料分解时产生的中间产物常会进一步促进材料本身分解,加入化学钝感剂与这些中间产物作用可以降低中间产物浓度,进而降低材料进一步分解的速率。这种方法实际上改变了材料在外界刺激下的分解路径,不同材料在不同条件下分解的中间产物各不相同,所以化学钝感的反应机理比较复杂。例如,AN(硝酸铵)在外界刺激下易发生爆炸,其热分解是一个自催化反应且容易受外界添加物的影响,很多弱酸(如碳酸、乙酸、草酸、甲酸、氢氟酸等)钠盐、磺酸盐、硝酸盐以及尿素都能抑制 AN 的分解。不同的添加剂可以部分或者全部地改变 AN 的分解路径,如加入 $CaCO_3$、$MgCO_3$ 分解过程中将产生 $Ca(NO_3)_2$、$Mg(NO_3)_2$。

5)共晶技术

共晶技术是降低含能材料感度的重要技术,近年来得到高度关注。2009 年,Matzger 发表了关于 CL-20 与 TNT 形成共晶的论文,首次提出将两种含能材料共结晶得到新的含能材料(共结晶化合物)。如果将两种单一性质优良的单质炸药通过共晶技术形成超分子,可以制备出具有两组分性能的全新含能材料,达到改良炸药性能的目的。

相对于传统的含能材料钝感技术,共晶技术具有独特的优势。由于含能单分子内部可调节基团种类和数量极其有限,分子间作用力和晶体堆积方式单一,仅依靠含能单分子的设计同时实现单质炸药高能和低感双重目标相当困难。而共晶技术通过多分子协同效应,改变炸药分子结构及其晶体堆积模式,有望高效协调高能和低感这一矛盾。

共晶含能材料(炸药)主要是指两种或两种以上中性炸药分子通过分子间非共价键作用(如氢键、π 堆积和范德瓦耳斯力等),以确定比例结合在同一晶格(图 8-9),形成具有特定结构和性能的多组分晶体,其显著特征在于通过分子间非共价键形式连接两种含能分子,在不破坏分子本身结构的同时,实现从分子尺度调控目标含能分子的物理化学性能、爆轰性能和安全性能。

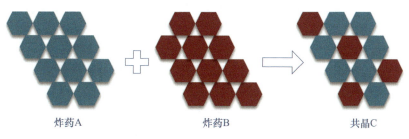

炸药A　　　　炸药B　　　　共晶C

图 8-9　共晶含能材料结构示意图

自首例 CL-20/TNT 共晶被报道以来,共晶含能材料引起了人们的浓厚兴趣,中国、美国、俄罗斯、英国、德国和法国等国均开展了共晶含能材料研究。近十余年来,国内外共晶含能材料研究主要集中在共晶筛选、制备、结构与性能表征等方面,2022 年之前制备出 CL-20、苯并三氧化呋咱(BTF)和 5,5′-二硝基-3,

3′-双(1,2,4-三唑)(DNBT)等两组分均为炸药的共晶69种,其中CL-20共晶数量占比达到1/3左右,有效调节了炸药的理化、安全和爆轰等方面性能。但与新合成的几百种单质炸药相比,共晶的种类和数量非常少,性能优异的更少,主要是因为共晶含能材料的研制难度较大。目前,共晶技术逐渐成为含能材料合成与性能调控一体化的新策略,也是当前国内外含能材料领域的研究热点和难点之一。

8.3.3 绿色含能材料

含能材料在生产、储存、运输、使用、处置等全寿命流程中面临系列环保问题,如生产和使用过程中的三废、废旧炸药的回收处理、特殊污染(如液体推进剂)废液处理等。发展绿色含能材料技术对于经济社会的可持续发展具有重要意义。实现含能材料绿色化的主要途径有研发新一代含能材料、发展新技术(绿色合成工艺、绿色制造工艺)等。

8.3.3.1 新型绿色含能材料

1)高能绿色含能材料

二硝酰胺铵(ADN)是一种新型高能量密度材料,也是一种高能氧化剂。国外关于ADN在推进剂、发射药、混合炸药中的应用报道较多。由于ADN具有熔点低、能量高、不含氯和稳定性适中等特点,可以替代目前常规推进剂配方中大量使用的高氯酸铵(AP)。推进剂配方中使用ADN可大大减少由HCl成核作用所造成的二次烟问题。用ADN代替AP后能大幅(5%~10%)提高固体推进剂的能量,减少烟雾,保护环境,因此ADN是目前复合推进剂中最具有潜质的新型含能氧化物之一。由于ADN具有较高的吸湿性,可将其溶解于水中,再添加适当的燃料,形成单组元液体推进剂。此外,ADN的毒性远小于无水肼,特别适用于低污染的航天飞机助推系统和空间运输动力系统。国外也陆续推出了一类以ADN为基的液体单元火箭推进剂,被看作新型无毒单元推进剂。

硝仿肼(HNF)分子中不含Cl元素,也是一种环保型低特征信号的高能量密度物质。将HNF用在固体推进剂中具有高比冲和燃烧产物无HCl等两大优点。用HNF代替AP可使推进剂性能提高,燃气中无Cl,且HNF在复合推进剂生产过程中的变化较小。荷兰国家应用科学院研究证实了制备HTPB(端羟基聚丁二烯)/HNF推进剂的可行性。

含氮质量分数达50%的高氮高能量密度材料主要包括四嗪、高氮呋咱和三唑、四唑等,由于其分子结构中的N—N、N=N、C—N具有较高的正生成焓,以及高氮低碳低氢的结构特征使其容易达到氧平衡,在热分解的同时伴随着高能量的释放,且会大量生成对环境无毒害的气体产物N_2,因此高氮量高能量密度材料具有潜在的绿色优势,是未来绿色含能材料研究的重点。

2)含能热塑性弹性体

含能热塑性弹性体(ETPE)是一种可逆固化体,可与其他推进剂组分相互交叠和混合;冷却时产生物理交联,加热或溶解时,这种物理交联可逆。根据 ETPE 的这一特性,将含能热塑性弹性体作为火药的黏合剂,可大幅提高火药配方中高能固体组分的含量,从而大幅提高火药的能量性能。国外对 ETPE 在推进剂和发射药中的应用进行了大量研究,发现 ETPE 基固体推进剂可解决常规热固性推进剂加工的不良品和超期服役推进剂难以回收利用、生产效率低下和批间重复性差的问题,达到绿色环保的目的。在发射药配方设计中,如以 ETPE 作黏合剂,则可减少二苯胺(DPA)、硝酸钡等非环保材料在中等口径武器系统中的使用。

目前在火药中应用的 ETPE 主要有 GAP、3,3-双叠氮甲基氧杂环丁烷和 3-叠氮甲基-3-甲基氧杂环丁烷的共聚物(BAMO-AMMO)、扩链 BAMO(CE-BAMO)、BAMO 和 3-硝酸酯甲基-3-甲基氧杂环丁烷共聚物(BAMO-NMMO)。美国研究出用热塑性弹性体作黏合剂的固体推进剂,即 ETPE 推进剂。使用 ETPE 后产生的推进剂废料低于其产量的 0.5%,比一般工艺产生的废料减少 85% 以上。加拿大研究了一种 GAP 基热塑性火药配方,得到了较理想的结果;美国海军水面武器中心用 BAMO-AMMO 成功研制出绿色含能材料火箭推进剂。美国、日本的研究人员对 BAMO-AMMO 类型的热塑性弹性体在推进剂中的应用进行了大量研究,发现此类推进剂燃烧性能稳定,燃速可调,黏合剂中叠氮基的分解放热可以加速推进剂中高能组分 RDX、HMX 的分解。

3)绿色起爆药

传统的斯蒂芬酸铅(LTNR)和叠氮化铅(LA)等含铅敏感化合物是目前应用最为广泛的起爆药的关键组分,其中,往往还会用到硫化锑、硝酸钡等有毒的添加剂,这类起爆药感度过高,且含有重金属物质,对环境有害,影响人体健康。因此,研发不含 Pb、Hg 等重金属,有一定安定性且爆炸性能良好的绿色起爆药是重要的发展方向。

美国科学家对绿色起爆药提出了 6 项具体的标准:对光钝感,容易起爆,储存安定性好,在运输和使用过程中安全,耐温 200℃(低于 200℃ 条件下稳定),不含有毒、有害金属(如 Hg、Pb、Ag 等)和高氯酸根。

按照此标准,世界各国广泛开展了起爆药剂技术的研究,先后研制出一系列新型绿色起爆药剂。美国从 1993 年就启动取代 LA 工程,开发了多种性能优良的绿色起爆药品种。瑞典采用新型含能氧化剂积极开发了系列不含 Pb 的绿色起爆药。德国炸药开发专家研究了多氮化合物系列起爆药。俄罗斯科学家对多氮杂环配位体的高氯酸盐系列配位化合物起爆药进行了大量的研究。国内也在多个方向进行绿色起爆药的研究,如中国兵器集团 213 所研究的呋咱类金属盐起爆药双呋咱硝基酚钾盐(KBFNP)、斯蒂芬酸铁和次磷酸铁(FSFH)共沉淀起爆药,中国航天科技集团第四研究院第42研究所研究的双四唑及钾盐,北京理工大学研究的肼的衍生物——高能环保型GTX起爆药等。

4)无铅燃速催化剂

固体推进剂中常用的燃速催化剂大多为铅盐。铅盐在燃烧分解时生成的氧化铅或配方中直接加入的铅氧化物在发动机排气中为白色或浅蓝色烟,一方面不利于导弹制导和隐身,另一方面铅盐是有毒物质,既危害工作人员的身体健康,也污染环境。多年来,世界各国都在开发和探索无铅燃速催化剂,希望降低或避免有毒燃速催化剂所造成的危害。

国外在研究绿色固体推进剂时,发现毒性极低的铋化合物与常用的铅化合物具有类似催化效果,国内也开展了类似的工作。宋秀铎等研究了柠檬酸铋、2,4-二羟基苯甲酸铋对双基系推进剂燃烧性能的影响,发现它们是双基系推进剂的良好燃烧催化剂,可显著提高双基推进剂的燃速,并降低其压强指数,与铜盐和少量炭黑复合后,催化效果更佳。

国内外还开展了稀土化合物的应用研究,某些稀土化合物不仅能提高双基推进剂燃速,而且在中高压区获得平台燃烧特性或麦撒效应。稀土化合物中,二氧化铈和柠檬酸镧的催化作用最为显著,其次还有草酸铈、邻氨基苯甲酸镧、铬酸镧、己二酸镧等。其他无铅催化剂有锡化合物、钛化合物、钡化合物以及氧化物加金属粉作催化剂,如氧化镁加镍粉、氧化镁与钴粉和铁粉等。

铋化合物、钡化合物和稀土化合物在固体推进剂中具有良好的应用前景,它们具有低毒性能以及与铅化合物类似的催化效率,已成为取代铅化合物的生态安全燃速催化剂。

5)卤素物质的替代

目前基于铝燃料和AP氧化剂反应产生推动力的固体推进剂,由于AP粒子在燃烧过程中会产生大量的HCl气体,而HCl是造成酸雨的重要来源。因此,美、日、法等国将寻找AP的替代品和发展高效除氯剂作为研究无污染复合固体推进剂的关键技术。研究的主要途径有:用无卤素材料与硝酸铵配合作氧化剂;用硝酸钠和硝酸铵取代部分AP;用相稳定的硝酸铵或微胶囊包覆的硝酸铵作氧化剂;用硝酸钠作除氯剂;在AP推进剂中添加金属镁,降低HCl的浓度,HCl的浓度很大程度上依赖于Mg的添加量,添加质量分数为7%的Mg可大大降低HCl的含量。

8.3.3.2 绿色合成工艺

以硝基化合物(聚合物)为代表的含能材料是火炸药技术的基础,其传统制造工艺过程大都涉及硝化反应,而目前的硝化反应过程会产生含有大量有机物的废酸和废水,环境污染严重,治理费用高,因此火炸药制造工艺需要进行绿色化和低成本改进,积极开发含能材料的绿色合成工艺。国内外研究人员对各种可能的新技术开展了论证,发展了一些具有绿色制造潜力的新工艺。

1) 绿色硝化剂

在硝化工艺的绿色化方面,美国、英国及俄罗斯的相关研究中,最具代表性的新型硝化技术是用 N_2O_5 作为绿色硝化剂。以 N_2O_5 作为硝化剂,不仅可以克服传统硝化技术的各种缺点,而且副反应少,可对酸敏性、水敏性和易氧化的物质进行硝化。这一技术的关键是如何制备 N_2O_5 和怎样实现 N_2O_5 硝化工艺。研究的 N_2O_5 制备方法主要有半渗透膜电解法和臭氧氧化法:①半渗透膜电解法是在电解池内用特制的半渗透膜隔开两个电极,电解无水硝酸生成 N_2O_5;②臭氧氧化法是将含质量分数 5% ~10% 的臭氧与氧的混合物和 N_2O_4 进行气相反应生成 N_2O_5。

N_2O_5 硝化工艺主要有两种:①用 $N_2O_5 - HNO_3 - N_2O_4$ 混合物作硝化剂,在转子 - 脉动式反应器中进行硝化;②用 N_2O_5 和无水 HNO_3 在液态二氧化碳(L - CO_2)中进行硝化,称作 L - CO_2 硝化法。钱华、于天梅等采用绿色硝化剂 N_2O_5 分别合成出含能材料 CL - 20、RDX、GAP,合成方案清洁度高;葛忠学等对采用绿色硝化剂 N_2O_5 合成 HMX 的小试工艺路线进行了研究,收率达到 96%,并详细研究了影响收率的因素;王庆法、吴强等也对硝酸酯的绿色硝化工艺进行了研究。

2) 绿色溶剂

为减轻溶剂造成的环境污染,研究人员致力于开发含能材料处理工艺中的绿色溶剂。超临界二氧化碳($ScCO_2$)可视为绿色环保的化学溶剂。常温常压下 CO_2 无味、无色、无毒、不燃烧、化学性质稳定,以 CO_2 作溶剂十分理想;但是气态 CO_2 对一般有机物的溶解能力很差,难以满足需要。如果控制 CO_2 的物理状态,当温度超过 31.3℃、压力超过 7.39MPa 时,就变为超临界二氧化碳。它是一种具有液相和气相共同特性的新型溶剂。研究人员已成功利用 $ScCO_2$ 进行超临界萃取生产出 HMX、RDX、硝基胍(NQ)、TNT 等含能材料。$ScCO_2$ 可取代对环境造成污染的卤化物作为溶剂用于提纯物质。美国海军水面作战中心的绿色化学计划要求用 L - CO_2 作处理溶剂,制备含 C - NO_2、N - NO_2 和 O - NO_2 的含能材料。

3) 生物合成方法

生物合成技术能够克服传统化学合成技术存在的缺点,不仅绿色环保,而且反应条件温和、反应速率快、选择性好、收率高,在军民两用领域均有广阔的应用前景,是含能材料制备领域的重要研究方向。目前,这项技术主要集中于含能化合物前驱体的生物合成和目标含能化合物的生物硝化合成两方面。

虽然通过生物途径合成常见含能化合物的成功实例未见公开报道,但国外提出了很多生物合成途径的设想,如对肼进行生物硝化合成硝胺(C - NH - NO_2),三氨基胍经生物硝化合成硝胺,环上有 1、2 或 3 个氮原子的脂环族肼化合物经生物硝化合成硝胺,氨基四唑经生物硝化合成硝胺,氨基纤维素经生物硝化合成硝化棉,通过微生物催化硝化合成硝化棉、TNT、TATB、三氨基胍、四唑、三氮烯等含能组分。

8.3.3.3　绿色制造工艺

火炸药产品制造过程中对环境造成影响的因素主要有生产过程中产生的废料、废水以及挥发性溶剂。为了尽量减少这些污染物的产生,必须改进原有制造工艺或引进先进的新工艺。

1) 双螺杆挤出成型技术

以双螺杆挤出成型技术(TSE)为核心的连续化制造工艺是具有代表性的火炸药绿色制造工艺,具有省时、省力、适应范围广和柔性制造等优点。TSE 工艺过程包括供料、混合－挤出成型、除气、切割和系统控制等环节,该工艺可以避免使用非环保溶剂,并减少生产过程中产生的废料。例如,采用 TSE 技术制造 70mm 复合推进剂(M66 药柱)的试验证明,TSE 连续工艺可以减少生产废料量 60%,因不使用有机溶剂而消除了挥发性有机化合物(VOC)的排放,提高了操作效率、安全性及柔性制造能力,大大降低了制造费用,并且保持或提高了该推进剂系统的质量与性能的可靠性。

TSE 连续制造工艺技术在国外已有大量研究及实践,从 20 世纪 70 年代早期开始,欧洲多个国家就开始采用 TSE 技术制造含能材料(主要是单基、双基、三基发射药),之后研究利用 TSE 制造不同类型的其他含能材料(如塑料黏结炸药、复合推进剂等)。2006 年美国完成了以 TSE 为技术核心的 MK90 双基推进剂制造废物排放量最小化演示验证项目,结果显示项目所采用的技术可大大降低推进剂废料量、硝化甘油挥发量和劳动强度,而且提高了生产过程的安全性。1997—2000 年美国与瑞典博福斯炸药公司合作的 CLEVER(封闭式含能材料加工以降低有机物排放)项目,用沉淀法制造粒状原料供给双螺杆挤压机挤压成型,项目结果证实了用沉淀法及闭路循环工艺可提供合格的海军 127mm 火炮发射药装药用 HELOVA 发射药,与传统的混合工艺相比,此法可减少 VOC 排放物 75%,基本消除发射药废物,同时减少制造费用 50%。

2) 可重复利用的压装炸药技术

美国海军开发了猛炸药造型粉无废物包覆技术,采用可水解的黏合剂发展了可重复利用的压装炸药技术,其具有不产生含炸药的废水、不使用毒性溶剂、可回收利用溶剂和工艺助剂等优点,很有希望成为现行水浆技术的一种无污染、安全、高效且经济的替代方案,受到研究人员的高度关注。

3) 可降解的塑料黏结炸药技术

塑料黏结炸药(也称高聚物黏结炸药,PBX)是一类广泛使用的复合炸药,由含能颗粒和黏合剂组成,具有高能低感的特性,常用于固体推进剂及大型毁伤性武器中。

可降解的塑料黏结炸药技术由美国海军本杰明等发明,这种可降解的 PBX 炸药配方采用由液态聚乙二醇和己二酸制备的聚酯作为黏合剂,在二异氰酸酯作用下将其固化成聚氨基甲酸乙酯。这种聚合物不溶于水,但可溶于稀硫酸和氨水等。对比试验表明,此 PBX 配方中含固体炸药 RDX 质量分数 82%、黏合剂质量分数 18% 为最佳,但含固体炸药质量分数低于 82% 的 PBX 易于加工;RDX 粒度较大时有利于提高其回收率。试验证明,RDX 几乎可全部回收,且适合再用作炸药填料。

8.3.4 含能材料先进开发技术

8.3.4.1 含能材料基因工程

含能材料具有组成复杂、亚稳、敏感易爆、危险等特点,传统研发模式下新型含能材料发现速度慢,在过去一百多年里获得广泛应用的炸药仅 TNT、RDX、HMX、CL-20 等屈指可数的几种,如何高效地研发具有高能、钝感、绿色、适应强、成本低等特性的新型炸药一直是非常具有挑战性的工作。利用材料基因工程的方法加速含能新材料的研发进程因而具有重要的科学和应用价值。

材料基因工程的概念源于 2011 年美国总统奥巴马提出的材料基因组计划,该计划提出后受到国内外材料领域专家的高度认可和重视。我国科技部也于 2016 年 2 月启动了"材料基因工程关键技术与支撑平台"重点专项,开启了中国的材料基因工程。材料基因工程是当前材料领域的重要发展方向,其核心任务是借鉴人类基因组计划的研究理念和方法,加速新材料的研发和应用。通过构建材料高通量计算设计、高通量实验和数据库三大平台,实现材料研发"理性设计-高效实验-大数据技术"的深度融合和全过程协同创新。通过突破高效计算、高通量实验、材料大数据等关键技术,实现新材料研发周期缩短一半、研发成本降低一半的目标。

采用材料基因工程模式发展含能材料,就是含能材料基因工程(EMGI)。EMGI 是决定含能材料宏观性能和行为的基本微观结构因子及它们之间的内在关联;EMGI 是发现决定含能材料性能的"基因组",并据此设计、合成新型含能材料。EMGI 强调借助理论的指导,充分发挥数据库、计算和实验的交叉融合作用,其突出特点是把各种数据入库并进行管理,通过多重迭代,形成含能材料的大数据,获得材料基因,同时通过理论建模计算预测,再通过实验技术进行验证,大幅度提高含能材料的研发效率。

8.3.4.2 含能材料的计算模拟与理性设计

材料计算模拟与理性设计是材料基因工程的关键技术之一,主要通过并发式自动流程高通量算法,实现新材料成分/结构(组织)/性能等的高效计算和虚拟筛选；以多层次、跨尺度计算方法为核心，通过集成材料计算工程（ICME），解决新材料组织结构-性能-工艺之间的关联和工艺优化等问题。

含能材料的计算模拟与理性设计主要关注以下内容：在结构上，包含含能材料的多尺度多层次结构，如分子结构、晶体结构、表界面结构和部件几何结构等；在性能上，包含含能材料的能量、安全性、力学、相容性和老化性能等；在计算方法上，包含分子模拟、元胞模拟和数值计算。另外，考虑外界刺激条件如热、力等，必要的实验验证也是计算需要考虑的内容。面向 EMGI 和国家先进武器装备需求的含能材料的高性能计算主要包括如下学科方向：含能材料科学认知，包括组成、结构、性能间的关系及规律，加载条件下的演化机制与规律等；含能材料设计，包括含能分子工程、含能晶体工程、含能相关物设计、混合炸药设计等；含能材料工程应用设计，包括安全弹药设计，加工、制备工艺设计等。通过上述研究，形成包含计算材料学理论与方法、含能材料知识库和软硬件的含能材料基因工程的高性能计算研究平台。国内外取得的典型进展如下。

Kuklja 等提出了一种通过将合成、实验表征、量子化学模型和统计经验评价联系起来的整体方法来设计新型高能材料的方法。通过对 LLM 化合物系列（基于噁二唑的杂环高能材料）以及其他含能化合物中揭示的结构-性能-功能关联的分析，他们预测、获得并表征了该材料家族中的一个新成员——LLM-200，与已知的传统高能量密度材料相比，它表现出有吸引力的高能特性。他们认为该应用策略令人信服地证明了高能量密度材料端到端（end-to-end）设计的可行性，实现了高能量密度材料的高效设计，但在单一化合物内平行改善灵敏度和性能方面还存在一定的局限性（图 8-10）。

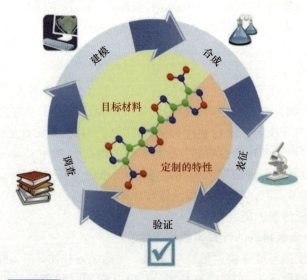

图 8-10　高能量密度材料的端到端（end-to-end）设计

Rice 和 Hare 基于密度泛函理论将静电表面电位(EPS)映射到一系列 C、H、N、O 高能材料的总电子密度上,以确定与所研究材料的撞击感度有关的电子分布特征。结果表明,高能材料分子框架内共价键上的正电荷与撞击感度有关。在此基础上,Klapotke 等开展了四唑叠氮的合成和落重冲击试验,并利用 Rice 的 EPS 图谱方法解析它的撞击感度,进一步研究其引爆反应机理。结果表明,四唑叠氮与其他四唑相比,四唑环和 C—N 键上电子密度的缺乏与撞击感度密切相关,且电子密度在分子框架上分布得越不均匀,其对撞击的敏感性就越大。

四川大学蒲雪梅等基于主动学习和迁移学习策略开展了共晶筛选和高爆热含能物质设计。为了构建一个高准确度和强普适性的共晶预测模型,他们从数据集、样本表征和机器学习模型三个方面着手,构建了一个含 7881 正负样本的共晶数据集,并结合分子图和手动挑选的分子描述符,建立了一个从原子、共价键到分子水平的多层次的共晶样本表征手段。更为核心的是他们基于图神经网络和注意力机制,开发了一个全新的基于深度机器学习框架的共晶筛选模型,准确度高达 98%,大幅超越了经典的图神经网络模型和传统的机器学习模型,并通过可迁移策略把此模型应用到更少样本的含能材料领域,独立测试集准确度可达 95%。此外,针对含能材料数据缺乏,采用了主动学习策略构建了高爆热含能物质的自适应搜索算法,以期加速含能物质的高效设计。该算法框架由分子产生器、机器学习模型、选择器和量化验证构成,利用预测的不确定度来实现未知样本空间的快速搜索。他们在一个小样本(88 个有标签的初始数据集)的基础上,仅通过 3 次迭代,就可以在接近 9 万个样本的未知空间中快速寻找到最高爆热的含能物质。该自适应设计模型同样可以用到含能材料其他性能的高效设计以及其他材料领域。

8.3.4.3 含能材料数据库

数据库是含能材料基因工程的重要组成部分。含能材料数据库的主要研究包括:收集整理含能材料相关基础数据,制定含能材料数据标准规范;选择数据库设计方法与工具,开展数据库模型设计;应用软件工程技术,进行数据库系统及管理平台的设计与开发。

1)国外含能材料数据库

世界各军事和工业强国都在建立自己的含能材料专业数据库系统。"德国 ICT 热化学数据库"由德国 ICT 研究所研究开发,数据库于 1994 年建立,当时包含 1850 种物质的性能数据,数据库包括英语和德语,数据库所使用的字段主要包括物质名称、分子式、结构式、分子量、氧平衡、密度、熔点、沸点、生成焓、燃烧热以及参考文献,定期更新数据库。直到 1999 年已对数据库进行了五次更新,总共包含大约 4500 种物质的化学性能数据。

北约钝感弹药信息中心设计完成含能材料数据库和专家系统 EMC3.8,收集了 1200 多种炸药、推进剂、烟火剂及相关化合物的配方、工艺、爆轰性能和感度等数据。利用该系统可以开展含能材料配方与性能研究、定型配方工程应用的评价和材料性能的在线计算。

"俄罗斯炸药燃烧数据库"又称为 FLAME 软件,由俄罗斯门捷列夫化工学院高燃速化合物研究领域的专家于 1995 年研究开发了第一版,数据库包含了大约 1300 种常用炸药、起爆药、双基药以及一些新研制的高燃速化合物的数据,数据库将炸药细分为 17 种类型。具体字段包括样品药条密度、水中溶解度、熔点、发火点、生成焓、10MPa 燃温、10MPa 燃速、爆速、爆热、比容、燃烧临界压力、炸药分子量、密度、混合物配方以及参考文献等,数据库中还包括每种炸药六类压力 – 燃速曲线图。

俄罗斯"HAZARD 数据库"是一个含能材料的感度数据库,由俄罗斯门捷列夫化工学院和格鲁斯热力中心的专家联合研究开发,主要提供了包括单质炸药、混合炸药、推进剂以及烟火剂的撞击感度、摩擦感度、冲击感度以及静电火花感度的大量信息数据。对于每种感度信息又包括由不同实验方法所得到的数据、方法的简要描述以及参考文献等。数据库也提供炸药的一般信息,比如炸药的一些物化性能、热动力学以及爆轰和燃烧等性能数据。数据库为用户提供了广泛的查找、回顾、对比、分析、增加数据、输入和输出数据等功能,用户可以作为一种手册使用,也可以作为分析工具使用,在教育和科研领域都具有非常重要的使用价值。

日本气相和凝聚相材料热化学数据库是针对冲击波、爆轰以及爆炸现象的数值研究而开发的,数据库提供有关气态和凝聚态材料的冲击压缩和爆轰性能等信息,包括有初始密度的热动力学数据、生成焓、化学合成等一些数据信息。

以色列炸药数据库主要包含炸药和含能化合物的分析数据。瑞士 EXADAT 数据库包含了一万多种炸药事故的信息,主要用于针对炸药和军火的定量安全评估。美国的萨特勒光谱数据库含爆炸物光谱数据,有 724 种炸药及其组织,包括了美国烟酒局和枪炮弹管理局产品目录中的所有化合物,介绍了每种化合物的分析方法、结构式、分子量、衍生物、熔点、沸点和参考文献等。美国的含能材料感度数据库由美国陆军研究实验室武器及材料分部、阿伯丁试验场与纽瓦克的 TimTec 联合开发。美国司法部也建立了一个爆炸物数据库,包括爆炸物制造商和生产爆炸物的国家等信息。

2)国内含能材料数据库

国内方面,北京理工大学李世鹏等建立了固体火箭发动机推进剂性能数据库,实现了推进剂性能数据的查询、存取以及热力学计算等功能;蒲薇华等建立了烟火剂数据库系统,收集了 160 多种烟火剂原材料的物化性能参数和热力学数据,以及 80 多种原材料的红外光谱图、物化性能参数和热力学参数等;张文明等收集整理了现有原子、分子光谱数据,建立了一个比较完整的发射光谱数据库系统,可进行数据查询并开展烟火药反应所产生的发射光谱分析研究;何勇等进行了"火炮装药设计专家系统"研究。余永刚等建立了液体发射药火炮数据库系统,主要包括实验信息模块、液体药参数模块、数值计算等功能模块;宋寿春等研制了火炸药性能数据库及其检索管理系统,并建成了国内外成品库、原材料库、单质炸药库和混合炸药库。

中国工程物理研究院流体物理研究所张崇玉等通过炸药爆轰参数数据库研究开展了8种炸药的圆筒实验,确定了每种炸药爆轰产物标准形式JWL状态方程参数。中北大学李永祥等建立了钝感炸药数据库系统,收录了80多种钝感炸药的密度、相对分子质量、爆压、爆容等物理化学性能、结构式以及制备方程式等内容。中国工程物理研究院化工材料研究所蒋跃强等建立了单质炸药及压装PBX配方性能数据库,可实现对单质炸药、压装PBX配方性能的查询、更新和分析管理,可为压装PBX的配方设计、性能计算及应用等提供帮助;于谦等设计开发了炸药老化与相容性数据库,实现了炸药老化与相容性数据录入、查询和输出等功能。中国航天科技集团第四研究院第42研究所开展了"高能固体推进剂配方设计专家系统"研究。

3) 含能材料数据利用技术

在传统数据库的基础上,材料基因工程理念的数据库具有支撑/服务于高效计算、高通量实验,可实现海量数据自动处理和积累的功能;借助互联网、云数据技术,通过数据挖掘进行数据收集和积累的功能;应用机器学习、人工智能等技术,实现数据分析、模型建立,探索新材料、发现新性能等功能。

中国工程物理研究院为加快发现新型含能化合物,建立了含能化合物高通量计算平台EM studio 1.0和相应数据库,实现了"一键式"分子结构批量建模、计算与分析流程的自动化;在中国工程物理研究院600万亿次超算环境完成部署并投入运行,1天可完成5000个以上分子的中等精度计算,将现有计算效率提高了2个量级以上。已建立超过100000条含能化合物的实验与计算数据库,并基于这些数据与机器学习构建含能化合物主要性能(如密度、生成热、键离解能与爆轰性能)的预测模型,达到了较好的效果。能够高效地搜寻找到高能、低感炸药的配方。以高能低感单环和稠环炸药筛选为例,分别获得了计算爆轰性能优异的 ICM-102 和 ICM-104,其中 ICM-104 的爆速 8551m/s,爆压 29.8GPa,撞感 >25J,摩擦感度 >360N,并实现了高效合成,展示了材料基因组方法在含能材料方面有着广阔的应用前景。这些工作为后续含能分子的智能设计,充分发挥数据、计算和实验的交叉融合作用,大幅提高含能材料的研发效率奠定了基础。

中国工程物理研究院化工材料研究所张庆华等首先从元素组成、分子结构和晶体堆积的角度总结并量化了不敏感含能材料的"基因组"特征,其次,通过内核岭回归(KRR)算法训练了四个模型,从分子水平实现对基本性能的预测。在晶体层面,他们使用独热编码作为卷积神经网络(CNN)的输入来训练用于识别特定类石墨层状晶体结构的分类模型。将这些机器学习模型与高通量分子生成模块集成在一起后,最终建立了一个高通量虚拟筛选(HTVS)系统,用于高效设计、预测和筛选具有应用前景的含能材料。借助材料基因工程方法和自建的HTVS系统,他们已经从巨大的化学空间中确认并合成了两种具有独特的类石墨堆积结构的高性能含能材料。这些工作显示了材料基因工程方法在开发先进含能材料方面的潜力,并为将来开发具有优异性能的含能材料(如熔铸载体炸药和主炸药)提供了新思路。

加拿大麦吉尔大学(McGill University)的 Hong Guo 结合机器学习、材料信息学和热化学数据,筛选潜在的含能材料。为了直接描述能量性能,将爆炸热 ΔH_e 作为目标属性。通过从大量可能的描述符中向前逐步选择,找到了关键描述符凝聚能(对所有组成元素和氧平衡进行平均)。利用描述符和 ΔH_e 训练数据集,训练出一个令人满意的代理机器学习模型。该模型被应用于大型数据库 ICSD 和 PubChem 来预测 ΔH_e。在模型的总水平过滤中,预测了 2732 个具有高 ΔH_e 值的基于碳、氢、氮和氧的候选分子。之后,对这 2732 种材料进行精细的热化学筛选,得出 262 种 TNT 等效功率指数 $P_{e(TNT)}$ 大于 1.5 的候选材料。将 $P_{e(TNT)}$ 进一步提高到大于 1.8,从 2732 种材料中发现了 29 种潜在的候选材料,它们都是不同于目前知名含能材料的新材料。

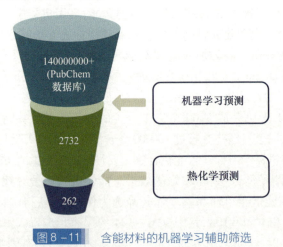

图 8-11　含能材料的机器学习辅助筛选

8.3.4.4　含能材料先进制备技术

含能材料基因工程的另一项重要内容是材料高通量实验。材料高通量实验主要包括高通量制备、高通量表征和服役性能高效评价等实验技术和方法。材料高通量制备是指一次实验,可以制备或加工出一批样品,即几十个或几百个乃至成千上万个样品;材料高通量表征是指一次实验,可以对一批样品进行表征,或者通过一次实验获得样品的成分/结构/性能等多个表征结果;材料服役性能高效评价是指一次实验获得多个服役性能,或者短时间实验获得材料长期服役行为的数据。目前,针对含能材料的高通量实验技术研究还处于起步阶段,本节主要介绍几种相关的含能材料先进制备技术。

1) 微流控技术

微流控是一种使用微管道来处理或操纵微小流体的技术。含能材料本身具有很高的危险性,通常在反应釜进行的都是小剂量实验,以保证操作人员的安全。现在随着人工智能、大数据、云计算等智能科技的迅速发展,含能材料制备在实现数据标准化、平台智能化、实验自动化、预测精准化方面也迎来了改革机遇。微流控技术的诸多特点十分契合含能材料制备的这些需求。

(1) 微流控技术的优势。

利用微流控体系进行含能材料合成的优势之一在于其更高的工作效率。传统实验过程中,常通过搅拌来实现反应物混合,这往往需要较长的操作时间才能达到较为均匀的效果。微流控技术则是通过层流剪切、分布混合、延伸流动以及分子扩散实现高效、快速混合。Zukerman 等参照传统合成工艺路线在微流控体系中从 2,6 - 二氨基吡嗪 - 1 - 氧化物(DAPO)一步合成出 LLM - 105 单质炸药(图 8 - 12),产品的得率与传统工艺相当。将化学反应单元集成到微流控体系

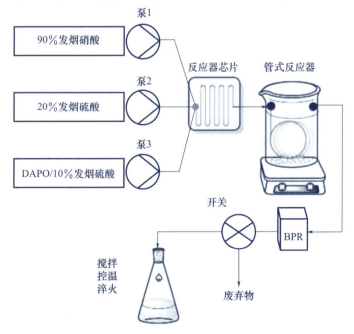

图 8 - 12　DAPO 合成 LLM - 105 的流动硝化装置

中,实现反应过程的自动化和集成化,十分具有研究价值,这是烧杯或反应釜难以做到的。而且传统实验探索合成路径、确定最佳反应条件只能逐次改变实验参数,整个过程耗时长、效率低,实验参数的不连续设置还极易错过最佳条件。微流控体系不仅能实现工艺参数的精准调控,单次实验还耗时短,筛选工艺条件更为简单高效。

利用微流控体系进行含能材料合成的优势之二在于其更高的转化率和选择性。产率通常与温度、物料比等因素有关。刘阳艺红采用内交叉多层微反应器研究了反应温度及体积流速对转化率的影响,在最佳反应条件下将 1 - 甲基 - 4,5 - 二硝基咪唑(MDNI)的产率从 60% 提高到 87%。刘卫孝研究了微流控体系中输入的物料比对三乙二醇二硝酸酯(TEGDN)产率和纯度的影响,结果表明,过量硝酸有利于反应的进行,但会溶解少量产物,降低产品收率,硝酸相对用量较少时又会增加不完全硝化的副产物。实现高的转化率和选择性就要精确控制原料用量以及传质传热过程,而在微米级尺寸下,管道内物料体量小,反应物能在极短的时间内快速混合均匀,避免副反应的发生,产率和选择性自然得到提高。周楠等对比分析了微流控体系和常规方法合成中性斯蒂芬酸铅(N - LTNR)的 XRD 数据。结果显示,常规合成的斯蒂芬酸铅内含有不定型斯蒂芬酸铅晶体,并且可以找到无水斯蒂芬酸铅和一水合斯蒂芬酸铅对应的衍射峰;而采用微流控体系合成的产物为单斜晶系,与卡片匹配率达到 4.5,纯度高,没有与不定型晶体对应的衍射峰,这进一步表明微尺度下材料合成的可控性。

此外,微流控体系的在线样品量少,进行危险化学物质合成时,能极大地保障操作人员安全。基于这些优势,微流控技术在含能材料领域已经成功应用于 MDNI、硝基胍、二硝基萘、1,2 - 丙二醇二硝酸酯、硝酸异辛酯、$Pb(N_3)_2$、斯蒂芬酸钡(BaTNR)、斯蒂芬酸铅等炸药和含能助剂的合成中。随着未来战争对探索新型含能材料的需求越来越迫切,微流控技术在化学合成中的应用不断成熟,其广泛的适用性和较低的试错成本在未来一定能为新型含能材料的合成提供更加便捷的实验方案。

(2)微流控单质含能材料改性。

微尺度下溶剂/非溶剂重结晶过程精确可控,可用于制备粒径小、分布窄的含能材料。对粒径起调控作用的主要有芯片结构、两相流速比以及浓度。例如,高效混合型微流控芯片通过影响流体的流动形式使两相溶液在微尺度下快速而充分地混合,达到较高的成核速率,再辅以通道长度进行生长控制进而实现对粒径的控制(图 8 - 13)。对芯片结构的筛选大多通过流场模拟实现,这大大减少了实验的工作量。两相流速比和浓度是通过影响体系过饱和度改变表面反应速率来调节颗粒尺寸的,高浓度溶液与非溶剂混合瞬间被快速稀释,导致溶剂化作用迅速衰减,使颗粒稳定析出,从而更易获得粒径小、分布窄的颗粒。通常非溶剂相流速变大会使颗粒在流体内部进行更有效的挤压碰撞,但非溶剂流速过高,其作用力超出颗粒承受阈值,这时就无法实现进一步的细化。Shi 在两相流速比分别为 20、40、80、160 条件下制备出平均粒径为 406.0nm、285.3nm、157.7nm、65.8nm 的六硝基芪(HNS)颗粒。重结晶对晶型的影响也不容忽略。单羽以过饱和度作为成核推动力,利用微流控芯片制备出平均粒径为 270nm 的 γ – HMX,这与原料晶型不一致,发生转晶的原因是体系含水量较大。王苗综合考虑了两相流速比、温度及分散相浓度对 CL – 20 形貌、晶型、粒度的影响,实验结果显示两相流速对晶型无影响,增大浓度得到 ε – CL – 20,升高温度得到 α – CL – 20;浓度和温度是影响 CL – 20 形貌的主要因素,随着浓度增大、温度升高,晶体由长棒状变为多面体,且粒度更小。微流控技术在单质含能材料改性方面有一定的优势,但对于含固体系易堵塞、高黏度液滴不易成型的问题仍有待进一步研究,尤其是针对含能材料的靶向性解决方案更为重要。

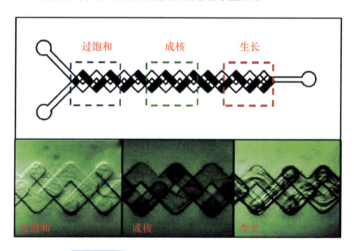

图 8 – 13　高速相机下的混合/反应过程

(3)微流控制备复合含能材料。

复合含能材料一方面能保持单质含能材料本身的物理、化学和力学特性,而且能够改善单质材料表面性质,降低含能材料感度,保证生产应用的安全性;另一方面能增强微纳米含能材料的分散性和流散性,有效解决颗粒团聚、分散性不好的问题,使材料的使用效果得到明显改善。由于这些特性,复合含能材料成为当前国内外研究的热点。微流控技术制备复合含能材料有共晶和包覆两种形式。

共晶在前面章节已经介绍,常规的制备方法包括溶剂挥发法、冷却结晶法等。周楠分别使用常规方法与嵌段流技术制备 Pb/BaTNR 共晶体。由于液滴内部的离子浓度和反应空间有限,反应过程中斯蒂芬酸基团更容易同时结合 Pb 离子和 Ba 离子,而且 Pb 离子和 Ba 离子的离子半径相近,价态相同,容易发生相互替代,使共晶产生的概率增高,因此只有嵌段流技术获得共晶体。这表明微尺度下的操作更适合共晶体的制备。对共晶体形貌质量的控制是通过调节两相浓度和流速比实现的。李丽对比了不同溶液浓度、不同流速比下 CL-20/HMX 共晶体形貌,实验结果表明,在同一溶液浓度下,随着流速比的增加,共晶样品的形貌由片状向颗粒状转变,但进一步增加流速比会导致瞬时过饱和度过大,发生单独结晶,得到多晶型的混合物。

利用微流控技术制备包覆型复合含能材料是基于溶剂/非溶剂法进行的。目前主要有两种实验方案,一种是将芯材溶于溶剂相,壳材溶于非溶剂相,两相混合后芯材过饱和析出的原理。例如,Yan 利用混沌对流结构对 HNS 基 PBX 炸药进行的包覆改性,这与单质含能材料重结晶改性有些许类似,因此可以同时实现颗粒尺寸形貌的调整。另一种是选择互不相溶的溶剂相和非溶剂相,将芯材和壳材都溶于溶剂相,通过形成液滴来制备复合材料微球。例如 Han 采用聚焦型微流控体系,将 HNS 混入黏合剂硝化棉(NC)的乙酸乙酯(EA)溶液中作为分散相,十二烷基硫酸钠(SDS)水溶液作为连续相。HNS 经聚焦流作用在连续相中形成 HNS/NC/EA 悬浮液滴,以半凝固状态在管道中运动,在连续相的萃取作用下 EA 析出,最终 HNS/NC 复合微粒流出。

2) 增材制造技术

增材制造技术(AM)由快速成型技术(RP)发展而来,后俗称 3D 打印技术,该技术可用于制造任意形状的零部件,特别适用于传统工艺难以或无法成型的特殊、复杂结构产品的制造。

武器装备精密控制与精确打击的发展趋势必然促使武器推进系统及毁伤单元向多样化、异形化和灵巧化方向发展,导弹发动机与战斗部须破解多层装药、复杂形状装药、高精度装药、微尺度装药等问题。增材制造技术为多层、异形、微装药的制造提供了一条全新的途径,在高精度和特定结构爆炸网络、火工品、整体装药、推进剂及活性材料战斗部等含能部件制造上具有极大应用前景,因此受到含能材料及弹药研究者的关注。目前,已在铝热剂、烟火材料、传爆网络等方向开展了大量研究,取得了较大进展。

Staymates 等采用按需压电喷墨打印技术,将炸药溶液以微小流滴状喷射到热的干燥管中,溶液挥发后留下组成和尺寸受控的细小颗粒,制备的 RDX 颗粒直径为 $10\sim30\mu m$、硝酸铵颗粒为 $40\mu m$。McClain 等开发出一种 AM 直写系统,能够将具有高混合黏度的含能浆料打印成低空隙的推进剂,所打印的 AP 复合推进剂的固体加载量可达 85%。张洪林等采用 3D 打印技术制备了具有特殊结构的整体发射药,与 19 孔粒状发射药相比,该整体发射药燃烧结束时的相对燃面增大 3.1 倍,燃气生成量提高 27.6%。肖磊等将 3D 打印技术应用到熔铸炸药的成型中,成功制备出含有纳米 HMX 和 TNT 的熔铸炸药药柱。与传统浇铸成型工艺相比,采用 3D 技术打印出的药柱密度提高 2.0%、抗压强度提高 273%、爆速提高 2.1%,综合性能明显优于传统浇铸成型的药柱。Zhang 等设计了一种 CL-20 基炸药墨水,并采用微喷射直写技术制备了光滑的炸药薄膜,其临界直径达到 0.153mm,平均爆速为 8.09km/s。Wang 等设计了一种 CL-20/HTPB 基墨水,并进行 3D 打印,测试表明 3D 打印出的炸药材料具有高的燃烧性能。Xu 等采用喷墨打印技术制备了高密度的含能复合物,复合物的密度均超过 90% TMD(TMD 为理论最大密度),DNTF/RDX/EC/GAP(54/36/5/5)体系(DNTF 为 3,4-二硝基呋咱基氧化呋咱,EC 为乙基纤维素)的密度甚至达到 96.88% TMD;复合物中的颗粒为球形、大小为 0.5~2μm,直接沉积在楔形孔道中的含能复合材料具有良好的稳定爆轰能力。黄瑨等设计了 3 种由高能量的 CL-20 炸药和高安全性的 TATB 炸药组成的新型复合多层装药结构,并采用 3D 打印技术予以实现(图 8-14),其轴向/径向复合装药结构的特性落高(H_{50})较 CL-20 装药提高了 4 倍。采用 3D 打印技术制备复合装药结构,为高能、高安全装药设计和精密成型提供了全新的思路和技术途径。

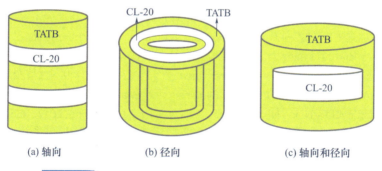

(a) 轴向　　　　(b) 径向　　　　(c) 轴向和径向

图 8-14　三种 CL-20/TATB 新型复合装药结构示意图

上述研究成果反映了增材制造技术在含能材料领域具有极大的优势和发展潜力,但该技术还处于探索实践阶段,尚未得到大规模应用。今后需综合考虑制造过程中的物料特殊性、工艺适用性与过程安全性等问题,针对含能材料体系的特点,搭建适宜的含能材料增材制造系统、研究炸药体系及成型工艺参数,最终形成适于含能材料产品增材制造的设备、配方与工艺。

参考文献

[1] 王泽山. 含能材料概论 [M]. 哈尔滨:哈尔滨工业大学出版社,2006.

[2] 郝志坚,王琪,杜世云. 炸药理论[M]. 北京:北京理工大学出版社,2015.
[3] 周霖. 爆炸化学基础[M]. 北京:北京理工大学出版社,2005.
[4] 严启龙,刘林林. 含能材料前沿导论[M]. 北京:科学出版社,2022.
[5] 托马斯·马蒂亚斯·克拉珀特克. 高能材料化学[M]. 北京:北京理工大学出版社,2016.
[6] 任慧. 含能材料无机化学基础[M]. 北京:北京理工大学出版社,2015.
[7] 张恒志,王天宏. 火炸药应用技术[M]. 北京:北京理工大学出版社,2010.
[8] 李恒德. 现代材料科学与工程辞典[M]. 济南:山东科学技术出版社,2001.
[9] 王玉玲,余文力. 炸药与火工品[M]. 西安:西北工业大学出版社,2011.
[10] 薛琨,韩文虎,陈东平. 燃爆理论与进展[M]. 北京:北京理工大学出版社,2020.
[11] 王伯羲,冯增国. 火药燃烧理论[M]. 北京理工大学出版社,1997.
[12] 潘功配. 高等烟火学[M]. 哈尔滨:哈尔滨工程大学出版社,2007.
[13] 张恒志. 火炸药应用技术[M]. 北京:北京理工大学出版社,2010.
[14] 黄人骏,宋洪昌. 火药设计基础[M]. 北京:北京理工大学出版社,1997.
[15] 谭惠民. 固体推进剂化学与技术[M]. 北京:北京理工大学出版社,2015.
[16] VO T T,PARRISH D A,SHREEVE J N M. Tetranitroacetimidic acid:a high oxygen oxidizer and potential replacement for ammonium perchlorate[J]. Journal of the American Chemical Society,2014,136(34):11934 – 11937.
[17] FISCHER N,FISCHER D,KLAPÖETKE T M,et al. Pushing the limits of energetic materials:the synthesis and characterization of dihydroxylammonium 5,5′ – bistetrazole 1,1′ – diolate[J]. J Mater Chem,2012,22(38):20 418 – 20 422.
[18] ZHANG C,SUN C,HU B,et al. Synthesis and characterization of the pentazolate anion cyclo – N_5 in $(N_5)_6(H_3O)_3(NH_4)_4Cl$ [J]. Science,2017,355(6323):374 – 376.
[19] 郎晴,许元刚,林秋汉,等. 全氮多氮含能化合物研究进展与应用前景分析[J]. 中国材料进展,2022,41(02):98 – 107.
[20] 钟凯,刘建,王林元,等. 含能材料中"热点"的理论模拟研究进展[J]. 含能材料,2018,26(01):11 – 20.
[21] 彭亚晶,叶玉清. 含能材料起爆过程"热点"理论研究进展[J]. 化学通报,2015,78(08):693 – 701.
[22] 石小兵,庞维强,蔚红建. 钝感推进剂研究进展及发展趋势[J]. 化学推进剂与高分子材料,2007(02):24 – 28,32.
[23] RICE B M,HARE J J. A quantum mechanical investigation of the relation between impact sensitivity and the charge distribution in energetic molecules[J]. The Journal of Physical Chemistry A,2002,106(9):1770 – 1783.
[24] TSYSHEVSKY R,PAGORIA P,SMIRNOV A S,et al. Comprehensive end – to – end design of novel high energy density materials:II. computational modeling and predictions[J]. The Journal of Physical Chemistry C,2017,121(43):23865 – 23874.

[25] KANG P, LIU Z, ABOU-RACHID H, et al. Machine-learning assisted screening of energetic materials [J]. The Journal of Physical Chemistry A, 2020, 124(26): 5341-5351.

[26] 池俊杰,邢校辉,赵财,等. 钝感剂在含能材料中的应用[J]. 化学推进剂与高分子材料,2015,13(1):20-26.

[27] 霍欢,轩春雷,毕福强,等. 不敏感含能化合物合成最新研究进展[J]. 火炸药学报,2019,42(01):6-16.

[28] 张德雄,张衍,王伟平,等. 高能量密度材料(HEDM)研究开发现状及展望[J]. 固体火箭技术,2005,28(4):284-288.

[29] 曾贵玉,齐秀芳,刘晓波. 含能材料领域的几类颠覆性技术进展[J]. 含能材料,2020,28(12):1211-1220.

[30] 彭莉娟,杨春明,王冬磊,等. 含能材料数据库研究现状及发展趋势[J]. OSEC首届兵器工程大会论文集,2017.

[31] 黄辉,黄亨建. 后CHNO类含能材料的发展思考[J]. 中国材料进展,2018,37(11):889-895.

[32] 赵瑛. 绿色含能材料的研究进展[J]. 化学推进剂与高分子材料,2010,8(6):1-5.

[33] 赵凤起,胥会祥. 绿色固体推进剂的研究现状及展望[J]. 火炸药学报,2011,34(03):1-5.

[34] 李婧,潘永飞,汪营磊,等. 绿色起爆药的研究进展[J]. 爆破器材,2019,48(04):1-10.

[35] 李成龙,李雯佳,丁亚军,等. 绿色火炸药进展与未来[J]. 科学通报,2023,68(25):3311-3321.

[36] 于瑾,徐司雨,姜菡雨,等. 微流控技术在含能材料制备中的应用及其发展趋势[J]. 火炸药学报,2022,45(4):13.

[37] 赵海龙. 新型钝感含能材料共晶研究[D]. 太原:中北大学,2014.

[38] 刘萌,李笑江,严启龙,等. 新型燃烧催化剂在固体推进剂中的应用研究进展[J]. 化学推进剂与高分子材料,2011,9(2):29-33.

[39] 宿彦京,付华栋,白洋,等. 中国材料基因工程研究进展[J]. 金属学报,2020,56(10):11.

[40] 张朝阳. 含能材料研发的新模式:含能材料基因组研究计划(EMGI)[J]. 含能材料,2016,24(6):520-522.

[41] 韩珺,孙莲萍. 绿色硝化剂N_2O_5的制备及其在含能材料合成中的应用研究进展[J]. 化学推进剂与高分子材料,2010,8(6):7.

第9章 先进力学功能材料

力学功能材料是一类基于材料的力学性能发挥作用的功能材料。在先进功能材料领域,材料的力学性能占有十分重要的地位,材料对静态与动态载荷的变形与断裂等响应行为、失效模式与机理,高温、腐蚀等极端环境下材料的力学响应规律等,长久以来都是材料开发和应用的关键问题。研究材料力学行为的微观物理本质和材料力学性能的影响因素对合理使用材料、正确制定材料加工工艺及开发新材料都极为重要。本章首先介绍弹性变形、塑性变形、磨损、滞弹性、硬度等材料力学性能的基本概念,在此基础上系统介绍形状记忆合金、超塑性材料、润滑材料、阻尼减振材料、超硬材料等先进力学功能材料。

9.1 材料力学基础

9.1.1 弹性变形与塑性变形

材料受外力作用发生尺寸和形状的变化,称为变形。外力去除后,随之消失的变形为弹性变形,剩余的(永久性的)变形为塑性变形。

9.1.1.1 弹性变形

弹性变形的重要特征是具有可逆性,即材料受力作用后产生变形,卸除载荷后变形消失,这反映了弹性变形决定于原子间结合力这一本质属性。

弹性变形是原子系统在外力作用下离开其平衡位置达到新平衡态的过程,可采用原子作用力模型进行讨论。以金属为例,金属晶体在拉应力作用下,当相邻原子间距大于平衡原子间距时,两原子间的引力和斥力均减小;但斥力减小得更快,使引力大于斥力,合力表现为吸引力,此时原子力图恢复到平衡位置。反之,金属在压应力作用下,当相邻原子间距小于平衡原子间距时,两原子间的引力和斥力都会增加;但斥力增加得更快,使斥力大于引力,合力表现为排斥力,此时原子也力图回到平衡位置。因此,在拉应力或压应力去除后,原子恢复到原来的平衡位置,宏观变形也随之消失,这就是弹性变形的物理本质。

物体在弹性状态下应力 σ 与应变 ε 之间的关系用胡克(Hooke)定律描述,其常见形式为

$$\sigma = E \cdot \varepsilon \tag{9-1}$$

式中:E 为弹性模量。胡克定律表明,物体发生弹性变形时,应变与应力成正比。式(9-1)只适用于实际物体中的各向同性体在单轴加载下受力方向的应力 - 应变关系,而在复杂应力状态及不同程度的各向异性体上的弹性变形则更为复杂,需要利用广义胡克定律来描述。

不同材料的弹性行为不同,表现为弹性常数不同。各向同性体中常用的工程弹性常数有弹性模量、泊松比、切变模量、体积模量、刚度等。

1) 弹性模量

弹性模量也叫作杨氏模量,是在物体弹性限度内应力 σ 与应变 ε 的比值,可表征材料抵抗正应变的能力。在单向受力状态下,弹性模量 E 的计算式如下:

$$E = \frac{\sigma}{\varepsilon} \tag{9-2}$$

金属的弹性模量主要取决于金属原子本性、晶格类型及原子间距,与显微组织关系不大,是一个对组织不敏感的力学性能指标。因此,合金化、热处理和冷塑性变形等对金属材料的弹性模量影响不大。另外,加载速度等外在因素对其影响也不大。

2) 泊松比

材料在单向受拉(或受压)状态下,材料沿载荷方向产生伸长(或缩短)变形的同时,在垂直于载荷的方向会产生缩短(或伸长)变形。垂直方向上的应变 ε_y 与载荷方向上的应变 ε_x 之比的负值称为材料的泊松比,也叫作横向变形系数。它是反映材料横向变形的弹性常数,用 ν 表示,计算式为

$$\nu = -\frac{\varepsilon_y}{\varepsilon_x} \tag{9-3}$$

3) 切变模量

切变模量又称刚性模量,是剪切应力 τ 与切应变 γ 的比值,可表征材料抵抗切应变的能力。在纯剪切应力状态下,切变模量 $G = \tau/\gamma$。

4) 体积模量

体积模量 K 表示物体在三向压缩(流体静压力)下,压强 P 与其体积变化率 $\Delta V/V$ 之间的线性比例关系,是比较稳定的材料常数。表达式为

$$K = -\frac{P}{\Delta V/V} = \frac{E}{3(1-2\nu)} \qquad (9-4)$$

因为各向同性体中本质上只有两个独立的弹性常数,所以上述4个过程常数中必然有2个关系把它们联系起来。即

$$E = 2G(1+\nu) \qquad (9-5)$$
$$E = 3K(1-2\nu) \qquad (9-6)$$

5) 刚度

除以上弹性常数之外,还有一个具有重要工程意义的材料性能指标,即刚度。零件的刚度 C 是指引起单位应变所需的载荷,用于表征零件对弹性变形的抵抗能力,等于载荷(力) F 与应变 ε 之比:

$$C = \frac{F}{\varepsilon} = \frac{\sigma \cdot S}{\varepsilon} = E \cdot S \qquad (9-7)$$

式中: S 为零件的横截面积。显然,弹性模量越大,零件的刚度越大,弹性变形越不易进行。在一定载荷下要减少零件的弹性变形、提高其刚度,可选用高弹性模量的材料或适当加大构件的承载截面积。刚度的重要性在于它反映了零件服役时的稳定性。

9.1.1.2 塑性变形

塑性是物体经受变形而不被破坏的能力。当外应力超过弹性极限,物体发生塑性变形,即去除外载荷后也不能恢复的变形。塑性变形具有不可逆性,应力和应变之间不再是弹性变形过程中的单值、线性对应关系,而是一种非线性的对应关系。塑性变形和形变强化是金属材料区别于其他工业材料的重要特征。

1) 金属晶体塑性变形机制

金属单晶体塑性变形的主要机制为滑移和孪生。发生滑移的晶面和晶向分别称为滑移面和滑移方向。滑移面和滑移方向常是晶体中的原子密排面和密排方向,如面心立方晶体中(111)面、[$10\bar{1}$]方向;体心立方晶体中(011)面、(112)面和(123)面,[$\bar{1}11$]方向;密排六方晶体中(0001)面、[$11\bar{2}0$]方向。每一滑移面和该滑移面上的滑移方向组成一个滑移系统,表示在滑移时可能采取的空间取向。通常,晶体中的滑移系统越多,在各个方向上变形的机会就越多,晶体塑性也就越大。

孪生是发生在金属晶体内局部区域的一个切变过程,切变区域宽度较小,切变后形成的变形区的晶体取向与未变形区成镜面对称关系,点阵类型相同。密排六方点阵的金属,因其滑移系统较少,在滑移不足以适应变形要求的情况下,经常以孪生方式变形,作为滑移的补充。体心立方和面心立方的金属在低温和高速变形条件下,有时也发生孪生变形。

孪生可以提供的变形量是有限的,如镉孪生变形只提供约7.4%的变形量,

而滑移变形量可达300%。但是,孪生可以改变晶体取向,以便启动新的滑移系统,或者使难以滑移的取向变为易于滑移的取向。

2)多晶体材料塑性变形特点

工程中的金属材料大多是多晶体材料,各晶粒的空间取向是不同的,晶粒间通过晶界联结起来,使多晶体材料变形要比单晶体复杂得多。

(1)各晶粒塑性变形的不同时性和不均匀性。

多晶体材料受到外力作用后,塑性变形首先在个别取向有利、所受应力达到滑移要求的晶粒内进行。随着应力的不断加大,进入塑性变形的晶粒也越来越多。因此,多晶体材料的塑性变形不可能在不同晶粒中同时开始,这也是连续屈服材料的应力-应变曲线上弹性变形与塑性变形之间没有严格界限的原因。此外,一个晶粒的塑性变形必然受到相邻不同位向晶粒的限制,这种限制在晶粒的不同区域上是不同的。这种变形的不均匀性,不仅反映在同一晶粒内部,而且还体现在晶粒之间和材料的不同区域之间。对于多相合金,变形首先在软相上开始,各相性质差异越大,组织越不均匀,变形的不同时性越明显,变形的不均匀性越严重。

(2)各晶粒塑性变形的相互制约与协调。

由于各晶粒塑性变形的不同时性和不均匀性,为维持材料的整体性和变形的连续性,各晶粒间必须相互协调。为了保证变形的协调进行,滑移必须在更多的滑移系统上配合地进行。多系滑移的发展必然导致滑移系的交叉和相互切割,这便是拉伸试样表面出现的滑移带交叉的情况。在塑性变形中,还可能启动孪生机制,所以实际的塑性变形是比较复杂的。只要滑移系统足够多,就可以保证变形中的协调性,适应宏观变形的要求。因此,滑移系统越多,变形协调越方便,越容易适应任意变形的要求,材料塑性越好。反之亦然。

9.1.2 材料的磨损性能

任何机器运转时,相互接触的零件之间都将因相对运动而产生摩擦。摩擦是磨损的原因,磨损是摩擦的必然结果,而润滑则是减轻摩擦和磨损的一种有效方法。磨损造成材料表面发生损耗,使零件尺寸发生改变,影响零件使用寿命。因此对材料的磨损性能开展研究,具有重要的现实意义。

9.1.2.1 磨损及其分类

机件表面相接触并做相对运动时,表面逐渐有微小颗粒分离出来形成磨屑,使材料表面逐渐损失(尺寸变化和质量损失),造成表面损伤的现象即为磨损。磨损主要是力学作用引起的,在此过程中还伴有物理和化学作用。摩擦副材料、润滑条件、加载方式和大小、相对运动特性(方式和速度)以及工作温度等诸多因素均会影响磨损量的大小,因此磨损是一个复杂的系统过程。

机件正常运行的磨损过程一般分为三个阶段,如图9-1所示。第一阶段为跑和(或称磨合)阶段(Oa段),无论摩擦副双方硬度如何,摩擦表面均能逐渐被磨平,实际接触面积增大,故磨损速率(线段的斜率)减小。磨损跑和阶段磨损速率减小还与表面应变硬化及表面形成牢固的氧化膜有关,电子衍射实验证实,铸铁活塞和气缸的跑和阶段表面有氧化层存在。第二阶段为稳定磨损阶段(ab段),磨损速率一定,大多数机件都在此阶段服役,实验室磨损试验也需要进行到这一阶段。通常根据这一阶段的时间、磨损速率或磨损量来评价材料的耐磨性能。跑和阶段磨合得越好,稳定磨损阶段的磨损速率就越小。第三阶段为剧烈磨损阶段(bc段),随着机器工作时间增加,摩擦副接触表面之间的间隙增加,机件表面质量下降,润滑膜被破坏,引起剧烈振动,磨损加剧,机件很快失效。

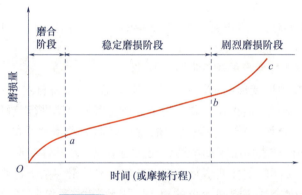

图9-1　磨损量与时间关系示意图

上述磨损曲线因工作条件不同会有很大差异,如摩擦条件恶劣、跑和不良,则在跑和过程中就产生强烈黏着,使机件无法正常运行,此时只有剧烈磨损阶段;反之如跑和良好,则稳定磨损期很长,磨损量也较小。

在磨损过程中,塑性变形与断裂过程是周而复始循环不断的。一旦形成腐蚀产物后,随之开始新的磨损。因此,磨损过程具有动态特征。机件表面的磨损不是简单的力学过程,而是物理、化学和力学过程的综合。

按磨损机理,磨损可分为黏着磨损、磨粒磨损、腐蚀磨损、微动磨损、冲蚀磨损和接触疲劳(表面疲劳磨损)。实际工况中,材料的磨损往往不只是一种机理在起作用,而是几种机理同时存在,只不过是某一种机理起主要作用而已。当条件发生变化时,磨损也会发生变化,会从以一种机理为主转变为以另一种机理为主。据统计,各类磨损造成的经济损失中,约有50%是因磨粒磨损造成的。因此,在这里我们主要讨论磨粒磨损。

9.1.2.2 磨损性能指标

耐磨性是指材料在一定的摩擦条件下抵抗磨损的能力,常以磨损量的倒数来表示。即

$$\varepsilon = \frac{1}{W} \qquad (9-8)$$

式中:ε 为材料的耐磨性;W 为材料在单位时间或单位磨程内的磨损量。

由式(9-8)可知,磨损量越小耐磨性越高。磨损量可用试样摩擦表面法线方向的尺寸减小来表示,即为线磨损量;也可用试样体积或质量损失来表示,称为体积磨损量或质量磨损量。

相对耐磨性($\varepsilon_{相}$)是试验材料 A 与标准材料 B 在同一工况下的耐磨性之比,即

$$\varepsilon_{相} = \frac{\varepsilon_A}{\varepsilon_B} = \frac{W_B}{W_A} \qquad (9-9)$$

式中:W_A 和 W_B 分别为试样 A 和标准样 B 在单位时间或磨程内的磨损量;ε_A 和 ε_B 为两个样品的耐磨性。用来评定材料的耐磨性能时,相对耐磨性可以避免因测量误差或参量变化造成的系统误差,故能较为准确地评定材料的耐磨性能。

9.1.2.3 磨粒磨损

1) 磨粒磨损的概念与分类

磨粒磨损是指硬的磨(颗)粒或硬的突出物在与摩擦表面相互接触运动过程中,使表面材料发生损耗的一种现象或过程。硬颗粒或突出物一般为非金属材料,如石英砂、矿石等,也可能是金属,像落入齿轮间的金属屑等。

磨粒磨损时,作用在质点上的力分为垂直分力和水平分力。前者使硬质点压入材料表面,而后者使硬质点与表面之间产生相对位移。硬质点与材料相互作用的结果,使被磨损表面产生犁皱或切屑,形成磨损或在表面留下沟槽。磨粒磨损是一种常见的磨损形式,也是最重要的磨损类型。在工业领域中的磨粒磨损,约占零件磨损失效的50%。

按接触条件或磨损表面的数量,磨粒磨损可分为两种。①两体磨粒磨损:磨粒直接作用于被磨材料的表面,磨粒、材料表面各为一物体,如犁铧。②三体磨粒磨损:磨粒介于两材料表面之间,磨粒为一物体,两材料为两物体,磨粒可以在两表面间滑动,也可以滚动,如滑动轴承、活塞与汽缸、齿轮间落入磨粒等。

按力的作用特点,磨粒磨损可分为三种。①低应力划伤式磨粒磨损:磨粒作用于表面的应力不超过磨料的压碎强度,材料表面为轻微划伤,如农机具的磨损、洗煤设备的磨损。②高应力碾碎式磨粒磨损:磨粒与材料表面接触处的最大压应力超过磨料的压碎强度,磨粒不断被碾碎,如球磨机衬板与磨球等。③凿削式磨粒磨损:磨粒对材料表面有高应力冲击式的运动,从材料表面上凿下较大颗

粒的磨屑,如挖掘机斗齿、破碎机锤头等。

另外,还可以按材料的相对硬度及工作环境等对磨粒磨损进行分类。

2)磨粒磨损的机理

材料的磨料磨损机理,可大致分为以下四类。

(1)微观切削磨损机理。

磨粒所受的法向力使磨粒压入表面,切向力使磨粒向前推进,当磨粒形状与运动方向适当时,磨粒如同刀具一样,在表面进行切削而形成切屑。但这种切削的宽度和深度都很小,因此称为微观切削。在显微镜下观察,这些微观切削仍具有机床上切削的特点,即一面较光滑,另一面则有滑动的台阶,有些还会发生卷曲的现象。微观切削磨损是经常见到的一种磨损,特别是在固定磨粒磨损和凿削式磨损中,它是材料表面磨损的主要机理。

(2)多次塑变磨损机理。

在磨料磨损中,当磨粒滑过被磨材料表面时,除切削以外,大部分把材料推向两侧或前缘,这些材料的塑性变形很大,但却没能脱离母体。若在犁沟时全部沟槽中的体积都被推向两侧和前缘而不产生切屑,则称为犁皱。犁沟或犁皱后堆积在两侧和前缘的材料以及沟槽中的材料,在受到随后的磨粒作用时,可能把已堆积的材料压平,也可能使已变形的沟底材料遇到再一次的犁皱变形。如此反复塑变,导致材料产生加工硬化或其他强化作用,最终剥落而成为磨屑。这种形式的磨粒磨损,可在球磨机的磨球和衬板、颚式破碎机的齿板以及圆锥式破碎机壁的磨损中发现。

(3)微观断裂(剥落)磨损机理。

磨粒与脆性材料表面接触时,材料表面因受到磨粒的压入而形成裂纹,当裂纹互相交叉或扩展到表面上时,就发生剥落,形成磨屑。断裂机制造成的材料损失率最大。

(4)疲劳磨损机理。

摩擦表面在磨粒产生的循环接触应力作用下,使表面材料因疲劳而剥落。

在实际磨粒磨损过程中,往往有几种机制同时存在,但以某一种机制为主。当工作条件发生变化时,磨损机制也随之变化。

3)磨粒磨损的影响因素

由于材料的磨料磨损是一个复杂的、多种因素综合作用的摩擦学过程,因而材料性能、磨粒性能及工作条件都对磨粒磨损有重要的影响。

(1)材料性能的影响。

材料的硬度、断裂韧性、显微组织对磨粒磨损均有影响。硬度是表征材料抗磨粒磨损性能的主要参数。一般情况下,材料硬度越高,其抗磨粒磨损能力也越高。断裂韧性也会影响材料的磨粒磨损性能,当硬度与断裂韧性配合最佳时,耐磨性最好。在显微组织方面,马氏体的耐磨性最好,铁素体因硬度太低,耐磨性最差。

（2）磨粒性能的影响。

磨粒的硬度、尺寸和形状等因素对磨粒磨损均有明显的影响。当磨粒为软磨粒时,材料不产生磨粒磨损或产生轻微磨损;当磨粒为硬磨粒时,将产生严重的磨粒磨损。磨粒大小对耐磨性的影响存在一个临界尺寸,在临界尺寸之下时,磨损量随磨粒尺寸的增大而按比例增加;当磨粒尺寸超过临界尺寸时,磨损量增加的幅度明显降低。尖锐磨粒造成的磨损量高于同样条件下的多角形和球形磨粒产生的磨损量。

（3）工作条件的影响。

载荷和滑动距离对磨损的影响最为明显,在一般情况下都呈线性关系。载荷越高,滑动距离越长,磨损就越严重。滑动速率在 0.1m/s 以下时,磨损量随滑动速率的增加略有降低;当滑动速率介于 0.1~0.5m/s 范围内时,滑动速率的影响很小;当滑动速率大于 0.5m/s 后,随着滑动速率增大,磨损量先略有增加,达到一定值后基本不再变化。

9.1.3　材料的滞弹性与内耗

一个自由振动的物体,即使处在与外界完全隔离的系统中,其振动能量也会逐渐衰减而停止振动。这种由内部原因而使机械能消耗（转化为热能）的现象,称为内耗或阻尼。由此可见,在交变应力条件下工作的机器零件或工程构件,既有与外界摩擦而造成的外耗,还存在着材料内部微观物理过程变化而引起的内耗。研究内耗有下述两个方面意义:一是用内耗值评价材料的阻尼本领,寻求新的减振材料以满足工程结构的需要;二是了解内耗与材料成分、组织和结构之间的关系,用以分析固体材料学方面的有关问题。从产生内耗的机制来看,固体材料中的内耗分为三种类型,即滞弹性内耗、静滞后内耗和阻尼共振型内耗。

9.1.3.1　内耗的度量

理想弹性体在受到外力时,应变在瞬间便达到胡克定律所规定的量值,即应力和应变是同步的,是单值函数关系,不会产生内耗。实际固体中会有非弹性行为出现,此时应力和应变相位不同,应变的变化相对于应力的变化有一个相位差角（φ）,在应力-应变图上出现滞后回线,这时才有内耗发生。

在最简单的情况下可以只考虑主应变,应力 σ 和应变 ε 随时间 t 的变化可表示为

$$\sigma = \sigma_0 \sin(\omega t) \qquad (9-10)$$

$$\varepsilon = \varepsilon_0 \sin(\omega t - \varphi) \qquad (9-11)$$

式中：ω 为循环加载应力的角频率；σ_0 为应力振幅；ε_0 为应变振幅。

滞后回线所包围的面积代表应力一个周期内在材料中的能量损耗 ΔW，即

$$\Delta W = \oint \sigma d\varepsilon = \int_0^{2\pi} \sigma_0 \varepsilon_0 \sin(\omega t) d[\sin(\omega t - \varphi)] = \pi \sigma_0 \varepsilon_0 \sin\varphi \tag{9-12}$$

设 W 为振动一周的总能量，则有

$$W = \frac{1}{2}\sigma_0 \varepsilon_0 \tag{9-13}$$

内耗的度量一般用 Q^{-1} 表示，Q 为振动系统的品质因子。因 φ 角很小，于是有

$$Q^{-1} = \frac{1}{2\pi} \cdot \frac{\Delta W}{W} = \sin\varphi \approx \tan\varphi \approx \varphi \tag{9-14}$$

式(9-14)表明，内耗的大小直接取决于相位差角的大小。但因 φ 角本身很小，直接测量准确性不高，在金属学中常用对数衰减率 δ 来度量，其表达式为

$$\delta = \ln \frac{A_n}{A_{n+1}} \tag{9-15}$$

式中：A_n 和 A_{n+1} 分别为第 n 次和第 $(n+1)$ 次振动的振幅。根据自由振动正比于振幅平方的原理，在 δ 很小时，可以导出

$$Q^{-1} = \frac{1}{2\pi} \cdot \frac{\Delta W}{W} = \frac{\delta}{\pi} = \frac{1}{\pi}\ln\frac{A_n}{A_{n+1}} \tag{9-16}$$

工业上对材料减振性能更重视实用性。材料的振动衰减过程受温度、频率、应变振幅和磁场等外界条件的影响很大。改变外界条件，则同一材料的振动衰减能力可能有很大变化。减振系数(SDC)的概念在机械工程上被广泛采用，它是振动物体内振动能转变为热能而损失的比率，其定义如下：

$$\text{SDC} = \frac{\Delta W}{W} \times 100\% \tag{9-17}$$

SDC 与 Q^{-1}、δ 的近似关系为

$$Q^{-1} = \frac{\delta}{\pi} = \frac{\text{SDC}}{2\pi} \tag{9-18}$$

内耗与频率、振幅和温度的关系随内耗类型的不同而变化，以下分别讨论内耗的几种基本类型。

9.1.3.2 滞弹性内耗

1）材料的滞弹性

所谓滞弹性，是指在弹性范围内出现的非弹性现象。一个理想的弹性体，在受力条件下应力和应变之间的关系应完全遵守胡克定律，也就是应力和应变的变化随时都保持相同的相位，这种情况不会产生内耗。

但是对于一个实际固体材料来说,即便在弹性变形范围内,也并不是完全弹性的,而是存在着明显的非弹性现象。例如,对一个金属棒,在弛豫时间 $\tau = 0$ 时快速施加一拉应力 σ_0,此试棒立即产生一个应变 ε',见图 9-2。ε' 称为瞬时应变,它只是试棒应当产生总应变中的一部分,还有一部分应变为 ε'',则是在受力以后的一定时间内逐渐产生的,ε'' 称为补充应变,也称弹性蠕变。同样,去除应力后应变也并不立即消失,而是先消失一部分,另一部分逐渐消失,这种现象称为弹性后效。显然弹性蠕变和弹性后效都是弹性范围内的非弹性现象,即滞弹性。可以看到,实际固体材料在弹性范围内受应力作用所产生的总应变为 $\varepsilon = \varepsilon' + \varepsilon''$,并且应变落后于应力。如果将这个变化过程绘制成应力-应变曲线,则会得到如图 9-3 所示的封闭回线图,回线的面积越大,则能量损耗也越大。

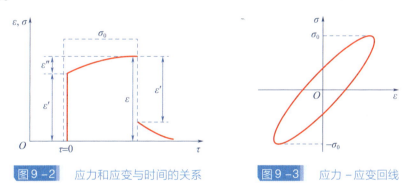

图 9-2 应力和应变与时间的关系 　　图 9-3 应力-应变回线

2)滞弹性内耗

由滞弹性产生的内耗称为滞弹性内耗,也叫作弛豫内耗或动滞后型内耗。对多数固体材料而言,在与振幅无关的情况下,根据弛豫理论可以导出内耗、模量亏损 ΔM、应变角频率 ω、弛豫时间 τ 四者之间的关系为

$$\tan\varphi = \Delta M \frac{\omega^2}{1 + (\omega\tau)^2} \tag{9-19}$$

式中:ΔM 为模量亏损,表达式为

$$\Delta M = \frac{M_U - M_R}{\sqrt{M_U M_R}} \tag{9-20}$$

式中:M_U 为未弛豫模量,可理解为只产生 ε' 条件下的弹性模量;M_R 为弛豫模量,是充分产生 ε'' 条件下的弹性模量。

式(9-19)为滞弹性内耗的理论公式,它表明了内耗曲线的基本特征。当 $\omega\tau \gg 1$ 或 $\omega\tau \ll 1$ 时,$\tan\varphi$ 都趋向于 0;只有当 $\omega\tau = 1$ 时,$\tan\varphi$ 才出现极大值,它被称为内耗峰。$\omega\tau \gg 1$ 时,意味着应力的变化非常快,以至于材料来不及产生弛豫过程,即 $\varepsilon'' = 0$,相当于理想弹性体,所以内耗趋于 0。$\omega\tau \ll 1$ 时,应力变化非常慢,这时有条件使ε''充分地产生,应变和应力同步变化,应力和应变组成的回线趋于一条直线,但斜率较低,内耗也趋于0。在上述两种极限情况之间,应力变化一周便形成一个如图9-3所示的椭圆形回线。当$\omega\tau=1$时,回线的面积最大,即内耗为最大。

弛豫时间可以理解为受力材料从一个平衡状态过渡到新的平衡状态,内部原子调整所需要的时间。它与温度的关系为

$$\tau = \tau_0 \exp\left(\frac{H}{RT}\right) \tag{9-21}$$

式中:H为扩散激活能;R为气体常数;T为热力学温度;τ_0为绝对零度时弛豫时间。从上式不难看出,τ随温度的升高而变小。

9.1.3.3 静滞后型内耗

滞弹性内耗有一个明显的特点,就是应变-应力滞后回线的出现是由实验的动态性质决定的。因此回线的面积与振动频率的关系很大,但与振幅无关。对于滞弹性材料,如果实验是静态地进行,即实验中应力的施加和撤除都非常缓慢,总使材料保持着平衡状态,回线的面积将等于0,也不会产生内耗。所以,可以将滞弹性内耗看作一种动态滞后行为的结果。

相对于动态滞后的行为而言,滞弹性材料中还存在一种静滞后行为,是产生内耗的另一个原因。对于非黏弹性材料来说,应力和应变之间存在着像磁滞回线中B和H那样的关系,即增加应力时能瞬时达到的应变值和减小应力时能瞬时达到的应变值是不同的,应力和应变之间不是单值函数。这种材料去掉应力时还保留着一个残留变形,不会消失;只有加一个一定大小的反向应力,应变才能恢复到零点状态,如图9-4所示。总之,这种行为和动滞后是完全不同的,不管加载的频率如何,也不管是动态还是静态,由于应力变化时应变总是瞬时调整到相应的值,得到的回线形状及大小是一样的,这种行为就称为静滞后。静滞后也是一种弹性范围内的非弹性现象。

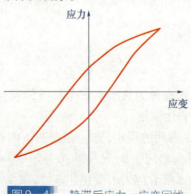

图9-4　静滞后应力-应变回线

由静滞后所产生的内耗与频率无关,但和振幅有显著的依赖关系。在塑性形变的条件下应力和应变之间存在着静滞后的关系,它对研究疲劳是必须考虑的。另外,发现铁磁物质有一个与频率无关的滞后回线。研究结果也证明,当振幅小于 10^{-7} 时,晶体中的位错运动也会引起产生静滞后回线。这表明材料内部磁重排及原子的重排都可导致产生静滞后行为,产生内耗。

静滞后的各种机制之间没有类似的应力-应变方程可循,所以不能像弛豫型内耗那样进行简单明了的数学处理,而必须针对具体的内耗机制进行计算,求出回线面积 ΔS,再根据定义 $Q^{-1} = \Delta W/(2\pi W)$ 求得内耗值。

一般说来,静滞后回线的面积与振幅不存在线性关系,因此其内耗一般与振幅有关而与振动频率无关,这往往被认为是静滞后型内耗的特征。它与前述弛豫型滞弹性内耗"频率相关"和"振幅无关"的特征恰恰相反。这一明显的差别是判定这两类内耗的重要依据。

9.1.3.4　阻尼共振型内耗

材料中的阻尼共振是产生内耗的又一种情况。阻尼共振型内耗的特征和弛豫型滞弹性内耗类似,与频率有关,但与之最大区别是内耗峰对温度的变化比较不敏感,这种内耗主要同晶体中位错线段的运动有关,故称为阻尼共振型内耗。

假设一段位错在其平衡位置附近在外应力作用下发生共振,这种共振频率很高,此时的动态滞后内耗或静态滞后内耗均可不计,但由于位错发生共振,仍能产生能量损耗。位错共振内耗虽与频率有关,但它对温度不像弛豫型内耗那样敏感,改变温度时弛豫型内耗峰的频率变化很大,而对共振阻尼的共振频率影响不大。位错线在其平衡势谷位置的共振发生在超声频范围(3~300 兆周/秒),这种阻尼共振内耗在一些轻度冷加工的金属中都有发现。一般随着金属中杂质含量的增加,共振阻尼减少,冷加工后的试样经过退火可以使内耗下降。格拉那托(Granato)和吕克(Lücke)提出这种内耗的基本过程是两端被杂质钉扎住的位错线段在外加交变载荷下的阻尼运动。退火后由于位错数目减少,所处位置更为稳定以及杂质在位错上沉淀等,使内耗下降。

9.1.4　材料的硬度

硬度是衡量材料软硬程度的一种性能指标,其定义为在给定的载荷条件下,材料对形成表面压痕(刻痕)的抵抗能力。金属材料及难以发生塑性变形的脆性材料,如铸铁、铸铝合金、轴承合金、金属基复合材料及陶瓷材料等,可以通过测量材料的表面硬度来衡量材料的力学状态。硬度测量简单方便,但硬度测试有时不能反映材料整体的力学状态。

硬度只是一种技术指标,并不是一个确定的力学性能指标,其物理意义随硬度试验方法的不同而不同。硬度测试方法主要有刻画法、回跳法、压入法三大类。其中压入法根据测试原理和方法又分为布氏硬度、洛氏硬度和维氏硬度。

9.1.4.1 布氏硬度

布氏硬度的试验原理是采用一定大小的载荷 F,把直径为 D 的淬火钢球或硬质合金球压入被测金属表面,保持规定的时间后卸除载荷,在试样表面留下压痕,如图 9-5 所示。测压痕的直径 d,计算出压痕的表面积 A。将单位压痕面积承受的平均压力定义为布氏硬度,用符号为 HB 表示。HB 的计算式如下:

$$\mathrm{HB} = \frac{F}{A} = \frac{F}{\pi Dh} \tag{9-22}$$

式中:h 为压痕深度。

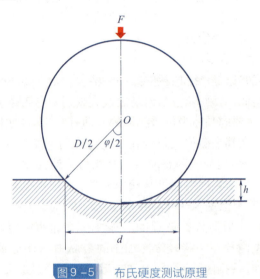

图 9-5　布氏硬度测试原理

F 和 D 一定时,h 大则表明材料的变形抗力弱,硬度值小;反之,h 小则表明材料变形抗力强,硬度值大。直观上,测量压痕球冠表面圆的直径 d 要比测量压痕深度 h 更为方便。由 D、d、h 三者之间的几何关系可得

$$\mathrm{HB} = \frac{2F}{\pi D(D - \sqrt{D^2 - d^2})} \tag{9-23}$$

因此,在一定的 F 和 D 下,布氏硬度值只与压痕直径 d 有关。布氏硬度的单位为 $\mathrm{kgf/mm^2}$[①],但一般不标注单位。

因布氏硬度值与试验条件有关,所以一般采用几种符号的组合来表示其硬度值的大小,即硬度值+球体材料+球体直径+试验载荷+加载时间。其中,球体材

---

① kgf,千克力,1 千克力是 1 千克物体在北纬 45°海平面上所受的重力,1kgf≈9.8N。

料为硬质合金球时,用 HBW 表示,适用于测量布氏硬度为 450～650 的材料;球体材料为淬火钢球时,用 HBS 表示,适用于测试布氏硬度低于 450 的材料。

例如,120HBS10/1000/30 表示采用直径为 10mm 的淬火钢球在材料表面施加 1000kgf 的载荷,保持时间为 30s,测得材料的布氏硬度值为 120。当加载时间为 10～15s 时可不标注出来,如 500HBW5/750。

布氏硬度具有如下特点:

(1) 测试硬度范围较宽,适宜多种材料试验(采用不同压球);

(2) 压痕面积大,数据较稳定,可较好地反映大体积范围内材料的综合平均性能;

(3) 不适宜过薄、表面质量要求高及大批量快速检测的试样。

9.1.4.2 洛氏硬度

洛氏硬度测试是目前应用最广的一种方法。与布氏硬度不同,它不是测定压痕的面积,而是测定压痕的深度来表征材料的硬度值。

洛氏硬度试验的压头有两种:一种是顶角为 120° 的金刚石圆锥体,适用于淬火钢材等较硬的材料;另一种是直径为 1.588mm 的淬火钢球,适用于退火钢、有色金属等较软的材料。

洛氏硬度试验原理如图 9 - 6 所示。试验时,载荷分两次施加,先加初载荷 F_0,然后加主载荷 F_1,其总载荷为 $F = F_0 + F_1$。图中为采用 120° 圆锥角的金刚石压头时的情况。

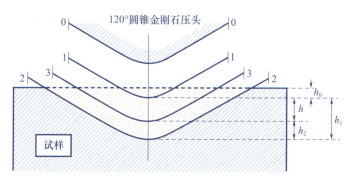

图 9 - 6 洛氏硬度测试原理

图 9 - 6 中,0 - 0 位置为压头没有和试样接触时的位置;1 - 1 位置为压头受到初载荷 F_0 后压入试样深度为 h_0 的位置;2 - 2 位置为压头受到主载荷 F_1 后压入试样深度增至 h_1 的位置;3 - 3 位置为压头卸除主载荷 F_1 但仍保留初载荷 F_0 时的位置,由于试样弹性变形的恢复,压入深度减小了 h_2。此时压头受主载荷 F_1 作用压入试样的实际深度为 $h = h_1 - h_2$。最后卸除初载荷 F_0。因此,h 值的大小可表征材料的硬度。

显然,金属越硬,压痕深度 h 越小,反之,压痕深度 h 越大。但若直接以深度 h 值表征硬度值,则会出现硬的材料 h 值小,软的材料 h 值大的现象。为此,用一常数 K 减去压痕深度 h 的值来表征洛氏硬度值,并规定每 $0.002\mathrm{mm}$ 为一个洛氏硬度单位,符号为 HR,则洛氏硬度值表示为

$$\mathrm{HR} = \frac{K-h}{0.002} \tag{9-24}$$

式中:采用金刚石压头时,$K=0.2\mathrm{mm}$;采用钢球压头时,$K=0.26\mathrm{mm}$。

为了适用于不同硬度范围的测试,洛氏硬度常用 3 种标尺,即 HRA、HRB、HRC,且分别采用不同的压头和总载荷组成了不同的洛氏硬度标度,具体的试验条件和应用范围详见表 9-1。

表 9-1 洛氏硬度的试验条件和应用范围

标度	压头类型	初载荷/kgf	总载荷/kgf	表盘刻度颜色	应用范围/mm
HRA	120°金刚石圆锥体	10	60	黑色	70~85
HRB	1.588mm 直径钢球	10	100	红色	25~100
HRC	120°金刚石圆锥体	10	150	黑色	20~67

除常用的 HRA、HRB、HRC 三种标尺之外,洛氏硬度还有几种初载、主载都大为减小的标尺,以适应薄零件及涂层、镀层等的硬度测量,此即为表面洛氏硬度。

洛氏硬度具有如下特点:

(1)可测试的硬度值上限高于布氏硬度,适于高硬度材料的测试;

(2)压痕小,基本不损伤工件的表面,适用于成品检测;

(3)操作迅速、直接读数、效率高,适用于成批检验;

(4)因有预载荷,可以消除表面轻微的不平度对结果的影响;

(5)对材料组织不均匀性很敏感,特别是对粗大组织的材料数据比较分散,重复性差;

(6)不同标尺间的硬度值不可比较。

9.1.4.3 维氏硬度

布氏硬度在满足 F/D^2 为定值时可使其硬度值统一,但为了避免钢球产生永久变形,常规布氏硬度试验一般只可用于测定硬度小于 HB450 的材料,而洛氏硬度虽可用来测试各种材料的硬度,但不同标尺的硬度值不能统一,彼此没有联系,无法直接换算。针对以上不足,为了从软到硬的各种材料有一个连续一致的硬度标度,制定了维氏硬度试验法。

维氏硬度的测定原理基本与布氏硬度相同,也是根据单位压痕面积上承受的载荷来计量硬度值,如图 9-7 所示。不同的是,维氏硬度采用的是形状为正四棱锥的硬度极高的金刚石压头,相对锥面的夹角为 $\alpha=136°$。

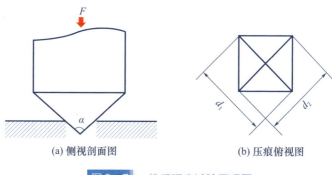

(a) 侧视剖面图　　　　(b) 压痕俯视图

图 9-7　维氏硬度试验原理图

采用四方角锥压头,是针对布氏硬度的载荷 F 和压头直径 D 之间必须遵循 F/D^2 为定值这一制约关系的缺点而提出来的。采用四方角锥压头,当载荷改变时压入角不变,因此载荷可以任意选择,这是维氏硬度试验最主要的特点,也是最大的优点。

四方角椎体之所以选取 136°,是为了所测数据与布氏硬度值能得到最佳的配合。因为一般布氏硬度试验时,压痕直径 d 多半为 $0.25 \sim 0.50D$,当 $d = (0.25D + 0.50D)/2 = 0.375D$ 时,通过此压痕直径作压头的切线,切线的夹角正好等于 136°。因此,在较低硬度范围内,通过维氏硬度试验所得到的硬度值和通过布氏硬度试验所得到的硬度值能完全相等或基本相近,这是维氏硬度试验的第二个特点。

此外,采用四方角锥后,压痕为一具有清晰轮廓的正方形。在测量压痕对角线长度 d 时误差小,如图 9-7(b) 所示,这比用布氏硬度测量圆形的压痕直径 d 要方便得多。另外,采用金刚石压头可适用于任何硬质材料的硬度测量。

测量维氏硬度时,也是以一定的压力 F 将压头压入试样件表面,保持一定的时间后卸除压力,于是在试样表面留下压痕,如图 9-7 所示。测量压痕两对角线的长度后取平均值 d,由于压痕面积 $A = d^2/\sin 68° = d^2/1.8544$,则相应的维氏硬度值可用式 (9-25) 计算:

$$HV = F/A = 1.8544F/d^2 \qquad (9-25)$$

维氏硬度的单位为 kgf/mm^2,但一般不标注。

维氏硬度的表示方法与布氏硬度相同,以 640HV30/20 为例,HV 前面的数字为硬度值,后面的数字依次为试验载荷(kgf)和加载时间。

维氏硬度具有如下特点:

(1) 维氏硬度的载荷范围很宽,通常为 $5 \sim 100 kgf$,理论上不受限制;

(2) 测试薄件或涂层硬度时,通常选用较小的载荷,一般应使试件或涂层厚度大于 $1.5d$;

(3) 压痕轮廓清晰,采用对角线长度计量,精确可靠;

(4) 测量范围较宽,软硬材料都可测试,不存在洛氏硬度不同标尺的测量结果无法统一的问题;

(5) 当材料的硬度小于 450HV 时,维氏硬度值与布氏硬度值大致相同;

(6) 需测量压痕对角线才能计算得到结果,测试效率没有洛氏硬度高。

9.2 形状记忆合金材料

形状记忆合金(SMA)是一种具有形状记忆效应和超弹性的新型功能材料,最先作为驱动元件应用到智能结构中。由于其神奇的特性,从被发现以来就受到了人们的广泛关注。

9.2.1 形状记忆合金的特性

形状记忆合金与普通金属的变形及恢复过程不同,如图 9-8 所示。对于普通金属材料,当变形在弹性范围内时,去除载荷后其可以恢复到原来的形状,当变形超过弹性范围后,再去除载荷时,材料会发生永久变形而不能完全恢复到原来形状。例如在其后加热,这部分的变形也并不会消除,如图 9-8(a) 所示。形状记忆合金在变形超过弹性范围后,去除载荷时也会发生残留变形,但这部分残留变形在合金被加热到某一温度时会消除,合金从而恢复到原来的形状,如图 9-8(b) 所示。有的形状记忆合金,当变形超过弹性极限后的某一范围内,去除载荷后能徐徐返回原形,如图 9-8(c) 所示,这种现象称为超弹性或伪弹性。比如铜铝镍合金就是一种超弹性合金,当伸长率超过 20%(大于弹性极限)后,一旦去除载荷又可恢复原形。

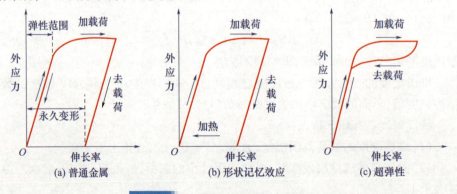

图 9-8 形状记忆合金效应和超弹性

形状记忆合金由于其在各领域的特效应用,正广为世人瞩目,被誉为"神奇的功能材料"。它若在较低的温度下发生变形,加热后可恢复至变形前的形状,这种只在加热过程中存在的形状记忆现象称为单程形状记忆效应。某些合金受热时能恢复高温相形状,冷却时又能恢复低温相形状,这种形状记忆现象称为双程形状记忆效应。

大部分形状记忆合金的形状记忆机理是热弹性马氏体相变,如图 9-9 所示。当形状记忆合金从如图 9-9(a)所示的高温母相状态冷却到低于马氏体相变起始温度(M_s)后,开始产生马氏体相变,形成如图 9-9(b)所示的热弹性马氏体,在马氏体温度范围内变形而成为如图 9-9(c)所示的变形马氏体。在此过程中,马氏体发生择优取向,处于应力方向有利取向的马氏体片长大,而处于应力方向不利取向的马氏体被有利取向者消灭或吃掉,最后成为单一有利取向的有序马氏体。将变形马氏体加热到其逆转变温度以上,晶体恢复到原来单一取向的高温母相,宏观形状也恢复到原始状态。经此过程处理后母相再冷却到M_s温度以下,对于具有双相记忆的合金,又可记忆在图 9-9(c)所示阶段的变形马氏体形状。

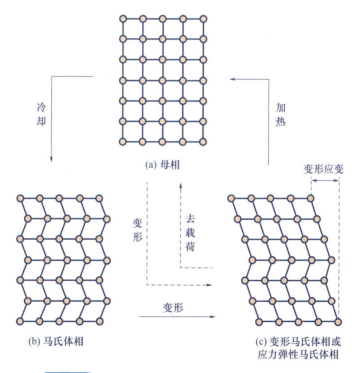

图 9-9　形状记忆合金和超弹性变化的机理示意图

如果直接对母相施加变形应力,则可直接由母相[图9-9(a)]转变成应力弹性马氏体[图9-9(c)]。去除应力后,又恢复到母相原来的形状,应变消除。这就是具有超弹性性质的形状记忆合金的形状记忆过程。显然,形状记忆合金的基本特性是具有形状记忆效应和超弹性。

从20世纪80年代开始,形状记忆合金开始飞速进入工业化和实用化阶段。其应用范围涉及电子、机械、航空、航天、能源、交通、医疗等,几乎包含了产业界的所有领域。目前,已研发成功的形状记忆合金主要有Ni-Ti系形状记忆合金(如NiTi、NiTiCu、NiTiNb、NiTiHf等)、铜基系形状记忆合金(如CuZnAl、CuAlNi、CuZn、CuSn等)、铁基系形状记忆合金(如FeMnSi、FePd、FePt、FeNiCoTi等)以及AgCd、AuCd、InTi等。下面简单介绍几类典型的形状记忆合金。

9.2.2 钛镍(Ti-Ni)基合金

1)Ti-Ni基合金的特点

1963年,美国海军武器实验室开发出具有应用价值的Ti-Ni基形状记忆合金,开启了形状记忆合金的实用阶段。近等原子比成分的Ti-Ni合金具有优异的形状记忆效应,是数十种已知形状记忆合金中性能最好、应用最广泛的一种。这主要是因为该合金具有如下特性。

(1)优良的形状记忆效应与超弹性。普通工程用多晶Ti-Ni合金的形状可回复拉伸应变高达8%,在此形变范围内形状回复率高达100%,并且循环稳定性较好。其形状记忆性能指标可在一定范围内通过热处理及合金化调整。

(2)良好的力学性能。近等原子比的Ti-Ni合金的力学强度及韧性与低-中碳钢的同类性能相近,其力学性能可在很大的范围内通过金属热冷加工及热处理控制。在现有的形状记忆合金中,Ti-Ni合金具有最佳的抗疲劳特性。

(3)良好的加工与成型能力。常见的金属材料加工手段均适用于Ti-Ni合金,如铸造、锻压、轧制、挤压、焊接等。近等原子比Ti-Ni合金本质晶粒度细小,具有很好的加工塑性,可被加工成很细的丝材或薄板(小于$100\mu m$)。此外,Ti-Ni合金还可以通过非常规手段制备,如薄膜、微米管、多孔材料及复合材料等。

(4)优良的抗腐蚀性能与生物相容性。

2)Ti-Ni二元合金

Ti-Ni合金有3种金属化合物:Ti_2Ni、$TiNi$和$TiNi_3$。Ti-Ni合金的形状记忆效应主要由TiNi相实现。TiNi的高温相为CsCl结构的体心立方晶体(B2),室温晶格常数为0.3015nm。B2相成分在等原子比附近有一定扩展,因而更具固溶体合金的特性,在文献中常被表示为 TiNi 或 Ti-Ni。B2 相对 Ni 有明显的过固溶度,对 Ti 的过固溶度则很小。在 1180℃,其固溶度范围为 51.5% Ti~56.5% Ni。随温度下降,固溶度降至 50% Ti~50% Ni 等原子比,导致 Ti_2Ni 和 $TiNi_3$ 析出相的形成。TiNi 的低温相是一种复杂的长周期堆垛结构(B19),属单斜晶系。Ti-Ni 形状记忆合金具有优良的力学性能,抗疲劳、耐磨损、抗腐蚀,形状记忆恢复率高,生物相容性好,是目前唯一用作生物医学材料的形状记忆合金。而且 Ti-Ni 合金热加工成型性能好,通过在 1000℃ 左右固溶后,在 400℃ 进行时效处理,再淬火得到马氏体。时效处理一方面能提高滑移变形的临界应力,另一方面能引起 R 相变。R 相变是 B2 点阵受到沿[111]方向的菱形畸变的结果。通过时效处理,以及加入其他元素,可以提高 Ti-Ni 的记忆效应和加工性能,拓宽应用范围。

在 Ti-Ni 合金中,Ni 含量的改变将引起相变点温度很大的变化。一般说来,当 Ni 含量增加 0.1%(摩尔分数)时,A_f 点(马氏体逆相变终了温度)将降低 10~20K。在不同 Ni 含量的 Ti-Ni 合金中,固溶时效析出相有较大差别,Ni 含量和时效对 Ti-Ni 合金的组织影响很大。当 Ni 含量为 40%~50%(摩尔分数)时,合金的组织具有成分效应,不具有时效效应,其固溶淬火组织和时效组织相同,室温组织皆为 $M+TiNi_2$(M 为马氏体)。随着 Ni 含量的增加,$TiNi_2$ 减少。当 Ni 含量为 50.5%~70%(摩尔分数)时,合金的组织既具有成分效应,又具有时效效应,室温组织为 $A+$析出物(A 为 M 逆转变相)。随着 Ni 含量的增加或时效时间的延长,组织中析出物的种类和数量增多。析出物出现的先后顺序为 $Ti_3Ni_4 \rightarrow Ti_2Ni_3 \rightarrow TiNi_2 \rightarrow TiNi_3$,稳定性也按此顺序增加。

在工业生产中,由于原料、坩埚和气氛等,渗碳是不可避免的,通常熔铸的 Ti-Ni 合金中都含有一定量的碳。合金材料的碳通常以两种方式存在:一种是固溶于 TiNi 相,另一种是析出 TiC 化合物。碳的添加使 TiNi 合金的 A_s(马氏体逆相变起始温度)点下降,而且碳的浓度越大,A_s 点下降越多。其原因有如下两点:①渗入的碳固溶于 TiNi 相基体,从而降低了 A_s 点;②渗入的碳以 TiC 碳化物形式析出,增加了基体的 Ni 含量。研究表明,在小于 0.5%(摩尔分数)碳含量的情况下,碳含量的提高不会导致合金材料屈服应力、屈服应变、断裂应力、断裂应变的恶化,反而使这些力学性能略有提高。此外,C 含量还对记忆性能有一定的影响,使相变滞后扩大,恢复率下降。

Ti-Ni 合金中氧的固溶度非常小,约为 0.045%(摩尔分数)。氧含量低于 0.32%(摩尔分数)的合金,不论淬火温度高低都呈现高温相到马氏体相的一阶相变,但氧含量高于 0.61% 的 Ti-Ni 合金,当淬火温度高于约 650℃ 时,变为高温相到中间相再到马氏体相的二阶相变。Ti-Ni 合金中的 Ti_4Ni_2O 氧化物对形状记忆行为几乎没有什么影响,但渗氧使力学性能变差,使合金变脆。

3) Ti-Ni 基三元合金

尽管 Ti-Ni 二元合金已经是相当完美的材料,但针对不同的应用环境特点,人们经常发现 Ti-Ni 二元合金也会不尽如人意,如使用温度无法超过 100℃,完成动作的工作温度区间较宽等。在不对 Ti-Ni 二元合金的基本特性进行改变的同时,为了追求某种特性,如高相变温度、宽相变温度滞后、窄相变温度滞后、低相变温度等,人们就以 Ti-Ni 二元合金为基,通过添加少量的第三组元来实现。

除 C、H、O、N 元素作为间隙原子外,大多数的添加元素都是以置换原子的方式进入 Ti-Ni 合金的晶格中的。显然,由于元素的性质不同,取代 Ni 或 Ti 原子的位置的概率也不同,同样引发的晶胞的畸变也不同,对马氏体相变的影响(相变次序、相变温度、作为马氏体的点阵不变切变的孪晶类型选择)也不同。

在 Ti-Ni 合金中添加少量的第三元素,将会引起合金中马氏体内部的显微组织发生显著变化,同时可能导致马氏体的晶体结构发生改变,宏观上表现为相变温度点的升高或降低。按照加入对相变温度的影响规律,大致可归为两类:一类为降低相变点元素,另一类为升高相变点元素。降低马氏体相变温度的元素主要有 Fe、Al、Cr、Co、Mn、V、Nb 和稀土元素 Ce、Nd 等。随着这类元素含量的增加,马氏体相变温度近似呈直线下降。O、C 等元素也降低合金的相变点,但会恶化合金的形状记忆效应,因此常被视为杂质加以控制含量。提高马氏体相变温度的元素大多为ⅣB 族和Ⅷ族元素,如 Au、Pt、Pd、Hf 和 Zr 等。例如,$Ni_{47}Ti_{44}Nb_9$ 滞后宽度由 34℃增到 144℃,且 A_s 高于室温(54℃)。这种 Ti-Ni-Nb 宽滞后记忆合金在室温下既能存储又能工作,工程使用极为方便。近年来,由于高温热敏器件的大量应用,为此开发出 $TiNi_{1-x}R_x$(R = Au、Pt、Pd 等)和 $Ti_{1-x}NiM_x$(M = Zr、Hf 等)系列高温记忆合金。例如,Ti-Ni-Nb 或 Ti-Pd 合金的 M_s 点可达 200~500℃,而 Ti-Ni-Pt 或 Ti-Pt 合金的 M_s 点可达 200~1000℃。

此外,W 和 Cu 的加入对相变温度不产生明显影响。W 加入不影响相变温度的原因在于 W 在 Ti-Ni 合金中的溶解度仅为 0.3% 左右,过量的 W 作为第二相粒子存在于基体中。Cu 元素的添加虽对 $B_2 \rightarrow B_{19}$ 马氏体相变温度影响不大,但使相变顺序发生变化。

9.2.3 铜基合金

尽管 Ti-Ni 形状记忆合金具有强度高、塑性大、耐腐蚀性好等优良性能,但由于成本约为铜基记忆合金的十倍而使之应用受到一定限制。因而近些年来铜基形状记忆合金的研究和应用较为活跃,需要解决的主要问题是提高材料塑性、改善对热循环和反复变形的稳定性及疲劳强度等。

1) 铜基形状记忆合金的种类和相变

Cu 基形状记忆合金是已发现的形状记忆合金材料中种类最多的一类,它们的一个共同点是母相均为体心立方结构,称为 β 相合金。铜基合金主要可分为 Cu – Al 系和 Cu – Zn 系,其中最具实用价值的是 Cu – Zn – Al、Cu – Al – Ni 和 Cu – Al – Mn 三大类,尤其是 Cu – Zn – Al 合金应用较广。

铜基记忆合金主要由 Cu – Zn 和 Cu – Al 这两个二元系发展而来。Cu – Zn 二元合金的热弹性马氏体相变温度极低,通过加入 Al、Ce、Si、Sn、Be、Ni、Mn 等第三种元素可以有效地提高相变温度,由此发展了一系列的 Cu – Zn – X(X = Al、Ce、Si、Sn、Be、Ni、Mn)三元合金。Cu – Al 二元合金中,在 β 相区随 Al 含量的增加淬火后易于形成 β′相,而 Al 含量高时 γ_2 相也随之析出。通过加入 Ni 可增加 β 相的稳定性,抑制 γ_2 相析出,从而发展出 Cu – Al – Ni 系记忆合金。Cu – Zn – Al 基和 Cu – Al – Ni 基形状记忆合金是最主要的两种记忆合金。它们具有形状记忆效应好、价格便宜、易于加工制造等特点;但是与 Ti – Ni 记忆合金相比,它们的强度较低,稳定性及耐疲劳性能差,不具有生物相容性。

Cu – Al – Ni 形状记忆合金的成分范围可确保其在高温时仅以 β 单相存在,但仅限于 Cu – 14Al – 4Ni(质量分数)附近的很狭窄的区域。在热平衡状态下,β 相于 550℃发生共析转变,产生面心立方结构的 α 相和 γ_2 相。但是从 β 单相区淬火,共析分析受阻,并在 M_s 以上温度自发完成无序 β 向有序 DO_3 结构的无序 – 有序相变,当温度低于 M_s,发生马氏体相变。

Cu – Zn – Al 合金在快速冷却中经无序 – 有序转变产生 CsCl 型的 B2 相,根据成分不同,在较高温区又会自发产生 B2 向 DO_3 的有序转变,所以在常温下往往具有 DO_3 结构。

在 Cu 基形状记忆合金中,无论哪种马氏体,在相变过程中为了使整体的应变降为最小,马氏体变体的相对分布均呈现菱形状片群结构。在 M_f 以下温度加载,将使相对于外应力有利的变体择优长大而成为单一变体的马氏体。由于 Cu 基合金中马氏体结构的多样化,使应力诱发相变更复杂,在合适的条件下,被诱发的马氏体可以在应力下诱发出另一种马氏体,这些马氏体的可逆相变,因此 Cu 基记忆合金中往往出现多阶相变伪弹性。

2) 铜基记忆合金稳定性的影响因素

铜基记忆合金的稳定性受到多个因素的影响。首先其相变点对合金的成分十分敏感,在 Cu – Al – Ni 合金中随 Ni、Al 含量的增加,相变点显著降低;在 Cu – Zn – Al 合金中随 Zn、Al 含量的增加,相变点也显著降低。

铜基记忆合金还存在较为严重的马氏体稳定化现象,其表现为淬火后合金的相变点会随着放置时间的延长而增加直至达到一稳定值。稳定化严重时马氏体在加热的过程中甚至不能逆转变,合金失去记忆效应。马氏体的稳定化主要是由淬火引入的过饱和空位偏聚在马氏体界面钉扎,破坏了其可动性造成的。采用适当的时效或分级淬火可以消除过饱和空位,从而消除马氏体的稳定化。

时效处理也是影响 Cu 基记忆合金稳定性的重要因素。时效是指将记忆合金在一定的温度下放置一段时间的处理。通常在母相态时效对记忆合金会产生显著的影响。例如,将 Cu - 26Zn - 4Al(质量分数)记忆合金在较高温度(100 ~ 150℃)进行时效处理后,其 M_s 点下降约 15℃,但是接着将其在较低温度(30 ~ 50℃)进行时效处理,其 M_s 点又回升到未时效前的值。

铜基记忆合金的稳定性还受到热循环、热 - 力循环的影响。热循环对合金的相变点略有影响,相变点会随热循环次数的增加而变化。在大多数情况下 M_s、A_f 温度升高,而 A_s 和 M_f 下降或保持不变,同时马氏体转变的量也会有所降低,即有部分马氏体失去热弹性。循环一定次数后相变点与马氏体转变量都趋于稳定值。热 - 力循环对合金的记忆效应的影响则更加显著,随热 - 力循环的进行,M_s、A_s、A_f 等上升,且上升的幅度比热循环所引起的更大,M_f 略有下降,相变热滞显著增大。同时,能可逆转变的马氏体的量也减少,即有一部分马氏体失去了热弹性。

为了提高铜基记忆合金的稳定性,人们通过添加合金元素或改进工艺细化组织,来克服马氏体的稳定化。在 Cu - Zn - Al 合金中添加微量镧铈复合稀土(质量分数为 0.01% ~ 0.08%),能有效细化合金组织,改善力学性能,防止合金发生马氏体稳定化现象,并能减小马氏体相变温度滞后。在 Cu - Al - Be 合金中添加微量 B 可显著细化合金的晶粒和组织,改变合金的组织形态,且在高温下能有效抑制晶粒长大,改善合金的记忆性能和力学性能。B 的加入量以 0.05% ~ 0.10% 范围效果最好。

9.2.4 铁基合金

20 世纪 80 年代开始,人们发现许多铁基合金中也存在记忆效应,从而将记忆合金拓展到具有非热弹性马氏体相变的合金体系。铁基形状记忆合金分为两类:一类基于热弹性马氏体相变,另一类基于非热弹性可逆马氏体相变。铁基记忆合金具有强度高、易于加工成型等优点。但基于非热弹性可逆马氏体相变的铁基记忆合金的形状记忆机制与基于热弹性马氏体相变的机制有所不同。

1)非热弹性可逆马氏体相变的形状记忆机制

热弹性马氏体相变的驱动力很小(仅为几焦至几十焦每摩尔)、热滞很小,在略低于 M_s 时就形成马氏体,加热时又立刻进行逆相变,表现出马氏体随加热和冷却,分别呈现消、长现象。在热弹性马氏体相变中,马氏体内的弹性储存能对逆相变的驱动力做出贡献。但在铁基合金中的马氏体相变的点阵畸变较大,发生相变需很高的驱动力(几百焦每摩尔),热滞很大,其逆相变所需的驱动力完全由化学驱动力来提供。

由前述的形状记忆效应的机制可知,马氏体的自协作和相变在晶体学的可逆性是实现形状记忆的关键条件。对于非热弹性可逆马氏体相变而言,一方面,由于相变时点阵畸变大,相变驱动力高,马氏体形成时常形成位错来协作相变所产生的形状应变,导致马氏体的自协作性差,不能呈现形状记忆效应;另一方面,由于相变热滞大,马氏体逆转变的温度很高,马氏体在开始逆转变前常发生分解。因此,一般铁基材料(如普通碳钢、工具钢)中虽然发生马氏体相变,但是不能产生形状记忆效应。

具备形状记忆功能的铁基合金通常需要满足如下几个条件:①母相具有高的屈服强度或低的弹性极限;②马氏体相变引起的体积变化和切变应变较小;③马氏体的正方度(c/a)大,有利于形成孪晶亚结构;④M_s低,有利于形成孪晶亚结构并提高母相的屈服强度。从马氏体的形态方面考察当达到上述的要求时,铁基合金中的马氏体一般呈薄片状,确保通过适当的合金化,在铁基合金可以实现热弹性或非热弹性可逆马氏体相变,进而发展出基于这两种相变的铁基形状记忆合金。

2) 基于热弹性可逆马氏体相变的铁基形状记忆合金

具有热弹性可逆马氏体相变的铁基形状记忆合金主要有 Fe – Pt、Fe – Pd 和 Fe – Ni – Co – Ti。前两个由于含有昂贵的 Pt(原子数分数约25%)和 Pd(原子数分数约30%),工业应用价值不大。Fe – Ni – Co – Ti 合金的典型成分是 Fe – 33Ni – 10Co – 4Ti(质量分数),将该合金进行 793K 时效 30min 的预处理,即可获得热弹性马氏体相变,母相是 fcc 结构的 ξ 相,马氏体是 bct 结构的 α′ 相。但是该合金含有较多的 Co,价格依然偏高,更为不利的是其马氏体相变温度太低(M_s约为200K),使其应用受到限制。

3) 基于非热弹性可逆马氏体相变的铁基形状记忆合金

在 Fe – Mn – Si 合金中,冷却形成的马氏体是非热弹性的,且马氏体变体不能在外力作用下发生再取向,因此不能像热弹性马氏体那样在马氏体状态通过再取向变形,然后在加热过程中通过逆转变使变形消失来实现形状记忆效应。但是在 Fe – Mn – Si 合金中由应力诱发形成的薄片状 ε 马氏体,在加热时能够逆转变为奥氏体。因此,当在 M_s 以上施加应力时,母相以其相变应变适应应力的方向形成 ε 马氏体并使合金产生宏观变形,将之加热到 A_f 以上,应力诱发形成的 ε 马氏体逆转变回奥氏体,变形随之消失,从而实现形状记忆。研究表明:由 28%~33% Mn、4%~6% Si 组成的 Fe – Mn – Si 合金表现出接近完全的形状记忆效应,而且其 M_s 点在室温附近,对于在常温下的应用十分有利。与 Fe – Mn – Si 类似,Fe – Cr – Ni – Mn – Si – Co(Cr:7%~15%,Ni:<10%,Mn:<15%,Si:<7%,

Co:0~15%)合金也有较好的记忆效应,其可回复变形高达4%,合金的 M_s 点在 173~323K,而且耐蚀性很好。

9.2.5 其他合金

哈斯勒合金 Ni_2MnGa 是同时兼有铁磁性和热弹性马氏体相变特性的金属间化合物,是为数不多的铁磁性形状记忆合金之一。目前,我国研究者对它的研究主要集中在提高磁感生应变和形状记忆功能方面。研究中发现,如果在 Ni_2MnGa 材料中适当地掺加一些 Fe 元素,在保持材料的晶体结构不变的情况下,其机械性能可以得到很大程度的提高,而且材料仍具有完全的双向形状记忆效应和较大的磁感生应变,这非常有利于应用。

Co-Ni 系合金是另一种磁控形状记忆合金。对该合金的相变和微观组织研究表明,Co-Ni 系合金的马氏体组织呈有规则的多片状,经透射电子显微镜观察发现其母相中存在层错,Co-Ni 合金中母相的饱和磁化强度达 $124 Am^2 \cdot Kg^{-1}$,是典型磁控形状记忆合金材料 Ni_2MnGa 的近 2 倍;其马氏体相变温度随 Ni 含量的增加而降低。

对 Ta-Ru 和 Nb-Ru 高温形状记忆合金的马氏体组织形态和结构的研究表明,$Ta_{50}Ru_{50}$ 和 $Nb_{50}Ru_{50}$ 合金在室温下均为单斜结构的马氏体,马氏体变体呈典型的自协作组态,变体内部为平行排列的马氏体板条,变体内的亚结构为(101)I 型孪晶。

高熵形状记忆合金(HESMAs)的概念由乌克兰国家科学院的 Firstov 等于 2014 年首次提出,他们主要针对 TiZrHfCoNiCu 系 HESMAs,详述了概念提出背景并对其性能结构进行分析。部分实验测得 HESMAs 较传统形状记忆合金具有显著提升的 M_s 点、高屈服强度、优异的高温物相稳定性、宽温域内的超弹性及高阻尼等特性,使其有望用于精密仪器制造、建筑防震减灾,甚至是深空探测等相关领域。

9.2.6 形状记忆合金的应用

1)工程应用

形状记忆合金最成功的应用之一是用于制作管接头。用形状记忆合金加工的管接头比欲连接管道的外径小约4%,在低温(小于 M_f)下将管接头内径扩大约8%后插入管道,然后将温度升高至室温,管接头内径重新收缩到母相的内径,形成紧密的压合。这种管接头自 20 世纪 70 年代中期研制成功以来,在美国各种型号飞机上已得到了成功应用,至今无一例失效,已成为美国军用飞机液压管路连接的唯一许用管接头。这种管接头还可用于舰船管道、海底输油管道的修补,代替在海底难以进行的焊接工艺。

把形状记忆合金制成的弹簧与普通弹簧安装在一起,可以制成自控元件,使二者互相推压。在高温(大于 A_f)和低温时,形状记忆合金弹簧由于发生相变产生体积变化可使元件向不同方向移动。这种构件可以用于暖气阀门、温室门窗自动开闭的控制、描笔式记录器的驱动。由于形状记忆合金正逆变化时产生的力很大,乃至形状变化量也很大,可作为发动机进风口的连接器。当发动机超过一定温度时,连接器使进风口的风扇连接到旋转轴上输送冷风,达到启动控制的目的。此外,形状记忆合金还可以用于制作温度安全阀和截止阀等。

在军事和航天事业上,形状记忆合金可以做成大型抛物面天线。天线在马氏体状态下发生形变,使体积缩至很小,当发射到卫星轨道上以后,天线在太阳照射下温度升高,自动张开,这样可以便于携带。

2) 医学应用

医学上使用的形状记忆合金主要是 Ni-Ti 合金,这种材料对生物体有较好的相容性,可以埋入人体作为移植材料,在生物体内部做固定折断骨骼的销和进行内固定接骨的接骨板。人体温度可使 Ni-Ti 合金发生相变和形状改变,不但能将两段骨头固定住,而且能在相变过程中产生压力,迫使断骨很快愈合。在内科方面,可将 Ni-Ti 丝插入血管,由于体温使其恢复到母相的网状,阻止 95% 的凝血块不流向心脏。用形状记忆合金制成的肌纤维与弹性体薄膜心室相配合,可以模仿心室收缩运动,制造人工心脏。

3) 智能应用

形状记忆合金是一种集感知和驱动双重功能于一体的新型材料,因而可广泛应用于各种自调节和控制装置,如各种智能、仿生机械。形状记忆薄膜和细丝可能成为机械手和机器人的理想材料,它们除温度外不受任何其他环境条件的影响,可在核反应堆、加速器、太空实验室等高技术领域大显身手。

9.3 超塑性材料

9.3.1 超塑性的定义及特点

1) 超塑性的定义

超塑性是材料在特定条件下的一种特殊现象,具有超塑性的材料能伸长若干倍、几十倍甚至上百倍,不出现缩颈,也不会断裂。随着对超塑性研究和认识的不断深入,各个时期对超塑性的定义有一定区别。过去人们把伸长率超过100%,应变速率敏感性指数(m)大于0.33定义为超塑性。在1991年日本大阪先进材料超塑性国际会议上提出了如下超塑性的定义:超塑性指多晶材料以各向同性方式表现出很高的拉断伸长率的能力。2009年,美国的Langdon教授在大阪定义的基础上给出了新的超塑性定义:超塑性是指多晶材料以各向同性方式表现出很高的拉断伸长率的能力,测量的拉断伸长率通常在400%以上,且m值接近0.5。同时,他还把伸长率在100%~300%和应变速率敏感性指数为0.33的黏性滑移蠕变定义为准超塑性或类超塑性。

2)超塑性的特点

首先,超塑性在宏观力学特性方面主要表现为大变形、无缩颈、小应力和易成型。

(1)大变形。超塑性材料在单向拉伸时伸长率为300%~1000%,有的甚至高达5000%。

(2)无缩颈。超塑性材料初期形成缩颈,由于缩颈部位变形速率增加而发生局部强化,其余部分继续变形,使缩颈传播出去,即所谓的"游动颈"变形。实际超塑性变形有一定缩颈,"无缩颈"是相对而言的。

(3)小应力。超塑性流动应力是常规变形应力的几分之一到几十分之一。例如,超塑性钛合金板材,流动应力每平方毫米只有十几到几十牛,这使超塑性加工的设备吨位大大减小。

(4)易成型。超塑态的合金流动性和填充性极好,有"金属饴"之称,使许多形状复杂、难以成型的材料(如某些钛合金)的成型成为可能。钛板可成型出弯曲半径小于材料厚度的零件。另外,其他材料的体积成型、气压成型、无模拉伸等也成为可能。可以说,超塑性成型为材料成型开辟了一条新途径。

其次,在微观组织层面,经典超塑性材料一般具有以下组织特征。

(1)晶粒结构。假如变形开始时为非等轴晶,那么在经过最初的百分之几十的变形量以后,将获得近等轴晶条件。

(2)经过百分之几百或几千的变形,晶粒依然主要是等轴的。

(3)初始的直界面(晶界或相界)发生弯曲,有时出现球形外观,此为"圆弧化"现象。

(4)存在应变增强的晶粒长大,特别是在低的应变速率下。

(5)界面处出现条纹带。

(6)大范围的晶界迁移和晶界滑动。

(7)单个晶粒或晶粒群存在相当大的相对转动。

(8)超塑性流变过程发生相当大的位错活动。

(9)某些合金在超塑性变形过程中发生"原位"连续再结晶。

9.3.2 超塑性的分类

早期由于超塑性现象仅限于 Pb-62Sn、Bi-Sn、Mg-33Al、Al-33Cu 等共晶合金和 Zn-22Al 等共析合金等少数低熔点的有色金属,有人认为超塑性现象只是一种特殊现象。随着更多的金属及合金实现了超塑性,并且与金相组织和结构联系起来研究后发现,超塑性金属有着自身的一些特殊规律。这些规律带有普遍的性质,并不局限于少数金属。按照超塑性的实现条件(显微组织、变形温度、应力状态等),可将超塑性大体上分为以下三类。

1) 组织超塑性或恒温超塑性

此类超塑性也称为微细晶粒超塑性或第一类超塑性,是在某一特定的温度下,材料的晶粒尺寸及应变速率等变形条件满足一定要求的情况下所表现出的超塑性。一般所说的超塑性大多属于此类超塑性,它是国内外学者研究最多的一种。具体而言,材料具有微细的等轴晶粒组织,晶粒大小在 $0.5\sim5\mu m$,一般不超过 $10\mu m$;材料的最低变形温度大约为 $0.5T_m$ (T_m是材料熔点的热力学温度),通常是在 $0.5\sim0.7T_m$;与传统拉伸试验的应变速率相比,细晶超塑性拉伸时所要求的应变速率较小,一般是在 $10^{-4}\sim10^{-1}s^{-1}$ 范围内。

一般来说,晶粒越细越有利于超塑性的实现,但对有些材料来说(如双相钛合金),晶粒尺寸达几十微米时仍有很好的超塑性能。还应当指出,超塑性变形是在一定的温度区间进行的,因此即使初始组织具有微细晶粒尺寸,如果热稳定性差,那么晶粒在变形过程中迅速长大,也不能获得良好的超塑性。

2) 相变超塑性

相变超塑性也称为第二类超塑性、转变超塑性或变态超塑性。材料在一定的外力作用下并且在其相变温度附近不断对其进行加热与冷却,促使材料不断地发生循环往复的相变或者同素异构转变,可获得很大变形,这一特性即为相变超塑性。因此,相变超塑性并不需要微细的晶粒组织,也不需要对组织进行预先处理,但需要在外加应力的作用下,循环地在其相变温度范围附近进行加热或和冷却。

有相变的金属材料,不仅在扩散相变过程中具有很大的塑性,并且在淬火过程中奥氏体向马氏体转变,即无扩散的脆性转变过程($\gamma\rightarrow\alpha$)中,也具有相当程度的塑性。同样,在淬火后有大量残余奥氏体的组织状态下,回火过程中,残余奥氏体向马氏体单向转变时,也可以获得异常高的塑性。另外,如果在马氏体开始转变点(M_s)以上的一定温度区间加工变形,可以促使奥氏体向马氏体逐渐转变,在转变过程中也可以获得异常高的延伸率,塑性大小与转变量的多少、变形温度及变形速率有关。这种过程称为"转变诱发塑性",Fe-Ni 合金、Fe-Mn-

C 合金等都具有这种特性。

由于相变超塑性在控温技术方面要求很高,比组织超塑性要困难得多,这一要求在实际应用过程中造成很大的阻碍,极大地限制了其在实际生产中的应用。

3)其他超塑性

除上面所述的两种主要超塑性外,还有其他一些超塑性,称为第三类超塑性。普通非超塑性材料在一定条件下快速变形时,也能显示出超塑性,这种短时间内的超塑性称为短暂超塑性。短暂超塑性是在再结晶或组织转变时,显微组织极不稳定的状态下生成等轴超细晶粒,并且在短暂时间内快速施加外力才能显示出的超塑性。另外,某些材料在消除应力退火过程中,在应力作用下可以得到超塑性。Al-5%Si 及 Al-4%Cu 合金在溶解度曲线上下施以循环加热可以得到超塑性。根据 Johnson 试验,具有异向性热膨胀的材料(如 Zn 等),加热时可表现出超塑性,称为异向超塑性。球墨铸铁及灰铸铁经特殊处理也可以得到超塑性。此外,还有在大电流作用下发生的"电致超塑性"等。

9.3.3 超塑性的机理

超塑性流动过程根据应变速率和流动应力的不同划分为三个机理区:低速率下的扩散蠕变机理(Ⅰ区)、中等速率下的晶界滑移机理(Ⅱ区)和高应变速率下的位错蠕变机理(Ⅲ区)。目前对Ⅱ区和Ⅲ区机理已经达成共识,对Ⅰ区很长时期以来存在争议。由于超塑性的变形过程比较复杂,在很多时候,一种理论往往只能解释某一种或是某几种材料的变形过程,而不能适用于绝大多数材料,甚至有些材料的超塑性变形过程包含多种理论解释。直到现在,还没有一种可以充分地解释所有材料超塑性机理的完美理论。随着相关技术的发展,以及对超塑性变形机理研究的不断深入,一些具有充分实验数据支持的超塑性变形理论,如晶界滑移、扩散蠕变、位错蠕变等,还是得到了较为普遍的认可。

1)晶界滑移机制

晶界滑移实质上是晶界和位错的运动,就是在变形过程中以单个晶粒为主要基本单元,通过它们的晶界之间的相互滑动,来实现晶粒的转动和移位。由于晶体中三叉晶界和第二相粒子的存在,对位错运动起阻碍作用,导致位错塞积而引起应力集中。因此需要有协调变形来调节晶界滑移机制,达到缓和应力集中的目的,从而可以得到比较大的断裂延伸率。晶界滑移机制有两种重要的调节机制:扩散蠕变调节的晶界滑移机制和位错运动调节的晶界滑移机制。

2)扩散蠕变机制

扩散蠕变机制是一种以空位扩散为基础的超塑性变形机理,根据扩散路径的不同,可以将其分为 Nabarro-Herring 提出的体扩散机理和 Coble 提出的晶界扩散机理。Nabarro-Herring 理论认为,在外加拉应力的作用下,晶界在空位处的化学势能发生变化,晶界是空位的源和阱,空位的扩散沿着晶粒内的路线进行。因为空位在晶粒内部进行扩散,所以这一理论也叫作晶内扩散或者体扩散。与之相反,Coble 的晶界扩散蠕变机理认为扩散路径是沿着晶界,而不是在晶粒内部。也有人认为,扩散蠕变机理不只是体扩散或晶界扩散一种独立的扩散方式,而是既能沿晶界扩散,又能在晶内扩散,即所谓综合的扩散蠕变机理。经过大量的理论计算和实验结果证明,Coble 蠕变理论比 Nabarro-Herring 蠕变理论更接近实际。因此,我们可以认为,超塑性变形中的扩散蠕变行为是以晶界扩散为主。但到目前为止,无论是哪种扩散蠕变机理,都只能初步表明超塑性变形中的某些行为,依然存在若干相互矛盾的地方。

3)位错蠕变机制

位错蠕变机制的基础是 Weertman 的恢复蠕变理论。恢复蠕变理论是指在恢复蠕变时,因晶体内部发生位错滑移或位错攀移而出现 Roman 位错,如果位错要继续在晶体内部滑移或者攀移,就需要打破 Frank-Read 源的阻碍,使晶体内的位错数量越来越多,可以稳定移动。位错蠕变机制又可根据位错扩散方式分为不同的类型,其中有一种是由 Nabarro 提出的以刃型位错攀移为扩散方式的变形机理,另一种是由 Chaudhar 提出的以螺型位错的割阶移动为扩散方式的变形机理。

4)多重机制

近年来,越来越多的人开始相信,超塑性变形是多重机制共同作用的结果,尤其考虑到三个区的变形特征不同,不可能用一种机制来描述整个超塑性变形行为,促进了多重机制的发展。Avery 和 Backofen 第一次提出了二重机制,认为超塑性变形为位错攀移和 Nabarro-Herring 蠕变共同作用的结果。Chaudhari 提出,超塑性变形 Ⅱ 区是扩散调节的晶界滑移向位错调节的晶界滑移的转变,这种转变的结果产生 S 形曲线。Gifkins 于 1982 年提出了微观多重效应,他用六个模型说明超塑性变形中的晶界滑移,认为晶界滑移的障碍并不妨碍相邻剪切途径发生作用,障碍也可以绕过或留下,到进一步应变使局部应力条件变化或发生松弛,其他障碍可以通过其他机制克服。

9.3.4 典型超塑性材料

大部分材料的超塑性都是在 20 世纪 60~90 年代发现的。目前已知的超塑性金属及合金已有数百种,包括锌铝合金、Al 合金、Ti 合金、Cu 合金、Mg 合金、镍基合金以及黑色金属材料,现又扩展到陶瓷材料、复合材料、金属间化合物等。

9.3.4.1 金属间化合物及其合金超塑性材料

金属间化合物及其合金具有高温强度高、抗氧化性好、密度低等特性,是潜在的高温结构材料。然而,由于低温脆性使金属间化合物合金难以加工成型,成为阻碍其实用化的一个重要因素。但一些金属间化合物的超塑性使超塑性加工成型技术受到人们的普遍关注,为本质脆性材料的成型加工开辟了新途径。

1) 钛铝金属间化合物

由于解决低温脆性问题取得突破进展,钛铝金属间化合物是最先走向实用化的金属间化合物超塑性材料。超塑性主要在 Ti_3Al-Nb 合金中出现,研究集中在 $Ti-25Al-10Nb-3V-1Mo$ 和 $Ti-24Al-11Nb$ 合金。Ti_3Al-Nb 合金的超塑性温度范围在 950~1020℃,最大伸长率可达到 1350%,应变速率敏感指数 m 在 0.5 以上,晶界滑动机制为超塑性的主要变形机理。特别是 $Ti-25Al-10Nb-3V-1Mo$ 合金在拉伸到 1000% 时仍不产生空洞,值得重视。$Ti-24Al-14Nb-3V-0.5Mo(TAC-1)$ 合金由北京钢铁研究总院研制,为 $\alpha_2+\beta$ 复相组织合金,具有较好的室温塑性(9%)和高温强度;在 960℃、$7.8\times10^{-4}s^{-1}$ 时,获得 1129% 的伸长率,并利用超塑性成型技术制造了复杂形状的帽罩和波纹板零件。中南工业大学黄伯云等研究了 $Ti-33Al-3Cr-0.5Mo$ 合金的超塑性,在 1000℃、$2.0\times10^{-4}\sim6.0\times10^{-1}s^{-1}$ 时,最大伸长率达到 305%,超塑性变形机理为位错运动和动态再结晶协调下的晶界滑动。

2) 铁铝金属间化合物

铁铝金属间化合物具有密度小、成本低等特点,很有应用前景。通过合金化和组织控制,室温塑性已经提高到 10%~20%。超塑性加工技术对于成型形状复杂件是最有前途的方法。上海交通大学林栋梁等首先发现 FeAl 和 Fe_3Al 及其合金的超塑性,并进行了系统的研究。FeAl 合金有三个成分($Fe-36.5Al$、$Fe-36.5Al-1Ti$、$Fe-36.5Al-2Ti$),在 900~1000℃、$2.08\times10^{-4}\sim4.16\times10^{-2}s^{-1}$ 条件下表现为超塑性,连续的动态回复和再结晶是超塑性变形的机理。在超塑性变形过程中,没有发生晶界滑动,断裂区没有空洞产生。其他表现出超塑性的 Fe_3Al 合金还有 $Fe-28Al$、$Fe-28Al-2Ti$ 和 $Fe-28Al-4Ti$,在 700~900℃、$10^{-3}\sim10^{-2}s^{-1}$ 时呈现出超塑性。在 $Fe-28Al-2Ti$ 合金中得到最大伸长率 620%,其超塑性变形机制与 FeAl 合金相类似。特别令人感兴趣的是 FeAl 和 Fe_3Al 合金的超塑性出现在大晶粒的组织中,其晶粒尺寸达到 100~400μm,这在具有超塑性的材料中是不多见的。

3) 镍硅金属间化合物

镍硅金属间化合物方面,在单相和双相的 Ni_3Si 合金中都发现了超塑性,Takasugi 等首先发现单相 $Ni_3(Si、Ti)$ 合金在 800~900℃、应变速率低于 $10^{-5}s^{-1}$ 条件下呈现超塑性,最大伸长率为 180%。在超塑性变形过程中,发生晶界滑动和晶界及三叉结点处的位错运动,发生形核型和凸突型的再结晶并形成空洞。其变形机理为晶界滑动,并伴随着位错增殖和新生晶粒的协调过程。

4) 铁硅金属间化合物

铁硅金属间化合物方面,$Fe_3(Si、Al)$ 是一种软磁材料,是最早发现超塑性的金属间化合物,也是利用超塑性加工成型的典型范例。Kim 等对 B 微合金化的 $Fe_{18}Si$ 合金进行研究,发现粗晶粒($72\mu m$)组织,在 800～900℃、应变速率低于 $1.17 \times 10^{-3} s^{-1}$ 条件下呈现超塑性,最大伸长率为 247%。在超塑性变形过程中,发生动态再结晶,但确切的超塑性机理尚待深入研究。

5) 其他金属间化合物

Co_3Ti 金属间化合物与另两种金属间化合物 Ni_3Si、Ni_3Al 类似,也具有细晶超塑性。研究 Co_3Ti 合金超塑性发现,晶粒尺寸是关键因素。当晶粒尺寸小于 $24\mu m$ 时呈现超塑性,超塑性变形机理为晶界滑动伴随动态再结晶协调过程。高温变形的断裂伸长率随合金的晶粒细化而增大。其应力-应变曲线不同于一般常见的稳态流变形式,表现为连续的加工硬化直至断裂,流变应力不断升高。这种现象是由在晶界滑动过程中伴有晶粒长大所致。

$MoSi_2/NbSi_2$ 双相金属间化合物有可能作为超高温结构材料(高于 1500℃)。Y. Umakoshi 等采用压缩实验方法研究了 $MoSi_2/NbSi_2$ 两相合金的超塑性行为,当温度高于 1200℃时合金的塑性迅速增大。在高温变形过程中,$MoSi_2$、$NbSi_2$ 的晶粒长大倾向均较小,粗晶粒的 $MoSi_2$ 相在超塑性变形过程中因动态再结晶而细化。

9.3.4.2 陶瓷超塑性材料

20 世纪 80 年代起,人们对陶瓷材料的超塑性研究产生了极大的兴趣,并逐步发现了多种陶瓷材料的超塑性,这些材料主要分两类:氧化物陶瓷和非氧化物陶瓷。

1) 氧化物陶瓷超塑性材料

在结构陶瓷材料中,以离子键为主的氧化物陶瓷具有高强度、高硬度、低密度、耐高温以及耐腐蚀的优异性能,应用前景广阔。但是由于氧化物陶瓷自身结构特征和化学键的影响,加之其滑移系少导致难以产生位错运动,过去一直制约此类陶瓷的超塑性加工及应用。随着纳米氧化物陶瓷的出现,高温氧化物超塑性陶瓷得到广泛研究。其中,研究最多的是氧化钇稳定的四方多晶体氧化锆(Y-TZP)陶瓷、氧化锆基超塑性陶瓷及氧化锆增韧氧化铝复相陶瓷。

Yoshida 等研究发现,TiO_2 和 GeO_2 的共掺杂可以显著提高 3Y-TZP 的拉伸延展性,并且经 1300℃烧结的掺杂摩尔分数 2.2%(TiO_2-GeO_2)的四方多晶体氧化锆(TZP)材料在 1400℃的拉伸试验温度下可以达到 1053% 的断裂延伸率。Yoshida 认为是 TiO_2/GeO_2 的掺杂增强了锆离子的晶界扩散,降低了晶界能,随着掺杂量的增加,流动应力降低。由掺杂引起的流动应力改变可归因于 Ti/Ge 阳离子的晶界偏析。这些影响可以认为是由 TiO_2/GeO_2 掺杂 TZP 提高其高温塑性导致的。

Winnubst 等在直径 25mm、厚度 1mm 的圆片上,通过半球形冲头(半径 6mm)冲压 Y-TZP 陶瓷,使其在轴向冲压条件下超塑性成型。结果显示:在 1160℃ 的温度下,晶粒直径为 125nm 的致密 Y-TZP 样品可以被拉长到至少 8mm 的圆顶高度;而当晶粒尺寸为 250nm 时,在 1160℃ 下无法实现这种拉长。通过探究不同晶粒尺寸(250nm 和 125nm)Y-TZP 材料的拉伸成型及实验条件对拉伸成型的影响,发现使用两种不同团聚形态的粉末不但影响致密陶瓷中缺陷(空穴)的大小和浓度,也影响深冲性能。

掺杂少量添加剂本质上对扩散增强有效,因为扩散控制超塑性变形的调节速率。添加少量 Al_2O_3 有助于 ZrO_2 的烧结,增强 ZrO_2 晶粒的扩散,促进拉伸变形。Nieh 等研究发现,Al_2O_3/Y-TZP 陶瓷在 1650℃ 的真空中,其最大延展率为 500%。在 Y-TZP 中,Y_2O_3 添加剂的主要作用是抑制晶粒生长。在 Nieh 的测试中,Y-TZP 在 1250℃ 时没有出现晶粒长大,在 1450℃ 时晶粒长大的程度最小,在 1550℃ 时晶粒从初始尺寸约为 $0.3\mu m$ 长至最终尺寸为 $1.0\mu m$。在这种 Al_2O_3/Y-TZP 复合材料中,质量分数为 20% 的 Al_2O_3 的体积分数为 28%,Al_2O_3 晶粒均匀分布在 ZrO_2 晶粒中。这表明,即使在高温下晶粒生长也会受到抑制。

2007 年,Hulbert 等研究了由 ZrO_2、Al_2O_3 和 $MgAl_2O_3$ 组成的全致密纳米晶陶瓷(AZM)在 1150℃ 以 $10^{-2}s^{-1}$ 应变速率发生的变形。在此研究中,放电等离子烧结可实现纳米晶陶瓷的致密化及超塑性变形。在脉冲电场和轴向压力的双重作用下,应变速率得到了提高,可在较低温度下烧结成型。Hulbert 认为在超塑性流动过程中晶界滑移是主要的变形机制。陶瓷纳米复合材料在加工过程中保持晶粒尺寸细小有利于提高应变速率,特别是减小晶粒尺寸促使变形温度降低。因为晶粒尺寸的减小可以保障沿晶界进行的质量传输更完整,以适应超塑性中观察到的由晶界滑移引起的应力集中。

2)非氧化物陶瓷超塑性材料

显微观察下,超塑性变形机制主要是晶界滑移,晶界滑移又受晶界结构影响。当晶粒之间相互滑动时,不可避免地会在晶界处形成裂纹和空洞。为了保证多晶材料能够连续拉伸而不发生断裂,需要在三叉晶粒连接处进行调节。Wakai 等推测超塑性可能与晶间玻璃相的存在有关,晶界上存留的玻璃相可以促进晶界滑移。2015 年,Raayaa 等采用放电等离子烧结技术,在 1300℃、300MPa 的超高压条件下成功制备了致密的纳米氮化硅(Si_3N_4)样品。烧结样品的微观结构显示,其主要由平均晶粒尺寸为 $(56 \pm 13)nm$ 的等轴纳米晶粒组成。在此试验里,即使变形温度比烧结温度高 300℃,Si_3N_4 晶粒的粗化也不明显。样品在1600℃、高应变速率($10^{-2}s^{-1}$)条件下表现出较大的压缩变形,被压缩至初始高度的三分之一。

碳化硅(SiC)内部的共价键较强,硬度很高,仅次于金刚石、立方氮化硼和碳化硼等,其在高温下仍可保持较高强度。但是SiC陶瓷脆性较大、韧性较低。Shinoda等研究了碳化硅材料的高温拉伸变形行为,在980MPa超高压、1600℃条件下,采用热等静压法制备了含B量为1.0%(质量分数)、含游离碳量为3.5%(质量分数)的硼碳掺杂纳米多晶碳化硅,其平均粒径为200nm。该材料在1800℃、应变速率为$3\times10^{-5}s^{-1}$、氩气气氛环境下,超塑性延伸率大于140%。

Wang等推测液相烧结Si_3N_4可通过晶界处Si-O-N液相中晶体的固溶和析出促进扩散蠕变。但是只能在压缩条件下观察到其超塑性,因为在拉伸条件下,晶间玻璃相的存在容易导致晶界上的空化现象、引起材料断裂。因此,许多学者尝试将Si_3N_4和SiC结合起来,与Si_3N_4陶瓷相比,Si_3N_4/SiC复合陶瓷材料中超细SiC颗粒在Si_3N_4中可以起到弥散强化作用。

Wakai等研究了Si_3N_4/SiC复合陶瓷材料的超塑性,将无定形Si-C-N粉末和质量分数为6%的Y_2O_3、质量分数为2%的Al_2O_3混合,在1650℃、34MPa的N_2气氛下热压烧结0.7h,X射线衍射分析显示该复合材料主要由$\alpha-Si_3N_4$、$\beta-Si_3N_4$和$\beta-SiC$晶相组成,在扫描电镜下观察到了球形晶粒和被拉长的晶粒。随后,在1600℃的N_2气氛下进行了恒定速度的拉伸试验,样品延伸率超过150%。研究发现,在1600℃高温下,在两晶粒之间以及三晶粒的结合处形成了由Si、O、N、Al、Y等组成的玻璃相,伸长的晶粒逐渐长大,Y-Si-Al-O-N体系发生了$\alpha-Si_3N_4\rightarrow\beta-Si_3N_4$的转变。

9.3.5 超塑性材料的应用

目前,超塑性已经在许多方面得到了应用,如超塑性板材气胀成型、等温锻造、超塑性挤压及差温拉伸等。超塑性成型技术已经在锌铝合金、Al合金、Ti合金、Cu合金、Mg合金、镍基合金以及黑色金属材料方面得到较好的应用。目前,又扩展到陶瓷材料、复合材料、金属间化合物等。利用材料的超塑性,可以成型普通方法难以加工的零件,在航空、航天、建筑、交通、电子等领域得到了越来越广泛的应用,尤其在航空、航天领域中,超塑性成型已经成为不可缺少的重要加工手段。

目前,钛合金超塑性成型技术已经广泛地应用于制造导弹外壳、推进剂储箱、整流罩、球形气瓶、波纹板以及发动机部件等。日本NAS-Murdock公司采用双相不锈钢超塑性材料成功地制造出了波音737客机用盥洗盆。该产品长1100mm,宽350mm,深270mm。

超塑性成型和扩散焊接相结合的工艺(SPF/DB)在生产层状结构产品中具有显著的技术经济效益。虽然 SPF/DB 工艺主要应用于 Ti 合金,但在 Al 合金、双相不锈钢中也已经取得了可喜的研究成果。显然,将来的一个研究领域是发展 Al 合金、双相不锈钢的 SPF/DB 工艺。由于 Al 合金表面有坚韧的氧化物,会影响超塑性成型后材料的连接质量,因而该技术十分复杂。值得注意的是铁基超塑合金、镍基超塑合金和超塑性陶瓷的扩散连接研究,同时应注重研究包含至少一种超塑性组分的层状复合材料的超塑性成型问题。

超塑性成型虽然具有上面所述的一些优点,但是其生产效率一般较低,变形过程可能会出现空洞,并且需要较高的成型温度,这是该工艺没有得到较大推广的重要原因。提高超塑性变形速率是近几年国际上超塑性学者探讨的重要方向,其目标是实现低温、高速超塑性技术并在汽车工业等重要工业领域中得到应用。目前实现高速率超塑性的途径只有一个,就是细化晶粒。研究表明,当晶粒细化至纳米量级时,超塑性变形速率可以提高 3~4 个数量级。

9.4 润滑材料

润滑剂可使两摩擦副接触表面之间形成润滑膜,变干摩擦为润滑材料内部分子间的内摩擦,达到减少摩擦、降低磨损、延长机械设备使用寿命的目的。润滑剂的正确使用和发挥功能对于保护机械设备的正常持久运转至关重要,要正确使用,就必须深入了解润滑剂的基本功能、性能特点、优点和缺点,才能用其所长,避其所短。

9.4.1 润滑与润滑剂

9.4.1.1 润滑的定义及类型

润滑就是利用润滑剂减少(或控制)两摩擦面之间的摩擦力或其他形式的表面破坏作用。这里所指的润滑剂是指加入到两个相对运动表面之间,能控制其摩擦或磨损的任何物质,包括润滑油、润滑脂、润滑性粉末、薄膜材料(黏结干膜、电镀、电泳、溅射、离子镀固体润滑膜、陶瓷膜等)和整体材料(金属基、无机非金属基或塑料基自润滑材料等)。

所谓控制摩擦,即润滑剂的功能在大多数情况下虽是减小摩擦,但在少数情况下则是调节摩擦。例如,在湿式离合器和机床导轨上使用润滑剂的主要目的是调节静摩擦与动摩擦之间的平滑过渡,即控制静、动摩擦系数值使其尽量接近,以消除黏-滑(爬行)现象以及振动和噪声。

机械摩擦副表面间的润滑类型或状态,可根据润滑膜的形成机理和特征分为流体静力润滑、流体动力润滑、弹性流体动力润滑、边界润滑、混合润滑及固体膜润滑。各种润滑状态的基本特征如表9-2所列。

表9-2 各种润滑状态的基本特征

润滑状态	典型膜厚/μm	润滑膜形成方法	典型应用
流体静力润滑	1~100	通过外界压力将流体送到摩擦表面之间,强制地形成润滑膜	所有速度下的面接触摩擦副,如滑动轴承、导轨等
流体动力润滑	1~100	由摩擦表面的相对运动产生的动压效应或挤压效应形成的流体润滑膜	中高速下的面接触摩擦副,如滑动轴承
弹性流体动力润滑	0.1~1	与流体动力润滑相同	中高速下的点线接触摩擦副,如齿轮、滚动轴承等
边界润滑	$10^{-3} \sim 5 \times 10^{-2}$	润滑油脂或其他流体中的成分与金属表面产生物理或化学作用形成的润滑膜	低速度或重载荷条件下的摩擦副
混合润滑	$10^{-3} \sim 1$	润滑膜只是部分地隔开相对运动零件摩擦表面	机器开动或者停止时,往复运动和摆动时,速度与载荷急剧变化时,高温时,高比压时
固态膜润滑	$10^{-3} \sim 100$	应用固体润滑剂形成润滑膜	所有速度下的摩擦副,但其耐磨寿命有限

9.4.1.2 润滑剂的基本功能

润滑剂的基本功能可归纳为以下五个方面。

(1)控制摩擦。在摩擦面之间加入润滑剂,形成润滑膜,减少摩擦面之间金属直接接触,从而降低摩擦系数,减少功率消耗。

(2)减少磨损。摩擦面间存在具有一定强度的润滑膜,能够支承负荷,避免或减少金属表面的直接接触,从而可减轻接触表面的塑性变形、熔化焊接、剪断再黏接等各种程度的黏着磨损。同时流体润滑剂在润滑过程中不断流动,可将摩擦面上的磨屑及污染物冲走,有利于防止或减轻磨粒磨损和腐蚀磨损。

(3)冷却降温。润滑剂能够降低摩擦系数,减少摩擦热产生。在有些系统中,当摩擦热或工艺过程产生的热量必须除去,而又不可能使用其他冷却介质时,冷却将成为润滑剂不可缺少的功能,如金属切削过程、燃气涡轮发动机中介轴承等。实现这种功能,要求润滑剂具有尽可能小的黏度、尽可能大的比热容和热导率。

(4)密封隔离。润滑剂特别是润滑脂,覆盖于摩擦表面或其他金属表面,可隔离水汽、湿气和其他有害介质与金属的接触,从而减轻腐蚀磨损,防止生锈,保护金属表面。

（5）阻尼振动。润滑剂能将冲击振动的机械能转变为液压能,起到减缓冲击、吸收噪声的作用。

9.4.1.3　润滑剂的基本要求和类型

1）润滑剂的基本要求

针对上述润滑剂的基本功能,一般要求润滑剂应具有下列基本性能。

（1）摩擦性能。一般要求润滑剂具有尽可能小的摩擦系数,保证机械运行敏捷而平稳,减少能耗。对于某些特殊机械,如液力传动系统、摩擦传动和摩擦制动系统,则要求有较高的摩擦系数。

（2）适宜的黏度。黏度是液体润滑剂的最重要的性能,因此选择润滑剂时首先考虑黏度是否合适。高黏度易于形成动压油膜,油膜较厚,能支承较大负荷,防止磨损。但黏度太大,即内摩擦太大,会造成摩擦热增大,摩擦面温度升高;而且在低温下不易流动,不利于低温启动。低黏度时,摩擦阻力小,能耗低,机械运行稳捷,温升不高。但若黏度太低,则油膜太薄,承受负荷的能力小,易于磨损,且易渗漏流失,特别是容易渗入疲劳裂纹,加速疲劳扩展,从而加速疲劳磨损,降低机械零件寿命。

（3）极压性。处于边界润滑状态时,黏度作用不大,主要靠边界膜强度支承载荷,因此要求润滑剂具有良好的极压性,以保证在边界润滑状态下,如启动时和低速重负荷时,仍有良好的润滑性能。

（4）化学安定性和热稳定性。润滑剂从生产、销售、储存到使用有一个过程,因此一般要求润滑剂具有良好的化学安定性和热稳定性,在储存、运输、使用过程中不易被氧化、分解变质。对某些特殊用途的润滑剂还要求耐强化学介质和耐辐射。

（5）材料适应性。润滑剂在使用中必然与金属和密封材料相接触,因此要求其对接触的金属材料不腐蚀,对橡胶等密封材料不溶胀。

（6）纯净度。要求润滑剂不含水分和杂质。水分能造成油料乳化,使油膜变薄或破坏,造成磨损,而且使金属生锈;杂质可能堵塞油滤和喷嘴,造成断油事故,杂质进入摩擦面能引起磨粒磨损。因此,一般润滑油的规格标准中都要求油色透明,且不含机械杂质和水分。

2）润滑剂的类型

按照润滑剂的物理状态,可分为液体润滑剂、半固体润滑剂、固体润滑剂和气体润滑剂4大类。液体润滑剂包括动植物油、矿物油、合成油和水基润滑液等,一般统称为润滑油。半固体润滑剂主要是指常温常压下呈半流动状态的各类润滑脂。固体润滑剂包括软金属、金属化合物、无机物和有机物四类。气体润滑剂常用的气体为空气、氦气、氮气、氢气等。这四类润滑剂都有各自的优缺点和适用范围,如表 9-3 所列。

表 9-3 四类润滑剂的性能对比

润滑剂性能	润滑油	润滑脂	固体润滑剂	气体润滑剂
流体动力润滑性	极优	一般	无	良
边界润滑性	差~极优	良~极优	良~极优	差
冷却性	优	差	无	一般
低摩擦性	一般~良	一般	差	极优
易于加入轴承	良	一般	差	良
保持在轴承中的能力	差	良	优	优
密封性能	差	优	一般~良	很差
防大气腐蚀	一般~极优	良~极优	差~一般	差
工作温度范围	一般~极优	良	优	极优
挥发性	低~很高	低	低	很高
抗燃性	差~一般	一般	一般~极优	视气体而定
相容性	很差~一般	一般	极优	优
价格	低~高	相当高	相当高	很低
轴承设计复杂性	相当低	相当低	低~高	很高
决定使用寿命的因素	变质和污染	变质	磨损	维持供气能力

9.4.2 润滑油

润滑油通常指所有的液体润滑剂,它是目前品种最多、用量最大的一类润滑剂,包括矿物油、合成油、动植物油和水基润滑液。常用的润滑油主要为矿物油和合成油。矿物油是石油中提炼出来并经过精制,由多种烃类化合物加入添加剂配制而成,是应用最广泛的润滑油,约占润滑油消费总量的 97%。合成润滑油是采用化学合成方法制得的润滑油,它是由特定分子结构的单体聚合物加入添加剂配制而的。润滑油组分主要包括基础油和添加剂。基础油是主要的组分,直接决定润滑油的基本性能;添加剂用于改善润滑油的性能,来满足各种设备的用油要求。

9.4.2.1 润滑油基础油

1) 基础油分类

润滑油基础油占成品润滑油的组成比例很大,在汽车发动机油中约占70%,而在某些工业油中可占到 99%。基础油对成品润滑油性能影响非常大,如热稳定性、黏度、挥发性、对添加剂和污染物(降解材料、燃烧副产物等)的溶解能力、低温特性、破乳化性、空气释放性、抗泡性和氧化稳定性等。按照组分来源,润滑油的基础油主要为矿物基础油和合成基础油两类。其中,矿物基础油消费量约占基础油消费总量的95%以上;合成基础油以其优越的性能越来越受到消费者喜欢,其消费量也在逐渐上升。

随着现代工业的发展及环保要求日益严格,对润滑油的质量要求也越来越高,迫切需要生产出具有高黏度指数、抗氧化、安定性好、低挥发性的高档润滑油基础油。20 世纪 80 年代以来,以发动机油的发展为先导,润滑油趋向低黏度、多级化、通用化,对基础油的黏度指数提出了更高的要求。关于基础油的分类,历史上曾有过多种方法,国内有中国石化总公司 1995 年编制的基础油分类及规格。但目前受到较多关注的是美国石油学会(API)的分类法,该分类法根据基础油的物理性质及化学组成将其分为 5 类,以区别传统、非传统、合成和其他类型的基础油,如表 9-4 所列。

表 9-4 API 润滑油基础油分类

类别	质量百分数/%		黏度指数
	饱和烃	硫	
Ⅰ	小于 90	大于 0.03	80~120
Ⅱ	不小于 90	不大于 0.03	80~120
Ⅲ	不小于 90	不大于 0.03	不小于 120
Ⅳ	聚 α-烯烃聚合油		
Ⅴ	其他不属于 Ⅰ~Ⅳ 类的基础油		

第 Ⅰ、Ⅱ、Ⅲ 类均为矿物油,按其饱和烃及硫的含量和黏度指数划分。第 Ⅰ 类为常规溶剂精制法生产的基础油,理化性能比较一般,黏度指数在 95~105,硫含量较高。第 Ⅱ、Ⅲ 类为采用加氢工艺生产的基础油,共同特点是硫含量低,饱和烃含量可达 90%~95%。第 Ⅲ 类基础油还采用了更苛刻的加氢转化和蜡的异构化生产工艺,具有极高的黏度指数(可达 145)与较低的挥发性,可作为合成烃油的替代物。而第 Ⅱ 类基础油的黏度指数一般为 120。第 Ⅳ 类为合成基础油,包括所有的聚 α-烯烃(PAO)聚合油,饱和烃含量高(可达 100%)、黏度指数高(>125)、挥发性低,但价格较贵,约为第 Ⅲ 类产品的 25 倍以上。第 Ⅴ 类为其他基础油,是以酯类为主的非烃型合成基础油,也涵盖某些环保型基础油。

2)矿物基础油

矿物基础油是一个很复杂的含有各种碳氢化合物——称作"烃类"的混合物,另外,还含有 S、N、O 等元素。作为矿物润滑油的原料,一般取自石油中沸点高于 300℃ 或 350℃ 的馏分，或相当于烃类分子中碳原子数为 20～40 的各种烃类。

在矿物基础油中的烃类化合物中，主要为烷烃、环烷烃和芳香烃；另外，还含有少量的烯烃以及含 S、N、O 等非烃类化合物。这些化合物的构成、相对分子质量大小、沸点范围以及常温下的形态，共同决定了矿物基础油的状态和性能。如果润滑油原料中含有的沥青、胶质等杂质较多，润滑油便呈深褐色，而且容易结焦生成沉淀，使润滑油非常不安定，不能承受机器运转过程所生成的热。对于低黏度指数化合物（如烃类化合物），常温下能流动，黏性也足，但高温却变得如似水一样稀薄，导致润滑油的性能急剧下降。

上述这些对润滑性能有害的烃类化合物——蜡、沥青、胶质、不安定组分和低黏度指数组分等，均必须在从原油中提取润滑原料时除去。从 20 世纪 30 年代开始，人们建立了润滑油的各种加工方法，主要对所选原油中的润滑油原料进行反复的加工处理，如分馏、溶剂精制、氢处理、溶剂脱蜡、白土补充等。这些加工工艺的基本思路：最大限度地取出理想组分，同时除去蜡、沥青、胶质、低黏度指数以及不安定的非理想组分。然而，即使再做更多处理，最终产品仍是很多化合物的混合物，无法从最终产品中去除所有有害组分。有害组分的含量随原油种类的不同而不同，因此，原油的性质在很大程度上决定了最终所得润滑油基础油的性质。对比芳烃基、环烷基和石蜡基原油制得的基础油性能，发现芳烃含量更低的石蜡基原油可制得黏度指数高、残碳低的基础油。

3）合成基础油

合成基础油是通过化学合成的方法制备的基础油。生产合成油的基本原料是化学品或石油化学品，它们或者来自石油（石油化学品）、植物油，或者来自 P 和 Si 之类的无机物。矿物油是主要成分为烃类化合物的混合物，而合成基础油的合成过程是可控的，其组分比较简单，大部分只含一种或仅几种化合物。合成油除具备矿物基础油中最好的化合物的性能外，还具有某些矿物油所没有的性能，如与水的互溶性或不燃性。合成油的分子结构比较复杂，除含 C、H 元素外，还分别含有 O、Si、P、F、N 等元素。

合成油的研究与开发，首先是从合成烃开始的。1934 年，美国印第安纳州标准油公司的沙利文（Sullivan）等合成了聚 α-烯烃，其性能得到了认可。合成油首先是为了满足军工要求而研制的，20 世纪 40 年代末至 60 年代初发展最快，至 20 世纪 70 年代逐步向汽车等民用工业推广应用，产量增长较快。在各类合成基础油中，产量最大的为聚醚，其次为多元醇酯，发展速度最快的为聚 α-烯烃等合成烃，双酯、聚异丁烯和磷酸酯的市场在逐渐缩小。

根据合成润滑油的化学结构，已工业化生产的合成油分为 6 类：①有机酯，包括双酯、多元醇酯及复酯等；②合成烃，包括聚 α-烯烃、烷基苯、聚异丁烯及合成环烷烃等；③聚醚，又名聚烷撑醚或聚乙二醇醚；④聚硅氧烷，又名硅油，包括甲基硅油、乙基硅油、甲基苯基硅油、甲基氯苯基硅油及硅酸酯等；⑤含氟油，包括氟碳、氟氯碳、全氟聚醚及氟硅油等；⑥磷酸酯。

与矿物油相比，合成基础油一般具有如下技术优势。

(1) 较好的高温性能。合成油比矿物油的热安定性好，热分解温度、闪点和自燃点高，热氧化安定性好，允许在较高的温度下使用。

(2) 优良的黏温性能和低温性能。大多数合成油比矿物油黏度指数高，黏度随温度变化小。在高温黏度相同时，大多数合成油比矿物油的倾点（或凝点）低，低温黏度小。

(3) 较低的挥发性。合成油一般是一种纯化合物，其沸点范围较窄，挥发性较低，因此挥发损失低，可延长油品的使用寿命。

(4) 优良的化学稳定性。卤碳化合物如全氟碳油、氟氯油、氟溴油、聚全氟烷基醚等，具有优良的化学稳定性，在 100℃ 下不与氟气、氯气、硝酸、硫酸、王水等强氧化剂起反应，在国防和化学工业中具有重要的价值。

(5) 抗燃性好。某些合成油如磷酸酯、全氟碳油、乙二醇等具有抗燃性，被广泛用于航空、冶金、发电、煤炭等工业部门。

(6) 抗辐射性好。某些合成油如烷基化芳烃、聚苯和聚苯醚等具有较好的抗辐射性。

(7) 与橡胶密封件的适应性好。实际使用时，可选择与合成油相适应的橡胶密封件。例如，与磷酸酯相适应的是乙丙橡胶，与甲基硅油及甲基苯基硅油相适应的是氯丁橡胶及氟橡胶。

9.4.2.2 润滑油添加剂

添加剂是为了使成品润滑油具有某些特性而添加到润滑油中的化合物。一些添加剂赋予润滑油以新的有用特性，一些是为了增强润滑油的已有特性，而另一些的作用则是降低使用过程中润滑油内部发生不良变化的速率。

自从 20 世纪 20 年代开始首次在润滑油中使用添加剂以来，添加剂的使用量大大增加。事实上，今天所有的润滑油至少含有一种添加剂，有些含有好几种不同的添加剂。各种润滑油中所含添加剂的量不同，从百分之几到百分之三十甚至更多。

添加剂大致可分成两大类。一类是影响润滑油物理性质的添加剂：①降凝剂，如烷基化芳香聚合物、聚甲基丙烯酸酯；②黏度指数改进剂，主要有异丁烯酸酯聚合物和共聚物、丙烯酸酯聚合物、烯烃聚合物和共聚物、苯乙烯-丁二烯共聚物等；③消泡剂，使用最为广泛的是硅聚合物。另一类是在化学方面起作用的添加剂：①抗氧剂，如 2,6-二叔丁基对甲酚、芳香胺、二硫化磷酸盐等；②防锈防腐剂，包括强碱、胺-铂酸盐、碱土硫酸盐等；③清净分散剂，包括硫酸盐、苯酚盐、聚酯、苯胺等；④极压抗磨剂，包括油脂、脂肪酸以及 S、Cl、P 等元素的化合物。

9.4.3 润滑脂

润滑脂一般定义为：将增稠剂分散在液体润滑剂中形成的固体或半流体润滑剂，其中可能会加入使产品具有某些特殊性能的其他成分。这表明，润滑脂是为提供液体润滑剂所不具备的特性而对液体润滑剂增稠所得的产品。

9.4.3.1 润滑脂的作用

大多数时候，润滑脂代替液体润滑剂是因为要求润滑剂在机构中能保持在最初位置，特别是在经常性再润滑的机会很小时。这可能是由于机构的物理构造、运动类型、密封类型，或者是为了防止润滑剂损失或污染物侵入而需要润滑剂承担全部或部分密封作用。润滑脂的固体属性使它们不能起到像液体润滑剂那样的冷却和清净作用。除此之外，润滑脂可望具有液体润滑剂所具备的其他功能。

润滑脂一般具有以下作用：

(1) 提供合适的润滑，以减少摩擦和防止零件的有害磨损。

(2) 防止零件生锈和腐蚀。

(3) 起密封作用，防止灰尘和水进入。

(4) 阻止渗漏、滴油或在润滑表面被意外地甩掉。

(5) 在润滑脂承受剪切力的机械零件中，在使用寿命期限内，保持表观黏度或者黏度与剪切特性和温度之间的关系。

(6) 在寒冷环境中，不会变得太稠，以致对运动造成过大阻力。

(7) 对所采用的加注方法，有合适的物理特性。

(8) 与弹性密封材料和其他润滑部位的结构材料兼容。

(9) 容许一定程度的污染，如潮气，而不会明显丧失其特性。

9.4.3.2 润滑脂的组成

润滑脂由三部分组成：液体部分、增稠剂和添加剂。液体部分可以是矿物油或合成油或任何具有润滑特性的液体。增稠剂可以是任何能与所选液体一起形成固体-半流体状态的材料。添加剂赋予润滑剂新特性或对已有特性起改进作用。

1) 液体部分

现在生产的大多数润滑脂以矿物油作其液体成分。这些油的黏度变化范围很广，可以从小如矿物性密封油到大如最重的气缸油。某些专用润滑油脂可能会用到蜡、矿脂（凡士林）或沥青等产品。尽管准确地讲，这些材料可能不能称为"液体润滑剂",但它们所起的作用与传统润滑脂中的液体成分是一样的。用矿物油制得的润滑脂一般在车辆和工业应用中可以提供满意的性能。在温度很低或很高或变化范围很大的应用环境中,一般使用由合成油制得的润滑脂。

2) 增稠剂

润滑脂中所用的主要增稠剂是金属皂。最早使用的是钙皂,后来是钠皂、铝皂、锂皂、黏土和聚脲等。用几种皂(如钠皂和钙皂)的混合物所制得的润滑脂一般称"混合基"润滑脂。其他金属皂也可使用,但是因成本、健康、安全、环境或性能等问题,还未得到商业认可。

金属皂润滑脂改进产品,又称复合皂基润滑脂,也受到广泛欢迎。这种复合皂基润滑脂通过将传统的金属皂成型材料与络合剂结合而制得的。络合剂可以是有机的或无机的,也可含另一种金属成分。锂复合皂基润滑脂是最为成功的一种复合皂基润滑脂。此类润滑脂的特点是滴点非常高,通常在250℃以上。

很多非皂增稠剂也在使用,主要用于特殊用途。改性膨润土和SiO_2气凝胶用于制造高温环境下使用的非溶润滑脂。因为氧化亦能使这些润滑脂中的油退化,所以需要定期对润滑脂更换。聚脲等增稠剂、颜料、染料和各种其他合成材料在某种程度上也得到使用,但因为成本一般较高,通常限于需要特殊性能的地方。

3) 添加剂

润滑脂中常用的添加剂和改进剂为抗氧化剂、防锈剂、降凝剂、极压剂、抗磨剂、减摩剂以及染料或颜料。大多数添加剂与润滑油中所加类似添加剂的功能基本相同。

除这些添加剂或改进剂外,还会加入诸如MoS_2或石墨等边界润滑剂,以增强某些特殊性能,如承载能力。MoS_2用在载荷大、表面速度低、运动速度不大或摆动等情况下所用的很多润滑脂中。在这些应用中,MoS_2既能降低摩擦和磨损又不与金属表面发生不良化学反应。

9.4.4 固体润滑剂

固体润滑是将固态物质涂(镀)于摩擦界面,以降低摩擦、减小磨损的措施。这种能降低摩擦、减少磨损的固态物质称为固体润滑剂。固体润滑技术最早于20世纪50年代应用于军事工业,接着在一些高科技领域,如人造卫星、宇宙飞船和高技术电子产品中得到应用,解决了一些液体润滑剂难以解决的困难问题,进而在各种特殊工况中得到了更为广泛的应用。

9.4.4.1 固体润滑剂作用机理

如果硬金属在软金属表面滑移,在负荷的作用下,硬金属压入软金属中,真实接触面积增加,则摩擦力也将增加,如图9-10(a)所示,将发生犁沟现象。如果硬金属在硬金属表面滑移,尽管金属间的接触面积不会增加,但因硬金属的屈服强度大,则摩擦力也将增加,如图9-10(b)所示,由于摩擦表面的温升,容易发生咬合现象。这两种情况的摩擦系数都比较大。

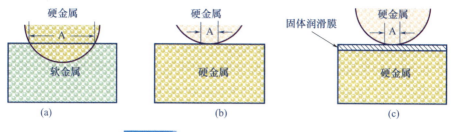

图9-10　固体润滑剂作用机理示意图

如果在硬金属基材表面涂覆一层剪切强度很小的薄膜,使摩擦副间的接触面积既不增加,又能使剪切强度降低很多,如图9-10(c),因而摩擦力和摩擦系数都有较大的降低,这就起到了固体润滑的作用。但是,如果这层薄膜涂覆在软金属表面,仍将发生如图9-10(a)所示的现象,这层薄膜也不能起到润滑作用。

因此,在摩擦表面黏着一层剪切强度很小的薄膜能够起到减摩的润滑作用。如果这层薄膜由固体物质来充填,则可称该物质为固体润滑剂,而这层极薄的膜称为固体润滑膜。

9.4.4.2　固体润滑剂的特性

1) 摩擦特性

固体润滑剂的摩擦系数随着负荷的增加而减小,也随着速度的增加而减小。固体润滑剂的摩擦特性与其剪切强度有关,剪切强度越小,摩擦系数则越小。层状结构润滑材料在摩擦力的作用下,容易在层与层之间产生滑移,所以摩擦系数小。软金属润滑材料能产生晶间滑移,剪切强度也很小。因而这些物质可以作为固体润滑剂。

2) 承载特性

固体润滑剂应该具有承受一定负荷和运动速度的能力,即承载能力。在它所能承受的负荷和速度范围内,应该使摩擦副保持较低的摩擦系数,不使两摩擦面之间发生咬合,而且应使磨损减到最小。固体润滑剂的承载特性与其自身的材质有关,尤其受其力学性能的影响。同时,与固体润滑剂在基材上的黏着强度有关。黏着强度越大,承载能力越强。

3) 耐磨性

固体润滑剂对摩擦表面的黏着力越强,越容易形成转移膜,其耐磨性也越好,固体润滑膜的寿命越长。固体润滑剂应该具有不低于基材的热膨胀系数。

当摩擦引起温升时,由于其热胀系数较高而将突出于基材表面,并与摩擦表面接触,不断提供固体润滑,以维持较好的耐磨性能。同时,固体润滑剂的耐磨性与气氛环境条件有关。

4)宽温性

固体润滑剂应能在一定的温度范围内工作。目前,固体润滑剂的使用温度上限在 1200℃ 以上(金属压力加工中所使用的固体润滑剂),最低温度在 $-270℃$ 左右(液氧和液氮等输液泵轴承的固体润滑)。但是,无论何种固体润滑剂都没有这样宽的工作范围,实际使用的固体润滑剂只要求适用于某一特定的温度范围。通过制造特定的复合润滑材料便可以适用于某个工作温度范围。在一定工作温度范围内,固体润滑剂应该具有较低的摩擦系数、较好的润滑性能和耐磨性。

5)气氛特性

许多固体润滑剂的润滑效果对气氛有依赖性。而且有的固体润滑剂(如软金属 Ag、Au、Pb 等)受气氛环境的影响较大,只能在特定的气氛条件下工作。例如,MoS_2 处于真空或惰性气氛条件下甚至可以用到 1000℃ 以上的高温,而在空气中使用则不得超过 350℃。若在短时期内使用温度超过 350℃,可在其中添加抗氧化剂。

6)时效性

时效性是指固体润滑剂的力学性能和摩擦学性能(包括摩擦特性、承载特性和耐磨性等)在规定的使用时期内不发生变化,并能起到良好的润滑作用。这就要求固体润滑剂在其设计的使用寿命期限内具有良好的时效性。

7)耐腐蚀性

在有腐蚀作用的环境中工作的固体润滑材料应该性能稳定,不发生任何变化,在规定的使用寿命期限内保证其良好的润滑性能。

8)耐辐射性

工作在核工业、原子能电站或有放射性物质存在环境中的固体润滑剂,必须具有耐辐射性能。因此,要求固体润滑剂在规定的使用时期内能承受一定强度的放射性辐射,固体润滑剂的力学性能和润滑性能应基本保持不变。层状固体润滑材料和软金属润滑材料及其复合材料都具有这种特性。

9)蒸发性

各种物质在一定的温度和压力条件下都会蒸发,由液体变成蒸气,弥散在空间中。因此,应用于真空中的固体润滑剂应具有低蒸发率的性能。

10)腐蚀性

固体润滑剂对其附着的基体材料没有腐蚀性,也不能对基体材料发生化学物理作用而使其力学性能和润滑性能发生变化。

9.4.4.3　固体润滑剂的优缺点

使用固体润滑剂的主要优点为：①固体润滑剂可以应用于高低温、高真空、强辐射等特殊工况中，以及粉尘、潮湿、海水等恶劣环境中；②可以在不能使用润滑油脂的运转条件和环境条件下使用；③重量轻、体积小，不像使用润滑油脂那样需要密封、储存罐和供液系统（包括控制装置等）；④时效变化小，减轻了维护保养的工作量和费用。

固体润滑剂的主要缺点为：①摩擦系数大，一般比润滑油的摩擦系数大 50~100 倍，比润滑脂大 100~500 倍；②因热传导困难，摩擦部件的温度容易升高；③会产生磨屑等污染摩擦表面；④有时会产生噪声和振动；⑤自行修补性差，固体润滑剂不像润滑脂那样具有自行修补性。在液体润滑中，即使滑油膜破裂，只要润滑油液流入破裂部位，润滑性能立即得到恢复，而固体润滑剂基本没有这种功能。但是，与层状固体润滑材料相比，软金属具有一定的流动性，一旦接触固体润滑膜的破裂部位，也能通过自行修补性而适量恢复其润滑性能。

9.4.4.4　固体润滑剂的类型

固体润滑剂的种类很多，润滑机理也较复杂。若以基本的原料来分，可以分为软金属类、金属化合物类、无机物类和有机物类等。当前，固体润滑剂主要应用在宇航工程等高温、低温、高真空、强辐射等场合，以及腐蚀性介质（气氛）、电接触点、某些金属或塑性材料的热加工等机械设备的润滑上。可以作为固体润滑剂的物质很多，常用的有 MoS_2、胶体石墨、云母、WS_2、BN、氟化石墨、滑石粉、BF_3、Si_3N_4、PbO、塑料及某些金属与其他呈层状结构的各种化合物。

1）软金属类固体润滑剂

许多软金属，如 Pb、Sn、Zn、In、Au、Ag 等，在辐射、真空、高低温和重载等条件下具有良好的润滑效果，可以充当固体润滑剂。通常，将软金属粉末制成合金材料，或用电镀等方法将其涂覆于摩擦表面，形成固体润滑膜。

软金属固体润滑材料作为固体润滑剂，是基于它的剪切强度低，能够发生晶间滑移。具有一定强度和韧性的软金属，一旦黏着于基材表面，便能牢固地黏结在一起，发挥它优异的减摩和润滑作用。

2）金属化合物类固体润滑剂

可用作固体润滑剂的金属化合物较多，如金属的氧化物、卤化物、硫化物、硒化物、硼酸盐、磷酸盐、硫酸盐和有机酸盐等。

金属氧化物有 PbO、Pb_3O_4、Sb_2O_3、Cr_2O_3、TiO_2、ZrO_2、Fe_2O_3、Fe_3O_4、Al_2O_3 等，这些氧化物在高温下使用时润滑效果更好。

金属卤化物有 CaF_2、BaF_2、LiF、CeF_4、LaF_3、BF_3、$CdCl_2$、$CoCl_2$、$CrCl_3$、$NiCl_2$、$FeCl_3$、BCl_3、$CuBr_2$、CaI_2、PbI_2、CdI_2、AgI、HgI_2 等。

金属硫化物有 MoS_2、WS_2、PbS 等。

金属硒化物有 WSe_2、$MoSe_2$、$NbSe_2$ 等。

金属硼酸盐有硼酸钾、硼酸钠等。

金属磷酸盐有磷酸锌等,有机磷酸盐如二烷基二硫代磷酸锌等。

金属硫酸盐有 Ag_2SO_4、Li_2SO_4 等。

金属有机酸盐指各种金属脂肪酸皂,如钙皂、钠皂、镁皂、铝皂等,都有较好的润滑性能。

3)无机物类固体润滑剂

无机物类固体润滑剂有石墨、氟化石墨等具有层状结构的晶体,其剪切强度很小。当它与摩擦表面接触后便有较强的黏着力,并能防止两摩擦面直接接触。滑石、云母、氮化硅等虽然润滑性能较差,但电绝缘性能好,能在高温和特殊工况下充当固体润滑剂以及润滑填料。BN 为六方晶体,有与石墨一样的层状结构和类似的性质,且为白色粉末,可以用于高温和绝缘性隔热润滑材料。

4)有机物类固体润滑剂

各种高分子材料,如蜡(石蜡、地蜡、蜂蜡、卤蜡等)、固体脂肪酸和醇、联苯、颜料和涂料(如阴丹士林、酞菁等)可以作为固体润滑剂。

各种树脂和塑料,如热塑性树脂(聚四氟乙烯、聚乙烯、尼龙、聚甲醛、聚苯硫醚等)和热固性树脂(酚醛、环氧、有机硅、聚氨酯等)可以充当固体润滑剂。

高分子材料除以粉末形式作为润滑添加剂加入其他润滑剂中外,一般都作为基材,添加其他固体润滑剂(如 MoS_2 等)后制作成高分子基复合润滑材料。

有机钼化合物有 Mo – P – S 化合物和 Mo – C – S 化合物两类。例如二烷基二硫磷酸钼、二烷基二硫氨基甲酸钼等,它们都属于油溶性有机钼,当它作为摩擦缓和剂添加到润滑油脂中,在一定的温度、压力条件下便在摩擦表面反应生成 MoS_2,起到润滑作用。

三聚氰胺 – 氰尿酸络合物(MCA)是一种新型的高分子有机物,具有作为固体润滑剂的各种性质,可以粉末、固体润滑膜和复合材料等形式使用。

9.4.5 气体润滑剂

9.4.5.1 气体润滑剂类型

气体可以像油一样成为润滑剂,适用于流体动力润滑的物理定律也可应用于气体。气体的黏度很低,意味着其膜厚也很薄。所以,流体动力气体轴承(气体动力轴承)只用于高速、轻载、小间隙和公差控制得十分严格的情况下。由于这种缘故,一般较常用的是气体静力轴承,它能承受较高的载荷,对间隙和公差的要求不太苛刻,还能用于较低速度下,甚至为零时。

气体润滑可以用在比润滑油和润滑脂更高或更低的温度下,可在 – 200 ~

2000℃范围内润滑滑动轴承,其摩擦系数低到测不出的程度,轴承稳定性很高。在高速精密轴承中可获得高刚度(如医用牙钻、精密磨床主轴和惯性导航陀螺等),且没有密封与污染问题。其缺点是承载能力很低,轴承的设计和加工难度很高,在开车、停车瞬间极易损伤轴承表面。

常用气体润滑剂有空气、氦气、氮气、氢气等。要求清净度很高,使用前必须进行严格的精致处理。

9.4.5.2 气体润滑剂优缺点

相对于液体润滑剂,气体润滑剂主要优点如下:

(1)摩擦系数和摩擦力矩很小。气体润滑的摩擦与润滑剂的黏度正比。气体的黏度约为普通润滑油的1/1000,因此气体支承摩擦系数亦为油的1/1000,适宜高速工作。

(2)气体支承可在最清洁的状态下工作。气体可经过过滤、干燥而净化,不污染环境,不腐蚀元器件,最适宜需要超净的电子机械、食品机械、药品机械、医疗机械等无油机械的支承。

(3)具有冷态工作的特点。气体润滑剂摩擦损耗很小,产生热量很小,所生热量又会被流动的气体带走,并且气体膨胀有冷却作用。为此温升小,设备热变形很小,这对精密机械有重要意义。

(4)运动精度高。充满润滑间隙的气体是可压缩流体,它比油更有柔性,使之能够在间隙内平滑地运转。具有一定厚度的润滑间隙,即使润滑面凹凸不平,由于气膜的均化效应,对运动也不会有影响。

(5)寿命长。处于悬浮状态的运转表面,磨损很小,寿命长。气体静压轴承的寿命可长达20年之久,而不必维修。但动压润滑在起动和停止运动时要考虑防止磨损措施。

(6)可以在很宽的温度范围和恶劣环境中工作,如在高温、低温、辐射、磁场、腐蚀环境中均可工作。高温运行其温度可高达轴承材料的耐热温度,低温运行其温度可低到气体的液化温度。气体轴承已用于原子反应堆的循环泵轴承。

(7)能够保持狭小的间隙。气体润滑间隙比油润滑间隙小得多,即以非常小的间隙而作无接触的相对运动。利用这一性质,可使电子计算机磁盘、磁鼓的滑块能以极其微小的间隙悬浮起来。

气体润滑的主要缺点如下:

(1)承载能力低、刚度小。承载能力主要取决于润滑剂的黏性,刚度取决于润滑剂的可压缩性。在低转速下,空气静压轴承的承载能力大约相当于液体静压轴承的1/20。

(2)润滑面需要高的加工精度。因为气体黏度很低,必须采用很小的间隙以限制气体的消耗。同时为了提高承载能力和刚度,需要形成很小的气膜厚度。

因此，要求润滑面的制造精度要高，表面粗糙度要尽可能小。动压润滑比静压润滑要求更高，通常间隙为数微米至数十微米。

(3) 气体的可压缩性容易引起不稳定性。静压润滑易发生气锤现象，动压润滑可能发生涡动现象。设法抑制不稳定性始终是气体润滑设计必须重视的课题。

(4) 气体无自润滑性，润滑面易生锈。动压润滑有短时间的固体接触，需防止磨损。因此，必须注意气体润滑表面的材料选择和表面处理。

9.5 阻尼减振材料

振动是自然界最普遍的现象之一，在各种工程设施和装备中随处可见。例如，飞行器与船舶在航行中的振动，各种输液管道因管内流体流动诱发的振动，机床与刀具的振动，各种动力机械的振动，控制系统中的自激振动等。多数情况下，振动被认为是有害的。振动会影响精密仪器设备的功能和性能，降低加工精度，加剧构件的磨损和疲劳，从而缩短机器和结构的使用寿命。振动还可能引起结构的大变形破坏，有些桥梁曾因振动而坍塌，飞机机翼和输液管道的颤振往往酿成事故，车、船等交通工具的振动会劣化乘载条件。因此，利用各种减振技术，来降低振动带来的危害，具有重要的现实意义。

阻尼减振材料是减振技术的关键之一，它能通过阻尼过程（内耗）把振动能较快地转变为热能消耗掉，在潜艇防护、精密机器、检测探测、交通运输等众多领域发挥着重要的作用。

9.5.1 阻尼减振原理

9.5.1.1 阻尼的定义和作用

阻尼是指系统损耗能量的能力。从减振的角度来看，就是将机械振动的能量转变成热能或其他可以损耗的能量，从而达到减震的目的。阻尼技术就是充分运用阻尼耗能的一般规律，从材料、工艺、设计等各项技术问题上发挥阻尼在减振方面的潜力，以提高机械结构的抗震性、降低机械产品的振动、增强机械与机械系统的动态稳定性。阻尼的主要作用包括以下几个方面。

(1) 阻尼有助于降低机械结构的共振振幅，从而避免结构因动应力达到极限而造成破坏。对于任意结构，当激励频率 ω 等于共振频率 ω_n 时，其位移响应的幅值与各阶模态的阻尼损耗因子成反比。阻尼损耗因子 η_n 定义为结构损耗的能量 E_L 与结构振动能 E_V 之比，即

$$\eta_n = \frac{E_L}{E_V} \tag{9-26}$$

式中:η_n 为无量纲的参量,表明结构损耗振动能量的能力。在稳态振动时,系统的共振响应随 η_n 值的增大而减小,因此,增大阻尼是抑制结构共振响应的重要途径。

(2)阻尼有助于机械系统受到瞬态冲击后,很快恢复到稳定状态。阻尼越大,输入系统的能量便能在较短时间内损耗完毕,系统从受激振动到重新静止所经历的时间就缩短,从而能使系统很快恢复到稳定状态。

(3)阻尼有助于减少因机械振动所产生的声辐射,降低机械噪声。许多机械构件,如交通运输工具的壳体、锯片等的噪声主要是共振引起的,采用阻尼能有效地抑制共振,从而降低噪声。此外,阻尼还可以使脉冲噪声的脉冲持续时间延长,降低峰值噪声强度。

(4)阻尼可以提高各类机床、仪器的加工精度、测量精度和工作精度。各类机器尤其是精密机床,在动态环境下工作需要有较高的抗震性和动态稳定性,通过各种阻尼处理可以大大提高其动态性能。

(5)阻尼有助于降低结构传递振动的能力。在机械系统的隔振结构设计中,合理地运用阻尼技术,可以使隔振、减振效果显著提高。

9.5.1.2 阻尼的产生机理

对于各种阻尼的微观机理研究正处于不断探索的阶段,而在阻尼技术的开发和应用方面已经有成熟的经验。从工程应用的角度讲,阻尼的产生机理就是将广义振动的能量转换成可以损耗的能量,从而抑制振动、冲击和噪声。不同物质形态的材料在力学性能上有很大的差异,其产生阻尼的机理也有所不同。

1)固体材料的阻尼机理

工程上使用的固体材料种类繁多,衡量其内阻尼的指标通常为损耗因子。从损耗因子来看,金属材料在常见工程材料中的阻尼值是很低的,但金属材料是最常用的机器零部件和结构材料,所以它的阻尼性能常受到关注。为满足特殊领域的需求,近年来已经研制生产了多种类型的阻尼合金,这些阻尼合金的阻尼值比普遍金属材料高出 2~3 个数量级。

金属在低应力状况下,主要由滞弹性产生阻尼,而在应力增大时,局部的塑性变形应变逐渐变得重要,其间没有明显的分界。这两种机理在应力增长过程中都在起作用而且发生变化,所以金属材料的阻尼在应力变化过程中不为常值,在高应力或大振幅时呈现出较大的阻尼。

具有黏弹性的高分子聚合物兼具黏性液体消耗能量和弹性固体储存能量两种特性,当其受到外界应力时,一部分能量转化为热能耗散掉,一部分能量以势能的形式储备起来,从而有效地减弱振动。其阻尼性能是由分子链运动、内摩擦力以及大分子链之间物理键的不断破坏与再生三个方面的耗能组成的。当产生外力时,聚合物分子链段间会产生相对滑移、扭转,曲折的分子链也会产生拉伸、扭曲等变形,从而通过摩擦做功耗散掉了部分能量;当外力消失后,变形的分子链将会恢复原位,在这一过程中,聚合物克服其大分子链段之间的内摩擦阻尼而产生了内耗;由于高聚物的黏性特征,变形的分子链不能完全恢复原状,用于变形的功以热的形式耗散到环境中。

为了充分利用各种材料的物理机械性能,还出现了各种复合材料供工程应用,如纤维基材料、金属基材料、非金属基材料等,均是利用各种基本材料和高分子材料复合而成。用作精密机床基础件的环氧混凝土则以花岗岩碎块作为基体,用环氧树脂作为黏结剂所制成的复合材料。由两种或多种材料组成的复合材料,因为不同材料的模量不同,承受相同的应力时会有不等的应变,形成不同材料之间的相对应变,会有附加的耗能,因此复合材料可以大幅度提高材料的阻尼值。

2) 流体材料的阻尼机理

在工程应用中,各种结构往往和流体相接触,而大部流体具有黏滞性,在运动过程中会损耗能量。图 9-11 为流体在管道中流动的示意图,如果流体不具有黏滞性,那么流体在管道中按同等速度运动,如图 9-11(a) 所示;否则,流体各部分流动速度是不等的,多数情况下,呈抛物面形,如图 9-11(b) 所示。这样,流体内部的速度梯度、流体和管壁的相对速度,均会因流体具有黏滞性而产生能耗及阻尼作用,称为黏性阻尼。黏性阻尼的阻力一般和速度成正比。为了增大黏性阻尼的耗能作用,制成具有小孔的阻尼器,当流体通过小孔时,形成涡流并损耗能量,所以小孔阻尼器的能耗损失实际包括黏滞损耗和涡流损耗两部分。

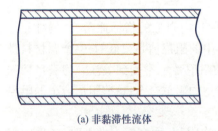

(a) 非黏滞性流体　　　　(b) 黏滞性流体

图 9-11　流体在管道中流动示意图

3) 阻尼材料的类型

衡量材料阻尼特性的参数是材料损耗因子,大多数阻尼材料的损耗因子随环境条件变化而变化,特别是温度和频率对损耗因子具有重要影响。不同的阻尼材料有不同的性能曲线,适用于不同的使用环境。

阻尼材料按材料的性质可分为黏弹性阻尼材料(阻尼橡胶、阻尼塑料等)、金属阻尼材料(阻尼金属、阻尼合金等)、液体阻尼材料(阻尼涂料等)和阻尼复合材料(树脂基、金属基、陶瓷基复合材料等)。

9.5.2 黏弹性阻尼材料

黏弹性阻尼材料是目前应用最为广泛的一种阻尼材料,可以在相当大的范围内调整材料的成分及结构,从而满足特定温度及频率下的要求。黏弹性阻尼材料为塑料和橡胶等高聚物,高分子材料形变性质的重要特征是黏弹性。当高分子材料吸收振动能量时,将吸收的机械能部分地转变为热能耗散掉,起到阻尼作用。高分子材料阻尼作用大小取决于滞后现象的大小,其应变滞后于应力,由于滞后现象,聚合物的拉伸-回缩循环变化均需要克服链段间内摩擦阻力而产生内耗。

在高聚物的玻璃转化温度(T_g)附近,分子链段能充分运动,但又不能跟上应力变化,所以滞后现象严重,阻尼效果好,在玻璃化转变温区将出现一个内耗的极大值。一般玻璃化转变温区越大,温域值与环境越符合,材料的阻尼效果越好。虽然一些高聚物具有比较理想的阻尼性能,但是适用温度范围窄,因此必须采取适宜的物理和化学方法,使其具有高阻尼和适宜的使用温度范围。这些改性方法归纳起来主要有以下三类。

1)共混法

用单一高分子材料作为阻尼材料,玻璃化转变温区较狭窄,不适合宽温宽频阻尼减振的使用要求,为增宽玻璃化转变温区和改变玻璃化温度,共混是最常用的方法。共混的组分必须是部分互溶的,部分互溶将使二组分或多组分的玻璃化温度产生相对位移和靠近,使两个玻璃化转变区的凹谷上升为平坦区,呈现单一组分的特性。另外,共混高分子阻尼材料还具有较宽的有效阻尼范围。有价值的共混聚合物有聚苯乙烯(PS)-苯乙烯(SM)/丁二烯(BD)、聚氯乙烯(PVC)-丙烯腈(AN)/BD和PVC-乙烯(PE)/醋酸乙烯酯(VA)等。也可以采用共混填料来提高和增宽阻尼值,填料能使高分子材料的玻璃化转变温度略微上升,阻尼峰宽温度略有增加。某些特殊填料,如片状石墨和云母加入后可增加片层与高分子间的摩擦并转化为热,从而产生很好的阻尼性能。

2)共聚法

共聚法又分为接枝共聚和嵌段共聚。

(1)接枝共聚。

接枝共聚是用化学方法把一种大分子单体接到另一种高聚物主链上的制备技术。例如,环氧丙烷(PO)-SM接枝共聚物是通过聚环氧丙烷(PPOX)与顺丁烯二酸酐(MA)的反应制成端乙烯基大分子单体,再与SM接枝,固化即得产物。

大分子单体起增塑剂作用,其含量增加将增加接枝共聚物结构中支链数目,链与链之间缠结趋于加剧,表现出较高的阻尼值。

(2)嵌段共聚。

嵌段共聚是把两种或多种不同链段按着尾-尾或头-头方式连接在一起的制备技术。例如,聚醋酸乙烯酯(PVAC)-丙烯酸酯(PDDA)类橡胶体系阻尼材料,它是由第一成分、第二成分嵌段共聚而成。它要求第一成分的玻璃化温度较低并有柔软性的酯类,第二成分是少量的高 T_g 并有硬性的酯类,必要时可加入高官能团的单体,加强分子链之间的交联,使体系的损耗因子变大,阻尼性能改善。

3)互穿聚合物网络

互穿聚合物网络是由两种或多种各自交联和相互穿透的聚合物网络组成的高分子共混物,可以根据需要,通过原料的选择、变化组分的配比和加工工艺,制取具有预期性能的高分子材料,具有广阔的发展前景。根据合成方法的过程不同,可分为互穿网络(IPN)、同步互穿网络(SIN)和半互穿网络(S-IPN)几类。

(1)互穿网络。

IPN 是指 2 种或 2 种以上相互贯穿而成的一种交织网络结构,是一类综合性能良好的高分子阻尼材料。各聚合物网络之间相互交叉渗透、机械缠结,具有强迫互容和协同作用等独特的结构与性能,可以使不相容或半相容的聚合物组分通过 IPN 技术结合起来,形成物理互锁,得到玻璃化转变温区宽、阻尼峰高的阻尼材料。例如,聚氨酯(PU)-丙烯酸树脂、PU-聚甲基丙烯酸甲酯、PU-聚丙烯酸叔丁酯及 PU-乙烯基聚合物等,都可以形成 IPN 聚合物体系。

(2)同步互穿网络。

SIN 的合成指的是把两种聚合体的单体、预聚物、线形聚合物、交联剂等混合形成均匀的液体,然后两种组分独立地互不干扰的同时反应聚合。它可以使两种聚合物同时凝胶化,按预聚物混合物的顺序聚合,并且在两种聚合物间引入若干数量的接枝点,从而增强体系的阻尼性能。SIN 的制备过程简便,更易得到互穿程度高的聚合物网络,因此实际应用意义更大,在聚硅氧烷与聚酰亚胺、纤维素等的互穿网络聚合物中都有应用。形成 SIN 的关键是两种交联反应的机理要各不相同,反应过程要互不干扰。例如,将制备环氧树脂的各组分和制备交联型丙烯酸树脂的各组分混合起来,使丙烯酸类单体先引发聚合,同时加热使环氧树脂各组分进行缩聚反应即可制得 SIN 环氧树脂/丙烯酸树脂聚合物。

(3)半互穿网络。

S-IPN 中仅一种高聚物交联,而另一种为线形。例如聚氨酯-丙烯酸酯半互穿网络,在热塑性聚氨酯中贯穿缠绕具有高分子量的丙烯酸酯,在这个过程中,可以使—COOH 与—NCO 基团发生一定程度的反应,以增加两组份分子间的互穿程度。改变不同的组成和用量,可以得到一系列不同性质的 S - IPN 高分子阻尼材料。

9.5.3 阻尼合金

阻尼合金是重要的减振材料,按减振机制可主要分为复相型、铁磁型、位错型、孪晶型四类。

1) 复相型阻尼合金

复相型阻尼合金由两相或两相以上的复相组织构成,一般是在强度高的基体中分布着软的第二相,其减振机制是受振时由第二相与基体界面发生塑性流动或第二相反复变形而吸收振动能,并将振动能转变成热能耗散。例如片状石墨铸铁(灰口铁),通过铸铁内石墨的黏性和塑性变形而产生减振效应。球墨铸铁经过特殊处理后可以轧制,于是球状石墨变为片状石墨增加了减振能力。这些合金的内耗属于动滞后(弛豫型)机制,最大的特点是可以在高温下使用。

2) 铁磁型阻尼合金

铁磁型阻尼合金是以磁弹性内耗为其功能基础设计的,铁磁材料内的磁畴由于各自的自发磁矩方向不同,在外力作用下会发生消、长和磁致伸缩,并且各磁畴互相联结,在各自伸缩运动时相互牵制,从而产生不可逆的畸变。各磁畴的消长引起微区域的磁化向量改变,由此产生涡流,这也引起能量消耗。这里的内耗属于静滞后型的,即应力和应变之间不是单值函数,这与磁滞回线上磁化强度与磁场强度之间不是单值函数一样。Fe - Cr - Al 系合金(消振合金)是典型的铁磁型阻尼合金。铁磁性材料的内耗大小与所处的磁场有关,磁化到饱和态的铁磁体,各磁畴的磁矩都是同向的,所以应力引起的内耗小。未磁化的或部分磁化的铁磁体在外力作用下的内耗要大些。

3) 位错型阻尼合金

位错型阻尼合金主要是 Mg 及 Mg 合金,其减振机制是由于该类合金的晶体中存在着众多的可滑动位错,这些位错在振动应力的作用下与杂质原子相互作用,从而吸收振动能。Mg - Zr、Mg - Mg$_2$Ni 等合金便是典型的位错型阻尼合金,这类合金减振系数高(可达 60% 以上),强度大,密度低,能承受大的冲击载荷,多用于航空航天领域。

4) 孪晶型阻尼合金

孪晶型阻尼合金中有一种叫作"孪晶界"的非常容易移动的结构,在外界振动的作用下,合金中孪晶数目大大增多,其减振机理是伴随着孪晶界的移动产生静滞作用而引起振动能量损耗。这类合金具有减振性能和强度皆优的特点,虽然其减振系数受温度影响很大,在高温下(大于 M_s 点)不能使用,但依然具有高度的应用价值。较早开发的 Mn–Cu 系合金是典型的孪晶型合金,其代表 Sonostone 合金兼有高强度($\sigma=600\text{MPa}$)和高减振性(SDC 为 40%),不仅已成功应用于潜艇的螺旋桨,在其他方面也获得诸多应用,常用来制作高负荷的转动部件和承受冲击的结构件,如凿岩机钻杆、蒸汽透平机和汽车凸轮轴、齿轮等。

9.5.4 水性阻尼涂料

1)水性阻尼涂料的特点

阻尼涂料一般包含油性涂料和水性涂料。油性阻尼涂料是指分散剂为有机溶剂的一类阻尼材料,大量的有机溶剂的挥发,不仅污染环境,而且对人体伤害较大,大规模使用受到限制。而水性阻尼涂料则是将聚合物基料分散到绿色环保的水性溶液中,另外添加无机填料和各种助剂制备而成。相较于传统的阻尼材料,水性阻尼涂料具有绿色环保性和使用便利性,而且阻尼性能优异,具有良好的应用前景。

水性阻尼涂料的主要特点有:①使用水或其他水性液体介质作为溶剂,具有耐火性和环保性;②在广泛的温度和频率范围内提供高阻尼和降噪性能;③具有较高的固相体积分数,在干燥过程中收缩形变小;④干膜具有耐火性,能承受火焰切割和焊接;⑤对钢和铝表面有良好的黏附力,具有良好的机械性能;⑥可用于潮湿和干燥表面;⑦施工简单方便、不受基材形状限制、效率高。

水性阻尼涂料主要由基料树脂、填料、助剂(分散剂、固化剂、增塑剂、消泡剂等)及水性溶剂组成。高分子树脂和无机填料为涂料的主要成分,高分子聚合物作为阻尼涂料中的骨架,如网络一样将填料包裹在内。因此,高分子基料对于阻尼涂料的阻尼性能以及力学性能起到了决定性的作用。水性阻尼涂料中无机填料的占比也较大,因此不同的无机填料以及其与高分子的界面结合,同样也关系到阻尼涂料的阻尼性能和机械性能。水性阻尼涂料的阻尼性能即内耗主要由三部分贡献,分别为高分子链段之间的相互摩擦产生的损耗、无机填料之间相互摩擦产生的损耗以及高分子链和填料之间摩擦产生的损耗。

2)涂料用基础乳液

阻尼涂料使用的基料一般为高分子乳液,它是阻尼涂料能够拥有阻尼性能的主要因素。作为阻尼涂料的骨架,乳液可以将体系中的各物质包裹连接起来,使其能够在基材上形成连续的膜。因此,乳液的阻尼性能直接影响阻尼涂料发挥阻尼功能的好坏,性能优良的阻尼涂料的制备关键是综合性能优异的乳液树脂的合成。水性阻尼涂料采用的乳液,常见的有丙烯酸酯类、聚氨酯类和环氧树脂类。

通常,单一聚合物组成的乳液阻尼温域很有限,只有几十摄氏度,很难满足一些器械所需要使用的温度范围。为提高基体树脂的阻尼温域,通常会对树脂进行改性。常用的改性方法有共混、接枝共聚、幂级加料乳液聚合以及乳胶聚合物互穿网络(LIPN)等。其中,LIPN体系近年来引起人们极大兴趣,用乳胶聚合方法合成的聚合物网络,可获得特有的核壳结构,具有宽温域的阻尼性能。部分相容的聚甲基丙烯酸甲酯(PMMA)/聚丙烯酸丁酯(PnBA)LIPN 在 -50~60℃温度范围内呈现出良好的阻尼性能。

3)填料

填料是涂料重要组成部分之一,填料的添加一是因其低廉的价格可降低涂料成本,二是因为适当的填料能够提升树脂的性能。不同种类的填料、不同粒度的填料及填料的添加量均能影响所得涂料的机械性能及阻尼性能。填料是构成阻尼涂料的重要成分,其用量较高,因而其对涂料阻尼性能的影响较大。一般填料对阻尼性能的影响主要因素是其种类、大小、形状和用量。

具有片层结构的云母粉是水性阻尼涂料中最为常用的填料,片层结构的存在促进了填料和聚合物基体的相互作用,有效地增强了涂层的阻尼性能。研究人员以云母粉为填料制备水性涂料,发现低温区由于聚合物处于玻璃态,分子链运动能力差,小颗粒的填料即可起到提升阻尼性能的作用;而在较高温度区间,分子链运动能力提升,需要更大颗粒的填料填充才能与分子链发生理想的相互作用,吸收更多能量。石墨也是阻尼涂料常用的填料之一。研究人员探索了石墨用量对聚氨酯-丙烯酸酯复合体系阻尼性能的影响,结果显示当石墨用量在5%(质量分数)时,阻尼温域和阻尼因子均达到最佳。另外,空心玻璃珠等具有空心结构的填料也可提升涂料的阻尼性能。

9.5.5 阻尼复合材料

1)阻尼复合材料的特点

阻尼复合材料主要包括聚合物基阻尼复合材料、金属基阻尼复合材料和陶瓷基阻尼复合材料,与其他类型的阻尼材料相比,阻尼复合材料主要有以下优势。

(1)能够在同等力学性能的要求下大幅度降低质量,提高比强度和比模量,从而提高有效载荷。

(2)阻尼较高,可以减少振动传递。复合材料具有黏弹性的力学特性,结构基体和增强体之间的大量界面作为内阻尼源的存在,且在振动情况下会产生细微裂纹和摩擦力,可以有效地吸收振动噪声,将振动能转化为热能耗散掉,因此使用复合材料可以有效地减少振动传递。

(3)耐腐蚀,可降低维护成本,尤其适用于潜艇等应用场景。潜艇长期在水下活动,所处的环境十分恶劣,易受腐蚀,从而使维护工作量大大增加,也降低了潜艇在航率。复合材料耐腐蚀,可显著降低阻尼部件的全寿命费用。

2)聚合物基阻尼复合材料

聚合物基阻尼复合材料的基体为高阻尼聚合物,增强体为各种纤维,也称为纤维增强树脂基复合材料。此类阻尼复合材料的减振降噪性能与基体、填料的种类、性质以及两者之间的比例有关,还与增韧剂、偶联剂的使用有关。

纤维增强复合材料阻尼性能的一个主要来源是树脂基体的黏弹性。通过增加基体的体积分数,阻尼将以牺牲刚度和强度为代价而提高。研究发现,碳纤维和玻璃纤维增强的树脂基复合材料的阻尼性能随着基体体积分数(V_f)的增加呈抛物线形状增加,当 $V_f=0.6$ 时达到恒定值。为了确保不出现脱胶现象,纤维之间应该使用有助于阻尼提升的黏合剂进行处理。对于短纤维增强的复合材料,纤维与基体之间的黏合程度越差,滞后现象越明显。在比较不同纤维增强体时,研究人员发现,复合材料的阻尼性能按碳纤维、玻璃纤维和 Kevlar 纤维的顺序依次增强。

3)金属基阻尼复合材料

金属基阻尼复合材料一般是向基体中添加第二相颗粒、晶须、纤维等增强体形成的复合材料。多数研究认为金属基复合材料的阻尼机理主要包括以下几种:位错阻尼、点缺陷弛豫、晶界阻尼、热弹性阻尼和界面阻尼,其中起主要作用的是位错阻尼和界面阻尼,高温下的界面阻尼是金属基复合材料的主要阻尼来源。

近年来有不少关于改善或提高金属基复合材料阻尼性能的研究。将 SiC/Al 金属基复合材料的界面层和增强颗粒等效融为一体,发现复合材料的界面阻尼随增强颗粒的体积分数的增大而增大,而界面的厚度、界面结合的强弱对界面阻尼的影响不明显,因此认为增加界面阻尼的有效办法是提高颗粒的体积分数,并且可以兼顾弹性模量。利用加压渗流法制备的石墨增强纯铝金属基复合材料试样采用 TEM 观察发现,颗粒/基体界面是一种弱结合界面,在界面附近有少量微孔存在,当界面上的剪切应力大到足以克服摩擦阻力时,界面滑移便可发生,由此产生了材料的阻尼。

4)陶瓷基阻尼复合材料

陶瓷基复合材料(CMC)是以陶瓷为基体,与各种纤维复合的一类复合材料,具有耐高温、轻质高强、耐腐蚀的性能,但是质地太脆,受震动易产生裂纹,因此研究 CMC 的阻尼性能具有现实的意义。

C/SiC 复合材料是最普遍的 CMC,抗氧化、耐高温,广泛应用在宇宙飞船、火箭推动器等高温部位,是航空航天必不可少的材料。但是其本身阻尼并不高,为了提高其减振能力,国内外对其进行了深入的研究。研究结果证明,C/SiC 产生阻尼的机制是：复合材料中含有 C/SiC 基体、连续碳纤维、基体与纤维间的界面，C/SiC 基体属于脆性相，在交变应力作用下其裂纹容易发生扩展，并且碳纤维若是与基体结合力较弱也会发生纤维断裂或者拔出消耗能量；另外，SiC 是以碳层压制复合而成的，碳层间摩擦或者开裂也给总阻尼做出贡献。

9.6 超硬材料

超硬材料的硬度远高于其他材料，通常还表现出不可压缩性、高耐磨性和强稳定性等性质，是用途广泛的力学功能材料，上到尖端科技，下到日常生活，均能看到超硬材料及其制品的身影。由于在诸多应用领域具有不可替代性，超硬材料的消耗量成为衡量一个国家工业发展水平的重要标志，一些西方发达国家更是将超硬材料及工具作为一种战略性储备物资。

9.6.1 超硬材料的定义和分类

1) 超硬材料的定义

超硬材料被定义为维氏硬度测量值大于 40GPa 的材料。目前，在世界上已知的材料中，金刚石和立方氮化硼（CBN）是最硬的两种材料，金刚石的维氏硬度约为 115GPa，CBN 的维氏硬度为 62GPa。

金刚石也称钻石，有天然金刚石和人造金刚石两种。金刚石是目前世界上已知的最硬工业材料，它不仅具有硬度高、耐磨、热稳定性好等特性，而且以其优秀的抗压强度、散热速率、传声速率、电流阻抗、防蚀能力、透光、低热胀率等物理性能，成为工业应用领域不可替代的材料。

人造金刚石是加工业最硬的磨料，电子工业最有效的散热材料，最好的半导体晶片，通信元器件最高频的滤波器，音响最传真的振动膜，机件最稳定的抗蚀层，已经被广泛应用于冶金、石油钻探、建筑工程、机械加工、仪器仪表、电子工业、航空航天等现代尖端科学领域。

CBN 目前在自然界还没有找到这种物质的存在，它是人工合成的一种超硬材料。CBN 是硬度仅次于金刚石的超硬材料，它不但具有金刚石的许多优良特性，而且有更高的热稳定性和对铁族金属及其合金的化学惰性，它作为工程材料已经广泛应用于黑色金属及其合金材料加工工业。同时，它又以其优异的热学、电学、光学和声学等性能，在一系列高科技领域得到应用，成为一种具有发展前景的功能材料。

2)超硬材料的分类

目前超硬材料主要分为两种类型。一种是采用硼(B)、碳(C)、氮(N)和氧(O)等轻元素形成的单质或者化合物。这些轻元素之间能够形成只存在完全共价键形式的 sp、sp^2 和 sp^3 形式的杂化轨道,原子间不同类型的杂化轨道可以共存从而形成种类和性能差异繁多的化合物,如金刚石、CBN 和 $\beta-C_3N_4$ 等。另一种是过渡金属与硼(B)、碳(C)、氮(N)和氧(O)等轻元素形成的化合物。过渡金属是指元素周期表中 d 区的金属元素,大多数过渡金属的电子之间具有很强的排斥力,因此它们有很高的体积模量。但是过渡金属的剪切模量却远小于金刚石,而且过渡金属电子间的非局域性形成的金属键会使金属的硬度非常低。不过研究者通过把半径小的轻质元素引入这类金属元素的晶格空隙位置形成强方向性共价键,增加了材料的剪切模量,而且体积变化很小就保留了原本高的体积模量,从而得到潜在的硬质或超硬材料,这种方法成为合成新型超硬材料的新途径。相比于轻元素超硬材料,这类超硬材料大部分都可以在温和的条件下合成。

近几十年来,超硬材料的研究与应用并不是一帆风顺的。目前,得到广泛应用的超硬材料仍停滞在人造金刚石和 CBN 这两种材料上,且金刚石在加工铁基合金时会因与之发生化学反应而丧失其超硬特性;而 CBN 苛刻的合成条件使其造价昂贵,也限制了其应用和推广。直到今天,寻找质优价廉的新型超硬材料仍然是全球材料科学家所面临的巨大挑战。

9.6.2　轻元素单质和化合物

金刚石和 CBN 都属于轻元素单质或化合物。

1)金刚石

金刚石是最早发现的超硬材料,拥有高达 90~120GPa 的硬度。据记载,印度在公元前 800 年就已经发现金刚石,两千多年后到 18 世纪才在巴西、澳大利亚和南非等国相继发现金刚石。我国到 1965 年才发现原生的宝石级金刚石。18 世纪末,人们对金刚石进行了研究。法国化学家拉瓦锡(A. L. Lavoisier)等发现金刚石是可燃物质,燃烧后变为气体。1797 年,英国化学家腾南特(Tennant)通过实验研究证实,金刚石是碳的一种同素异形体。天然金刚石原生矿属于角砾云母橄榄岩(金伯利岩),当位于地下深处的金伯利岩中的碳元素达到一定浓度后,在高温、高压条件下,碳元素结晶成为金刚石晶体而形成金刚石矿床。天然金刚石原生矿主要分布在南非、刚果(金)等国,印度和我国有少量砂矿。

人们一直研究在人为条件下使碳素转变为金刚石。美国通用电气公司的 F. P. Bundy 等于 1954 年首次在高温高压条件下以石墨为原料,以 Ni 为触媒成功合成出金刚石,开始了人造金刚石的制备合成。我国 1963 年在实验室里生产出第一颗人造金刚石,1965年投入工业生产。

金刚石由碳构成,每个碳原子都和四个最近邻碳原子形成长为1.54Å[①]的三维空间sp^3杂化键(成键形成正四面体)。金刚石拥有相当高的体弹模量、剪切模量,因此它具有优异的力学性能,而且还有高的导热率、好的电绝缘性和光透明等优异的性质,所以它可以用来作切割、钻探工具和电子材料等,在生产和生活中都具有不可替代的重要作用。但是金刚石的自然界储量少,而人工合成金刚石生产规模有限;另外,金刚石在高温下易与铁或者含铁材料发生反应,易石墨化,热化学稳定性差,导致金刚石在工业上的应用受到较大限制。

2) CBN

CBN是采用高温高压技术人工合成的一种超硬材料,它是1957年由美国通用电气公司R. H. Wentorf首次在触媒存在的条件下合成出来的,之后也很快进入工业生产。在元素周期表中,B和N分别位于碳元素的两侧,他们分别含有3个和5个价电子,平均每原子都含有4个价电子,因此BN化合物跟单质碳是等电子的;所以它们的结构、性质比较相似,B原子与相邻的N原子形成类似于金刚石的四面体共价键,键长为1.57Å,堆叠方式也一样。比起金刚石,CBN拥有好的热化学惰性,不过它的维氏硬度只有约62GPa。

合成CBN除静高压触媒法还有其他多种方法,如静高压直接转化法、动态冲击法、气相沉积法等,其中有些方法如气相沉积法发展很快。但迄今为止,工业合成CBN的方法主要还是静高压触媒法。

立方氮化硼聚晶(PCBN)刀具是由许多细晶粒CBN聚结而成的一类超硬材料产品。它除具有高硬度、高耐磨性外,还具有高韧性、化学惰性、红硬性(指外部受热升温时材料仍能维持高硬度的功能特点),并可用金刚石砂轮开刃修磨。在切削加工的各个方面都表现出优异的切削性能,能够在高温下实现稳定切削,特别适合加工各种淬火钢、工具钢、冷硬铸铁等难加工材料。PCBN刀具切削锋利、保形性好、耐磨性能高、单位磨损量小、修正次数少、利于自动加工,适用于从粗加工到精加工的所有切削加工。PCBN在数控切削行业已得到广泛应用,是一种具有良好发展前景的刀具材料。

9.6.3 过渡金属与轻元素的化合物

过去,人们一直认为超硬材料只能是那些完全由轻元素(如B、C、N、O等)构成具有三维强共价键的材料,如金刚石和CBN。然而,2007年Chung用

[①] Å,埃,长度单位,1Å = 10^{-10}m。

等离子体烧结(SPS)方法合成了具有超低压缩性和高硬度的六方相 ReB_2，实验测得其维氏显微硬度超过了 40GPa，是一种新型超硬材料。这种新型材料相比于轻元素超硬材料，具有化学性质更加稳定、合成成本更加低廉的优点，这激发了人们对 Os、Re、W 等重过渡金属与 N、B、C 等轻元素所形成化合物的研究兴趣。

1) 实验研究

纯的过渡金属由于具有较高的价电子密度而具有较高的体弹模量，但是其硬度却很小，比如金属 Os 的体弹模量虽然达到了 410GPa 左右，但是其硬度却只有金刚石的 1/30。将共价键合类型元素引入过渡金属晶格中会产生强的定向性共价键，从而使其抵抗塑性和弹性形变的能力得到极大的提高，获得高硬度材料。比如金属 W 与 C 形成 WC 以后，其硬度是纯金属 W 的 3 倍。

近年来研究人员在高温高压条件下成功合成出 5d 过渡金属氮化物和硼化物：PtN_2、OsN_2、IrN_2、OsB_2、ReB_2、CrB_4，它们的一个重要特征就是具有较高的体弹模量(350GPa 以上)和剪切模量(200GPa 以上)，成为探索超硬材料的一个新方向。5d 过渡金属氮化物的合成需要在高温高压下进行(约 50GPa)，而 5d 过渡金属硼化物则可以在常压下合成，成本比较低。ReB_2 在 0.49N 负荷下测定的平均维氏硬度为 48GPa，被认为是一种超硬材料。这类材料另一个显著特征就是除氮化铂(PtN_2)和氮化铱(IrN_2)外其他全为金属性体系，也就是高硬度金属性化合物，对切割含铁类材料有潜在的应用价值。

2) 理论研究

理论研究方面，主要集中于理论搜索或者理论设计结构，计算某结构存在的压力或者温度区间，计算已经合成物质的相关结构性质和力学、热学、电学等性质，实现理论预测和辅助设计。

孙洪等通过计算揭示了立方 BC_2N 硬度超过 CBN 的物理原因：作用于氮氮键方向的应力，使切变强度明显增强，进而导致氮氮键的重构。马琰铭等从理论上研究了以 WB_4 为代表的过渡金属硼化物 TMB_4(TM = W, Re, Mo, Ta, Os, Tc)，发现 WB_4 不仅具有很大的价电子密度，同时还存在三维取向键强极强的硼硼共价键，这可有效地抵制材料的弹性和塑性形变，是 WB_4 具有较大硬度值的本质原因。Cohen 等理论预言了在碳氮体系中可能存在硬度超过金刚石的新型超硬化合物。高发明等第一次发现材料的硬度与成键密度(单位面积上有多少键)、离子性、键长，以及单位体积内的价电子数等性质有着密切的关系，并基于第一性原理计算的化学键布居数(Mulliken)定义了一个具有普适性的新的离子性标度，给出了材料硬度与微观结构性质的定量关系，建立了材料硬度的微观理论模型。此后，Šimůnek 等从经验原子半径、核电荷数及原子间距出发定义了键强，并给出了材料硬度的计算模型。大连理工大学李克艳等提出还可以从电负性角度有效地表征材料的硬度。吉林大学张新欣等在 2013 年通过引入拉普拉斯矩阵到 Šimůnek 的模型,再次进行了硬度的修正,提高了各向异性较大结构的计算准确性。

参考文献

[1] 沙桂英,王赫男,王杰,等. 材料的力学性能[M]. 北京理工大学出版社,2015.
[2] 王吉会,郑俊萍,刘家臣,等. 材料力学性能[M]. 天津:天津大学出版社,2006.
[3] 冯如璋,蒋民华,徐祖雄. 功能材料学概论[M]. 北京:冶金工业出版社,1999.
[4] 黄小清,何庭蕙. 材料力学教程[M]. 广州:华南理工大学出版社,2016.
[5] 郑冀,梁辉,马卫兵,等. 材料物理性能[M]. 天津:天津大学出版社,2008.
[6] 陈慧敏,吴修德,骆莉. 工程材料[M]. 武汉:华中科技大学出版社,2012.
[7] 罗远辉,刘长河,王武育. 钛化合物[M]. 北京:冶金工业出版社,2011.
[8] 谭毅,李敬锋. 新材料概论[M]. 北京:冶金工业出版社,2004.
[9] 王心美. NiTi 合金的超弹性力学特性及其应用[M]. 北京:科学出版社,2009.
[10] 刘瑞堂,刘文博,刘锦云. 工程材料力学性能[M]. 哈尔滨:哈尔滨工业大学出版社,2001.
[11] 何奖爱,王玉玮. 材料磨损与耐磨材料[M]. 沈阳:东北大学出版社,2001.
[12] 郭志猛,宋月清. 超硬材料与工具[M]. 北京:冶金工业出版社,1996.
[13] 刘红. 工程材料[M]. 北京:北京理工大学出版社,2018.
[14] 刘林林. Fe–Mn–Si 形状记忆合金约束态的应力诱发马氏体相变[M]. 北京:科学出版社,2018.
[15] 戴德沛. 阻尼技术的工程应用[M]. 北京:清华大学出版社,1991.
[16] 张凯锋,王国峰. 先进材料超塑成形技术[M]. 北京:科学出版社,2012.
[17] 曹富荣. 金属超塑性[M]. 北京:冶金工业出版社,2014.
[18] 蒲祺龙. 超弹性螺旋结构的力学分析[D]. 上海:上海交通大学,2017.
[19] 陆希峰. 润滑油制备技术与应用研究[M]. 天津:天津科学技术出版社,2019.
[20] 颜志光. 润滑材料与润滑技术[M]. 北京:中国石化出版社,2000.
[21] 王毓民,王恒编. 润滑材料与润滑技术[M]. 北京:化学工业出版社,2005.
[22] 刘峰璧. 设备润滑技术基础[M]. 广州:华南理工大学出版社,2012.
[23] 李殿家,高峰太. 设备润滑技术[M]. 北京:兵器工业出版社,2006.
[24] 党根茂. 气体润滑技术[M]. 南京:东南大学出版社,1990.
[25] 丁新波. 宽温域高阻尼减振复合材料的制备和研究[D]. 上海:东华大学,2008.
[26] 李倩. 几种新型超硬材料的结构设计[D]. 吉林:吉林大学,2015.
[27] 荆晨晨. 新型超硬材料结构和性质的第一性原理研究[D]. 徐州:中国矿业大学,2022.
[28] 周碧晋. 镁锂合金超塑性研究[D]. 沈阳:东北大学,2015.

[29] 朱晓彤. Al-1.44Mg-1.09Y 合金的超塑性研究 [D]. 沈阳：东北大学,2016.

[30] LI D,TIAN F,CHU B,et al. Ab initio structure determination of n-diamond [J]. Scientific Reports,2015,5：13447.

[31] JIANG C,LIN Z J,ZHAO Y S. Superhard diamondlike BC_5：a first-principles investigation [J]. Physical Review B,2009,80(18)：184101.

[32] LANGDON T G. Seventy-five years of superplasticity：historic developments and new opportunities [J]. J. Mater. Sci. ,2009,44：5998-6010.

[33] 王永善,贺志荣,王启,等. Ti-Ni 形状记忆合金性能及应用研究进展 [J]. 材料热处理技术,2009,38(20)：18-21.

[34] 黄海友,王伟丽,刘记立,等. Cu 基形状记忆合金的应用进展 [J]. 中国材料进展,2016,35(12)：919-926.

[35] 杨冠军,杨华斌,曹继敏. 我国形状记忆合金研究与应用的新进展 [J]. 2004,18(2)：42-44.

[36] 张丽娇,陈朝中,章潇慧. 复合材料减振降噪研究进展 [J]. 2018,3：49-52.

[37] 孙建英. 减振合金的研究现状与发展 [J]. 内江科技,2006,8：119-120.

[38] 郭建亭,周文龙. 金属间化合物超塑性的研究进展 [J]. 材料导报,2000,14(5)：18-20.

[39] 魏世忠,韩明儒,徐流杰. 铼合金的制备与性能 [M]. 北京：科学出版社,2015.

第10章　先进功能材料前沿

功能材料对科学技术的发展及相关高技术产业形成具有决定性作用。特别是新型功能材料的出现,往往会促进科学技术的进步,对社会和经济发展产生重大影响。近年来,无人智能等高新技术的迅猛发展对功能材料的需求日益迫切,这也对功能材料的发展产生了极大的推动作用。从国内外功能材料的研发动态来看,先进功能材料正向着仿生智能化、多功能复合化、结构功能一体化等方向发展。本章对近年来快速发展的新型功能材料进行简要概述,主要涉及仿生材料、智能材料、超材料、新型电磁屏蔽材料等。

10.1 仿生材料

10.1.1 仿生材料简介

1) 仿生学的出现

自然界中的动物和植物经过45亿年优胜劣汰、适者生存的进化,形成了独特的结构与功能,合成了种类繁多、性能各异的生物材料来适应环境,维系自身的生存与发展,它们不仅适应了自然,而且达到了结构与功能的统一、局部与整体的协调。自然界是人类各种技术思想、工程原理及重大发明的源泉。技术创新中的仿生行为历史久远,人们试图模仿动物和植物的结构、形态、功能和行为,并从中得到灵感来解决目前面临的科学、技术问题,许多影响人类文明进程的重大发明源于仿生思维。

从20世纪50年代以来,人们已经深刻认识到生物系统是开辟新技术的主要途径之一,自觉地把生物界作为各种技术思想、设计原理及创造发明的源泉。

1958年,美国空军少校斯蒂尔首先提出仿生学这个名词。1960年9月,美国空军航空局在俄亥俄州的空军基地召开了第一届仿生学讨论会,会场悬挂了一个形象的仿生学标志——一个巨大的积分符号,将解剖刀和电烙铁联系在一起,这个符号不仅表示了仿生学的组成,而且也概括地表达了仿生学的研究途径,仿生学(Bionics)从此正式成为一门独立的学科,如图10-1所示。此后,世界各国竞相展开仿生技术研究,仿生学理论和技术迅速发展,新的仿生原理和仿生技术不断涌现。

图10-1　1960年美国召开的第一届仿生学讨论会

2)仿生材料的概念内涵

仿生材料(Biomimetic Materials)是指模仿生物的各种特点或特性而研制开发的材料。通常把仿照生命系统的运行模式和生物材料的结构规律而设计制造的人工材料称为仿生材料。仿生材料是一种新型功能材料,是通过借鉴、模仿生物结构和功能特性,建立在自然界原有材料、人工合成材料等基础上的人工设计材料,实现了材料的结构和性能优化。近年来,仿生材料技术飞速发展。仿生材料的研究范围非常广泛,包括生命体系从整体到分子水平的多层次结构,生物组织形成各种无机、有机或复合材料的制备过程及机理,材料结构、性能与形成过程的相互影响和关系,以及利用获取的生物系统原理构筑新材料和新器件。

作为21世纪发展新材料领域的重大方向之一,仿生材料的研究将融入信息通信、人工智能、创新制造等高新技术,逐渐使传统意义上的结构材料与功能材料的分界消失,实现材料的智能化、信息化、结构功能一体化。利用新颖的受生物启发而来的合成策略和源于自然的仿生原理来设计合成新材料,已成为化学、生命科学、材料学、力学、物理学等学科交叉研究的前沿热点之一。近年来,仿生功能材料研发主要集中在伪装隐身、力学防护、黏附固定、生物医用、集水疏水、防冰除霜等应用领域。

3)仿生材料的设计原理与实现方法

自然界的生物材料不仅在纳米范围内有序,在不同长度或空间范围内也都规则排列。如哺乳动物的骨骼、肌肉组织、皮肤组织、神经组织、软体动物的外骨骼贝壳、昆虫的外骨骼几丁质、鸟类的蛋壳等。生物组织的这种结构有序性赋予了其功能特性。生物体总是从分子、生物大分子自组装形成细胞器、细胞,细胞间相互识别聚集而形成组织,从组织再到器官,最后形成单个的生物体,甚至生物个体的生存也依赖群体中的个体通过一定的识别、自组织、协同等作用。也就是说,复杂功能的实现大多经过从小到大的多尺度分级和有序的自组织、协同过程。

仿生材料体系的分子、纳米、微米等结构的多尺度效应是形成仿生材料新功能的内在本质。其中,分子是体现材料功能的最基本结构单元。分子结构的多样性决定了材料千变万化的功能和性质。在分子尺度基础上,纳米、微米尺度的物质按照一定规律构筑形成一维、二维和三维结构的介观体系。仿生材料体系的设计,可以通过从分子、分子簇拓展到纳米结构和微米结构等多尺度范围内对仿生材料的结构进行控制,使材料本身产生奇异的宏观物理化学特性。

从生物分子有序的自组装现象,材料学家得到了启发,提出了自下而上的从基本单元合成一系列新型材料的制备方法——自组装技术。自组装过程并不是基本结构单元的简单叠加,而是一种整体协同作用。自组装过程中分子识别取决于基本结构单元的特性,如表面形貌、形状、表面功能团和表面电势等。组装的最终结构一般具有最低的自由能。

10.1.2 仿生伪装材料

全时空监视、高精度侦察、新技术探测对传统伪装材料提出严峻挑战,全域机动和全过程防护对自适应变色伪装提出更高的要求,城市和要地等人员聚集的广域防空袭需要新的防护手段。伪装能力不足,尤其是主动动态、自主变色的伪装隐身能力的缺乏已成为严重影响军事行动和生存能力的关键问题。仿生伪装隐身已成为国内外光电防护领域的研究热点,研究方向主要集中于光学模拟和变色伪装。近年来,自然环境中生机盎然的绿色植物,具有鲜明结构色彩的蝴蝶、甲虫等昆虫,以及具有较强环境光学适应性的章鱼、乌贼、变色龙等动物,都成为新型仿生伪装材料的重要模仿对象。

10.1.2.1 仿植物光学伪装材料

绿色植被环境是典型的伪装场景,在光谱分辨率不高的全色和多光谱成像侦察下,传统绿色伪装涂料还是具有较好的伪装效果。但是,由于它与植物的反射光谱匹配较差,在光谱分辨率很高的高光谱探测下,传统绿色伪装涂料与绿色植物的光谱差异将暴露无遗。

导致这种结果的主要原因是绿色植物具有独特的物质组成和结构形式,而它们是人工伪装涂料和遮障所不具备的。如图 10-2 所示,分别是法国梧桐、狗尾草和马尾松三种植物的叶片横切显微照片,仅就内部成分和结构而言,它们都是饱含水分、疏松多孔的,与干燥、密实的传统伪装涂料存在着巨大的差异。

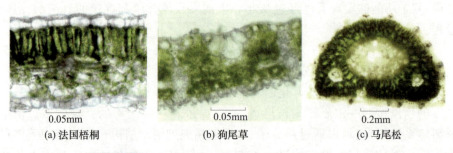

(a) 法国梧桐　　(b) 狗尾草　　(c) 马尾松

图 10-2　法国梧桐等三种植物的叶片横切显微照片

植物学和遥感研究表明,植物叶片的反射光谱特征在 200~700nm 的紫外和可见光波段主要被叶绿体色素控制,在 800~1300nm 的近红外波段具有的较高反射率是植物叶片疏松多孔的组织、结构所致,而 1300nm 以后的较低反射率正是植物饱含水分的结果。已有的研究表明,虽然植物环境因地域气候等条件因素而异,但各种绿色植物的反射光谱非常相似,它是由于植物的共同生物特性所决定的。例如,植物组织均呈疏松多孔结构,颜色源自叶绿素、类胡萝卜素等生物色素,鲜活叶片都饱含水分且存在水气蒸腾作用。但是,目前国内外的伪装涂层都是密实、干燥的,所用的无机或有机颜料与生物色素完全不同,这些因素导致的光谱差异也正是光谱探测识别伪装目标的依据。

根据以上分析,植物叶片的组织结构、物质组成与其特征反射光谱有着必然的联系。如果一种材料具有与植物叶片相似的结构和物质组成,那么这种材料应该具有与植物叶片相似的反射光谱。

国内近年来在仿植物仿生伪装材料方面的研究工作进展迅速。国防科大刘志明等人基于典型被子植物叶片的结构及其组成成分提出了一种多层结构的仿生叶片原理模型,研究得出仿生叶片光谱反射特性与樟树叶片光谱反射具有 0.9983 的反射光谱相似度,如图 10-3 所示。原总装工程兵科研一所蒋晓军等提出了一种模拟植物光学和红外特征的仿生材料设计制备方法,以聚乙烯醇材料作为植物仿生材料的成型物质和水分吸脱附材料,以铬绿、大分子黄等光学颜料作为材料着色剂,采用化学铸膜方法制备了植物仿生薄膜材料,在光学波段内能够较好模拟植被的光谱反射特性,且具有与绿色植物相似的红外辐射日周期变化趋势。

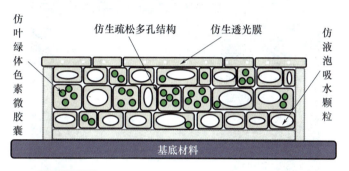

图 10-3　植物叶类器官仿生伪装材料结构示意图

仿植物光学伪装材料,能够高精度地模拟大自然环境中的植物特征,为有效对抗不同波段的侦察探测提供了一种新型的伪装技术和手段,其仿生伪装的思路和制备工艺对于仿生伪装材料的研究发展具有很好的借鉴意义。

10.1.2.2　仿生构型变色伪装材料

自然界的许多生物,在长期的自然选择和适应环境生存的进化中,逐渐学会了神奇的伪装本领,演化出形式多样、精致巧妙和无与伦比的高效伪装方式与策略,其典型代表为头足纲软体动物(章鱼等)、蜥蜴亚目爬行动物(变色龙等)和鳞翅目昆虫(蝴蝶等)。伪装会导致外部的观察结果具有更大的隐藏性和欺骗性,从而为掠食者和猎物增加了关键进化优势。

仿生构型研究是指从这些生物构型中获取灵感,在自然生物构型的基础上进行人工构型的模仿优化,实现比原始生物构型更为高效的功能特性。与现有的单一功能特性为主的人工构型相比,仿生构型具有两大优点:一是仿生构型借鉴了生物材料在多个尺度和维度上进化出的微纳结构,能够利用有限并且普通的材料实现复杂的功能;二是仿生构型基于大自然通过长期进化积累的丰富构型数据库,为创造新型结构及功能材料提供了有效参考。仿生构型变色伪装材料可模仿植物、昆虫、动物等的变色结构机制,构建可变色伪装材料。

1)仿花瓣变色材料

美国马萨诸塞大学阿默斯特分校(UMass Amherst)的研究团队模仿花瓣,运用简便的软硬复合体系表面起皱技术,在多层薄膜表面构筑系列多级皱纹结构制备了具有动态可控性能的材料表面结构色。激光干涉测量结果表明,该多级皱纹结构体系的结构色可观察角度范围可随压缩应变的变化而动态调控,如图10-4所示。该研究成果为仿生材料表面可控结构色的构筑提供了新技术基础。

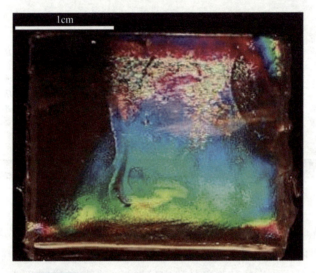

图10-4　多层膜结构体系的表面彩虹色结构色

2)仿昆虫变色伪装材料

昆虫的色彩大多是混合两种以上色泽而成的,称为混合色。例如,有一种美丽的蝴蝶叫作幻紫蛱蝶,它的翅呈黄褐色,当从不同的角度看时,又显现出梦幻般的紫色闪光,如图10-5所示。其中黄褐色是色素色,而紫色闪光则为结构色。吉林化工学院关会英等,从仿生学角度出发,以曲带闪蛱蝶紫色闪光鳞片为研究对象,研究了蓝色鳞片微观结构以及结构色形成机理。结果表明:曲带闪蛱蝶紫色闪光鳞片的截面形状是一种类似塔状的多层结构,壳质层数为8层左右,每层壳质厚度约77nm,空气层厚度约92nm,紫色闪光形成机理是多层结构对光线的干涉所致。受昆虫翅膀表面存在的有序生物纳米结构的启发,大连理工大学精细化工国家重点实验室等通过使用聚二甲基硅氧烷注入高度有序的蛋白石光子晶体的空隙中,制备了独立的复合光子晶体膜。拥有适当的折射率对比度,使复合膜具有较高的透明度和鲜艳的结构颜色。

图 10-5　幻紫蛱蝶照片

3) 仿动物变色伪装材料

乌贼、章鱼等软体动物变色的原因,是其皮肤内的色素细胞形态变化所致。它们的皮肤中有一个色素细胞层,里面有很多色素细胞。这些色素细胞内存在色素,可以呈现红、黄、褐、黑等不同颜色。当细胞被拉伸时,色素细胞内的素色囊也被拉伸,于是这种色素颜色面积就变大,整体看上去,软体动物的身体就变色了,如图 10-6 所示。变色时,最上层的色素细胞除了色素,在 20°~50°入射角的光照下同样能够产生结构色,尤其是内含黄色色素的细胞彩虹结构色更为显著,这种结构色的响应时间甚至为亚秒级,这种表层色素细胞中存在的分子、细胞尺度的相互作用,产生了动态色彩。

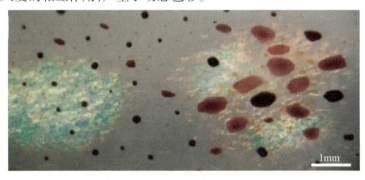

图 10-6　软体动物色素细胞内的素色囊

美国莱斯大学(Rice University)纳米光子学实验室公布了一项突破性的彩色显示技术,使用铝纳米粒创造鲜艳红色、蓝色和绿色色调,创造出了人造"乌贼皮"伪装超材料全彩显示技术,这项技术可以看到颜色并自动融入背景。加州大学欧文分校(UC Irvine)的研究人员仿照鱿鱼变色原理,设计出可改变红外信号特征的"动态伪装皮肤",能以类似鱿鱼皮反射光线的方式反射热。这种伪装装置具有驱动机制简单、工作温度低、光谱范围可调、响应快速等优点,在军事伪装领域应用前景广阔。

变色龙能够随环境、季节的变化而改变其肤色,使自身的色彩始终与环境协调一致。它们能够变色是由于其皮肤有三层色素细胞,最深的一层是由载黑素细胞构成,其中细胞带有的黑色素可与上一层细胞相互交融,中间层是由鸟嘌呤细胞构成,它主要调控暗蓝色素,最外层细胞则主要是由黄色素和红色素构成。基于神经学调控机制,色素细胞在神经的刺激下会使色素在各层之间交融变换,从而实现变色龙身体颜色的多种变化,如图10-7所示。

图10-7　变色龙皮肤组织的显微观察

美国伊利诺斯大学(University of Illinois)模仿章鱼的伪装原理,利用热敏染料和光传感器开发出柔性伪装织物。这种柔性伪装织物可以在1~2秒的响应时间产生变化的伪装图案,自发与周围环境匹配。加州大学伯克利分校(UC Berkeley)在超薄硅膜上精确刻蚀出微细的图案结构,该图案结构的特征尺寸小于光的波长,能根据薄膜的弯曲程度选择性反射特定颜色的光,产生类似于变色龙的伪装效果,反射率高达83%,是世界上第一款仅通过弯曲就可发生变色的柔性伪装材料。受变色龙皮肤变色的机制启发,美国埃默里大学(Emory University)研究团队开发了一种适应应变的智能皮肤(SASS),其在伪装、信号和防伪方面具有应用前景,如图10-8所示。

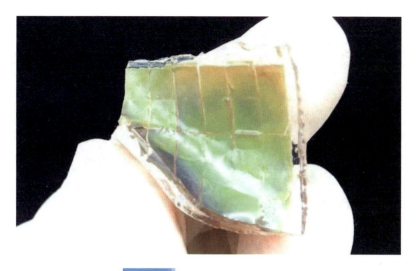

图 10-8　应变适应性智能皮肤

10.1.3　仿生防护材料

轻质高强是力学防护材料的不懈追求,然而传统的金属、陶瓷或高分子等均质材料都无法实现这一目标。近年来,人们在仿贝壳珍珠层、仿海洋生物材料等仿生防护材料方面,开展了大量的研究工作,取得了显著进展,相关成果在防护头盔、防弹装甲等领域有巨大的应用潜力。

1) 仿贝壳珍珠层材料

自然界通过生物矿化过程得到高强度、高韧性的天然复合增强材料。贝类因其质量轻、硬度高、强度大,同时还具有良好的抗冲击性能,不仅体现了优异的力学性能,也实现了强度、韧性和硬度的结合。其中,贝壳珍珠层有近乎完美的层状组织和高强度、高韧性的特点,这引起了材料研究者的广泛关注。

贝壳珍珠层是一种天然的有机-无机层状复合材料,具有独特的软硬相交互相叠合的层状结构及矿物桥等微观结构,通常位于软体动物盔甲的内层来抵御捕食者的捕食和外力的侵扰,其独特的多尺度、多级次"砖-泥"组装结构赋予其优异的机械性能,体现了优异的力学性能,实现了强度、韧性和硬度的结合,超越了人工合成的金属、陶瓷、塑料等材料。贝壳珍珠层是由95%(体积比)的文石碳酸钙片和5%(体积比)的柔性生物高聚物(蛋白质和多糖)组成,尽管贝壳珍珠层大部分由脆性的矿物质组成,但其韧性是单独文石片的3000多倍,这种惊人的反差吸引了化学家、材料学家和生物学家的广泛关注,如图10-9所示为鲍鱼壳和河蚌壳珍珠层的横切面扫描电镜照片。

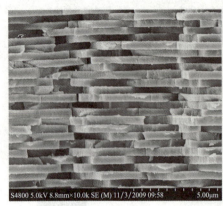 

图10-9 鲍鱼壳(左)和河蚌壳(右)珍珠层的横切面扫描电镜照片

受生物矿化增强现象的启发,在化学与材料仿生矿化合成中出现一些有机-无机复合的增强材料。交叠增韧仿生复合材料的设计方法为制备结构与功能一体化材料提供了重要的思路和途径,据此可开发出具有优异的防护性能和抗裂纹扩展能力的层状复合材料。受珍珠层启发,人们已利用不同方法制备了一系列仿生高强超韧层状复合材料,最大限度地综合利用了无机矿物硬度大、热稳定性高和有机聚合物弹性好、韧性高的优点,设计合成有机-无机复合增强材料,在航空航天、军事、民用工程及机械等领域表现出了广阔的应用前景。

美国南加州大学(USC)工业与系统工程系博士后 Yang Yang 和其在生物工程、土木工程、材料和航空航天工程等诸多学科的合作者从贝壳的分层结构中获取灵感,利用电场辅助的3D打印技术,通过电场控制石墨烯纳米片在光固化树脂里面的排列来实现仿贝壳的多尺度微结构,制备了具有贝壳微结构的智能头盔。美国弗吉尼亚大学(University of Virginia)和西北大学(Northwestern University)的科学家用镍粉和石墨烯片来模拟类似珍珠层的实体结构,开发了石墨烯衍生、镍(Ni)、钛(Ti,2%)和铝(Al,2%)基复合材料(Ni-Ti-Al/ Ni_3C 复合材料),复合材料的强度提高了73%,而延展性仅降低了28%;并且与工业高温合金相比,Ni-Ti-Al/Ni_3C 复合材料在1000℃时仍保持高硬度。这种新型复合材料可用来设计下一代高温合金,用于飞机燃气轮机和航天器机身。

近年来,我国学者在仿贝壳珍珠层材料制备研究方面取得了突破性进展,处于国际领先地位。中国科技大学俞书宏教授课题组首次通过模拟天然珍珠母生长过程获得了人工仿生结构材料,这种材料具有与天然珍珠母高度相似的化学组分和微观结构,并因此兼具强度及韧性。该团队进而利用纳米黏土片和细菌纤维素两种天然组分,成功构筑了"砖-纤维"的仿贝壳层状结构,采用气溶胶辅助的生物合成法,成功研制了一类天然纳米纤维素高性能结构材料(CNFP)。CNFP 具有优异的综合性能,密度仅为钢的六分之一,而强度、韧性均超过传统合金材料、陶瓷和工程塑料,这种新型全生物质仿生结构材料有望替代现有的工程塑料,具有广泛的应用前景。此外,电子科技大学邓旭等人,通过构建单体,成功制备了基于镍/氧化铝纳米片的仿生珍珠层结构的金属/陶瓷复合材料,并对其结构和机械性能进行了表征,断裂韧性达到约 $3MPa·m^{1/2}$,抗弯强度达到约 300MPa。随着进一步改进,轻质高强高韧的仿生珍珠层陶瓷金属复合材料可具有广泛的应用。

2)仿水生生物防护材料

从鱼鳞和虾体向装甲应用的发展一直是开发抗冲击材料的重点,鳞片可被视为开发新的和改进的防弹衣的潜在候选材料。螳螂虾用两个锤状的掠食附肢(指棍)来猛击和粉碎猎物,其能以 80km/h 的速度从身体加速,发出强大的打击,但之后却完好无损。此外,螳螂虾尾巴的附属物(telson)外部具有称为隆突的弯曲脊,内部呈现螺旋状结构,可以防止缝隙的生长,并从撞击中消散大量的能量,也具有启发意义,如图 10-10 所示。

美国加州大学欧文分校 David Kisailus 研究团队发现螳螂虾附肢具有独特设计的纳米颗粒涂层,可以吸收和耗散能量。用透射电子显微镜和原子力显微镜检查了附肢表面层的纳米级结构和材料成分,确定纳米颗粒是由有机(蛋白质和多糖)和无机(磷酸钙)纳米晶体交织而成的双连续球体。坚硬的无机材料和柔软的有机材料在相互渗透网络中赋予了涂层良好的阻尼性能而不影响硬度。这种罕见组合的性能超过了大多数金属和工业陶瓷,可用于设计类似的颗粒,以增强飞机、防弹衣等的保护性。

在美国空军科学研究办公室的支持下,美国普渡大学和加州大学河滨分校的研究人员受彩虹色螳螂虾启发,利用 3D 打印技术,制备出螳螂虾螯仿生复合材料,并通过理论设计和实验验证阐明了机理。测试结果表明其具有高抗冲击性能,隆突既能加强尾节的盾牌,又能使其向内弯曲。该研究有助于开发重量更轻、硬度更大、韧性更强的仿生复合材料,发挥其在航空航天、车辆、盔甲等领域的巨大应用潜力。

美国弗吉尼亚理工学院暨州立大学(Virginia Tech)与其他研究机构合作,仿石鳖物种鳞片的几何变化,利用 3D 打印的技术开发出更具有灵活性和柔性的聚合物铠甲。海洋软体生物石鳖(Chiton)属于一种原始类型的贝类,这种贝壳由 8 块壳板以覆瓦状排列组成,贝壳周围有一圈称为环带的外套膜,其成排的矿化鳞片可以保护未受壳板覆盖的部位。该铠甲可作为护膝,保护身体不被碎玻璃划伤。

此外，鱼鳞作为一种天然生物材料，因其具有超薄、超轻、极好的柔韧性，且有优良的防护能力而备受关注，仿鱼鳞防护材料也成为仿生防护材料的研发热点。由美国空军科研办公室牵头并提供经费支持，加州大学圣地亚哥分校（UC San Diego）和加州大学伯克利分校研究了亚马孙流域的"巨骨舌鱼"，这种鱼的鱼鳞具有独特的组织结构和令人惊叹的强悍性能，见图 10-10。类似鱼鳞这样的天然盔甲坚固且重量更轻，不会妨碍身体的灵活性和运动性，这种天然盔甲与人造防弹衣具有类似的鳞片重叠系统，因此研究人员正在着力研究这种机制，并希望该项目能提高美军装备的性能。目前尖峰装甲公司正在制造最新一代龙鳞甲防弹衣，这种防弹衣更轻、更薄、更凉爽，灵活性更高，并大大减少了创伤。与迄今为止任何其他可被高功率步枪击败的陶瓷/复合材料系统相比，龙鳞甲防弹衣的创伤率低 54%～63%。该防弹衣具有很强的形体适应性，不仅适合 97% 的男性，而且女性士兵也能使用。

图 10-10　螳螂虾与巨骨舌鱼

我国学者在巨骨舌鱼的"超强鱼鳞"、仿鳞片状柔性防护等方面也开展了一些探索性研究工作。中国科技大学俞书宏教授团队深入研究了巨骨舌鱼的"超强鱼鳞"，首次提出并运用"纳米螺旋刷涂法"仿生研制出一种"轻且坚韧"的仿生复合防护材料。力学实验表明，这种新材料性能优异，轻如塑料却无比坚韧。据了解，这种新材料可制作防护衣、头盔，也可以作为人工骨骼替代病变的骨组织。

10.1.4　仿生黏附材料

黏附材料在设备固定、伤员伤口快速缝合等方面具有特殊用途，但传统化学黏附材料存在黏附性调节能力弱、切换黏附响应时间长、应用范围小等局限性。仿生黏附材料近年来成为研发热点，相关研究模仿蜜蜂唾液胶水、蜗牛盖膜、蜜蜂尾针结构、壁虎刚毛、贻贝足丝、树蛙吸盘等，取得了一系列创新工作进展，如图 10-11 所示。

|蜜蜂唾液|蜗牛盖膜|蜜蜂尾针|
|壁虎刚毛|贻贝足丝|树蛙吸盘|

图 10-11　仿生黏附模拟对象

蜜蜂"胶水"具有独特的黏结特性,能在多种条件下保持黏性。美国乔治亚理工学院的研究人员正将这种混合物用作一种仿生胶水的模型,因为它具有独特的黏合特性,可以抵抗湿度的变化。利用这种材料的本质概念,可以开发出新型具有防水油层的黏合剂,这种黏合剂可以更好地抵抗湿度变化。

蜗牛盖膜的一层黏稠水分,可以保持身体湿润,有助于运动,也可以进入表面不规则处变硬,使蜗牛长时间固定一个位置,其黏合性能可以根据需要打开和关闭。美国宾夕法尼亚大学(University of Pennsylvania)研究人员使用与蜗牛相同的黏合机制,展示了一种强大的、可逆的黏合剂——聚甲基丙烯酸羟乙酯(PHEMA)聚合物,可应用于重力防护靴以及汽车装配等重型工业。

皮下注射针头广泛用于液体药物注射、生物流体检测等医疗设备,但会引起疼痛、创伤及感染。微针尺寸为微米级,且具有非侵入式、无痛等特点,但与软组织的黏附性差,难以保持稳定连接。为此,美国罗格斯大学(Rutgers University)的研究人员受蜜蜂尾针结构启发,利用 4D 打印技术制备出含倒钩的仿生微针阵列,显著提高其与软组织的黏附性,有望促进 4D 打印技术在穿透皮肤给药、创口修复等领域的应用,如图 10-12 所示。

自从仿贻贝黏附蛋白超强黏附特性的聚多巴胺(PDA)表面沉积方法被报道以来,这种通用的表面改性技术一直受到研究者的高度关注,尤其适用于惰性材料的表面修饰与功能化,成为多个学科的交叉研究热点。中国科学院兰州化学物理研究所周峰课题组与香港城市大学王钻开课题组合作,设计制备了一种仿生水下"胶水"。该材料不仅在水下具有较强的黏附性,更重要的是,其在水下的黏附强度可以通过控制界面温度进行可逆调节。

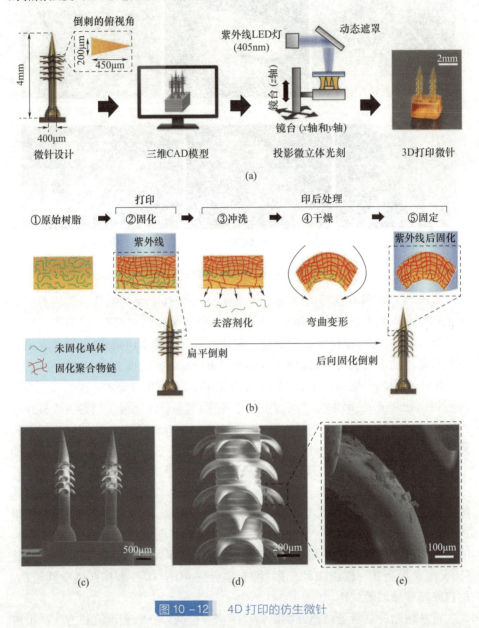

图 10 – 12　4D 打印的仿生微针

壁虎等动物皮肤表面为微米或纳米片状结构,能提供良好的附着力。壁虎脚趾具有优异的黏附特性,引起了科研人员的关注。受此启发,模仿壁虎脚趾结构的仿生壁虎微纳阵列材料,以及模仿壁虎脚趾黏附特性的全范德华力干性黏附材料的研究也随之兴起。通过对壁虎脚掌刚毛微结构的结构和材料设计,研究人员已合成了一种可控干黏附的仿壁虎脚掌表面,能够在垂直、光滑的玻璃表面支撑人体重量并进行攀爬,进而躲避火灾等。美国佐治亚理工学院(Georgia Tech)的研究人员利用拉伸法制造了微结构弹性黏附薄膜,可模拟壁虎爪等生物剪切黏附过程,为大规模生产仿生剪切黏附材料提供了新的方法。

树蛙可以利用可逆的黏附力在各种表面爬行。树蛙的趾、指末端吸盘及边缘沟壑明显,吸盘背面呈现出"Y"的形状。正是由于树蛙指、趾末端吸盘的存在,使得树蛙可在植物上敏捷自由的移动。武汉大学薛龙建等研究发现这些动物脚趾上的特殊微纳柱状结构(刚毛、平滑结构等)起到了至关重要的作用,产生的黏附力甚至可达动物体重的200倍。受树蛙趾结构的启发,制备了一种微纳复合六边形柱状阵列,该结构由聚二甲基硅氧烷(PDMS)与聚苯乙烯(PS)混合制成。

10.1.5 仿生医用材料

仿生医用材料可用于伤员救治、机器人材料、假肢技术、智能服装、智能传感器等方面,对提升生物材料技术具有重要价值,人们已模仿软骨、皮肤、肌肉等组织材料开展了探索性研究,如图10-13所示。

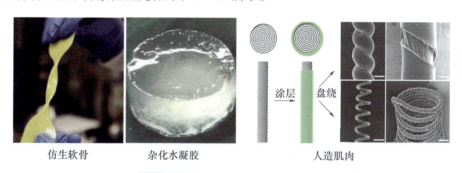

图 10-13 典型仿生生物医用材料

软骨、韧带、血管等人体软组织多由较硬的胶原蛋白纳米纤维和柔韧的蛋白多糖构成,即使含水量高达65%~90%,也能够具有极好的刚性、韧性、强度和变形能力。美国密歇根大学(University of Michigan)用芳族聚酰胺(凯夫拉纤维)与聚乙烯醇交织,研发出名为Kevlartilage的仿生软骨,克服了传统仿生软骨高含水量和高强度不可兼具的问题。这种仿生软骨除了用于生物医学领域,还可用作燃料电池、海水淡化装置、电池等的高性能纳米多孔膜。

中国医学科学院北京协和医学院设计合成了3种不同序列的基质金属蛋白酶敏感肽,与活性基团马来酰亚胺修饰后的透明质酸进行共价支联,制备一类对基质金属蛋白酶(MMP)具有响应性的透明质酸仿生杂化水凝胶。共价交联

MMP敏感肤的水凝胶具有良好的机械性能,能够包埋细胞3D培养达4周以上,可促进骨髓间充质干细胞(BMSCs)的软骨分化。

人造肌肉可促进机器人、触觉系统和假肢的发展。聚合物基制动器有迟滞小、寿命长、变形大、比能量高、成本低等优点,但尺寸控制和大规模生产仍是一大难题。美国麻省理工学院研究人员利用高通量的纤维拉伸工艺制备出应变可编程人造肌肉,热学和光学性能可控,截面尺寸范围跨越三个数量级。这种人造肌肉的尺寸、强度及响应能力可控,有望用于工程、生物医学等领域,促进机器人和假肢技术的发展。

美国得克萨斯大学达拉斯分校(The University of Texas at Dallas)、佐治亚南方大学(Georgia Southern University)研制出一种鞘管人造肌肉,可使用低成本尼龙、聚丙烯腈纱线等商用纤维,平均收缩力是人体肌肉的40倍。纤维状人造肌肉是将碳纳米管、氧化石墨烯纤维等材料加捻制成,能通过吸收蒸气、加热驱动收缩或舒展,模拟肌肉运动。这种鞘管人造肌肉可使用廉价市售聚合物纱线代替碳纳米管纱线,在智能服装、智能传感器、药物缓释等领域有重要应用前景。

10.1.6 仿生超浸润材料

材料的浸润性是构筑界面科学体系的重要组成部分。长期以来,各种超浸润现象已经在自然界和实验室被发现。超浸润材料是通过控制表面化学组成和多尺度微纳结构构建的一系列具有独特浸润湿性能的材料。目前,超浸润材料的研究势头迅猛,随着制备工艺水平的提高和理论体系的完善,将迎来更大的发展。气液固的三相体系可以组合出许许多多的超浸润体系,不同的超浸润体系相互配合,又产生新的功能界面,当前主要涉及超疏水、超亲水、超润滑等体系。

1)仿生超疏水材料

超疏水性与动植物"身体"表面的微结构有密切关系,受自然现象的启发,人们逐渐掌握了材料疏水的秘密——其对水具有极好的排斥性。仿生超疏水材料表面在许多基础研究和工业应用领域具有重要的理论意义和广阔的应用前景,包括自清洁、抗凝露、防冰覆、腐蚀与防护、液体传输、油水分离、生物污损及防污、海洋污损及防污等。特别是,超疏水表面在军事装备尤其是在水面舰艇、潜艇、鱼雷等海军装备表面处理方面潜在的应用价值巨大,已成为装备技术研究热点,成果层出不穷。

美国在2008年已经开始超疏水材料的研究,已面向飞机和设施防结冰、太阳能电池防水雾等用途研发了多项仿生超疏水材料技术。受大自然荷叶结构的启发,美国中佛罗里达大学(University of Central Florida)创造了一种基于纯碳富勒烯分子晶体的新型防水纳米材料,无论水流方向如何,甚至水持续流经,富勒烯薄膜都表现出极强的防水性,即使将它们浸入61cm深的水中几个小时,薄膜仍保持干燥,甚至它们可以以腹甲的形式捕获和储存水下气体,为开发更高效的防水表面、燃料电池和电子传感器开辟了道路。

在美国海军研究办公室、美国空军研究实验室、美国国家基金会的支持下,密歇根大学开发出比其他涂层更耐用数百倍的"氟化聚氨酯弹性体"自修复疏水喷涂涂层,可以很容易地喷涂到几乎任何材料表面上,并且具有轻微的橡胶纹理,比其他防水涂层更具弹性,可为舰船、飞机和战车提供兼具耐久性的防水、防结冰、自清洁能力。

美国匹兹堡大学(University of Pittsburgh)科学家受金针菇启发,开发了超疏水柔性光学塑料。研究人员制作了一种塑料薄板表面,其高而薄的纳米结构具有较大的顶部,形如金针菇。涂层中的纳米结构"对苯二甲酸乙二醇酯"(PET)可使塑料片材具有超疏水性,能排斥多种液体,同时保持高透明度和高雾度,这意味着可使更多分散的光通过。这些特性使其成为太阳能电池或LED集成的理想材料。

受水蜘蛛、火蚁等利用其超疏水的能力启发,美国罗切斯特大学(University of Rochester)研究人员开发出防水金属结构,即使遭到严重破坏也不会下沉。通过使用飞秒激光脉冲,金属表面被赋予微米级和纳米级图案。这些图案可捕捉空气,使金属表面具有超疏水性。测试表明,即使在水底放置两个月后,该结构仍能保持漂浮状态。该蚀刻工艺可用于任何金属,从而使可穿戴浮选设备和电子监控设备不会沉没。

六斑刺鲀的表皮由四面体形的坚硬鱼鳞和柔软的皮肤这两种力学特性相反的材料构成。日本国立材料研究所研究人员受六斑刺鲀表皮启发,开发出一种新型超疏水材料,极大改善了以往材料不耐磨和易变形的重大缺点,有望应用于要求耐久性的结构材料。研究人员模拟这种复合结构,将四面体形无机纳米材料高密度填充到柔软的硅树脂中,成功开发出了即使施加外力,凹凸结构也始终露在表面的超疏水材料。其仅通过充分混合无机纳米材料和通用树脂就实现了疏水功能,因此可应用以往的树脂成型技术和涂装技术。

蛾眼具有令人难以置信的抗反射特性,它可以吸收大部分光线,因此蛾眼独特的纳米级凸起排列方式激发了多种技术进步。越南新潮大学和越南太原师范大学用石英构建了一个类蛾眼的复杂纳米结构,然后用石蜡涂覆使其远离寒冷和潮湿,展示出了卓越的性能。这类材料的主要应用是飞机机翼,机翼结冰会限制飞机的升力或干扰运动部件。由于具有高透明度和抗反射性能,它也可以用于能量传输系统、在恶劣环境下行进的车辆、眼镜等。

近年,我国研究人员在仿生超疏水材料的设计、制备等方面开展了大量研究工作,取得了较为显著的技术进展,可用于军机防冰、舰船油水分离等领域。

2020年6月 Nature 杂志以封面文章的形式发表了电子科技大学基础与前沿研究院邓旭教授团队最新的科研成果,该研究通过给超疏水表面穿上具有优良机械稳定性微结构铠甲的方式,解决了超疏水表面机械稳定性不足的关键问题。

超疏水材料技术正向智能化、可调控、多功能及高性能方向发展,在武器装备防护、能源及其他创新领域展现出广阔的应用前景。未来在多学科交叉融合发展的影响下,超疏水材料技术将与仿生技术、纳米技术以及材料计算技术等紧密结合,逐步突破机械性能与耐用性能的应用瓶颈,在众多领域发挥更大的应用价值。

2)仿生集水材料

经过长期的自然选择,一些生物进化出了智能优化结构,能够从雾气中获得水分供自身生存,为淡水收集系统中功能仿生材料的设计和制备提供了灵感。在纳米布沙漠中,甲虫、蜘蛛和仙人掌等都进化出了从雾气中获取水分的特异功能来适应干旱的地理环境。迄今为止,人们模仿沙漠甲虫背部的集水结构、蜘蛛丝定向集水结构、仙人掌刺棘状集水结构等,已经开发出了大量的仿生集水材料,这些材料都为无法应用海水淡化技术和污水处理技术的欠发达干旱地区,以及野外取水等需求,找到了解决淡水资源紧缺问题的新办法。

蜘蛛的集水能力归因于其独特的周期性纺锤节和关节结构。其中,纺锤节由随机杂乱的纳米纤维组成,而关节则由排列整齐的纳米纤维组成。仿照这种结构材料的制备过程中,为避免重力诱导的液体流动,将纤维水平固定在聚合物溶液储罐中,从两根毛细管构成的导向器中穿过,一端连接在滚轴电动机上。当纤维被电动机以一定的速度从聚合物溶液中拉出时,纤维表面覆盖上一层聚合物膜并聚集成液滴状,液滴凝固在纤维表面形成周期性纺锤节的定向集水能力已得到了验证,对大规模制备具有集水功能的仿生蜘蛛丝纤维具有重要意义(图10 – 14)。

图10 – 14　仿蜘蛛丝集水材料

沙漠甲虫的背部鞘翅上存在很多小凸起,这些小凸起与鞘翅表面的疏水性不同,它们具有很强的亲水性。受纳米布沙漠甲虫亲水-疏水背部表面集水性能的启发,人们提出一种超疏水-亲水混合表面的简便制备方法,将由飞秒激光制备的聚四氟乙烯纳米粒子沉积在超疏水铜网上,并与亲水铜片结合形成混合表面,所制备的表面具有较高的水分收集效率。还可以将亲水性黏胶纤维与疏水性丙纶无纺布配合编织成织物,这种具有超疏水-亲水混合表面的织物具有良好的集水性能。

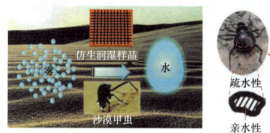 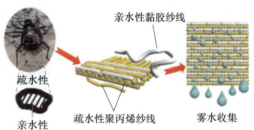

图10-15　仿甲虫集水材料

江雷院士团队研究发现,仙人掌能够在干旱的沙漠中生存,得益于它高效的雾水收集系统。仙人掌的表面被规则分布的刺和毛簇体覆盖,每根刺主要分成三个部分:带有定向倒钩的尖端、拥有梯度沟槽的中部和带毛状体的根部。在雾水收集过程中,仙人掌刺的每一部分都发挥着不同的作用,雾水收集的能力源于仙人掌的多重生物结构,拉普拉斯压力梯度和表面自由能梯度的共同作用,使液滴在仙人掌刺表面定向移动(图10-16)。

3)仿生超滑材料

食虫性植物猪笼草大多生于土壤贫瘠地区,依靠位于叶片末端的叶笼捕集昆虫并将其消化成生长所需的营养元素。猪笼草叶笼在捕食昆虫过程中难免遭受粉尘、翅膀鳞片等污染物的污染,维持滑移区较高的洁净度对叶笼稳定持久发挥反附着功能极其重要。

猪笼草叶笼因其独特的形貌结构与捕食昆虫功能受到学者普遍关注,主要集中在形貌结构表征、捕食昆虫效率、抑制昆虫附着机理、功能表面仿生研制等方面。近些年,学术界发现猪笼草叶笼具有辐射状沟脊结构及液膜定向传输特性,这使其口缘成为超滑材料绝佳的仿生原型,用以研制可控微流体、药物输送、无动力农业灌溉、机械自润滑等应用于工程领域的液膜定向传输功能表面,相关研究已得到开展(图10-17)。

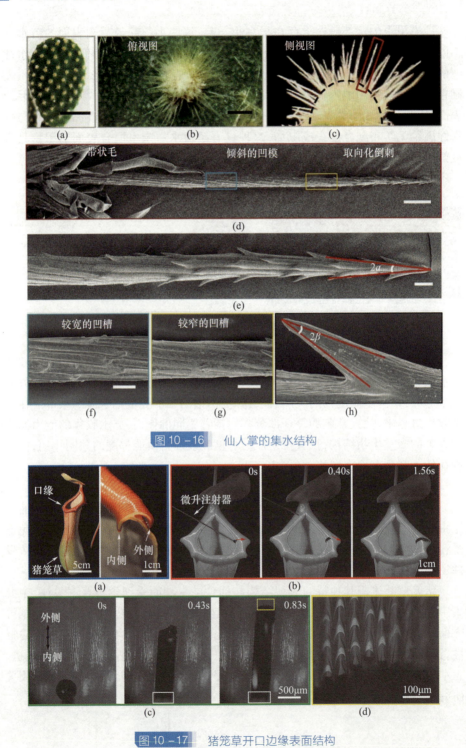

图 10-16　仙人掌的集水结构

图 10-17　猪笼草开口边缘表面结构

仿生猪笼草结构的超滑表面是一种通过将低表面能液体注入微纳孔而形成的固液复合结构,其具有优异的疏液、不黏附、自修复等特性。北京航空航天大学陈华伟团队基于口缘微纳尺度的沟脊结构,采用紫外光刻技术在SU-8型环氧树脂基体表面制得由具有锐角边缘和弧形轮廓的凹坑阵列构成的沟槽结构,仿生制备的功能表面能够实现液膜迅速、远距离及无动力定向传输。进一步将热敏性高分子材料聚N-异丙基丙烯酰胺嫁接到由聚二甲基硅氧烷制得的口缘表面,水滴的定向传输可通过动态操控功能表面温度实现,并呈现显著的定向传输可逆性和稳定性。

10.2 智能材料

10.2.1 智能材料的概念内涵

智能材料是一种集材料与结构、传感系统、执行系统和控制系统于一体的自适应材料体系。智能材料的构想源自仿生,目标是要获得具有类似生物材料的结构及功能的"活"材料系统,它能够感知外界环境的刺激或内部状态所发生的变化,通过材料自身的信息处理和某种反馈机制,能实时地改变材料自身一个或多个性能参数,做出恰当的响应,与变化后的环境相适应。

智能材料作为近年来发展起来的新型动态仿生材料,其将具有独特物理、化学性质的材料作为传感器,并和具有传感和驱动功能的材料构成控制系统,就能实现根据外界环境进行响应的功能。作为一种新型材料,一般认为,智能材料由传感器或敏感元件等与传统材料结合而成。这种材料可以自我发现故障,自我修复,并根据实际情况做出优化反应,发挥控制功能。智能材料可分为两大类:

(1)嵌入式智能材料,又称智能材料结构或智能材料系统。在基体材料中,嵌入具有传感、动作和处理功能的三种原始材料。传感元件采集和检测外界环境给予的信息,控制处理器指挥和激励驱动元件,执行相应的动作。

(2)有些材料微观结构本身就具有智能功能,能够随着环境和时间的变化改变自己的性能,如压电材料、形状记忆材料、电(磁)流变液、磁致伸缩材料和智能高分子材料等。

智能材料是继天然材料、合成高分子材料、人工设计材料之后的第四代材料,其设计与合成几乎横跨所有的高技术学科领域,是现代高技术新材料发展的重要方向之一。

智能材料需具备以下内涵:

①具有感知功能,能够检测并且可以识别外界(或者内部)的刺激强度,如电、光、热、应力、应变、化学、核辐射等;

②具有驱动功能,能够响应外界变化;

③能够按照设定的方式选择和控制响应;

④反应比较灵敏、及时和恰当;

⑤当外部刺激消除后,能够迅速恢复到原始状态。

智能材料分类方法有多种:一般按功能可分为光导纤维、形状记忆合金、压电、电流变体和电(磁)致伸缩材料等,按成分可分为金属系智能材料、无机非金属系智能材料和高分子系智能材料等,按应用特点可分为智能传感材料、智能驱动材料、智能修复材料等。

10.2.2 智能材料的发展历程

智能材料起源于20世纪30年代发现的形状记忆合金。形状记忆合金是一种重要的执行器材料,可用其控制振动和结构变形。20世纪60年代,美国海军军械研究所发现了镍钛合金的形状记忆效应,并用其制造了"阿波罗11号"登月飞船的天线。金属材料在使用过程中会产生疲劳龟裂和蠕变变形,导致损伤和性能变坏。金属系智能材料,是指具有自检知、自诊断和自行动功能,并且能够对变形、振动和损伤等进行适当控制的金属材料。其中,形状记忆合金类金属材料的形状记忆功能是热弹性马氏体相变合金所呈现的效应:金属受冷却剪切由奥氏体体心立方晶格移位转变成马氏体相,加热时又由马氏体相低温相转变至母相而恢复原来的形状。

20世纪40年代,美国海军发现了磁致伸缩材料,并基于该种智能材料研制了军舰的声呐系统。这类陶瓷可能动地对外做功,发射声波、辐射电磁波和热能,以及促进化学反应和改变颜色等对外做出类似有生命物质的智慧反应,称为智能陶瓷。很多智能陶瓷具有自修复和候补功能,它使材料能抵抗环境的突然变化。部分稳定ZrO_2的抑制开裂就是一个很好的例子,它的四方-单斜相变,能自动在裂纹起始处产生压应力来终止裂纹扩展。在纤维补强的复合材料中,部分纤维断裂,释放能量,从而避免进一步断裂。陶瓷变阻器和正温度系数热敏电阻(PTC)是智能陶瓷,在高电压雷击时ZnO变阻器可失去电阻,使雷击电流旁路入地,该电阻像候补保护那样可自动恢复。

1988年,美国陆军研究办公室组织了首届"智能材料、结构与数学"专题研讨会,智能材料开始发展为一个独立的研究领域,现已发展出仿生自修复材料、仿生柔性智能材料等新的方向。智能材料的出现和发展,体现出人类对材料智能化的需求。智能材料具有自适应特性,能够实现对材料内部或外部环境条件变化的判断、处理和反应,并通过改变自身的结构和功能与外界相协调。其应用领域包括但不局限于工业设计与制造、国防建设、海洋工程、生命科学、生物医学。正是看到了智能材料的诸多优势和发展潜力,以美国、德国、英国、日本为代表的世界多国均在智能材料领域投入了大量研究精力,并取得了数量可观的成果。

智能材料已得到广泛应用,涉及智能航空航天材料、智能传感探测、智能服装、智能建筑等领域。当前,智能材料等新材料技术的创新与发展在科技革命进程中处于关键地位,其成果必将对各个高新技术领域的高速发展起到积极的推动和支撑作用,在航空航天、海洋工程、生物医学、电子电气、人工智能、清洁能源等各个领域具有广阔的应用前景。智能材料是现代高技术新材料发展的重要方向之一,它使传统意义下的功能材料和结构材料的关系更加紧密,未来智能材料的发展趋势为更加高性能化、多功能化、复合化、精细化和智能化,在此基础上,还包括材料结构设计一体化和新制造技术加速智能材料发展两个趋势。

10.2.3 典型智能材料

1)智能形状记忆材料

智能形状记忆材料是20世纪70年代开发的功能材料,目前已成为一种重要的智能材料,主要作为执行器件,已广泛地应用在建筑、航空航天、军事和医学等领域。形状记忆材料主要分为形状记忆合金、形状记忆陶瓷、形状记忆聚合物。20世纪60年代美国海军军械研究所的Buehler在研究中发现了镍钛(Ni-Ti)合金具有"形状记忆效应",并以此为基础研究了形状记忆合金(Shape Memory Alloy,SMA)。形状记忆陶瓷应用在自适应结构和装置,在医学领域日益得到广泛应用。典型的形状记忆陶瓷有黏弹性形状记忆陶瓷、马氏体形状记忆陶瓷、铁电性形状记忆陶瓷、铁磁性形状记忆陶瓷等。形状记忆高分子的研究集中于水凝胶的研究。

2)智能压电材料

压电材料是一种能够实现电能与机械能相互转化的机敏材料,压电材料主要包括无机压电材料、有机压电材料和压电复合材料。目前压电陶瓷的应用日益广泛,所应用的压电陶瓷大致可分为压电振子和压电换能器两大类。压电高分子通常为非导电性高分子材料,在某些特定条件下,带负电荷的引力中心可以被改变,极化性可以被机械压力或温度变化所改变,前者称为压电效应,后者称为热电效应。此外,由热塑性高分子与无机压电材料所组成的压电材料称为压电复合材料,又称复合型高分子压电材料,这种压电性在薄膜内无各向异性,故在任何方向上都显示出相同的压电性。压电陶瓷/高分子复合材料是近年兴起的一类新型压电材料,其优异的性能受到人们的广泛关注。

3)智能磁致伸缩材料

材料在外加磁场作用下尺寸和体积发生改变的效应称为磁致伸缩效应,具有磁致伸缩效应的材料称为磁致伸缩材料。磁致伸缩材料主要有三大类:金属与合金磁致伸缩材料、铁氧体磁致伸缩材料和稀土金属间化合物磁致伸缩材料。其中,稀土金属间化合物磁致伸缩材料的磁致伸缩是传统磁致伸缩材料的近百倍,故又称稀土超磁致伸缩材料。稀土超磁致伸缩材料的研制开发最为成功,特别是铽镝铁磁致伸缩合金的研制成功,开辟了磁致伸缩材料的新时代,成为稀土磁功能材料继稀土永磁材料之后的第二次重要突破。目前,稀土超磁致伸缩材料已广泛应用于各种尖端技术和军事技术中,对传统产业的现代化产生了重要的作用。

4)智能流变体

电流变体也称电场致流变体,是指在低介电常数的液体中,加入一定尺寸、具有较高介电常数的颗粒,使其成为悬浮液或分散液。在电场作用下,该体系的表观黏度大幅度增加,甚至转变为不可流动的固体,这种转变过程速度快,其对电场的反应时间在毫秒级,且具有可逆性。电流变体的这种特性使之成为一种新型智能材料,具有响应快、阻尼大、功耗小等特点,将它用于自动控制体系中,作为电子控制和机械执行系统的连接纽带,可实现动力的高速传输和准确控制。

磁流变液(magnetorheological fluids,MR 流体)是在外加磁场作用下流变特性发生急剧变化的材料。它的基本特征是在强磁场作用下能在毫秒级瞬间从自由流动的液体转变为半固体,呈现可控的屈服强度,而且这种变化是可逆的。磁场对磁流变液的黏度、塑性和黏弹性等特性的影响称为磁流变效应(magnetorheological effect)。磁流变液是当前智能材料研究范畴的一个重要分支,在汽车、机械、航空、建筑、医疗等领域具有广泛的应用前景。

电磁流变体由固体微粒悬浮分散于液体介质中形成,其流变性质既随外加电场变化,又随外加磁场变化。具体地,其黏度或剪切应力随外加电场或磁场的增加而增大,在足够高场强下固态化失去流动性,从而表现出一定的屈服强度,外场去掉后它又可迅速恢复到原来的状态。电磁流变体的这种快速可逆变化使其在开关、离合器、汽车减振、制动、传动、液压及机器人等机电控制方面呈现出广阔的应用前景,因而成为目前国际学术界新的研究热点之一。

5)智能凝胶

智能凝胶是高分子智能材料的重要研究方向,是分子链经交联集合而成的三维网络或互穿网络与溶剂(通常是水)组成的体系,与生物组织类似。交联结构使之不溶解而保持一定的形状;渗透压使之溶胀达到体积平衡。此类高分子凝胶可因溶剂的种类、盐浓度、pH、温度不同以及电刺激和光辐射不同而产生体积变化,有时出现相转变,网孔增大,网络失去弹性,凝胶相区不复存在,体积急剧溶胀可达数百倍,并且这种变化是可逆的、不连续的。

智能水凝胶在刺激源作用下具有不同的亲疏水性、收缩溶胀性和体积各向异性,因此在生物传感器、荧光信号放大、可视化检测、样品分离和SERS基底等分离分析中有重要应用。近年来,半互穿网络智能水凝胶、多孔智能水凝胶和智能微凝胶的制备得到研究,通过功能化修饰改变水凝胶的亲水性和疏水性,得到响应速度、力学性能、消溶胀和透光性等各异的水凝胶。近年来,研究人员在将各向异性结构引入PNIPAM水凝胶智能响应驱动器方面做了诸多尝试,成功合成了具有取向纳米填料、高分子链及微通道孔结构的水凝胶。这些各向异性水凝胶驱动器在不同的响应刺激下,展现出不同的反应机制与驱动过程。各向异性PNIPAM水凝胶智能响应驱动器展现出了优异的驱动性能,这将有利于其未来在驱动器、传感器及仿生人造肌肉等领域中的广泛应用。

智能水凝胶因其性能独特得到人们关注,但该类水凝胶固有的响应速度慢、力学性能差和难降解性等问题限制了其在众多领域的实际应用。因此,未来将围绕智能水凝胶的结构改性及性能开展深入研究,开发实用型产品,制备出快速响应、高力学性能、高柔韧性和降解性可调的智能柔性材料。

10.2.4 新型智能材料

1) 智能纳米孔材料

自然界中的生命体系经过40多亿年的进化,实现了对能源的高效转换、存储和利用。特别是生物膜上的各类孔道结构在其中起着重要作用。基于仿生智能纳米通道的先进能源转换体系从生物离子通道中获取与能量转换相关的启示,如电鳗放电、ATP合成、视网膜、紫膜等,从原理和结构上模仿生命体系中高效能量转换的某一个侧面,通过多孔材料的设计和转换器件的组装,可以实现机械信号到电信号、光信号到电信号、光信号到化学信号等不同信号形式之间的转换。在过去的近20年里,由于智能纳米孔材料具有可调的结构及化学性质优势,已迅速发展成为智能材料领域的一颗新星。纳米孔技术最初是为了对离子和小分子进行随机传感而开发的。随后,许多开发工作都集中在DNA测序上。然而,现在纳米孔的应用已经远远超出了测序,因为该方法已被用于分析许多不同生化系统中的分子异质性和随机过程。研究人员已经利用各种各样的材料制备了形状各异的纳米孔,并通过进一步的功能化修饰,纳米孔可对pH、温度、光、离子、分子等做出响应。

智能纳米孔材料是以生物离子通道为灵感,人工合成和制备的高稳定、高性能材料,可以在能源存储与转换、分离、生物器件、海水淡化等领域得到应用。在人工制备的纳米孔道结构中,可以通过微纳制造及各种物理化学手段,在纳米尺度上调控孔道壁与所输运物质间的各种相互作用,包括空间位阻、静电相互作用、范德瓦耳斯力相互作用以及氢键网络等,从而实现对所输运物质的智能调控。例如,美国佛罗里达大学 Martin 研究小组于 2004 年在 *Science* 上发表了他们基于纳米核孔膜开展的 DNA 分子检测研究,结果显示应用该方法可分辨出单个碱基的差异。波兰学者 Siwy 等利用圆锥形的单个纳米核孔开展了核酸和蛋白分子的检测研究,研究结果显示了纳米孔道在核酸和蛋白质分子检测方面的巨大潜力,具有非常好的应用前景。近年来,科学家还在研究纳米孔道对电解质离子的输运过程中发现了具有单向导通的离子整流特性和离子选择性。另外,光响应智能纳米孔材料作为其中极具代表的一类,也具有广泛的应用前景。目前,对光响应纳米孔道的研究还在起步阶段,大部分都是停留在基础研究或者应用基础阶段,随着研究的深入,必定会为实际应用尤其是生物传感器的发展提供一个新的研究平台。

然而,在充分发挥纳米孔技术的潜力之前,仍有许多挑战需要克服。例如,提高传感精度和时间分辨率,以揭示单一生物聚合物(如蛋白质或多糖)的确切化学成分。在未来的研究中,其中一个有趣的探索方向是纳米孔的从头设计和 DNA 折纸支架的合成。这将突破当前工程方法的能力限制,实现纳米孔大小和形状的定制。此外,纳米孔也越来越多地用作力传感器,对各种生物分子进行受控定位、捕获和定向,从而用于单分子生物物理学研究。最后,基于纳米孔的生物医学应用已经不限于 DNA 测序和表观遗传修饰分析,目前已拓展用于检测生物流体和其他生物样本中的分子生物标志物(蛋白质、代谢物和核酸)。鉴于纳米孔应用的快速增长,纳米孔技术很可能会成为单分子体外诊断的一项突出技术。

2)柔性智能响应材料

柔性智能响应材料属于智能驱动材料,可以感知外界的温度或者电磁场变化,通过自身的形状、位置、振动等机械性质的变化而做出响应,并在智能响应基础上强调材料的柔性。随着柔性仿生智能材料在材料研发与生产工艺上不断取得突破,可穿戴设备产业也逐渐呈现出繁荣态势,可穿戴设备产品层出不穷,其外观设计更加时尚,功能更加人性化。

韩国蔚山科技大学(UNIST)HyunhyubKo 的研究团队研发出一款智能电子皮肤。该电子皮肤是基于柔性微结构化铁电薄膜的多模电子皮肤,增强了对多个时空触觉刺激的检测和辨别。例如,可以实现静态动态压力、温度、震动的感应和辨识。

美国西北大学的研究人员开发了一种新型仿生软体材料。当光线照射时,这种薄膜状的材料变得活跃起来——弯曲、旋转,甚至可以在表面爬行。这种材料被研究小组称为"机器人软物质",它不需要复杂的硬件、液压或电力驱动就可以自行移动。这种类似生命的材料可以有很多用途,在能源、环境修复和医学方面都有潜在的应用。

美国北卡罗来纳州立大学(North Carolina State University)的研究人员以表面涂覆聚乙烯醇层的形状记忆聚合物(预加应变的聚苯乙烯,Shrinky – Dinks)为基板,通过喷墨打印在基板局部区域打印不同特殊图案,并利用红外光加热使基板沿厚度方向产生热应力梯度,从而形成多个矩形、梯形和三角形刺激响应热塑性抓取器,这种抓取器兼具高强度和耐用性,最高可承受超过自身质量 24000 倍的负载几分钟而不发生机械故障。这种抓取器的性能可通过改变墨水颜色和辐射光的波长来控制,可以用于更严苛环境的复杂抓取器的设计和开发。

近年,我国研究人员开展的仿生柔性智能材料研究工作主要涉及刺激响应薄膜、离子型电活性聚合物、智能仿生纺织品、柔性金属纳米褶皱结构的仿生结构设计和制备工艺开发。其中,华东师范大学张利东教授团队开展了刺激响应薄膜的仿生结构设计研究工作,通过化学改性技巧制备的聚偏氟乙烯薄膜兼具柔韧性、光敏感性和丙酮敏感性,且具有强劲的机械性能,该类薄膜的可持续运动有望在柔性机器人、自发穿戴式、植入式电子器件方面获得进一步开发及应用。

3)智能修复材料

生物的皮肤、肌腱、组织、血管等能在多个尺度上分层集成,并在不同刚度的不同组织间无缝结合,还具有自修复特性,是人造材料的重要模仿对象。智能修复材料主要采用黏结性材料复合制备,可对损坏的材料进行修复和再生。近年,自修复材料成为智能材料的研究热点。人们把军用装备的自修复、自修复合材料研究列为提升装备性能的关键技术之一,模仿具有自修复功能的组织、细胞、分子研发了多种自修复材料。

美国南加州大学开发出一种新型自修复材料。这种材料具有三维网格结构,包含可触发自修复的动态二硫键以及高刚性热响应聚合物,兼具类似聚四氟乙烯的结构坚固性(可支撑自重 1000 倍的重量)、自修复功能以及形状记忆特性,可在空气中立即修复飞机结构的冲击损伤,并使损伤结构自动恢复初始形状。此外,研究人员还在这种新型自修复材料中添加了丙烯酸酯化学基团,使材料具备光固化特性,适用于立体光刻 3D 打印技术。这种材料通过加热即可自动恢复初始形状并修复断裂损伤。这种新型自修复材料可以用于飞机和车辆等多种平台,无须人工干预就可自动修复飞机和车辆结构上的凹痕或裂缝并恢复初始形状和功能。这种新材料还可用于防弹背心、装甲结构等,为关键部件提供更好的抗损伤能力,延长装备使用期限,降低维护成本,还可用于调整阻尼或传递振动等领域。

美国陆军研究实验室(ARL)和德州农工大学(Texas A&M University)合作,利用 3D 打印制造出柔性聚合物交联网络,开发出一种可以在空气和水中自修复合的新材料,具有较高的机械强度和自我修复能力。这种材料使用呋喃基团封端的低聚物线性预聚物(玻璃化转变温度 T_g = -10.6℃)和双马来酰亚胺(BMI)交联剂,可以对温度和光刺激产生响应,多次从液态转变为固态,还可进行3D打印和回收。而且动态键合特征能够赋予聚合物独特的形状记忆行为,在破损后恢复为初始形状。这种材料能够模仿生物材料的部分机械、自修复特性,可应用于软体机器人和可穿戴电子设备。另外,通过调整聚合物链还能对新材料的结构性能进行微调,使其实现类似橡胶的柔软度或实现类似工程塑料的强度,有望使未来空中和地面平台具备可重构变形能力。

受美国陆军研究办公室资助,宾夕法尼亚州立大学(The Pennsylvania State University)和德国马克斯·普朗克智能系统研究所合作开发了一种模拟鱿鱼环齿蛋白的自修复材料。这种自修复材料模仿的是自然界中的高强度合成蛋白,即鱿鱼环齿蛋白。鱿鱼的环齿(鱿鱼和乌贼的吸盘上都带有齿环)是位于鱿鱼吸盘上的圆形掠食性附属物,用于抓取猎物。这种环齿断了可以自修复,环齿蛋白中的柔软部分帮助破碎的蛋白质在水中融合在一起,而坚硬的部分则有助于增强环齿结构并使其保持坚固。研究人员合成的新型蛋白快速且高强度的自我修复特性证明了这种方法具有广阔的发展潜力,可以为未来的陆军应用提供新颖的材料,制造个人防护装备或能够在受限空间活动的柔性机器人(图10-18)。

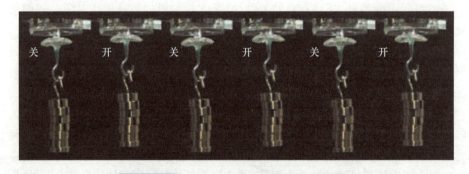

图10-18　模拟鱿鱼环齿蛋白的自修复材料

4)仿生突触材料

人工智能技术的发展为人机交互、感知系统、机器人及假肢的控制等带来了革命性变化,同时对复杂数据的处理和人机交互界面提出了新的要求。不同于目前基于软件系统和冯·诺依曼构架实现的神经网络,人脑运算方式具有高效率和低功耗的特点。因此,在硬件层面上模拟人脑的神经拟态器件,对构建新的运算系统具有重要意义。此外,神经拟态器件能够将传感器数字信号转变成类神经模拟信号,有望实现与生物神经信号的兼容,构建智能、高效的人机交互界面。因此,神经形态器件受到了广泛研究,其相关材料、制备工艺和器件结构不断得到优化,例如基于晶体管和忆阻器的柔性仿生人工突触器件均实现了视觉信息处理、运动识别、类脑神经记忆等功能。

目前,虽然随着研究的不断深入,仿生人工突触器件的工作原理得到了一定解释,但深入的机理仍有待挖掘:①针对生物个体间的差异,以及同一个体不同感知系统的差异,需要对人工突触器件突触后信号进行调控,以获得与生物神经信号更好的兼容性;②生物突触的树突结构,能够搜集、整合和调制时间和空间的信号,模拟树突的信号整合机制,将有助于改善多栅极人工突触晶体管的设计方案,实现对人工突触器件信号整合功能的调控;③目前多数研究是基于硬质衬底上的器件设计,对于在柔性衬底上的形变—异质界面—器件电子学性能的规律还有待研究,需要对应力应变下柔性人工突触器件的稳定性与失效机制进行探究。

华东理工大学化学与分子工程学院陈彧团队与上海交通大学刘钢研究员、合肥工业大学张章教授合作,以制备的二维共轭高分子 PBDTT - BQTPA 为活性层,利用二维有机共轭策略提高高分子的共平面性、结晶度和阻变稳定性,通过微纳加工技术制备了良率高达 90% 的低功耗纳米神经形态器件,在百纳米到百微米的尺度范围内呈现了均匀的忆阻调变(图 10 - 19)。这种器件具有与金属氧化物忆阻器可比拟的应用潜力,为发展小型化、高密度与低功耗存算计算技术提供了新的材料体系和优势器件基础。

5)智能材料结构

智能材料结构又称机敏结构,泛指将传感元件、驱动元件及有关的信号处理和控制电路集成在材料结构中,通过机、热、光、化、电、磁等激励和控制,不仅具有承受载荷的能力,而且具有识别、分析、处理及控制等多种功能,并能进行数据的传输和多种参数的监测,包括应变、损伤、温度、压力、声音、光等;同时还能够动作,具有改变结构的应力分布、强度、刚度、形状、电场、磁场、光学性能、化学性能、化学药品输运及透气性等多种功能,使结构材料本身具有自诊断、自适应、自学习、自修复、自增值、自衰减等能力。

智能材料结构是根据外部条件和内部条件主动地改变结构特性,以最优地满足任务需要的结构。外部条件可能包括环境、载荷或已制造出及已在使用中的结构几何外形;内部条件可能包括对材料或结构的局部区域的破坏、失效的隔离和改变载荷传输途径等。因此,智能材料结构是将传感元件、驱动元件和控制系统结合或融合在机体测量中而形成的一种材料 - 器件的复合结构。其中,传感元件采集和监测外界环境给予的信息,控制处理器指挥激励驱动元件执行相应的动作。智能材料结构的研究涉及材料科学、化学、力学、物理学、生物学、微电子技术、分子电子学、计算机、控制、人工智能等学科与技术,是多学科综合交叉的研究领域。传感器、驱动器、控制器及其集成是构成智能材料结构的四大关键共性技术。

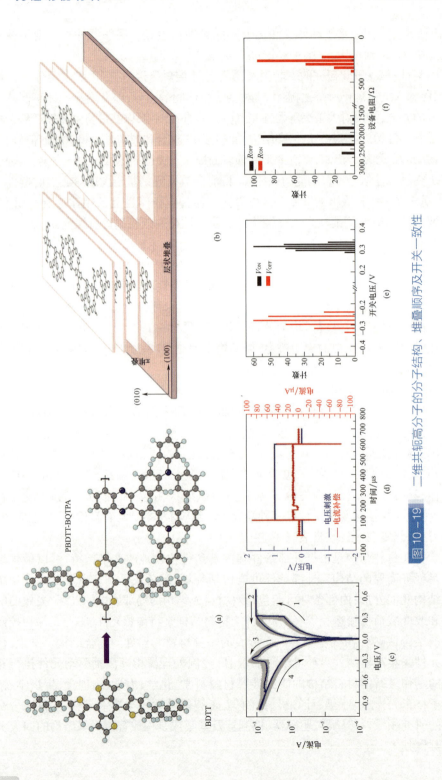

图10-19 二维共轭高分子的分子结构、堆叠顺序及开关一致性

智能材料结构的概念一经提出,立即引起美国、日本及欧洲等发达国家和地区重视,它们投入巨资成立专门机构开展这方面的研究。其中,美国将智能结构定位于其在21世纪武器处于领先地位的关键技术之一。日本对智能材料结构的研究提出了将智能结构中的传感器、驱动器、处理器与结构的宏观结合变为在原子、分子层次上的微观"组装",从而得到更为均匀的物质材料的技术路线,其研究侧重于空间结构的形状控制和主动抗振控制。我国对智能结构的研究也十分重视,国家自然基金委员会将智能结构列入国家高技术研究发展计划纲要的新概念、新构思探索课题,智能结构及其应用直接作为国家高技术研究发展计划项目课题。

10.3 超材料

10.3.1 超材料简介

10.3.1.1 超材料的概念内涵

"超材料"(Metamaterial)是指具有人工设计的结构并呈现出天然材料所不具备的超常物理性质的复合材料。"Metamaterial"一词是由美国得州大学奥斯汀分校(University of Texas at Austin)Rodger M. Walser教授于1999年提出的,用来描述自然界不存在的、人工制造的、三维的、具有周期性结构的复合材料。2000年以后,这一概念越来越频繁地出现在各类科学文献中,并迅速发展出跨越电磁学、物理学、材料科学等学科的前沿交叉学科和公认的新型功能材料分支,但目前对超材料一词还没有一个严格的、权威的定义,各种不同的文献上给出的定义也各不相同。一般都认为超材料是具有自然材料所不具备的超常物理性质的人工材料。

超材料具有三个重要特征:通常是具有新奇人工结构的复合材料;具有超常的物理性质;其性质往往不来源于构成该人工结构的材料自身,而仅仅决定于其中的人工结构。近年来,典型的超材料如左手材料、"隐身斗篷"、完美透镜等已在光学、通信、国防等应用领域渐露头角,而为数众多的电磁超材料、力学超材料、声学超材料、热学超材料以及基于超材料与常规材料融合的新型材料相继出现,形成了新材料的重要生长点。从本质上讲,超材料是一种新颖的材料设计思想,这一思想的基础是通过多种物理结构设计来突破某些表观自然规律的限制,获得超常的材料功能。

10.3.1.2 超材料的发展历程

超材料领域是一个新兴的研究领域,于2001年作为独立学科正式出现。不过追溯其源头，仍可以在20世纪中后期的科学研究中找到一些蛛丝马迹。1968年，苏联理论物理学家 V. Veselago 提出了最早与超材料相关的思想，他认为如果一种材料同时具有负的介电常数和负的磁导率，那么它将会使光波看起来如同倒流一般，而这一材料一经发现势必会颠覆整个光学世界。然而，由于自然界中并未发现这种介质的存在，随后20多年里，这一猜想几乎被人遗忘。1996—1999年，英国物理学家 J. Pendry 将 Veselago 的思想引入了负介电常数和负磁导率的材料构造中，提出了一个创新性的思路：一种材料可以拥有一些细小的单元，通过单元之间的合力产生原本不可能出现的效应，并以此做出了超材料构建的尝试。此后，D. Smith 根据 Pendry 的理论模型，将周期性排列的细金属棒(Rod)和金属谐振环(SRR)有规律地排列在一起，制成了世界上第一块介电常数和磁导率为负值的人造材料——左手材料。

随着科学界多方面的质疑和争议，有关超材料的研究更加活跃，在理论和实验研究中实现了多项突破，如"完美透镜"的提出、负折射现象的验证等。2001年，美国杜克大学 D. Smith 成功制出 X 频段的左手材料，并首次从实验上证明了左手材料的存在，引发了科学界对左手材料的热切关注。2003年，Pendry 通过理论计算得出了两个重要推论：①间距在毫米级金属细线的格子中具有类似等离子体的物理行为，共振频率在 GHz 与低于此频率时介电常数出现负值；②利用非磁性导电金属薄片构成开环共振器组成的方阵，可实现负磁导率的可调节。这一理论为人工实现超材料带来了可能。同年，左手材料被 Science 杂志评为当年的"十大科学进展"。2006年，Pendry 又设计了零折射率超材料，可用于制备"隐形斗篷"。此外，美国哥伦比亚大学机械工程系副教授王琪薇等将正折射率和负折射率结合在一起，实现了对光子相位的精确控制，研制出一种能操纵光的折射率并能完全控制光在空气中的传播的光纳米结构，并证明光能从某一点传到另一点而毫无相变地穿过人造传播媒介，就好像该媒介并不存在一样。同年底，由于"隐身斗篷"功能的成功实现，Science 杂志再一次将之列为当年的"十大科学进展"。直至现在，超材料领域进入深入研究阶段，其热度有增无减。在前人基础上，超材料的理论和实验研究都取得了许多新突破。目前，超材料领域正处于从科学研究到大规模应用的关键时期。

最早出现的声学超材料是一类由周期性的人工微结构组成的复合材料，被称为声子晶体。声子晶体可以实现很多奇特的性质，如它们内在的带隙特征能够被用来设计滤波材料，进行噪声隔离和控制，实现声波导向和定位等。构成声子晶体结构单元的尺寸或者晶格常数往往是相应工作波长的量级，一般在厘米到米之间，因此声子晶体大多被用在超声频段。2000年，刘政猷等首次提出了利用局域共振型的结构单元来构建声学超材料，迅速引起众多研究人员的关注。在近20年间，声学超材料已经得到了飞速的发展，产生了负弹性模量、负折射、完美吸收、反常多普勒等许多新的奇异性质,并被应用于超声成像、水下声学、吸声材料等领域。

10.3.2 电磁超材料

电磁超材料作为一类新型人工材料,具有与常规材料迥异的奇特电磁特性(如负介电常数、负磁导率、负折射率等)。这类材料颠覆了传统电磁理论描述的若干规则,有望成为新的学科生长点,引发信息技术等领域的重大技术变革。作为超常电磁介质的主流技术,基于金属谐振单元的超材料取得了重大成功,被 *Materials Today* 杂志评选为材料 50 年 10 项重大突破之一。

10.3.2.1 电磁超材料的概念原理

电磁超材料是一种人工结构的功能性电磁材料,通过对传入材料的电磁波做人为调制,改变传统的传播方向或速度大小,可以使材料出现前所未见的属性和性能。该类材料主要是指左手材料、超透镜、隐形斗篷、零折射率材料等。电磁超材料提供了一种可以随人类需求制造具有特殊物理性质材料的全新思路和方法。例如,通过结构的调整,能够实现以特定的方式对光线进行散射,甚至根据制作方式和材料的改变,还可以实现散射微波、无线电波和不太为人所知的射线的目标。

从设计理念来看,超材料巧妙利用了材料各层次上的有序性结构,在其结构层次上做一定的调制,使材料形成一些无定形态所不具备的物理特征,从而获得自然界中不存在的"超材料"。超材料性质和功能的实现并非源自构成它们的材料,而是源自材料内部的结构。

电磁超材料能够呈现天然材料所不具备的超常物理性能,主要表现为负磁导率和负介电常数。通常情况下,介电常数和磁导率均为正值。当任意一个参数为负时,意味着电磁波在该情况下无法传播。当这两个常数都为负值时,往往被认为是不具有任何物理意义的,而电磁超材料的出现打破了这一常规。该类材料是将人造单元结构以特定方式进行排列,形成具有特殊电磁特性的人工结构材料,可以超越自然界材料电磁响应极限的特性。

当电磁波(如光线)通过介质材料时,电磁波中谐振的电场和磁场会引发材料中原子或分子内部的电子产生运动,从而消耗电磁波的一部分能量,进而影响电磁波的传输特性,在材料中这两种运动的程度可以由代表电子对电场反应程度的介电常数以及代表电子对磁场反应程度的磁导率来表示。

10.3.2.2 电磁超材料的实现技术

电磁超材料技术的关键就是对电磁波传播的人为设计和任意控制。在物理学中,麦克斯韦理论表明,电磁波在普通介质中传播时遵循"右手定则"。

而 Veselago 提出的设想是,存在某种介质,其电场强度、磁场强度和电磁波波矢之间遵守左手定则。这种材料被称为"左手材料"。左手材料从提出到实现经历了 30 多年的历程。近年来,科学家开始探索光学波段的左手材料,通过双金属棒结构、渔网结构等演示了通过金属结构在光波段实现负折射和完美透镜成像的可能性。

电磁超材料的主流技术是基于英国科学家 Pendry 提出的 LC 谐振单元阵列的金属图形结构。其中,最为典型的人工结构单元是 Pendry 提出的金属开口谐振环,以及其衍生结构(Ω 形结构、U 形结构、双棒结构、渔网结构等)。随着超材料技术的发展,这类技术面临一系列挑战,如加工技术问题、物理学极限、材料学困难、各向异性问题以及可调性问题等。

电磁超材料中的左手材料体现出负折射率的特殊性质,并衍生出逆多普勒效应、逆斯涅尔折射效应、逆切伦科夫辐射、反常古斯-汉欣位移、完美透镜、光子隧道效应等奇异的电磁特性。这些特性有望在信息技术、军事技术等领域获得重要应用,并在核磁共振成像、光存储以及超大规模集成电路中的光刻技术等诸多方面得到进一步发展。目前,电磁超材料发展出的主要类型包括超磁性材料、负折射率材料、光子晶体、电磁晶体、频率选择表面、人工磁导体、等离子超材料等。

10.3.2.3 电磁超材料的典型应用

电磁超材料技术是材料领域的又一重大突破,这种新型人工材料的出现,极大地拓宽了人们对电磁学、光学、材料学等领域的认知,该技术在成像、隐身、天线、传感器等领域有着巨大的应用潜力。

1) 电磁吸波体

电磁吸波体是指能够利用电磁屏蔽技术抑制电磁辐射污染的材料,其原理在于通过将电磁干扰转化为热能进行耗散,从而实现电磁屏蔽。电磁超材料吸波体与传统吸波材料相比,具有质地轻薄、吸收能力强、频带可调节等特点。电磁超材料既可以单独作为吸波材料使用,也可以与传统吸波材料相结合。传统的吸波材料有铁氧体、钛酸钡、碳化硅(SiC)、石墨、导电纤维等,通过在传统吸波材料表面复合一层电磁超材料,可以显著增强传统吸波材料的吸波率。

目前,对电磁超材料吸波体的研究主要有四个方向。一是"完美吸波体",该材料的显著特点是实现接近 100% 的吸波率。目前,在 GHz 频段已设计出吸收率接近 100% 的吸波体,在太赫兹(THz)频段也设计出吸收率近 70% 的吸波体。二是宽频带吸波体,最初的超材料吸波体仅能在窄频带进行高效吸波,经设计后已实现较宽频带中吸收率大于 90% 的超材料吸波体。三是多频带吸波体,目前已实现了 3 频和 4 频的微波吸收器。四是极化不敏感吸波体,最初超材料吸波体具有入射角过窄的极化敏感缺陷,为拓宽其应用前景,科学家设计出了宽入射角的极化不敏感超材料吸波体,实现了特定频段吸收率达99%的吸波体。

2)电磁隐身

运用电磁超材料进行隐身设计主要是利用了超材料的负折射特性,人为控制材料的微结构,在不改变当前设备外形特征和动力学性能的情况下,使从任何方向照射目标的电磁波能够无损耗地沿原方向传播,从而达到隐身目的。这一设计主要应用于军事领域,目前已有的研究成果有隐身斗篷、自适应隐身技术、高温热红外隐身技术等。电磁超材料"隐身斗篷"可以控制电磁波,最初由英国帝国理工学院设计,而后美国杜克大学制造了相关功能原型。

俄罗斯国家技术集团披露了用于装备隐身的电磁超材料涂层。该种复合隐身涂层由俄罗斯国家技术集团下属的化学工程与复合材料公司研发,可用于航空玻璃窗,显著提高雷达波吸收率。使用该涂层的飞机座舱玻璃雷达波吸收率从40%增至80%,可降低飞机被敌方各种雷达探测的可能性。这种复合涂层是由金属和金属氧化物组成的极薄多层薄膜,采用真空磁控喷涂法涂镀到玻璃上,实现高透射率、低反射率,并增加了在黑暗中的可见性。该公司已成功解决涂层与玻璃黏结力较弱的问题,使该材料在航空装备中具有极大应用潜力。

3)卫星天线

超材料天线具有抗腐蚀、高强度等特性,其在天线领域的应用主要体现在天线基板、阵列、反射面等器件上。在天线基板方面,超材料的使用可以抑制边沿辐射、加强前后辐射、提高天线增益;在阵列中,超材料的使用可以消除天线阵列的扫描盲区,实现天线的小型化;在反射面方面,超材料天线能够替代传统天线的反射面,实现天线形式的平板化以及天线的折叠和拼装。

美国凯米塔公司是销售超材料卫星天线的公司,其利用超材料制造的卫星天线比传统碟形卫星天线更轻、更便携。2017年12月,该公司开始销售装备这种轻型天线的终端,使车辆可以通过卫星连接到互联网。当前每套终端的批发价大约2.5万美元,未来价格会不断降低。美国埃克达因公司是一家超材料公司,主要生产无人机雷达天线。与相控阵雷达等产品相比,利用超材料能以更低价格、更大规模生产雷达天线。

4)光学负折射

英国利用单个或多个排列的线圈制备了21MHz射频下的负折射率材料。英国剑桥大学针对排成正方晶格的多壁碳纳米管阵列进行了研究,发现当碳纳米管间距为20nm及30nm时,会有位于深紫外波段的光子能隙出现。这意味着在可见光波段利用光子晶体操控光的各种技术,如抑制自发辐射、导光、超级透镜、负折射等,都有可能应用在多壁碳纳米管组成的深紫外光子晶体上。英国剑桥大学的科学家还开发出一种名为"集合渗透震动"(COS)的新方法来制造多孔纳米材料,可大大提高制造效率,在发光设备制造和化学传感器等方面具有广阔的应用前景。加拿大超材料技术公司制造出可控制光波的超材料,该材料能够使照在飞机上的激光发生偏转,提高太阳能面板的性能。

10.3.3 声学超材料

10.3.3.1 声学超材料的概念原理

超材料在电磁领域的发展表明,在连续介质中嵌入亚波长的微结构单元,可以得到具有与自然界中物质迥然不同的超常物理性质的新材料。而声子晶体研究中,通过周期性调制弹性模量或质量密度来控制弹性复合介质中弹性波传播的理论得到系统研究。在这两方面研究的基础上,如何设计亚波长单元控制弹性波传播的思路,即声学超材料,得到了多个领域的关注。

声学超材料目前尚未有严格的定义,可以定义为:在亚波长物理尺度(一般为所控制波长的几十分之一)上进行微结构的有序设计,获得常规材料所不具备的超常声学性能的人工周期或非周期结构。初期的声学超材料都具有特殊设计的局域共振单元结构,即在基体材料中周期性地嵌入具有共振特性的微结构单元,即局域共振单元、Helmholtz共振器等。因此,Fok等于2008年在总结声学超材料的研究工作时,认为声学超材料都具有局域共振单元,其特性在于能够在亚波长范围内实现上述特殊的声学特性。但随着研究的深入,这一概念有所拓展。Norris于2008年提出利用六边形格栅单元构造人工周期结构,实现具有类似流体特性的五模超材料(PM)的设计思路。PM通过亚波长的单元结构设计可以实现等效参数的大范围调节,但其性质的变化不需要共振效应。因此,声学功能材料的另一重要研究小组——Torrent等认为,能够设计单元结构使等效材料参数大范围变化的人工声学结构就可以称为声学超材料,负质量密度、负弹性模量等特殊效应是其等效材料参数大范围变化的极端表现。从发展来看,声学超材料的概念还有可能扩展,如准周期、非周期人工结构等的研究也可以纳入其研究范畴。

10.3.3.2 声学超材料的设计实现

声学超材料概念代表的是一种崭新的复合材料或结构设计理念,在认识和利用当前材料的基础上,按照自己的意志设计、制备新型材料。这种设计理念的主要特征如下。

(1)亚波长尺度上的结构单元设计。作为超材料的一种,声学超材料的单元结构尺寸远小于所控制的弹性波波长。在长波条件下,其声学、力学特性可等效为均匀介质,能够用等效弹性模量、等效质量密度及等效泊松比等等效参数来描述。这些参数主要依赖于其基本组成的共振单元或非共振单元的结构设计。

(2)实现奇异物理特性的弹性波调控。声学超材料中微结构单元与基体介质间产生强烈的耦合作用,使入射弹性波时产生常规材料不能出现的奇特物理性质,如负质量密度、负弹性模量、负折射率、反常多普勒效应等。

(3)基于等效材料参数的力学、声学特性描述。由于具有亚波长的单元结构,可以将声学超材料视为均匀介质,其材料参数和物理性质可用密度和弹性模量这两个描述介质声学、力学特性的本构参数决定,可以提取超材料的这两个等效参数对其声学特性进行描述。

弹性波的传播特性及其控制是力学、声学、机械工程等领域的重要研究方向。始于 1992 年的声子晶体研究表明,利用人工结构材料来调制弹性波,能够为声波及振动的操控提供新的手段。始于 1998 年的电磁超材料研究则进一步激发了研究亚波长结构控制波的热潮。这两方面的研究推动了声学超材料研究的出现和迅速发展。

从弹性波与亚波长结构的相互作用机理出发,研究者一方面探索新物理现象、新效应,不断深化、丰富声学超材料的理论体系,另一方面探索新的声波与振动控制的结构或器件,变换声学、声学超表面等都是逐步发展起来的典型范例。基于上述研究,能够进一步探索声学超材料的弹性波控制新原理、新机制,发展基于声学超材料的声振控制技术及声学功能器件设计。

10.3.3.3 声学超材料的发展应用

经过 20 多年的探索,从早期对各种新物理效应的理论分析、原理性实验验证,到进一步的机理、特性研究与新型结构的设计制备,再到目前的空气声、水声及结构振动控制方面应用探索的广泛展开,声学超材料的理论和应用研究工作已经得到了显著的深化和拓展。

声学超材料的研究源于局域共振声子晶体。Liu 等于 2000 年提出了局域共振声子晶体,利用软橡胶材料包裹高密度芯体构成局域共振单元,在弹性介质中周期性排列局域共振单元构成人工周期结构,在亚波长频段利用弹性波的局域共振效应成功实现了低频弹性波带隙,为低频小尺寸的减振降噪开辟了新的途径。

2004 年,Li 在软硅橡胶散射体埋入水中构成的固/液体系中发现了等效质量密度和等效体积模量同时为负值的现象,但该体系中双负特性具有方向性。Fang 等于 2006 年研究了一种周期排列的 Helmholtz 共振腔阵列,发现其在共振频段具有负的等效体积模量,并给出了实验验证。2007 年,Ding 等将分别具有偶极共振和单极共振的两种局域共振单元混合周期排列,得到体积模量和质量密度同时为负的双负声学超材料。基于此,研究人员对声学超材料双负参数的实现进行了探索,证实了声学超材料声波负折射的存在,为基于声学超材料的亚波长声聚焦和声成像研究提供了可能。

低频反常吸声效应的发现,对声学超材料的工程应用探索具有重要意义。

Zhao 等 2006 年将阻尼引入局域共振结构,发现了低频水声反常吸声效应。在空气声方面,Mei 等于 2012 年提出了能实现宽频高效吸声的薄膜型声学超材料,对其实现高效空气声吸声的声波损耗机理和阻抗匹配原理进行了分析。

研究人员进一步发展了基于非谐振单元的声学超材料。Torrent 等于 2007 年提出利用降低周期晶格对称性设计各向异性超材料的方法,利用二组元结构单元在长波条件下实现宽频带的声学超材料。Norris 于 2008 年提出利用六边形单元结构的泡沫铝材构造亚波长结构,通过改变结构参数使其在整体上表现为通常流体的力学特性,这样的声学超材料称为五模材料。它可以实现负折射声聚焦、弹性模量各向异性等声学超材料的设计,同样具有宽频特性。2012 年,研究者利用沉浸式光刻技术,制备了由尖圆锥支柱构造四面体单元而成的三维五模超材料。

在振动控制方面,目前常用声学超材料实现减振降噪的方案很多,其中一个方案是利用电磁波"隐身斗篷"类似的坐标变换原理,将受保护物体利用特殊设计的力学超材料包覆起来,使机械波绕开物体。Peynolds 等于 2014 年设计了声学超材料隔振器,结果表明,基于超材料思想能够改善低频隔振性能。这一思路也被用于大型建筑及城市的地震防护。2015 年,Aravantinos‐Zafiris 等提出了基于声学超材料的地震波隔振器设计。2016 年,Mahmoud 等设计了具有惯性放大结构的超材料结构,为低频、轻质超材料隔振器件设计提供了参考。此外,利用具有负泊松比(受到拉力时发生侧向膨胀)超材料和负刚度超材料的组合,人们成功地研制出能够抑制许多不同频率的振动的新型防震结构。

主动控制技术灵活、可调,是低频声振控制技术发展的重点技术之一。近年来,多位研究者将主动控制技术引入亚波长单元结构的设计中,发展了多种主动型声学超材料结构。Chen 等在梁结构基体上周期性地贴附压电分流振子,利用主动结构替代弹簧质量谐振系统,设计了主动型声学超材料梁结构,实现了对结构振动传播的有效控制。随后,基于压电薄膜的主动 Helmholtz 共振腔单元超材料、多层复合结构超材料以及薄膜型声学超材料都得到了研究。结果表明,通过一定的控制电路,声学超材料结构的局域共振频率、等效参数等可以很方便地进行主动调节,显著提高了声学超材料的弹性波控制。

受鲨鱼通过皮肤上 V 形小齿的形状变化可改变流动阻力的启发,美国南加州大学的研究人员研制出新型主动声学超材料,其结构可通过磁场按需改变,实现声传输、波导、逻辑运算和互易性的有效调节。研究人员设计出一种由米氏谐振柱阵列(MRP)构成的磁活性可重构声学超材料,MRP 可通过改变垂直或弯曲形状实现声学禁止和导通状态的切换。这种主动声学超材料可构建新一代无接触的刺激诱导主动声学器件,有望应用于噪声控制、音频调制、声隐身等领域。

10.3.4 力学超材料

10.3.4.1 力学超材料的概念原理

在超材料中有一类材料具有受拉时其垂直方向有膨胀的力学特性,即这类超材料具有"负泊松(Poisson)比",又称为具有"拉胀性"(Auxetic)。近年,随着 3D 打印、激光选熔等先进制造技术的不断发展,制备具有更加复杂微结构的力学超材料成为可能,推动了其研究范畴从动态波动特性调控进一步扩展至静态弹性力学性能,如弹性模量、泊松比、刚度、强度等力学参数的调控,进而提出了力学超材料的概念。

力学超材料是由人工设计的微结构单元组成的结构材料,具有高弹性、高强度、低质量密度、负泊松比等超常的力学性质。力学超材料代表了一类新兴的材料,其性能由其成分和结构共同决定,能够创造出具有极端机械性能的轻质材料。现阶段,力学超材料的研究可按微结构单元大致分为层状超材料、桁架超材料、折叠超材料、手性超材料等。

10.3.4.2 力学超材料的设计策略

为了开发韧性和损伤容限超材料,对其断裂力学和设计参数的基本理解是至关重要的。Shaikeea 等研究发现,标准断裂测试协议和应力强度因子不足以表征基于桁架的 3D 弹性超材料的韧性,力学超材料在制造过程中产生的小裂纹会显著影响超材料的断裂韧性,为解决这一问题开发了一种设计协议(图 10 – 20)。

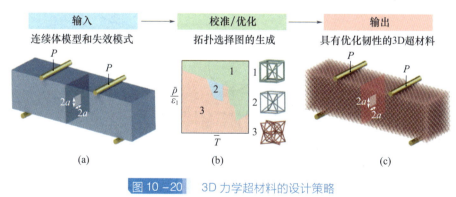

图 10 – 20　3D 力学超材料的设计策略

首先,进行连续弹性计算,根据载荷条件得出校准系数,导出每个样品的校准因子;其次,将校准因子与微结构参数和组成材料属性相结合,以生成每个晶格拓扑的断裂机制图,该图可以提供关于超材料的失效模式和韧性的信息,来自不同类型的单元拓扑的断裂图可用于创建拓扑选择图,以最大化韧性或失效载荷；最后，选择并设计所需的相对密度、单元长度和断裂应变等各种参数，选择优化的超材料拓扑结构，周期性地排列优化的晶格单元，以创建 3D 超材料。

10.3.4.3 力学超材料的性能特点

1）力学超材料的弹性性能

1987 年 Lakes 首次通过聚氨酯泡沫获得具有特殊微观结构的负泊松比材料，并测得其泊松比值为 -0.7。此后，新的具有"拉胀"（Auxetic）特性的材料相继出现。1991 年 Lakes 等从微观的单元结构上总结了产生负泊松比应该具备的几个条件：旋转自由度、非放射性的动力学性能或者各向异性，并列举了普通蜂窝结构、内凹六边形蜂窝结构来论证自己的观点。此后，Lakes 等首次提出了六韧带手性蜂窝结构的力学超材料（非中心对称结构），这类材料可以使用金属母体材料制作，可产生负泊松比，大大提高了材料的工程承载能力。1997 年 Prall 等基于韧带变形模式对六韧带蜂窝结构力学超材料的负泊松比进行研究，如图 10-21 所示，对该种结构胞元产生负泊松比的力学机理首次进行了较为详细的描述。

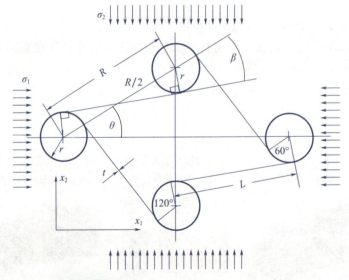

图 10-21　六韧带胞元负泊松比形成的变形图

2）力学超材料的抗变形性能

在力学承载和多功能设计与应用方面，目前国内外学者广泛关注一类兼有"负泊松比"和手性的超材料，这类超材料的典型代表是由具有周期性分布的圆环状（节点环）和弹性韧带切向连接形成的蜂窝型拓扑结构，可能是平面结构也可能是三维空间结构，如图 10-22 所示，这类超材料因其拓扑结构可变、轻质及高比刚度，与普通多孔拓扑材料相比具有更好的抗变形能力。

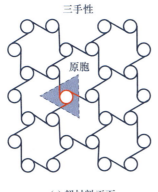
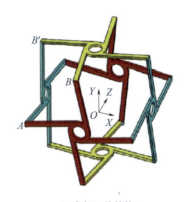

(a) 超材料平面 (b) 空间三维结构

图 10-22　韧带型力学超材料平面及空间三维结构

Spadoni 等将六韧带手性蜂窝结构力学超材料填充到大展弦机翼上,如图 10-23 所示,并进行了内部结构的设计、仿真和实验,结果证明了手性蜂窝结构填充材料可以承受大挠度的变形,进一步表明手性蜂窝结构力学超材料在工程实践中具有强大和广泛的应用潜力。

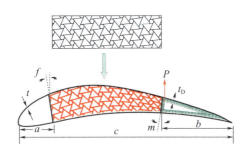
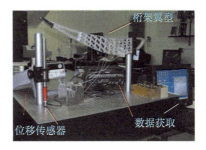

图 10-23　六韧带填充机翼及实验装置

3) 力学超材料的抗冲击性能

一般工业领域特别是航空航天领域,对轻质、隔振、抗冲击等防护材料的要求越来越高。针对手性蜂窝结构力学超材料,其抗冲击性能的研究的关键是确定外力和材料内部韧带及节点环上的作用力的大小。

2013 年赵显伟成功地推导出四韧带同向手性蜂窝结构的面内杨氏模量、泊松比、面外杨氏模量以及剪切模量的上限等,为今后手性蜂窝结构力学超材料的性能柔性化可变设计提供了理论依据。2016 年张新春等建立了六韧带手性蜂窝结构力学超材料的有限元模型,研究结果表明,随着冲击速度的增加,六韧带手性蜂窝结构表现为 3 种宏观变形模态:">＜"型模式、"过渡"模式和"I"型模式,研究结果进一步反映了韧带和节点环在冲击吸能上的作用。2017 年卢子兴等对手性蜂窝结构力学超材料进行了面内冲击性能仿真实验,结果发现,各种不同类型手性系蜂窝结构力学超材料的变形模式较为一致。在 2m/s 的低速冲击下,手性蜂窝的变形可分为连接韧带的弯曲卷绕和节点圆环的转动,以及圆形环孔壁的坍塌两个阶段。在 100m/s 以上的高速冲击下,变形表现为圆形节点环和连接韧带的交替坍塌,胞元逐层压溃。而在 28m/s 的中速冲击下,则表现为兼有低速和高速模式部分特征的过渡模式。

4)力学超材料的可展性能

形状变化对于超材料的驱动和工程应用至关重要。然而,现有的超材料通常限制于在其制造期间必须锁定单一的转换模式,或者相反,需要复杂的驱动或控制模式切换。大多数材料系统不能被编程为具有基于单一输入的多模态形状转换。

清华大学陈常青教授课题组受到周期性多面体折纸结构的启发,提出了一个基于双稳态自折叠单元的通用设计框架,设计了一类具有多模态、多路径变形能力的可展力学超材料。制造了一种由一个弹性层和一个剪纸双稳态单元组成的双稳态自折叠(BSF)单元。通过改变剪纸结构的几何参数,可以改变 BSF 单元发生双稳态转换时的峰值力,从而实现从一维到二维、从二维到三维的多模态、多路径可展力学超材料的设计。

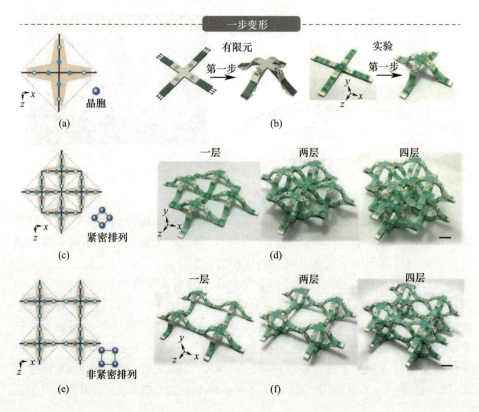

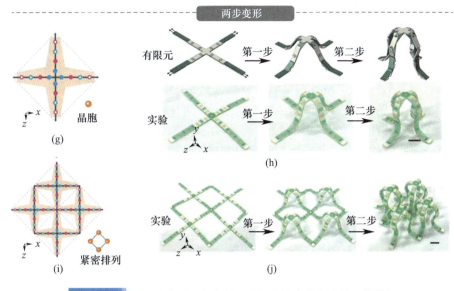

图 10-24　通过多路径加载将二维结构转变为稳定的三维结构

通过单轴或双轴拉伸和释放,这些超材料能够实现各种变形模式,这些模式在没有外部约束的情况下是稳定的,并且可以通过多个加载步骤产生。与以往设计不同的是,这些超材料只有单一的变形路径,而不是预设的结构,其重编程可以通过变形路径的分岔来实现。这项工作中提出的设计方法可以扩展到更小和更大的规模,在航空航天结构、植入式生物医学设备和智能机器人系统中都有着巨大的应用潜力。

10.4　新型电磁屏蔽材料

为对导航、飞行器、无线电与电子设备和无线系统等提供电磁防护,人们开始研究具有适当厚度、成本、功效、重量、硬度/柔韧性、稳定性以及电磁和物理兼容性的雷达吸波材料。得益于其优异的电磁性质,近年来,二维材料(石墨烯、MXene和过渡金属二硫化物等)和液态金属(Ga)在电磁屏蔽领域正变得越来越重要。

10.4.1　石墨烯基柔性电磁屏蔽材料

10.4.1.1　石墨烯电磁屏蔽材料的特点

石墨烯因其优异的导电性、高比表面积、耐腐蚀性、高热稳定性和化学稳定性而被认为是一种潜在的微波屏蔽和吸收材料。尤其是由于层数少而产生的高导电性和高载流子迁移率,赋予了其优异的电磁波反射能力,其透光性在透明电磁屏蔽中具有应用前景。而拉伸的二维结构和高比表面积有利于电磁吸收。为了进一步提高微波衰减能力,研究人员经常用纳米材料修饰石墨烯并构建新型纳米结构,以丰富各种电磁波衰减机制,增强电磁波在吸收介质中的传播路径。

以石墨烯材料(如石墨烯薄膜、石墨烯泡沫、石墨烯纳米片等)为代表的新型电磁屏蔽材料在电磁波的反射和吸收领域表现出了良好的应用前景。然而受石墨烯本征性质的限制,材料难以兼顾宽频带和高强度的电磁屏蔽效能。此外,新型电磁屏蔽材料的尝试大多停留在实验室水平,距离电磁屏蔽特种材料的大规模批量生产与工业级应用仍存在较大差距。

10.4.1.2 石墨烯纤维织物电磁屏蔽材料

北京大学、北京石墨烯研究院刘忠范 – 亓月研究团队利用卷对卷化学气相沉积(CVD)技术批量制备了大面积、轻质、柔性、具有超宽带强电磁屏蔽效能的铁磁性石墨烯石英纤维织物(FGQF)。通过精确控制石墨烯的氮掺杂类型,实现了具有高电导率(3906S/cm)和高磁响应(室温下饱和磁化强度达 0.14emu/g)的铁磁石墨烯层的制备。同时,FGQF 织物特殊的编织结构在材料中引入了额外的电磁波多重反射和多通道吸收,进一步增强了材料的电磁屏蔽效能。1mm 厚度的 FGQF 在超宽频带 1~18GHz 下表现出 107dB 的超强屏蔽效能,同时实现了高电磁干扰屏蔽效率和宽抗电磁干扰频带。通过石墨烯卷对卷连续 CVD 生长系统,实现了 FGQF 的规模化制备,单批次制备尺寸高达 $10 \times 0.5 m^2$,为材料的实际应用提供了重要基础(图10-25)。

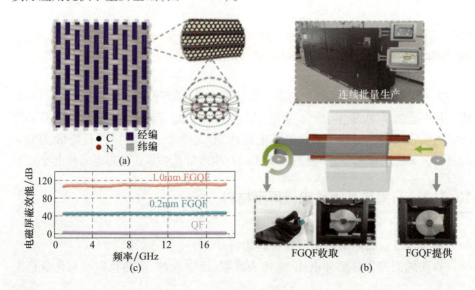

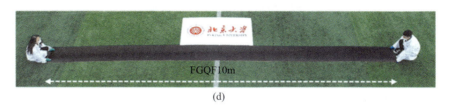

FGQF10m

(d)

图 10-25　铁磁性石墨烯石英纤维织物

10.4.1.3　类石墨烯电磁屏蔽材料

澳大利亚国家科学机构创造出一种称为 GraphON 的突破性新型石墨材料，这种材料通过将能大规模生产的聚苯胺-二壬基萘磺酸（PANI-DNNSA）聚合物加热至 650℃ 而产生，具有导电性，易于使用。可将 PANI-DNNSA 涂层直接涂在物体上，然后加热，即可产生导电的石墨涂层 GraphON，无须额外的工艺处理步骤。与同类产品相比，GraphON 直接带有 N、O 等嵌入的杂原子，可极大地提高它在其他各种材料和技术方案中的分散性，潜在应用包括静电耗散涂层、电磁屏蔽、电加热（除冰）、导电涂层、纺织面料与纤维织物等。

近年，人们发现过渡金属硫族化合物，如 MoS_2 和 WS_2 等的过渡金属二硫化物（TMD），具有与石墨烯相似的结构。TMD 原子间通过共价键连接，Mo 层通过两个 S 原子层之间的范德瓦尔斯力连接在一起。TMD 固有的优异介电性能、独特的结构和可设计的微观形貌使其成为一种很有前途的电磁屏蔽和吸收材料。然而，尽管 TMD 具有高比表面积、界面极化和介电损耗的优点，但由于高电阻、团聚和高介电损耗，其性能仍然受到低阻抗匹配的限制。因此，通常需要通过构造新的界面、设计极化位置和引入缺陷，改善其电磁参数，进一步增强对其电磁波的衰减。

10.4.2　MXene 基柔性电磁屏蔽材料

10.4.2.1　MXene 的概念内涵

MXene 是一类由过渡金属碳化物或氮化物组成的二维材料，一般由 $M_{n+1}X_nT_x$ 的方程表示。式中：M 为过渡金属元素（如 Ti、V、Cr 和 Mo）；X 为 C 元素或 N 元素；T_x 为表面官能团。美国德雷克塞尔大学（Drexel University）的研究团队于 2011 年发现了一种具有高导电性的二维碳化钛材料，这种材料被称作 MXene，其基本形式是一种黑色粉末，由仅为几个原子厚的小薄片组成，这些薄片大小可调，薄片越大，材料表面积越大，导电性越好。MXene 具有类似于金属的优良导电性。例如,具有三维蜂窝结构的 MXene($Ti_3C_2T_x$)膜由于其连续导电多孔结构表现出优异的绝对电磁屏蔽性能。通过基于规则的单元格结构构建高导电网络结构,可以使 MXene 的定向分布和入射电磁波强烈反射。同时,这种具有连续表面的单元格结构可以通过多次内反射和散射有效地捕获入射电磁波,从而阻碍电磁波穿透材料。

MXene 是通过对一种名为 MAX 相的层状陶瓷材料进行化学蚀刻制成的,蚀刻可以去除一些化学相关层,留下二维薄片层。通过使用化学蚀刻剂蚀刻,留下的与二维薄片表面相结合的原子种类,即终端原子的种类,以及嵌入二维薄片之间的分子,即层间分子,可根据化学蚀刻剂的不同而变化。MXene、终端原子和层间分子之间的相互作用影响 MXene 的导电性。然而,MXene 面向实用仍有一些问题需要解决。例如,MXene 本身容易氧化和不稳定,由于其固有的弱凝胶能力,很难构建三维结构,并且其高导电性也是电磁波吸收的主要障碍。基于上述问题,MXene 的性能可通过改性或组合的方法来提高。

10.4.2.2 MXene 基电磁屏蔽材料的制备方法

MXene 基电磁屏蔽材料的制备方法通常有物理共混法、冷冻干燥法、预支成型法、真空辅助抽滤法、多层交替抽滤法等(图 10-26)。其中,物理共混法制备 MXene 基电磁屏蔽复合材料工艺简单、适用性广,但通常需要较高填充量的 MXene 以构筑有效的 MXene 导电网络,不可避免地对 MXene/聚合物电磁屏蔽复合材料的力学性能、加工性能和成本等带来影响。冷冻干燥法可以构筑完整的 MXene 三维导电网络同时保持其三维多孔结构,有效降低 MXene 的导电逾渗值,但较高孔隙率会加速 MXene 的氧化。预支成型法通过回填聚合物基体将 MXene 与空气隔绝,能有效提高 MXene 的抗氧化性,但聚合物基体和 MXene 之间无化学作用,使其力学性能较差。真空辅助抽滤法可以形成均匀的 MXene 导电网络,但聚合物基体和 MXene 大多通过氢键交联,其结合力相对较弱,力学性能有待进一步提升。多层交替抽滤法由于聚合物层具有机械框架效应,赋予 MXene/聚合物电磁屏蔽复合膜优异的力学性能优异,但多层结构通常难以形成贯通的 MXene 导电网络。

为了充分发挥 MXene 的高导电特性,开发合理而高效的结构设计和新型制备方法对于制备下一代高性能 MXene 基电磁屏蔽复合材料是至关重要的。通过与聚合物、纤维织物等材料体系的复合,MXene 基电磁屏蔽复合材料的研究体系、制备方法及其赋予的综合性能将会不断完善。

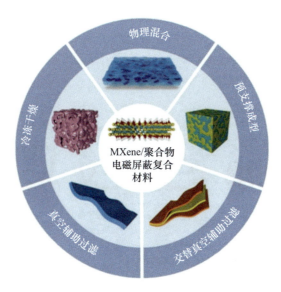

图 10-26　MXene/聚合物电磁屏蔽材料的制备方法

10.4.2.3　MXene 基纤维织物电磁屏蔽材料

德雷克塞尔大学 MXene 团队研究发现,以较小的薄片渗透单根纤维,然后以较大的薄片涂层来涂覆纱线,可提升纱线的性能。将 MXene 材料与水混合,可在不需要任何添加剂或表面活性剂的情况下生成墨水和喷涂涂层,表明 MXene 特别适用于制造功能性织物所需的导电纱线,该纱线的导电性接近银纳米线涂覆纱线的导电性。在纺织工业中,由于银的溶解性以及对环境的有害影响,银的使用被严格限制。此外,MXene 还可为织物增加电能存储、感知、电磁屏蔽及许多其他的有用特性。

2019 年 10 月,美国德雷克塞尔大学工程学院和功能织物中心的研究人员开发出一种用导电的 MXene 材料包覆纱线的新方法,利用该方法能够制造出耐用的功能化织物。研究人员通过在标准纤维素纱线上涂覆二维导电材料 MXene 来改进纱线的性能,创造出具有高导电性的、经久耐用的纱线。研究利用三种常见的基于纤维素纤维的纱线制造出导电纱线,这三种纱线分别是棉、竹和亚麻。利用浸涂工艺(一种标准的染色方法)在纱线上涂覆 MXene 材料,然后利用工业针织机编织出完整的织物进行测试。每种类型的纱线都有三种不同的针织模式,分别是单面针织、单螺纹针织和双螺纹针织,最终编织成三种不同的织物样本,以确保其足够耐用,能适用于任何纺织品。采用不同针织模式来编织涂覆 MXene 的纤维素纱线,可以根据不同的应用来控制织物的特性,如孔隙度和厚度。研究表明,涂覆 MXene 的导电纱线不仅经受住了工业针织机的磨损,由其制造的织物也通过了一系列测试,即使经过数十次纺纱循环后,拉扯、扭曲、弯曲以及洗涤都不会降低纱线的触摸感应能力,具有很高的耐用性。美国国防部已联合德雷克塞尔大学开展"美国先进功能织物"项目研究,已解决制造可编织、可穿戴、可洗涤的导电纱线的难题,并在与纺织品制造商 Apex Mills 公司合作的许多项目中对这项技术进行了测试(图 10-27)。

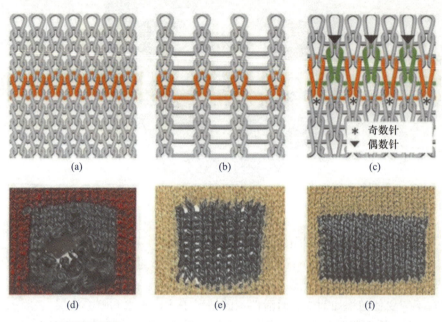

图 10-27　工业用数字针织机上开发的导电 MXene 纱线织物

陕西科技大学马忠雷和西北工业大学顾军渭等采用两步真空辅助过滤(TVAF)和热压技术,成功制备出具有超柔韧性、优异的机械性能和高效电磁屏蔽性能的凯夫拉纳米纤维——MXene/银纳米线(AgNW)双层复合材料。当 MXene/AgNW 含量为 20%(质量分数)时,双层纳米复合材料表现出优异的机械性能:拉伸强度为 235.9MPa,断裂应变为 24.8%,同时电导率达到 922.0S/cm,电磁屏蔽效率为 48.1dB。当 MXene/AgNW 含量为 80%(质量分数)时,材料最大电导率更是高达 3725.6S/cm,电磁屏蔽效率为 80dB,能屏蔽 99.999999% 的入射电磁波。双层 ANF-MXene/AgNW 纳米复合材料的合成过程见图 10-28。

四川大学和南京理工大学的研究人员通过将蠕虫状的芳族聚酰胺纳米纤维(ANF)设计成棒状的微观结构,然后与 $Ti_3C_2T_x$ 自组装形成分层的实体结构,获得了一种超薄、超坚固、超柔和热稳定性好的薄膜。棒状 ANF 的刚性对称芳环完全伸直在骨架中很好地堆积成结晶形式,使杆状 ANF 能够增强网状结构并有效消散能量,从而产生类似金属的机械性能,具有很高的拉伸强度(300.5MPa)、杨氏模量(13.6GPa)和出色的耐折性(大于 10000 次)。这种 MXene/ANF 复合膜具有出色的电磁屏蔽效果(8814.5dB·cm²·g⁻¹),阻燃性可在 −100°C(355MPa)至 300°C(136MPa)的温度范围内执行广泛的操作,可以消除 99% 以上的电磁波,保证了其在某些极端条件下的潜在电磁屏蔽应用。

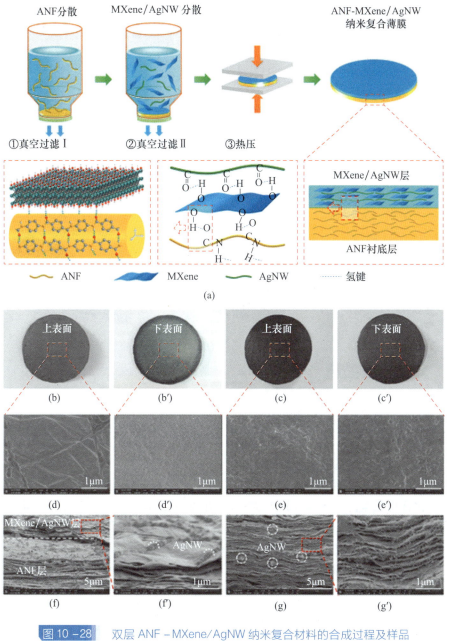

图 10−28　双层 ANF−MXene/AgNW 纳米复合材料的合成过程及样品

MXene/ANF = 40∶60 复合膜的横截面 SEM 图像见图 10 - 29。

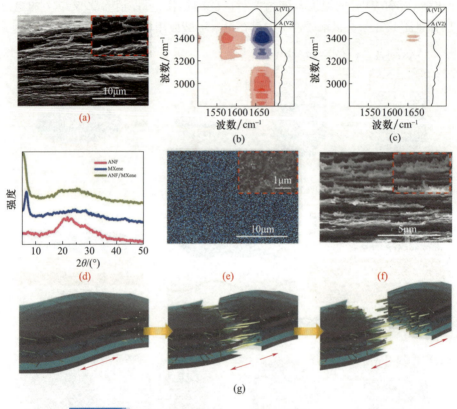

图 10 - 29　MXene/ANF = 40∶60 复合膜的横截面 SEM 图像

10.4.3　镓基液体金属电磁屏蔽材料

10.4.3.1　镓基液态金属的特点

镓(Ga)是制造半导体和晶体管的一种关键元素。特别是,氮化镓(GaN)及相关化合物是蓝色发光二极管的基础,是开发高能效和持久白色发光二极管照明系统的关键。据估计,高达 98% 的 Ga 需求来自半导体和电子工业。除了用于电子器件,Ga 独特的物理性能也使其能够用于其他多个领域。

Ga 本身是一种熔点很低的金属,在略高于室温(30℃)时就呈液态。此外,Ga 能与其他金属形成共晶体系(合金的熔点比任何一种成分都低,包括 Ga)。例如,镓铟锡合金是一种低熔点合金,常温下呈液态,熔点为 10℃、12℃、16℃、20℃等。镓铟合金是能改变形状且能自我修复的液态金属。当 Ga 与 In 两者"联姻",得到的合金在室温下为液态,并且拥有很高的表面张力。纯镓和这些镓基液态金属合金都具有很高的表面张力,被认为在大多数表面上是"不可铺展的"。这就意味着,当将镓铟合金置于平滑的桌面上时,它将形成一个几乎完美的圆球,并且保持其形状不变。然而,施加不足1V的电压就可以减小表面张力,导致这种液态金属在表面上伸展平整。同时,这种效应是可逆的,如果电压从负切换为正,液态金属会恢复到球形。研究人员利用液态金属研制出一种可伸缩的导电线,竟然可以拉伸到原长度的8倍,拉伸后也不会影响到导电性能。

不同于传统固相填料所形成的固化导电网络,利用具有流动性和高导电性的室温镓基液态金属(LM)构建具有动态响应特性的导电网络有望解决5G等通信电子设备接触界面处的电磁密封性问题。然而,LM的表面张力导致其在外力作用下迁移和泄露,严重影响LM的加工性和适用性。因此开发一种制备宏观稳定、可靠的LM基电磁屏蔽材料仍然存在挑战。

10.4.3.2 镓基液态金属电磁屏蔽材料的制备

中国科学院深圳先进技术研究院研究团队利用可膨胀聚合物微球(EM)在限域空间中的热膨胀和微观界面自融合过程,原位构筑精细化LM导电网络,开发出具有可裁切、低密度、高压缩率、超回弹、高承载力和高电导率特性的类"金属气凝胶"LM基电磁屏蔽复合泡沫。利用EM热膨胀过程原位驱动LM的精细化有序分布,实现了LM导电网络在宏观稳定性和微观流动性之间的平衡。通过EM在限域中的微观界面自融合过程,同步实现导电网络构筑和EM/LM复合泡沫成型。EM/LM复合泡沫凭借其独特的内部气体填充蜂窝闭孔结构和高导电LM网络表现出轻质、高压缩强度、高压缩率与回弹性、高导电等特性。在体积分数为2.3%的LM含量下,EM/LM复合泡沫在8.2~40GHz宽频范围内的平均电磁屏蔽效能达到98.7dB,并在实际近场屏蔽测试中显示出良好的电磁密封性(图10-30)。此外,通过在LM中引入Ni粉,可以赋予材料额外的磁响应功能,在磁响应智能控制领域表现出良好的潜力。

韩国基础科学研究所和蔚山国立科学技术院开发出一种新方法,在液态Ga中加入填充颗粒形成液态金属功能复合材料,具有优良的电磁屏蔽性能和导热性能。根据添加的颗粒数量不同,最终形成的材料可以从液态转变成糊状或油灰状。在使用氧化石墨烯作为填充材料的情况下,氧化石墨烯含量为1.6%~1.8%时成糊状,含量为3.6%时形成类似腻子的状态。在以Ga为基础的液态金属中加入特定粒子可改变材料的物理性质,使材料更易处理。在还原氧化石墨烯薄膜上涂覆13μm厚的还原氧化石墨烯增强的镓复合材料(Ga/rGO),能够将薄膜的屏蔽效率从20dB提高到75dB,这一性能完全能够满足商业应用(>30dB)和军事应用(>60dB)的需求。然而,这种复合材料最显著的性能是能够为任何常规材料提供电磁屏蔽性能。研究证实,约20μm厚的还原氧化石墨烯增强的Ga/rGO涂层应用在一张简单的纸上,能实现超过70dB的屏蔽效率。

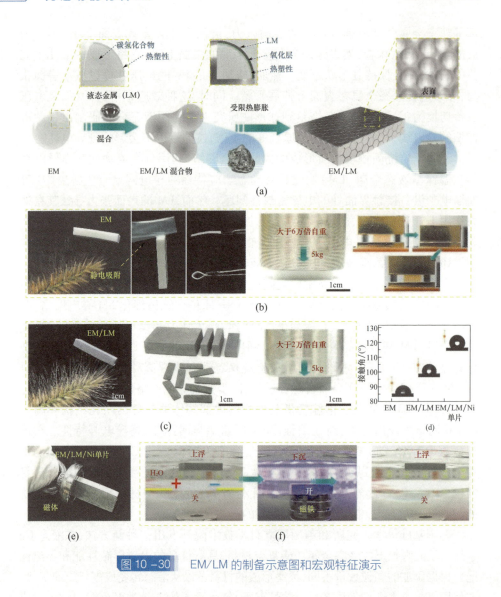

图 10-30　EM/LM 的制备示意图和宏观特征演示

参考文献

[1] 江雷,等. 仿生智能纳米材料 [M]. 北京:科学出版社, 2015.

[2] 刘海鹏, 金磊, 高世桥, 等. 智能材料概论 [M]. 北京:北京理工大学出版社, 2021.

[3] 唐见茂,宫学源,郑咏梅,等. 前沿新材料概论[M]. 北京:中国铁道出版社有限公司,2020.
[4] 彭华新,周济,崔铁军,等. 超材料[M]. 北京:中国铁道出版社有限公司,2020.
[5] 温激鸿,等. 声学超材料基础理论与应用[M]. 北京:科学出版社,2019.
[6] 刘志明,吴文健,胡碧茹. 基于被子植物叶类器官的仿生伪装材料设计[J]. 中国科学E辑:技术科学,2009,39(1):174-180.
[7] 杨玉杰,刘志明,胡碧茹,等. 基于光谱分析的植物叶片仿生伪装材料设计[J]. 光谱学与光谱分析,2011,31(6):1668-1672.
[8] 蒋晓军,吕绪良,潘家亮,等. 基于光学和红外特征模拟的植物仿生材料设计制备[J]. 光谱学与光谱分析,2015,35(7):1835-1839.
[9] 关会英,佟以丹,王晓玲. 曲带闪蛱蝶鳞片结构色与机理分析[J]. 河南科技,2018,10:77-78.
[10] 陈正,邓旭. 仿生珍珠层金属陶瓷复合材料制备及力学性能研究[J]. 中国金属通报,2019,9:128-129.
[11] 汪鑫,李倩,薛龙建. 仿生柱状黏附材料[J]. 中国材料进展,2017,36(4):48-57.
[12] 任颖,杜博,秦文娟,等. 透明质酸-MMP敏感肽仿生杂化水凝胶的制备及其对骨髓间充质干细胞分化调控的影响[J]. 功能材料,2018,49(4):04134-04138.
[13] 郭维,江雷. 基于仿生智能纳米孔道的先进能源转换体系[J]. 中国科学:化学,2011,41(8):1257-1270.
[14] 袁弋惠,张利东. 刺激响应薄膜的仿生结构设计及能量转化研究进展[J]. 科技纵览,2017,11:78.
[15] 卢子兴,李康. 手性和反手性蜂窝材料的面内冲击性能研究[J]. 振动与冲击,2017,36(21):16-22.
[16] 陆骐峰,孙富钦,王子豪,等. 柔性人工突触:面向智能人机交互界面和高效率神经网络计算的基础器件[J]. 材料学报,2020,34(1):01022-01049.
[17] HAN D, MORDE R S, MARIANI S, et al. 4D Printing of a bioinspired microneedle array with backward-facing barbs for enhanced tissue adhesion [J]. Advanced Functional Materials, 2020, 30(11):1909197.
[18] J MU, ANDRADE M J, FANG S L, et al. Sheath-run artificial muscles [J]. Science, 2019, 365(6449):150-155.
[19] YU K H, XIN A, DU H X, et al. Additive manufacturing of self-healing elastomers [J]. NPG Asia Materials, 2019, 11:7.
[20] WANG D H, SUN Q Q, HOKKANEN M J, et al. Design of robust superhydrophobic surfaces [J]. Nature, 2020, 582:55-59.
[21] YING Y L, HU Z L, ZHANG S L, et al. Nanopore-based technologies beyond DNA sequencing [J]. Nature Nanotechnology, 2022, 17:1136-1146.
[22] HUANG W, SHISHEHBOR M, GUARÍN-ZAPATA N, et al. A natural impact-resistant bicontinuous composite nanoparticle coating [J]. Nature Materials,

2020, 19:1236-1243.

[23] HAGHANIFAR S, TOMASOVIC L M, GALANTE A J, et al. Stain-resistant, superomniphobic flexible optical plastics based on nano-enoki mushroom-like structures [J]. Journal of Materials Chemistry A, 2019, 7:15698-15706.

[24] ZHAN Z B, ELKABBASH M, CHENG J L, et al. Highly floatable superhydrophobic metallic assembly for aquatic applications [J]. ACS Applied Materials & Interfaces, 2019, 11(51):48512-48517.

[25] SARAN R, FOX D, ZHAI L, et al. Organic non-wettable superhydrophobic fullerite films [J]. Advance Materials, 2021, 2102108.

[26] YAMAUCHI Y, TENJIMBAYASHI M, SAMITSU S, et al. Durable and flexible superhydrophobic materials: Abrasion/Scratching/Slicing/Droplet Impacting/Bending/Twisting-Tolerant composite with porcupinefish-like structure [J]. ACS Applied Materials & Interfaces, 2019, 11(35):32381-32389.

[27] DUCLAND N B, BINH N T. Investigate on structure for transparent anti-icing surfaces [J]. AIP Advances, 2020, 10(8):085101.

[28] CONNORS M, YANG T, HOSNY A, et al. Bioinspired design of flexible armor based on chiton scales [J]. Nature Materials, 2019, 10:5413.

[29] YARAGHI N A, TRIKANAD A A, RESTREPO D. Multiscale biological composites: the stomatopod telson: convergent evolution in the development of a biological shield [J]. Advanced Functional Materials, 2019, 1902238.

[30] HUANG W, SHISHEHBOR M, GUARÍN-ZAPATA N, et al. A natural impact-resistant bicontinuous composite nanoparticle coating [J]. Nature Materials, 2020, 19:1236-1243.

[31] MAO L B, GAO H L, YAO H B, et al. Synthetic nacre by predesigned matrix-directed mineralization [J]. Science, 2016, 354: 107-110.

[32] ZHANG Y Y, HEIM F M, BARTLETT J L, et al. Bioinspired, graphene-enabled Ni composites with high strength and toughness [J]. Science Advances, 2019, 5(5):eaav5577.

[33] YANG Y, LI X J, CHU M, et al. Electrically assisted 3D printing of nacre-inspired structures with self-sensing capability [J]. SCIENCE ADVANCES. 2019, 5(4):eaau9490.

[34] DONG Y X, BAZRAFSHAN A, POKUTTA A, et al. Chameleon-inspired strain-accommodating smart skin [J]. ACS Nano 2019, 13(9):9918-9926.

[35] ZHENG B Y, WANG Y, NORDLANDER P, et al. Color-selective and CMOS-compatible photodetection based on aluminum plasmonics [J]. Advanced Materials, 2014, 26(36):6318-6323.

[36] MENG Z P, HUANG B T, WU S L, et al. Bioinspired transparent structural color film and its application in biomimetic camouflage [J]. Nanoscale, 2019, 11

(28):13377-13384.

[37] CHEN C, AIROLDI C A, LUGO C A, et al. Flower inspiration: broad-angle structural color through tunable hierarchical wrinkles in thin film multilayers [J]. Advanced Functional Materials, 2020, 31(5):2006256.

[38] BAI H, SUN R, JU J, et al. Large-scale fabrication of bioinspired fibers for directional water collection [J]. Small, 2011, 7(24):3429-3433.

[39] KAI Y, DU H F, DONG X R, et al. A simple way to achieve bioinspired hybrid wettability surface with micro/nanopatterns for efficient fog collection [J]. Nanoscale, 2017, 9(38):14620-14626.

[40] JU J, BAI H, ZHENG Y M, et al. A multi-structural and multi-functional integrated fog collection system in cactus [J]. Nature Communication, 2012, 3:1247.

[41] CHEN H W, ZHANG P F, ZHANG L W, et al. Continuous directional water transport on the peristome surface of Nepenthes alata [J]. Nature, 2016, 532:85-89.

[42] MENG Z Q, LIU M C, YAN H J, et al. Deployable mechanical metamaterials with multistep programmable transformation [J]. Science Advances, 2022, 8(23):eabn5460.

[43] SHAIKEEA A J D, CUI H, O'MASTA M, et al. The toughness of mechanical metamaterials [J]. Nature Materials, 2022, 21:297-304.

[44] PRALL D, LAKES R S. Properties of a chiral honeycomb with a Poisson's ratio -1 [J]. International Journal of Mechanical and Science, 1996, 39:305-314.

[45] FU M H, LIU F M, HU L L. A novel category of 3D chiral material with negative Poisson's ratio [J]. Composites Science and Technology, 2018, 160:111-118.

[46] SPADONI A, RUZZENE M. Numerical and experimental analysis of static compliance of chiral truss-core airfoils [J]. Journal of Mechanics of Materials and Structures, 2007, 2(5):965-981.

[47] XIE Y D, LIU S, HUANG K W, et al. Ultra-broadband strong electromagnetic interference shielding with ferromagnetic graphene quartz fabric [J]. Advanced Materials, 2022, 34(30):2202982.

[48] ZHANG J, ZHANG J C, SHUAI X F, et al. Design and synthesis strategies: 2D materials for electromagnetic shielding/absorbing [J]. Advanced Materials, 2021, 16:3817-3832.

[49] MA Z L, KANG S L, MA J Z, et al. Ultraflexible and mechanically strong double-layered aramid nanofiber-$Ti_3C_2T_x$ MXene/Silver nanowire nanocomposite papers for high-performance electromagnetic interference shielding [J]. ACS Nano, 2020, 14(7):8368-8382.

[50] LEI C X, ZHANG Y Z, LIU D Y, et al. Metal-level robust, folding endurance, and highly temperature-stable MXene-based film with engineered aramid nanofi-

ber for extreme – condition electromagnetic interference shielding applications [J]. ACS Applied Materials & Interfaces, 2020, 12(23):26485 –26495.

[51] ZHANG J, ZHANG J C, SHUAI X F, et al. Design and synthesis strategies:2D materials for electromagnetic shielding/absorbing [J]. Chemistry – An Asian Journal, 2021, 16(23):3817 –3832.

[52] SONG P, LIU B, QIU H, et al. MXenes for polymer matrix electromagnetic interference shielding composites: a review [J]. Composites Communications, 2021, 24:100653.

[53] XU Y D, LIN Z Q, RAJAVEL K, et al. Tailorable, lightweight and superelastic liquid metal monoliths for multifunctional electromagnetic interference shielding [J]. Nano – Micro Letters, 2022, 14:29.